电磁兼容技术系列

EMC设计分析方法与风险评估技术

郑军奇 编著

電子工業出版社
Publishing House of Electronics Industry
北京·BEIJING

内容简介

本书基于EMC测试原理，介绍产品的EMC设计原理与措施（包括产品机械架构EMC设计、滤波设计、PCB设计），并在EMC设计措施的基础上形成了一种对产品EMC设计的分析方法，将EMC设计上升到方法论。同时，在这种方法论的指导下，利用成熟的风险评估技术，提炼出了EMC风险评估技术，通过风险评估，可以预测产品EMC测试通过概率或产品在实际应用中出现故障的概率。EMC风险评估得到的结果也可以直接用来对产品进行EMC合格评定。本书共12章，包括EMC与EMC设计基础，共模电流的形成与EMC问题实质解读，EMC风险评估，产品机械架构EMC设计与接地设计，滤波、去耦、旁路设计，PCB布局布线EMC设计，产品EMC设计分析方法，产品的防雷击浪涌、ESD和差模EMC问题设计与分析，产品EMC设计分析方法应用实例，产品EMC风险评估技术，系统EMC风险评估技术，EMC风险管理与产品研发等。

本书以实用为目的，内容丰富，深入浅出，通俗易懂，可以作为电子产品设计人员EMC方面必备参考书，也可以作为结构、电子和电气、PCB布局布线、硬件测试、质量、系统、EMC设计、EMC测试、EMC整改、EMC仿真等方面的工程师及EMC顾问进行EMC培训的教材或参考资料，还可以作为大专院校相关专业师生的教学参考书。

图书在版编目（CIP）数据

EMC设计分析方法与风险评估技术 / 郑军奇编著. —北京：电子工业出版社，2020.5

（电磁兼容技术系列）

ISBN 978-7-121-37275-9

Ⅰ. ①E… Ⅱ. ①郑… Ⅲ. ①电子产品－电磁兼容性－分析方法②电子产品－电磁兼容性－风险评价 Ⅳ. ①TN03

中国版本图书馆CIP数据核字（2019）第181244号

责任编辑：夏平飞
印　　刷：北京天宇星印刷厂
装　　订：北京天宇星印刷厂
出版发行：电子工业出版社
　　　　　北京市海淀区万寿路173信箱　邮编 100036
开　　本：787×1 092　1/16　印张：25.25　字数：646千字
版　　次：2020年5月第1版
印　　次：2025年3月第12次印刷
定　　价：138.00元

凡所购买电子工业出版社图书有缺损问题，请向购买书店调换。若书店售缺，请与本社发行部联系，联系及邮购电话：（010）88254888，88258888。

质量投诉请发邮件至 zlts@phei.com.cn，盗版侵权举报请发邮件至 dbqq@phei.com.cn。

本书咨询联系方式：（010）88254454，niupy@phei.com.cn。

前言

本书是基于笔者 2008 年出版的《电子产品设计 EMC 风险评估》一书升级改编而成的。该书自出版以来，受到了广大读者的高度关注和电子产品设计工程技术人员的喜爱。书中提出的“产品 EMC 设计风险评估法”将 EMC 设计提高到方法论阶段，它把零散的 EMC 设计技术点融合在一起形成一种 EMC 设计的“套路”，系统地指导产品设计。

本书的出版是对《电子产品设计 EMC 风险评估》中提出的“产品 EMC 设计风险评估法”的又一次升级。一方面，对“产品 EMC 设计风险评估法”（本书中改名为“EMC 设计分析方法”）进行升级，使技术内容的描述更精确、更全面、更有逻辑性；另一方面，将成熟的风险评估技术应用于产品 EMC 设计中，研究出产品 EMC 风险评估技术，形成一种新的产品 EMC 合格评定方法。

本书基于 EMC 测试原理，解读产品 EMC 设计分析的一种方法（包括产品机械架构 EMC 设计、滤波设计、PCB 设计）。该方法可以用来指导产品的 EMC 设计，掌握该技术的工程师可以发现实际产品 EMC 设计的缺陷。同时，在这种产品 EMC 设计分析方法的基础上，本书使用已有的风险评估手段，形成一种产品 EMC 风险评估技术。利用这种 EMC 设计风险评估技术，可以在不进行 EMC 测试的情况下评估产品 EMC 测试失败的风险。

全书共 12 章。第 1 章讲述 EMC 设计基础；第 2 章讲述 EMC 测试本质，并分析产品 EMC 问题的思路如何形成；第 3 章讲述何为风险评估以及 EMC 风险评估的程序；第 4～6 章分别描述产品机械架构 EMC 设计，滤波、去耦、旁路设计，PCB EMC 设计的方法；第 7 章描述产品 EMC 设计分析方法，这是 EMC 风险评估技术的基础；第 8 章为产品的防雷击浪涌、ESD 和差模 EMC 问题的设计与分析；第 9 章为产品 EMC 设计分析方法应用实例；第 10 章讲述产品 EMC 风险评估技术；第 11 章讲述系统 EMC 风险评估技术；第 12 章描述企业如何进行 EMC 风险管理，以及如何将产品 EMC 风险评估技术和产品 EMC 设计分析方法应用到企业的研发流程中。

本书描述的 EMC 设计分析方法以 EMC 相关标准中的 EMC 测试（如 IEC61000-4-4 标准规定的 EFT/B 测试或 CISPR16 系列标准中规定的 EMI 测试）原理为基础，即当测试干扰施加在产品的各个输入/输出信号接口上时，如何通过合理的产品架构设计及原理图、PCB 设计，使测试时产生的共模电流得到控制，例如在进行抗扰度测试时，共模干扰电流不流向产品内部电路的工作地（GND）部分，而流向结构地（包括产品的接地点、金属外壳、金属板等）。当无法避免共模电流流向产品电路时，通过合理的电路设计方式和 PCB 布局布线方式，使 PCB 具备较高的抗共模电流的能力，使产品内部电路得到保护，最终降低 EMC 测试风险，为企业节省研发成本。使用 EMC 设计分析方法可以发现现有产品的 EMC 设计缺陷，也可以指导技术人员对产品进行合理的 EMC 设计。大量实践证明，通过该方法设计的产品，同样能在 EMI 测试中获得非常高的通过率，即用在产品抗干扰设计的措施同样适用于降低产品的 EMI 水平。

EMC 设计分析方法的核心是共模电流，该方法是通过长期实践而形成的一种简单、实用而又系统的分析方法。正确使用该方法能为企业节约因为 EMC 问题而导致的两轮以上的改板成本，并将产品在第一轮或第二轮设计时就通过所有的 EMC 测试。该方法从产品设计的角度出发，紧密结合产品设计的特点，而不是离开产品的实际情况而讲述 EMC 控制与设计技术。EMC 设计分析过程包括：

（1）产品的 EMC 测试计划制定；

（2）产品机械架构设计的 EMC 分析；

（3）单板设计的 EMC 分析；

（4）电路原理图设计的 EMC 分析；

（5）PCB 布局布线的建议；

（6）PCB 设计审查。

该方法的实际应用任务通常需要由企业中的 EMC 专家、顾问或受过该方法专业培训的产品系统工程师担任。通过该方法的分析，不但可以清楚地看到现有产品设计在 EMC 方面存在的优点、缺陷与风险，而且与风险评估技术结合，还可以预测产品 EMC 测试的通过率。另外，该方法所涉及的内容，与大部分 EMC 标准相关，如 IEC61000-4-2、IEC61000-4-3、IEC61000-4-4、IEC61000-4-6、IEC61000-4-12 等标准，汽车电子中的 ISO10605、ISO11452-2、ISO11452-3、ISO11452-4、ISO11452-5、ISO11452-6、ISO11452-7、CISPR25、ISO7637-3、ISO7637-2、IEC61000-4-5 等标准。

本书描述的 EMC 风险评估技术是建立在产品 EMC 设计分析方法的基础上的，利用通用的风险评估手段，按风险评估的程序，划分风险等级、建立产品设计理想模型（其中理想模型可以分为产品机械架构 EMC 理想模型和产品 PCB 设计理想模型）、确定风险要素，再根据产品实际设计的信息与理想模型中所有的风险要素进行比较，以识别产品 EMC 设计风险，最终获得产品的 EMC 风险等级。EMC 风险等级用来表明产品应对 EMC 测试的通过概率或产品在实际应用中出现故障的概率。这个评估手段及所得到的结果可以直接用来对产品进行 EMC 合格评定。

相比于 EMC 风险评估技术，EMC 测试是当前对产品 EMC 性能进行合格评定的最常见的一种手段，通过各种模拟将现实环境中的干扰施加在产品上，根据产品在干扰施加过程中及过程后的表现来对产品 EMC 性能进行评价或合格评定。但是这是一种黑盒评定方法，其不足是设计者或测试者无法通过 EMC 测试结果或测试现象直观推断出 EMC 问题的所在。

EMC 风险评估一般包括两部分：

- 产品机械架构设计的 EMC 风险评估；
- 电路板设计的 EMC 风险评估。

正确使用 EMC 风险评估，将揭开产品 EMC 性能的黑盒，无须进行 EMC 测试就可以对产品 EMC 性能进行评价或合格评定，也可以与 EMC 测试结果结合，对产品进行综合的 EMC 评价和合格评定，还可以作为产品进行正式 EMC 测试之前的预评估，以降低企业研发测试成本。

很多企业、专家给本书的编写和出版提供了帮助。本书的编写得到了法国 EMC 专家 Alain Charoy、Renzo Piccolo、Didier Doucet，英国 EMC 专家 W. Michael King，前 IEC/CISPR 主席 Don Heirman，前 IEC/CISPR 副主席和 A 分会主席 Martin Wright，现任 IEC/CISPR 主席 Bettina

Funk，IEC/CISPR 秘书长 Stephen Colclough，IEC/CISPR A 分会主席 Beniamino Gorini，IEC/CISPR D 分会主席 Mike Beetlestone，以及韩国 EMC 专家、IEC1906 奖获得者 Heesung Ahn 等的帮助，他们为笔者在本书编写过程中所碰到的技术难题给予了细心的解答；电子工业出版社的编辑牛平月女士为本书的目录编排提出了宝贵的意见。在此，向以上给本书提供帮助的专家表示衷心的感谢。另外，值得庆幸的是，本书的所有技术观点都经过实践的检验，且都有相关应用案例；但限于篇幅，无法将所有的应用案例编入书中，对此深感歉意。本书中所涉及的一些理论公式也许仅仅是近似估算公式，但它将为工程师进行产品的 EMC 分析提供很大的帮助。如果读者在阅读本书过程中有任何疑问，欢迎与笔者联系并讨论，或索要相关应用案例。联系方式：zhengjunqi.2006@163.com。

郑军奇

目录

第1章

EMC与EMC设计基础

1.1 什么是EMC和EMC设计

EMC（Electromagnetic Compatibility，电磁兼容）是指电子、电气设备或系统在预期的电磁环境中，按设计要求正常工作的能力。它是电子、电气设备或系统的一种重要的技术性能。就世界范围来说，电磁兼容问题已经形成一门新的学科，它是一门以电磁场理论为基础，涉及信息、电工、电子、通信、材料、结构等学科的边缘科学，同时也是一门实践性很强的学科。电磁兼容的中心课题是研究控制和消除EMI（Electromagnetic Interference，电磁干扰），使电子设备或系统与其他设备联系在一起工作时，不引起设备或系统的任何部分的工作性能恶化或降低。按照国际标准和国家标准的要求，被干扰对象一般分成两类：无线电接收设备；非无线电接收设备。对于无线电接收设备，由于涉及频谱资源的利用，其电磁兼容问题主要靠降低周边其他设备的无意电磁辐射发射值来实现；对于非无线电接收设备，其电磁兼容问题是研究其在应用环境中实际发生的干扰值为基础，并把干扰值作为对非无线电接收设备本身的抗干扰能力要求来实现的。这样来看，工程领域中一个设计理想的电子设备或系统应不发射任何不希望的能量，是指对无线电接收机的保护；而不受任何不希望有的能量的影响，是指电子设备本身的抗干扰能力。当然，在电子设备或系统出厂前，衡量其EMC性能好坏的主要依据就是EMC测试。产品在实际应用环境中发生的骚扰与干扰如图1.1所示。

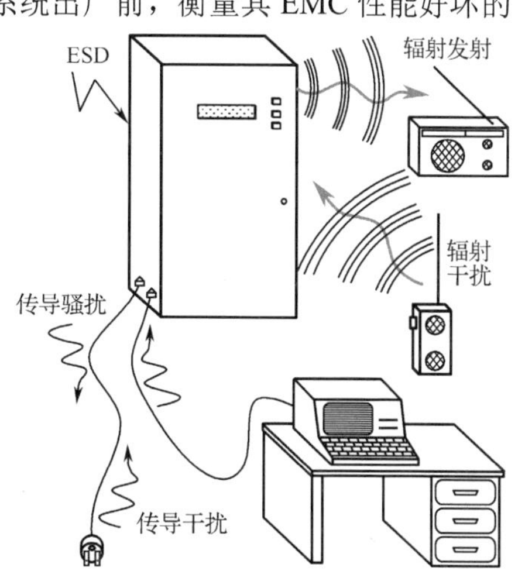

图1.1 产品在实际应用环境中发生的骚扰与干扰

目前，衡量一个产品的EMC性能主要从以下三个方面考虑：

（1）基于无线电保护的EMI性能：处在一定环境中的设备或系统，在正常运行时不应产生超过相应标准所要求的射频电磁能量。这部分的测试方法与限值标准制修订由IEC/CISPR（国际电工委员会/国际无线电干扰特别委员会）负责。这样的电磁干扰有：

- 从电源线传导出来的电磁骚扰；
- 从信号线、控制线传导出来的骚扰；
- 从产品壳体（包括产品中的所有电缆）辐射出来的骚扰。

（2）基于电网用电安全的 EMI 性能：处在一定环境中的设备或系统，在正常运行时不应产生超过相应标准所要求的能量。这部分的测试方法与限值标准制修订由 IEC/TC77（国际电工委员会/第 77 技术委员会）负责。这样的电磁干扰有：

- 从电源接口传导出来的谐波（Harmonic）电流；
- 电源接口产生的电压波动和闪烁（Fluctuation and Flicker）测量。

（3）EMS（Electromagnetic Susceptibility，电磁抗扰度）性能：处在一定环境中的设备或系统，在正常运行时设备或系统能承受各种类型的电磁能量干扰。这部分的测试方法与标准制修订由 IEC/TC77（国际电工委员会/第 77 技术委员会）负责，对产品的具体要求及标准修订由 IEC/CISPR（国际电工委员会/国际无线电干扰特别委员会）负责。这种电磁能量干扰主要有：

- 静电放电；
- 电源接口的电快速瞬变脉冲群；
- 信号线、控制线接口的电快速瞬变脉冲群；
- 电源接口的浪涌和雷击；
- 信号线、控制线接口的浪涌和雷击；
- 从空间传递给产品壳体的电磁辐射；
- 从电源接口传入的传导干扰；
- 电源接口的电压跌落与中断。

EMC 设计是指在产品设计过程中利用一定的设计技巧和额外的技术手段，使产品的 EMC 性能（包括产品的抗干扰能力和产品的骚扰水平）提高，并能在一定环境中按照产品的设计期望正常运行。为了衡量在实际应用环境中产品的 EMC 性能，需要进行 EMC 测试。对应以上产品各项 EMC 指标，EMC 测试通常分为 EMI 测试和 EMS 测试两大方面。

（1）EMI 测试：

- 电源线传导骚扰（CE）测试；
- 信号、控制线传导骚扰（CE）测试；
- 辐射骚扰（RE）测试；
- 谐波电流测试；
- 电压波动和闪烁测试。

（2）EMS 测试：

- 静电放电（Electrostatic Discharge，ESD）抗扰度测试；
- 电源接口的电快速瞬变脉冲群（EFT/B）抗扰度测试；
- 信号线、控制线的电快速瞬变脉冲群（EFT/B）抗扰度测试；
- 电源接口的浪涌（Surge）和雷击测试；
- 信号线、控制线的浪涌（Surge）和雷击测试；
- 壳体辐射抗扰度（RS）测试；
- 电源接口传导抗扰度（CS）测试；
- 信号线、控制线的传导抗扰度（CS）测试；
- 电源接口的电压跌落与中断测试（DIP）。

对于汽车及车载电子设备，由于其电磁环境与供电环境相对特殊，其 EMC 测试也相对特殊，但也可分为 EMI 测试和 EMS 测试两大类。测试项目主要参考 ISO、CISPR 标准，具体的 EMC 测试项目包括：

（1）EMI 测试。

- 符合 CISPR25（对应国标 GB18655）、CISPR12（对应国标 GB14023）标准的辐射骚扰测试；
- 符合 CISPR25（对应国标 GB18655）标准的传导耦合/瞬态发射骚扰测试。

（2）EMS 测试。

- 符合 ISO7637-1/2 标准规定的电源线传导耦合/瞬态抗扰度测试；
- 符合 ISO7637-3 标准规定的传感器电缆与控制电缆传导耦合/瞬态抗扰度测试；
- 符合 ISO11452-7（对应国标 GB17619）标准规定的射频传导抗扰度测试；
- 符合 ISO11452-2（对应国标 GB17619）标准规定的辐射场抗扰度测试；
- 符合 ISO11452-3（对应国标 GB17619）标准规定的横电磁波（TEM）小室的辐射场抗扰度测试；
- 符合 ISO11452-4（对应国标 GB17619）标准规定的大电流注入（BCI）抗扰度测试；
- 符合 ISO11452-5（对应国标 GB17619）标准规定的带状线抗扰度测试；
- 符合 ISO11452-6（对应国标 GB17619）标准规定的三平板抗扰度测试；
- 符合 ISO10605 标准规定的静电放电抗扰度测试。

EMC 设计不能像硬件电路设计、结构设计、软件设计等设计活动一样单独存在，它是依附于产品设计活动中的一种特殊的活动。如果一定要对 EMC 设计活动进行分类，那么主要包括：

- 产品的 EMC 标准和需求分析；
- 产品机械构架的 EMC 设计，包括产品的电缆设计；
- 电路原理图的 EMC 设计；
- PCB 的 EMC 设计；
- EMC 测试过程中出现问题的改进。

1.2 产品的 EMC 性能是设计赋予的

一般电子产品设计时如果不考虑 EMC 问题，就会导致 EMC 测试失败，以至不能通过相关法规的认证。例如，工程师们根据需求，设计出了效果良好的滤波电路，置于产品 I/O（输入/输出）接口的前级，可使因传导而进入系统的干扰噪声消除在电路系统的入口处；设计出了隔离电路（如变压器隔离和光电隔离等）解决通过电源线、信号线和地线进入电路的传导干扰，同时阻止因公共阻抗、长线传输而引起的干扰；设计出了能量吸收回路，从而减小电路、器件吸收的噪声能量；通过选择元器件和合理安排电路系统，使干扰的影响减小。

在电子产品的设计中，为了获得良好的 EMC 性能和成本比，对产品进行 EMC 设计是很重要的。电子产品的 EMC 性能是设计赋予的，而 EMC 测试仅仅是将电子产品固有的 EMC 性能用某种定量的方法表征出来。对于 EMC 设计来讲：

首先，产品设计者应该在研发过程中考虑 EMC 设计。如果在设计产品时不考虑 EMC，仅寄希望于测试阶段解决（表现为通过整改来解决设计成型产品的 EMC 问题，这样大量的人力和物力都投入在后期的测试/验证、整改阶段），那么即使产品整改成功，大多数情况下还是会由于整改涉及电路原理、PCB 设计、结构模具的变更，导致研发费用大大增加，周期大大延长。只有在前期产品设计过程中考虑和预测 EMC 问题，把 EMC 变成一种可控的设计技术，并行和同步于产品功能设计的过程，才能一次性把产品设计好。

其次，通过设计提高电子产品的EMC性能，绝对不是企业内EMC专家一个人所赋予的，因为EMC设计不能脱离产品硬件、结构等实物而存在。要使所设计的电子产品一次性取得良好的EMC性能，就需要提高产品设计工程师的EMC经验与意识。硬件工程师除了原先必须掌握的电路设计知识，还应该掌握EMI和EMS抗干扰设计的基本知识；PCB设计工程师需要掌握相应的器件布局、层叠设计、高速布线方面的EMC设计知识；结构工程师也需要了解产品结构的屏蔽等方面的设计知识。这些共同参与产品设计的工程师，要解决EMC专家在产品设计过程中所提出的意见，就要理解和领会EMC专家所提建议的奥秘，并将它与各自领域的设计特点相结合，将所有EMC问题的萌芽消灭在产品设计阶段。只有所有参与产品设计的开发人员共同提高EMC性能，才能设计出高质量的EMC电子产品。

最后，企业自己建立一套规范的EMC设计体系和设计分析方法，即：在研发流程中融入EMC设计分析及风险评估的过程，在产品设计的各个阶段进行EMC的评估和分析控制，把可能出现的EMC问题在研发前期就加以充分考虑并预测EMC测试失败风险，找到相应解决方案，从而确保产品设计结束后能够一次性通过测试与认证。当然，这对于企业来讲，也将减少不必要的人力及研发成本，缩短产品上市周期。本书所描述的EMC设计分析方法和EMC风险评估方法是一种很好的参考方法。

1.3 EMC是常规设计准则的例外情况

产品的电路原理是用电路图来描述的，但是电路图是仅仅着眼于按原定目的传输信号而把电路抽象化的模型。从EMC产生的原理分析，可以说功能电路图几乎没有表达核心的EMC问题。工程师需要解决和分析实际的EMC问题，就需要考虑抽象化过程中所舍弃的现象和耦合在实际电路中的意义和影响。例如，各元件的寄生参数（包括寄生电感和寄生电容），元件间的布线阻抗，元件间或电路间的耦合，几何位置不当引起的电磁耦合，电路元件和配线不当产生的耦合（公共阻抗耦合及电容器在高频时呈感抗），电路与外部干扰的耦合。

EMC问题总是起始于电路级，最终也结束于电路级；但EMC问题与电路功能设计问题不一样，它必须有“干扰源—耦合路径—敏感器”三要素同时存在，才会出现EMC问题。缺少三要素中的任何一个，EMC问题都不会存在。EMC设计就是针对三要素中的一个或几个，采取某些技术措施，限制或消除其影响，从而得到EMC性能好、成本可接受的产品。EMC三要素中，由于EMC测量的存在，其中一个要素实际上是实验室模拟的。例如在进行EMI测量时，测量接收天线和EMI接收机模拟了被干扰对象，此时研究产品的EMI问题，实际上只要研究三要素中的干扰源与耦合路径；在进行EMS测量时，干扰模拟器已经模拟了实际环境中存在的干扰源，此时研究产品的EMS问题，实际上只要研究三要素中的耦合路径和敏感器。耦合路径为EMC问题研究中的重点和难点，通常耦合路径分为可见的和不可见的，可见部分为产品电路中实际存在的电路路径，不可见部分通常是由于寄生参数而形成的额外通道。可见的耦合路径通常就是差模耦合路径，例如PCB中高速信号环路引起的对外辐射（见图1.2），以及PCB中信号环路感应到外界的辐射电磁场干扰（见图1.3）。

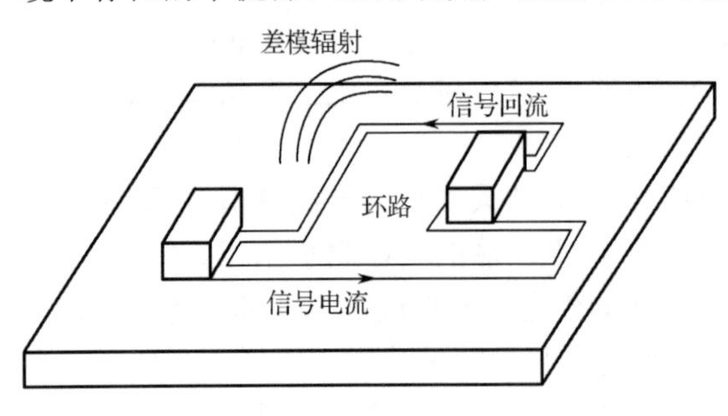

图1.2　PCB中高速信号环路引起的对外辐射

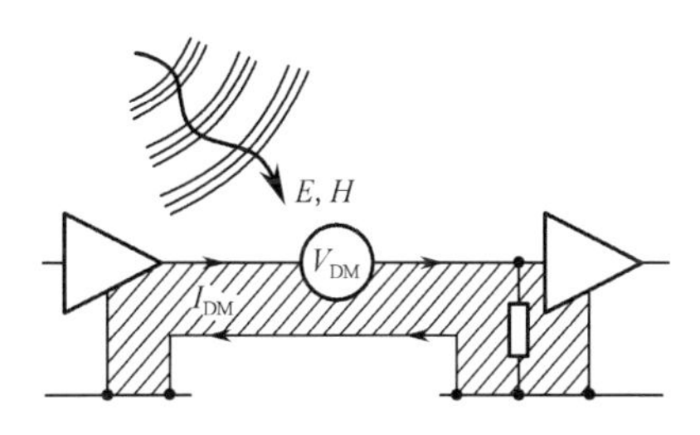

图 1.3　PCB 中信号环路感应到外界的辐射电磁场干扰

不可见的耦合路径通常就是共模耦合路径，如 PCB 中高频信号源与大地之间的寄生电容形成共模电压而产生的共模辐射，如图 1.4 所示。

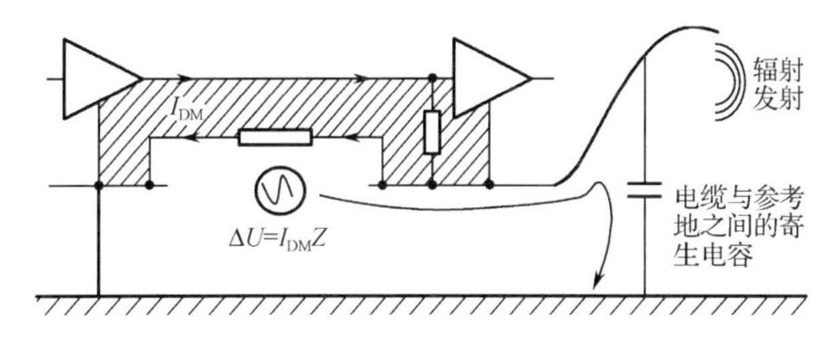

图 1.4　PCB 中高频信号源与大地之间的寄生电容形成共模电压而产生的共模辐射

如图 1.5 所示，由于寄生电容使共模电流有注入的通道，当共模干扰电压注入产品电缆时，由于电缆、产品本身与参考接地板之间寄生电容形成的共模回路而产生共模电流，使产品内部电路受共模电流的影响。

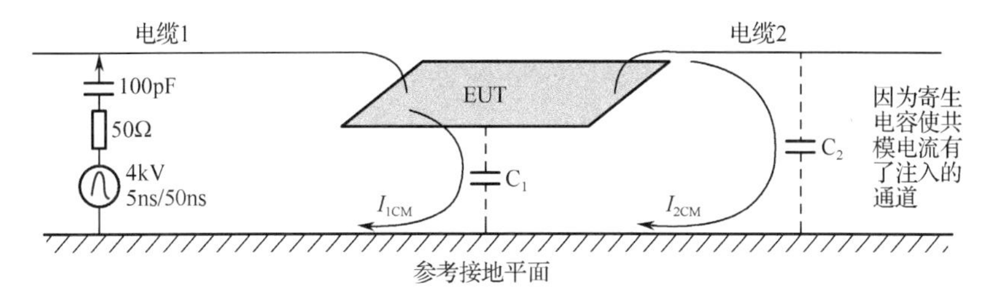

图 1.5　寄生电容引起的共模干扰回路

显然，上述两种耦合路径中，由于不可见路径的存在，使产品在设计时的 EMC 控制难度增加，而且实践证明，在当今电子产品工作频率越来越高的时代，大部分的 EMC 问题（尤其是疑难问题），是由不可见路径耦合引起的，即共模耦合问题，这也是本书需要重点讨论的问题。

1.4　EMC 理论基础

1.4.1　EMC 相关物理量和单位

表 1.1 所示是 EMC 相关物理量和单位的描述，这些是物理学常用的量和单位，也是 EMC 学科中常用的量和单位。

表 1.1　EMC 相关物理量和单位的描述

物理量符号	物理量名称	单 位 名 称	单 位 符 号
C	电容	法拉	F
E	电场强度	伏特每米	V/m
H	磁场强度	安培每米	A/m
I	电流	安培	A
F	频率	赫兹	Hz
Φ	磁通量	韦伯	Wb
L	电感	亨利	H
B	磁感应强度	特斯拉	T
τ	脉冲宽度	秒	s
λ	波长	米	m
P	功率	瓦特	W
R	电阻	欧姆	Ω
t	时间	秒	s
t_r	上升时间	秒	s
U	电压	伏特	V

1.4.2　时域与频域

任何信号都可以通过傅里叶变换建立其时域与频域的关系，其关系如下：

$$H(f)=\int_0^T x(t)\mathrm{e}^{-\mathrm{j}2\pi ft}\mathrm{d}t \tag{1.1}$$

式中，$x(t)$为电信号的时域波形函数；$H(f)$为该信号的频谱函数：$2\pi f=\omega$，ω为角频率，f 为频率。

以梯形脉冲函数为例，其频谱如图 1.6 所示。其频谱由主瓣与无数个副瓣组成，每个副瓣幅值虽然很大，但总的趋势是随着频率的增大而下降的。上升时间为 t_r、宽度为 d 的梯形脉冲频谱峰值包含两个转折点，一个是 $1/\pi d$，另一个是 $1/\pi t_r$。频谱幅度低频端是常数 A_0，经第一个转折点以后以-20dB 每 10 倍频程（dec）的速度下降，经第二转折点后以-40dB 每 10 倍频程的速度下降。所以在电路设计时在保证逻辑正常功能的情况下，尽可能增加上升时间和下降时间，这样有助于减小高次谐波的噪声，但是由于第一个转折点的存在，使那些即使上升沿很陡而频率较低的周期信号，也不会具有较高电平的高次谐波噪声。

对于梯形波，梯形脉冲频谱所含分量幅度的表达式为：

$$A_n = A_0[\sin(n\pi\delta)/n\pi\delta]\times[\sin(n\pi t_r/T)/(n\pi t_r/T)] \tag{1.2}$$

式中，占空比$\delta=d/T$，d 为梯形波脉冲宽度，T 为梯形波周期。当梯形波正好为方波时，$\delta=0.5$，则当 n=2,4,6,8,…时，$A_n=0$，即方波的偶次谐波为零；当 n=1,3,5,…时，

$$\sin(n\pi\delta)/n\pi\delta = 1/0.5n\pi$$

$$\sin(n\pi t_r/T)/(n\pi t_r/T)\approx 1$$

则

$$A_n = A_0[\sin(n\pi\delta)/n\pi\delta]\times[\sin(n\pi t_r/T)/(n\pi t_r/T)] \approx A_0/0.5n\pi$$

即低奇次谐波的幅度近似随着 $1/n$（即−20dB/dec）的速度逐渐递减。

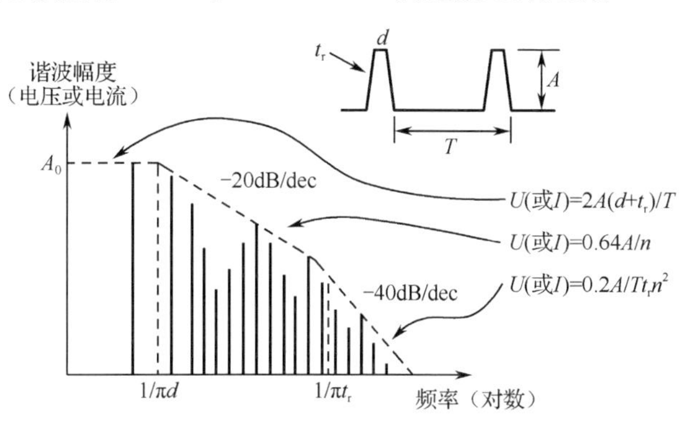

图 1.6　梯形脉冲函数的频谱

对于高次谐波，即当 n 的值较大时，$\sin(n\pi t_r/T)$的值总是在 0～1 之间，而 $n\pi t_r/T$ 随着 n 的增大而变得很大；同样，$\sin(n\pi\delta)$的值也总是在 0～1 之间，而 $n\pi\delta$ 也随着 n 的增大而变得很大。这样，

$$\begin{aligned} A_n &= A_0[\sin(n\pi\delta)/n\pi\delta]\times[\sin(n\pi t_r/T)/(n\pi t_r/T)] \\ &\approx A_0(1/n\pi\delta)\times[1/(n\pi t_r/T)] \end{aligned}$$

可见，此时高次谐波的幅度随着 $1/n^2$（即−40dB/dec）的比例逐渐递减。

当梯形波不为方波时，$\delta\neq0.5$，梯形波将产生偶次谐波，且值为：

$$A_{\text{even}} = A_0\times\sin(n\pi p)/n$$

式中，p 表示一个偏离占空比为 0.5 的方波的量值，$p=\delta-0.5$，δ为梯形波的占空比。

当 $n\pi p<\pi/6$ 时，$\sin(n\pi p)\approx n\pi p$，则

$$A_{\text{even}} \approx A_0\pi p$$

值得注意的是，偶次谐波的幅度是一个较小的值，它比奇次的低次谐波的幅度要小很多，并且偶次谐波的幅度虽然在开始时保持着一个常量值，但随着 n 的增大，当偶次谐波与奇次谐波达到相同的幅值后，偶次谐波也将随 $1/n^2$（即−40dB/dec）的比例逐渐递减。这就可能导致偶次谐波的幅度与较高次的奇次谐波幅度相当。

例如，一个电压幅度为 1V 的 10MHz 时钟信号，占空比δ=0.5−2%，即脉冲宽度τ=49ns，脉冲周期 T=100ns，上升沿 t_r=5ns，则该时钟信号的带宽为 $F_2=1/\pi t_r$=64MHz，其各次谐波信号的幅度如表 1.2 所示。

表 1.2　各次谐波信号的幅度

谐波次数 n	奇次谐波幅度 A_{odd} /V	奇次谐波幅度的分贝值 /dBV	偶次谐波幅度 A_{even} /V	偶次谐波幅度的分贝值 /dBV
1	0.64	−4		
2			0.02	−34
3	0.21	−14		

续表

谐波次数 n	奇次谐波幅度 A_{odd} /V	奇次谐波幅度的分贝值 /dBV	偶次谐波幅度 A_{even} /V	偶次谐波幅度的分贝值 /dBV
4			0.02	−34
5	0.13	−18		
6			0.02	−34
7	0.08	−22		
8			0.02	−34
9	0.05	−26		
10			0.02	−34
11	0.03	−30		
12			0.02	−34
13	0.025	−32		
14			0.02	−34
15	0.019	−34		
16			0.02	−34

注：超过 16 次谐波后的偶次谐波也将随 $1/n^2$ 的速度逐渐递减，其幅度约等于奇次谐波。

周期信号由于其每个取样段的频谱都是一样的，所以它的频谱成离散形。被离散分布的频点幅度高，通常会成为窄带噪声，所以周期信号也是产品产生 EMI 问题的主要信号源。而非周期信号，由于其每个取样段的频谱不一样，所以其频谱很宽，而且强度较弱，通常被称为宽带噪声。在一般系统中，时钟信号、PWM 信号为周期信号，而数据线和地址线通常为非周期信号，所以造成系统辐射发射超标的信号源通常是时钟信号或 PWM 信号。时钟噪声的与数据噪声的频谱如图 1.7 所示。

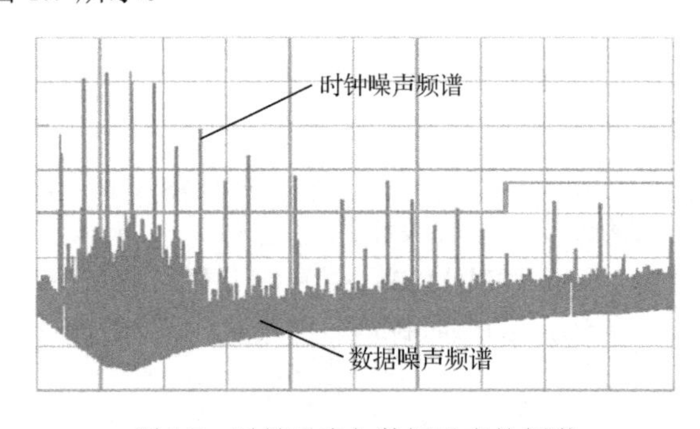

图 1.7　时钟噪声与数据噪声的频谱

1.4.3　电磁骚扰单位——分贝（dB）的概念

电磁骚扰通常用分贝（dB）来表示，分贝的原始定义为两个功率的比值，如图 1.8 所示。功率的 dB 值是由两个功率值的比值取对数后再乘以 10 得到的。

通常用 dBm 表示功率的单位，dBm 值即是以 mW 为单位的功率与 1mW 的比值取对数后再乘以 10 得到的，如图 1.9 所示。

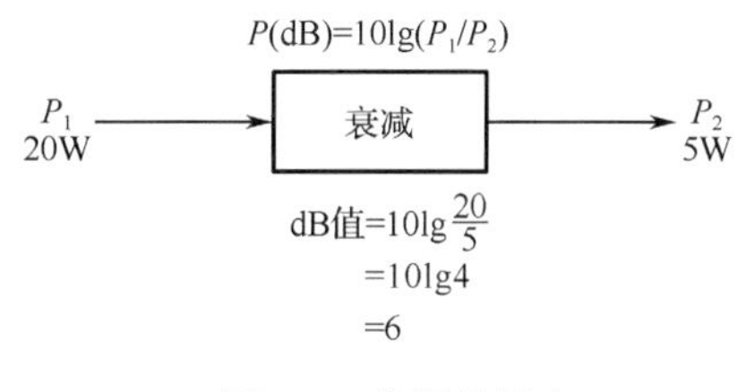

图 1.8　分贝的概念

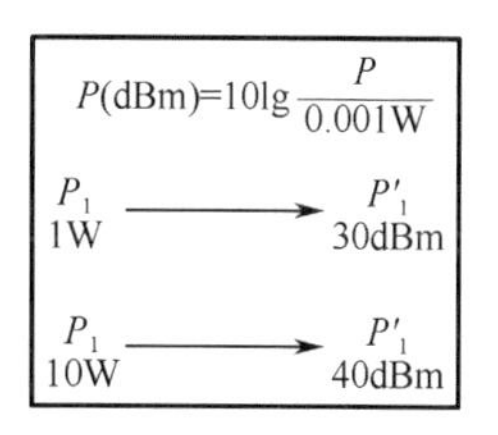

图 1.9　功率的分贝值

由功率的分贝值可以推出电压的分贝值（前提条件是 $R_1=R_2$，通常为 50Ω），如图 1.10 所示。

在 EMC 领域，通常用 dBμV 值直接表示电压的大小，dBμV 值即是以μV 为单位的电压与 1μV 的比值取对数后再乘以 20 得到的，如图 1.11 所示。

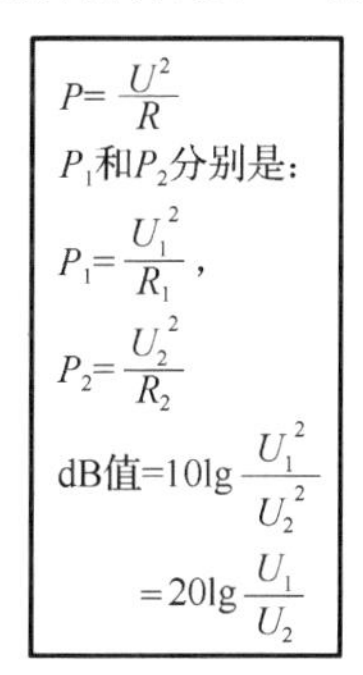

图 1.10　电压分贝的概念

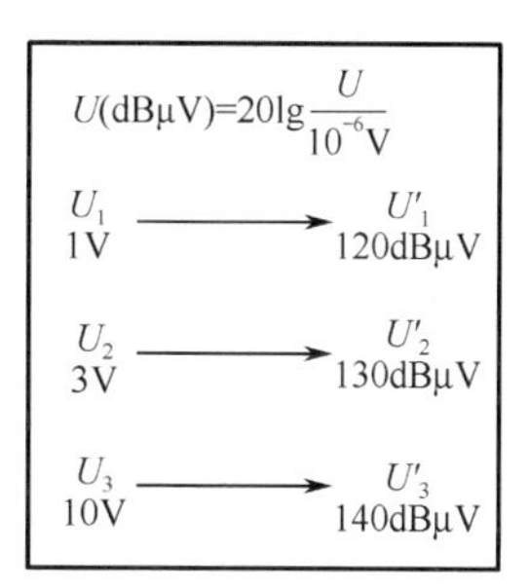

图 1.11　电压的分贝值

对于辐射骚扰通常用电场强度（场强）的大小来衡量，其单位是 V/m。在 EMC 领域通常以分贝表示，即 dBμV/m。用天线和干扰测试仪器组合在一起测量骚扰场强的大小，干扰测量仪器测到的是天线接口的电压，此电压加上所用天线的天线系数就是被测骚扰的场强，即

$$E(\text{dB}\mu\text{V/m})=U(\text{dB}\mu\text{V})+\text{天线系数}(\text{dB})$$

注：不计电缆衰减。

线性-分贝值转换表如表 1.3 所示。记住表 1.3 中的数据，有助于读者在实际工作中很快地算出分贝值。

表 1.3　线性-分贝值转换表

电压、电流线性倍数	功率线性倍数	分贝值/dB
1.12	1.25	+1
1.25	1.6	+2
1.4	2.0	+3
1.58	2.5	+4
2.0	4.0	+6
2.5	6.25	+8
3.16	10	+10
4.0	16	+12
5.0	25	+14

续表

电压、电流线性倍数	功率线性倍数	分贝值/dB
6.3	40	+16
10	100	+20
1000	1000000	+60

1.4.4 正确理解分贝的含义

当设备的电磁骚扰不能满足有关 EMC 标准规定的限值时，就要对设备产生超标发射的原因进行分析，然后进行排除。在这个过程中，经常发现许多人经过长时间的努力，仍然没有排除故障。造成这种情况的原因是诊断工作陷入了“死循环”。这种情况可以用下面的例子说明。

假设一个系统在测试时出现了辐射发射超标，使系统不能满足 EMC 标准中对辐射发射的限值。经过初步分析，原因可能有如下 4 个：

（1）主机与键盘之间的互连电缆（电缆 1）上的共模电流产生的辐射；

（2）主机与打印机之间的互连电缆（电缆 2）上的共模电流产生的辐射；

（3）机箱面板与机箱基体之间的缝隙（开口 1）产生的泄漏；

（4）某显示窗口（开口 2）产生的泄漏。

在诊断时，首先在电缆 1 上套一个铁氧体磁环，以减小共模辐射，结果发现频谱仪屏幕上显示的信号并没有明显减小，于是认为电缆 1 不是一个主要的泄漏源。将铁氧体磁环取下，套在电缆 2 上，结果发现频谱仪屏幕上显示的信号还是没有明显减小。这表明，电缆不是泄漏源。

再对机箱上的泄漏进行检查。用屏蔽胶带将开口 1 堵上，发现频谱仪屏幕上显示的信号没有明显减小，于是认为开口 1 不是主要泄漏源。将屏蔽胶带取下，堵在开口 2 上，结果频谱仪屏幕上显示的信号还是没有减小。为什么呢？之所以出现这种情况，是因为测试人员忽视了频谱分析仪上显示的信号幅度是以 dB 为单位显示的。

假设这 4 个泄漏源所占的成分各占 1/4，并且在每个辐射源上采取的措施能够将这个辐射源完全抑制掉，则当采取以上 4 个措施中的一个时，频谱仪上显示信号降低的幅度ΔA为：

$$\Delta A = 20\lg(4/3) = 2.5\text{dB}$$

幅度减小这么少，显然是微不足道的，但这却已经将泄漏减少了 25%。

正确的方法是，当对一个可能的泄漏源采取了抑制措施后，即使没有明显的改善，也不要将这个措施去掉，继续对可能的泄漏源采取措施。当采取到某个措施时，如果干扰幅度降低很多，并不一定说明这个泄漏源是主要的，而仅说明这个干扰源是最后一个。抑制 4 个泄漏源时干扰幅度的变化如图 1.12 所示。

在前面的叙述中，假定对某个泄漏源采取措施后，这个泄漏源被 100%消除掉，如果这样，当最后一个泄漏源被去掉后，电磁干扰的减小应为无限大。实际这是不可能的。在采取任何一个措施时，都不可能将干扰源 100%消除。泄漏源去掉的程度可以是 99%，甚至 99.99%以上，而绝不可能是 100%。所以当最后一个泄漏源去掉后，尽管改善很大，但仍是有限值。

当设备完全符合有关的规定后，如果为了降低产品成本，减少不必要的器件，可以将采取的措施逐个去掉。首先应该考虑去掉的是成本较高的器件/材料或者在正式产品上难于实现的措施。如果去掉后，产品的辐射发射并没有超标，就可以去掉这个措施。通过测试，使产品成本降到最低。

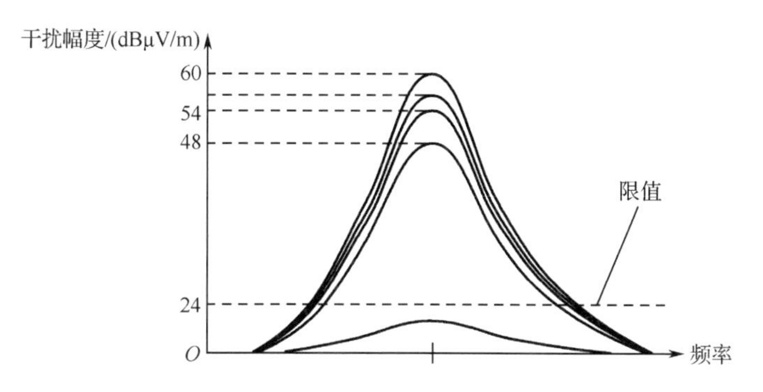

图 1.12　抑制 4 个泄漏源时干扰幅度的变化

1.4.5　电场与磁场

电场（E 场）产生于两个具有不同电位的导体之间，电场强度的单位为 V/m，电场强度正比于导体之间的电压，反比于两导体间的距离。磁场（H 场）产生于载流导体的周围，磁场强度的单位为 A/m，磁场强度正比于电流，反比于离开导体的距离。当交变电压通过网络导体产生交变电流时，产生电磁（EM）波，E 场和 H 场互为正交同时传播，如图 1.13 所示。

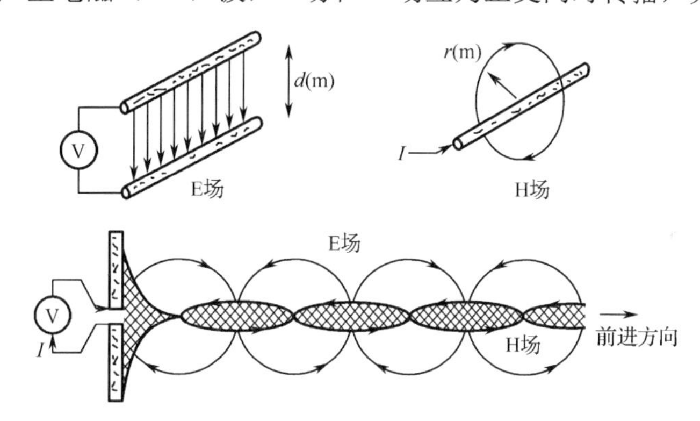

图 1.13　产生电磁（EM）波，E 场和 H 场互为正交同时传播

电磁场的传播速度由媒体决定，在自由空间它等于光速（3×10^8m/s）。在靠近辐射源时，电磁场的几何分布和强度由干扰源特性决定，仅在远处是正交的电磁场。在 EMC 领域，电场与磁场的概念总是与天线、源特性密切相关，如果天线模型是单极天线或耦极子天线，驱动源是电压源，那么辐射的近场区以电场为主；如果天线模型是环形天线，驱动源是电流源，那么辐射的近场区以磁场为主。图 1.14 所示是两种天线的模型图。

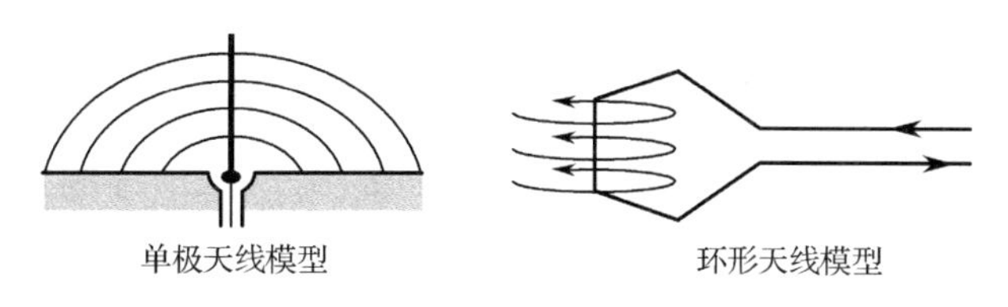

图 1.14　两种天线的模型图

当干扰源的频率较高时，干扰信号的波长λ又比被干扰的对象结构尺寸小，或者干扰源与被干扰者之间的距离 $r \gg \lambda/2\pi$时，则干扰源可以认为是辐射场（即远场），它以平面电磁波形式向外辐射能量进入被干扰对象的通路。例如，当频率为 30MHz 时，平面波的转折点为 1.5m；当频率为 300MHz 时，平面波的转折点为 150m；当频率为 900MHz 时，平面波的转折点为 50m。当辐射源尺度与波长可比拟时，还可将辐射场区分为辐射近场区和辐射远场区。辐射远场区的定义是“辐射场强度角分布与天线的距离无关的场区”。在辐射远场区，将天线上各点到测量点的连线当作是平行的，所引入的误差小于一定的限度。如天线尺寸为 D，则远场区距离应大于 $2D^2/\lambda$。当辐射源（天线）尺寸 D 的数量级小于波长λ时（$2D^2/\lambda<\lambda/6$，即 $D<\lambda/3.5$），辐射近场区范围小于感应场区，辐射场区全部是辐射远场区。

干扰信号以泄漏和耦合形式，通过绝缘支撑物等（包括空气）为媒介，经公共阻抗的耦合进入被干扰的线路、设备或系统。当干扰源的频率较低时，干扰信号的波长λ比被干扰对象的结构尺寸大，或者干扰源与干扰对象之间的距离 $r \ll \lambda/2\pi$，则可以认为干扰源是近场，它以感应场形式进入被干扰对象的通路。干扰信号可以通过直接传导方式引入线路、设备或系统。

图 1.15 所示是辐射场中近场、远场、磁场、电场与波阻抗的关系图。

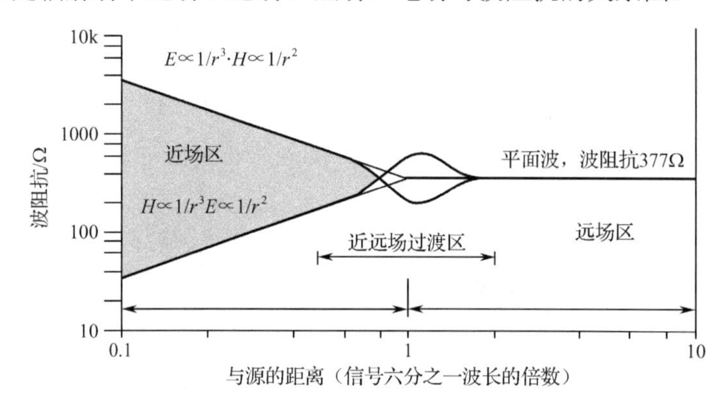

图 1.15　辐射场中近场、远场、磁场、电场与波阻抗的关系图

现在的高速数字系统电路中的有效回路（通常以差模的形式出现）是低阻抗的，接近 50Ω，大大低于 377Ω的自由空间阻抗，这使得数字电路的有效信号回路所产生的大多数近场能量处于磁场状态，而非电场状态，犹如磁场天线。但是不能忽略的是，高速数字系统电路在产生有效信号回路的同时还产生寄生回路（通常以共模的形式出现），这些回路会以相对更高的阻抗出现，主要通过寄生电容形成，犹如电场天线（如双极振子），并使其产生的大多数近场能量随着回路阻抗的升高而逐渐趋向电场。因此，高速数字系统中的交叉干扰、接地耦合和干扰问题涉及电流、磁场和电感的循环。在 EMC 世界中，数字电路板周围的近场能量不但具有磁场，而且还具有电场。

1.4.6　电路基本元件的特性

传统上，EMC 一直被视为“黑色魔术”（Black Magic）。其实，EMC 是可以由数学公式来理解的。不过纵使有数学分析方法可以利用，但那些数学方程式对实际的 EMC 电路设计而言仍然太过复杂。幸运的是，在大多数的实际 EMC 问题中，并不需要完全理解那些复杂的数学公式和存在于 EMC 原理中的理论依据，只由简单的数学模型就能够明白要如何达到 EMC 的要求。因此，了解基本元件的工作原理，以及由这些基本元件组成的基本动态电路的工作原理，有助于对 EMC 问题产生原理的理解。这些基本元件包括电容、电感、互感，基本动态电路有 RC、RL 电路等。这些知识也都是工程师想让自己所设计的电子产品通过 EMC 标准测试时事先所必须具备的基本知识。

1. 电容

电容是通过电场联系而建立起来的一个集合（用此概念可以判断两导体之间的寄生电容的变化），是构成滤波、去耦电路和容性串扰电路模型的基本元件。它的特性如下：

- 电容的定义式为 $q_c = Cu_c$，其中 q_c 为电容中的电荷，u_c 为电容两端的压降，C 为电容值，且电压、电荷取“一致的参考方向”，即电压极性为正的极板上带正电荷，如图 1.16 所示。

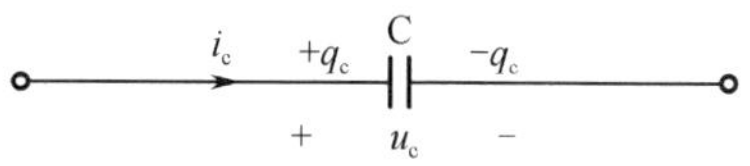

图 1.16　电容中的电流和电荷

- 当电压、电流取关联正向时，电容的伏安关系式为 $i_c = C\dfrac{\mathrm{d}u_c}{\mathrm{d}t}$，或 $u_c = \dfrac{1}{C}\int_{-\infty}^{t} i_c(\xi)\mathrm{d}\xi$。
- 电容的电流与电压的变化率成正比，这是电容元件与电阻元件的一个重要不同之处，也正是这个原因电容被视为动态元件。
- 在直流电路中，通过电容的电流恒为零，称之为电容的“隔直作用”；而在电路工作频率极高时，电容两端电压近似为零，即相当于“短路”。
- $u_c = u_c(t_0) + \dfrac{1}{C}\int_{t_0}^{t} i_c(\xi)\mathrm{d}\xi$，其中 $u_c(t_0) = \dfrac{1}{C}\int_{-\infty}^{t_0} i_c(\xi)\mathrm{d}\xi$。该式说明，当前时刻 t 的电容电压不仅与现实的电流相关，而且与以前电流的作用情况有关，即它具有记忆电流的本领，故称电容元件为“记忆元件”。
- 电容两端电压不可能发生“突变”（或跳变），只能连续变化，称之为电容电压的连续性。这是一种阻碍电压变化的特性，是电容一个很重要的特性。利用电容滤除瞬态干扰就是利用了这个特性。
- 电容中储藏的电场能量计算式为 $W_c = \dfrac{1}{2}Cu_c^2$。当电容作为去耦电容时，电容充当一个“临时的电源”，此时需要考虑电容中的能量，如果能量不足也会导致去耦失败。
- 在任意时刻 t 均有 $W_c \geqslant 0$，这表明电容是无源元件。同时它能存储电场能量，但不消耗能量，故电容是非耗能元件，称为“储能元件”。

2. 电感

电感是通过磁场联系而建立起来的一个集合（用此概念可以来判断导体的寄生电感），也是构成滤波和感性串扰电路模型的基本元件。它的特性如下：

- 当电流和磁力线的参考方向符合右手螺旋法则时，电感元件的定义式为 $\Phi_L = Li_L$，其中 Φ_L 为磁通量，i_L 为流过电感的电流，L 为电感量。
- 当电感元件的电压、电流为关联正向时，其伏安关系式为：

$$u_L = L\frac{\mathrm{d}i_L}{\mathrm{d}t} \quad 或 \quad i_L = \frac{1}{L}\int_{-\infty}^{t} u_L(\xi)\mathrm{d}\xi$$

- 由电容、电感元件的伏安关系式可知：i_c 与 u_L，u_c 与 i_L 具有类比性，故称电感、电容为对偶元件。
- 电感也是动态元件。在直流电路中，电感元件两端的电压为零，相当于短路；而当电路的工作频率极高时，电感元件近似为“开路”。

- 流过电感的电流不能跳变，这种特性阻碍流过其电流的变化，称之为电感电流的连续性。利用电感滤除瞬态干扰就是利用了这个特性。
- 电感元件是储能元件，其储能的磁场能量的计算式为$W_L=\frac{1}{2}Li_L^2$。例如在电机中，电机线圈的电感量越大，其碳刷上产生的骚扰幅度降就越大。
- 与电容相似，电感元件是无源元件，亦是非耗能元件。

3. 互感

互感是通过磁场联系相互约束的若干电感元件的集合（用此概念可以判断回路之间的感性串扰），是构成耦合电感线圈和感性串扰电路模型的基本元件。图 1.17 和式（1.3）～式（1.5）表示了互感中各种参数的相互关系。

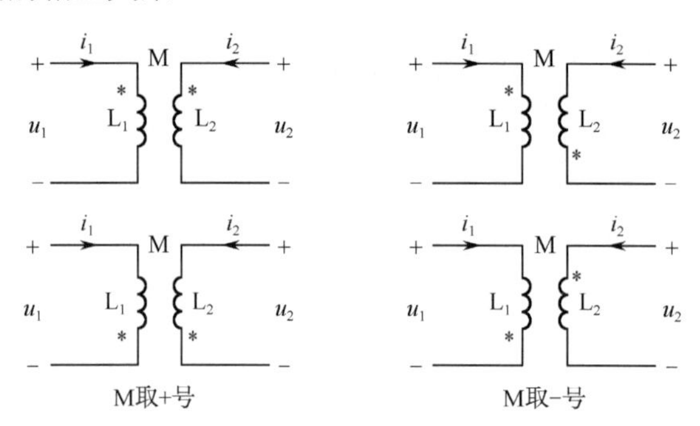

图 1.17　互感

$$u_1=L_1\frac{\mathrm{d}i_1}{\mathrm{d}t}\pm M\frac{\mathrm{d}i_2}{\mathrm{d}t} \tag{1.3}$$

$$u_2=\pm M\frac{\mathrm{d}i_1}{\mathrm{d}t}+L_2\frac{\mathrm{d}i_2}{\mathrm{d}t} \tag{1.4}$$

$$u=\frac{\mathrm{d}\psi}{\mathrm{d}t} \tag{1.5}$$

4. 动态电路的有关概念

- 含有动态（储能）元件的电路称为动态电路。电阻性电路与动态电路的重要区别在于：前者是线性电阻，在数学上可以用线性代数方程描述；而后者则是非线性电路，数学上需用以电压、电流为变量的微分方程或微分-积分方程来描述。
- 动态电路存在过渡过程或暂态过程，电阻性电路不存在过渡过程。这种过渡过程在电路里经常是由电路的瞬态变换引起的，电路中含有动态元件是过渡过程发生的内因，而瞬态变换则是过渡过程产生的外因。
- 在分析过渡过程时，通常将换路时刻作为计时的起点，且还需对换路后的一瞬间加以区分，即将换路前的一瞬间记为$t=0_-$，将换路后的一瞬间记为$t=0_+$。这样做是为了准确地表征电路变量在换路时发生突变的情况，仅当在换路时电路变量未产生突变，才无须区分 0_- 和 0_+ 两个时刻，而将换路时刻记为 t=0。
- 应注意，只有一阶电路才有时间常数这一概念。时间常数定义为一阶电路微分方程对应的特征根倒数的负值，且其单位为秒（s）。RC 电路的时间常数$\tau=R_{eq}C$，而 RL 电

路的时间常数 $\tau = \dfrac{L}{R_{\text{eq}}}$，其中 R_{eq} 为从储能元件两端看进去的电阻网络的等效电阻。时间常数常用于计算信号线上的滤波电容值。

- 时间常数 τ 反映暂态过程的快慢，即 τ 越大，暂态过渡所经历的时间越长。
- 用时间常数 τ 可表示暂态过程的进程，例如，当 $t = \tau$ 时，电路的响应为其初值的 36.8%；而当 $t \geqslant 5\tau$ 后，可认为电路的过渡过程已告结束。

第2章

共模电流的形成与EMC问题实质解读

为了形成一种产品EMC设计分析方法，本章的内容是至关重要的。如果说第4～6章是在解读产品EMC设计分析方法是如何形成的，那么本章就是在解释为什么第4～6章的内容是成立的，这都源于EMC测试本质的解读与总结。让产品的EMC测试通过是对产品进行EMC设计的最终目标，所有的EMC设计方法都源于EMC测试原理。以下几点结论是本章需要解读的：

- 产品电路中功能信号的传递是以差模方式传递的，而EMC测试（抗干扰测试与EMI测试）时相关的干扰信号传递方式是以共模为主的，共模问题又因在PCB之外，因而变成疑难问题。
- 典型的EMI问题是差模的功能信号转换成共模电压或共模电流的过程。
- ESD测试、大电流注入（BCI）测试、EFT/B测试、辐射抗扰度测试等EMC测试项目，虽是不同的测试项目，但它们只是干扰源表现形式和注入方式不同，对电路的干扰原理都是一样的，通常是以共模的方式注入，进而转为差模电压，最终与产品电路中功能正常的电平叠加。
- 可以把"共模电流"作为EMC测试的主线，当EMI共模电流流入产品中的等效发射天线或EMC测试时的LISN（传导骚扰的测量设备）时，EMI问题就产生了；当抗干扰测试的共模电流注入PCB时，抗干扰问题就产生了。
- 产品机械架构的EMC设计就是控制"共模电流"的大小与路径。

2.1 EMC测试与共模电流分析

2.1.1 EMC测试是EMC设计的重要依据

EMC测试是衡量电子产品EMC性能优劣的首要依据。各种EMC标准不但规定了各类电子产品的测试等级，而且还规定了测试方法和手段，因此EMC设计及EMC问题的分析必须建立在相关标准规定EMC测试的基础上。

CISPR11、CISPR13、CISPR14、CISPR15、CISPR32、CISPR35；IEC61000-4-2、IEC61000-4-3、IEC61000-4-4、IEC61000-4-5、IEC61000-4-6、IEC61000-4-8、IEC61000-4-11、IEC61000-3-2、IEC61000-3-3 等标准对工业、科学、医疗仪器，广播接收机，家用电器及手工具、灯具类以及信息技术产品等所要进行的电磁干扰测试和电磁敏感度测试做了规定。对于汽车电子零部件EMC测试标准，同样有ISO11452、ISO10605、CISPR 25、ISO 7637等，这些标准对汽车

电子零部件的电磁干扰和电磁敏感度测试做了规定。同时，为了强调汽车的安全，在汽车及汽车电子的 EMC 测试中，其抗扰度测试显得更为重要。ISO-11452 和 ISO-7637 是针对汽车电子进行的抗扰度性能的标准和规范。

以上所述这些标准中规定的 EMC 测试给设计结果提供了一个标准的评价依据。充分了解 EMC 测试的实质，有利于从 EMC 测试原理探索和形成一种 EMC 设计的分析方法，即找到一种建立在 EMC 测试原理基础上的 EMC 设计及 EMC 问题的分析方法。

2.1.2　辐射发射测试

1. 辐射发射测试目的

辐射发射测试的目的是测试电子、电气和机电产品及其部件所产生的辐射发射，包括来自壳体、所有部件、电缆及连接线上的辐射发射，用来鉴定其辐射是否符合标准的要求，以便在正常使用过程中不影响同一环境中（如汽车内部）的其他无线电接收设备。

2. 常用的辐射发射测试设备

根据常用普通电子设备的辐射发射测试标准 CISPR16、CISPR11、CISPR13、CISPR15、CISPR32 以及汽车及零部件辐射骚扰测试标准 CISPR12 和 CISPR25（被国内等同采用，对应的国标为 GB 14023 和 GB/T 18655）中的规定，辐射发射测试主要需要如下设备：

（1）EMI 自动测试控制系统（电脑及软件）。

（2）EMI 测试接收机。

（3）各式天线（主动、被动棒状天线，大小形状环路天线，功率双锥天线，对数周期天线，喇叭天线）及天线控制单元等。

（4）半电波暗室或开阔场。

（5）对于汽车电子零部件的辐射骚扰测试还需要人工电源网络［AMN，也叫线性阻抗稳定网络（LISN）］。在实验室里，人工电源网络用来代替线束的阻抗，以便确定被测设备（EUT）的工作情况。对人工电源网络的参数有严格的要求，它为不同实验室里测试结果的可比性提供了依据。

EMI 测试接收机是 EMI 测试中最常用、最基本的测试仪器。基于测试接收机的频率响应特性要求，按 CISPR16 规定，测试接收机有四种基本检波方式，即准峰值检波、均方根值检波、峰值检波及平均值检波。然而，大多数电磁干扰都是脉冲干扰，它们对音频影响的客观效果是随着重复频率的增高而增大的，具有特定时间常数的准峰值检波输出特性，可以近似反映这种影响。因此在无线广播领域，CISPR 推荐采用准峰值检波。由于准峰值检波器既能利用干扰信号的幅度，又能反映它的时间分布，因此其充电时间常数比峰值检波器大，而放电时间常数比峰值检波器小，对不同频谱段应有不同的充放电时间常数。峰值检波和准峰值检波主要用于脉冲干扰测试。

天线是辐射发射测试的“传感器”，而辐射发射测试频率范围从几十 kHz 到几十 GHz，在这么宽的频率范围内测试，所用天线种类繁多，且必须借助各种探测天线把被测场强转换成电压。例如在 30～300MHz 频率范围内，常采用偶极子天线与双锥天线；在 300MHz～1GHz 频率范围内，采用偶极子天线、对数周期天线及对数螺旋天线；在 1～40GHz 频率范围内，采用喇叭天线。这些天线的相关参数可参考制造厂商提供的出厂资料。通常，辐射发射测试用天线具有下列特点：

（1）为了提高测试速度，一般采用宽频带天线，除非只对少数已知的干扰频率点进行测试。

（2）宽频带天线在出厂前提供校正曲线，使用时需输入此天线校准的天线系数。

（3）不少测试用天线都工作在近场区，测试结果对测试距离很敏感，为此测试中必须严格按测试规定进行。因为在近场区电场、磁场之比（波阻抗）不再是一个常数，所以有些天线虽然给出了电场、磁场的校正系数，但只有当这些天线用于远场测试时才有效，而在测试近场干扰时电场与磁场测试结果不能再按此换算，这是在测试中容易忽略的问题。

开阔场是专业辐射发射测试场地，满足标准对于测试距离的要求，在标准要求的测试范围内（无障碍区）没有与测试无关的架空走线、建筑物、反射物体，而且应该避开地下电缆，必要时还应该有气候保护罩。该场地还要满足标准 CISPR16、ANSI63.4 关于场地衰减的要求。半电波暗室是一个开阔场模拟空间，除地面安装反射平面外，其余五个内表面均安装吸波材料，该场地也满足标准 CISPR16、ANSI63.4、EN50147-2 关于场地衰减和屏蔽效能的要求。

控制单元仅仅是为了使测试中各个设备之间能协调动作，自动完成辐射发射测试。

3. 辐射发射测试方法

图 2.1 所示是根据 CISPR16、CISPR11、CISPR13、CISPR15、CISPR32 等标准要求的辐射发射测试布置图。在进行辐射发射测试时，被测设备（EUT）置于半电波暗室内部，在转台上旋转，在接收天线分别处于垂直极化和水平极化的情况下找到最大的辐射点。辐射信号由接收天线接收后，通过电缆传到半电波暗室外的接收机。

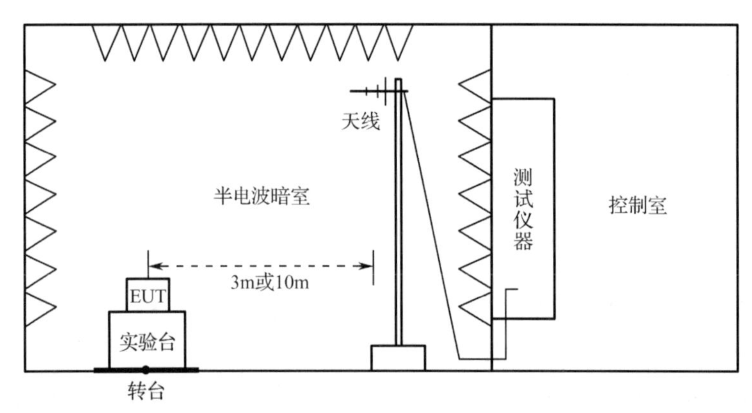

图 2.1　辐射发射测试布置图

台式设备测试布置图如图 2.2 所示。具体要求如下：

（1）互连 I/O 电缆距离地面不应小于 40cm。

（2）除了实际负载连接，EUT 还可以接模拟负载；但是模拟负载应该符合阻抗关系，同时还要能够代表产品应用的实际情况。

（3）EUT 与辅助设备 AE 的电源线直接插入地面的插座，而不应该将插座延长。

（4）EUT 同辅助设备 AE 的间距为 10cm。

（5）如果 EUT 本身的电缆比较多，应该仔细理顺，分别处理，并且在测试报告中记录，以便获得再次测试的重现性。

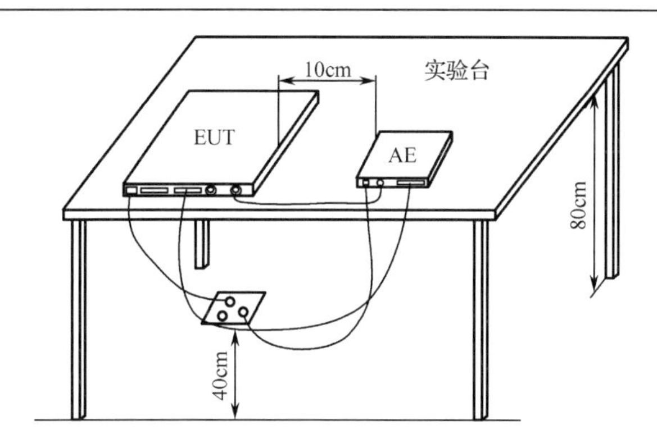

图 2.2 台式设备测试布置图

立式设备测试布置图如图 2.3 所示。具体要求如下：

（1）机柜之间的 I/O 互连线应该自然放置，如果过长，应扎成 30～40cm 的线束。

（2）EUT 置于金属平面上，同金属平面绝缘间隔 10cm 左右；接模拟负载或暗室内其他接口的电缆应该注意其同金属平面的绝缘性。

（3）如 EUT 电源线过长，则应扎成长度为 30～40cm 线束，或者缩短到刚好够用为宜。

（4）如果 EUT 本身的电缆比较多，应该仔细理顺，分别处理，并且在测试报告中记录，以便获得再次测试的重复性。

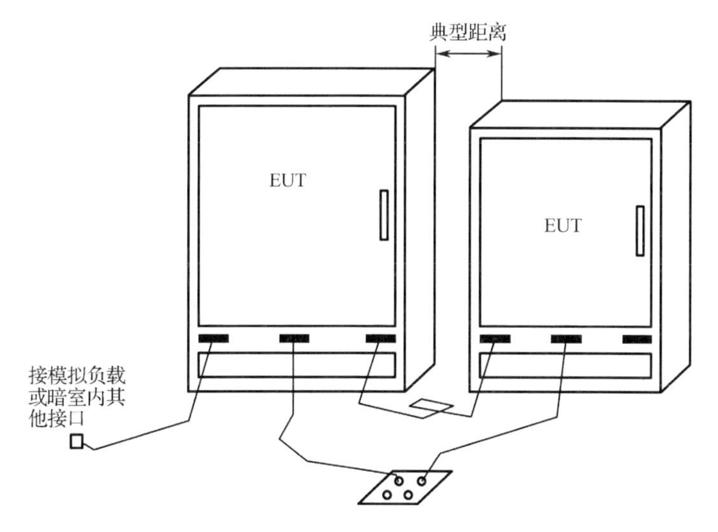

图 2.3 立式设备测试布置图

对于汽车电子设备的辐射发射测试，应根据图 2.4 所示的要求进行布置。在辐射发射测试时，汽车电子被测设备（EUT）置于半电波暗室内部，在接收天线与 EUT 线束的距离为 1m，并且接收天线处于垂直极化和水平极化的情况下，找到最大的辐射点。辐射信号由接收天线接收后，通过电缆传到半电波暗室外的接收机。

2.1.3 传导骚扰测试

1. 传导骚扰测试目的

传导骚扰测试是为了衡量电子产品或系统从电源接口、信号接口向电网或信号网络传输的骚扰，根据此骚扰来评价电源线、信号线接入电网或通信网络后产生的电磁辐射。

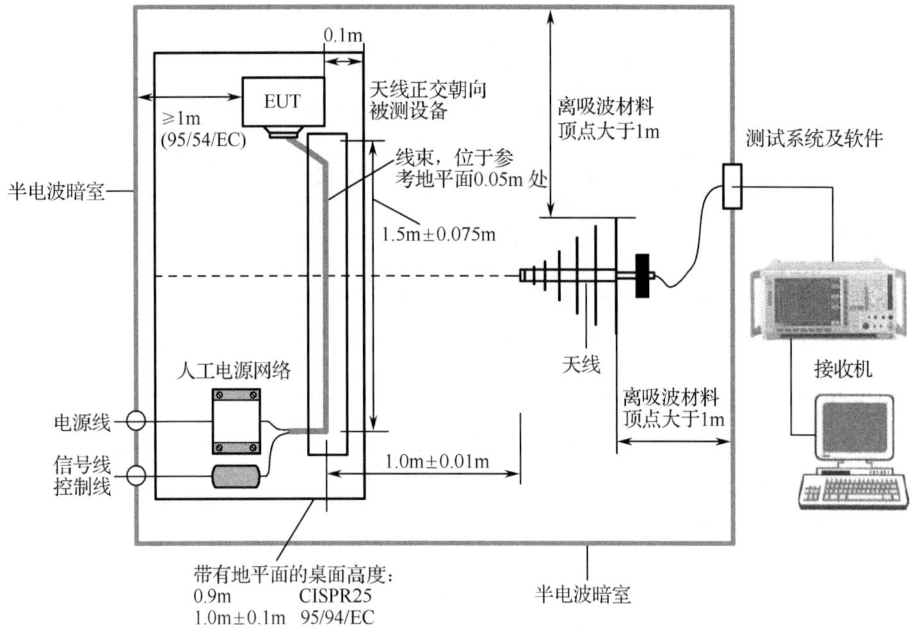

0.1m
EUT
≥1m
(95/54/EC)
天线正交朝向
被测设备
离吸波材料
顶点大于1m
测试系统及软件
半电波暗室
线束，位于参
考地平面0.05m 处
1.5m±0.075m
天线
接收机
人工电源网络
离吸波材料
顶点大于1m
电源线
信号线
控制线
1.0m±0.01m
带有地平面的桌面高度：
0.9m CISPR25
1.0m±0.1m 95/94/EC
半电波暗室

图 2.4　CISPR 25 标准要求的辐射发射测试布置图

2. 常用的传导骚扰设备

根据常用传导骚扰测试标准 CISPR16、CISPR11、CISPR13、CISPR15、CISPR32 及汽车电子传导骚扰测试标准 CISPR25 的要求，传导骚扰测试主要需要如下设备：

（1）EMI 自动测试控制系统（电脑及其界面单元）。

（2）EMI 测试接收机。

（3）人工电源网络（AMN），或称为线性阻抗稳定网络（LISN）。AMN 是一种耦合去耦电路，主要用来提供干净的 DC 或 AC 电源，并阻挡 EUT 骚扰回馈至电源，同时提供特定的阻抗特性。CISPR16 和汽车电子产品 EMC 测试标准规定的 AMN 的内部电路架构与阻抗特性曲线分别如图 2.5 和图 2.6 所示。

50μH
接EUT
0.1μF
接接收机
（50Ω）
1μF
1000Ω
阻抗/Ω
60
50
40
30
20
10
0
0.01
0.1
1
10
100
频率/MHz

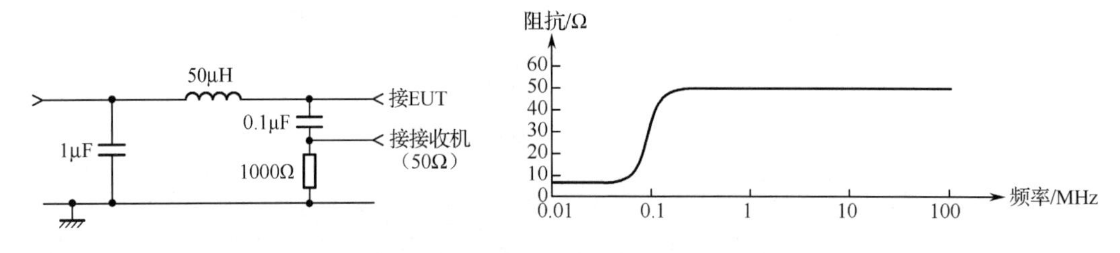

图 2.5　CISPR16 规定的 AMN 的内部电路架构与阻抗特性曲线

（4）电流探头（Current Probe）。电流探头是利用流过导体的电流所产生的磁场被另一线圈感应的原理而制得的，通常用来对信号线进行传导骚扰测试。

3. 传导骚扰测试方法

与辐射发射测试相比，传导骚扰测试需要较少的仪器，不过它需要一个 2m×2m 以上的参考接地板，并超出 EUT 边界至少 0.5m。因为屏蔽室内的环境噪声较低，同时屏蔽室的金属墙面或地板可以作为参考接地板，所以传导骚扰测试通常在屏蔽室内进行。图 2.7 所示是普通电子产品台式设备的电源接口传导骚扰测试配置图，AMN 实现传导骚扰信号的拾取与阻抗匹配，再将信号传送至接收机。对于落地式设备，在测试时，只要将 EUT 放置在离地 0.1m 高的绝缘支架上即可。除电源接口需要进行传导骚扰测试外，信号接口、通信接口也要进行传导骚扰测试。信号接口的测试方法相对比较复杂，有两种测试方法，即电压法与电流法，将其测试结果分别与标准中的电流限值与电压限值比较，以此来确定是否通过测试。

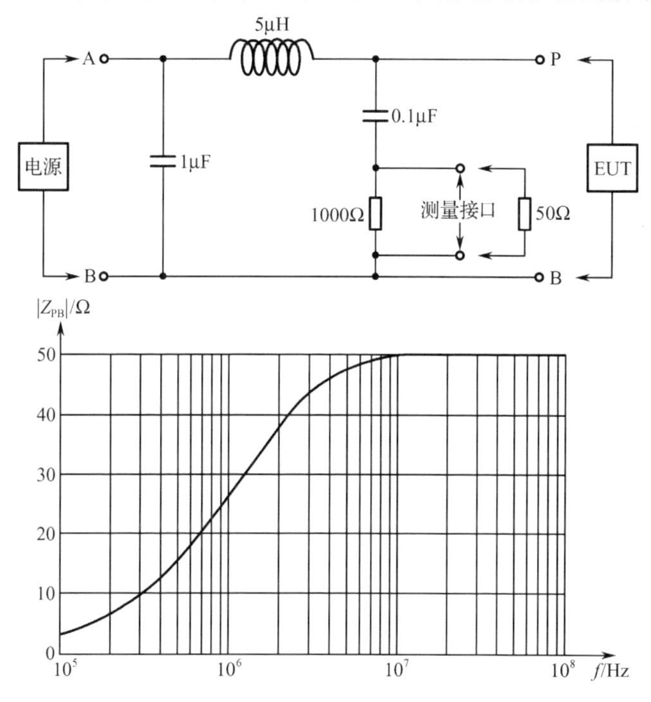

图 2.6　汽车电子产品 EMC 测试标准规定的 AMN 的内部电路架构与阻抗特性曲线

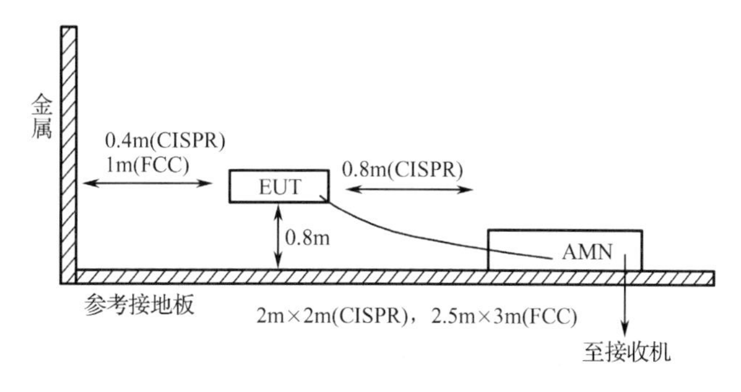

图 2.7　普通电子产品台式设备的电源接口传导骚扰测试配置图

图 2.8 所示是汽车电子设备传导骚扰测试配置图，其中人工电源网络（AMN）实现传导骚扰信号的拾取与阻抗匹配，再将信号传送至接收机。

2.1.4　静电放电抗扰度测试

1. 静电放电测试目的

静电放电测试目的是为了衡量电子产品或系统的抗静电放电干扰的能力。它模拟：①操作人员或物体在接触设备时的放电；②人或物体对邻近物体的放电。

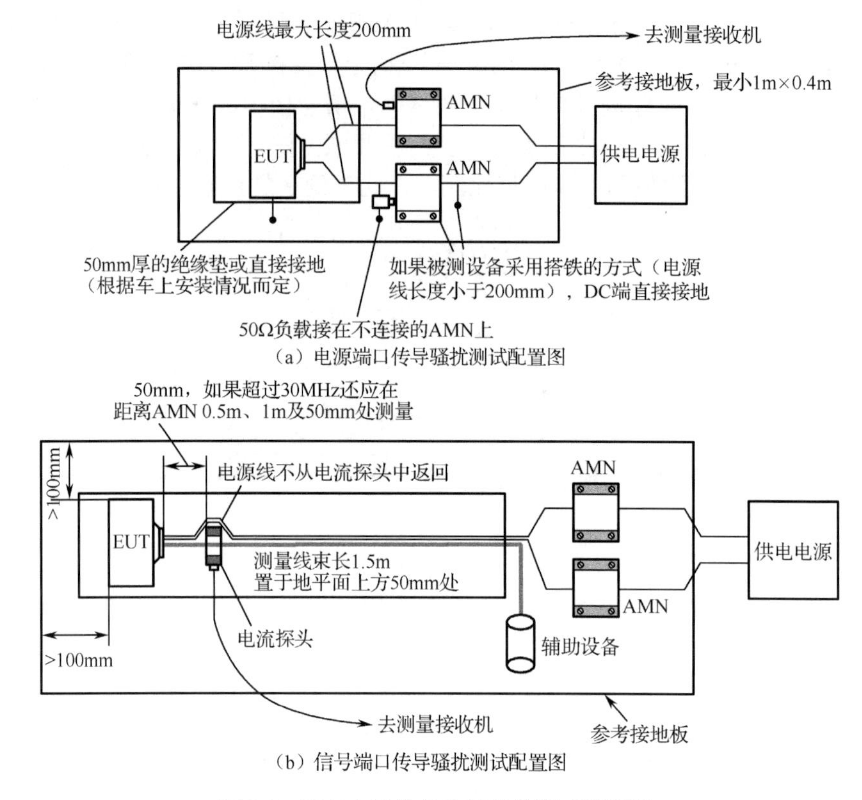

（a）电源端口传导骚扰测试配置图

（b）信号端口传导骚扰测试配置图

图 2.8　汽车电子设备传导骚扰测试配置图

2. 静电放电测试设备

图 2.9 和图 2.10 分别示出了符合 IEC61000-4-2 标准的静电放电发生器基本原理图和静电放电的电流波形。

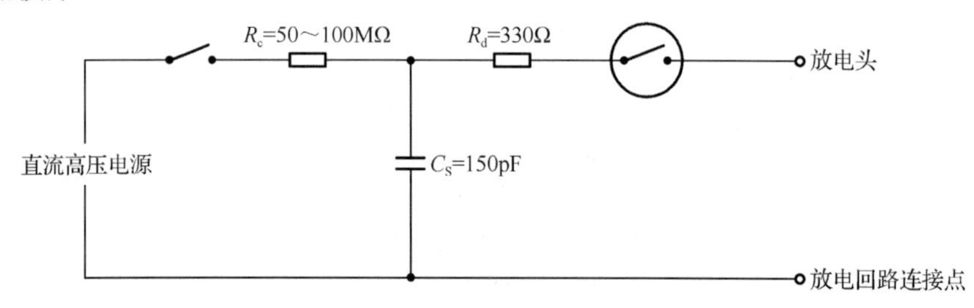

图 2.9　符合 IEC61000-4-2 标准的静电放电发生器基本原理图

图 2.10 中 I_m 表示归一化电流峰值，上升时间为 t_r=0.7～1ns。在 IEC61000-4-2 标准中，放电电路中的储能电容 C_S 代表人体对地的寄生电容，现公认为 150pF。放电电阻 R_d 为 330Ω，用以代表手握钥匙或其他金属工具的人体接触点与人体对地寄生电容之间的电阻。现已证明，用这种放电状态来体现人体放电的模型是足够严酷的。测试电压要由低到高逐渐增加到规定值。

对于符合标准 ISO10605 标准的静电放电设备，需要具有下列两种情况下的人体静电放电模型：

（1）乘员在乘客车厢内时发生的静电放电现象；

（2）人员从外部进入乘客车厢时发生的静电放电现象。

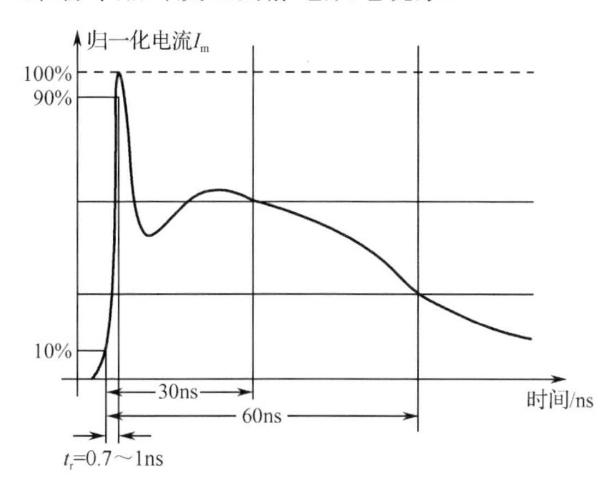

图 2.10　符合 IEC61000-4-2 标准的静电放电的电流波形

这两种放电模型对应不同的静电放电枪阻容网络，如图 2.11（a）、（b）所示。另外，汽车电子设备的静电放电枪要求输出电压范围为-25～+25kV。直接接触放电波形验证参数如表 2.1 所示。

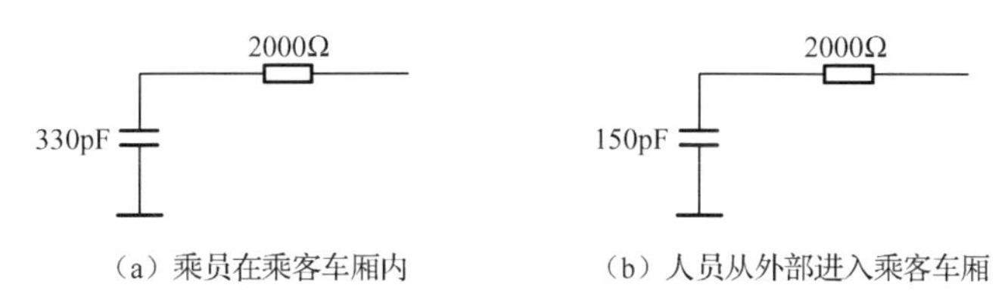

（a）乘员在乘客车厢内　　（b）人员从外部进入乘客车厢

图 2.11　汽车电子静电放电枪阻容网络

表 2.1　直接接触放电波形验证参数

等级	显示电压/kV	第一次峰值电流/A	放电开关动作后的上升沿时间/ns
1	2±0.5	7.5	0.7～1
2	4±0.5	15	
3	6±0.5	22.5	
4	8±0.5	30	

对于空气放电时的放电波形，标准要求验证在放电电压为±15kV 时的波形参数，上升沿时间应小于 5ns。

3. 静电放电测试方法

静电放电包括接触放电与空气放电，而接触放电又包括直接放电与间接放电。放电点包括所有接触面，对于绝缘表面采用空气放电，对于金属表面采用接触放电。在进行静电放电测试时，静电放电发生器的电极头通常应垂直于被测设备的表面。测试次数分正负极性，IEC61000-4-2 标准规定至少各放电 10 次，测试间隔一般约 1s；而 ISO10605 则规定只要正负极性各放电 3 次，放电间隔至少为 5s。在静电放电测试前和测试后要同时监测被测设备功能是否正常，以判定是否合格。

IEC61000-4-2 标准规定的测试严酷度等级如表 2.2 所示。

表 2.2　IEC61000-4-2 标准规定的测试严酷度等级

等　级	接触放电/kV	空气放电/kV
1	±2	±2
2	±4	±4
3	±6	±8
4	±8	±15

等级的选择取决于环境等因素，但对具体的产品来说，往往已在相应的产品或产品族标准中加以规定。

对于适合 IEC61000-4-2 测试的台式普通电子设备，测试时应按图 2.12 所示进行配置，其中测试设备包括一个放在参考接地板上的 0.8m 高的木桌。放在桌面上的水平耦合板（HCP）面积为 1.6m×0.8m，并用一个厚 0.5mm 的绝缘衬垫将被测设备和电缆与耦合板隔离。如果被测设备体积过大而不能保持与水平耦合板各边的最小距离为 0.1m，则应使用另一块相同的水平耦合板，并与第一块短边侧距离 0.3m。但此时必须将桌子扩大或使用两个桌子，这些水平耦合板不必焊在一起，而应经过另一根带电阻的电缆接到参考接地板上。

对于落地式普通电子设备，其测试应按图 2.13 所示进行配置，被测设备和电缆用厚度约为 0.1m 的绝缘支架与接地参考平面隔开。

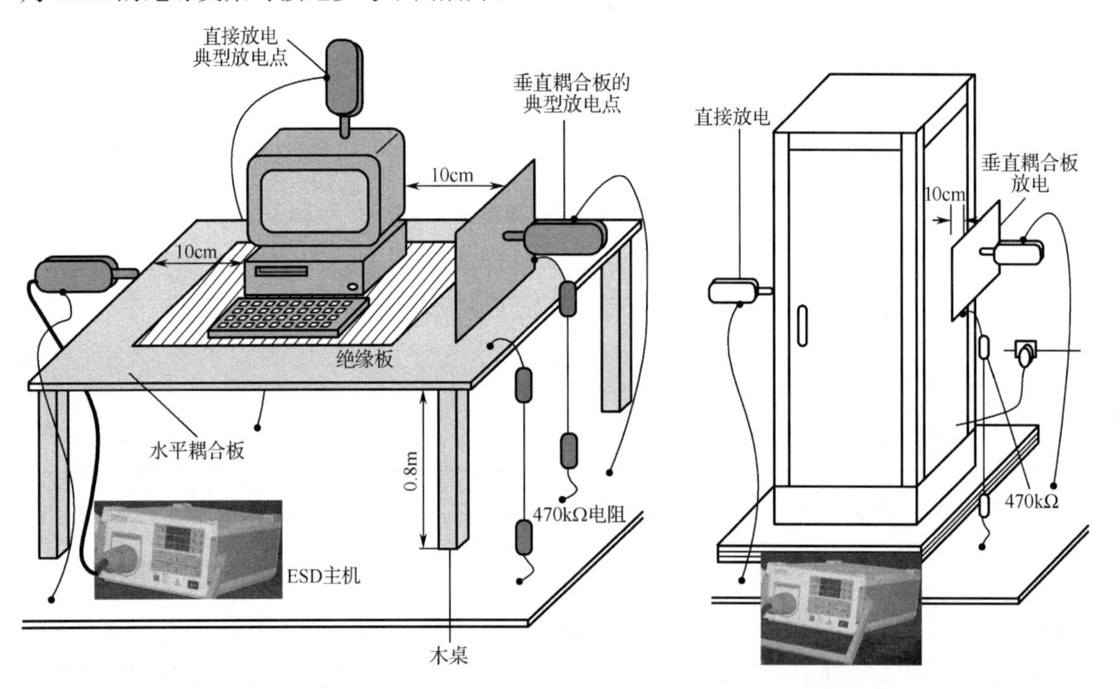

图 2.12　台式普通电子设备静电放电配置图　　　图 2.13　落地式普通电子设备静电放电配置图

ISO10605 标准规定的测试严酷度等级，分为被测设备带电运行测试时的等级和不带电运行测试时的等级，分别如表 2.3 和表 2.4 所示。

表 2.3　ISO 10605 标准规定的测试严酷度等级（带电运行测试时）

等　级	接触放电/kV	空气放电/kV
1	±4	±4
2	±6	±8
3	±7	±14
4	±8	±15

表 2.4　ISO 10605 标准规定的测试严酷度等级（不带电运行测试时）

等　级	接触放电/kV	空气放电/kV
1	±4	±4
2	±6	±15
3	±8	±25

对于汽车电子设备，当在通电状态下进行测试时，被测设备（EUT）放置在参考接地板上（见图 2.14）。如果被测设备是安装在汽车底盘上的电子设备，则将其直接放置在参考接地板上并使它们相连。如果被测设备在正常安装时与地绝缘，则测试时被测设备与参考接地板之间要布置绝缘板。当在不通电状态下进行测试时，被测设备需要安装在位于参考接地板与被测设备之间的静电耗散材料上，以便释放测试时所集聚的电荷。

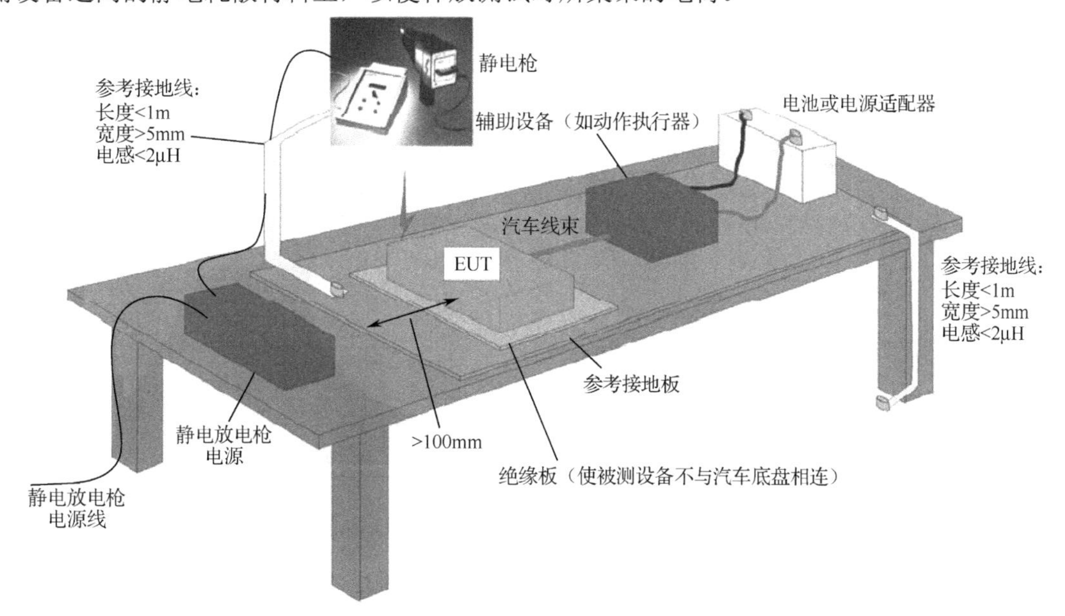

图 2.14　汽车电子设备静电放电配置图

对于不接地设备，由于它不像其他设备那样能自己放电，在测试中若在下一个静电放电脉冲施加之前电荷未消除，则被测设备上的电荷累积可能使电压为预期测试电压的两倍，从而造成高能量意外绝缘击穿放电的可能。因此，不接地设备在每个静电放电脉冲施加之前都应消除在被测设备上的电荷。IEC61000-4-2 规定使用类似于水平耦合板和垂直耦合板用的带有 470kΩ泄放电阻的电缆，ISO 10605 则规定使用 1MΩ耗散电阻。

2.1.5 射频辐射电磁场的抗扰度测试

1. 射频辐射电磁场抗扰度测试目的

射频辐射电磁场对设备的干扰，往往是由设备操作人员、维修人员和安全检查人员在使用移动电话、无线电台、电视发射台、移动无线电发射机等电磁辐射源（属有意发射）时产生的。另外，汽车点火装置、电焊机、晶闸管整流器、荧光灯在工作时产生的寄生辐射（属无意发射），也会产生射频辐射干扰。对其测试的目的是建立一个共同的标准来评价电气和电子产品或系统的抗射频辐射电磁场干扰的能力。

2. 测试仪器

（1）信号发生器（主要指标是带宽，有调幅功能，能自动或手动扫描，扫描点上的留驻时间可设定，信号的幅度能自动控制等）。

（2）功率放大器（要求在 1m 法、3m 法或 10m 法的情况下，达到标准规定的场强。对于小产品，也可以采用 1m 法进行测试，但当 1m 法和 3m 法的测试结果有争执时，以 3m 法为准）。

（3）天线（在不同的频段下使用双锥天线和对数周期天线，国外已有在全频段内使用的复合天线）。

（4）场强测试探头。

（5）场强测试与记录设备。若在基本仪器的基础上增加功率计、计算机（包括专用的控制软件）、场强探头的自动行走机构等，可构成一个完整的自动测试系统。

（6）半电波暗室。为了保证测试结果的可比性和重复性，要对测试场地的均匀性进行校验。

（7）横向电磁波室（TEM 小室）、带状线天线、平行板天线。

3. 辐射电磁场抗扰度测试方法

当按照标准 IEC61000-4-3 的规定进行辐射电磁场抗扰度测试时，要用 1kHz 正弦波进行幅度调制，调制深度为 80%，其波形如图 2.15 所示（在早期的测试标准中不需要调制）。将来有可能再增加一项键控调频，调制频率为 200Hz，占空比为 1∶1。

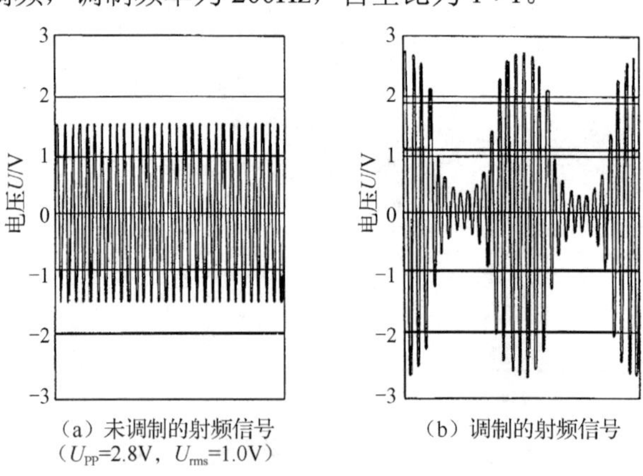

（a）未调制的射频信号（U_{pp}=2.8V，U_{rms}=1.0V）　（b）调制的射频信号

图 2.15　信号发生器的输出电压波形

测试应在半电波暗室中进行（其配置见图 2.16），用监视器监视 EUT 的工作情况（或从 EUT 引出可以说明 EUT 工作状态的信号至测定室，由专门仪器予以判定）。暗室内有天线（包括天线的升降塔）、转台、EUT 及监视器，工作人员以及测定 EUT 性能的仪器、信号发生器、

功率计和计算机等设备在测定室里，高频功率放大器则放在功放室里。在测试中，对 EUT 的布线非常讲究，应记录在案，以便必要时重现测试结果。

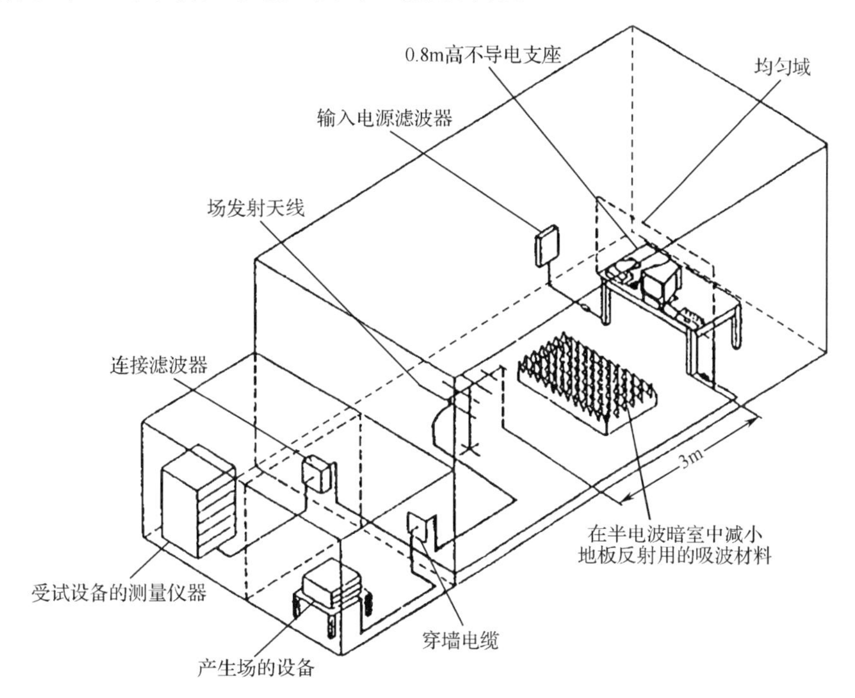

图 2.16　射频辐射电磁场抗扰度测试配置

场强、测试距离与功率放大器的关系如表 2.5 所示（仅供参考）。

表 2.5　场强、测试距离与功率放大器的关系

功率放大器功率	场强与测试距离
25W	用 1m 法可以产生 3V/m 的场强；当频率高于 200MHz 时，用 1m 法可以产生 10V/m 的场强
100W	用 3m 法可以产生 80%调制深度的 3V/m 场强，用 1m 法可以产生 10V/m 的场强
200W 和 500W	用 3m 法可在 1.5m×1.5m 虚拟平面上产生 10V/m 的场强；当距离减小时，可产生 30V/m 的场强

注：1m 法、3m 法、10m 法分别表示天线与 EUT 之间的距离为 1m、3m、10m。

对于汽车电子设备，辐射电磁场抗扰度测试的方法包括：

（1）自由场（Free Field）测试法（标准 ISO 11452-2 中规定）。

（2）横向电磁波室（TEM Cell，Transverse Electromagnetic Mode Cell）测试法（标准 ISO 11452-3 中规定）。

（3）带状线（Stripline）测试法（标准 ISO 11452-5 中规定）。

（4）平行板天线（Parallel Plate Antenna）测试法（标准 ISO 11452-6 中规定）。

● 自由场测试法。

由于电波暗室（吸波室）的空间较大，自由场测试法一般不限制被测设备（EUT）的体积大小，可容纳较大型尺寸的 EUT 进行测试，它也比较容易使用 CCTV 或其他监视装置来观察 EUT 在测试过程中的动作特性。一般的汽车电子设备或零部件（如电动后视镜等），都可用自

由场测试法。自由场测试法适用的频率范围为 200MHz（或 20MHz）～18GHz。自由场测试法的测试配置图如图 2.17 所示。

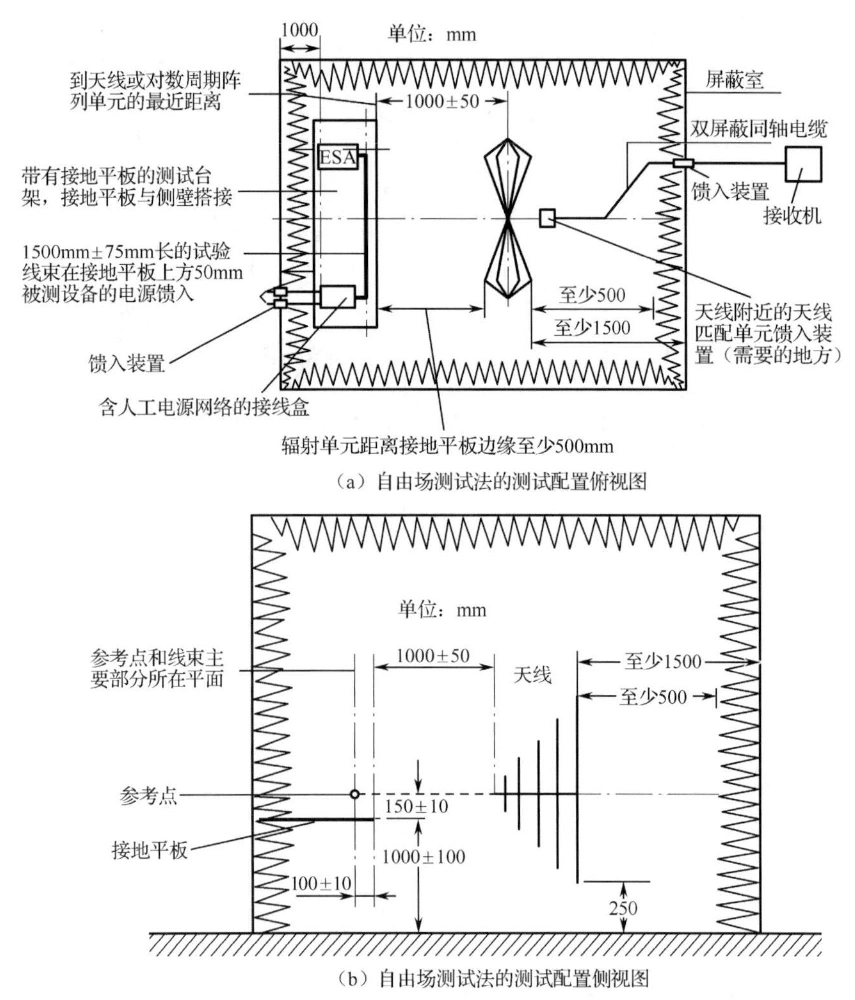

（a）自由场测试法的测试配置俯视图

（b）自由场测试法的测试配置侧视图

图 2.17　自由场测试法的测试配置图

● 横向电磁波室测试法。

根据 ISO 11452-3 中的规定，TEM（横向电磁波）单元只是一段简单的封闭传输线，其一端馈入一定的 RF 功率，另一端接一个负载阻抗。随着传输线中电磁波的传播，导体间就建立起一个电磁场。TEM 描述的是在这类单元的作用区域内所产生的占主导地位的电磁场。当传输线长度给定时，在一定的截面积上场强均匀，且易测量或计算。EUT 就放置在 TEM 单元的作用区域内。TEM 单元一般呈箱体形式，内带一个隔离面，箱体的墙面作为传输线的一端，隔离面（或称隔膜）作为另一端。TEM 单元的几何构造对传输线的特性阻抗有决定性的影响。其主要缺点是存在频率上限，这一上限频率与其物理尺寸成反比。当频率高于此上限时，场均匀性开始变差。TEM 单元能够测量的最大 EUT 尺寸受其内部可用的场强均匀区域体积的限制，因此最大 EUT 尺寸和该单元可测的最高频率之间有着直接关系。TEM 单元的最低测量频率可到 DC。横向电磁波室测试法则适用于小型 EUT 的辐射抗扰度测试，其中箱体是封闭的，测试时除有很少的泄漏之外，单元外没有电磁场，因此这种单元可以不加外屏蔽而应用于任何环境，它一般适用的频率范围为 0.01～200MHz（或更高）。横向电磁波室测试法测试配置图如图 2.18 所示。

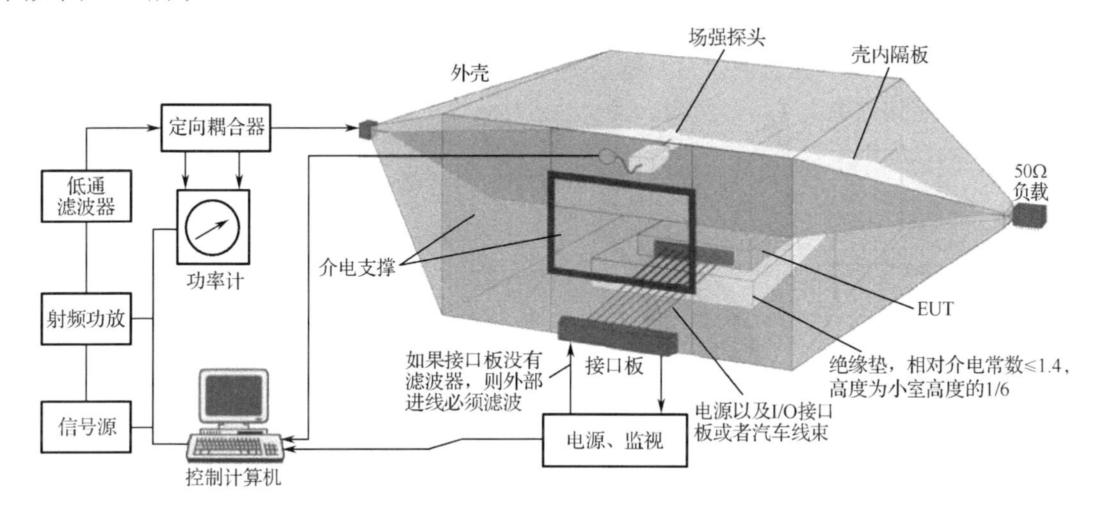

图 2.18 横向电磁波室测试法测试配置图

● 带状线测试法。

带状线包含 150mm 和 800mm（高度）两种规格，150mm 规格带状线的测试对象只局限于线路，800mm 规格的带状线则可将 EUT 放入带状线中测试。带状线测试法的限制是 EUT 本体或被测线路最大的直径尺寸仅能为带状线高度的 1/3 或更小，且必须在屏蔽室内进行测试。带状线测试法所适用的频率为 0.01～200MHz。150mm 带状线测试法的测试配置图如图 2.19 所示。

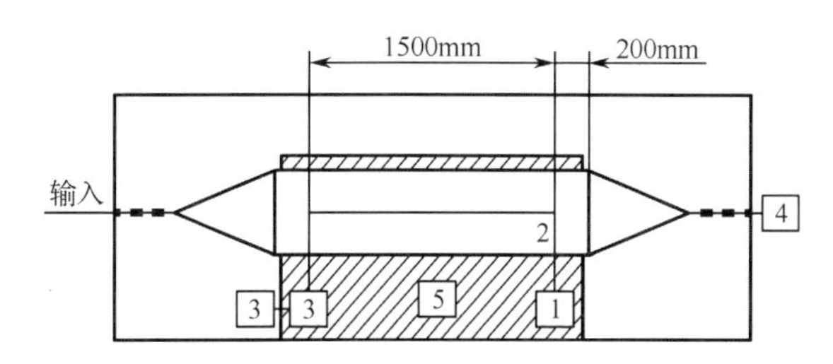

图 2.19 150mm 带状线测试法的测试配置图

1—EUT；2—被测设备测试线束；3—外围设备；4—终端阻抗；5—隔离支撑架（相对介电常数≤1.4）

● 平行板天线测试法。

在测试对象上，平行板天线测试法类似于自由场测试法，但它适合于较低频带范围的测试，且特别适用于低频电场测试。测试所适用的频率为 0.01～200MHz。平行板天线测试法测试配置图如图 2.20 所示。

一般情况下，测试标准中所规定的调制信号都是调制深度为 80%、频率为 1kHz 的正弦波，但也有个别的汽车厂商可能会有不同的要求。定义调制参数的目的是为测试规定一个恒定的峰值电平，这一点与 IEC61000-4-3 标准规定的抗扰性测试不同。在 IEC61000-4-3 标准规定的抗扰性测试中，调制信号的峰值功率比未调制信号高 5.3dB。而在峰值电平恒定的测试中，调制深度为 80%的已调制信号功率只有未调制信号功率的 0.407 倍。ISO 11452 中清楚地定义了这种信号的施加过程：

- 在每个频率点上，线性增大或对数增大信号强度，直到信号强度满足要求（对开环法指净功率满足要求，对闭环法则指测试信号的电平严格满足要求），根据+2dB 准则监测前向功率。
- 按要求施加已调信号，并使测试信号保持时间等于 EUT 最小响应时间。
- 缓慢降低测试信号强度，然后进行下一个频率的测试。

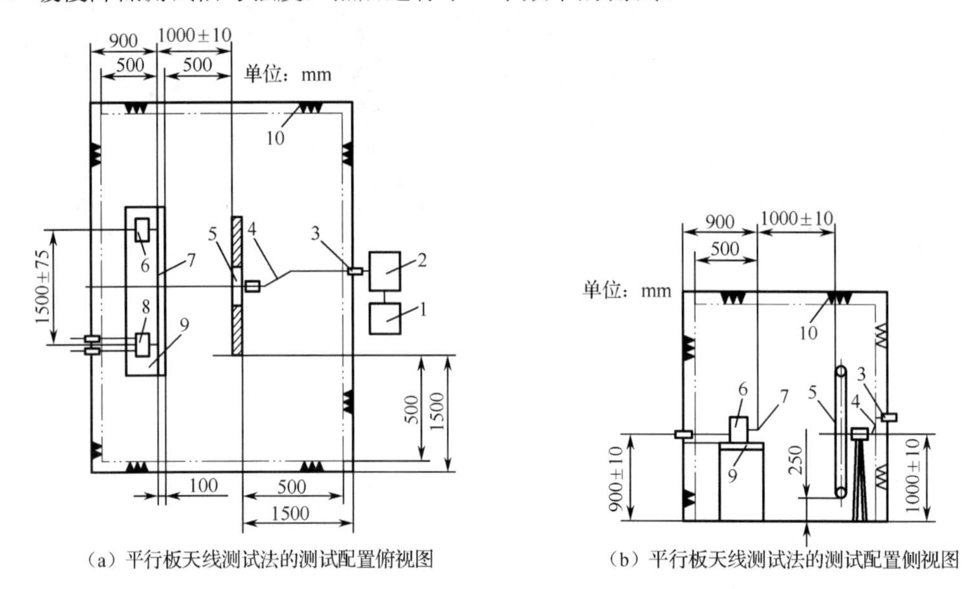

（a）平行板天线测试法的测试配置俯视图

（b）平行板天线测试法的测试配置侧视图

图 2.20　平行板天线测试法测试配置图

1—信号产生器；2—放大器；3—连接器；4—双重披覆同轴缆线；5—平行板天线；6—EUT；7—待测线路（电源及信号线）；8—人工电源网络（AMN）；9—测试台；10—电波暗室

2.1.6　瞬态快脉冲的抗扰度测试

1. 瞬态快脉冲测试目的

电路中机械开关对电感性负载的切换，通常会对同一电路的其他电气和电子设备产生干扰。这类干扰的特点是脉冲成群出现、脉冲的重复频率较高、脉冲波形的上升时间短暂、单个脉冲的能量较低。实践中，因电快速瞬变脉冲群造成设备故障的概率较小，但使设备产生误动作的情况经常可见，除非有合适的对策，否则较难通过。电快速瞬变脉冲群测试是一种瞬态快脉冲测试，对于普通电子设备，IEC61000-4-4 标准中对这个测试做了明确的规定，为电气和电子设备在进行电快速瞬变脉冲群测试时建立了一个评价抗电快速瞬变脉冲群干扰的共同依据。

对于汽车电子设备，该项测试采用的是 ISO 7637-2 标准规定的 P3a、P3b 瞬态脉冲波形测试，也是一种瞬态快脉冲测试。其中，P3a 用来模拟汽车电子系统中各种开关、继电器和保险丝在开启或关闭的过程中由于电弧所产生的快速瞬变脉冲群；P3b 则用来模拟电动门窗的驱动单元、喇叭或中央门控系统的开关切换过程中所产生的快速瞬变脉冲群。其测试的目的与 IEC61000-4-4 规定的测试一样，是为了在对汽车电子设备进行电快速瞬变脉冲群测试时建立了一个评价抗电快速瞬变脉冲群干扰的共同依据。

2. IEC61000-4-4 标准中电快速瞬变脉冲群测试设备

图 2.21 为电快速瞬变脉冲群的发生器基本线路，其中储能电容 C_c 的大小决定单个脉冲的能量；波形形成电阻 R_s 和储能电容配合，决定了波形的形状；阻抗匹配电阻 R_m 决定了脉冲发生器的输出阻抗（标准为 50Ω）；隔直电容 C_d 则隔离了脉冲发生器中的直流成分。电快速瞬变脉冲群波形如图 2.22 所示。电快速瞬变脉冲群发生器的基本要求如下：

- 脉冲的上升时间（指 10%～90%）：5(1±30%)ns；
- 脉冲持续时间（上升沿的 50%至下降沿的 50%）：50(1±30%)ns；
- 脉冲重复频率：5kHz 或 100kHz；
- 脉冲群的持续时间：15ms；
- 脉冲群的重复周期：300ms；
- 发生器在 1000Ω负载时输出电压（峰值）：0.25～4kV；
- 发生器在 50Ω负载时输出电压（峰值）：0.125～2kV；
- 发生器的动态输出阻抗：50(1±20%)Ω；
- 输出脉冲的极性：正/负；
- 与电源的关系：异步。

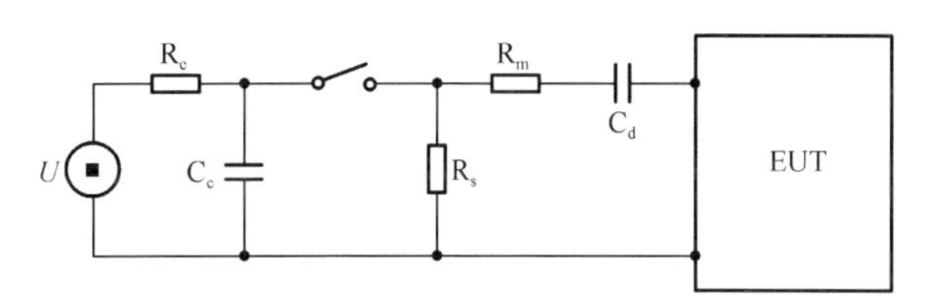

图 2.21　电快速瞬变脉冲群的发生器基本线路

U—高压电源；R_s—波形形成电阻；R_c—充电电阻；R_m—阻抗匹配电阻；C_c—储能电容；C_d—隔直电容

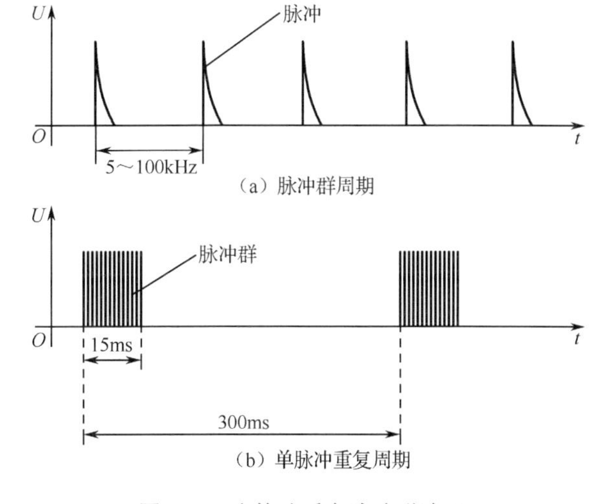

图 2.22　电快速瞬变脉冲群波形

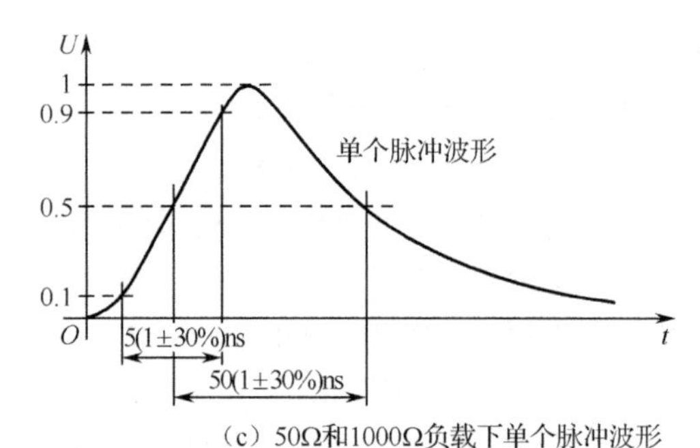

（c）50Ω和1000Ω负载下单个脉冲波形

图 2.22　电快速瞬变脉冲群波形（续）

3. ISO 7637-2 标准中电快速瞬变脉冲群测试设备

ISO7637-2 标准中规定的测试脉冲 P3a、P3b 产生原理（见图 2.23）：测试脉冲 P3 发生在开关切换的瞬间。这种脉冲的特性受到线束分布电容和电感的影响。由于线束的分布电容和电感的值通常都很小，因此在整个 ISO7637-2 标准里 P3 脉冲是一系列高速、低能量的小脉冲，常能引起采用微处理器或数字逻辑控制的设备产生误动作。

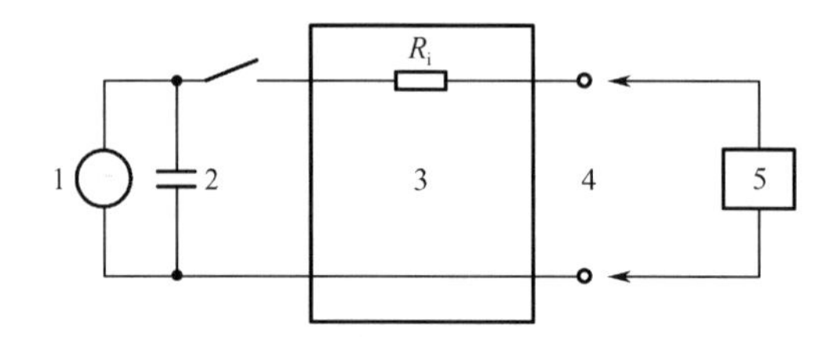

图 2.23　P3 波形产生器简单电路图例

1—电源；2—电容 C_s；3—具有内阻 R_i 的脉冲形成网络；4—脉冲输出；5—匹配负载电阻 R_L

用于 P3 快速瞬态脉冲测试的测试发生器应具有表 2.6 和图 2.24 所示参数的特性。

表 2.6　P3 脉冲参数校正表

参　数	P3a 脉冲		P3b 脉冲	
	空载	50Ω负载	空载	50Ω负载
U_S	−200V±20V	−100V±20V	+200V±20V	+100V±20V
t_r	5ns±1.5ns	5ns±1.5ns	5ns±1.5ns	5ns±1.5ns
t_d	150ns±45ns	150ns±45ns	150ns±45ns	150ns±45ns

4. IEC61000-4-4 标准规定的电快速瞬变脉冲群测试方法

IEC61000-4-4 标准规定有两种类型的电快速瞬变脉冲群测试：电源接口的电快速瞬变脉冲群测试和 I/O 接口的电快速瞬变脉冲群测试。电快速瞬变脉冲群测试的实验室配置与静电放电测试类似，地面上有参考接地板，接地板的材料与静电放电的要求相同。图 2.25 所示为电源接口 EFT/B 测试的连接图。图 2.26 所示为 I/O 接口 EFT/B 测试的连接图。

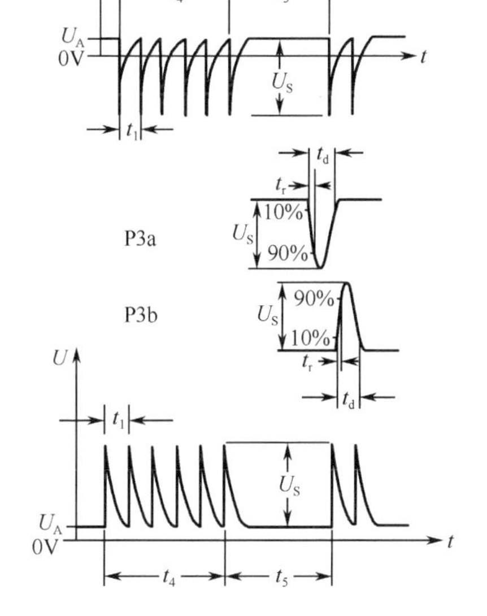

参数	12V系统	24V系统
U_S	−112～−150V	−150～−200V
R_i	50Ω	
t_d	0.1～0.2μs	
t_r	5ns±1.5ns	
t_1	100μs	
t_4	10ms	
t_5	90ms	

参数	12V系统	24V系统
U_S	+75～+100V	+150～+200V
R_i	50Ω	
t_d	0.1～0.2μs	
t_r	5ns±1.5ns	
t_1	100μs	
t_4	10ms	
t_5	90ms	

图 2.24　P3 脉冲波形参数图

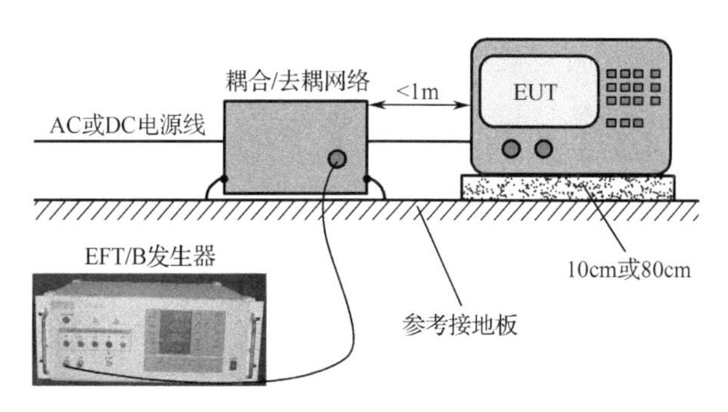

图 2.25　电源接口 EFT/B 测试的连接图

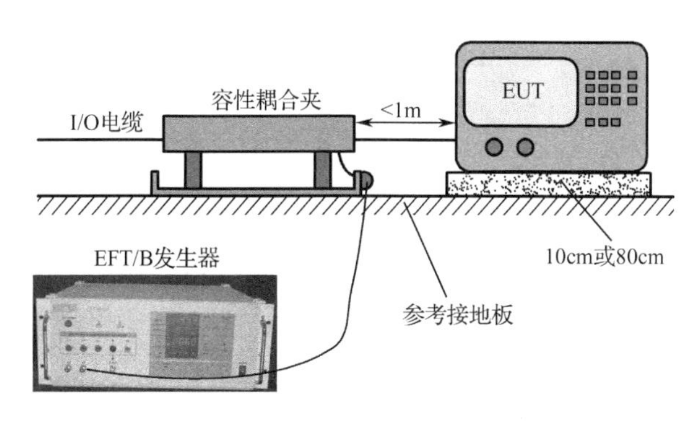

图 2.26　I/O 接口 EFT/B 测试的连接图

EFT/B 测试的耦合/去耦原理如图 2.27 所示。

1）耦合/去耦网络

交/直流电源接口的耦合/去耦网络（Couple and Decouple Networks，CDN）提供了把测试电压施加到被测设备（EUT）电源接口的能力。可以看到，从测试发生器来的信号电缆芯线通过可供选择的耦合电容加到相应的电源线（L1、L2、L3、N 及 PE）上，信号电缆的屏蔽层则和耦合/去耦网络的机壳相连，机壳则接到参考接地端子上。耦合/去耦网络的作用是将干扰信号耦合到 EUT 并阻止干扰信号干扰连接在同一电网中的不相干设备。一些电快速脉冲发生器已将耦合/去耦网络集成为一体。

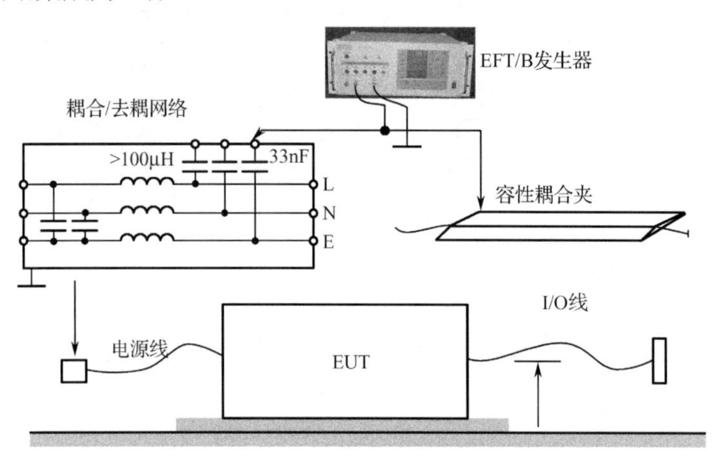

图 2.27　EFT/B 测试的耦合/去耦原理

2）电容耦合夹

关于电容耦合夹的应用，在标准 IEC61000-4-4 中指出：耦合夹能在 EUT 各接口的端子、电缆屏蔽层或 EUT 的任何其他部分无任何电连接的情况下把快速瞬变脉冲群耦合到受试线路上。受试线路的电缆放在耦合夹的上下两块耦合板之间，耦合夹本身应尽可能地合拢，以提供电缆和耦合夹之间的最大耦合电容。耦合夹的两端各有一个高压同轴接头，用其最靠近 EUT 的一端与发生器通过同轴电缆连接。高压同轴接头的芯线与下层耦合板相连，高压同轴接头的外壳与耦合夹的底板相通，而耦合夹放在参考接地板上。目前，IEC61000-4-4 标准中规定耦合夹所能提供的耦合电容大小为 100～1000pF。图 2.28 所示为容性耦合夹构造。

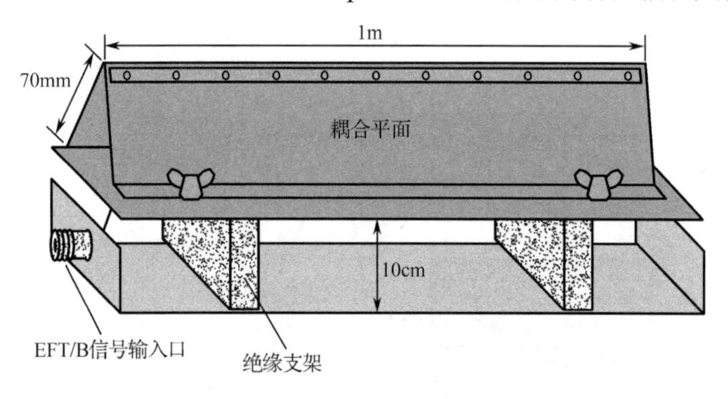

图 2.28　容性耦合夹构造

3）实验设置

参考接地板用厚度为 0.25mm 以上的铜板或铝板（需提醒的是，普通铝板容易氧化，易造成测试仪器、EUT 的接地电缆与参考接地板之间搭接不良，须慎用）；若用其他金属板材，则要求其厚度大于 0.65mm。参考接地板的尺寸取决于测试仪器和 EUT，以及测试仪器与 EUT

之间所规定的接线距离（1m）。参考接地板的各边至少应比上述组合超出 0.1m。参考接地板应与实验室的保护地相连。

- 测试仪器（包括脉冲群发生器和耦合/去耦网络）放置在参考接地板上。测试仪器用尽可能粗短的接地电缆与参考接地板连接，并要求在搭接处所产生的阻抗尽可能小。
- 被测设备（EUT）用 0.1m±0.01m 的绝缘支座隔开后放在参考接地板上（如果 EUT 是台式设备，则应放置在离参考接地板高度为 0.8m±0.08m 的木桌上）。EUT（或测试桌子）距参考接地板边缘的最小尺寸为 0.1m。EUT 应按照设备的安装规范进行布置和连接，以满足它的功能要求。另外，EUT 应按照制造商的安装规范，将接地电缆以尽量小的接地阻抗连接到参考接地板上（注意：不允许有额外的接地情况出现）。当 EUT 只有两根电源进线（单相，一根 L 线，一根 N 线），而且不设专门接地线时，EUT 就不能在测试时单独再拉一根接地线。同样，当被测设备通过三芯电源线进线（单相，一根 L 线，一根 N 线，一根电气接地线），而且未设专门接地线时，则此 EUT 也不允许另外再设接地线来接地，并且 EUT 的这根电气接地线还必须经受抗扰度测试。
- EUT 与测试仪器之间的相对距离以及电源连线的长度都应控制在 1m 之内，电源线的离地高度控制在 0.1m，如有可能，最好用一个木制支架来摆放电源线。当 EUT 的电源线不可拆卸，而且长度超过 1m 时，那么超长部分应当折叠成长为 0.4m 的线束，并行放置在离参考接地板上方 0.1m 处。EUT 与测试仪器之间的距离仍控制在 1m 之内。标准还规定，上述电源线不应采用屏蔽线，但电源线的绝缘应当良好。
- 测试应在实验室中央进行，除了位于 EUT、测试仪器下方的参考接地板，它们与其他所有导电性结构（如屏蔽室的墙壁和实验室里的其他有金属结构的测试仪器和设备）之间的最小距离为 0.5m。
- 当使用耦合夹做 EUT 的抗扰度测试时，耦合夹应放置在参考接地板上，耦合夹到参考接地板边缘的最小距离为 0.1m。同样，除了位于耦合夹下方的参考接地板，耦合夹与所有其他导电性结构之间的最小距离是 0.5m。如果测试是针对系统中一台设备（如 EUT1）的抗扰度性能测试时，则耦合夹与 EUT1 的距离关系保持不变，而将耦合夹相对于 EUT2 的距离增至 5m 以上(标准认为较长的导线足够使线路上的脉冲群信号损耗殆尽)。耦合夹也可由 1m 长的铝箔包裹受试电缆代替，前提是它可以提供和耦合夹一样的等效电容（100～1000pF）。如果现场条件不允许放置 1m 长的铝箔，也可以适当缩短长度，但仍要保证等效耦合电容。也可以将发生器的输出通过 100pF 的高压陶瓷电容直接加到受试电缆的芯线或外皮上。
- 在电源线上的测试通过耦合/去耦网络以共模方式进行，在每一根线（包括设备的电气接地线）上对地（对参考接地板）施加测试电压。要求每一根线都在一种测试电压极性下做三次，每次 1min，中间相隔 1min。在一种极性做完后，换作另一种极性。表 2.7 所示为测试严酷度等级。测试等级所代表的典型工作环境如下：1 级，具有良好保护的环境，计算机机房可代表此类环境；2 级，受保护的环境，工厂和发电厂的控制室可代表此类环境；3 级，典型工业环境，发电厂和户外高压变电站的继电器房可代表此类环境；4 级，严酷的工业环境，为采取特别安装措施的电站或工作电压高达 500kV 的开关设备可代表此类环境；X 级，由厂家和客户协商决定。
- 测试每次至少要进行 1min，而且正、负极性都必须做。
- 信号线和电源线在一起的直流设备的测试。像带有 USB 数据线并通过 USB 线供电的一类信号线和电源线在一起的设备（如移动硬盘、网络摄像头等），一般要采用电容耦合夹的干扰注入方式。这是因为，如果选用耦合/去耦网络，那么去耦网络中的去耦电容（0.1μF 左右）以及去耦电感（>100μH）会使工作信号发生严重失真，特别是对于USB2.0 等高速接口来说，其影响更为严重，从而让实验不能如实反映设备的真实状态。但如果是单独的直流电源线（不含信号线），仍旧采用耦合/去耦网络来施加干扰。

表 2.7　测试严酷度等级

等级	供电电源接口电压 /kV	重复频率 /kHz	I/O 信号、数据和控制接口电压 /kV	重复频率 /kHz
1	0.5	5 或 100	0.25	5 或 100
2	1	5 或 100	0.5	5 或 100
3	2	5 或 100	1	5 或 100
4	4	5 或 100	2	5 或 100
X	特定	特定	特定	特定

注：电压指脉冲群发生器信号储能电容上的电压；重复频率指脉冲群内脉冲的重复频率。

5. ISO 7637-2 和 ISO7637-3 标准规定的电快速瞬变脉冲群测试方法

ISO 7637-2 和 ISO7637-3 标准规定的电快速瞬变脉冲群（P3a 和 P3b 波形）的测试配置原理图如图 2.29 所示。

12V 系统的测试电平如表 2.8 所示。

表 2.8　12V 系统的测试电平

测试脉冲	测试电平/V				最少测试时间	脉冲群周期	
	I	II	III	IV		最小	最大
P3a			−112	−150	1h	90ms	100ms
P3b			+75	+100	1h	90ms	100ms

24V 系统的测试电平如表 2.9 所示。

表 2.9　24V 系统的测试电平

测试脉冲	测试电平/V				最少测试时间	脉冲群周期	
	I	II	III	IV		最小	最大
P3a			−150	−200	1h	90ms	100ms
P3b			+150	+200	1h	90ms	100ms

注：I 和 II 的测试电平未给出，因为太低的测试电平通常不能保证车载设备有足够的抗扰度。

ISO7637-2 和 ISO7637-3 标准中利用脉冲 P3a、P3b 所进行的设备抗扰度测试与 IEC61000-4-4 标准中的非常相似。利用脉冲 P3a、P3b 所进行的设备抗扰度测试，对于汽车电子设备的高频 EMC 测试也具有代表性。

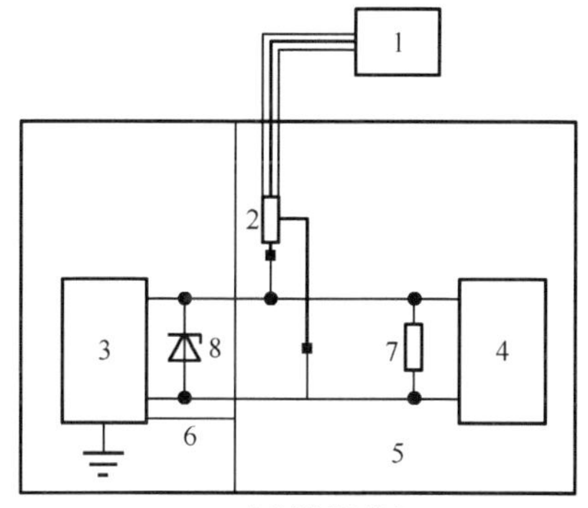

（a）电源线的测试

1—示波器或等效设备；2—电压探头；3—电源内阻为R_i的试验脉冲发生器；4—EUT；
5—参考接地平面；6—接地线（试验脉冲3 的最大长度为100mm）；7—电阻（R_v）；8—二极管桥

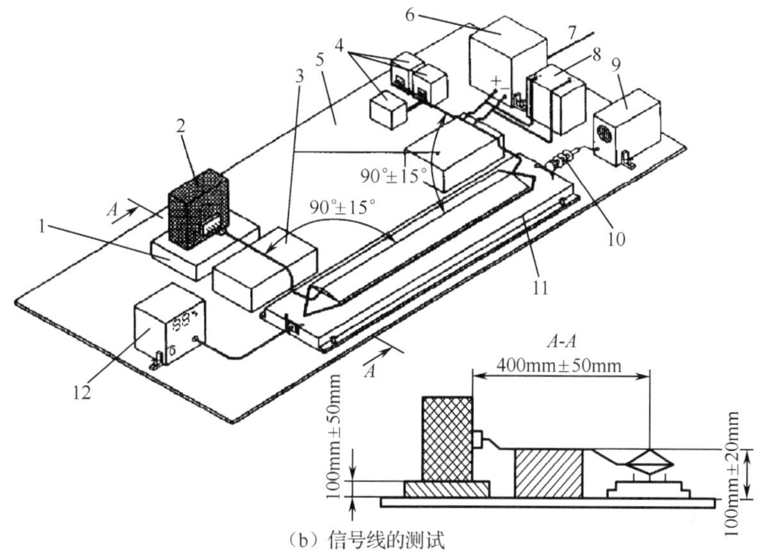

（b）信号线的测试

1—绝缘垫（高50～100mm，用于设备不直接与车辆底盘相连的情况，否则放在接地板上）；2—EUT；
3—放试验线束的绝缘垫（高100mm±20mm）；4—安装在车辆上的外围设备（如传感器、负载和附属设备等）；
5—参考接地板；6—电源（12V或24V）；7—交流电源输入；8—蓄电池；9—示波器；10—50Ω同轴衰减器；
11—容性耦合夹；12—试验脉冲发生器

图 2.29　ISO 7637-2 和 ISO 7637-3 标准规定的电快速瞬变脉冲群的测试配置原理图

2.1.7　瞬态慢脉冲的抗扰度测试

1．瞬态慢脉冲测试目的

IEC61000-4-5 标准中规定的浪涌测试是一种瞬态慢脉冲测试，主要是为了模拟以下两种现象：

（1）雷击（主要模拟间接雷）。例如，雷电击中户外线路，有大量电流流入外部线路或接地电阻，因而会产生干扰电压；间接雷击（如云层间或云层内的雷击）在线路上会感应出电压或电流；雷电击中了邻近物体，在其周围建立了电磁场，当户外线路穿过电磁场时，在线路上感应出了电压和电流；雷电击中了附近的地面，地电流通过公共接地系统时将引入干扰。

（2）切换瞬变。例如，主电源系统切换时（如补偿电容组的切换）会产生干扰；同一电网中，在靠近设备附近有一些较大型的开关在跳动时会形成干扰；再就是切换有谐振线路的晶闸管设备，以及各种系统性的故障（如设备接地网络或接地系统间产生的短路或飞弧故障）。

通过模拟测试的方法来建立一个评价电气和电子设备抗浪涌干扰能力的共同标准。

ISO 标准中规定的瞬态慢脉冲测试包括波形 P1、P2a、P2b、P5a、P5b 的抗扰度测试，由于其能量相对较大（脉冲宽度为 50μs 以上，幅度较大），干扰信号所包含的频谱相对较窄（脉冲上升时间为微秒级和毫秒级），因此本书中也将其归为“浪涌”测试。这些波形的测试是为了分别模拟汽车内以下几种脉冲：

（1）P1 脉冲——产生于电感性负载的电源断开瞬间。它将影响直接与这个电感性负载并联在一起的设备的工作。由于标准没有提出电感性负载的电感量范围，所以它泛指在切换一般性电感性负载时发生的干扰。经统计和优选后提出，P1 脉冲是内阻较大、电压较高、前沿较快和宽度较大的负脉冲，在整个 ISO 标准里属于中等速度和中等能量的脉冲干扰，对 EUT 兼顾了干扰（造成设备误动作）和破坏（造成设备中元器件的损坏）两方面的作用。

（2）P2a 脉冲——由于和被试设备相并联的设备被突然切断电流而在线束电感上产生的瞬变。考虑到线束的电感量较小，所以该脉冲为幅度不高、前沿较快、宽度较小和内阻较小的正脉冲。它在整个 ISO 标准里属于速度偏快和能量较小的脉冲干扰，其作用与 P1 脉冲有点相似，但是为正脉冲。

（3）P2b 脉冲——点火被切断的瞬间，由于直流电动机所扮演的发电机角色，并由此所产生的瞬变现象。这是一个电压不高、前沿较缓、宽度很大和内阻很小的脉冲。它在整个 ISO 标准里属于低速和高能量的脉冲干扰，着重考核对设备（元器件）的破坏性。P2b 脉冲的这个作用与 P5 脉冲有点相似，但电压较低，脉冲更宽。

（4）P5 脉冲——发生在放电的电池被断开的瞬间，而这时交流发电机正在对蓄电池充电，与此同时，其他的负载仍接在交流发电机的电路上。卸载脉冲的幅度取决于交流发电机的速度，以及在电池断开瞬间交流发电机的励磁情况。卸载脉冲的持续时间主要取决于励磁线路的时间常数以及脉冲的幅度。P5 脉冲有 P5a 和 P5b 两种，上述的卸载脉冲指的是 P5a 脉冲。然而在大多数新的交流发电机中，卸载脉冲的幅度是通过附加的限幅二极管来抑制的（钳位），这样便形成了 P5b 脉冲。由此可见，P5a 脉冲与 P5b 脉冲的区别在于：前者是未经限幅二极管钳位的脉冲，后者则是经过钳位后的脉冲。P5 脉冲是幅度较高（100～200V，相对于系统电源电压来说，这已经算是高电压了）、宽度较大（达几百毫秒）、内阻极低（几欧，甚至零点几欧）的脉冲。所以在 ISO 标准里，P5 脉冲属于能量比较大的脉冲，除了考核 EUT 在 P5 作用下的抗干扰能力，在相当程度上还在考核它对设备元器件的破坏性。

2. 浪涌的模拟设备

按照 IEC61000-4-5 标准的要求，要能分别模拟在电源线上和通信线路上的浪涌测试。由于线路的阻抗不一样，浪涌在这两种线路上的波形也不一样。图 2.30 所示为组合波发生器简图。

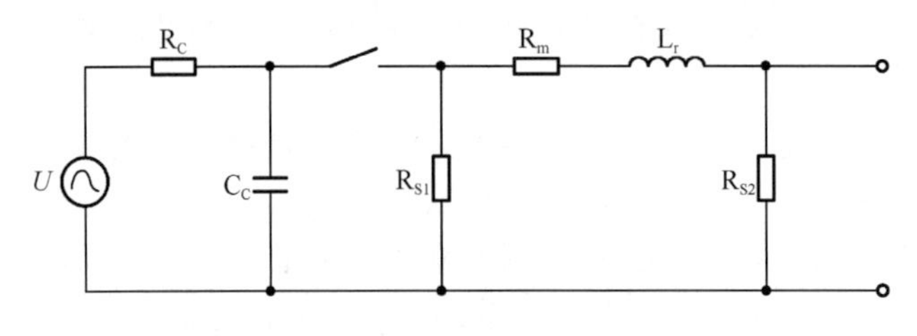

图 2.30 组合波发生器简图

U—高压电源；R_{S1}—脉冲持续期形成的电阻；R_{S2}—阻尼电阻；R_C—充电电阻；

R_m—阻抗匹配电阻；C_C—储能电容；L_r—上升时间形成的电感

组合波浪涌发生器产生的波形如图 2.31 所示。

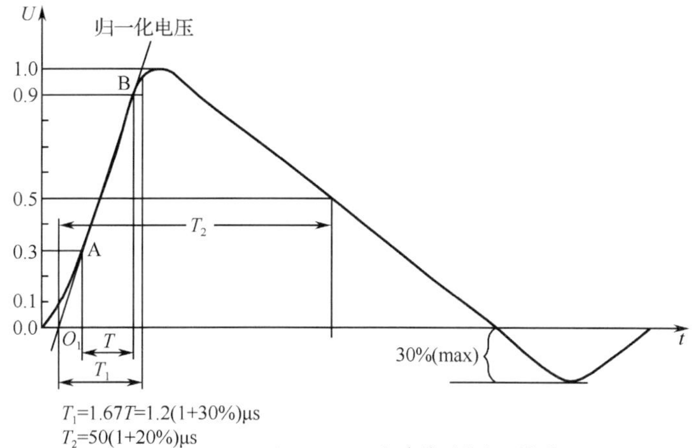

（a）1.2μs/50μs组合波开路电压波形

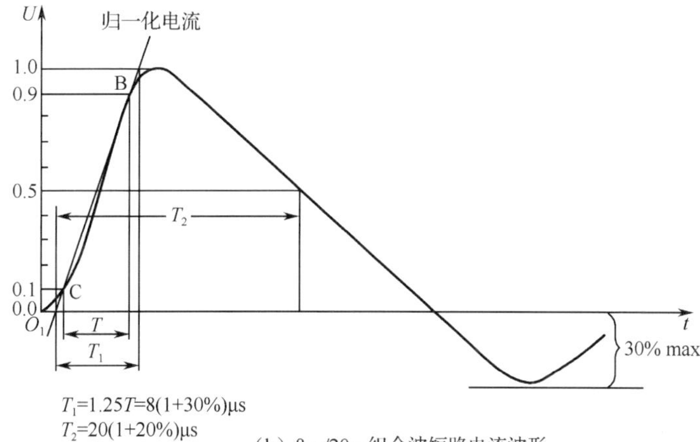

（b）8μs/20μs组合波短路电流波形

图 2.31　组合波浪涌发生器产生的波形

图 2.31（a）是 1.2μs/50μs 组合波开路电压波形（按 IEC601 波形规定），其波前时间为 $T_1 = 1.67T = 1.2(1 \pm 30\%)\mu s$，半峰值时间为 $T_2 = 50(1 \pm 20\%)\mu s$。

图 2.31（b）是 8μs/20μs 组合波短路电流波形（按 IEC601 波形规定），其波前时间为 $T_1 = 1.25T = 8(1 \pm 30\%)\mu s$，半峰值时间为 $T_2 = 20(1 \pm 20\%)\mu s$。

除了能产生图 2.31 所示的波形，组合波浪涌发生器还应符合以下基本性能要求：

（1）开路输出电压（峰值）：±0.5kV～±4kV；

（2）短路输出电流（峰值）：±0.25kA～±2kA；

（3）发生器内阻：2Ω（可附加电阻 10Ω或 40Ω，以便形成 12Ω或 42Ω的发生器内阻）；

（4）浪涌输出极性：正/负；

（5）浪涌移相范围：0°～360°；

（6）最大重复率：至少每分钟 1 次。

10μs/700μsCCITT 组合波浪涌发生器的基本电路如图 2.32 所示。CCITT 电压浪涌波形如图 2.33 所示。

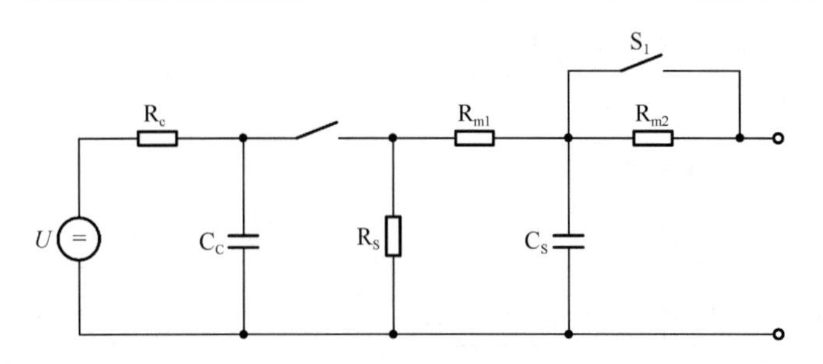

图 2.32　10μs/700μs CCITT 组合波浪涌发生器的基本电路

U—高压电源；R_m—阻抗匹配电阻（R_{m1}=150Ω；R_{m2}=25Ω）；R_C—充电电阻；C_C—储能电容（20μF）；C_S—上升时间形成的电容（0.2μF）；R_S—脉冲持续期形成的电阻（50Ω）；S_1—开关（当使用外部匹配电阻时，此开关应闭合）

波前时间：$T_1 = 1.67T = 10(1 \pm 30\%)\mu s$；

半峰值时间：$T_2 = 700(1 \pm 20\%)\mu s$。

适用于通信线路测试的 10μs/700μs 组合波浪涌发生器除了能产生图 2.33 所示的电压波形，还应具有在短路的情况下产生 5μs/320μs 组合波的电流波形。同时，该发生器还应符合以下基本性能要求：

（1）开路峰值输出电压（峰值）：±0.5kV～±4kV；

（2）动态内阻：40Ω；

（3）输出极性：正/负。

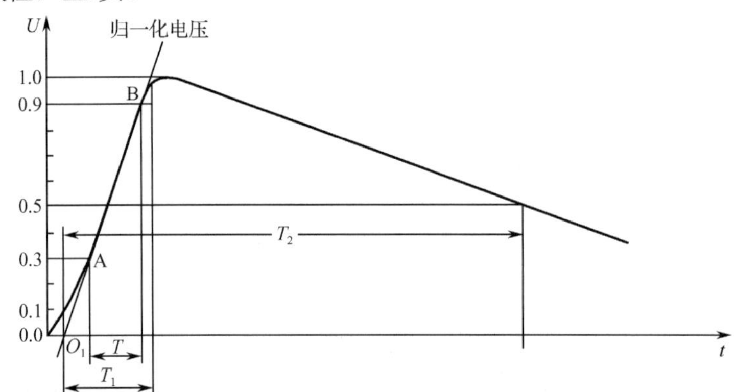

图 2.33　CCITT 电压浪涌波形

按照 ISO 标准的要求，进行汽车电子产品浪涌测试的设备应具有如下输出波形特点：

（1）P1 波形与参数如图 2.34 所示。

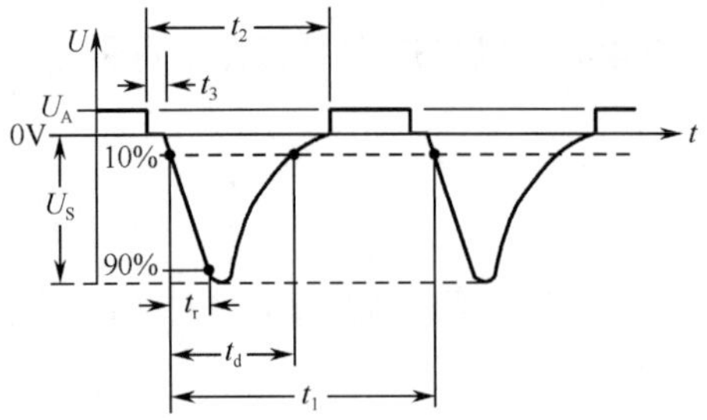

参数	12V系统	24V系统
U_s	−75～−100V	−450～−600V
R_i	10Ω	50Ω
t_d	2ms	1ms
t_r	0.5～1μs	1.5～3μs
t_1	0.5～5s	
t_2	200ms	
t_3	<100μs	

图 2.34　P1 波形与参数

（2）P1 校正参数如表 2.10 所示。

表 2.10　P1 校正参数

参　数	12V 系统		24V 系统	
	空载	10Ω负载	空载	50Ω负载
U_S	−100V±10V	−50V±10V	−600V±60V	−300V±30V
t_r	0.5μs±1μs	—	1.5～3μs	—
t_d	2000μs±400μs	1500μs±300μs	1000μs±200μs	1000μs±200μs

（3）P2a 波形与参数如图 2.35 所示。

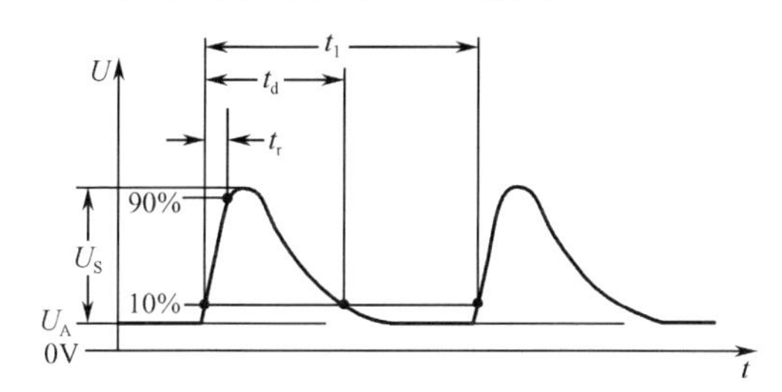

参数	12V系统	24V系统
U_S	+37～+50V	
R_i	2Ω	
t_d	0.05ms	
t_r	0.5～1μs	
t_1	0.2～5s	

图 2.35　P2a 波形与参数

（4）P2a 校正参数如表 2.11 所示。

表 2.11　P2a 校正参数

参　数	12V 和 24V 系统	
	空　载	2Ω负载
U_S	+50V±5V	+25V±5V
t_r	0.5～1μs	—
t_d	50μs±10μs	12μs±2.4μs

（5）P2b 波形与参数如图 2.36 所示。

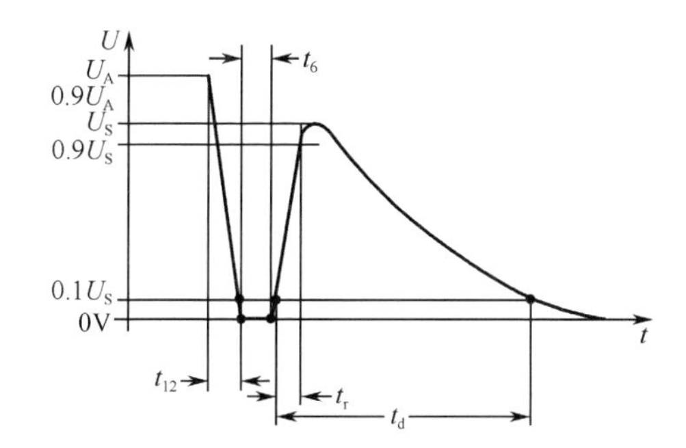

参数	12V系统	24V系统
U_S	10V	20V
R_i	0～0.05Ω	
t_d	0.2～2s	
t_{12}	1ms±0.5ms	
t_r	1ms±0.5ms	
t_6	1ms±0.5ms	

图 2.36　P2b 波形与参数

（6）P2b 校正参数如表 2.12 所示。

表 2.12　P2ba 校正参数

参　数	空载与 0.5Ω负载	
	12V 系统	24V 系统
U_S	+10V±1V	+20V±2V
t_r	1ms±0.5ms	
t_d	2s±0.4s	

（7）P5a 波形与参数如图 2.37 所示。

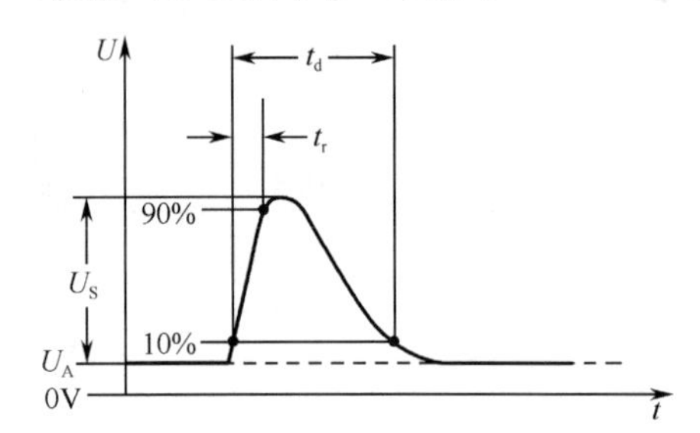

参数	12V系统	24V系统
U_S	+65～+87V	+123～+174V
R_i	0.5～4Ω	1～8Ω
t_d	40～400ms	100～350ms
t_r	5～10ms	

图 2.37　P5a 波形与参数

（8）P5a 校正参数如表 2.13 所示。

表 2.13　P5a 校正参数

参　数	12V 系统		24V 系统	
	空载	2Ω负载	空载	2Ω负载
U_S	+100V±10V	+50V±10V	+200V±20V	+100V±20V
t_r	5～10ms	—	5～10ms	—
t_d	400ms±80ms	200ms±40ms	350ms±70ms	175ms±35ms

（9）P5b 波形与参数如图 2.38 所示。

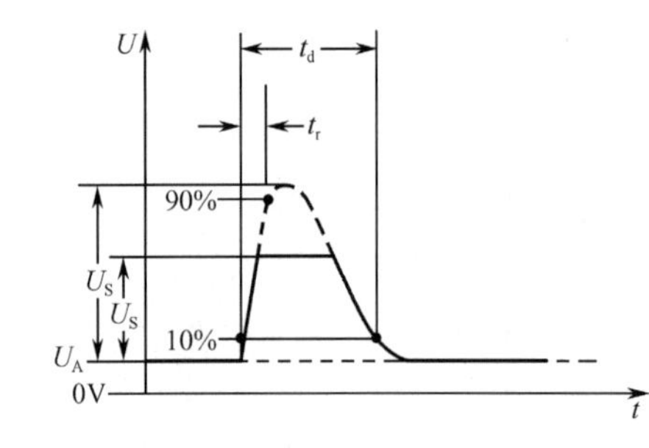

参数	12V系统	24V系统
U_S	+65～+87V	+123～+174V
U_S^*	由用户指定	
t_d	同未被抑制时的值	

图 2.38　P5b 波形与参数

注意：标准只对 P5a 有校正的参数，对 P5b 无数据。

3. 浪涌测试方法

由于浪涌测试的电压和电流波形相对较缓，干扰波形所包含的频谱频率较低，这样导致寄生参数影响较小，因此 IEC61000-4-5 标准对测试时的配置要求也比较简单。对于电源线上的测试，都是通过耦合/去耦网络来完成的。图 2.39 所示为浪涌测试耦合原理图。

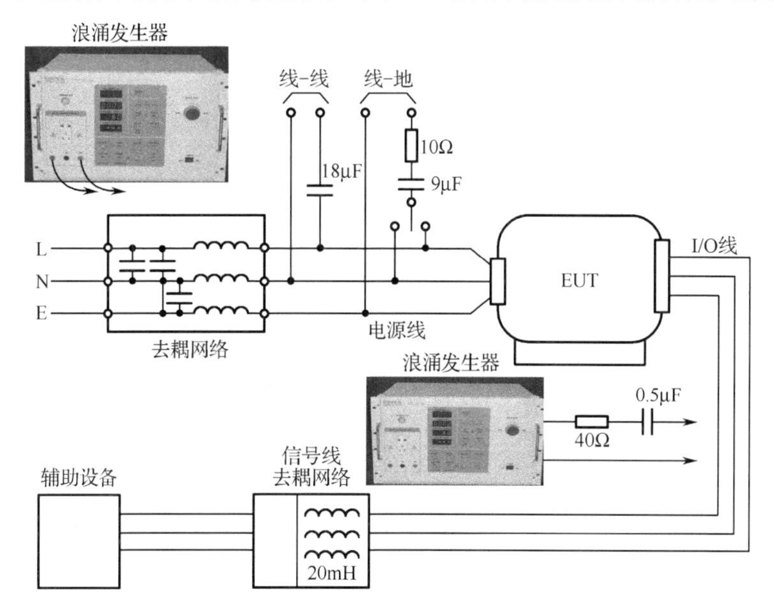

图 2.39　浪涌测试耦合原理图

测试中要注意以下几点：

（1）测试前务必按照制造商的要求加接保护措施。

（2）测试速率至少每分钟 1 次，不过不宜太快，以便给保护器件有一个性能恢复的过程。事实上，自然界的雷击现象和开关站大型开关的切换同时发生的概率也不可能非常高。

（3）测试次数，一般正/负极性各做 5 次。

（4）测试电压要由低到高逐渐升高，以避免 EUT 由于伏安非线性特性出现的假象。另外，要注意测试电压不要超出产品标准的要求，以免带来不必要的损坏。标准中规定的测试严酷度等级如表 2.14 所示。

表 2.14　标准中规定的测试严酷度等级

等级	线-线	线-地
1	—	0.5
2	0.5	1
3	1	2
4	2	4
X	待定	待定

ISO 7637-2 和 ISO16750 标准规定的浪涌测试配置要求与 IEC61000-4-5 标准中规定的测试配置要求类似，这里不再复述，只是当采用试验脉冲 P5b 进行试验时，需要用抑制二极管桥。关于测试等级，12V 系统的测试等级如表 2.15 所示，24V 系统的测试等级如表 2.16 所示。

表 2.15　12V 系统的测试等级

测试脉冲	测试电平/V				最少脉冲数	脉冲周期	
	I	II	III	IV		最小	最大
P1			−75	−100	5000 个	0.5s	5s
P2a			+37	+50	5000 个	0.2s	5s
P2b			+10	+10	10 个	0.5s	5s
P5			+65	+87	1 个		

表 2.16　24V 系统的测试等级

测试脉冲	测试电平/V				最少脉冲数	脉冲周期	
	I	II	III	IV		最小	最大
P1			−450	−600	5000 个	0.5s	5s
P2a			+37	+50	5000 个	0.2s	5s
P2b			+20	+20	10 个	0.5s	5s
P5			+123	+173	1 个		

注：Ⅰ和Ⅱ的测试电平未给出，因为太低的测试电平通常不能保证车载设备有足够的抗扰度。

2.1.8　传导抗扰度测试（CS）和大电流注入（BCI）测试

1. 传导抗扰度测试（CS）和大电流注入（BCI）测试目的

在通常情况下，被干扰设备的尺寸要比干扰频率的波长短得多，而设备的引线（包括电源线、通信线和接口电缆等）的长度则可能与干扰频率的几个波长相当，这样，这些引线就可以通过传导方式对设备产生干扰。测试是为了评价电气和电子设备对由射频场感应所引起的传导抗扰度。对没有传导电缆（如电源线、信号线或地线）的设备，不需要进行此项测试。汽车电子设备与其他普通电子设备一样，也同样需要进行传导抗扰度测试，只是其在标准中的测试项目名称叫大电流注入（BCI）测试。

2. 传导抗扰度测试（CS）基本测试设备

传导抗扰度的测试仪器的组成框图如图 2.40 所示。

（1）射频信号发生器（带宽为 150kHz～230MHz，有调幅功能，能自动或手动扫描，扫描点上的留驻时间可设定，信号的幅度可自动控制）。

（2）功率放大器（取决于测试方法及测试的严酷度等级）。

（3）低通和高通滤波器（用于避免信号谐波对 EUT 产生干扰）。

（4）固定衰减器（衰减量固定为 6dB，用以减少功放至耦合网络间的不匹配程度，安装时尽量靠近耦合网络）。

（5）耦合/去耦网络（CDN）和电磁钳。

上述仪器如配上电子毫伏计、计算机等可组成自动测试系统。

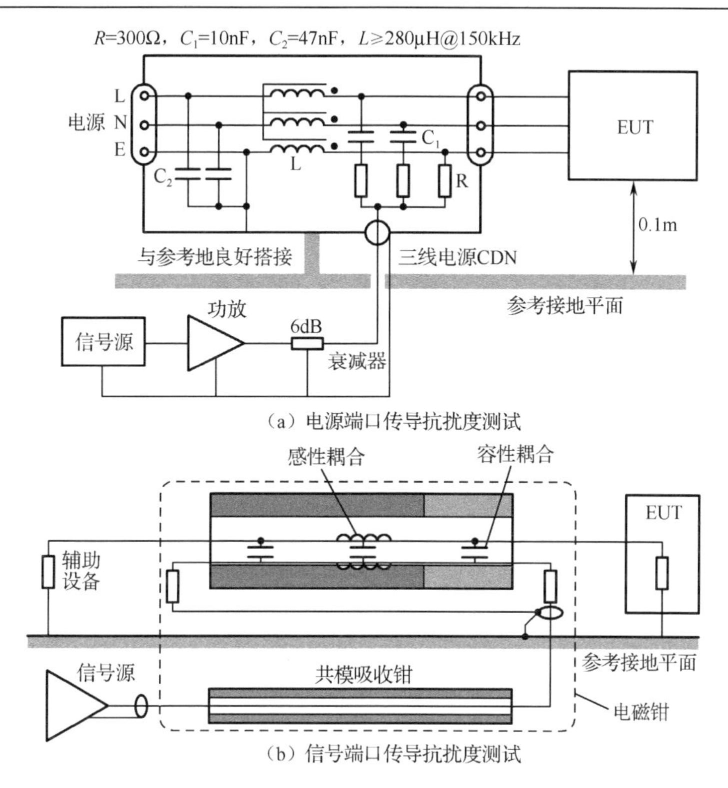

（a）电源端口传导抗扰度测试

（b）信号端口传导抗扰度测试

图 2.40　传导抗扰度的测试仪器的组成框图

3. 传导抗扰度测试（CS）方法

IEC61000-4-6 中规定的传导抗扰度测试，其测试的频率范围为 150kHz～80MHz。当 EUT 尺寸较小时，可将上限频率扩展到 230MHz。此外，为提高测试的难度，测试中要用 1kHz 的正弦波进行幅度调制，调幅深度为 80%。

严酷度等级（见表 2.17）的分类情况与 IEC61000-4-3（GB/T17626.3）相同，测试一般可在屏蔽室内进行。传导抗扰度测试配置图如图 2.41 所示。干扰的注入方式有：

（1）耦合/去耦网络（CDN）（在作电源线测试时常用，当信号线数目较少时也常采用），其原理图如图 2.42 所示。

（2）电流钳和电磁耦合钳（特别适合于对多芯电缆的测试。其中电磁耦合钳在 1.5MHz 以上频率时对测试结果有良好的再现性；当频率高于 10MHz 时，电磁耦合钳比常规的电流钳有较好的方向性，并且在辅助设备信号参考点与参考接地板之间不再要求有专门的阻抗，因此使用更方便）。

表 2.17　严酷度等级

等　　级	测试电压/V
1	1
2	3
3	10
X	待定

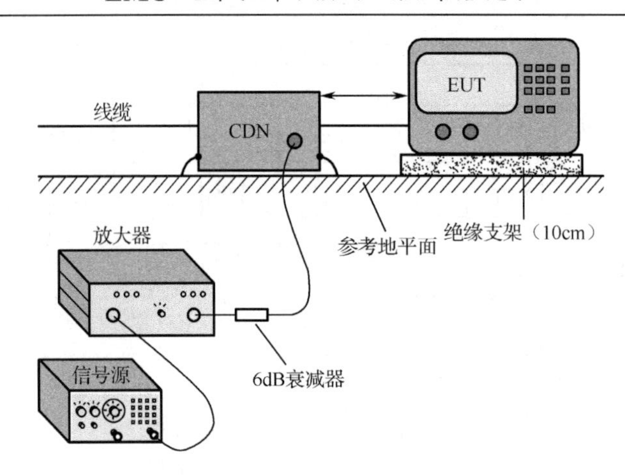

图 2.41　传导抗扰度测试配置图

4. 大电流注入（BCI）测试基本测试设备和测试方法

ISO11452-4 和 ISO11452-7 规定了汽车电子设备的两种传导抗扰度测试方法，即大电流注入法和直接注入法。前者需要向 EUT 中注入干扰电流，并控制注入电流的大小；后者则注入功率并控制注入功率的大小。CDN 原理图如图 2.42 所示。

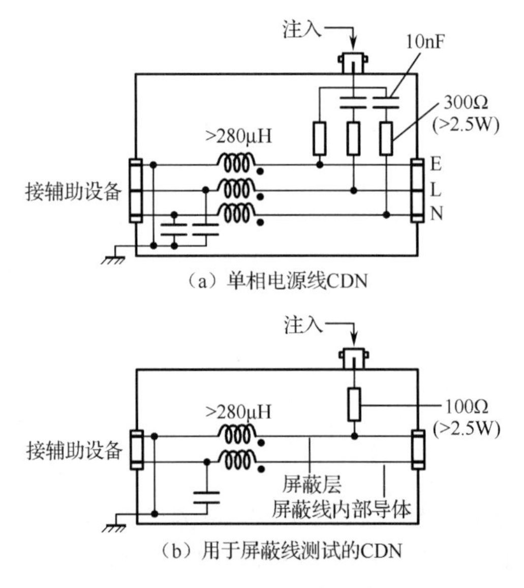

图 2.42　CDN 原理图

（1）大电流注入法（BCI 法）

一般车辆内的线路安排方式都是由各种不同的线束互相捆绑而成的，各个线束上皆有各自的电流信号，因为线束是互相捆绑而成的，受干扰的机会变大，较为脆弱的线束很容易被影响，造成原本在此线束上的信号发生变动，以致影响到线束末端的电气装置。BCI 法在 ISO 11452-4 和 SAE J1113/4 中均有描述，当采用该方法时，将一个电流注入探头放在连接 EUT 的电缆线束装置（如影音系统、光驱、电动后视镜等汽车电子设备的线束）之上，然后向该探头注入 RF 干扰。此时，探头作为第一电流变换器，而电缆装置作为第二电流变换器，因此 RF 电流先在电缆装置中以共模方式流过（即电流在装置的所有导体上以同样的方式流动），然后进入 EUT 的连接接口。

真正流过的电流由电流注入处装置的共模阻抗决定，而在低频下它几乎完全由 EUT 和电缆装置另一端所连接的相关设备对地的阻抗决定。一旦电缆长度达到四分之一波长，阻抗的变化就变得十分重要，它可能降低测试的可重复性。此外，由于电流注入探头会带来损耗，因而需要较大的驱动能力才能在 EUT 上建立起合理的干扰水平。尽管如此，BCI 法还是有一个很大的优点，那就是其非侵入性；因为探头可以简单地夹在任何直径不超过其最大可接受直径的电缆上，而不需要进行任何直接的电缆导体连接，也不会影响电缆所连接的工作电路。BCI 法应在屏蔽室内进行，以获得正确的测试结果。一般 BCI 法所适用的频率范围为 1～400MHz（或延伸至 1000MHz）。BCI 法测试配置图如图 2.43 所示。

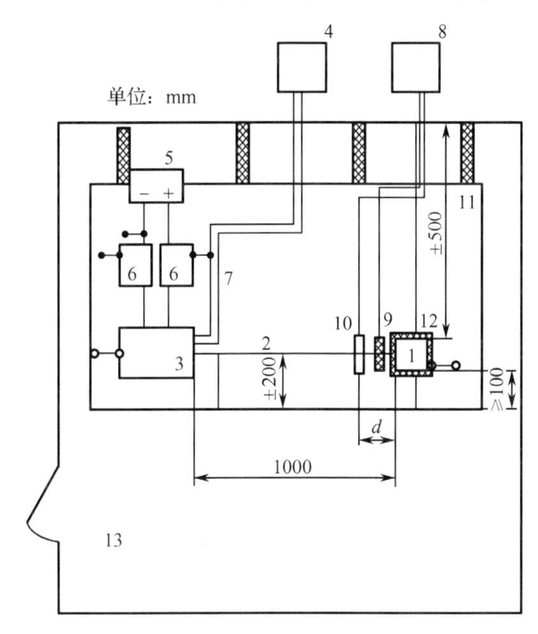

图 2.43　BCI 法测试配置图

1—EUT；2—EUT 的测试线束；3—负载仿真器；4—EUT 仿真与监视系统；5—电源供应器；6—人工电源网络；7—光纤；8—射频仪器；9—射频监视夹具；10—射频注入夹具；11—接地平面测试桌；12—绝缘物；13—隔离室

（2）直接注入法

BCI 法对驱动能力要求过高，而且在测试过程中与相关设备的隔离也不好，ISO 11452-7 标准中规定的直接注入法的目的就是要克服 BCI 法的这两个缺点。具体做法是将测试设备直接连接到 EUT 电缆上，通过一个宽带人工网络（Broadband Artificial Network，BAN）将 RF 功率注入 EUT 电缆，将射频能量直接耦合到 EUT 中，而不干扰 EUT 与其传感器和负载的接口，该 BAN 在测试频率范围内对 EUT 呈现的 RF 阻抗可以控制。BAN 在流向辅助设备的方向至少能够提供 500W 的阻抗。干扰信号通过一个隔直电容，直接耦合到被测线上。直接注入法可以针对个别电源线或信号线进行抗扰度测试。直接注入法测试应在屏蔽室中进行，适用的频率范围为 0.25～400MHz（或延伸至 500MHz）。直接注入法测试配置图如图 2.44 所示。

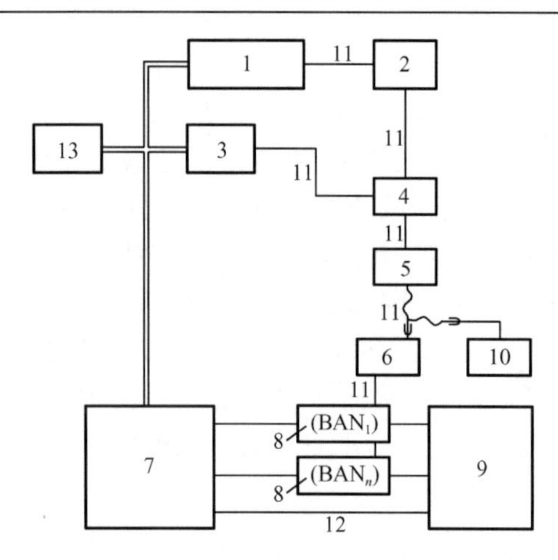

图 2.44　直接注入法测试配置图

1—RF 信号发生器；2—RF 放大器；3—频谱仪或功率计；4—RF 取样设备；5—衰减器；6—隔直电容；7—辅助件；8—BAN（地线除外）；9—EUT；10—校正用的 RF 功率计；11—同轴传输线；12—地线；13—控制设备

2.1.9　电压跌落、短时中断和电压渐变的抗扰度测试

1. 电压跌落、短时中断和电压渐变的抗扰度测试目的

IEC61000-4-11/29 标准中规定的电压瞬时跌落、短时中断是由电网、变电设施的故障或负荷突然出现大的变化所引起的。在某些情况下会出现两次或更多次连续的跌落或中断。电压变化是由连接到电网的负荷连续变化引起的。这些现象本质上是随机的，其特征表现为偏离额定电压并持续一段时间。电压瞬时跌落和短时中断不总是突发的，因为与供电网络相连的旋转电机和保护元件有一定的反作用时间。如果大的电源网络断开（一个工厂的局部或一个地区中的较大范围），电压将由于有很多旋转电机连接到电网上而逐步降低。因为这些旋转电机短期内将作为发电机运行，并向电网输送电力，这就产生了电压渐变。大多数数据处理设备一般都有内置的断电检测装置，以便在电源电压恢复以后，设备按正确方式启动。但有些断电检测装置对于电源电压的逐渐降低却不能快速做出反应，结果导致加在集成电路上的直流电压在断电检测装置触发以前已降到最低运行电压水平之下，由此造成了数据的丢失或改变。这样，当电源电压恢复时，这个数据处理设备就不能正确地再启动。IEC61000-4-11/29 标准规定了不同类型的测试来模拟电压的突变效应，以便建立一种评价电气和电子设备在经受这种变化时的抗扰性通用准则。

对于汽车电子设备，ISO 标准中也同样规定了类似的电压抗扰度测试，即脉冲 P4 的抗扰度测试。它模拟的是由于发动机的启动电路的接通而引发车辆电源系统的电压跌落现象，这是一个跌落电压过半、持续时间为几秒至几十秒的跌落过程。在 ISO 标准里主要考核 EUT 在跌落过程中误动作情况，尤其考核带微处理器的设备有没有出现数据丢失和程序紊乱的情况。

2. 电压跌落、短时中断和电压渐变的抗扰度测试仪器

测试仪器的主要指标包括：

（1）输出电压精度：±5%。

（2）输出电流能力：100%U_T时≤16A；其他输出电压时能维持恒功率，如 70%U_T时≤23A，40%U_T时≤40A。

（3）峰值启动电流能力：不超过 500A（220V 电压时）；250A（100～120V 电压时）。

（4）突变电压的上升或下降时间：1～5μs（接 100Ω负载）。

（5）相位：0° ～360° （准确度为±10° ）。

（6）输出阻抗：呈电阻性，并应尽可能小。

实现上述功能的测试仪器有两种基本形式，分别如图 2.45 和图 2.46 所示。图 2.45 中的是一种价格相对便宜的测试发生器形式，当两个开关同时切断时，便中断输出电压（中断时间可事前设定）；当两个开关交替闭合时，便可模拟电压的跌落或升高。发生器的开关可以由晶闸管或双向晶闸管构成，控制线路通常做成在电压过零处接通和电流过零处断开，所以这种线路只能模拟电压切换初始角度为 0° 和 180° 的情况；即使如此，由于仪器价格较低，也能满足一般电气与电子产品对电网骚扰的抗扰度测试需要，仍然获得了广泛的应用。图 2.46 中的发生器结构比较复杂，造价也贵；但其波形失真小，电压切换的相位角度可以任意设定，所以它比较容易实现电压渐变的测试要求。

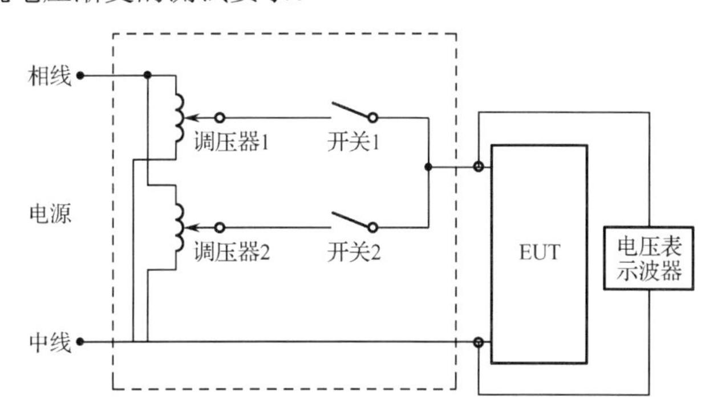

图 2.45 用电子开关控制两个独立调压器的形式

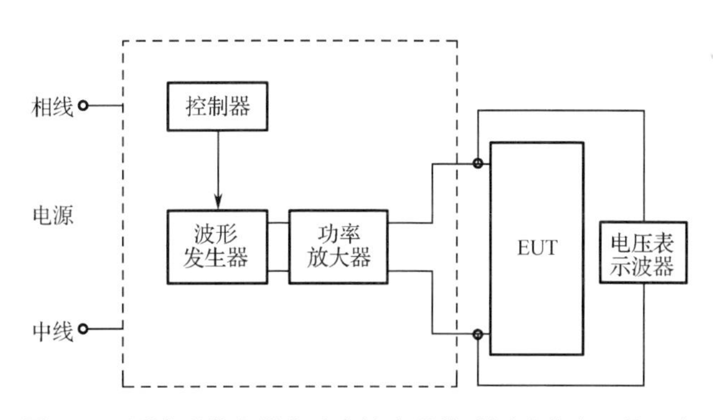

图 2.46 用波形发生器和功率放大器构成测试发生器的形式

按照 ISO 标准的要求，进行汽车电子产品电压跌落测试的测试设备（即 P4 波形发生器）应具有图 2.47 所示的波形与参数。

3. 电压跌落、短时中断和电压渐变的抗扰度测试方法

测试的电压等级分为电压跌落和短时中断的测试等级及电压渐变的测试等级，表 2.18 所示为电压跌落和短时中断的测试等级，表 2.19 所示为电压渐变的测试等级。

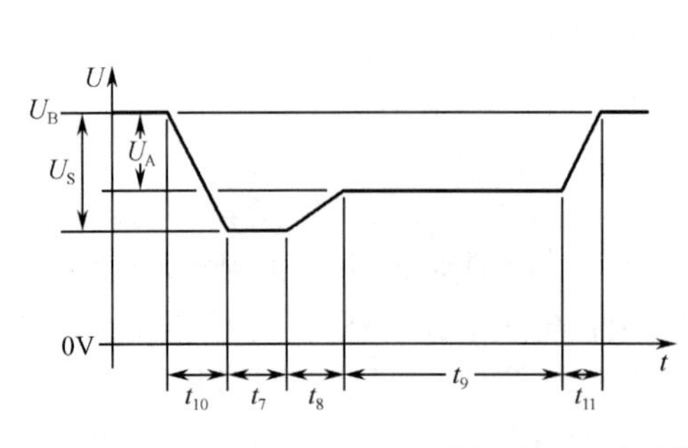

参数	12V系统	24V系统
U_S	−6～−7V	−12～−16V
U_A	−2.5～−6V 同时 $\|U_A\|\leqslant\|U_S\|$	−5～−12V 同时 $\|U_A\|\leqslant\|U_S\|$
R_i	0～0.02Ω	
t_7	15～40ms	50～100ms
t_8	≤50ms	
t_9	0.5～20s	
t_{10}	5ms	10ms
t_{11}	5～100ms	10～100ms

图 2.47　P4 波形与参数

表 2.18　电压跌落和短时中断的测试等级

测 试 等 级	电压跌落与暂时中断	持续时间/T（周期）
0 %U_T	100 %U_T	0.5 1 5 10 25 50 ×
40 %U_T	60 %U_T	
70 %U_T	30 %U_T	

表 2.19　电压渐变的测试等级

测 试 等 级	下 降 时 间	保 持 时 间	上 升 时 间
40%U_T	2（1±20%）s	（1±20%）s	2（1±20%）s
0%U_T	2（1±20%）s	（1±20%）s	2（1±20%）s

根据选定的测试等级及持续时间进行测试。测试一般做 3 次，每次间隔时间为 10s。测试在典型的工作状态下进行。如果要规定电压在特定角度上进行切换，应优先选择 45°、90°、135°、180°、225°、270° 和 315°，一般选 0° 或 180°。对于三相系统，一般是一相一相地进行测试。特殊情况下，要对三相同时做测试，这时要求有 3 套测试仪器同步进行测试。

ISO 标准规定的电压跌落测试配置要求与 IEC61000-4-11/29 标准中规定的测试配置要求类似。至于测试等级，12V 系统的测试等级如表 2.20 所示，24V 系统的测试等级如表 2.21 所示。

表 2.20　12V 系统的测试等级

测 试 脉 冲	测 试 电 平				最少脉冲数	脉 冲 周 期	
	Ⅰ	Ⅱ	Ⅲ	Ⅳ		最　小	最　大
P4			−6	−7	1 个		

表 2.21　24V 系统的测试等级

测试脉冲	测试电平				最少脉冲数	脉冲周期	
	Ⅰ	Ⅱ	Ⅲ	Ⅳ		最　小	最　大
P4			−12	−16	1 个		

注：Ⅰ和Ⅱ的测试电平未给出，因为太低的测试电平通常不能保证车载设备有足够的抗扰度。

2.2　产品电路中的共模和差模信号

电压、电流的变化通过导体传输时有两种形态，即共模和差模。设备的电源线、信号线等的通信线、与其他设备或外围设备相互交换的通信线路，至少有两根导线，这两根导线作为往返线路输送信号。但在这两根导线之外通常还有“第三导体”，这就是“地线”，如 EMC 测试时的参考地。干扰电压和电流分为两种：一种是两根导线分别作为往返线路传输；另一种是两根导线作为去路，参考地作为返回线路传输。前者叫差模，后者叫共模。差模干扰如图 2.48 所示，电源、信号源及负载通过两根导线连接。流过一边导线的电流与另一边导线的电流幅度相同，方向相反，这个电流叫差模电流，两段导线之间的电压 U_{DM} 叫差模电压。

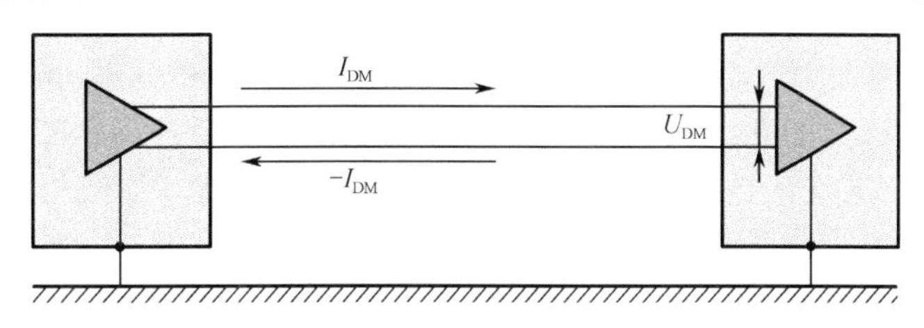

图 2.48　差模干扰

实际上，干扰并不一定直接注入在两根导线之间，它也可能注入在两根导线与参考地之间，最终导致流过两根导线上的干扰电流幅度不同。如图 2.49 所示，在加在两线之间的干扰电压的驱动下，两根导线上有幅度相同但方向相反的电流（差模电流）。但如果同时在两根导线与地线之间加上干扰电压，两根导线就会流过幅度和方向都相同的电流，这些电流（共模）合在一起经地线流向相反方向。一根导线上的差模干扰电流与共模干扰同向，因此相加；另一根导线上的差模噪声与共模噪声反向，因此相减。所以，流经两根导线的电流具有不同的幅度。

再来考虑一下对地线的电压。如图 2.49 所示，对于差模电压，一根导线上是（线间电压）/2，另一根导线上是-（线间电压）/2，因而是平衡的，但对于共模电压，两根导线上电压相同，所以当两种模式同时存在时，两根导线对地线的电压也不同。

因此，当两根导线对地线电压或电流不同时，可通过下列方法求出两种模式的成分：

$$U_{DM}=(U_1-U_2)/2 \qquad U_{CM}=(U_1+U_2)/2 \tag{2.1}$$

$$I_{DM}=(I_1-I_2)/2 \qquad I_{CM}=(I_1+I_2)/2 \tag{2.2}$$

式中　U_1、U_2——两根信号线上的电压；

I_1、I_2——两根信号线上的电流；

U_{DM}——差模电压；

I_{DM}——差模电流；

U_{CM}——共模电压；

I_{CM}——共模电流。

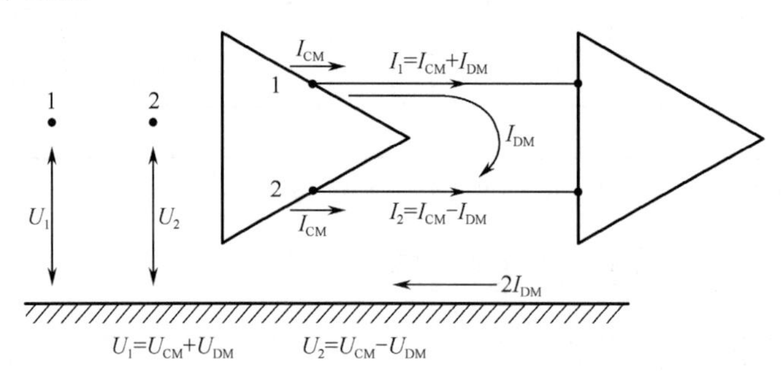

图 2.49　对地电压/电流与差模、共模电压/电流之间的关系

在实际电路中，共模干扰与差模干扰是不断相互转换的，两根导线终端与地线之间存在着阻抗（这个阻抗应该考虑分布参数的影响）。这两根导线的阻抗一旦不平衡，在终端就会出现模式的相互转换，即通过导线传递的一种模式在终端反射时，其中一部分会变换成另一种模式。另外，通常两根导线之间的间隔较小，导线与地线导体之间距离较大。所以若考虑从导线辐射的干扰，与差模电流产生的辐射相比，共模电流辐射的强度更大。

根据笔者的经验，在当今电子产品中，所碰到的大部分 EMC 问题，特别是疑难问题，80%以上是共模问题。大部分的 EMC 抗扰度测试（如电快速瞬变脉冲群、ESD、传导抗扰度测试等），总是以共模的形式注入被测设备的接口。即使有差模干扰（如线与线之间的浪涌测试）存在，由于差模电流总是按照预期的回路从电压的高端回到低端，其定位与处理也是相对比较容易的，而且承载差模电流信号的导线对常常是紧靠在一起的，或经常使用双绞线，这样使在周围空间产生的辐射场往往大小相等，方向相反，从而相互抵消。而共模干扰不但在导线对两根导线上的共模电流产生的辐射场相互叠加，而且由于其传输路径的不确定性使定位与处理也变得相对较难。对于 EMI 问题，差模 EMI 是差模电流流过电路中的实际存在的导线环路，当引起辐射时，这种差模环路相当于小环形天线，能向空间发射辐射磁场；共模 EMI 是由于电路中存在电压降产生共模电流。某些部位具有高电压的共模电压，当外接电缆与这些部位连接时，就会在共模电压激励下产生共模电流，成为辐射电场的天线，这种现象多是由于接地系统中存在电压降造成的。共模电压同样残留在设备电路内部，或设备内部电路和附近导体之间，共模干扰或噪声会产生比差模干扰或噪声更严重的影响。如就产生的辐射来讲，可以从以下两个关于差模辐射和共模辐射的计算公式中看出。

当差模辐射用小环形天线产生的辐射来模拟时，可设环电流为 I，环面积为 S，在距离为 R 的远场，测得辐射的电场强度为

$$E=131.6\times10^{-16}\times(f^2\times S\times I)\times(1/R)\sin\theta \tag{2.3}$$

共模辐射可用对地电压激励的、长度小于 1/4 波长的短单极天线来模拟。对于接地平面上长度为 L 的短单极天线来说，在远场 R 处的电场强度为

$$E=4\pi10^{-7}\times(f\times I\times L)\times(1/R)\sin\theta \tag{2.4}$$

式中　L——天线长度（m）；

E——电场强度（V/m）；

f——频率（Hz）；

S——面积（m^2）；

I——电流（A）；

R——距离（m）；

θ——测量天线与辐射平面的夹角（°）。

从式（2.3）和式（2.4）可以看出，在同样的信号频率和电流强度下，共模辐射要比差模辐射高出几个数量级，而且在实际测试中，如果其他条件固定，决定共模辐射的则是共模电流。

例如，在计算机常用的扁平馈线中抽取相邻的两根导线，线长 1m，导线对上分别加以共模和差模电流，在离导线对 3m 处按 GB9254 规定测量骚扰场强。实验表明，如果该处场强要达到 B 类设备的限值（30～230MHz 时为 40dBμV/m），则差模电流要求为 20mA，而共模电流只要 8μA，两者相差 2500 倍。由此可见，共模电流比差模电流更为重要。

2.3　EMC 测试的实质与共模电流

值得注意的是，不管是产品电路产生的对外骚扰还是外部注入产品的干扰，其在产品中流动时相关的差模电压、电流和共模电压、电流总是在相互转换的。在抗扰度测试时，当电缆接口上的每根信号线上注入同样大小的共模电压时，由于在传输路径中各条信号线的共模阻抗不一样，结果会导致共模电压向差模电压的转变，这个转变后的差模干扰电压与电路中信号电压叠加在一起产生干扰；同样对于电路中工作的有用差模信号，由于寄生电感、寄生电容的作用，使信号线电流与回流路径中的电流不一样时，就实现差模与共模的转换，产品最后表现为严重的共模 EMI 问题。因此，虽然不能说 EMC 问题本质是共模问题，但是就差模问题与共模问题比较而言，共模问题更值得重视。共模电流和共模电压的传输路径相对于差模电压和差模电流的传输路径更难确定，给 EMC 问题的分析带来了一定的难度。如果能分析好产品中的共模电流问题，那么产品的 EMC 问题也会变得比较简单。

例如，在标准 IEC61000 和标准 ISO 提供的相关实验原理图中可以看到从干扰发生器来的信号一端通常通过可供选择的耦合装置同时注入在电源线或信号线的各导体上，另一端与参考接地板相连，同时，发生器机壳也连接至参考接地板。这就表明这种干扰实际上是加在电源线、信号线与参考地之间的，这种干扰是共模干扰。

本书中所述的“共模电流”主要是指两种共模电流：第一种是抗扰度 EMC 测试（典型的是 EFT/B 抗扰度测试）时，注入产品各种接口上并在产品内部电路或结构传输或流动的共模干扰电流，它总是从抗扰度测试发生器发出，经过被测产品，再回到的参考接地板（EMC 测试标准中所规定）；第二种是 EMI 共模骚扰电流，它是在产品内部由差模方式传递的正常工作信号，是在传递过程中，由于寄生参数的存在而额外形成的。流向产品的各种接口是这类电流的基本特点。另外，值得一提的是，研究抗扰度意义上的共模电流和研究 EMI 意义上的共模电流并不矛盾。对于产品设计来说，如果产品设计造成外部注入共模干扰电流，那么也会造成 EMI 共模骚扰电流。

2.4　典型共模干扰在产品内部传输的机理

以电快速瞬变脉冲群测试为例，对于电源接口的电快速瞬变脉冲群测试，电快速瞬变脉冲群干扰信号是通过耦合/去耦网络中的 33nF 的电容耦合到主电源线上的；对于信号接口或 I/O 接口的电快速瞬变脉冲群测试，电快速瞬变脉冲群干扰信号是通过容性耦合夹中 100～1000pF 的电容耦合到信号线或 I/O 线上的。IEC61000-4-4 标准规定的电快速瞬变脉冲群的干扰波形为 5ns/50ns（50ns 为脉冲半峰值时间），重复频率为 5kHz，脉冲持续时间为 15ms，脉冲群重复周期为 300ms；ISO7637-2 标准中的 P3a 和 P3b 波形规定的电快速瞬变脉冲群的干扰波形为 5ns/100ns～5ns/200ns（100～200ns 为 10%脉冲幅度之间的时间），重复频率为 10kHz，脉冲持续时间为 10ms，脉冲群重复周期为 100ms。单个电快速瞬变脉冲干扰波形的频谱主瓣在 100MHz 以内，即它的频谱是 5kHz～100MHz 的离散谱线，每根谱线的距离是脉冲的重复频率。

可见，施加干扰的耦合电容扮演了一个高通滤波器的角色，因为电容的阻抗随着频率的升高而下降，那么干扰中的低频成分不会被耦合到被测设备上，而只有频率较高的干扰信号才会进入被测设备。试验表明，电快速瞬变脉冲群的干扰一般不会损坏产品电路，但因为产品内部电路都有相应的电平和噪声承受能力，侵入产品内部的外来共模噪声在产品内部会转化成差模干扰电平，一旦这个差模干扰电平超过了电路、器件的某种容限，就可能导致电路不能正常工作，使受干扰设备工作出现故障，如程序混乱、数据丢失、逻辑回路不正常工作、数字系统的位错、系统复位、内存错误以及死机等，使产品性能下降或功能丧失。一旦对产品进行人工复位，或将数据重新写入芯片，在无电快速瞬变脉冲群干扰信号的情况下，产品又能正常工作。

电快速瞬变脉冲群干扰信号的带宽约为 70MHz，以高频干扰为主要成分，其能量虽小，但是由于其频率高使干扰的“穿透力”很强。这种“穿透力”表现为通过各种寄生参数传导：

从传导“穿透”的角度分析，在进行电快速瞬变脉冲群等抗扰度测试时，需要把相应的瞬态干扰施加到被测设备的电源线、信号线或者机箱等位置。实践发现，产生电快速瞬变脉冲群等干扰问题的最主要原因是，电快速瞬变脉冲群干扰电流以共模的形式从电源系统或 I/O 接口流入产品内部，然后进入 PCB，再从接地线或电缆、PCB 对地的寄生电容，形成共模干扰电流回路。

当干扰共模电路流经集成电路或者信号线时，如果敏感的信号线或者器件，例如复位信号、片选信号、晶体等，正好放置在干扰电流路径范围内，就可能引起被测设备技术指标的下降，如干扰音频或视频信号，或者引起通信误码等；也可能引起系统复位，停止工作，甚至损坏器件等。由此可见，为了研究被测设备能否通过电快速瞬变脉冲群测试，就必须首先找出电快速瞬变脉冲群干扰在系统内部的电流路径，再找出该路径周围存在哪些敏感的信号线和器件（敏感点），之后可以采取改变产品架构或改善接地系统等方式以改变电流路径，或者移动敏感信号线和器件的位置等方法。一般情况下，一块 PCB 上只会存在少量的敏感点，而且每个敏感点也会被限制在很小的区域内。在把这些敏感点找出来并采取适当的措施后，就能提高产品的抗干扰性能。

因此，受试设备受到的干扰实际上是可见参考的传导与不可见寄生参考的传导（即辐射耦合）。中国国内的著名 EMC 专家钱振宇先生在其一篇《电快速瞬变脉冲群抗扰度试验的重复性和可比性》的文章中是这样描述的：“注入产品内部的干扰电流强弱还和被测设备与参考接地板之间的相对距离有关（它反映了受试设备与接地板之间的分布电容），被测设备离参考接地板越近，则分布电容就越大（容抗越小），反之亦反。由此可见，试验用的电源线长短，电源线离参考接地板的高度，乃至电源线与受试设备的相对位置，都可成为影响试验结果的因素。因此，为了保证试验结果的可重复性和可比性，注意试验配置的一致性就变得十分重要。”

另外，电快速瞬变脉冲群干扰单个脉冲的能量较小，单个脉冲也许不足以对设备中的正常工作信号叠加而造成故障，但脉冲群干扰信号具有对设备线路结电容充电的特性，当结电容上的能量积累到一定程度之后（即电压上升到一定的程度之后），就可能引起线路（乃至系统）的误动作。这一点也说明测试时脉冲群中脉冲个数的增加会增大干扰的强度，因此表现在试验现象中，线路出错会有个时间过程，而且会有一定的偶然性（不能保证间隔多少时间线路一定出错，特别是当试验电压达到临界点附近时）。很难判断究竟是分别施加脉冲，还是一起施加脉冲，设备更容易失效，也很难下结论设备对于正向脉冲和负向脉冲哪个更为敏感。实践表明，一台设备往往是某一条电缆线，在某一种试验电压，对某个极性特别敏感。实验显示，信号线要比电源线对电快速瞬变脉冲群干扰敏感得多。

由于电快速瞬变脉冲群具有突发、高压、宽频等特征，几乎可以覆盖 EMC 测试中除浪涌、电压跌落等低频测试外的大部分频率，因此电快速瞬变脉冲群测试是高频 EMC 测试中的典型代表，特别是那些共模性质的 EMC 测试，其干扰原理都是一致的，唯有干扰源的表现形式和干扰注入方式不同。为了简化 EMC 设计分析的方法，笔者通过长期实践，总结出一套以 EMC 测试原理为基础的产品 EMC 设计分析方法。具体内容将在以后的章节中一一展开。

2.5　共模干扰电流影响电路工作的机理

以一个不接地设备为例，如图 2.50 所示，当外部干扰以共模的方式施加在电源线上时，由于信号电缆与参考地之间的分布电容的存在，导致共模干扰电流可以从电源线经过 PCB，最后通过信号电缆与参考接地板之间的分布电容入地（图 2.50 中箭头线所示）。

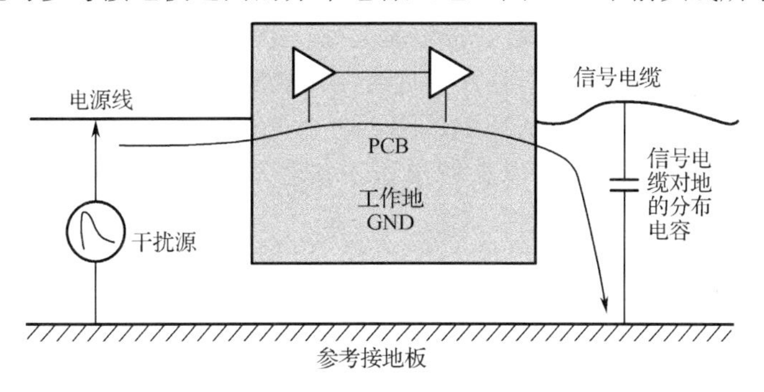

图 2.50　浮地设备干扰流过 PCB

图 2.50 所示的例子中，共模干扰电流的路径已非常明确，并且可以明显地看到共模干扰电流流过了 PCB，那么共模电流是如何干扰 PCB 中电路的呢？原因是当共模干扰电流流过产品内部电路时，由于地系统中的阻抗相对较低，导致大部分的共模干扰电流会沿着 PCB 中的地层或地线流动。图 2.51 是共模电流流过 PCB 时形成对电路干扰的原理图。

如图 2.51 所示，对于单端传输信号，当同时注入信号线和地线上的共模干扰信号进入电路时，在 IC_1 的信号的接口处，由于 S_1 与 GND 所对应的阻抗不一样（S_1 较高，GND 较低），共模干扰信号会转化成差模干扰信号，并出现在 S_1 与 GND 之间。这样，干扰首先会对 IC_1 的输入接口的信号产生影响。滤波电容 C 的存在，使 IC_1 的第一级输入受到保护，即在 IC_1 的输入信号接口和地之间的差模干扰被 C 滤除或旁路（如果没有 C 的存在，出现在 S_1 与 GND 之间差模干扰电平就会直接影响 IC_1 的输入信号）。然后，大部分会沿着 PCB 中的低阻抗地层从一端流向另一端，后一级的干扰将会在共模干扰电流流过地系统中产生。（当然，这里忽略了串扰因素，串扰的存在将使干扰电流的流经路径复杂化，因此串扰的控制在 EMC 设计中也是非常重要的一步，这将会在以后的章节中讨论。）图 2.51 中的 Z_{0V} 表示 PCB 中两个集成电路之间的地阻抗，U_S表示集成电路 IC_1 向集成电路 IC_2 传递的信号电压。

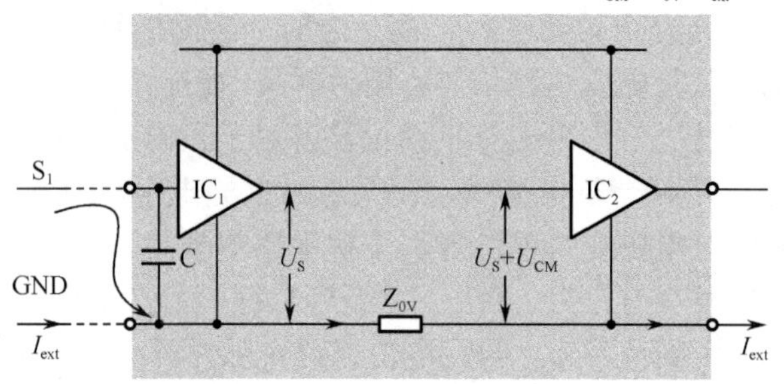

图 2.51　共模电流流过 PCB 时形成对电路干扰的原理图

共模干扰电流流过地阻抗 Z_{0V} 时，Z_{0V} 的两端就会产生压降 $U_{CM} \approx Z_{0V} \times I_{ext}$。该压降对于集成电路 IC_2 来说相当于在 IC_1 传递给它的电压信号 U_S 上又叠加了一个干扰信号 U_{CM}，这样 IC_2 实际上接收到的信号为 U_s+U_{CM}，这就是影响 IC_2 输入接口正常工作电平的干扰。干扰电压的大小不但与共模瞬态干扰的电流大小有关，还与地阻抗 Z_{0V} 的大小有关。当干扰电流大小一定的情况下，干扰电压 U_{CM} 的大小由 Z_{0V} 决定。也就是说，PCB 中的地线或地平面阻抗与电路的瞬态抗干扰能力有直接关系（关于地平面阻抗的分析将在第 6 章进行讲述）。

图 2.52 是两种不同情况下的地阻抗与频率关系。由图 2.52 可知，一个完整（无过孔、无裂缝）的地平面，在 100MHz 的频率时，只有约 3.7mΩ的阻抗。这说明，即使有 100A 的电流流过 3.7mΩ的阻抗，也只会产生 0.37V 的压降。对于 3.3V TTL 电路来说，这是可以承受的，因为 3.3V TTL 电路总是要在 0.8V 以上的电压下才会发生逻辑转换。3.3V TTL 电路逻辑状态如图 2.53 所示。

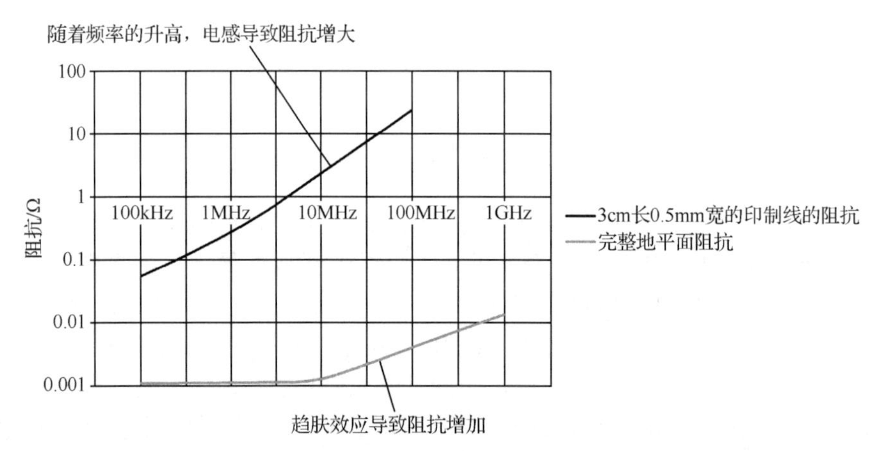

图 2.52　两种不同情况下的地阻抗与频率关系

如果 PCB 中的地不采用平面设计而采用印制线（如单面板或双面板），那么按图 2.52 所示，3cm 的印制地线地阻抗约为 20Ω，这样当由 100A 的电快速瞬变脉冲群共模电流流过时，产生的压降约为 200V。

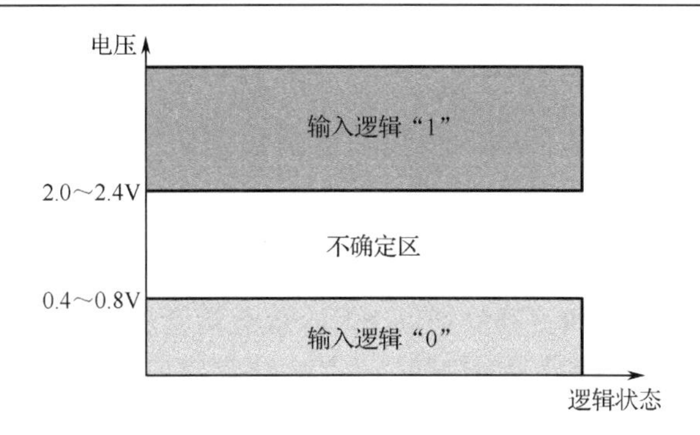

图 2.53　3.3V TTL 电路逻辑状态

200V 的压降对 3.3V TTL 电路来说是非常危险的，可见 PCB 中地阻抗对抗干扰能力的重要性。实践证明，对于 3.3V TTL 电路来说，共模干扰电流在地平面上的压降小于 0.8V 时，电路状态不会受到影响。对于 2.5V TTL 电路，这些电压将会更低（0.2V 和 1.7V），从这个意识上，3.3V TTL 电路比 2.5V TTL 电路具有更高的抗干扰能力（这种方法可以用于产品设计时对产品进行 EMC 分析和风险的评估）。

对于 PCB 中的差分传输信号，当共模电流 I_{CM} 流过地平面时，也必然会在地平面的阻抗 Z_{0V} 两端产生压降，当共模电流 I_{CM} 一定时，地平面阻抗越大，压降越大。像单端信号被干扰的原理一样，这个压降犹如施加在差分线的一根信号线与 0V 地之间，即图 2.54 中所示的 U_{CM1}、U_{CM2}、U_{CM3}、U_{CM4}。由于差分线对的一根线与 0V 地之间的阻抗 Z_1、Z_2 和接收器与发送器的输入/输出阻抗 Z_{S1}、Z_{S2} 总是不一样的（寄生参考的影响，实际布线中不可能做到，两根差分线对的对地阻抗一样），造成 U_{CM1}、U_{CM2}、U_{CM3}、U_{CM4} 的值也不相等，差异部分即转化为差模干扰电压 U_{diff}，对差分信号电路产生干扰。可见，对于差分电路来说，地平面的阻抗也同样重要，同时 PCB 布线时，保证差分线对的各种寄生参数平衡一致也很重要。

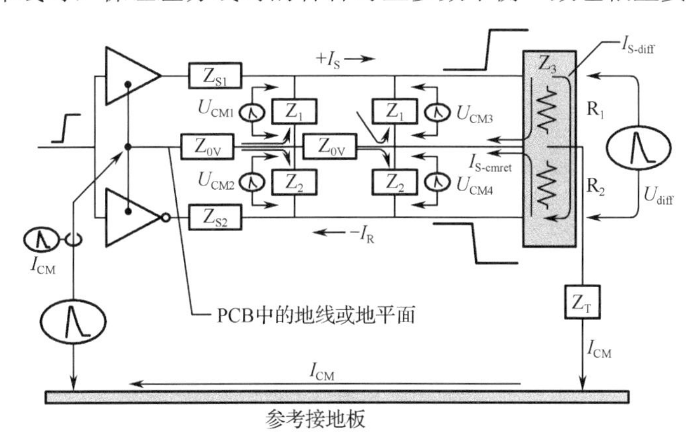

图 2.54　共模干扰电流对差分电路的干扰原理

2.6　电路的干扰承受能力分析

上一节举例说明了 3.3V TTL 电路的噪声承受能力，本节将对各种电路的噪声承受能力进行详细的说明。图 2.55 是数字电路信号传递的示意图。图 2.55 中，U_O 和 U_I 分别代表逻辑电路的输出电平和输入电平。

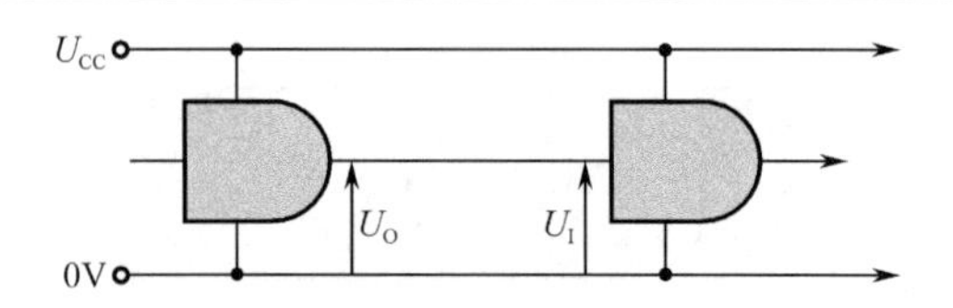

图 2.55　数字电路信号传递的示意图

要了解逻辑电平的内容，首先要知道以下几个概念的含义：

（1）输入高电平（U_{IH}）：保证逻辑门的输入为高电平时所允许的最小输入高电平，当输入电平高于 U_{IH} 时，则认为输入电平为高电平。

（2）输入低电平（U_{IL}）：保证逻辑门的输入为低电平时所允许的最大输入低电平，当输入电平低于 U_{IL} 时，则认为输入电平为低电平。

（3）输出高电平（U_{OH}）：保证逻辑门的输出为高电平时的输出电平的最小值，逻辑门的输出为高电平时的电平值都必须大于此 U_{OH}。

（4）输出低电平（U_{OL}）：保证逻辑门的输出为低电平时的输出电平的最大值，逻辑门的输出为低电平时的电平值都必须小于此 U_{OL}。

（5）阈值电平（U_T）：数字电路芯片都存在一个阈值电平，就是电路刚刚勉强能翻转动作时的电平。它是一个界于 U_{IL}、U_{IH} 之间的电压值，对于 CMOS 电路的阈值电平，基本上是二分之一的电源电压值，但要保证稳定的输出，则必须要求输入高电平>U_{IH}，输入低电平<U_{IL}，而如果输入电平在阈值上下，也就是 U_{IL}～U_{IH} 这个区域，电路的输出会处于不稳定状态。对于一般的逻辑电平，以上参数的关系为：$U_{OH}>U_{IH}>U_T>U_{IL}>U_{OL}$。

（6）I_{OH}：逻辑门输出为高电平时的负载电流（为拉电流）。

（7）I_{OL}：逻辑门输出为低电平时的负载电流（为灌电流）。

（8）I_{IH}：逻辑门输入为高电平时的电流（为灌电流）。

（9）I_{IL}：逻辑门输入为低电平时的电流（为拉电流）。

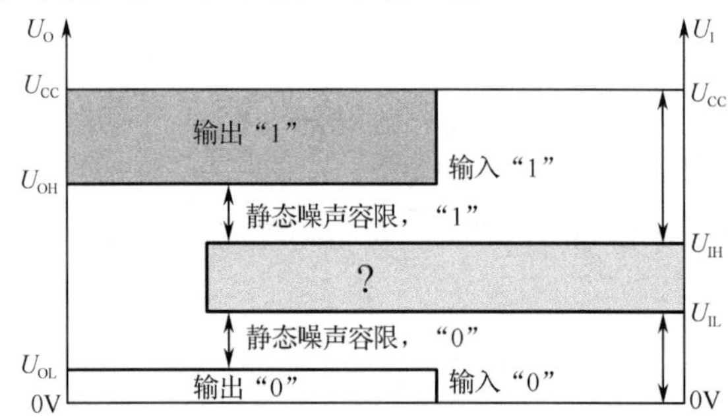

图 2.56　逻辑电平与输出状态的关系示意图

常用的逻辑电平有：

- TTL（Transistor-Transistor Logic）；
- CMOS（Complementary Metal Oxide Semiconductor）；
- LVTTL（Low Voltage Transistor-Transistor Logic）；
- LVCMOS（Low Voltage Complementary Metal Oxide Semiconductor）；
- ECL（Emitter Coupled Logic）；
- PECL（Pseudo/Positive ECL）；

- LVPECL（Low Voltage PECL）；
- GTL（Gunning Transceiver Logic）；
- RS232；
- RS422；
- LVDS（Low Voltage Differential Signaling）。

其中 TTL 和 CMOS 的逻辑电平按典型电压可分为四类：5V 系列（5V TTL 和 5V CMOS）、3.3V 系列、2.5V 系列和 1.8V 系列。5V TTL 和 5V CMOS 逻辑电平是通用的逻辑电平。3.3V 及以下的逻辑电平被称为低电压逻辑电平，常用的为LVTTL 电平。低电压的逻辑电平还有 2.5V 和 1.8V 两种。ECL/PECL 和 LVDS 是差分输入/输出。RS 422/485 和 RS 232 是串口的接口标准，RS 422/485 是差分输入/输出，RS 232 是单端输入/输出。5V TTL 逻辑电平和 5V CMOS 逻辑电平是很通用的逻辑电平，它们的输入/输出电平差别较大，在互连时要特别注意。

5V TTL 器件的逻辑电平参数与输入/输出状态表如表 2.22 所示。

表 2.22　5VTTL 器件的逻辑电平参数与输入/输出状态表

U_{CC}	U_{OH}	U_{OL}	U_{IH}	U_{IL}
5V	≥2.4V	≤0.5V	≥2V	≤0.8V

LVTTL 逻辑电平标准的输入/输出电平与 5V TTL 逻辑电平标准的输入/输出电平很接近，从而给它们之间的互连带来了方便。LVTTL 逻辑电平定义的工作电压范围是 3.0～3.6V。LVTTL 又分 3.3V、2.5V 以及更低电压的 LVTTL（Low Voltage TTL）。

3.3V LVTTL 器件的逻辑电平参数与输入/输出状态表如表 2.23 所示。

表 2.23　3.3V TTL 器件的逻辑电平参数与输入/输出状态表

U_{CC}	U_{OH}	U_{OL}	U_{IH}	U_{IL}
3.3V	≥2.4V	≤0.4V	≥2V	≤0.8V

2.5V LVTTL 器件的逻辑电平参数与输入/输出状态表如表 2.24 所示。

表 2.24　2.5V LVTTL 器件的逻辑电平参数与输入/输出状态表

U_{CC}	U_{OH}	U_{OL}	U_{IH}	U_{IL}
2.5V	≥2.0V	≤0.2V	≥1.7V	≤0.7V

更低的 LVTTL 不常用，本书就不提了。它一般多用于处理器等高速芯片，使用时可以查看芯片手册。TTL 使用注意：TTL 电平一般过冲都会比较严重，可在始端串 22Ω或 33Ω电阻；TTL 电平输入引脚悬空时内部认为是高电平，要下拉的话应用 1kΩ以下电阻下拉。TTL 输出不能驱动 CMOS 输入。

5V 的 TTL 器件与 3.3V 的 LVTTL 器件的逻辑电平参数与输入/输出状态几乎一样，所以它们的噪声承受能力是一样的，也就是抗干扰能力相当。这其实也是 3.3VTTL 出现的原因，因为输出“高”状态门限 U_{OHmin}=2.4V 与 5V 之间还有很大空闲，对改善噪声承受能力并没什么好处，又会白白增大系统功耗，还会影响速度。从 2.5V 的 TTL 器件与 3.3V 的 LVTTL 器件的逻辑电平参数与输入/输出状态的关系可以明显看出，3.3V 的 LVTTL 器件具有更高的噪声承受能力，也就是具有较强的抗干扰能力。

5V CMOS 器件的逻辑电平参数输入/输出状态表如表 2.25 所示。

表 2.25　5V CMOS 器件的逻辑电平参数输入/输出状态表

U_{OH}	U_{OL}	U_{IH}	U_{IL}
$\geqslant U_{CC}$−0.2V	≤0.1V	$\geqslant 0.7U_{CC}$	$\leqslant 0.3U_{CC}$

当该器件的供电电压 U_{CC}=5V 时，则有：

$$U_{OH} \geqslant 4.8V$$
$$U_{OL} \leqslant 0.5V$$
$$U_{IH} \geqslant 3.5V$$
$$U_{IL} \leqslant 1.5V$$

可见 CMOS 相对于 TTL 有了更大的噪声承受能力（但是输入阻抗远大于 TTL 输入阻抗，这使得器件更容易接收干扰）。对应 3.3V LVTTL，出现了 LVCMOS，可以与 3.3V 的 LVTTL 直接相互驱动。

LVCMOS 逻辑电平标准是从 5V CMOS 逻辑电平移植过来的，所以它的 U_{IH}、U_{IL}、U_{OH}、U_{OL} 与工作电压有关，LVCMOS 逻辑电平定义的工作电压范围为 2.7～3.6V。

3V 供电时的 LVCMOS 器件的逻辑电平参数与输入/输出状态表如表 2.26 所示。

表 2.26　3V 供电时的 LVCMOS 器件的逻辑电平参数与输入/输出状态表

U_{CC}	U_{OH}	U_{OL}	U_{IH}	U_{IL}
3.3V	3.2V	≤0.1V	≥2.0V	≤0.7V

2.5V 供电时的 LVCMOS 器件的逻辑电平参数与输入/输出状态表如表 2.27 所示。

表 2.27　2.5V 供电时的 LVCMOS 器件的逻辑电平参数与输入/输出状态表

U_{cc}	U_{OH}	U_{OL}	U_{IH}	U_{IL}
2.5V	2V	≤0.1V	≥1.7V	≤0.7V

从 3.3V CMOS 器件与 2.5V CMOS 器件的逻辑电平参数与输入/输出状态的关系可以明显看出，3.3V CMOS 器件具有更高的噪声承受能力，也就是具有较强的抗干扰能力。另外，对于 CMOS 器件，CMOS 结构内部寄生有可控硅结构，当输入/输入引脚电平高于 U_{CC} 一定值（比如有些芯片是输入/输入引脚电平高于 U_{CC} 的 0.7V）时，电流足够大的话，可能引起闩锁效应，并可能导致芯片的烧毁。

ECL 器件的逻辑电平参数与输入/输出状态表如表 2.28 所示。

表 2.28　ECL 器件的逻辑电平参数与输入/输出状态表

U_{CC}	U_{EE}	U_{OH}	U_{OL}	U_{IH}	U_{IL}
0V	−5.2V	−0.88V	−1.72V	−1.24V	−1.36V

ECL 器件具有速度快、驱动能力强、噪声小等特点，很容易达到几百兆赫的应用，但是功耗大，需要负电源。为简化电源，出现了 PECL（ECL 结构，但用正电压供电）和 LVPECL。

PECL 器件的逻辑电平参数与输入/输出状态表如表 2.29 所示。

表 2.29　PECL 器件的逻辑电平参数与输入/输出状态表

U_{CC}	U_{OH}	U_{OL}	U_{IH}	U_{IL}
5V	4.12V	3.28V	3.78V	3.64V

LVPELC 器件的逻辑电平参数与输入/输出状态表如表 2.30 所示。

表 2.30　LVPECL 器件的逻辑电平参数与输入/输出状态表

U_{CC}	U_{OH}	U_{OL}	U_{IH}	U_{IL}
3.3V	2.42V	1.58V	2.06V	1.94V

从 PECL 器件与 LVPECL 的 CMOS 器件的逻辑电平参数与输入/输出状态的关系可以明显看出，PECL 的 CMOS 器件具有更高的噪声承受能力，也就是具有较强的抗干扰能力。

GTL 器件类似 CMOS 器件，其输入接口为比较器结构，比较器一端接参考电平，另一端接输入信号，1.2V 电源供电。GTL 器件的逻辑电平参数与输入/输出状态表如表 2.31 所示。

表 2.31　GTL 器件的逻辑电平参数与输入/输出状态表

U_{CC}	U_{OH}	U_{OL}	U_{IH}	U_{IL}
1.2V	≥1.1V	≤0.4V	≥0.85V	≤0.75V

PGTL/GTL+器件的逻辑电平参数与输入/输出状态表如表 2.32 所示。

表 2.32　PGTL/GTL+器件的逻辑电平参数与输入/输出状态表

U_{CC}	U_{OH}	U_{OL}	U_{IH}	U_{IL}
1.5V	≥1.4V	≤0.46V	≥1.2V	≤0.8V

笔者在本书上介绍这些常用的逻辑器件和电平，仅仅是为了让读者更好地了解不同电平器件的噪声承受能力。除了以上介绍的常用电平及逻辑器件，还有很多其他的电平及逻辑器件种类，限于篇幅，就不做介绍了。

以上讨论的噪声承受能力都是基于直流状态下的，即为静态噪声承受能力，但是干扰总是在交流或瞬态的情况下发生的，于是就产生了动态噪声承受能力的概念，它是一个与时间有关的函数，如图 2.57 所示。

从图 2.57 可以看出，逻辑器件的噪声承受能力随着干扰时间的增大而降低，并趋于一个常数。说明在一定范围内，干扰时间越短，器件的噪声承受能力（能承受的峰值电压）越大；干扰时间越长，器件的噪声承受能力越小。对于瞬态干扰来说，干扰时间也意味着干扰信号的频率。图 2.59 TTL 电路噪声承受能力实测曲线是在图 2.58 TTL7400 噪声承受能力试验原理图所示原理配置的情况下得到的关于 TTL 7400 与非门噪声承受能力（敏感度）试验曲线。试验中 DC 偏置电压分别在 DC0.4V 和 DC2.4V，通过去耦电路（去耦电路是为了放置 RF 干扰信号向 DC 偏置电压源方向传输）供给 TTL 7400 的输入端，不同频率的干扰通过耦合电容注入，逐渐增加干扰电压幅度，至与非门输出电平翻转为止，记录所注入的 RF 干扰电压和频率。

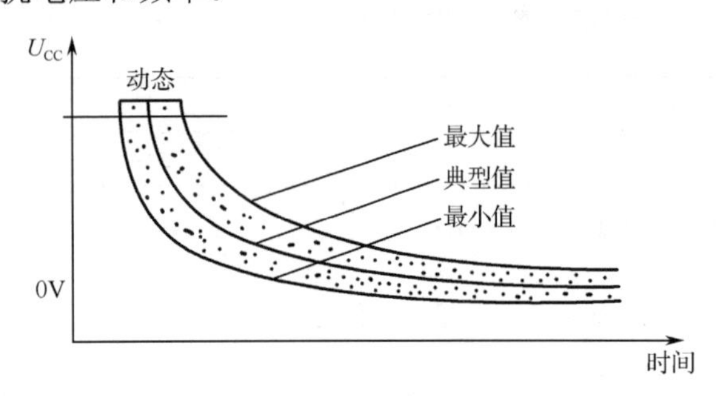

图 2.57　器件动态噪声承受能力与时间的关系

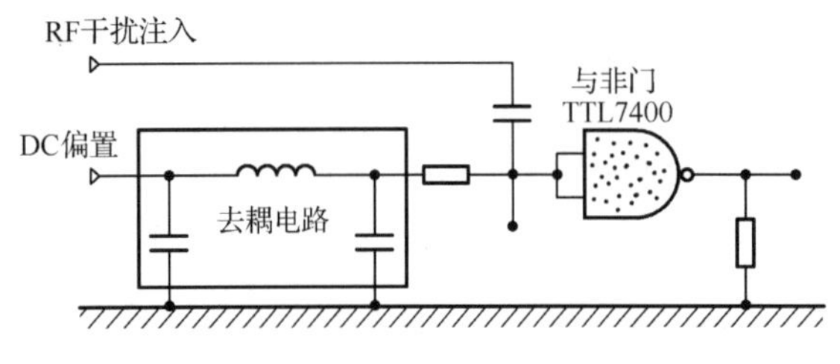

图 2.58　TTL7400 噪声承受能力试验原理图

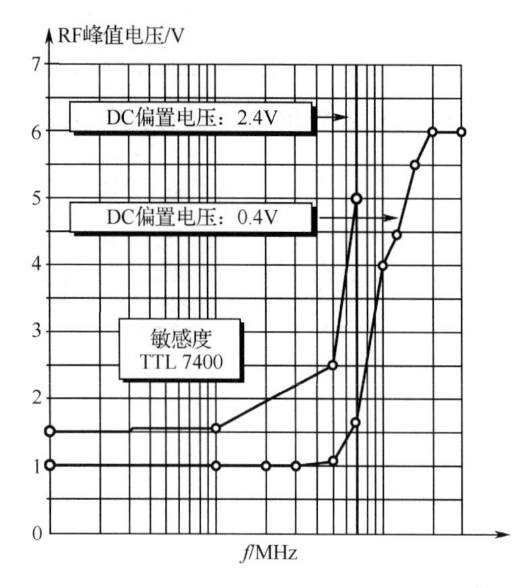

图 2.59　TTL 电路噪声承受能力实测曲线

2.7　EMI 共模电流的产生机理

EMI 共模电流产生的 EMC 问题也称为共模骚扰，现有标准所考虑的 EMI 共模电流频率主要集中在 150kHz～1GHz 之间（频率 1GHz 以上的要求已在现有的 EMC 标准中体现），其中 150kHz～30MHz 频率范围内对应的测试项目是传导骚扰测试，包括信号线的传导骚扰测试和电源线的传导骚扰测试，其中信号线上传导骚扰最主要的测试工具是电流探头。图 2.60 为信号线传导骚扰测试配置图。可见，信号线上在频率 150kHz～30MHz 之间的传导骚扰测量的实质就是评估信号线上的共模电流大小。

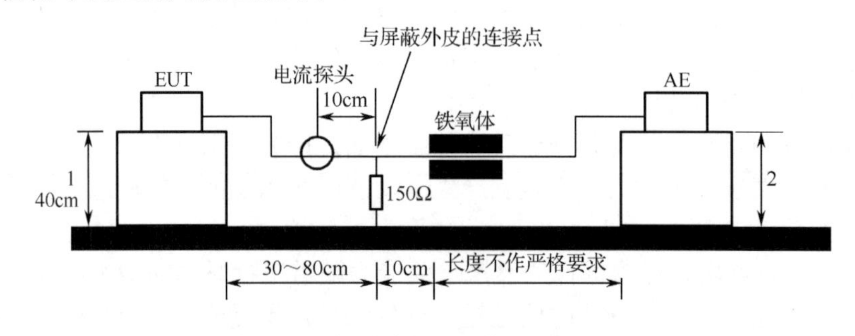

图 2.60　信号线传导骚扰测试配置图

AE—辅助设备；EUT—被测设备；1—到（水平或垂直）参考接地板的距离；2—到参考接地板的距离（不作严格要求）

电源线的传导骚扰包含差模部分和共模部分。图 2.61 为 LISN 内部原理图。

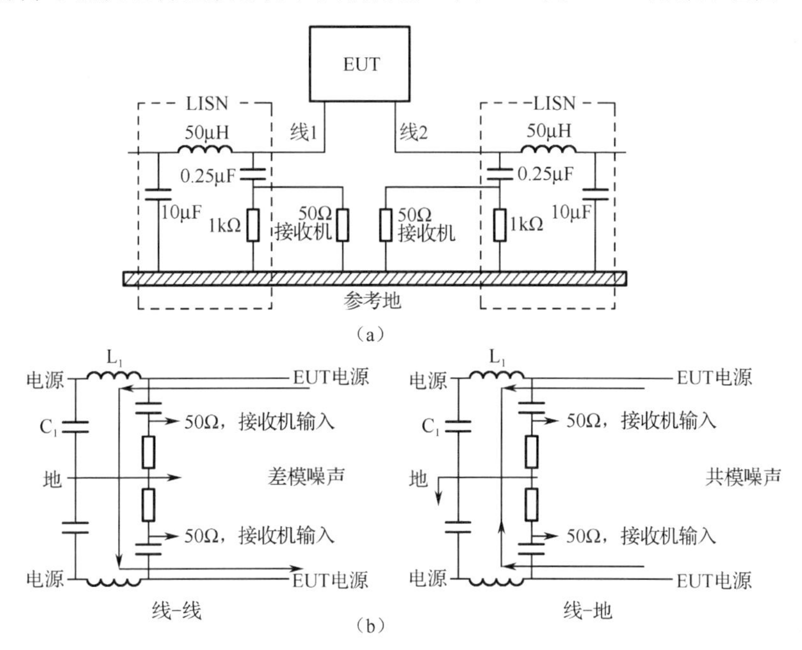

图 2.61　LISN 内部原理图

图 2.61（a）是电源接口传导骚扰测试时，被测设备（EUT）、线性阻抗稳定网络（LISN）、接收机（Reciever）之间的连接关系。图 2.61（b）中箭头线表示传导骚扰的电流，它在 50Ω 电阻上产生的压降就是所测量到的传导骚扰电压结果，图 2.61（b）中左图是差模传导骚扰电流流过 LISN 的原理图，右图是共模传导骚扰电流路过 LISN 的原理图。实践证明，引起电源接口传导骚扰问题的主要原因是共模传导骚扰，可见对于电源接口的传导骚扰的测试本质是评估流过 LISN 的共模电流大小。

30MHz～1GHz 频段范围内对应的测试项目是辐射发射测试。产品的辐射发射通常有两种情况：一种是设备内部工作电路形成的环路产生的辐射，其辐射形成的主要原因是差模电流；一种是设备的连接线、电缆，较长的 PCB 中的导体作为天线辐射电磁能量的载体，其辐射形成的主要原因是共模电流。其中后者引起的辐射是产品引起 EMI 辐射的主要原因，本章将主要讨论产生这些共模电流的原因。

2.7.1　传导骚扰与共模电流分析

1. 电源接口上的传导骚扰与共模电流

对开关电源来说，开关电路产生的电磁骚扰是开关电源的主要骚扰源之一。开关电路是开关电源的核心，主要由开关管、高频变压器、储能电容等元器件组成。它产生的 du/dt 具有较大的幅度，频带较宽且谐波丰富。开关电源骚扰传递示意如图 2.62 所示。

图中，1、3、4 都为共模骚扰电流传输路径，它是 dv/dt 由载流导体与参考地之间的电位差产生的，是开关电源的主要骚扰。这种 dv/dt 脉冲骚扰主要是由高频变压器的初级线圈引起的。在开关管导通瞬间，初级线圈产生很大的电流，并在初级线圈的两端出现较高的浪涌尖峰电压；在开关管断开瞬间，由于初级线圈之间的寄生电容，致使一部分能量没有从初级线圈传输到次级线圈，同时，这种骚扰信号也会通过集电极上的散热器、次级线圈电路与参考地之间的寄生电容传递到 LISN。图 2.63 是共模传导骚扰测量的原理图。

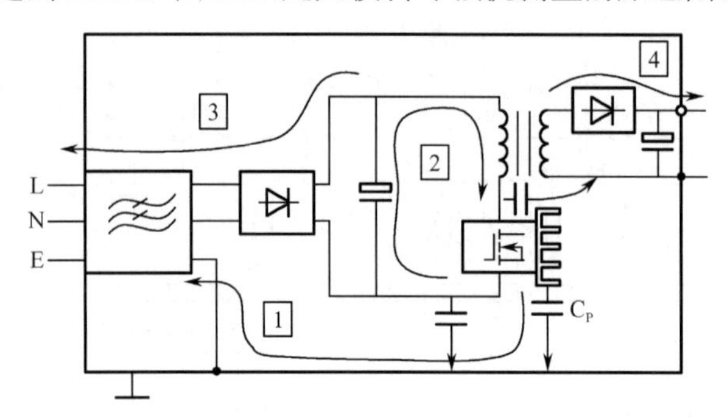

图 2.62 开关电源骚扰传递示意图

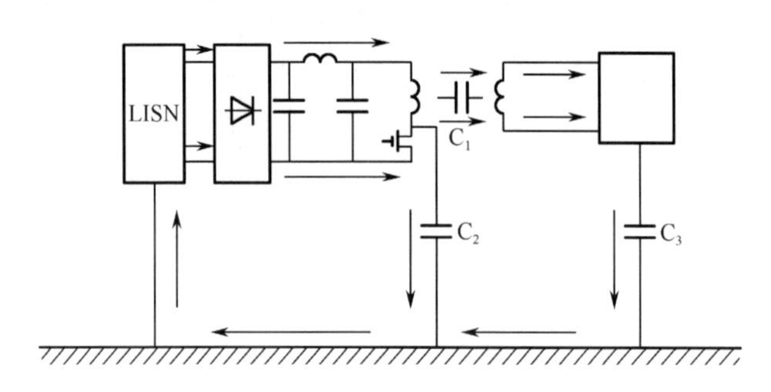

图 2.63 共模传导骚扰测量的原理图

图 2.63 的等效电路如图 2.64 所示。

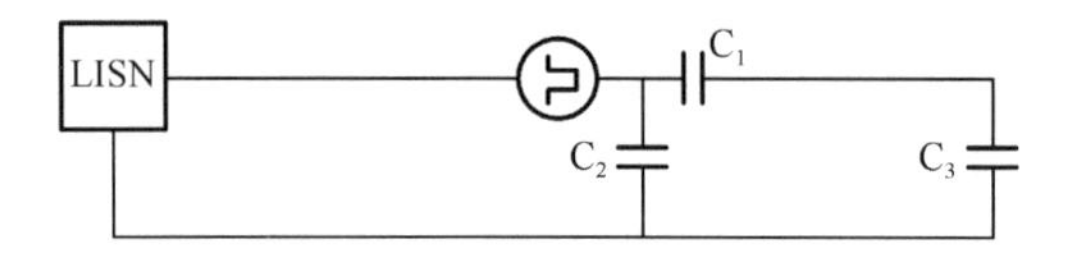

图 2.64 图 2.63 的等效电路

2. 信号电缆上的传导骚扰与共模电流

信号电缆上的传导骚扰产生的原理与辐射发射产生的原理一样，只是频段不同，参见 2.7.2 节。

2.7.2 辐射发射与共模电流分析

1. 电源线上的辐射发射与共模电流

电源线上的辐射产生的原理与电源接口上共模传导骚扰产生的原理一样，只是频段不同，参见 2.7.1 节。

2. 信号、I/O 等电缆的辐射发射与共模电流

在辐射发射测试中，经常会发现一种现象：当设备加上 I/O 线、控制线等电缆以后，产品的辐射发射值就会变大，即使电缆终端没有加负载也是如此。产生这种现象的原因是电缆变成了天线，它向外辐射着电磁能量，下面对这种辐射的机理进行分析。

共模电流产生的辐射根据驱动模式大致可分为三种：电流驱动模式、电压驱动模式、磁耦合驱动模式。

1）电流驱动模式

差模电流（通常是电路中的正常工作信号的电流）信号传送回流产生的压降驱动产生的共模电流是电流驱动模式共模电流辐射的基本驱动模式。图 2.65 是电流驱动模式辐射原理示意图。图 2.65（a）中 U_{DM} 是差模电压源，设备内部有很多这样的源，例如各种时钟信号电路、PWM 电路等，Z_L 为回路负载，I_{DM} 为回路负载的差模电流，该电流流过 AB 两点间的回流地（例如印制板的地线），回到差模源。如 AB 间存在一定的阻抗 Z（如平面不完整、AB 间用连接器互连等引起的寄生电感 L_P），则 AB 间阻抗 Z 上产生压降为：

$$U_{CM} = I_{DM}(j\omega L_P) \tag{2.5}$$

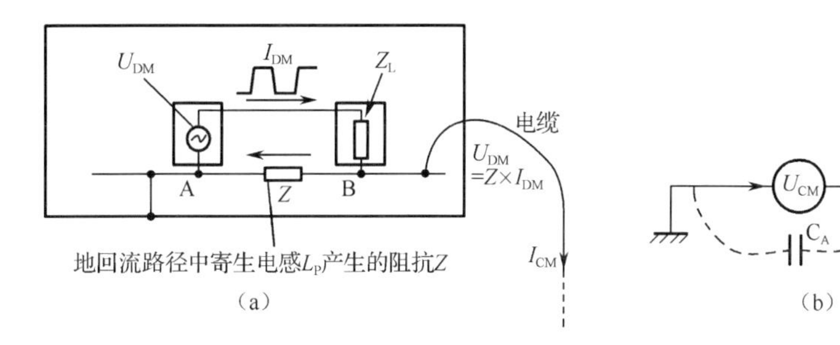

图 2.65　电流驱动模式辐射原理示意图

这里 U_{CM} 就是产生共模辐射的驱动源。要产生辐射，除源以外还必须有天线。这里的天线是由图 2.65（a）中 B 点向右看的地线部分和外接电缆。其组成的辐射系统的等效电路如图 2.65（b）所示，这实际上是一副不对称振子天线。流过天线的电流即为共模电流，即

$$I_{CM} = U_{CM} \Big/ \frac{1}{jC_A\omega} = jC_A\omega U_{CM} \tag{2.6}$$

式中　I_{CM}——共模电流；

U_{CM}——共模驱动电压；

C_A——电缆与参考地之间的寄生电容。

合并式（2.6）和式（2.5）得

$$I_{CM} = -\omega^2 L_P C_A I_{DM} \tag{2.7}$$

由于共模电流 I_{CM} 是由差模电流 I_{DM} 产生的，所以这种模式称电流驱动模式。

例如，在印制电路板上为了把数字电路和模拟电路分离，常把地分割成数字地和模拟地。如果这两部分之间有信号联系，如图 2.66 所示，并且数字地和模拟地的连接部分 AB 比较细长，存在一定寄生电感，则差模电流 I_{DM} 将在 AB 连接线的电感上产生共模驱动电压源，从而引起共模辐射，天线一部分是模拟地，另一部分是外接电缆。

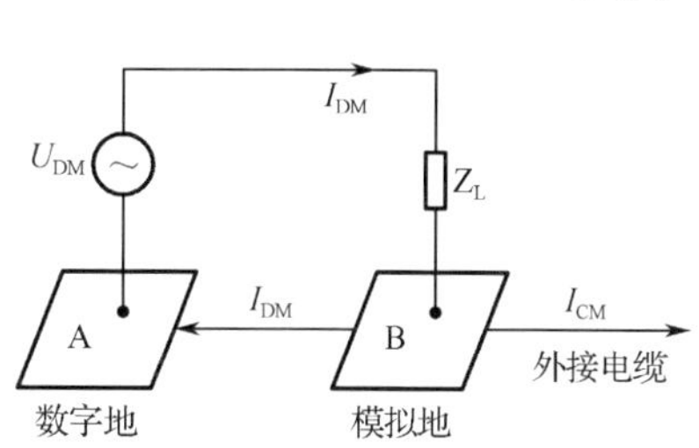

图 2.66　电流驱动模式实例

2）电压驱动模式

工作差模电压源（有用电压信号源）通过寄生电容直接驱动产生的共模电流是电压驱动模式共模电流辐射的基本驱动模式。图 2.67 所示的产品中，差模电压源 U_{DM} 和电缆产生寄生回路，回路中的共模电流通过电缆产生共模辐射，共模辐射电流 $I_{CM} \approx C\omega U_{DM}$。图 2.68 所示的产品中，差模电压源 U_{DM} 和金属外壳的下部分产生寄生回路，回路中的共模电流通过电缆产

生共模辐射，共模辐射电流 $I_{CM} \approx C\omega U_{DM}$，其中，$C$ 为 PCB 板中信号印制线与金属外壳或电缆之间寄生电容。

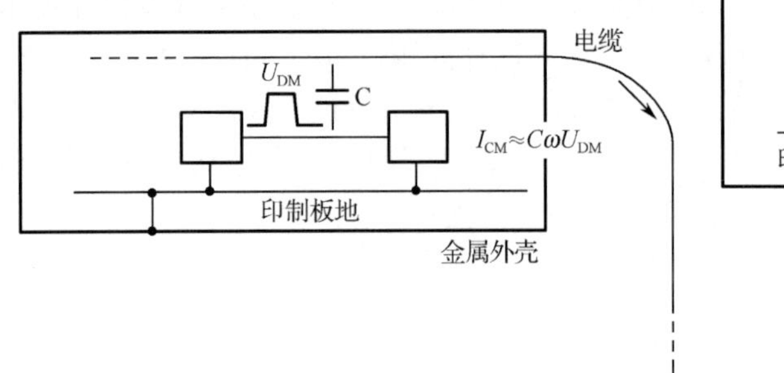

图 2.67　印制线与电缆容性耦合引起的电压驱动模式辐射

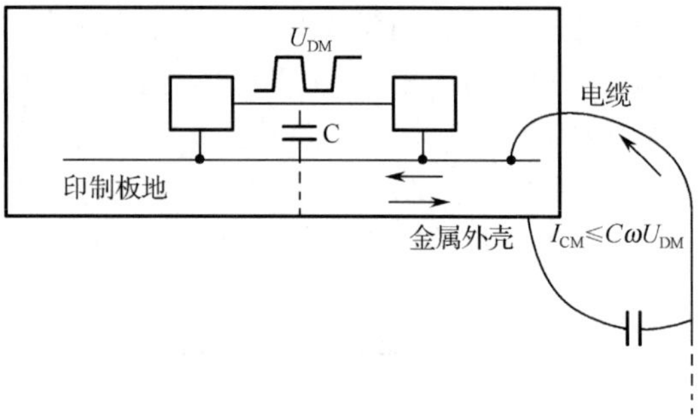

图 2.68　印制线与机壳容性耦合引起的电压驱动模式辐射

图 2.69 是电压驱动模式的一个实例。图中，Q 是大功率的开关管，Q 可看成是差模电压源 U_{DM}，共模电流 I_{CM} 的途径是通过 Q（开关管）和散热片之间的分布电容 C_d 到达散热片的，散热片是共模天线的一个极；然后以空间位移电流的形式，即通过 C_A 到达外部接线，外部接线是天线的另一个极，共模电流再由印制板地回到 Q。

3）磁耦合驱动模式

工作差模信号（有用信号源）回路产生的磁场与电缆及金属外壳或印制板地等组成的寄生回路产生磁耦合时产生的共模电流是磁耦合驱动共模电流辐射的基本驱动模式。如图 2.70 所示是典型磁耦合驱动模式产生的共模电流辐射原理图。图中，差模工作信号在小回路 H 中流动时，电缆、金属外壳、印制板地及寄生电容组成的大回路耦合到了小回路中的信号，使电缆中带有共模电流信号，从而产生共模辐射。

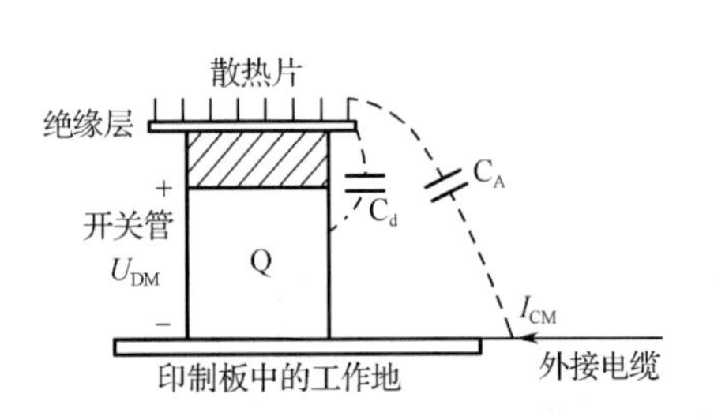

图 2.69　电压驱动模式的一个实例

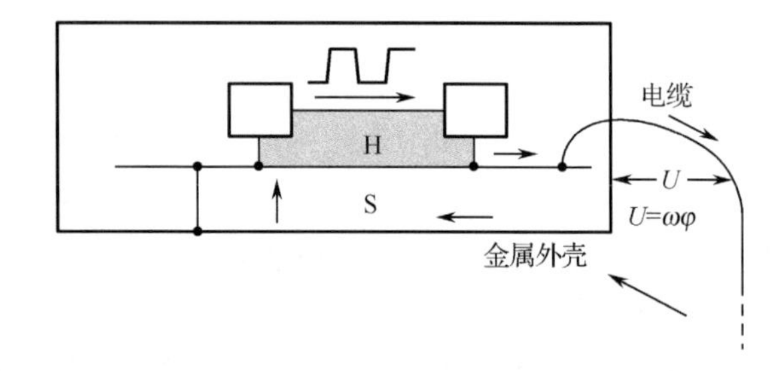

图 2.70　典型磁耦合驱动模式产生的共模电流辐射原理图

图 2.71 是开关电源中发生磁耦合共模驱动模式的原理图。图中，由电容、变压器初级、开关管组成的环路 1 与产品电源线、电源内部电路及电源与参考地之间的寄生电容 C_P 形成的共模环路 2 之间发生磁耦合，环路 2 中的电源线中感应出共模电流，形成共模辐射。

4）屏蔽电缆“猪尾巴”引起的辐射

屏蔽电缆“猪尾巴”（Pigtail）引起的辐射实际上是一种电流驱动模式下的共模辐射，屏蔽电缆的“猪尾巴”现象在实际应用中非常普遍，为了加强理解，将其单独进行分析。

在屏蔽电缆的应用中，有时为了连接方便，往往只是将屏蔽层的编织网拧成一段，即扭成“猪尾巴”状的辫子，芯线有很长一段露出屏蔽层（见图 2.72），这时就会产生“猪尾巴效应”，它很大程度上降低了屏蔽层的屏蔽效果，同时，这种电缆也不能很好地抑制共模辐射。类似的，当电缆屏蔽层与金属机箱有 360° 完整搭接，但没有保证良好的电连续性时，也会造成同样的效果。

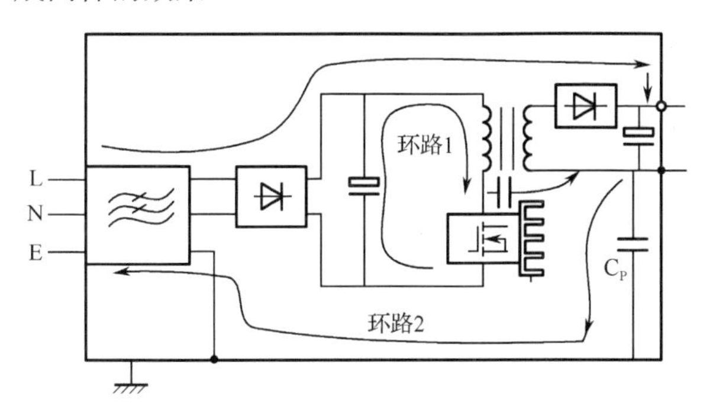

图 2.71 开关电源中发生磁耦合共模驱动模式的原理图

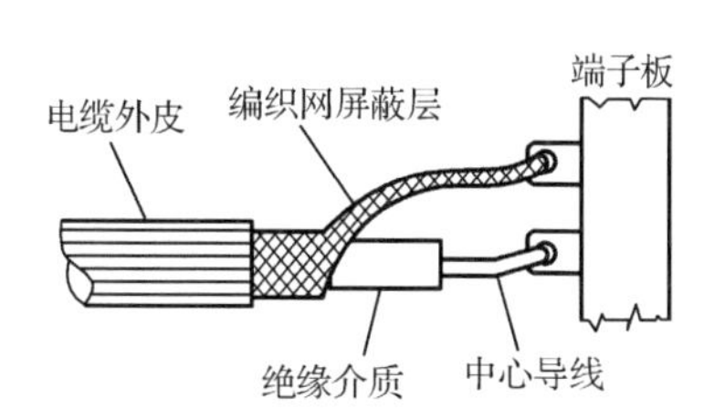

图 2.72 屏蔽电缆接头处的“猪尾巴效应”

屏蔽电缆“猪尾巴”引起的辐射的原理可以通过以下案例分析说明。

【案例现象描述】

某工业控制产品，其信号输出接口使用屏蔽电缆，进行辐射发射测试时发现辐射虽然在 CLASS B 限值线下，但是余量不足。未通过的辐射测试频谱图如图 2.73 所示。

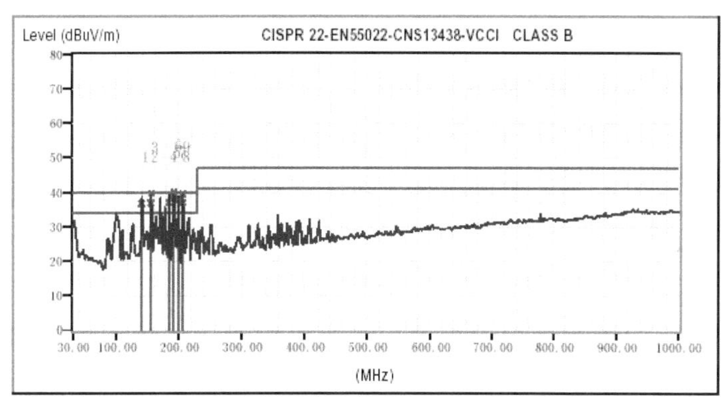

This data is for evaluation purposes only. It cannot be used for EMC approvals unless it contains the approved signature.
If you have any questions regarding the test data, you can write your comments to service@mail.adt.com.tw

	No.	Frequency MHz	Factor dB	Reading dBuV/m	Emission dBuV/m	Limit dBuV/m	Margin dB	Tower cm	Table deg
	1	140.06	16.22	20.42	36.64	40.00	-3.36	237	40
	2	154.81	17.02	19.74	36.76	40.00	-3.24	176	19
	3	156.10	17.03	22.74	39.77	40.00	-0.23	--	--
	4	184.29	14.12	22.80	36.92	40.00	-3.08	164	0
	5	191.66	13.36	24.66	38.02	40.00	-1.98	144	13
*F	6	192.47	13.32	26.77	40.09	40.00	0.09	--	--
	7	199.03	13.00	24.89	37.89	40.00	-2.11	100	349
	8	206.41	13.06	23.82	36.88	40.00	-3.12	99	0
	9	207.03	13.07	26.44	39.51	40.00	-0.49	--	--

图 2.73 未通过的辐射测试频谱图

摘去信号输出电缆后，辐射降低，可以满足 CLASS B 要求，并有 6dB 以上的余量。

【原因分析】

分析测试结果，辐射较高的频点集中在 150～230MHz 之间，又由于该产品的尺寸较小，只有电缆的长度与较高辐射频点的波长可以比拟。信号接口屏蔽电缆连接方式如图 2.74 所示。

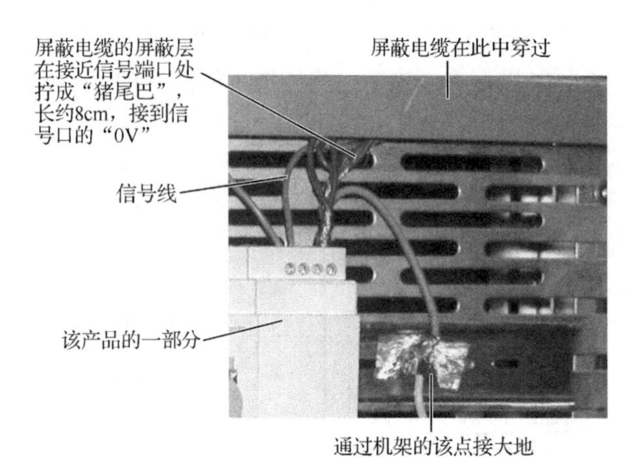

图 2.74　信号接口电缆连接方式

由图 2.74 可知，该产品使用屏蔽电缆，但是电缆的屏蔽层在接近产品信号接口的地方拧成“猪尾巴”状，长约 8cm。“猪尾巴”是屏蔽电缆设计与使用时常见的 EMC 问题，图 2.75 可以解释其产生 EMC 问题的原理及对产品带来的影响。由图 2.75 可见，“猪尾巴”的存在犹如存在一个共模电压ΔU。如图 2.75（b）所示，并且ΔU驱动着与“猪尾巴”直接相连的信号线电缆屏蔽层，从而形成了共模辐射。

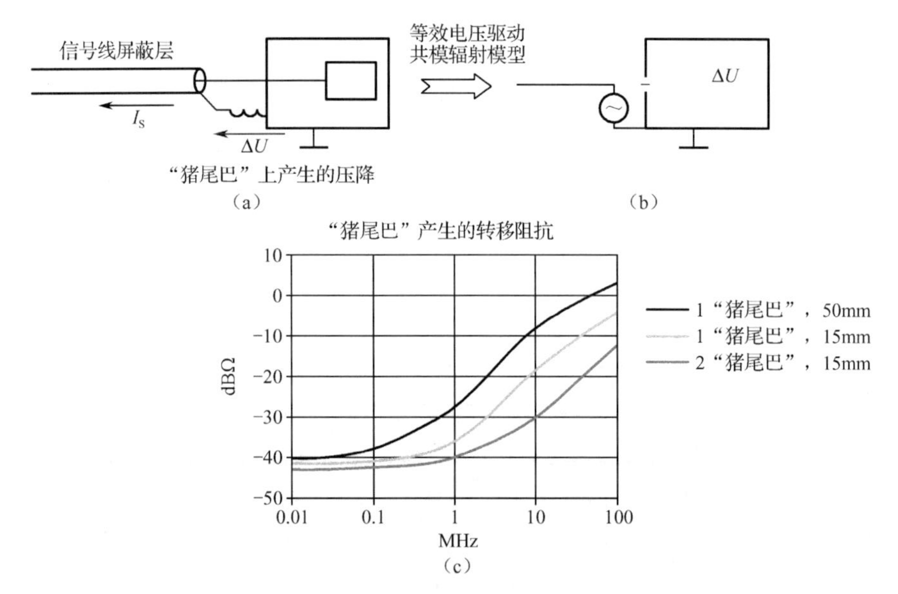

图 2.75　辐射形成原理

要进一步解释“猪尾巴”的原理，可以从转移阻抗（Z_T）的概念来解释。Z_T 是当在屏蔽电缆上注入射频电流时，中心导体上的电压与这个电流的比值。对于给定频率，较低的 Z_T 意味着当在屏蔽电缆上注入射频电流时，中心导体上只会产生较低的电压，即对外界干扰具有较高屏蔽效果，同样也说明中心导体上有电压时，屏蔽电缆上感应的电流也会较小，即对中心导体产生的骚扰具有较高的屏蔽效果。如果一屏蔽电缆的 Z_T 在整个频率段上仅为几个 mΩ，那么这根电缆的屏蔽效果是比较好的。同时，具有较低的转移阻抗的屏蔽电缆也意味着具有较好的屏蔽外接干扰的能力和屏蔽本身辐射发射的能力。然而“猪尾巴”的存在，相当于在屏蔽层上串联了一个数十 nH 的电感，它能够在接口的电缆屏蔽层上因为屏蔽层电流的作用而产生一个共模电压。随着频率的增大，如图 2.75（c）所示，“猪尾巴”连接的等效转移阻抗也将迅速增大，这样会使屏蔽电缆失去屏蔽效果。

【处理措施】

- 将“猪尾巴”缩短为 1cm 后，测试结果如图 2.76 所示。

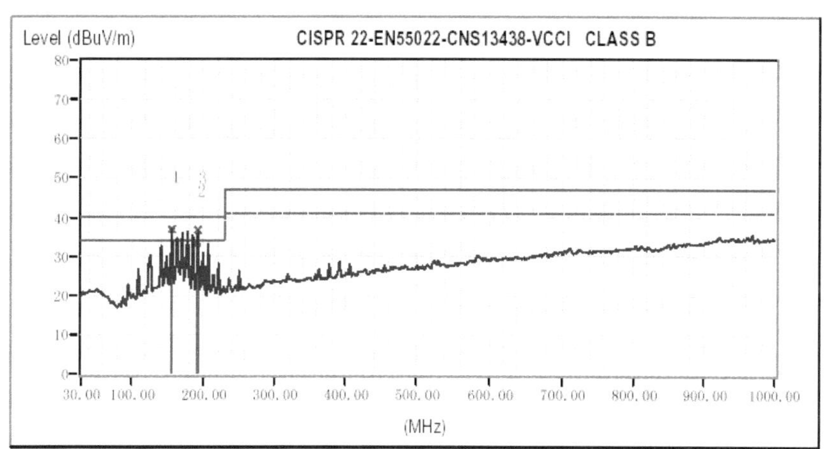

This data is for evaluation purposes only. It cannot be used for EMC approvals unless it contains the approved signature.
If you have any questions regarding the test data, you can write your comments to service@mail.adt.com.tw

No.	Frequency MHz	Factor dB	Reading dBuV/m	Emission dBuV/m	Limit dBuV/m	Margin dB	Tower cm	Table deg
* 1	156.10	17.03	19.73	36.76	40.00	-3.24	--	--
2	191.67	13.36	20.00	33.36	40.00	-6.64	129	190
3	192.47	13.32	23.26	36.58	40.00	-3.42	--	--

图 2.76　修改后的测试结果

【思考与启示】

屏蔽电缆的屏蔽层一定要进行 360° 搭接，并良好接地。

2.7.3　产生共模辐射的条件

产生共模辐射的条件：

（1）共模驱动源。

（2）等效“天线”。

大部分情况下，“天线”是产品中的电缆或 PCB 中的导体，是无法避免的，而驱动源是任何两个金属体之间存在的射频（RF）电位差，两个金属体分别是它的不对称振子天线的两个极。射频电位差即为共模驱动源，它通过不对称振子天线向空间辐射电磁能量。

共模驱动源是可以通过合理的设计避免或减小的。如果设计不合理，当频率达到 MHz 级时 nH 级的小电感和 pF 级的小电容都将产生严重影响。两个导体连接处的寄生小电感能产生射频电位差，如图 2.66 中的数字地和模拟地之间的连接线的小电感。没有直接连接点的金属体也可能通过寄生小电容变成“天线”的一部分，如图 2.69 中的开关电源开关管上的散热片与开关管是绝缘的，但可以通过它们之间的小电容在射频频率上连接起来，构成共模天线的一部分。

等效“天线”的一极可能是设备的外部电缆，另一极可能是设备内部印制板的地线、电源线、机壳、散热片、金属支撑架等。当天线两个极的总长度大于$\lambda/20$ 后，天线的辐射才有可能产生。当天线长度与驱动源谐波的波长符合式（2.8）时，天线发生谐振，辐射效率最大。

$$L = n(\lambda / 2), n = 1,2,3,\cdots \tag{2.8}$$

在确定天线总长度时，源在天线上的位置是天线辐射效率的决定因素。天线在源的同一侧时产生的共模辐射要比天线在两侧时小得多。

第3章

EMC风险评估

风险评估是一项具有固定程序的活动，基本参考标准是GB/T27921《风险管理 风险评估技术》，将风险评估技术应用于EMC领域，就产生了EMC风险评估。如果评估过程中，将对象明确为产品的EMC设计内容，那么就产生了EMC风险评估。本章主要介绍如何实施EMC风险评估。

3.1 风险评估定义

风险评估是一项对产品、系统的特性而展开的一项评估活动，它可以独立存在，也可以在风险管理过程中与其他活动相结合。EMC风险评估是一项利用成熟的风险评估技术和手段对产品、系统的EMC特性而展开的一项评估活动，它可以独立存在，也可以在企业开展的风险管理过程中与其他活动（EMC对策、评审沟通等）相结合，EMC风险评估可以认为是风险评估技术在EMC领域中的应用。在进行EMC风险评估时，EMC风险评估专家至少应该明确以下事项：

- 设备、系统或工程现场所处的环境和功能目标；
- 使用者可允许EMC风险的范围及类型，以及如何应对不可接受的EMC风险；
- 实施EMC风险评估的目标；
- 可用于EMC风险评估的方法和准则；
- 如何进行EMC风险评估的报告及检查；
- EMC风险评估活动如何开展和实施。

3.2 EMC风险评估目的

EMC风险评估旨在为有效的设备、系统或工程现场的EMC风险应对提供基于证据的信息和分析，按手段分类可以分为EMC设计风险评估和EMC测试风险评估。EMC测试风险评估基于EMC测试。EMC测试风险评估已是目前普遍而常用的评估方法，一般直接称为“EMC测试”，最终的输出是EMC测试报告。EMC设计风险评估简称EMC风险评估基于EMC设计，利用风险评估的手段对产品的设计方案进行评估，这样可以评价或预知产品的EMC性能或EMC测试的通过率。EMC风险评估的主要作用包括：

- 识别设备、系统或工程现场特定目标下的EMC风险及潜在影响；
- 增进对EMC风险的理解，以利于风险应对策略的正确选择；
- 识别那些导致EMC风险的主要因素，以及设备、系统或工程现场设计中存在EMC风险的薄弱环节；

- 分析 EMC 风险和不确定性；
- 有助于建立设计原则；
- 帮助确定 EMC 风险是否可接受；
- 有助于通过额外措施来进行 EMC 问题的预防；
- 可以作为风险管理的输入，可与风险管理过程的其他组成部分有效衔接。

3.3 EMC 风险评估对象

EMC 设计风险评估依据对象的不同，可以分为设备级、系统级和工程现场级，作为评估目标的具体技术指标可以是设备、系统、现场的单项、多项或全项的 EMC 指标。

设备级 EMC 设计风险评估，应用于具体的设备（如笔记本电脑、汽车零部件等），从设备结构和电路板方面面临的 EMC 风险进行评估。

系统级 EMC 设计风险评估，应用于由产品构成的系统（如整车等），从系统中产品本身及产品之间的 EMC 风险进行评估。

工程现场级 EMC 设计风险评估，应用于工程现场，从现场级复杂的应用环境、安装条件、系统之间的 EMC 风险进行评估。

3.4 明确环境信息

因为 EMC 设计风险评估的对象是设备、系统和工程现场，其 EMC 风险必然与设备、系统等被评估对象的应用环境有着紧密的关系，同时 EMC 设计风险评估的输出可能是一个概率、一个数值或一种等级，所以在进行具体的 EMC 风险评估活动时，应明确设备、系统或工程现场所处的环境信息（包括界定内外部环境、EMC 风险管理环境等），以便确定 EMC 设计风险准则。

通过明确设备、系统或工程现场预计使用的环境信息或 EMC 测试需求，制造商/用户可明确其风险管理的目标，确定与制造商/用户相关的内部和外部参数，并设定 EMC 风险管理的范围和有关 EMC 风险评估准则。

3.5 EMC 风险评估准则

为了对产品或系统进行 EMC 风险评估，需要设立一种基准，这就是 EMC 风险评估准则。EMC 风险评估准则是用于评价 EMC 设计风险重要程度的标准。EMC 风险评估准则需要体现制造商/用户的风险承受度，应反映制造商/用户的价值观、目标和资源。应根据产品或系统所处的环境和自身情况，合理确定 EMC 风险评估准则。

EMC 风险评估准则是在 EMC 风险评估理想模型的基础上建立的，可分为 EMC 设计理想模型和 EMC 测试理想模型，EMC 设计理想模型用于 EMC 设计风险评估，可见进行 EMC 设计风险评估的核心技术是如何建立 EMC 设计理想模型。本书描述的产品 EMC 设计分析方法经过总结后可以成为 EMC 设计风险评估的理想模型。EMC 测试理想模型用于 EMC 测试风险评估，现有 EMC 测试标准中定义的测试方法和测试等级可认为是一种 EMC 测试风险评估的理想模型。EMC 设计理想模型的构建机理可基于第 7 章的描述，其原理在于通过现实环境中可能存在的各种干扰施加在产品上，根据干扰在产品中可能的走向，分析产品可能存在的抗干扰问题，得出相关的风险要素；同时，在产品正常工作状态时，通过分析产品可能存在的电磁骚扰问题，找出相关的风险要素。EMC 测试理想模型即为某评估对象的 EMC 测试方法和测试等级，如参考某产品标准规定的 EMC 测试要求，EMC 工程人员可以通过一系列 EMC 测试，在获得测试数据和结果后对设备、系统等评估对象进行风险评估。

通常 EMC 风险评估理想模型能应对所有的 EMC 风险。

设备的 EMC 设计理想模型可以从相应的结构设计和电路板设计两方面考虑；设备的 EMC 测试理性模型可以从抗扰度测试和发射测试两方面考虑。

系统的 EMC 设计理想模型应从设备之间的相互电磁影响程度及系统中设备的本身风险评估结果来考虑；系统的 EMC 测试模型可从系统的抗扰度测试和发射测试两方面考虑。

3.6　EMC 风险评估过程

3.6.1　概述

风险评估过程一般包括明确环境信息、风险识别、风险分析和风险评价 4 个步骤。因此，如果需要对产品进行 EMC 风险评估，则过程也应包括明确被评估对象应用 EMC 环境的信息或 EMC 要求、EMC 风险识别、EMC 风险分析和 EMC 风险评价 4 个步骤。本节主要介绍 EMC 风险评估的过程。

EMC 风险评估活动适用于产品各个层级的设计，评估范围可涵盖设备、系统或工程现场的 EMC 设计等。但是在不同场景中，所使用的评估工具或技术可能有差异。企业采用合理的 EMC 风险评估有助于决策者对风险及其原因、后果和发生可能性有更充分的理解，这可以为以下决策提供信息：

- 是否应该开展某些活动；
- 是否需要应对风险；
- 风险应对策略的选择；
- 确定风险应对策略的优先顺序；
- 选择最合适的风险应对策略，将风险的不利影响控制在可接受的水平。

通过 EMC 风险评估，企业可以更深刻地理解设备、系统或工程现场中在没有进行 EMC 测试的情况下可能存在哪些 EMC 风险，以及现有设备、系统或工程现场施加的 EMC 风险要素应对措施的充分性和有效性，为确定最合适的风险应对方法奠定基础。EMC 风险评估的结果可作为设备、系统或工程现场全生命周期的 EMC 可靠性控制的输入。

EMC 风险评估的过程和结果都应进行记录。EMC 风险评估记录文件的内容将取决于评估工作的目标及范围。

EMC 风险评估是由被评估对象的应用 EMC 环境信息或 EMC 要求、EMC 风险识别、EMC 风险分析和 EMC 风险评价构成的一个完整过程（见图 3.1）。EMC 风险评估中的所有活动都可以与其他活动作衔接，内嵌于风险管理过程中。

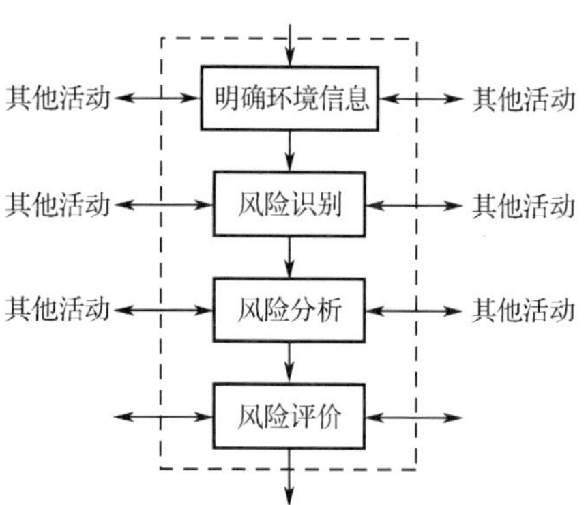

图 3.1　风险评估过程图

3.6.2 EMC 风险识别

EMC 风险识别是发现、列举和描述 EMC 设计风险要素的过程。

EMC 风险识别的目的是确定可能影响产品和系统 EMC 性能得以实现的 EMC 风险要素。

EMC 风险识别过程包括对风险源、风险事件及其原因和潜在后果的识别。

EMC 风险识别是基于证据的一种方法，它应该首先构建 EMC 风险评估准则。例如，设备级 EMC 风险评估，从设备的结构和电路板两个方面，构建相应的理想模型。

从具体的评估对象上获取 EMC 风险评估信息，然后与 EMC 风险评估准则进行对比，找出评估对象上存在的风险要素，并将风险要素进行记录。EMC 风险识别流程图如图 3.2 所示。

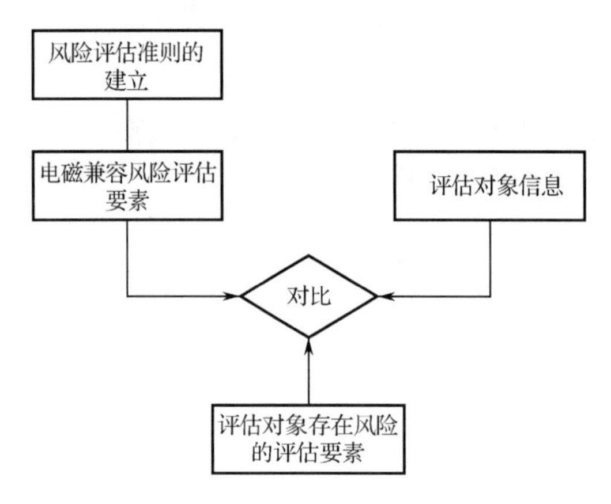

图 3.2　EMC 风险识别流程图

3.6.3 EMC 风险分析

1. 概述

EMC 风险分析需要考虑导致设备、系统或工程现场存在 EMC 风险的原因和风险源、风险事件的正面和负面的后果及其发生的可能性、影响后果和可能性的因素、不同风险及其风险源的相互关系以及风险的其他特性，还要考虑控制措施是否存在及其有效性。

EMC 风险分析为 EMC 风险评价、决定风险是否需要应对以及最适当的应对策略和方法提供信息支持，可促进制造商/用户对 EMC 风险的理解。

在某些情况下，EMC 风险可能是一系列事件叠加产生的结果。在这种情况下，风险评估的重点是分析产品和系统各组成部分的重要性和薄弱环节，检查并确定相应的防护和补救措施。

用于 EMC 风险分析的方法可以是定性的、半定量的、定量的或以上方法的组合。EMC 风险分析所需的详细程度取决于特定的用途、可获得的可靠数据以及制造商/用户的需求。

定性的风险分析可通过重要性等级来确定风险后果、可能性和风险等级，如“高”“中”“低”或“I 级”“Ⅱ级”“Ⅲ级”3 个重要性程度。

半定量法可利用数字评级来度量风险的后果和发生的可能性，并运用公式将二者结合起来，确定风险等级。

定量分析可估计出电磁风险后果及其发生可能性的实际数值，并产生风险等级的数值。

2. EMC 设计评估要素的风险等级和风险分类

EMC 风险等级是风险分析的结果，可按单个风险要素的影响程度等级进行划分，可根据定性、半定量和定量的分析方法进行分类，如用定性的分析方法可分为“I 级”“II 级”“III级”。划分出的等级应具备典型性，等级之间无交叉重叠的部分。

（1）I 级：EMC 设计风险评估要素的要求在特定条件下不能满足时，一定会导致失败（如测试不通过）。

（2）II 级：EMC 设计风险评估要素的要求不能满足时，必须有其他明确的弥补措施才能避免失败。

（3）III级：不能满足时，不一定会导致测试失败。

EMC 风险分析中得出某些特定的风险要素，在评估对象中可能不存在，根据风险要素对后果的影响可分为两类：

a 类：产品中若无该风险要素相关信息，则认为该风险要素的风险等级为最高，I 级。

b 类：产品中若无该风险要素相关信息，则认为该风险要素的风险等级为最低，III级。

3.6.4 EMC 风险评价

1. 概述

EMC 风险评价结合具体风险评估技术将风险分析的结果进行相应的测算，或者对各种 EMC 风险要素的分析结果之间进行综合的评价，来确定 EMC 风险等级。

EMC 风险评价利用风险分析过程中所获得的对风险的认识，对未来的是否需要进行风险应对进行决策。

最简单的风险评价结果，是仅将风险分为两种：需要应对与无须应对。这样的方式无疑简单易行，但是其结果通常难以反映出风险估计时的不确定性，而且两类风险界限的准确界定也绝非易事。

风险评价的结果应满足风险应对的需要，否则应做进一步分析。

风险评估的复杂及详细程度千差万别。风险评估的形式及结果应与制造商/用户的自身情况相适应。

2. 设备、系统、工程现场的 EMC 设计风险等级

在设定风险等级的同时，应考虑相关经验。

产品或系统的 EMC 风险等级可以通过具体的风险评分的形式予以体现。

通过风险评分对每个 EMC 风险要素进行相应赋值，可得到每个 EMC 风险要素的“高”“中”“低”。

3.7 风险评估工具

风险评估工具是用来对产品、系统等评估对象进行风险评估的手段或方法，其应能确保风险评估结果的正确性。风险评估工具通常能考虑不同评估要素之间的综合影响，一般来说，EMC 风险评估工具应具备以下特征：

- 适用的制造商/用户相关情况；
- 得出的结果应加深对风险性质及如何应对风险的认识；
- 应能按可追溯、可重复及可验证的方式使用。

应从相关性及适用性角度说明选择技术的原因。在综合不同研究结果时，所采用的技术及结果应是可比较的。

3.7.1 风险指数法

1. 定义

风险指数法可以提供一种有效的划分风险等级的工具，是对风险的半定量测评。风险指数是利用循序尺度的计分法得出的估算值。

可以设计合适的指数模型对各电磁兼容风险要素的得分进行加、减、乘、除的运算。一旦打分系统得以建立，必须将该模型用于已知设备、系统或工程现场，以便确认其有效性。

2. 优点及局限

风险指数法的优点包括：

- 风险指数法可以提供一种有效的划分等级的工具；
- 可以让影响等级的多种因素整合到风险等级的分析中。

局限包括：

如果过程（模式）及其输出结果未得到很好确认，那么可能使结果毫无意义。

3.7.2 风险矩阵法

1. 定义

风险矩阵法是用于识别 EMC 风险和对其进行优先排序的有效工具，可以直观地显现 EMC 风险的分布情况，有助于制造商/用户确定风险评估的关键要素点和风险应对方案。

风险矩阵法输入的数据为 EMC 风险发生的可能性与后果严重程度的评估结果。

EMC 风险发生可能性的高低、后果严重程度可以表述为不同等级，如“极低”“低”“中”“高”和“极高”等。

对 EMC 风险发生可能性的高低和后果严重程度进行定性或定量评估后，依据评估结果绘制风险图谱。绘制矩阵时，一个坐标轴表示结果等级，另一个坐标轴表示可能性等级。

2. 优点及局限

风险矩阵法的优点包括：

- 方法简单，易于使用；
- 显示直观，可将 EMC 风险很快划分为不同的重要性水平。

局限包括：

- 必须设计出适合具体情况的矩阵，因此很难有一个适用于所有评估对象各相关环境的通用系统；
- 很难清晰地界定风险等级；
- 该方法的主观色彩较强，不同决策者之间的等级划分结果会有明显的差别；
- 无法对风险进行累计叠加。

3.7.3 层次分析法

1. 定义

层次分析法提供一种新的、简洁而实用的建模方法，它适用于那些难于完全定量分析的问题。

层次分析法以其系统性、灵活性、实用性等特点特别适合于多目标、多层次、多因素的复杂系统的决策，在风险要素结构复杂且缺乏必要数据的情况下更为方便。

对任意两风险要素的相对重要性进行比较判断，给予量化。

运用层次分析法建模，可以根据以下步骤进行：

- 建立递阶层次结构模型；
- 构造出各层次中所有判断矩阵；
- 层次单排序及一致性检验；
- 层次总排序及一致性检验。

其中后两个步骤在整个过程中需要逐层进行。

2. 优点及局限

本方法很好地体现了系统工程学定性与定量分析相结合的思想。

局限包括：

- 很大程度上依赖于评估人的经验，主观因素的影响很大；
- 比较、判断较为粗略，不能用于精度要求较高的决策问题。

3.8 风险评估报告要求

EMC 风险评估的过程和结果都应进行记录。风险要素应以可理解的术语来表达，同时风险等级也应得到清晰的表述。

评估结果应记录在一份综合的评估报告中，该评估报告应具有足够多的细节以提供评估的正确性。评估报告应至少包含以下信息：

- 设备、系统或工程现场需要进行的 EMC 风险评估的目标和范围；
- 被评估设备、系统或工程现场与测试项目的关联情况；
- 所使用的风险评估准则及其合理性；
- 列出产品的品牌、规格、型号以及具体的产品信息；
- 风险评估方法及选择合理性分析；
- 风险识别的结果；
- 风险分析的结果及评价过程；
- 敏感性及不确定性分析；
- 关键的假定和其他需要加以监测的因素；
- 结论和建议。

第4章

产品机械架构 EMC 设计与接地设计

产品机械架构是指组成产品的各部件在产品中的相对位置，当产品机械架构发生改变时，产品中的共模电流的传递路径和大小也发生改变。本章主要研究共模电流形成的机理及机械架构设计中影响共模电流传递路径和大小的因素，帮助设计者掌握如何设计产品机械架构布局以获得产品机械架构最佳的 EMC 效果。

4.1 产品机械架构决定共模电流路径

4.1.1 产品机械架构决定共模电流机理

产品内部电流有两种模式，一种是差模电流，另一种是共模电流。对于差模电流，它的电流路径取决于电路原理的设计和外部差模干扰的注入点。而共模电流（包括外部注入的共模干扰电流和内部电路自己产生的共模 EMI 电流）都存在于产品及/或产品周边导体所组成的非预期的路径中，而且差模电流与共模电流在产品内部总是不断地相互转换。这种非预期的路径与产品机械架构设计有关，尽管听起来十分奇怪，但事实确实如此。

为了更好地了解产品机械架构与对电路中共模电流的影响，下文用 W. Michael King 教授一篇 *COMMON-MODE ARCHITECTURAL CURRENT FLOW PATHS：Impact to Functional Reliability and Performance Stability of Systems-Products*（《产品机械拓扑架构影响共模电流的流动方式》）的文章中的有关描述和一个实例进行介绍。

W. Michael King 是一名独立系统设计顾问，他在系统设计、集成、管理和 EMC 方面工作了超过 44 年，在这些年中，他开发了超过 1000 个系统。

该文章相关描述：

当 RF 射频电流或瞬态电流流经过一块金属平板时，图 4.1 所示流过平面的电流产生磁场分布图描绘了此时机械架构内磁通量的分布模式。当一块金属平板引入机械孔时，图 4.2 所示机械孔使磁通重新分布示意图描绘了此时平板机械架构变化后的磁通，显然磁通发生了重新分布，并沿着这些孔产生循环电流。图 4.2 展现了重新分布后的磁通情况，以及一系列层级共模场势 E_{CMA}、E_{CMB}、E_{CMC}，它们跨越孔向，并与射频电流反向。物理学表明：当这些孔间距相对于孔的尺寸可忽略不计时，会产生被称为“孔阵效应”的现象。这种效应意味着，跨越每一个孔所产生的场电势将会逐渐积累或结合“相加”。这类似于压在一起的一串弹簧，弹簧越多，反弹力越大。如图 4.3 所示是描述场电势“孔阵”的等效图，图中的“弹簧”就是该电路中等效电感。

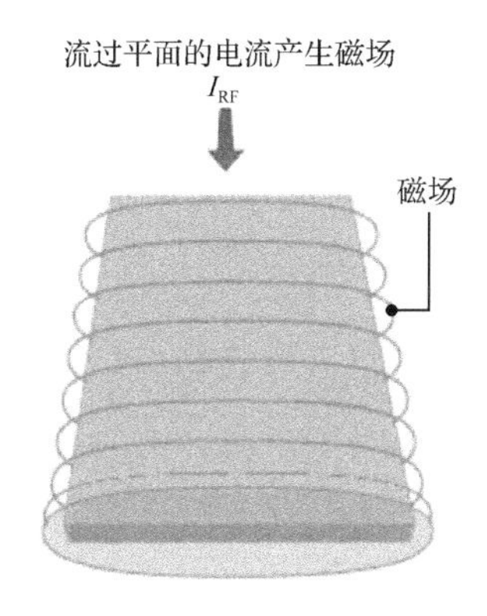

图 4.1　流过平面的电流产生磁场分布图

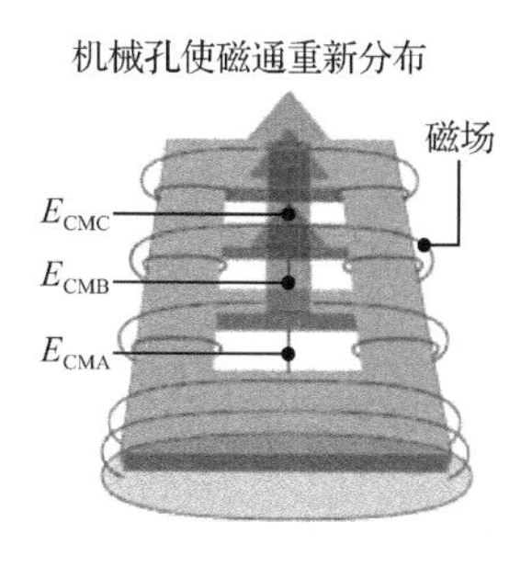

图 4.2　机械孔使磁通重新分布示意图

将这一原理（孔阵效应）延伸至电子产品领域，是否普遍存在呢？回答是肯定的，在绝大多数电路板上都有孔阵效应，如上述描述的为 PCB 中的地平面时，受 PCB 地平面中电感（过孔或开槽引起的寄生电感）强烈影响，板内将会产生电势损耗。图 4.4 形象地表现了电路板上钻孔形成的“孔阵效应”。

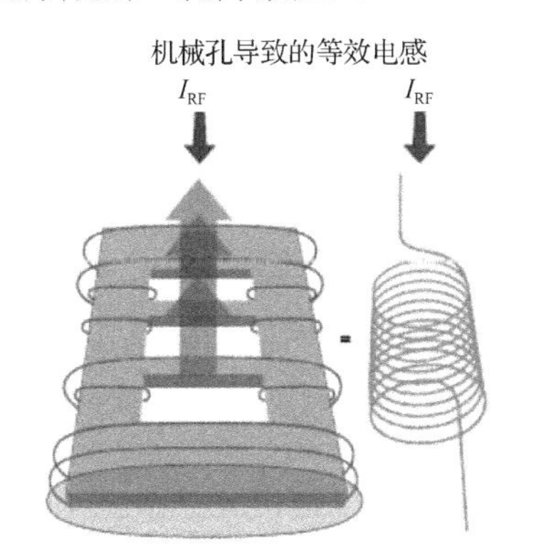

图 4.3　描述场电势“孔阵”的等效图

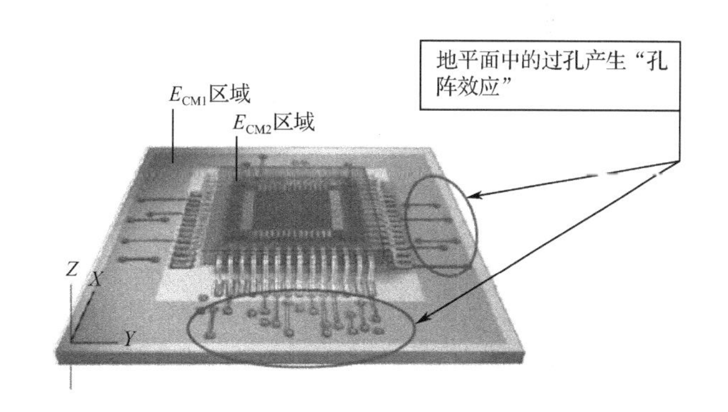

图 4.4　电路板上钻孔形成的“孔阵效应”

这种 PCB 中产生的“孔阵效应”，其结果使 PCB 中产生共模损耗，图 4.4 中标注出了两个“共模”损耗区域。E_{CM1} 为 PCB 寄生电感损耗，这是由那些位于电路封装器件附近的通孔和过孔在电路板上引起的损耗现象。E_{CM2} 为器件寄生电感损耗，是在电路板上封装器件内的区域。在大多数电路板中，这些损耗是不可避免的，如果采用盲孔，或者沉孔不钻透所有的电路板层，也只能缓解这种状况。而且，带盲孔的电路板因生产成本偏高，不适用于大批量商业产品的制造。

产生图 4.4 所示的这种“孔阵效应”原因是什么呢？图 4.5 是图 4.4 等效电路的截面图。其实是由于共模电流 I_{CM} 流过那些过孔时，由于孔间等效电感 L_2 产生场电势 E_{CM1}，由此产生 I_s 干扰电流信号。同样，电路板上的器件封装部分也会产生类似的 I_s 干扰电流信号，原因是在电感 L_1 处也产生场电势 E_{CM2}。此时，在 I_s 干扰电流信号的作用下，电路板的有用信号之间会建立一个场电势 E_{CM3}，即 E_{diff}，它是叠加于有用信号的差模电动势，由激励电流 I_{CM} 产生，而激励电流 I_{CM} 通常以瞬态或脉冲波形式出现。如果从机械架构的角度解释这种电路效应，那么电路板上的封装器件就像一张蹦床，周围的钻孔使其具有势能（干扰电压）。

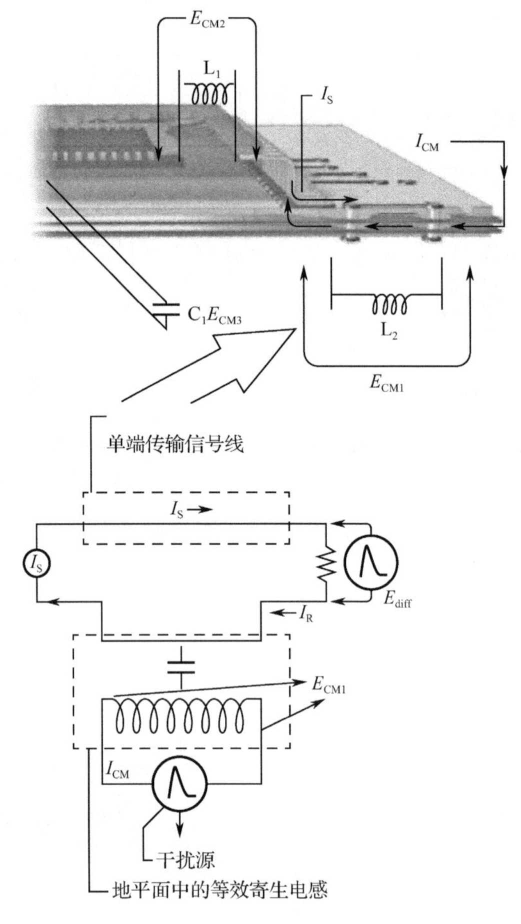

图 4.5　图 4.4 等效电路的截面图

那么，如何改善这种状况呢？最简单有效的方法是重视产品设计中机械架构的布局架构和拓扑架构。然后，再分析机械布局，特别是接口（包括电源）电缆是如何对电路产生干扰的。分析的最终目标是要尽可能地将共模电流（I_{CM}）“引导”至对电路干扰最小的区域或地方。只要共模电流远离干扰区域，就不会产生电路功能紊乱。

产品中大部分影响电路正常运行功能和可靠性的共模电流来自产品“外部”。因此，产品电缆的位置是重要的考虑因素，调整电缆连接器在电路板中的机械位置，是改变共模干扰电流路径的一个手段。从图 4.6 可以看出，共模损耗问题在所有的电路板上都存在。

如图 4.6 所示，假设代表电势高低的两根电缆分别位于电路板的两端，于是共模电流 I_{CM} 顺势流过板上的三个集成电路封装组件，每个封装组件周围有钻孔，这种“架构设计错误”通常会引起电路板内较大的共模电流，最终分别在每个封装组件 IC_1～IC_3 周围形成的布局电感（L_1～L_6）处，产生 E_1～E_6 场电势损失。由于共模的叠加效应/耦合效应，这个横截面上的信号和元件都面临出现功能性问题的风险，而这完全取决于电缆位置的安排。

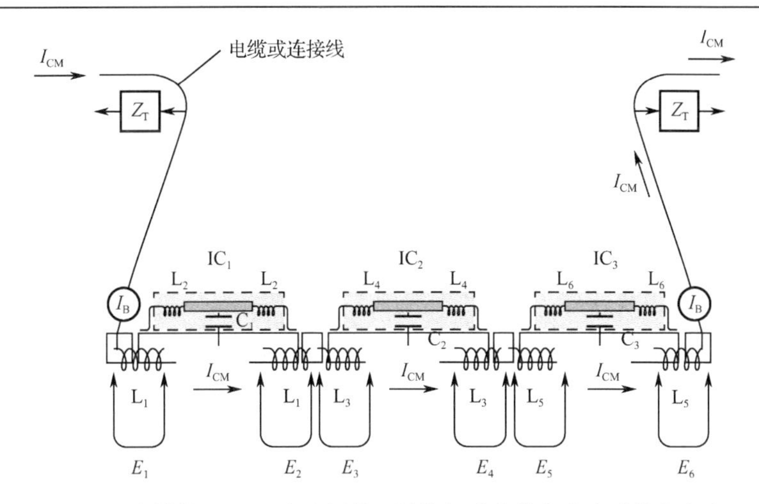

图 4.6　电缆位于 PCB 电路板的两端将促进共模电流流过整个电路

相比较而言，可以选择将产品中的电缆置于另一种位置，使共模电流仅在该区域内部循环，而不流经那些易引起叠加或耦合的电路区域。如图 4.7 描述了当进出电缆置于相近位置时，任何共模电流将会被约束于电缆之间一块很小的区域内。这种方法“保护了”电路板的其他区域免受共模噪声干扰。

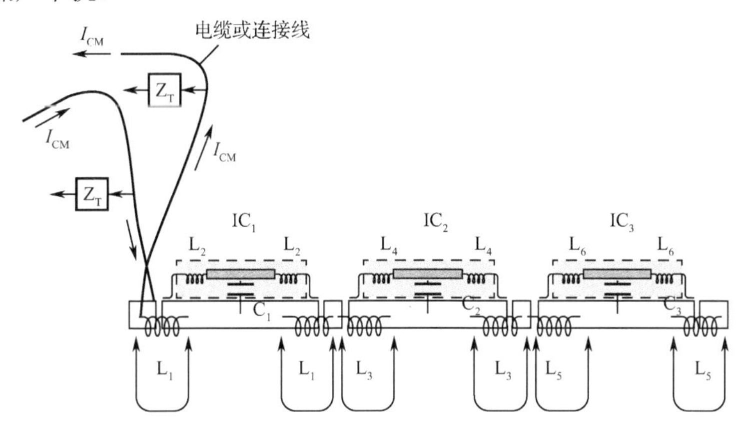

图 4.7　当进出电缆置于相近位置时，共模电流将会被约束于电缆之间

同样，当需要采用平行 PCB 架构的时候，要控制共模的负面效应，接口的机械位置变得更加关键。一旦考虑不周，当外部有共模干扰注入该产品的 I/O 电缆时，几乎所有的电路和信号都将忍受共模电流带来的干扰。

图 4.8 表明，如果机械架构没有经过有效规划，共模电流将会对多层电路板产品产生显著影响。特别是，这种电流将在电路板层间形成内部辐射场，并会动态加强板层间连接件上的信号，如图 4.8 中 E_7 所示。在这个例子中，整个区域内无一处能幸免于共模电流的噪声干扰。

事实上，如果机械位置选择得当，那么平行电路板架构中的电路板的避免共模干扰的解决方案会变得非常简单。图 4.9 给出了一个例子，说明了机械安装和连接件位置相互作用，提高对共模效应的控制。因此，此产品对噪声的抗干扰能力也将增强。

在图 4.9 中，原来安装在上层板的 I/O 连接器被改装到了低层板上，并且在两板之间再增加一个新的接口转换连接器，该转换连接器将原来上层板的 I/O 信号线的功能转移到了下层板上。如果接有多个地连接的转换连接器具有很低的地连接阻抗，那么将会在两个板层间产生“零”共模电压（如采用金属板实现上下两板之间的地互连）。这个“零”共模电压如图 4.9 中 N_5 所示。其他通过机械元件（如支架、金属片等）而获得的地与地之间的零电位短接，也能够提供对任何与框架相关的共模电流效应的控制，如图 N_1、N_2、N_3 所示。N_4 用于确保 PCB 间互连连接器上产生的共模损耗最小，降低其间的共模电压。最终，所有内部电路产生的共模电流会被限制在系统内部，而不外流。同时，所有外部干扰注入的共模电流也都被控制并引导至一个小区域，接口对接口（图 4.9 中外部干扰电流 I_{entry} 从一个 I/O 电缆进入后，直接从另一根 I/O 电缆流出，图 4.9 中 I_{exit}），避免对电路区域产生过量干扰。

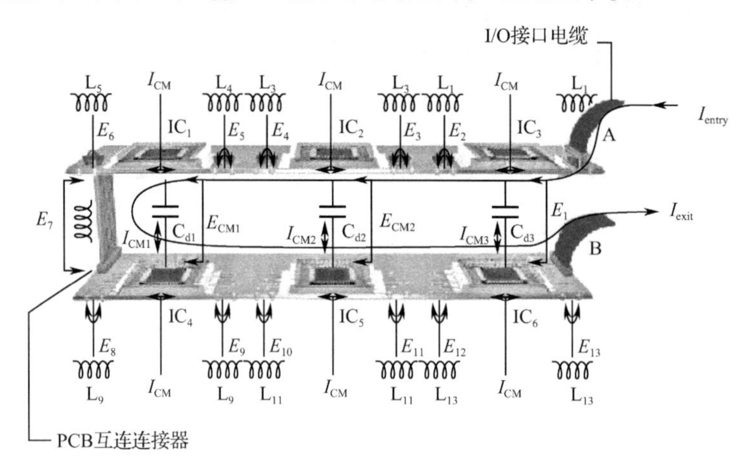

图 4.8　没有经过机械架构有效规划产品中的共模电流

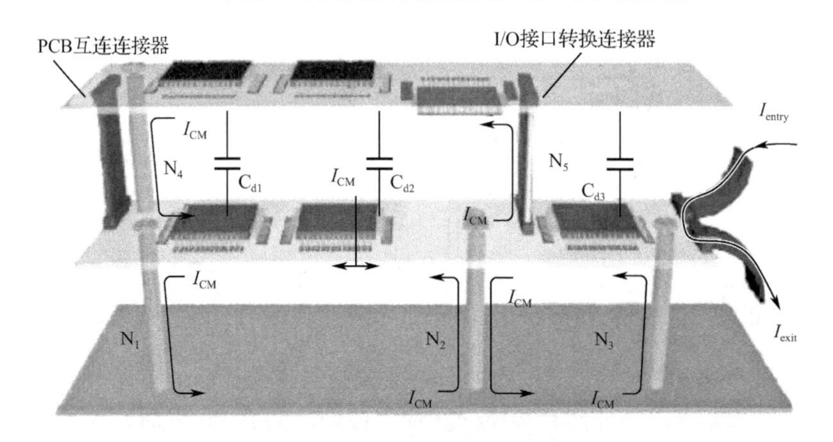

图 4.9　机械安装和连接件位置相互作用，提高对共模效应的控制

以上关于 W. Michael King 教授的文章描述可以看出，产品机械架构是产品的重要组成部分，机械架构不能单独成为 EMC 问题的来源，但却是解决 EMC 问题的重要途径。电磁场屏蔽、良好的接地系统及耦合的避免都要借助于良好的架构设计。对于 EMC 来说，机械架构设计包含着一个系统层面设计的概念，也包含架构形态设计的概念，在一个产品的 EMC 设计中，屏蔽设计、接地设计、滤波设计等都不能独立存在，信号输入/输出接口的位置、各种电路在产品中的分布、电缆的布置、接地点的位置选择都会对 EMC 产生重要的影响。总的来说，机械架构的 EMC 设计要尽量避免共模干扰电流流过敏感电路或高阻抗的接地路径，机械架构设

计要避免额外的容性耦合或感性耦合，机械架构设计要注意良好的、低阻抗的干扰泄放路径。

4.1.2　EMS 测试中的共模电流与产品机械架构的关系

要想分析被测设备（EUT）的电路是如何被外部的共模干扰源所影响的，就必须对干扰的原理进行分析，弄清楚干扰共模电流流经的路径。产品机械架构决定了共模电路的路径，反映到电路里，就是电阻、电容和电感。这些电阻、电容和电感有可能存在于实际的电路中，也有可能是寄生参数。本节主要来描述产品在进行 EMC 测试时，与产品机械架构相关的电阻、电容和电感，以便进一步理解共模电流的流动路径和大小。

根据 EMC 测试原理和关于电阻、电感、电容、电压、电流等基本知识可知，当这样的一个干扰电压源（如 EFT/B 干扰源，首先是以电压源的形式输出的，电压源的内阻为 50Ω，通过一个耦合电容以共模的形式施加到电源接口和 I/O 接口上）施加到一个或多个负载（EUT 中的各个回路）上时，电流会流向各个负载，各个负载上流动的电流大小由负载的大小决定，犹如流水从高地势流向低地势，如图 4.10 所示。

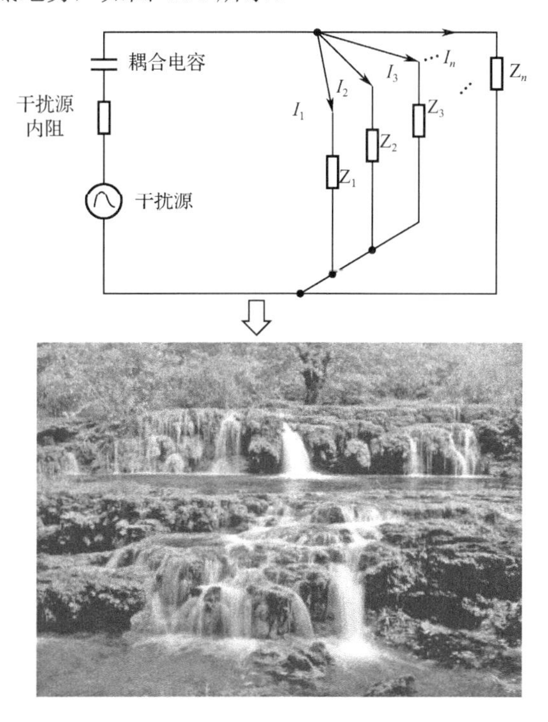

图 4.10　电快速瞬变脉冲群在设备各个回路上产生的共模电流原理

图 4.10 中，阻抗 $Z_1, Z_2, Z_3, \cdots, Z_n$ 表示干扰在被测设备内部流过的各个路径的阻抗，它是一个由电容、电阻、电感及互感组成的集合体，$I_1, I_2, I_3, \cdots, I_n$ 表示各个路径中流过的电流大小，其大小在干扰电压一定的情况下，取决于各自回路中的阻抗。可见，要研究干扰电路对产品内部电路的干扰方式和程度，首先要弄清楚以下两点：

（1）干扰路径。

（2）干扰路径中的阻抗。

由于抗扰度测试中的共模干扰电压总以参考接地板为参考电平，因此其产生的共模干扰电流最终总是要回到参考接地板上以形成闭合电流环路（如产品中通过接地线形成的回路；

由被测设备壳体及 PCB 甚至 PCB 中的印制线和参考接地板之间的寄生电容形成的回路；由被测设备电缆和参考接地板之间的寄生电容形成的回路等）。可见，研究被测设备中各个导电体与地之间的回路具有重要意义，而要分析被测设备中各个导电体与地之间的回路，就要从如下几点谈起。

第一，接地线的位置。

产品系统的接地线在 EMC 测试时总是与参考接地板相连的，因此接地线所在的回路总是产品被注入共模干扰时最重要的共模电流路径，但通常不是唯一的。

第二，要考虑被测设备中各个部件（包括电路板金属外壳、印制线等）与参考接地板（如 EMC 测试中的参考接地板）之间的寄生电容。电路板或金属外壳与参考接地板之间的寄生电容，可以用式（4.1）～式（4.3）进行估算：

$$C\text{ total} \approx C\text{ plates} + C\text{ intrinsic} \tag{4.1}$$

$$C\text{ plate(pF)} = \varepsilon_0 \times S/H \tag{4.2}$$

$$C\text{ intrinsic(pF)} = 4 \times \varepsilon_0 \times D \tag{4.3}$$

式中 C total——总寄生电容（pF）；

C plate——平面电容（pF）；

C intrinsic——固有电容（pF）；

S——金属板或电路板的表面积（m^2）；

H——金属板或电路板与参考接地板之间的距离（m）；

D——金属板或电路板的等效对角线长度（m）；

ε_0=8.85pF/m——空气中的介电常数。

例如：一个对参考地表面积为 S，对角线长度为 D 的矩形浮地设备，其对参考接地板的寄生电容可以通过简化式（4.4）、式（4.5）来近似计算：

$$C\text{ intrinsic(pF)} = 35 \times D \tag{4.4}$$

$$C\text{ plate(pF)} \approx 9 \times S/H \tag{4.5}$$

如一块尺寸为 10cm×20cm 的 PCB，当置于离参考接地板 10cm 高的距离时，其与参考接地板之间的寄生电容可以计算如下：

$$D = 0.22\text{m}$$

$$S = 0.02\text{m}^2$$

$$H = 10\text{cm}$$

$$C\text{ intrinsic(pF)} = 35 \times 0.22\text{pF} = 7.7\text{pF}$$

$$C\text{ plate(pF)} \approx 9 \times 0.02/0.1\text{pF} = 1.8\text{pF}$$

$$C\text{ total} \approx C\text{ plates} + C\text{ intrinsic} = 9.5\text{pF}$$

注：由于电快速瞬变脉冲群、ESD 等干扰信号所包含的频率较高，这种寄生电容对干扰传递所起的作用是不能忽略不计的。

图 4.11 是以一块大小为 20cm×25cm 的电路板或金属板为例说明其与参考接地板之间的寄生电容曲线图，图中横坐标是电路板或金属板之间的距离，单位是 cm（厘米），纵坐标是对应的寄生电容大小单位是 pF。

孤立印制线与参考接地板之间的寄生电容可以通过如图 4.12 所示的曲线查得。图 4.12 中 W 为印制线的宽度，H 为印制线离地距离，印制线与参考接地板之间无其他导电介质（如 PCB

底层印制线与参考接地板之间)，曲线的横坐标为 H/W 的比值，并且 H、W 是同一单位，纵坐标为每厘米的电容值。

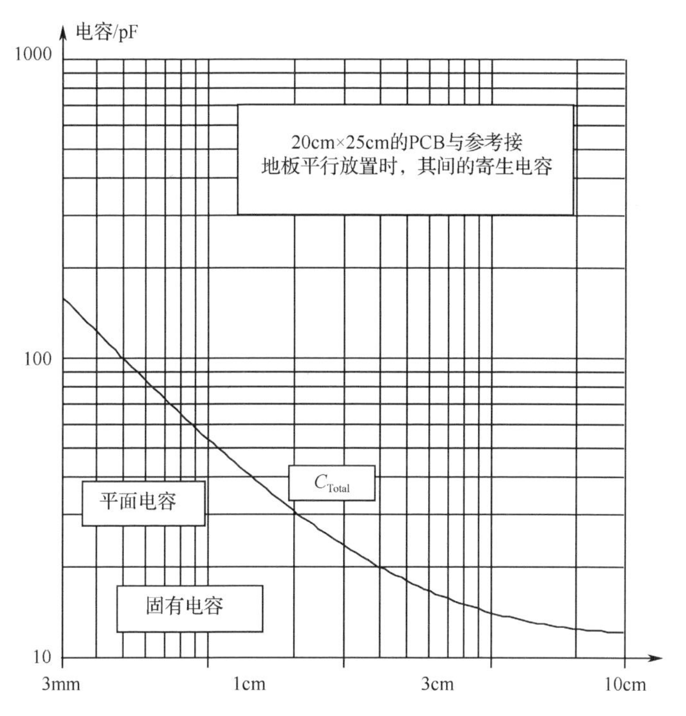

图 4.11　电路板或金属板与参考接地板之间的寄生电容

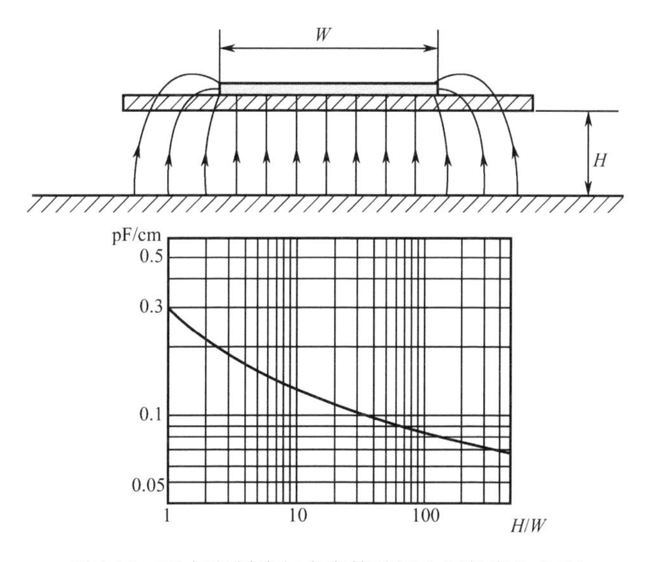

图 4.12　孤立印制线与参考接地板之间的寄生电容

另外，关于孤立印制线与参考接地板之间的寄生电容，除了通过查图 4.12 所示的曲线，还可以用式（4.6）估算。

$$C_P \approx 0.1 \times S/H \tag{4.6}$$

式中　C_P——寄生电容（pF）；

S——等效面积（cm^2）；

H——电缆到参考地板之间的距离（cm）。

参数 S、H 在 PCB 中对应的位置如图 4.13 所示。

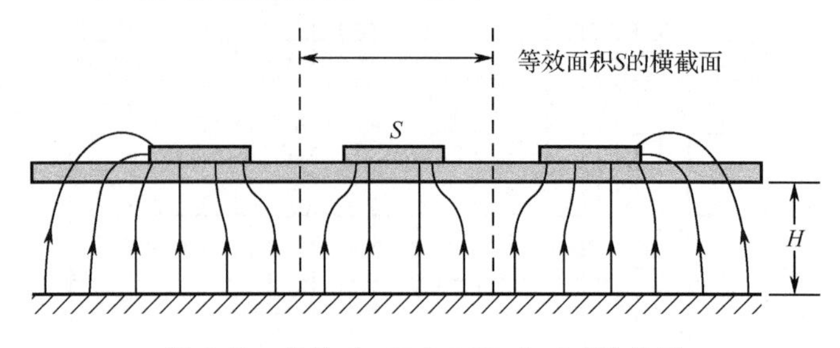

图 4.13 参数 S、H 在 PCB 中对应的位置

在式（4.6）的使用中，值得注意的是关于等效面积 S 的理解。等效面积 S 并非印制线的表面积即长度乘以宽度，而是当印制线与接地参考板之间存在电压差时，之间所形成电场有效面积。该面积一般大于印制线本身的表面积。图 4.14 为等效面积示意图。

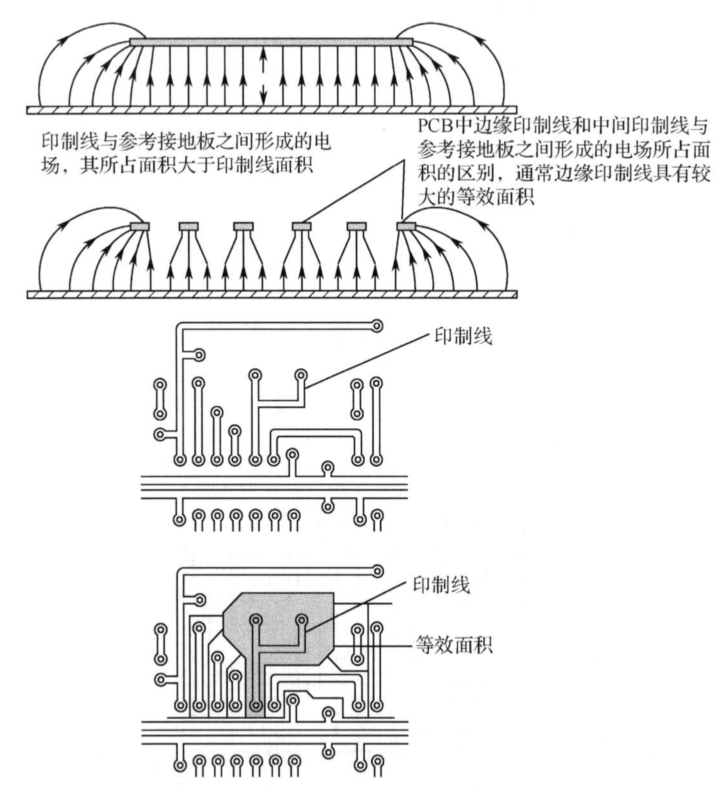

图 4.14 等效面积示意图

以下是一个只带有一根 I/O 电缆和一块 PCB 4 层板的浮地设备，其尺寸为 20cm×25cm，当该设备置于参考接地板上 10cm 的距离（见图 4.15），进行电快速瞬变脉冲群测试时，即电快速瞬变脉冲群共模电压施加在电缆上时，共模干扰路径、阻抗及参考机理的分析实例。

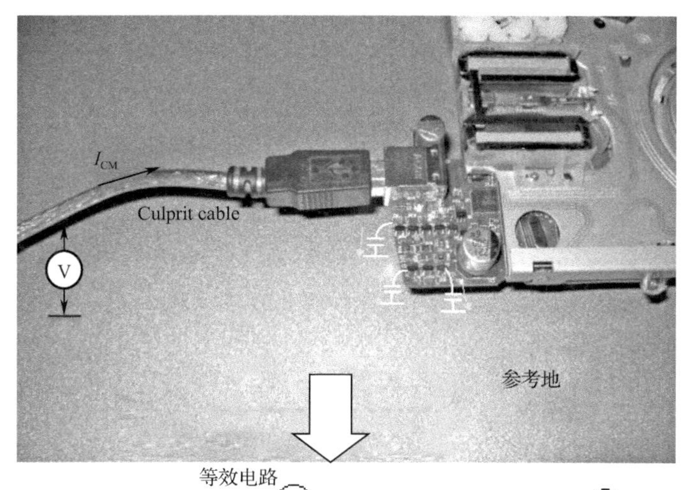

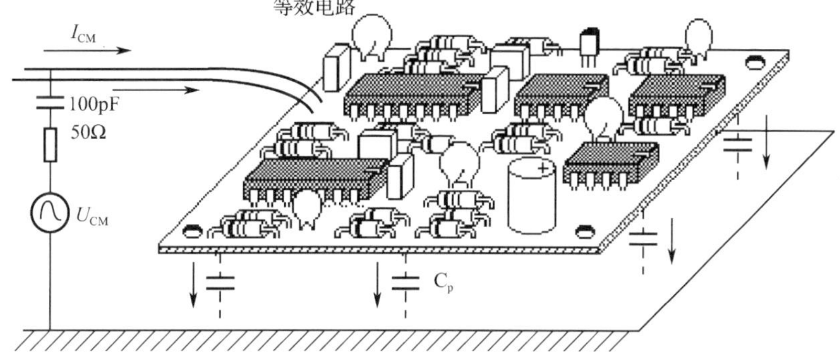

图 4.15 一个只带有一根 I/O 电缆和一块 PCB 的浮地设备测试配置图

进入产品的共模电流由于地平面（GND 平面）的阻抗相对较低，大部分共模电流会从 GND 上流过。

如果图 4.15 中 U_{CM} 电压为 2kV，那么流过 GND 平面的共模电流可以估算如下：

C_p 可以通过图 4.11 可知，约 15pF

$$I_{CM} = C\mathrm{d}u/\mathrm{d}t = 15\mathrm{pF}\times 2\mathrm{kV}/5\mathrm{ns} = 6\mathrm{A}$$

可见，会有 6A 的共模瞬态电流流过 GND 平面。其成为电快速瞬变脉冲群共模干扰回路的最主要路径。

注：以上方法仅仅是一种估算方式，实际上还要考虑很多因素，如寄生电感、电快速瞬变脉冲群源阻抗的影响等。

除此之外，PCB 中的印制线与参考接地板之间也存在寄生电容，这样在 GND、信号印制线和参考接地板之间又形成了另一个共模电流的回路（特别是那些处于 PCB 地层的印制线，正好介于 GND 平面和参考接地板之间），如图 4.16 印制线与参考接地板之间耦合产品的回路所示。

图 4.16 中，Z 为 PCB 中 GND 与信号印制线之间的阻抗，如果 PCB 层数超过 4 层，则通常存在专用的 GND 层，那么那些布置在底层的信号印制线，正好介于 GND 平面与参考接地板之间，这些印制线与 GND 平面的阻抗将会更小。假设印制线与参考接地板之间的寄生电容为 0.1pF，U_{CM} 还是电压为 2kV 的电快速瞬变脉冲群干扰信号，GND 与印制线之间的阻抗 Z 为 100Ω。

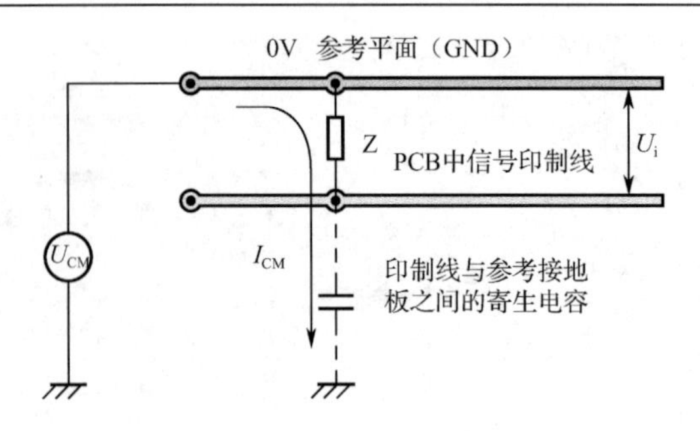

图 4.16　印制线与参考接地板之间耦合产品的回路

则电流 I_{CM} 计算如下（为了计算方便，电快速瞬变脉冲群干扰的频率用 70MHz 代替）：

$$I_{CM} = C\omega U_{CM}$$
$$= 0.1\times10^{-12}\times2\times\pi\times70\times10^{6}\times2000\text{A} = 88\text{mA}$$

感应电压计算：

$$U_i = ZI_{CM}$$
$$= 100\times88\times10^{-3}\text{V}$$
$$= 8.8\text{V}$$（这个电压是不能忽略不计的）

印制线与参考接地板之间的寄生电容，不仅仅在电快速瞬变脉冲群测试中对设备抗干扰能力有很大的影响，即使像传导抗扰度测试这样低电压幅度的测试中，该寄生电容也对抗干扰能力有很大的影响。

例如：当测试电压为 3V，频率为 1.6MHz 时（见图 4.17），用类似的方法可以估算印制线中感应到的干扰电压。

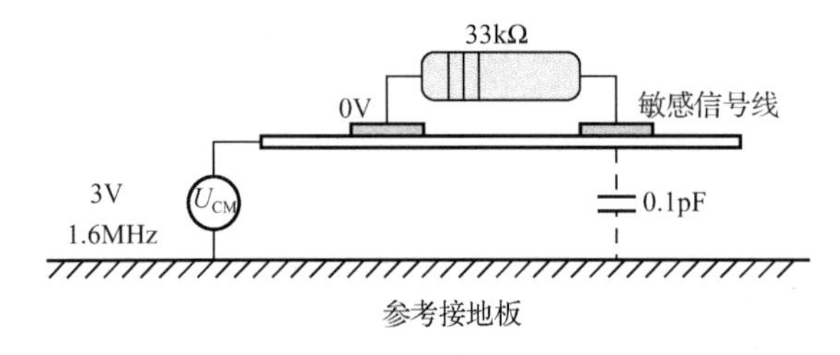

图 4.17　传导抗扰度测试中印制线与参考接地板之间耦合产品的回路

电流计算：

$$I_{CM} = C\omega U_{CM}$$
$$I_{CM} = 0.1\times10^{-12}\times2\times\pi\times1.6\times10^{6}\times3\text{A}$$
$$= 3\mu\text{A}$$

感应电压计算：

$$U_i = ZI_{CM}$$
$$= 33\times10^{3}\times3\times10^{-6}\text{V}$$
$$= 0.1\text{V}$$

这个感应电压值虽然很小，也许对数字电路并不会产生很大的影响，但是对于那些本身具有很低电压幅度的模拟电路，如 RF 电路、信号测量电路等，已经足够产生较大的干扰了。

第三，要考虑电缆与参考接地板之间的寄生电容。

EMC 测试中，标准规定电缆置于高于参考接地板一定高度的绝缘支架上，其对参考接地板的寄生电容估算相对固定并比较简单，一般为每米数十 pF，如 10cm 高度时，约 50pF/m。

第四，要考虑共模干扰传输路径中器件之间或隔离器件两侧的寄生电容。

隔离器件的寄生电容参考 4.6 节的描述，如继电器线圈与触点之间的寄生电容约为 10pF；光耦两端的寄生电容约为 1～2pF；小变压器初、次级之间的寄生电容约为 10pF 或几十 pF。

第五，电路中的工作地是共模干扰在 PCB 中流动的主要路径。

如图 4.18 所示，当同样大小的电快速瞬变脉冲群共模干扰电压同时施加在信号电缆中的信号线和地线（0V）上时，如果不存在接口电路接口上的滤波电容 C，那么由于信号线与地线上的负载阻抗不一样（信号线的负载阻抗较高），共模干扰信号将会转变成差模信号施加在器件 IC_1 信号接口和工作地之间。同时，在信号线上的电流也会很小，而大部分电流会沿着地线流动；如果存在接口电路接口上的滤波电容 C，信号线上的电流 I_1 经过滤波电容后也会流向地线，并与地线上的电流 I_2 叠加在一起形成图 4.18 所示中的 I_{ext}。可见，无论是否存在滤波电容 C，在产品内部，干扰电流大部分都会在地线上流动。其中 C 在此完成了产品的第一级滤波，它阻止了共模与差模的转换及降低了器件 IC_1 信号接口和地之间的干扰压降，使 IC_1 受到保护。

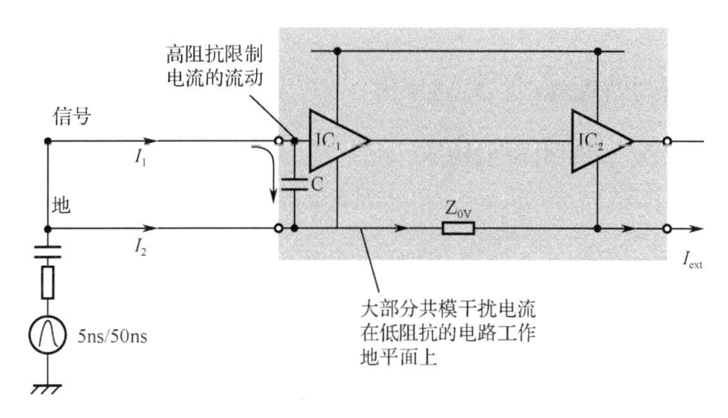

图 4.18　干扰进入产品 I/O 接口后的流向

第六，产品中地线及 PCB 中的地平面是存在阻抗的。

什么是电路中的地？在教科书上的地定义是：地是作为电路电位基准点的等电位体。因此，误解也就产生了，很多工程师会认为，只要电路中有线或印制线与那个基准点相连，都可以认为是等电位的“地”。显然，教科书中的这个定义是不符合实际情况的，实际地线上的电位并不是恒定的。如果用仪表测量一下地线上各点之间的电位，会发现地线上各点的电位可能相差很大，也正是这些电位差才造成了电路工作的异常。电路是一个等电位体的定义，仅仅是对地线电位的一种期望。如果要给地线一个更加符合实际的定义，那就是：信号流回源的低阻抗路径。这个定义中突出了地线中电流的流动。按照这个定义，很容易理解地线中电位差的产生原因。因为工作地线的阻抗总不会是零，当一个电流通过有限阻抗时，就会产生电压降。因此，电子工程师应该将地线上的电位想象成大海中的波浪一样，此起彼伏。

同样，谈到地线阻抗引起在地线上各点之间的电位差能够造成电路误动作，许多人觉得不可思议：用欧姆表测量地线的电阻时，地线的电阻往往在毫欧姆级，电流流过这么小的电阻时怎么会产生这么大的电压降，导致电路工作的异常。要搞清这个问题，首先要区分导线的电阻与阻抗这两个不同的概念。电阻指的是在直流状态下导线对电流呈现的阻抗，而阻抗指的是交流状态下导线对电流的阻抗，这个阻抗主要是由导线的电感引起的。任何导线都有电感，当频率较高时，导线的阻抗远大于直流电阻，第 6 章中的表 6-3 给出的数据说明了这个问题。在实际电路中，当一个像电快速瞬变脉冲群这样包含丰富的高频成分的脉冲信号流过导线时，就会在导线上产生较大的电压。对于数字电路而言，电路的工作频率也很高，因此导线阻抗对数字电路的影响是十分可观的，增加导线的宽度对于减小直流电阻是十分有效的，同样对于减小交流阻抗的也有作用。在 EMC 的世界里，工程师最关心的应该是交流阻抗，而不是电阻。为了减小交流阻抗，一个基本的思路是让多根导体并联。如当两根导体并联时，其总电感 L 为：

$$L = (L_1 + M)/2 \tag{4.7}$$

式中　L_1——单根导线的电感；

M——两根导线之间的互感。

从式（4.7）中可以看出，当有 N 条导体并联，且 N 条导体的总宽度与两点间的距离可以比拟时，就形成了较低的交流阻抗地平面。如果地平面上有过孔，相当于 N 根导体中的几条导线当中断开，自然将增大这个地平面的交流阻抗。关于地平面阻抗的分析将在第 6 章中描述。

4.1.3　机械架构 EMC 设计实例分析

图 4.19 所示是一个产品的机械架构图。

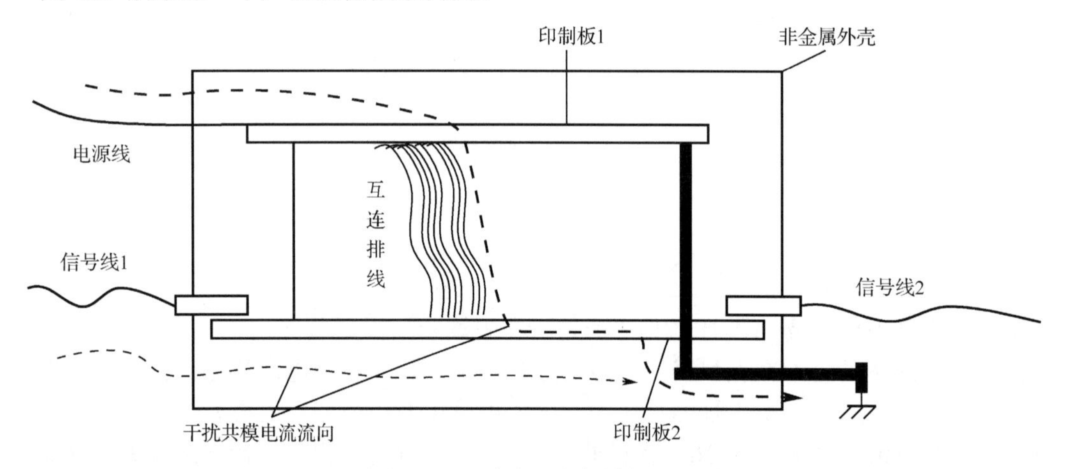

图 4.19　一个产品的机械架构图

从 EMC 的角度来看，该产品的机械架构设计存在严重的 EMC 缺陷：

首先，接地点远离电源输入口，必然导致较长的接地路径，接地效果大大降低。

其次，产品接地点远离电源输入线和信号线 1，必然导致当干扰电流施加在电源输入线和信号线 1 上时，使共模电流流经整体 PCB 中的电路和互连排线，互连排线有着较高的阻抗，必然大大加大 EMC 的风险。如果某种原因使得这种机械架构不能改变，那么你就得花大力气解决共模电流流过路径中低阻抗问题、滤波问题及环路问题等。这时，良好的 PCB 地平面设计是必须的；合理的滤波也是必须的；在排线处设计一个低阻抗的金属平面也是必须的。

最后，信号线 1 和信号线 2 分别在 PCB 的两端。当信号线 1 上进行电快速瞬变脉冲群测试时，将使共模电流由信号线 1 经过 PCB，在信号线 2 与参考接地板之间的寄生电容处入地（寄生电容为 50pF/m），如图 4.20 所示，或接地点处入地。这种情况下，印制板 2（见图 4.19）必须有良好的地平面设计，无过孔、无缝隙。

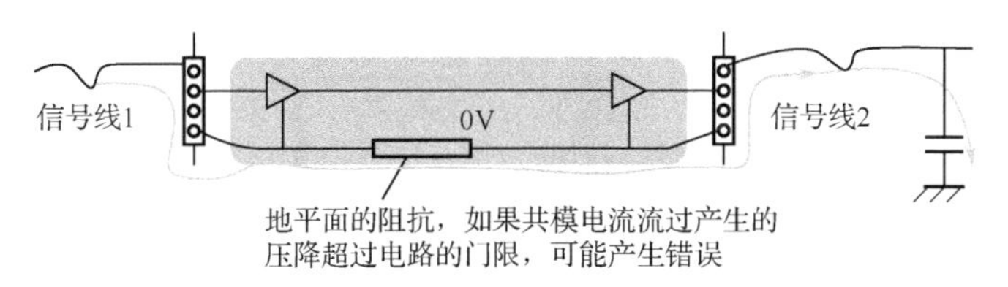

图 4.20　共模电流流过 PCB 板并从信号线 2 入地

也许此时有人会说："如果该产品不接地，那么会不会好一点？"先来分析一下此时共模电流的流向与大小，再来回答这个问题。图 4.21 是进行 IEC61000-4-4 测试时的共模电流流向示意图。当进行电快速瞬变脉冲群测试时，由于被测设备、参考接地板之间寄生电容 C_1 和信号线 2、参考接地板之间寄生电容的存在（如果是汽车电子设备也可采用类似的方式，只是干扰源参数会略有变化）。共模电流会流过两个路径，即图 4.21 所示中的 I_{1C} 和 I_{2C}。

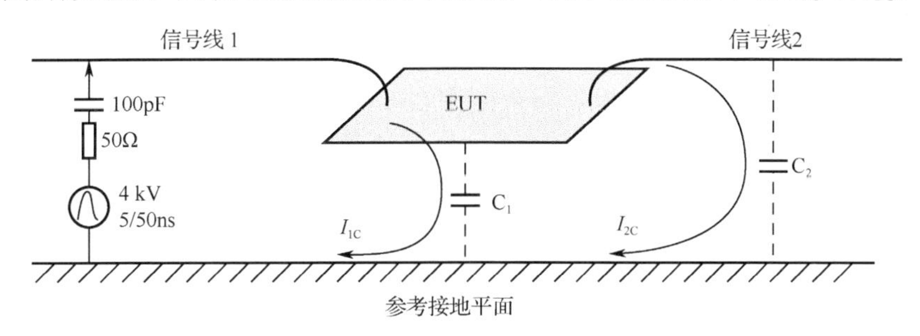

图 4.21　进行 IEC61000-4-4 测试时的共模电流流向示意图

假设 C_1 ≈10pF，C_2≈50pF，则 I_{1C} 和 I_{2C}.分别可以估算如下：

$$I_{1C} = C_1 \times dU/dt = 10pF \times 4kV/5ns = 8A$$

$$I_{2C} = C_2 \times dU/dt = 50pF \times 4kV/5ns = 40A$$

注：由于受干扰发生器内阻的限制，一般当负载总电容大于 50pF 时，直接用电缆的特性阻抗 150Ω代替总负载阻抗进行共模电流的计算。

从共模电流大小可以看出，即使该产品在浮地的情况下，也会有较大的高频共模电流流过 PCB 中的 GND。但是有一点是肯定的，远端接地比不接地情况会更糟糕。可见，将该产品浮地并不能为此产品的 EMC 带来多少好处，只有合理的接地才能降低流过 PCB 的共模电流。

良好的机械架构设计，首先要给出一个 EMC 较好机械架构。对于此产品，因为只有一个接地点，要使共模电流尽可能不影响内部电路，改变产品架构将对共模电流的流向产生本质性的改变，如将信号线、电源线、接地点集中到一块 PCB 中，并在一块印制板的同一侧，如图 4.22 所示。

在图 4.22 所示的架构中，干扰共模电流自电源线、信号线 1、2 注入后，由于产品电缆的接口处就是接地点，大部分的干扰电流都会从接地点流入参考接地板，只有少量的共模干扰电流流入产品内部电路，而且流入产品内部的干扰共模电流的大小取决于印制板 1、印制板 2

与参考接地板之间的寄生电容。显然在这种架构方案的情况下流过排线、印制板 1、印制板 2 的电流相比图 4.19 所示方案大大减少，并取决于接地路径的阻抗。

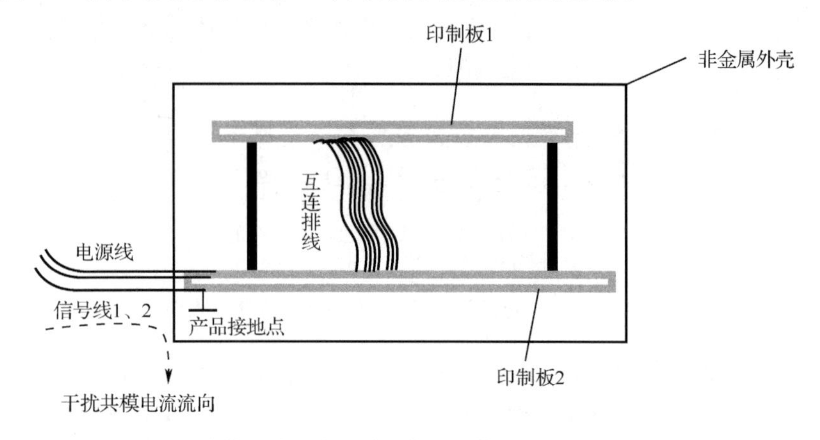

图 4.22 将信号线、电源线、接地点集中到一块 PCB 的一侧

由以上三点分析可以看出，由于电快速瞬变脉冲群、ESD 等干扰信号所包含的频率较高，寄生电容在电快速瞬变脉冲群或 ESD 等高频测试中不能忽略。实际上，进行电快速瞬变脉冲群或 ESD 测试时，并非像表面看上去的一样，共模干扰电流从干扰发生器源端，经过被注入的电缆，通过接地线回到参考接地板，再回到源端（测试时，干扰发生器的地与参考接地板有良好的连接）。实际上，共模干扰电流还有通过各种寄生电容流经被测设备的各个阻抗较低的部分，最后通过产品与参考接地板之间的寄生电容和电缆与参考接地板之间的寄生电容流入参考接地板，当被测设备接地不良或被测设备是浮地设备时，这种寄生电容决定共模干扰电流路径的作用将更加明显。这些由于寄生电容引起的不可见的干扰回路也给 EMC 问题的分析带来了一定的难度。

鉴于以上情况，对于产品，架构设计是非常重要的，设计师在设计时首先要考虑到出口或入口处的所有可能的干扰电流，在此基础上建立一个“架构布局计划”，使这些电流不能侵入敏感的电路区域。

4.1.4 EMI 共模电流与产品机械架构的关系

1. EMI 的共模电流与抗扰度测试中的共模电流控制措施的一致性

共模电流干扰产品的主要原因是共模电流流过产品内部电路，可见避免共模电流流过产品内部的电路可以提高产品的共模电流抗干扰能力。那么该方法是否与降低共模电流引起的辐射矛盾呢？显然在大多数情况下是不矛盾的。

2. 连接器处良好接地降低流入 PCB 的共模干扰电流与降低共模辐射并不矛盾

根据上一节关于电流、电压、磁耦合等驱动模式共模辐射的原理，要解决图 2.67、图 2.68 和图 2.70 所示的几种共模辐射方法其实很简单，只要将靠近电缆侧的印制板地与机箱外壳相连（也可通过电容连接）即可。电缆接口处接地解决电流驱动模式辐射及电缆接口处接地解决电压驱动模式辐射分别如图 4.23、图 4.24 所示。

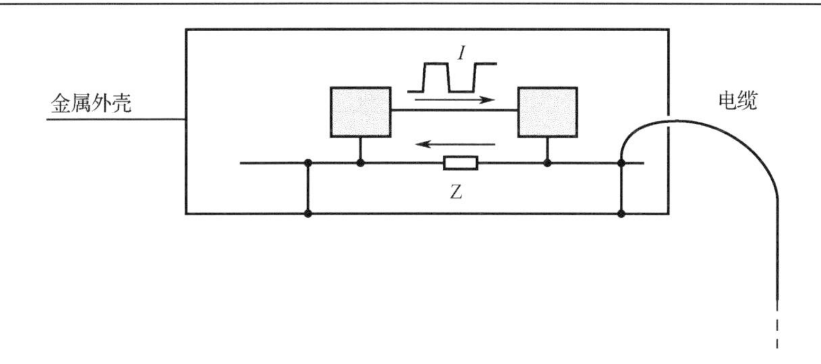

图 4.23　电缆接口处接地解决电流驱动模式辐射

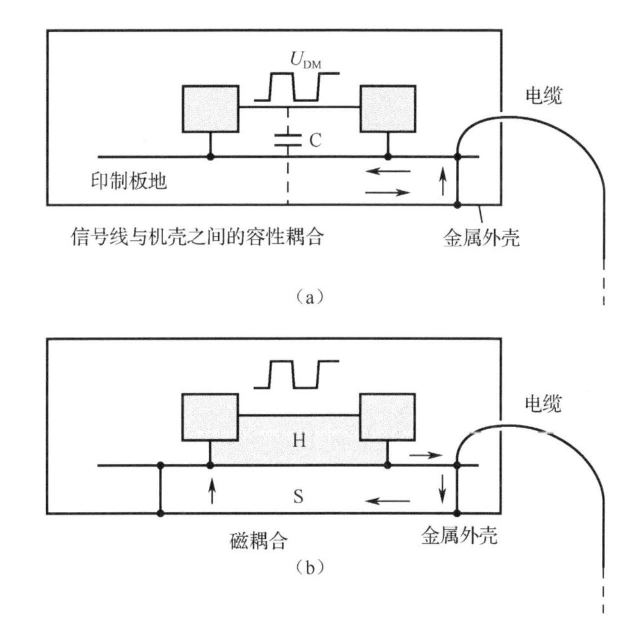

图 4.24　电缆接口处接地解决电压驱动模式辐射

从图 4.23 和图 4.24 可见，靠近电缆侧的印制板地与机箱外壳相连后，电缆接口处的驱动电压和电缆上的共模电流消失，自然辐射也不存在了，当然接地必须是零阻抗的。实际上，该方法也同时提高了产品的抗干扰能力。以图 2.68 所示的例子为例，图 4.25 是靠近电缆侧的印制板地与机箱外壳接地点对共模干扰电流路径的影响。图中箭头线表示主要共模电流的流动方向。图 4.25（a）所示的情况下，注入电缆的共模干扰沿着电缆进入印制板，通过印制板中的电路工作地流入金属外壳，并流入大地。而在图 4.25（b）所示的情况下，注入电缆的共模干扰一旦沿着电缆进入印制板，就通过印制板地与机箱外壳相连点 B 被引入金属外壳，最后流入大地，这样印制板中的电路就受到保护。另外，对于图 4.23 所示关于电流驱动模式下的共模辐射大小也可以通过良好的低阻抗地平面设计来降低地平面阻抗 Z。地平面阻抗 Z 减小，当同样的电流流过时，其两端的压降也减小，因此辐射也降低。一般情况下，印制板中一个完整的、无过孔的正方形地平面，其任何两点间，在 100MHz 的频率时，阻抗约为是 3.7mΩ。在这种地平面下，对于 TTL 电路至少可以承受 600A 的脉冲电流（即 600A 电流流过产生 1.8V 的压降），而电快速瞬变脉冲群的最大电流也只有在 4kV 电压输出的情况下达到 80A。

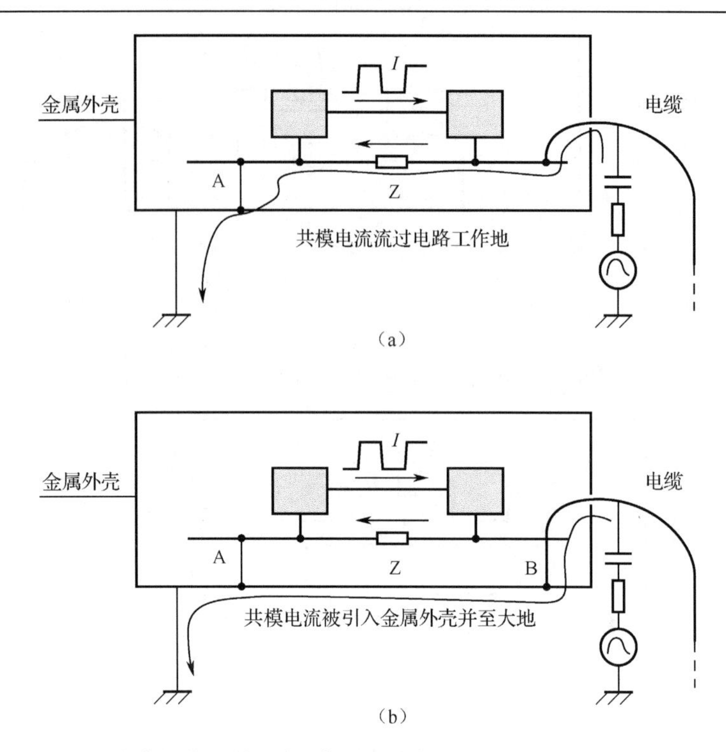

图 4.25　靠近电缆侧的印制板地与机箱外壳接地点对共模干扰电流路径的影响

对连接器接口上的电路进行共模滤波实质上一方面是为了减小共模电流（采用高阻抗器件，如共模电感），另一方面也是为了改变共模电流的方向（采用 Y 电容），使产品内部产生的共模电流不流向 I/O 电缆，也使外部注入 I/O 电缆的共模电流在 I/O 入口处或之前就流向壳体或参考接地板。关于接口滤波的具体描述参考第 5 章。

3. 屏蔽电缆良好的接地对于提高产品抗干扰能力与降低产品辐射并不矛盾

共模驱动源产生的共模电流会沿着电缆向外流动而产生辐射。使用屏蔽电缆并将电缆的屏蔽层与机箱外壳完整搭接，就会将共模电流屏蔽在屏蔽层内而使辐射降低。同样，在电缆上注入的干扰共模电流也会由于屏蔽层的存在使共模电流只沿着屏蔽层流动，在产品的接口处流入参考地或通过金属外壳流入参考地，而不至于流到产品的内部电路上，从而提高产品的抗干扰能力，这个道理非常简单。

在屏蔽电缆的应用中，屏蔽层的搭接非常重要，就像 2.7 节中的案例描述的那样，屏蔽电缆屏蔽层接地时，如果存在“猪尾巴”，不但会使屏蔽层的屏蔽效果失效，而且还会使共模辐射变得更为恶劣。其实，对于抗干扰测试中形成的共模干扰电流来说，屏蔽层的搭接对于泄放注入在屏蔽层上的共模电流并提高产品的抗干扰能力也具有同样的意义。图 4.26 为“猪尾巴”对高频抗扰度测试的影响。从图 4.26 中可以看出，“猪尾巴”就像一个电感串联在电缆屏蔽层与地之间，当电快速瞬变脉冲群瞬态共模电流流过时，“猪尾巴”两端就会出现压降ΔU。对于电缆接口的电路来说，该压降ΔU就像干扰电压继续施加在屏蔽层与屏蔽电缆内导体之间，并注入

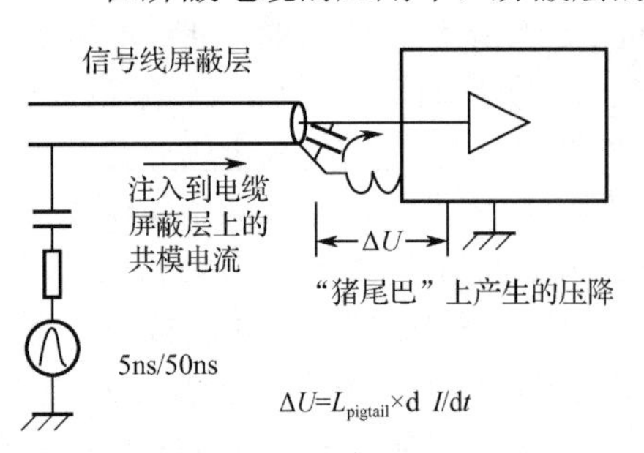

图 4.26　“猪尾巴”对高频抗扰度测试的影响

在电缆接口电路上，最终导致流入 PCB 的共模电流对电路产生干扰。相反，如果屏蔽层中“猪尾巴”不存在，即屏蔽层与大地良好搭接，注入在屏蔽层中的共模电流将很快地被泄放到参考接地板（或现实中的大地）上，产品内部接口电路受到保护。

4. 从抗扰度角度设计的良好架构对于提高抗干扰能力与降低辐射并不矛盾

从架构方面考虑降低共模辐射的方法，也同样对提高产品抗干扰能力有利。

（1）改变共模源在天线上的位置

万一设备内部存在共模辐射源，则电缆是很好的共模辐射天线，而天线在源的同一侧时产生的共模辐射要比天线在两侧时小得多。所以，在 PCB 设计时，所有的连接器最好都放在 PCB 的一侧。所有的信号线、控制线、电源线也最好从机箱的一侧引出，尽量避免从两侧引出电缆。显然，对于这一点，已经在图 4.19 所示的案例分析中给出了答案。所有的信号线、控制线、电源线也最好从电路板的一侧引出的方法同样对提高产品的抗共模干扰电流的能有力非常重要的意义。

（2）减小分布电容

对于电压驱动的共模辐射，如图 2.68 中减小信号线与机壳之间的分布电容 C，就可以减小共模驱动电压 U_{CM} 及共模电流 I_{CM}，这样就减小了共模辐射。减小分布电容 C 的方法非常简单，只要将该设备内部的 I/O 电缆远离高速噪声源电路部分就可以了。同样，也会减少来自电缆的共模电流进入产品内部。

（3）在 PCB 上方不允许有任何电气上没有连接并悬空的金属存在

PCB 上的集成电路芯片上有时有闲置的门电路引脚，这些引脚相当于小天线，可以接收或发射干扰，所以应该把它们就近接回流地或电源线。悬空的金属，特别是大面积的金属分布电容大，容易产生电场耦合。任何金属构件如果存在电位差就可能产生共模辐射，所以也必须把它们进行良好的就近接地，例如散热片、金属屏蔽罩、金属支架、PCB 上没被利用的金属面都应该接地。

5. 接口上滤波和隔离同样可以抑制外界干扰的共模电流，也可以抑止产品内部产生对外的共模辐射

在 I/O 接口插入滤波器可以抑制高频共模骚扰沿着传输线向外传输，同样也可以滤除外界注入的共模干扰，不管是反射式的滤波器还是吸收式的铁氧体滤波器对两者都有帮助。如把电容器并接在导线和地之间就构成了电容共模滤波器，它可以让出入这条路径的高频共模噪声通过电容器流入地中，从而避免共模辐射或影响后续电路的正常工作。穿芯电容也是一种可以做为共模滤波器的电容，使用时穿芯电容用螺栓或焊接方法固定在金属板上，有用信号可以通过其芯线穿过金属板，而高频噪声和干扰则通过芯线与金属板之间的电容入地。用于吸收共模高频噪声的共模电感，当将它插入传输导线对中，可以同时抑制每根导线对地的共模高频噪声或外界干扰。

6. 结论

以 EMI 共模电流形成和控制（共模骚扰电流）为基础分析产品的 EMC 设计与以抗扰度测试中出现的共模电流（共模干扰电流）的控制为基础分析产品的 EMC 设计两者得到的设计措施并不矛盾，这种不矛盾给简化产品设计时的 EMC 分析及风险评估提供了可能性。为了使产品设计时分析简单化，可以利用某一种测试（如电快速瞬变脉冲）与干扰的原理来分析产品设计的 EMC 性能。通过实践，证明这种思路是完全可行的，并取得了很好的效果。其分析的思路是：产品的设计，包括产品的架构、附加的金属平面和内部电路设计，能很好地避免共模电流流过产品内部电路或敏感电路，或在没有办法避免共模电流流过电路时，如何通过合理的设计方法（如滤波、旁路等）来避免共模电流对电路产生干扰。按照这种思路设计的产品，其内部电路受到的干扰也会比较小，当然测试通过的可能性也较高。接下去的几章将会讨论产品设计时如何避免共模电流流过产品内部电路或敏感电路，或在没有办法避免共模电流流过电路时，如何通过合理的方法（如滤波、旁路、PCB 布局布线、串扰防止等）来避免共模电流对电路产生干扰。这是本书的核心之一，也是本书所描述的 EMC 分析方法的核心之一。

按照以上分析的思路，以下几点是值得在产品设计过程中或对产品进行设计评估时关注的，也是本书所要讨论的重点。

- 互连、连接器及其在产品中的机械位置；
- 接地点在产品中的选择位置和产品是否接地；
- 去耦、旁路电容在产品电路中的位置；
- 金属板对 EMC 的意义及其应用；
- PCB 中地平面阻抗对 EMC 的意义及良好地平面的设计；
- PCB 中的各类不同 EMC 属性的信号之间串扰分析与防止；
- 屏蔽电缆设计与屏蔽层的连接分析；
- 隔离与电路中各种地之间的互连方法；
- 产品中寄生参数（寄生电感和寄生电容）对共模电流路径和大小的影响；
- 如何在产品电路原理图设计之前分析产品机械架构的 EMC 性能；
- 如何实现普通电路原理图到 EMC 原理图的转换；
- 如何设计良好 EMC 特性的 PCB。

4.1.5　产品机械架构 EMC 设计案例分析

以下是一个关于共模电流路径与产品抗干扰能力的案例，该案例也是对 4.1.3 节中所描述的一个有机械架构 EMC 设计问题的产品，在不改变机械架构（实际开发过程中再去改变产品的架构，通常会付出非常大的代价，花去更高的成本）的情况下，提出的又一改变共模电流路径的方法，即 EMC 解决方案。

【现象描述】

某产品的机械架构如图 4.27 所示。

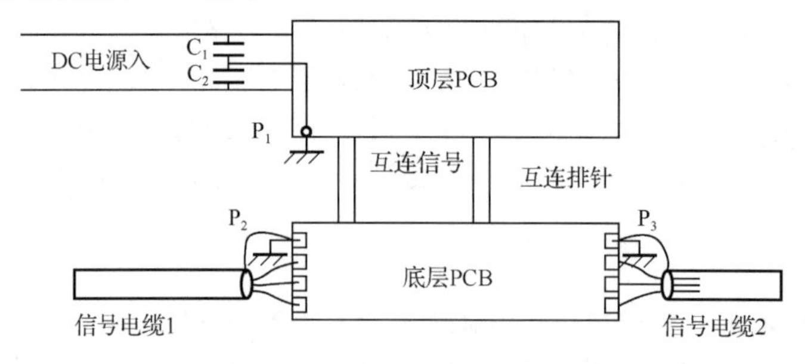

图 4.27　某产品的机械架构

在进行电源接口±2kV，信号接口±1kV 的电快速瞬变脉冲群测试时发现，当 P_1、P_2、P_3 同时接地时测试均不能通过，只有当 P_1 接地时，电源接口的电快速瞬变脉冲群测试才可以通过，信号电缆 1 与信号电缆 2 测试均不能通过；当 P_1、P_2 接地 P_3 不接地时，电源接口与信号电缆 1（屏蔽电缆）的电快速瞬变脉冲群测试可以通过，但是信号电缆 2（屏蔽电缆）的电快速瞬变脉冲群测试不能通过；当 P_1、P_3 接地 P_2 不接地时，电源接口与信号电缆 2 的电快速瞬变脉冲群测试可以通过，但是信号电缆 1 的电快速瞬变脉冲群测试不能通过；当 P_1、P_2、P_3 都接地时发现所有接口的电快速瞬变脉冲群测试都不能通过。其中 P_1、P_2、P_3 通过 PCB 印制线、排针进行互连。

从以上结果看，没有一种接地方式可以让产品所有接口的电快速瞬变脉冲群测试都能通过。

【原因分析】

电快速瞬变脉冲群干扰具有极其丰富的谐波成分，其幅度较大的谐波频率至少可以达到 $1/\pi t_r$，即可以达到 70MHz 左右；同时，电源线、被测设备、信号线与参考接地板之间的寄生电容及被测设备接地点的位置，决定了电快速瞬变脉冲群的高频传输路径。因此，试验时电快速瞬变脉冲群干扰电流会以共模的形式注入电路的各个部位，如图 4.28 所示，对电路产生较大的影响。

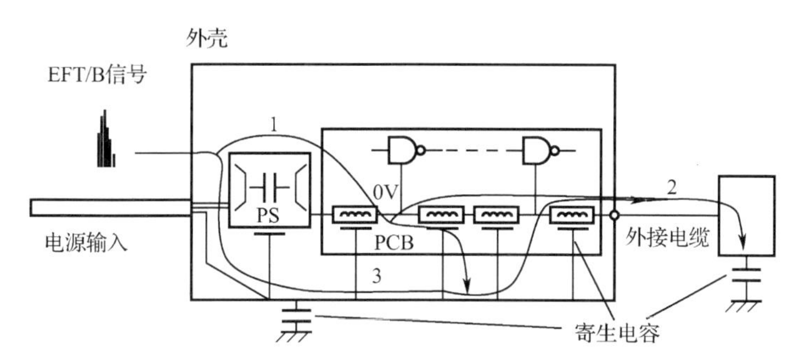

图 4.28　电快速瞬变脉冲群干扰影响设备电路

对于本案例中的被测设备，在电快速瞬变脉冲群试验的进行中，整个试验的原理示意图如图 4.29 所示。

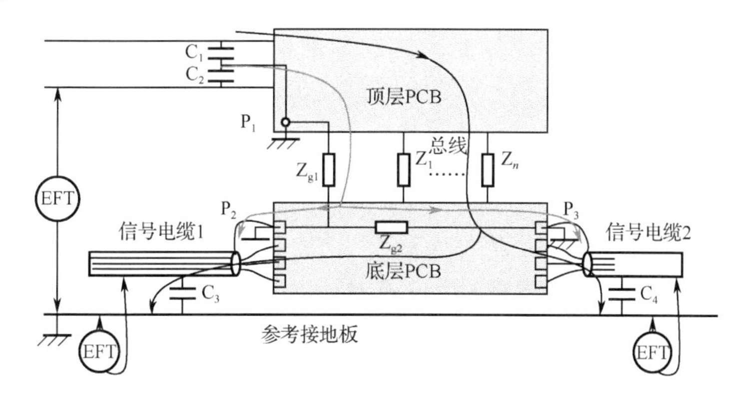

图 4.29　整个试验的原理示意图

图中：

EFT：表示干扰源，测试时，干扰源分别施加在 DC 电源接口、信号电缆 1 上与信号电缆 2 上；

C_1、C_2 是被测设备电源输入口的 Y 电容；

C_3、C_4 是信号电缆对参考地的寄生电容；

P_1、P_2、P_3 分别是三个可以接地的接地点；

顶层 PCB 与底层 PCB 分别是这个被测设备中放置在上面的 PCB 和放置在下面的 PCB，两板信号之间通过排针互连。

Z_1～Z_n 表示信号排针的阻抗；

Z_{g1} 表示地排针的阻抗；

Z_{g2} 表示 P_2、P_3 之间互连 PCB 印制走线的阻抗。

根据电快速瞬变脉冲群干扰造成设备失效的机理，流过被测设备电路中的共模电流的大小直接决定了电快速瞬变脉冲群试验结果。图 4.29 中的箭头线表示试验时共模电流的流向，由此可见，在电快速瞬变脉冲群的干扰源的远端接地会促进电快速瞬变脉冲群共模电流流过被测设备内部电路，当共模电流流过内部电路时，电流流经的阻抗是决定干扰影响度的关键，如果阻抗较大，则会有较大的压降产生，即被测设备会受到较大的干扰，阻抗较小则反之。在本产品中，上、下板之间通过排针互连，显然高频下阻抗较大（一般一个 PCB 上的接插件有 520μH 的寄生电感；一个双列直插的 24 引脚集成电路插座引入 4～18μH 的寄生电感）。而且三个接地点之间也只是通过较窄的 PCB 走线互连，阻抗也较大。从这方面来说，该被测设备一方面需要单点接地来减小共模电流流过被测设备内部电路，另一方面，从阻抗分析及试验现象上看，三个接地点之间存在区别，或者说三个接地点之间存在较大的阻抗，这样就需要通过一定的方法来降低三个接地点之间的阻抗，以使共模电流流过时压降较小，这个对试验成功也是非常有利的。

为了减小交流阻抗，采用平面的方式，PCB 中设置完整的地平面或电源平面，而且尽量减少过孔、缝隙等，也可以用金属架构件作为不完整地平面的补充，降低地平面阻抗。一般可以认为完整的、无过孔的正方形地平面上对边中点间的阻抗在 100MHz 频率时，约为 3.7mΩ。在这种地平面下，对于 TTL 电路至少可以承受 600A 的脉冲电流（即 600A 电流流过时产生 2.2V 的压降），而电快速瞬变脉冲群测试仪器能产生的最大电流由于受其内阻的影响也只有 80A（在输出电压为 4kV 时）；然而，实际应用中，地平面不可能没有过孔。当地平面中存在由过孔造成的缝隙、开槽时（见图 4.30），1cm 长的缝隙、开槽就会造成约 1nH 的寄生电感。

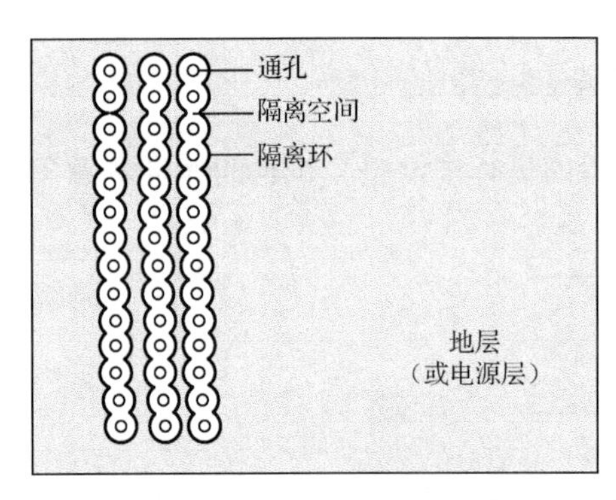

图 4.30　地平面出现槽的实例

此时，当有 80A 电流流过时就会产生压降 U：

$$U = |L\mathrm{d}I/\mathrm{d}t| = 16\mathrm{V}$$

式中　L——缝隙造成的电感，这里假设 1cm 长的缝隙就会造成 1nH；

$\mathrm{d}I$——快速瞬变脉冲造成的电流，这里假设最大为 80A；

$\mathrm{d}t$——快速瞬变脉冲造成的电流的上升沿时间这里假设为 5ns。

16V 显然对 TTL 电路来说是个非常危险的电压，此时必须通过接地、滤波、金属平面等方式来解决电快速瞬变干扰问题。可见具有完整地平面对提高抗干扰能力的重要性，尤其对于不接地的设备来讲，完整地平面显得更为重要。

【处理措施】

从以上的分析可以得出以下主要解决方式：

（1）将多个接地点改成单个接地点，即图 4.27 中的 P_2、P_3 仅接电缆的屏蔽层，取消试验和实际使用时接参考地的接地线，仅保留 P_1 用来试验和实际使用时接地。

（2）用一块金属片将 P_1、P_2、P_3 连接在一起，而且保证 P_1、P_2、P_3 的任何两点间的长宽比小于 3，即保证很低的阻抗，使注入电缆屏蔽层的共模干扰电流流向金属片最后流向大地，使产品内部的电路不受共模电流的影响。

经过以上两点改进后，再进行试验，测试通过，即电源接口通过电压等级为±2kV 的 EFT/B 抗扰度测试，±信号接口通过电压等级为±1kV 的 EFT/B 抗扰度测试。

【思考与启示】

（1）在高频的 EMC 范畴中，多点接地时各个接地点之间的等电位连接对 EMC 非常重要，确认等电位连接的可靠方式是确认任何两点间的导体连接部分长宽比小于 3。

（2）相对于电快速瞬变脉冲群干扰源的远端接地对被测设备的抗干扰能力是不利的，这样必然促进干扰的共模电流流过电路的地平面。

（3）接地平面的完整不但对 EMS 有很重要的作用，同样对 EMI 也很重要。

4.2　接地对共模电流方向与大小的影响

4.2.1　什么是接地与浮地

接地的定义很多，从接地的目的看，一般可以分为保护性接地和功能性接地两种。

1. 保护性接地

（1）防电击安全接地。防电击接地属于安全（Safety）范畴，它是为了防止电气设备绝缘损坏或产生漏电流时，使平时不带电的外露导电部分带电而导致电击，将设备的外露导电部分接地，称为防电击接地。这种接地还可以限制线路涌流或低压线路及设备由于高压窜入而引起的高电压；当产生电器故障时，有利于过电流保护装置动作而切断电源。这种接地，也是狭义的“保护接地”，有时叫“PGND”。

（2）防雷接地。将雷电或浪涌导入大地，防止大电流使人身受到电击或财产受到破坏。

（3）防静电接地。将静电荷引入大地，防止由于静电积聚对人体和设备造成危害。特别是目前电子设备中集成电路用得很多，而集成电路容易受到静电作用产生故障，接地后可防止集成电路的损坏。注意：此防静电接地并非 EMC 意义上的防 ESD 接地，ESD 现象是一个瞬态过程，而防静电接地是为了防止电荷的积累避免发生 ESD 现象。

（4）防电蚀接地。地下埋设金属体作为牺牲阳极或阴极，防止电缆、金属管道等受到电蚀。

（5）EMC 接地。为防止、屏蔽、抑制外来电磁干扰对电子设备的影响，避免干扰电流流过电路板或产品内部的 EMI 电流流过产品中的等效发射天线，通过接地手段引导这些电流的流向，最终通过 EMC 测试。

2. 功能性接地

（1）功率接地。为了保证电力系统运行，防止系统振荡，保证继电保护的可靠性，在交直流电力系统的适当地方进行接地，交流一般为中性点，在电子设备系统中，则称除电子设备系统以外的交直流接地为功率地。

（2）逻辑接地。为了确保稳定的参考电位，将电子设备中所有或局部电路的参考点作为“逻辑地”或“0V”地，规定这一点的电压为 0V，电路中其他各点的电压高低都是以这一参考点为基准的，电路图中所标出的各点电压数据都是相对于地线的大小。一般采用金属平板或 PCB 中的平面作为逻辑地。本书中将数字电路的逻辑接地称为“工作地”或“GND”；将其他模拟信号系统的逻辑地称为“模拟工作地”或“AGND”。

从接地的定义上看，EMC 范畴内的接地属于功能性接地，EMC 范畴内的良好接地，不仅仅是在原理上将产品中的某一点与大地（或 EMC 测试中的参考接地板）相连，真正意义上的 EMC 接地，包含了一个频率的概念，所谓良好的 EMC 接地就是避免干扰电流流过电路板或产品内部的 EMI 电流流过产品中的等效发射天线，通过接地手段引导这些电流的流向，最终通过 EMC 测试。

浮地就是在产品中没有专门的地线在电气上与大地（EMC 测试中这个大地就是参考接地板）相连接。如果产品中所有的电路都没有专门的地线在电气上与大地相连接，那么这个产品是浮地产品；如果产品中的局部电路（如被变压器、光耦等隔离器件隔离的电路）没有专用的地线在电气上与大地或被接地的电路相连接，那么这部分电路是浮地电路。

4.2.2　接地改变共模电流方向和大小的机理

对于浮地设备来说，共模电流的路径通常由产品中各个部分（电缆、各部分电路）对地的寄生电容，及各个部分电路部分之间的寄生电容决定。

对于接地产品来说（包括工作地直接接地和通过 Y 电容接地），接地点对共模电流的路径起着重要作用。电流总是循环流动的，不管是电路中的有用信号，还是干扰信号，信号是以电子流的形式实现传递的，而电子流也总是循环流动的，电子流传动到负载之后，最后肯定要返回至信号的参考端。对于以共模形式注入干扰的 EMC 抗扰度测试（典型的是 EFT/B 抗扰度测试），这个参考端就是参考接地板，即干扰电流总是从参考接地板返回。当产品中的接地点与参考接地板等电位相连后，产品中的接地点也就成了共模干扰电流返回的主要途径。对于正电压的共模干扰，产品中的接地点就是产品中电势最低、对地（参考接地板）阻抗最低的地方，电流总是流向电势较低的点，因此它决定着共模电流的流向。对于负电压的共模干扰，产品中的接地点就是产品中电势最高、对地（参考接地板）阻抗还是最低的地方，接地点作为共模干扰电流的出发点，流向电势较低的点。由此可见，产品中的接地点决定着共模干扰电流的流向。如图 4.31 和图 4.32 所示，两个不同接地点的选择会对共模电流的流经路径产生重大的影响，图 4.31 中，当该产品的接地点靠近信号电缆入口布置时，注入信号电缆的共模干扰电流一进入信号电缆接口就会流入参考接地板（大地），而图 4.32 中，当该产品的接地点远离信号电缆入口，并在信号电缆接口的另一侧布置时，注入信号电缆的共模干扰电流将经过整个 PCB 中的电路，再由信号电缆接口的另一侧流入参考接地板（大地），这样 PCB 中的电路都会受到共模干扰电流的影响。

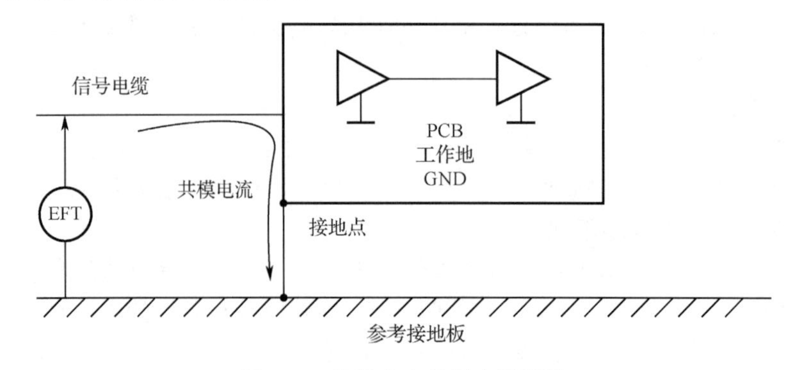

图 4.31　接地点在信号电缆附近

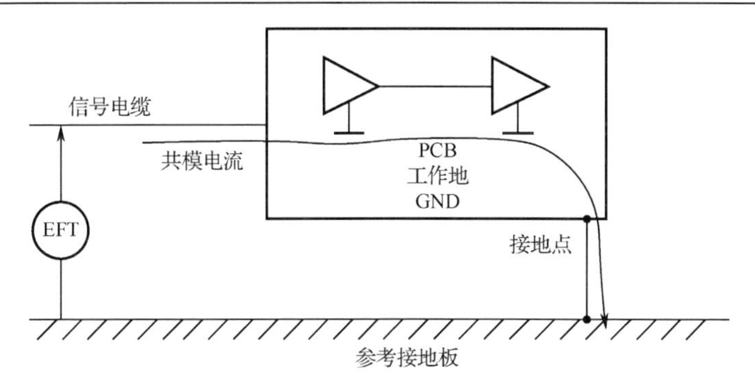

图 4.32　接地点远离信号电缆入口

除此之外，参考《EMC 设计与测试案例分析》第 3 版的案例 2：接地方式如此重要，可以得知：

（1）当 PCB 的“0V”工作地与机壳直接或通过电容互连时，还应考虑互连阻抗，额外的接地阻抗会让共模电流延续。

（2）PCB 板的“0V”工作地与金属壳体（包括连接器金属壳）应等电位互连，长宽比小于 5 的金属体为等电位搭接体。

（3）PCB 板的“0V”工作地与金属壳体之间的接地互连导体在电缆接口处与机壳之间形成的回路面积应趋近于零，以避免环路引起的感性耦合而导致共模电流延续。

4.3　电缆、连接器在产品中的位置对共模电流方向与大小的影响

4.3.1　EMC 测试与连接器、电缆的关系

EMC 测试从连接器电缆开始。表 4.1 为骚扰测试项目。表 4.2 为抗扰度测试项目。

表 4.1　骚扰测量项目

设备测试要求				
适用接口	基站设备	辅助设备	中继器	辅助射频放大器
机箱接口		适用		
机箱接口	适用		适用	适用
直流电源输入/输出接口	适用	适用	适用	适用
交流电源接口	适用	适用	适用	适用
天线接口	适用			适用
信号和控制接口	适用	适用	适用	适用

表 4.2　抗扰度测试项目

项　　目	设备测试要求	
	适用接口	基站和辅助设备
静电放电抗扰度	机箱接口	适用
射频电磁场辐射抗扰度（80～1000MHz）	机箱接口	适用

续表

项　目	设备测试要求	
	适用接口	基站和辅助设备
电快速瞬变脉冲群抗扰度	信号和控制接口，交直流电源接口	适用
浪涌（冲击）抗扰度	信号和控制接口，交直流电源接口	适用
射频场感应的传导骚扰抗扰度 0.15～80MHz	信号和控制接口，交直流电源接口	适用
电压暂降和短时中断抗扰度	交流电源输入接口	适用

从上述表格中可以看出，EMC测试的直接对象是电缆及其电缆直接相连的接口。对于EMI测试，产品的EMI骚扰主要是从电缆传导或辐射出来的。对于抗扰度测试，测试干扰主要是从电缆注入的，不管是ESD测试还是辐射抗扰度测试，其主要问题通常还是因为电缆在测试中成了接收干扰的通道。设想一下一个没有任何电缆（包括没有电源线）的产品其对EMC的要求也会大大降低。在实际中也会经常发现：当将设备上的外拖电缆取下来时，设备就可以顺利通过试验，在现场中遇到电磁干扰现象时，只要将电缆拔下来，故障现象就会消失。这是因为电缆不但是一根高效的接收和辐射天线，而且也是干扰与骚扰进出的通道。另外，电缆中的导线传输的距离最长，导线之间存在的寄生电容和寄生互感也最大，导致导线之间发生信号的串扰也最大。

从第2章关于EMC测试技术的描述可以看出，抗扰度测试中的干扰总是以共模方式注入产品各种电缆接口上的；对于ESD测试和辐射抗扰度测试，当测试进行时，电缆无时无刻地都在以共模的形式接收着电磁场的干扰（当然差模干扰也不能被忽略，如环路所引起的干扰）；对于传导骚扰和辐射骚扰测试，其难点也在于共模问题。共模问题往往错综复杂，干扰传递路径不明确，而差模干扰问题比较而言相对单一。

随着当今电子系统设计技术及多层板电路设计技术的发展，其时钟频率通常在几十兆赫或几百兆赫，甚至更高，所用信号脉冲的前后沿在亚纳秒范围；信号接口传输速率通常为几十Mb/s或几百Mb/s；电路上振荡速率变得更快（上升/下降时间的 dU/dt），电压/电流幅度变得更大。在这种情况下，那些本来可以忽略的寄生电容C中将流过更大的寄生电流 $I=CdU/dt$，这些寄生电流大多数是EMC问题中的共模电流，这使得共模问题将显得更为严峻。例如，尽管在电路设计时为了不产生或不引入干扰，总会将信号的环路设计得最小并做一些必要的差模滤波，但是经容性耦合的噪声干扰总是无时无刻地发生着，一旦在连接器和机壳或地平面之间接入电缆，某些RF共模电压就会出现在电缆上，导致几十微安的RF共模电流就足以超过标准中规定的发射值；或某些干扰（如EFT/B、ESD干扰）就会被引入到电路内，导致几十伏以上的瞬态电压就足以使电路工作不正常。

可见电缆和接口是EMC测试中干扰与被测设备最早发生关系的部分，也是导致电磁兼容问题的最直接的因素，共模问题是EMC测试和设计中最值得关注的问题。

4.3.2　连接器、电缆的EMI分析

1. 什么是天线

天线的基本功能是辐射和接收无线电波。发射时，把高频电流转换为电磁波；接收时，把电磁波转换为高频电流。天线的一般原理是：当导体上通以高频电流时，在其周围空间会

产生电场与磁场。按电磁场在空间的分布特性，电磁场可分为近区、中间区、远区。设 R 为空间一点距导体的距离，λ是高频电流信号的波长，$R \ll \lambda/2\pi$的区域称为近场区，在该区内的电磁场与导体中电流、电压有紧密的联系。$R \gg \lambda/2\pi$的区域称为远场区，在该区域内电磁场能离开导体向空间传播，它的变化相对于导体上的电流、电压就要滞后一段时间，此时传播出去的电磁波已不再与导线上的电流、电压有直接的联系了，这一区域的电磁场称为辐射场。

辐射发射天线正是利用辐射场的这种性质，使传送的信号经过发射天线后能够充分地向空间辐射。那么，如何使导体成为一个有效辐射体系统呢？这与信号在导体中传输的模型有关，如图 4.33（a）所示，若两导线的距离很近，电场被束缚在两导线之间，将信号功率以最小的损耗传送到电路输入端（高频有用信号在产品的印制电路板内部传送时，通常是以传输线的形式传送的），在这种平行双线的传输线上传输的信号只有能量的传输而没有辐射或辐射很小，这种平行的双线传输架构称为传输线架构。传输线的主要任务是有效地传输信号能量，这种传输架构必须保证两线架构对称，线上对应点电流大小相等方向相反（实际传输线架构中，虽然不能做到传输损耗等于零，但是这种辐射也是很小的）。如果要使电磁场能有效通过空间传播出去，即辐射出去，就必须破坏传输线的这种对称性，如采用把两个导体成一定的角度分开，或是将其中一边去掉等方法，都能使导体“对称性”破坏而产生辐射。这样，这种被分开的导线上有交变电流流动时，就可以发生电磁波的辐射，辐射的能力与导线的长度和形状有关。如图 4.33（b）所示，将两导线张开，电场就散播在周围空间，因而辐射增强。另外必须指出，这种对称性被破坏的导体，当导线的长度 L 远小于导体中流动信号的波长λ时，辐射也很微弱；而导线的长度 L 增大到可与导体中流动信号的波长相比拟时，导线上的电流将大大增加，因而就能形成较强的辐射。图 4.33（c）中，将开路传输或距离终端导体中流动信号的$\lambda/4$ 处的导体成直杆状分开，此时终端导体上的电流已不是反相而是同相了，从而使该段导体在空间点的辐射场同相叠加，构成一个有效的辐射系统。图 4.34 是天线电压、电流、电场、磁场分布图。这个辐射模型对应到实际需要考虑 EMC 问题的电子产品中，就是产品发生辐射发射最坏的情况。这是最简单、最基本的单元天线，称为半波对称振子天线。电磁波从发射天线辐射出来以后，向四面传播出去，若电磁波传播的方向上也放一个半波对称振子，则在电磁波的作用下，天线振子上就会产生感应电动势。如此时天线与接收设备相连，则在接收设备输入端就会产生高频电流，这样天线就起着接收作用并将电磁波转化为高频电流，也就是说此时天线起着接收天线的作用。这个辐射接收模型对应到实际需要考虑 EMC 问题的电子产品中，就是产品中出现辐射抗扰度问题的最坏情况。接收效果的好坏除电波的强弱外，还取决于天线的方向性和半波对称振子与接收设备的匹配。

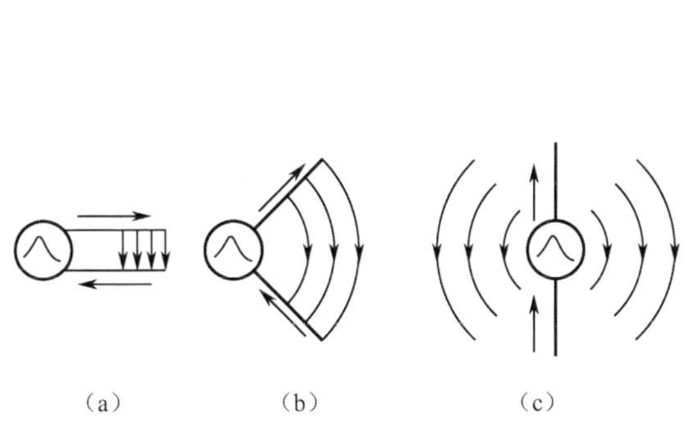

图 4.33　传输线与天线模型

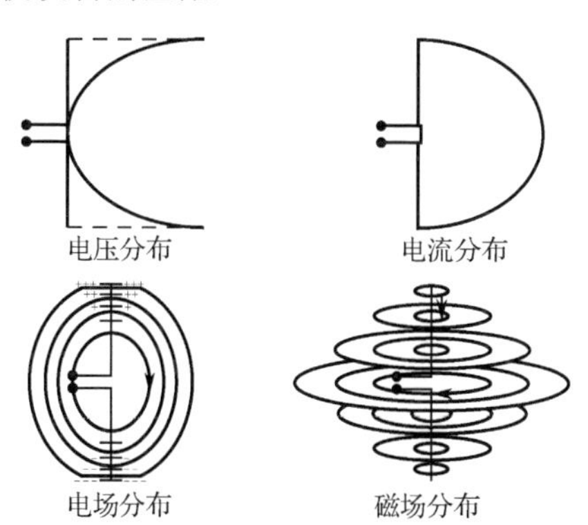

图 4.34　天线电压、电流、电场、磁场分布图

天线向周围空间辐射电磁波。电磁波由电场和磁场构成。图 4.35 为天线中电流方向与电场、磁场方向的关系。

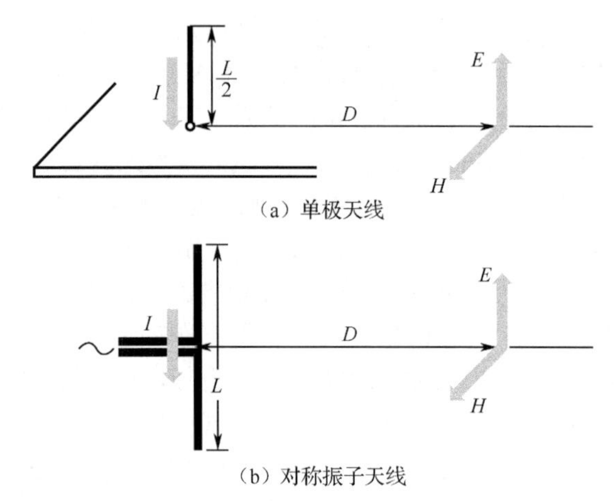

图 4.35　天线中电流方向与电场、磁场方向的关系

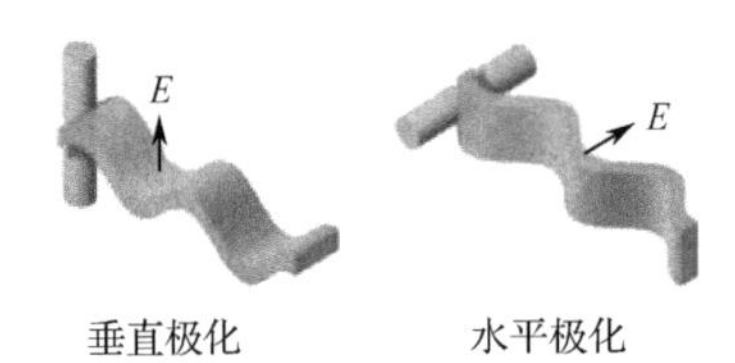

图 4.36　两种基本的单极化的情况

一般规定：电场的方向就是天线极化方向。一般使用的天线为单极化的。图 4.36 为两种基本的单极化的情况，垂直极化是最常用的，水平极化也会被用到。

EMC 测试时，只有接收天线的极化方向与发射天线的极化方向相同时，才能接收到信号。

2. 两种常见的天线工作原理

产生辐射的天线很多，如对称振子天线、不对称振子天线、缝隙天线、环形天线等，这里仅介绍产品中与共模电流引起的辐射有关的两种最常见的天线——对称振子天线和不对称振子天线。

1）对称振子天线

一般当电路处于谐振状态时，电路上的电流最大，对于天线也一样，若使天线处于谐振状态，流过天线导体的高频电流最大，天线的辐射也最强。由传输线理论可知，当导体长度 L 为 1/4 波长（λ）的整数倍时，该导体在该波长的频率上呈谐振特性。导体长度 L 为 1/4 波长时呈串联谐振特性，此时天线的阻抗最小，流过天线的电流最大，辐射也最大；导体长度 L 为 1/2 波长时呈并联谐振特性，此时天线的阻抗最大，流过天线的电流最小，辐射也最小。对称振子天线是一种经典的、迄今为止使用最广泛的天线，单个半波对称振子可单独使用或用作为抛物面天线的馈源，也可采用多个半波对称振子组成天线阵。两臂长度相等的振子叫作对称振子。每臂长度为 1/4 波长、全长为 1/2 波长的振子，称半波对称振子。图 4.37 是对称振子天线模型及辐射方向图。

2）不对称偶极天线和单极天线

如果将对称振子天线从馈电点分为两半，如果这两半的几何结构形式或尺寸不完全相同，则该天线称为不对称振子天线，如单根长导线天线、倒 V 形天线、盘锥天线等。其中典型的不对称振子天线为不对称偶极天线和单极天线。一般说来，谐振式不对称天线的臂长不超过一个波长。若偶极天线的一臂长度为零并将馈电点直接接地，另一臂垂直于地面架设则构成单极天线。如果地是无限大理想导电平面，则该单极天线与镜像在导电平面另一端的天线犹如组成了一个对称振子天线。例如，单极天线的输入阻抗等于对称偶极天线的一半，其方向图也是相同的，如图 4.38 所示。当天线高度低于 0.625λ时，最大辐射方向沿地平面，水平方向（H 面）的方向图为一个圆。如果地面尺寸有限，则镜像理论不再适用。在非理想导电地面上，由于地的导电率是有限的，除会增大天线的损耗外，还将引起辐射波瓣的上翘，这对低仰角辐射不利。

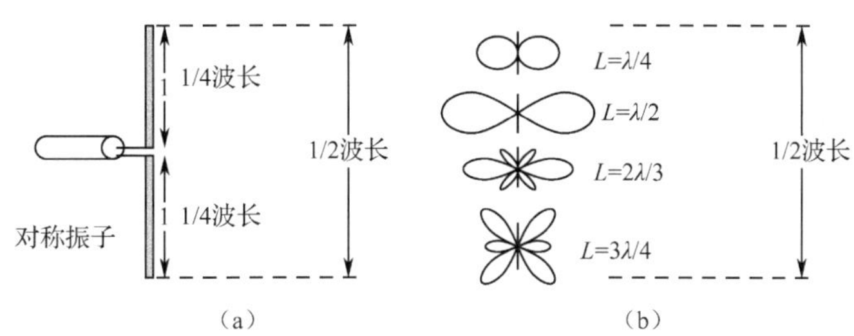

图 4.37　对称振子天线模型及辐射方向图

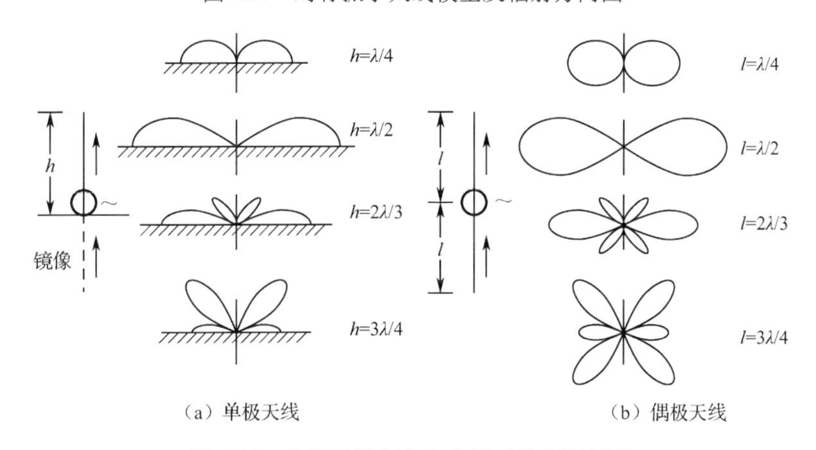

图 4.38　单极天线和自由空间对称振子天线

由于 1/2 波长的振子比 1/4 波长的振子长，所以 1/2 波长振子的辐射比 1/4 波长振子强，但振子超过 1/2 波长时，虽然辐射继续加强，但由于超过 1/2 波长的部分的辐射是反相位的，对辐射有抵消作用，总的辐射效果反而被打折扣，所以通常的天线都采用 1/4 波长或 1/2 波长的振子长度单位，这种由两根长度相同的导体构成的天线就叫偶极天线。这是最简单、最基本的天线，其他的天线都可以等效成偶极天线的变形和叠加。

工程中，频率 $f \geqslant 30$MHz，并且辐射源与测量接收天线的距离 $D \geqslant 1$m 时，常用式（4.8）和式（4.9）来估算产品中电缆成为天线时所产生的辐射强度，即

当 $L_m < \lambda/2$ 时，有：

$$E_{\mu V/m} \approx 0.63 I_{\mu A} L_m f_{MHz} / D_m \tag{4.8}$$

当 $L_m \geqslant \lambda/2$ 时，有：

$$E_{\mu V/m} \approx 60 I_{\mu A} / D_m \tag{4.9}$$

式中　$E_{\mu V/m}$——辐射源在测量处产生的场强（μV/m）；

$I_{\mu A}$——流过电缆的共模电流（μA）；

f_{MHz}——辐射源的信号频率（MHz）；

L_m——电缆长度（m）；

D_m——辐射源到测量天线的距离（m）。

3. 产品中的电缆都是等效天线

从以上天线工作的原理分析可知，当天线导体中存在电流时，天线会把导体上的电信号泄漏至外部环境中，同时也将外部电磁场导入与天线相连的电路中。当天线达到一定的长度时，这种电信号与电磁场信号的转换达到最大。显然产品中的电缆是具备天线这种机械特性的，而且随着频率的增加，仅仅把电缆导体视为电场或磁场的发射和接收器是不够的。电缆与天线一样，当波长（λ）与电缆导体的长度可以比拟时，会发生谐振。这时信号几乎可以100%转换成电磁场（或反之）。例如，电缆的长度正好为电缆中传输信号波长的1/4时，便是一个将信号转变成场的极好的转换器。

很多年以前，普通电子产品的频率都很低，频率相对应的波长很长，典型的电缆不能成为很有效的天线。但是在电子产品工作频率越来越高的今天，工作信号频率的波长与电子产品中任何一根电缆的长度可以比拟了。虽然有些电缆或导体不能成为高效的天线（正好处于上述天线工作原理的谐振状态，此时辐射最大），但它的长度仍有可能引起EMC问题。只有在产品中电缆或导体的长度与其相比极短，其天线效应才可以被忽略（特别严格的产品除外）。当然，除了电子产品中的电缆，电子产品的接地线也一样，不管是否接地，只要长度与工作信号的波长可以比拟，都是辐射发射产生的天线。因此，不能将用于安全接地用的黄/绿色导线（美国标准中规定安全地线为黄/绿色）想象成很好的接地线。

4. 电缆中的EMI共模电流是如何产生的

电缆的辐射问题是工程中最常见的问题之一，90%以上的设备不能通过辐射发射测试都是由于电缆辐射造成的。在实际中经常发现：当将设备上的外拖电缆取下来时，设备就可以顺利通过试验，在现场中遇到电磁干扰现象时，只要将电缆拔下来，故障现象就会消失。这是因为电缆是一根高效的接收和辐射天线。电缆产生辐射的机理有两种，一种是电缆中的信号电流（差模电流）回路产生的差模辐射；另一种是电缆中的导线（包括屏蔽层）上的共模电流产生的共模辐射。电缆的辐射主要来自共模辐射。共模辐射是由共模电流产生的，共模电流的环路面积是由电缆与大地（或邻近其他大型导体）形成的，因此具有较大的环路面积，会产生较强的辐射。对于各种辐射驱动模式可以总结为以下几点：

- 信号回流路径阻抗较高，使信号回流的电流经过回流路径阻抗时产生压降，该压降成为共模电压，而且正好在电缆与大地（或邻近的其他大型导体）之间，导致共模电流。
- 差模电流泄漏导致的共模电流。即使电缆中包含了信号回线，也不能保证信号电流100%从回线返回信号源，特别是在频率较高的场合，空间各种杂散参数为信号电流提供了第三条，甚至更多的返回路径。
- 电缆与大地之间形成的寄生回路，通过磁耦合的方式感应出电流，成为共模电流。

上述三种共模电流虽然所占的电流比例很小，但是由于辐射环路面积大，辐射是不能忽视的。因此不要试图通过将电路与大地“断开”（将电路板与机箱之间的地线断开，或将机箱与大地之间的地线断开）来减小共模电流，从而减小共模辐射。将电路与大地断开仅能够在低频时减小共模电流，高频时寄生电容形成的通路阻抗已经很小。共模电流主要是由寄生电容、寄生电感产生的。当然，如果共模辐射的问题主要发生在低频，将电路板或机箱与大地断开会有一定效果。从EMI共模电流产生的机理可知，减小这种共模电流的有效方法是将信号线与回线靠近，这样差模信号电流与回流产生的各种寄生效果就能相互抵消。按照这种方法来避免电缆辐射的一个典型的例子就是使用同轴电缆，由于同轴电缆的回流电流均匀分布在外皮上，其等效电流与轴心重合，因此回路面积为零，几乎 100%的信号电流从同轴电缆的外皮返回信号源，共模电流几乎为零，所以共模辐射很小。另一方面，由于差模电流回路的面积几乎为零，差模辐射也很小，所以同轴电缆的辐射是很小的。对于高频信号，用同轴电缆传送可以避免辐射。这也与传统上用同轴电缆传输高频信号，以减小信号的损耗的目的具有相同的本质。因为信号的损耗小了，自然说明泄漏的成分少了，而这部分泄漏就是电缆的辐射。减小这种共模电流的另一种有效方法是减小差模回路的阻抗，从而促使大部分信号电流从地线返回时产生的压降几乎为零，即电路板的地线噪声为零，自然共模电流也为零。这里的电路板的地线就是信号的回流线，因此地线上的两点之间必然存在电压，对于高频电路而言，这些就是高频噪声电压，它作为共模电压驱动电缆上的共模电流，导致共模辐射。第 5 章关于地平面阻抗的讨论中，提供了多种减小地线阻抗的设计方法，可以用来减小地线上的噪声，从而减小共模电压。在实际产品设计中，如果地平面阻抗控制失败（实际上地平面阻抗控制也是一件非常难的事情，随着电路板密集程度的提高，控制难度会随之增加），那么有一种补偿的方式就是在产品的 I/O 接口将“0V”通过零阻抗（意味着连接部分的长宽比等于 1 或 360°搭接）接地，并将 I/O 信号通过 Y 电容接地，当然接地点必须是“干净地”。所谓“干净地”就是这块地线上没有可以产生噪声的电路，因此“干净地”上的局部电位几乎相等。如果产品外壳是金属的，侧“干净地”就为金属外壳。

4.3.3　电缆、连接器的抗扰度分析

从第 2 章描述的 EMC 抗扰度测试的原理可以看出，不管是 IEC61000-4-4 和 ISO7637-2、ISO7637-3 规定的电快速瞬变脉冲群抗扰度测试，还是 IEC61000-4-6 和 ISO11452-4、ISO11452-7 规定的传导骚扰抗扰度测试，干扰都是以共模的形式直接注入电缆上的。如果电缆是屏蔽电缆，那么干扰信号直接注入在屏蔽层上；如果电缆是非屏蔽电缆，则干扰直接注入在电缆中的各个信号线上。对于 ESD 和辐射抗扰度测试，电缆处于电磁场中时，此时电缆也可以成为接收天线，它与频率的关系与其成为辐射发射天线时一样，这样电缆上会感应出噪声电压。与电缆辐射的情况相对应，电磁场在电缆上感应出的电压也分为共模电压和差模电压两种。共模电压是电磁场在电缆与大地之间的回路中产生的，差模电压是电磁场在信号线与信号地线（或差分线对之间）形成的回路中产生的。当电路是非平衡电路时，共模电流会转换成差模电压，对电路形成干扰。由于信号线与信号地线形成的回路面积很小，因此噪声电压仍以共模为主。

如果电缆很靠近地平面，那么电场分量垂直于地平面，磁场分量垂直于导线与地平面形成的回路时，电缆中产生的电磁场感应最强；如果电缆远离地平面，那么电场分量平行于地平面、磁场分量垂直于导线与地平面回路时，电缆中产生的电磁场感应最强。虽然理论上电磁场在电缆上感应出的电压也分为共模和差模两种，但是在单个产品独立运行时，电磁场在导线中感应出的电压是以共模形式为主的。负载上的电压以系统中的公共导体或大地为参考点，一般以系统中参考地平面为参考点。对于多芯电缆，这意味着电缆中的所有导体都暴露在同一个场中，它们上面所感应的电压取决于每根导体与参考点之间的阻抗和感应电流。如图 4.39 所示，两种天线上的感应电流估算公式如下：

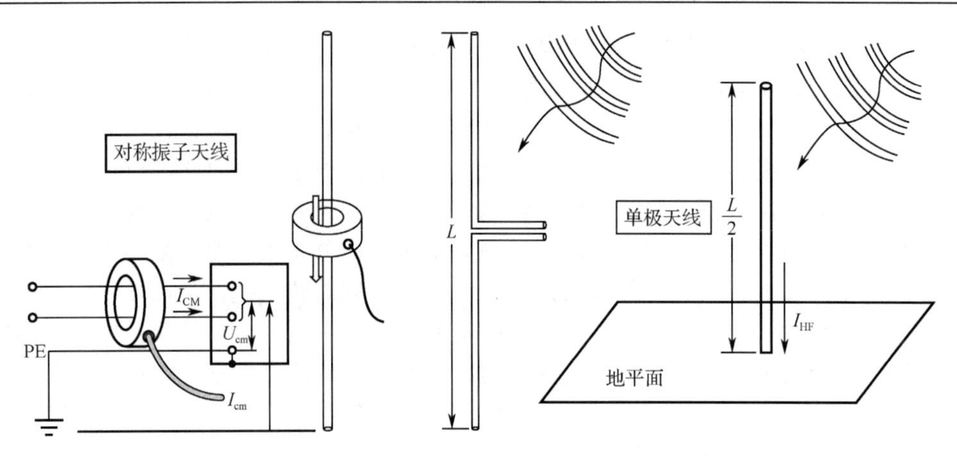

图 4.39　天线中的感应电流

当 $L \leqslant \lambda/4$ 时，对称振子天线上的感应电流

$$I=\frac{EL^2}{80\lambda\ln(L/2d)} \tag{4.10}$$

近似公式为：

$$I(\text{mA})\approx\frac{EL^2F_{\text{MHz}}}{120} \tag{4.11}$$

当 $L \geqslant \lambda/2$ 时，对称振子天线上的感应电流 $I\approx\frac{E\lambda}{240}$　　(4.12)

近似公式为：

$$I(\text{A})\approx\frac{1.25E}{F_{\text{MHz}}} \tag{4.13}$$

式中　I——对称振子天线中心的电流（A）；

d——导体直径（m）；

E——电场强度（V/m）；

F_{MHz}——信号频率（MHz）；

L——对称振子天线长度（或 2 倍的单极天线长度）；

λ——信号波长（m）。

例如，一个麦克风的电缆长度为 1m，直径为 5mm，当其暴露在频率为 27MHz、电场强度为 1V/m 的电磁场中时，电缆上的感应电流可以按如下方式计算：

由于麦克风只有一端与放大器相连，因此其等效模型近似于单极天线，等效对称振子天线长度为 2×1m=2m。

27MHz 频率的波长 $\lambda=300/27\approx11\text{m}$。由于等效对称振子天线长度 L=2m，则：

$$L<\lambda/4$$

按照式（4.10），得电缆上的感应电流 I 为：

$$I=\frac{EL^2}{80\lambda\ln(L/2d)}=1\times2^2/[80\times11\times\ln(2/0.01)]\text{mA}=0.85\text{mA}$$

注：共模感应电流引起的共模电压取决于电缆的负载阻抗。

4.3.4　电缆的寄生电阻、电容、电感对 EMC 的影响

即使不考虑场和天线的作用，通过下面几个简单的例子，说明在常用的频率范围内，与

理想状态微小的偏差也会导致导体上所传输的信号出现 EMC 问题。

- 直径 1mm 的导线，在 160MHz 时，其电阻是直流状态时的 50 多倍。这是趋肤效应的结果，已迫使67%的电流在该频率处流动于导体最外层5μm厚度范围内。长度为25mm、直径为 1mm 的导线具有大约 1pF 左右的寄生电容。这听起来似乎微不足道，但在 176MHz 时却呈现大约 1kΩ的负载作用。若这根 25mm 长的导线在自由空间中，由理想的峰-峰电压为 5V、频率为 16MHz 的方波信号驱动，则在 16MHz 的十一次谐波处，仅驱动这根导线就要 0.45mA 的电流。
- 连接器中的引脚长度大约为 10mm，直径为 1mm，这根导体具有大约 10nH 的自感。这听起来也是微不足道的，但当通过它向母板总线传输 16MHz 的方波信号时，若驱动电流为 40mA，则连接器引脚上的电压跌落大约为 40mV，足以引起严重的信号完整性和/或 EMC 方面的问题。
- 1m 长的导线具有大约 1μH 的电感，当把它用于建筑物的接地网络时，便会阻碍浪涌保护装置的正常工作。
- 滤波器 100mm 长的地线的自感可达 100nH，当频率超过 5MHz 时，会导致滤波器失效。
- 4m 长的屏蔽电缆，如果其屏蔽层以长度为 25mm“猪尾巴”方式端接，30MHz 以上的频率就会使电缆屏蔽层失去作用。

可见，想要进行产品的 EMC 分析，就必须关注电缆所固有的电阻、寄生电容、寄生电感的影响。经验数据：对于直径 2mm 以下的导线，其寄生电容和电感分别是 1pF/in 和 1nH/mm。

4.3.5　敏感电路、EMI 骚扰源的位置和共模电流的关系处理

综上所述，电快速瞬变脉冲群、ESD 等高频瞬态共模干扰电流，在电缆接口或机箱被注入后，主要进入产品内部的导体，再通过产品的各部分回到参考接地板。一方面，产品系统中的接地点与参考接地板直接互连；另一方面，在进行 EFT/B、ESD 等抗扰度测试时，电缆与参考接地板之间的寄生电容较大，使进入产品地（GND）系统的共模电流通常会通过电缆或接地点流入参考接地板。这样，电缆 I/O 连接器和接地点在产品中的位置决定外部注入的共模干扰电流的流向与大小。图 4.40 是某一工业产品的共模瞬态干扰电流的分析（分析建立在电快速瞬变脉冲群测试原理的基础上），图中的箭头线表示共模电流流动的方向。如果其中的一些电缆在产品中的位置发生改变，那么共模瞬态干扰电流的流向与大小也将改变。了解这一点，对分析机械架构对产品 EMC 性能的影响有很重要的意义。

同样，产品在工作时内部的高频信号也会因系统接地线的存在而与参考接地板形成各种共模回路。除了因系统接地线产生的共模回路，还会因电缆与参考接地板之间的寄生电容而形成共模回路。因此，电缆 I/O 连接器和系统接地线在产品中的位置也在一定程度上决定 EMI 共模电流的流向与大小。

既然电缆与连接器在产品中的位置是决定共模电流的流向和路径的一个因素，那么在产品设计时，就可以考虑共模电流的路径、敏感电路、骚扰源及连接器电缆四者之间的关系。通过合理地布置输入/输出连接器、电缆在电路板中的位置，可以使外界注入电缆的共模电流更少地流过敏感电路，也可以使内部电路的骚扰源信号不流向外界电缆和连接器。一种比较有效的方法是：将那些流过共模电流的连接器、电缆集中放置在一个电路板的同一侧，这样可以使共模电流不流过整个电路板及其工作地（GND）。在电路板中分散放置连接器意味着 EMC 风险的增加。

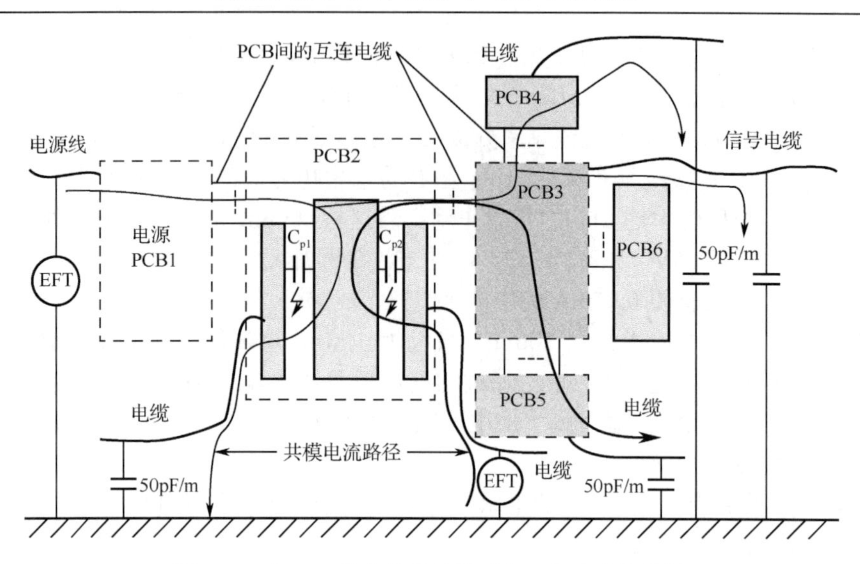

图 4.40　某一工业产品的共模瞬态干扰电流的分析

图 2.50 所示的电路板中，连接器与信号电缆位于电路板的两侧，当共模干扰信号从电源线中注入后，由于信号电缆与参考地之间的寄生电容或在信号电缆处存在接地，这时会有相当一部分的干扰共模电流流过整个电路板，整个电路板中的电路都会受到共模电流的影响。而当连接器与信号电缆位于电路板的同一侧时，如图 4.41 所示，共模电流的大小并没有改变（信号电缆对地的阻抗也未发生变化），但共模电流的路径发生了改变，即共模电流自电源线进入电路板后，又很快通过信号电缆对地的分布电容流入参考接地板，最终使得电路板的大部分的电路受到保护。当然，承载不同特性信号的连接器在同一电路板的同一侧放置时，也应防止各个信号间的串扰，并对每个信号进行滤波。

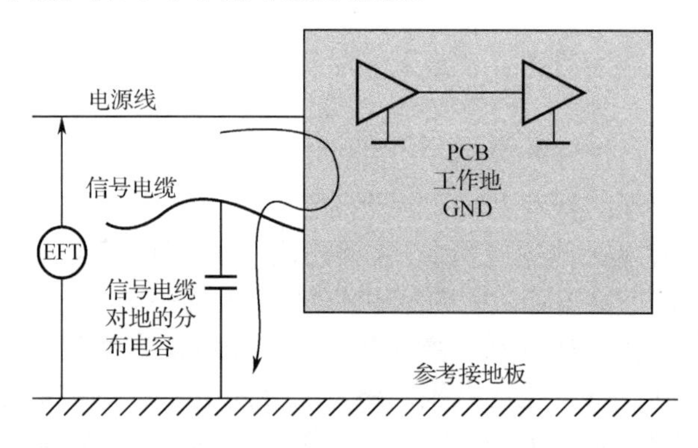

图 4.41　连接器与信号电缆位于电路板同一侧时共模电流

同样，利用以上所述例子也可以分析连接器与信号电缆放置在一个电路板的同一侧和放置在电路板两侧对辐射发射产生的影响。如图 4.42（a）所示，可以很明显看出，当产品不接地时，该产品将是一个很好的对称振子天线模型，如果 PCB 内的高频信号回流地平面阻抗控制不好，那么就会产生电流驱动模式的共模辐射。在这样的连接器电缆布置下，即使将电源线接地（通常产品只会设计一个接地点），也会存在单极天线的模型，如图 4.42（b）所示，可见这是一个失败的 EMC 机械架构设计。

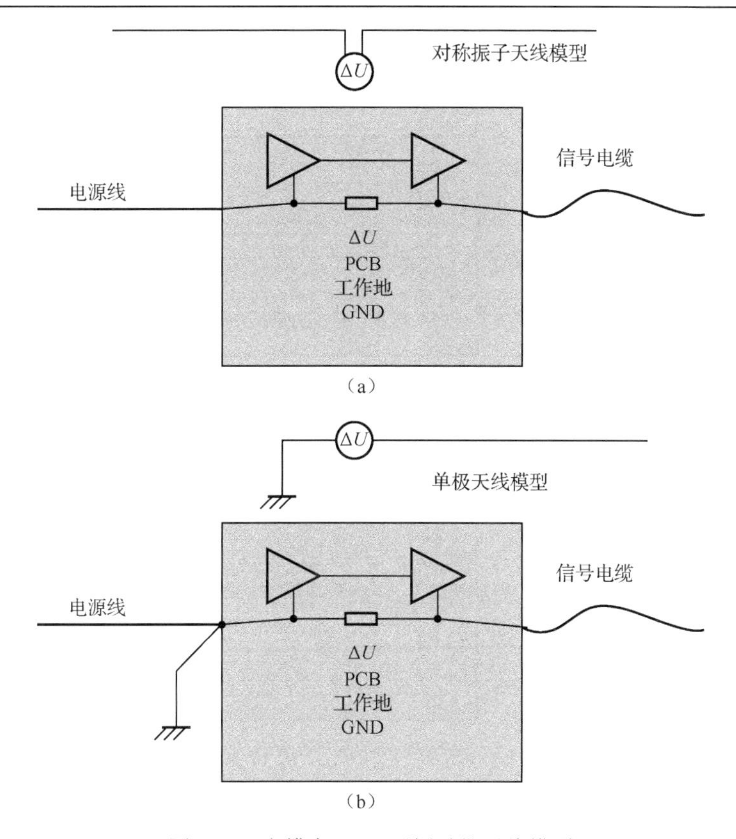

图 4.42　电缆在 PCB 两侧时的天线模型

当将电源线和信号电缆放置在 PCB 的同一侧后，天线的模型发生了变化。如图 4.43（a）所示，在产品不接地的情况下，天线的模型由原来的对称振子天线变为以 PCB 中工作地 GND 为参考平面的单极天线。从上一节关于天线辐射的原理可知，单极天线的辐射效率要比对称振子天线的辐射效率低，这就意味着辐射发射水平降低。如图 4.43（b）所示，在产品接地的情况下，天线的模型将发生更大的变化，这时由于电缆在连接器处的接地，已将原来在产品不接地情况下在天线（电缆）接口处的驱动共模电压短路，共模电流将不再流过天线（电缆），即辐射消失。

注：如果这两个接口分别隔离，那么器件可以跨接旁路电路，高频短接。

图 4.44 为各种电缆都位于产品 PCB 同一侧的例子。图中，电缆都放置在 PCB 一侧，并在 I/O 连接器处进行接地与滤波处理，远端不接地。流入电缆的共模干扰电流都会在 I/O 连接器入口处流入大地或参考地，敏感电路受到保护。同样，高速电路中的噪声也不会流入 I/O 连接器及与 I/O 相连的电缆（电缆是等效发射天线）。另外，A/D 转换器将敏感电路和高速电路分散在其两侧，避免了两者之间的串扰。这是一个比较好的设计。

虽然上述讨论骚扰测试时电缆中的共模电流和抗扰度测试的共模电流是两种原理，但是在具体设计方案上两者并未出现矛盾。实际上在设计中也发现，抑止产生骚扰的共模电流的设计方法与抑止抗扰度测试时注入电缆上的共模电流的设计方法并不矛盾。抑止产生骚扰的共模电流的设计是为了让产品内部或电路内部的噪声或骚扰不向外面传递；抑止抗扰度测试时注入电缆上的共模电流的设计是为了不让外界的干扰流入产品内部或电路内部，两者只是方向不同。

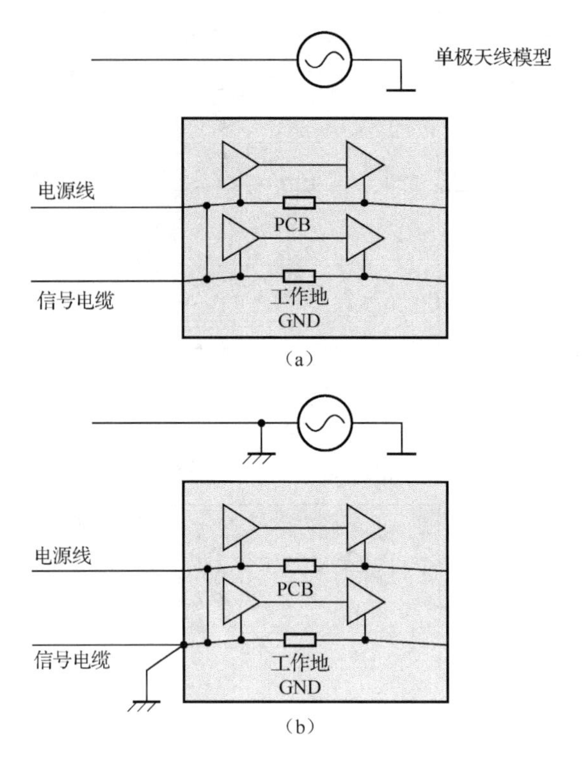

图 4.43　电缆在 PCB 同一侧时的天线模型

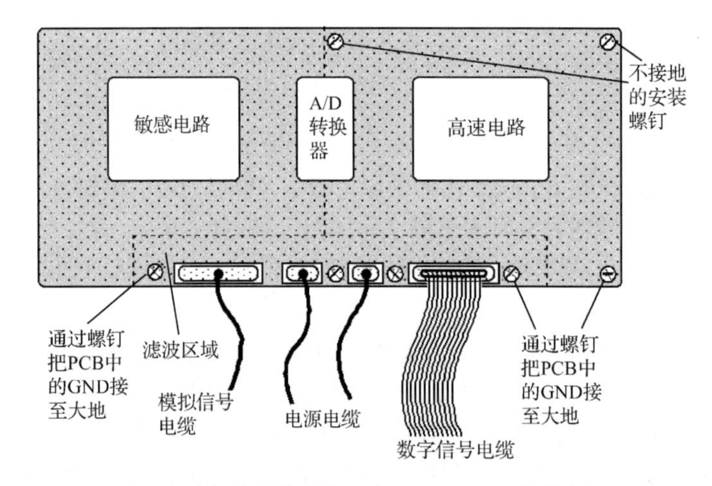

图 4.44　各种电缆都位于产品 PCB 同一侧的例子

4.4　电缆、连接器中抑制共模电流的方法

电缆要成为天线，需要一定的长度，而且电缆接口进行抗扰度和传导骚扰测试的电缆最小长度为 3m（有些标准中规定电缆进行浪涌测试的最小长度为 10m），因此在产品电缆设计时，只要满足使用要求，可以尽量使用短的电缆，避免电缆成为更宽频率下的天线，并免去大部分的 EMC 测试。然而，不但电缆长度往往受到设备之间连接距离的限制，不能随意缩短，而且当电缆的长度不能减小到波长的一半以下或小于 3m 时，减小电缆长度也没明显效果。在这种情

况下，只能减小流入电缆或连接器中的共模电流。电缆/连接器中抑制共模电流的常用方法如下。

- 增加共模电流回路的阻抗：因为在共模电压一定的情况下，增加共模电流回路的阻抗可以减小共模电流。
- 选用带有低通滤波器的连接器：目的是减少高频共模电流成分，这些高频共模电流的辐射效率很高。
- 电缆屏蔽：目的是为了避免在电缆内导体中出现外部注入的共模干扰电流，也是为电缆中导体形成的 EMI 共模电流提供一条环路面积较小的返回路径。

下面介绍这几种方法在实际工程中的应用。

1. 增加共模电流回路的阻抗

当设备电缆上产生或注入的共模电压一定时，减小电缆上共模电流的方法就是增加共模电流回路的阻抗。然而，怎样增加共模回路的阻抗是许多工程师困惑的问题。很多工程师往往试图通过断开电路板与机箱之间的连接，或者机箱与安全地之间的连接，来增加共模回路的阻抗，结果往往令人失望，因为这些方法仅对低频有效，而低频共模电流并不是辐射的主要原因。实用而有效的方法是在电缆上套磁环（被套上磁环的电缆电路等效为电缆上串联共模电感），加磁环后的电缆能够只对共模电流形成较大的阻抗，而对差模信号没有影响。磁环的使用也很简单，只要将整束电缆穿过一个铁氧体磁环，其架构就构成了一个共模电感，根据需要也可以将电缆在磁环上绕几匝，磁环不需要接地，可以直接加到电缆上。为了工程上使用方便，很多厂家提供分体式的磁环，这种磁环可以很容易地卡在电缆上。电缆上套了铁氧体磁环后，共模电流减小的数量取决于原来共模电流回路的阻抗和共模电感的阻抗，从共模辐射的公式可以推导出下面的结论（推导中应用共模电压不变的条件）：

$$\begin{aligned}\text{共模辐射改善} &= 20\lg(E_1/E_2) = 20\lg(I_{CM1}/I_{CM2}) \\ &= 20\lg(Z_{CM2}/Z_{CM1}) \\ &= 20\lg(1+Z/Z_{CM1})\end{aligned} \tag{4.14}$$

式中　E_1——加铁氧体前的电缆辐射强度；

E_2——加铁氧体后的电缆辐射强度；

I_{CM1}——加铁氧体前电缆上的共模电流；

I_{CM2}——加铁氧体后电缆上的共模电流；

Z_{CM2}——加铁氧体后的共模环路阻抗；

Z_{CM1}——加铁氧体前的共模环路阻抗；

Z——共模电感的阻抗。

例如，在某一频率下，如果没加磁环时的共模电流回路阻抗为 100Ω，加磁环后的电缆共模阻抗为 1000Ω，则共模辐射改善为 20dB；而如果原来的共模电流环路阻抗为 1000Ω，则改善量仅为 6dB。为了获得预期的干扰抑制效果，在使用铁氧体磁环时需要注意以下问题。

（1）铁氧体材料的选择：根据要抑制干扰的频率不同，选择不同材料成分和磁导率的铁氧体材料。镍锌铁氧体材料的高频特性好于锰锌铁氧体材料，并且铁氧体材料的磁导率越高，低频的阻抗越大，而高频的阻抗越小。这是由于磁导率高的铁氧体材料电导率较高，当导体穿过时，形成电缆与磁环之间的寄生电容较大。

（2）铁氧体磁环的尺寸：磁环的内外径差越大，轴向越长，阻抗越大。但内径一定要包紧导线。因此，要获得大的衰减，在磁环内径包紧电缆的前提下，尽量使用体积较大的磁环。

（3）磁环的匝数：增加穿过磁环的匝数可以增加低频的阻抗，但是由于匝间寄生电容增加，高频的阻抗也许会减小。图 4.45 为磁环的匝数、频率和阻抗的关系曲线。由图可知，当磁环上的线圈匝数从 1 匝变到 2 匝和 3 匝时，低频部分阻抗增大，高频部分的阻抗增加。而当磁环上的线圈匝数进一步增加时，只有低频部分阻抗会增大，高频部分的阻抗反而减小，因此，盲目增加匝数来增加衰减是错误的。实践中，当考虑的核心频率为数十 MHz 时，磁环匝数为 3 匝比较合适；当需要抑制的共模电流噪声频带较宽时，可在两个磁环上绕不同的匝数。

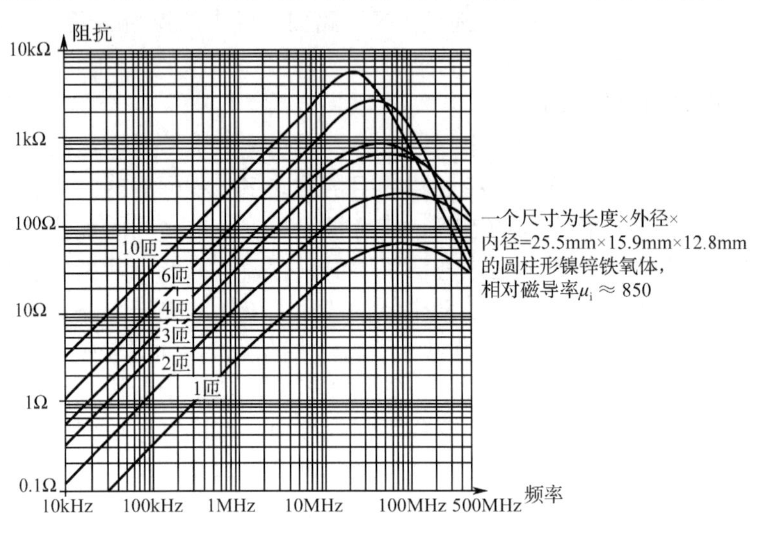

图 4.45　磁环的匝数、频率和阻抗的关系曲线

例：某设备有两个超标辐射频率点，一个为 40MHz，另一个为 900MHz。经检查，确定是电缆的共模辐射所致。在电缆上套一个磁环（1/2 匝），900MHz 的干扰明显减小，不再超标，但是 40MHz 频率仍然超标。将电缆在磁环上绕 3 匝，40MHz 干扰减小，不再超标，但 900MHz 超标。为了解决这个问题，使用了两个铁氧体磁环，一个为 1/2 匝，另一个为 3 匝。

（4）电缆上铁氧体磁环的个数：增加电缆上的铁氧体磁环的个数，可以增加低频的阻抗，但高频的阻抗会减小。这是因为电缆与磁环之间的寄生电容增加的缘故。

（5）铁氧体磁环的安装位置：一般尽量靠近干扰源或敏感源。对于屏蔽机箱上的电缆，磁环要尽量靠近机箱的电缆进出口。由于铁氧体磁环的效果取决于原来共模环路的阻抗（原来回路的阻抗越低，磁环的效果越明显），因此当原来的电缆两端安装了共模滤波电容时，由于其共模阻抗很低，磁环的效果更明显。

（6）铁氧体磁环应放在电流较高的位置上，一般放在连接线的引出处。

2. 选用带有低通滤波器的连接器

滤波连接器是具备滤波功能的连接器，它是在普通电连接器的基础上，经过内部结构改进，增加滤波电路（滤波网络）研制而成的。它既具备普通电连接器的所有功能，又兼具抑制电磁干扰的特性，民用产品很少用，特点和使用注意事项如下：

- 体积小。将滤波电路（滤波网络）设计在连接器内部，为使用设备节省了空间。
- 多功能。将滤波器同连接器金属外壳连接，可同时实现滤波、屏蔽、接地。
- 使用方便。
- 所有芯线都要滤波。因为机箱内外的共模干扰信号会耦合到电缆中的所有导线上，这样电缆中没有经过滤波的芯线会将感应的信号带到机箱内外，产生 EMC 问题。另外，当频率较高时电缆中导线之间的耦合也非常严重，这样没有经过滤波的导线上的电流会耦合到经过滤波的导线上，造成严重的 EMC 问题，所以滤波连接器中的芯线都需要滤波。实际上，如果为了降低成本在某些芯线上不安装滤波器是没有必要的，因为现在流行的制造工艺是将电容阵列板安装在连接器中，这种工艺并不会因少几个电容而降低成本。如果有些信号由于频率较高而不允许滤波，则在设计时可以考虑将这些信号连接到单独的连接器上，然后对这些信号线使用屏蔽性能较好的屏蔽电缆。

3. 电缆屏蔽

在 EMC 设计中，电缆进行屏蔽的目的有两方面：

（1）将注入电缆的共模干扰电流通过屏蔽层引导到产品壳体或参考地（金属外壳产品）或 PCB 中的工作地 GND（浮地设备），使屏蔽层中的信号和电缆接口回路受到保护，免受外界干扰。

（2）将信号线中的 EMI 信号包围在屏蔽层内，使屏蔽层中产生信号线中的共模电流的回流。

谈起电缆的屏蔽，有一个概念不得不提，那就是转移阻抗（Z_t）。Z_t 是当在屏蔽电缆上注入射频电流（图 4.46 中的 I_{ext}）时，中心导体与屏蔽层之间的电位差（图 4.46 中的 E_{int}）与这个电流的比值，即：

$$Z_t = \frac{E_{int}}{I_{ext}} \quad (\Omega/\text{m}) \tag{4.15}$$

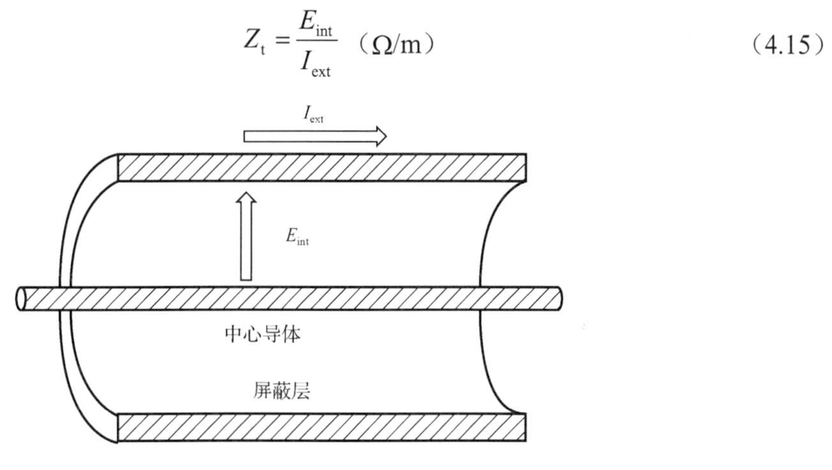

图 4.46　屏蔽电缆剖视图

从 Z_t 的单位可知，屏蔽电缆中的感应电压随着屏蔽电缆长度的增加而增加。因此当在屏蔽电缆上注入射频电流 I_{ext} 时，中心导体上出现的最高感应电压可分别在以下三种情况下估算：

（1）当在低频或屏蔽电缆的长度小于信号电流 I_{ext} 的 1/2 波长，并且屏蔽电缆中心导体信号线两端接高阻抗负载或悬空时，可用公式（4.16）：

$$\text{d}U = Z_t I_{ext} \text{d}X \tag{4.16}$$

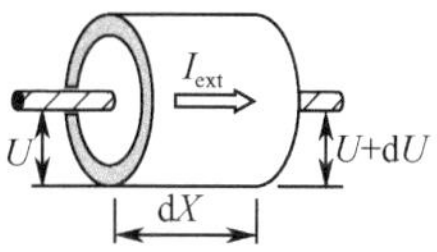

式中　dU——单位长度电缆下的感应电压（见图 4.47）；

　　　dX——单位电缆长度（见图 4.47）。

图 4.47　屏蔽电缆中信号线感应电压计算示意图

（2）当在低频或屏蔽电缆的长度小于信号电流 I_{ext} 的 1/2 波长，并且屏蔽电缆中心导体信号线两端接 50Ω负载时（如 50Ω同轴电缆），可用公式（4.17）：

$$\text{d}U = 0.5 Z_t I_{ext} \text{d}X \tag{4.17}$$

式中　dU——单位长度电缆下的感应电压（见图 4.47）；

dX——单位电缆长度（见图 4.47）。

（3）当在高频或屏蔽电缆的长度大于信号电流 I_{ext} 的 1/2 波长，并且屏蔽电缆中心导体信号线两端接 50Ω负载时（如 50Ω同轴电缆），可用公式（4.18）：

$$U \approx 0.7 Z_t I_{ext} \lambda \tag{4.18}$$

式中 U——中芯导体上的感应电压（见图 4.47）；

λ——电缆屏蔽层上电流 I_{ext} 的波长。

由式（4.16）～式（4.18）可知，对于给定频率，较低的 Z_t 意味着当在屏蔽电缆上注入射频电流时，中心导体上只会产生较低的电压，即对外界干扰具有较高屏蔽效果，同样也说明中心导体上有电压时，屏蔽电缆上感应的电流也较小，即对中心导体产生的骚扰具有较高的屏蔽效果。当屏蔽电缆长度超过信号的 1/2 波长时，屏蔽电缆应认为是一根传输线，中心导体上的感应电压将不随电缆长度变化。如果一根屏蔽电缆的 Z_t 在整个频率段上仅为几 mΩ，那么这根电缆的屏蔽效果是比较好的。同时，具有较低的转移阻抗的屏蔽电缆也意味着具有较好的屏蔽外接干扰的能力和屏蔽本身辐射发射的能力。

例如：一根 RG58 的同轴电缆长度 L 大于 2m，暴露在频率为 100MHz、场强 E 为 8V/m 的电磁场中，那么同轴电缆中心导体上感应到的电压 U_O 计算如下：

首先 100MHz 频率对应的波长λ=3m，则 $L>(1/2)\lambda$。电磁场引起屏蔽层上的感应电流 I_s 为：

$$\begin{aligned} I_s &= E \times \lambda / 240 \\ &= 8 \times 3/240\text{A} = 0.1\text{A} \end{aligned}$$

同时，因为 $L>(1/2)\lambda$，根据式（4.18）可计算同轴电缆中心导体上感应到的电压 U_O 为：

$$\begin{aligned} U_O &= 0.7 Z_t I_s \lambda \\ &= 0.7 \times 0.8 \times 0.1 \times 3\text{V} \approx 0.17\text{V} \end{aligned}$$

注：根据图 4.48 可以查得 RG 58 同轴电缆在频率 100MHz 的情况下，转移阻抗 Z_t=0.8Ω/m。

图 4.48 为各种类型屏蔽电缆的转移阻抗与频率的关系。

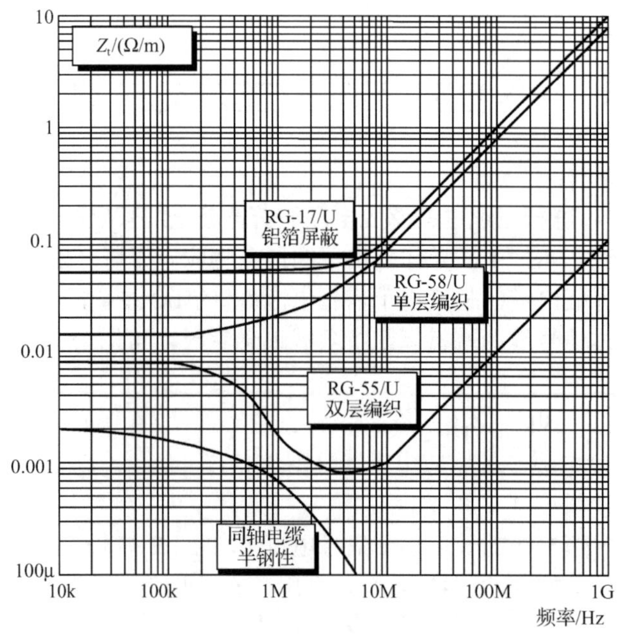

图 4.48 各种类型屏蔽电缆的转移阻抗与频率的关系

由图 4.48 可知，屏蔽电缆的转移阻抗随频率的增大而增大（即屏蔽效果降低），这是因为高频信号由于趋肤效应，电流将聚集在屏蔽体外表面上流动，导致屏蔽体与内导体之间的互感关系变弱，屏蔽层上流过电流时，内导体中感应出的电压变低，屏蔽层与内导体之间的电位差变大。

工程实践中，屏蔽电缆屏蔽类型的选择往往并不是主要问题，最主要的问题是屏蔽电缆屏蔽层的连接，最常见的问题是“猪尾巴”（Pigtail）效应，主要是以下两方面原因造成的：

（1）电缆屏蔽连接器的金属外壳接触阻抗，表 4.3 给出了一些常用屏蔽连接器的金属外壳接触阻抗。

表 4.3　一些常用屏蔽连接器的金属外壳接触阻抗

频率 / 连接器类型	DC～10MHz	100MHz	1000MHz
BNC 连接器	1～3mΩ	10mΩ	100mΩ
N 型连接器	<0.1mΩ	1mΩ	10mΩ
其他常用多点接触式金属外壳连接器（可插拔）	10～50mΩ	10～50mΩ	300mΩ

（2）电缆屏蔽层与连接器或金属外壳连接时，产品的“猪尾巴”。

总之，屏蔽电缆的屏蔽层一定要进行 360° 搭接处理。图 4.49 为电缆屏蔽层接地方式。

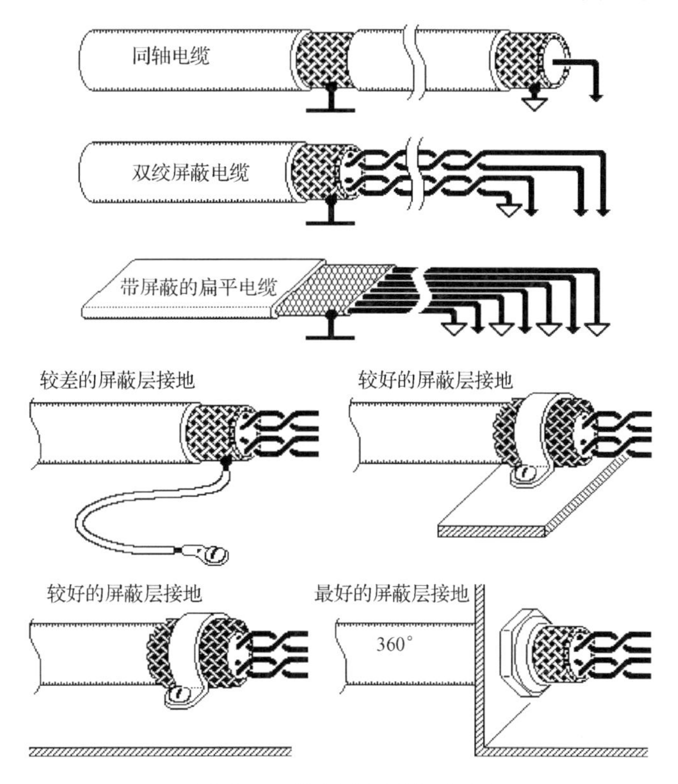

图 4.49　电缆屏蔽层的接地方式

从风险的概念来评估电缆屏蔽层连接的设计，在 30MHz 以上的频率下，屏蔽层电缆具有零长度的“猪尾巴”，没有风险，如图 4.50 所示，ESD 等级可以达到 15kV。1cm 长度的“猪尾巴”存在 30%风险；3cm 长度的“猪尾巴”存在 50%风险，5cm 长度的“猪尾巴”存在 70%风险。如图 4.51 所示，ESD 等级只能达到 4kV。如图 4.52 所示，ESD 等级仅达 2kV。

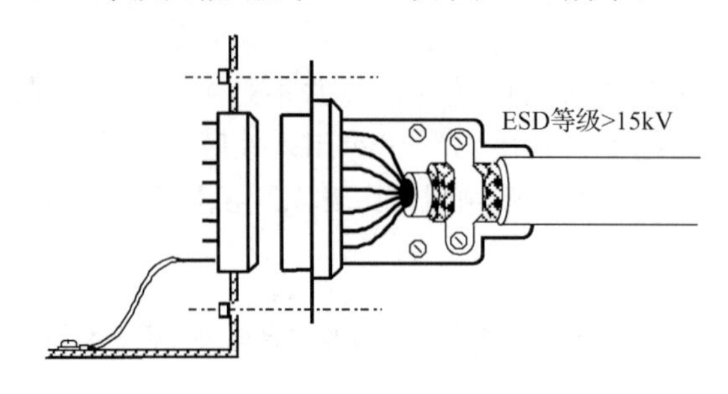

图 4.50 电缆屏蔽层通过连接器金属外壳 360° 接地

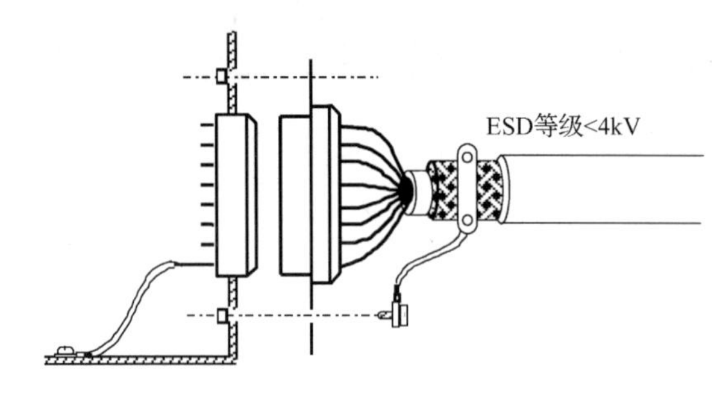

图 4.51 电缆屏蔽层通过螺钉和细长的“猪尾巴”接地

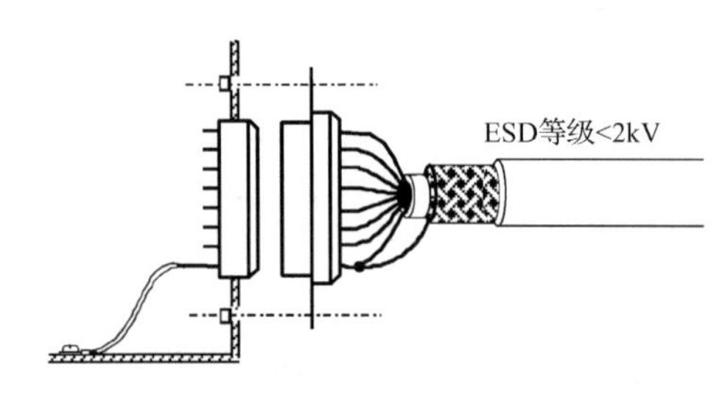

图 4.52 电缆屏蔽层通过芯线接地

4.5 接口电路、滤波和抑制电路对共模电流的影响

4.5.1 平衡电路设计

产品可以通过接口电路的设计来改变共模电流的方向与大小，把接口信号电路设计成平衡电路是一种有效的 EMC 措施。平衡电路中的两个导体及与其连接的所有电路对地或其他导体有相同的阻抗。平衡电路中的两个导体几何尺寸相同，并且靠得很近，可以认为是处于同一个场强或共模电压时，由于它们相对于任何参照物体的阻抗都相等，这样它们上面感应的电流是相同的，在导体两端相对于参考点的电压也是相同的，因此两根导体之间的电压为 0V。若这两个导体连接在电路的输入端，为电路提供输入信号电压，由于它们之间没有噪声电压，因此外界电磁场对电路的输入没有影响。理想的平衡电路能够抵抗任何强度的电磁场干扰和共模电压干扰。

平衡电路性能的评估：平衡电路的平衡程度用共模抑制比来描述。共模抑制比 C_{MRR} 定义

为共模电压 U_C 与它所产生的差模电压 U_D 之比，常用分贝来表示，即

$$C_{MRR} = 20\lg(U_C/U_D)\text{dB} \tag{4.19}$$

例如，如果电路的共模抑制比为 60dB，则 1000V 的共模电压在电路的输入端只能产生 1V 的差模电压。该电路的抗雷电等产生的共模干扰的性能很好。

设计良好的电路，其共模抑制比可以达到 60～80dB。但在高频时，由于寄生参数的影响，电路的平衡性会被破坏，所以平衡电路对高频的共模干扰有时也没有很好的抑制效果。平衡电路的设计要注意以下几点：

（1）在使用平衡电路时，不仅要选用平衡电路，而且在布线时也要保证两根线的对称性，这样才能保证高频的平衡性。

（2）双绞线是一种平衡结构，因此在平衡系统中经常使用双绞线。同轴电缆则不是平衡结构，在平衡系统中使用时要注意连接方法。同轴电缆只能做一根导体使用，其外层作为屏蔽层使用。

（3）平衡电路中，如果要进行电容滤波，一般只对平衡电路信号线间进行滤波，即差模滤波。因为共模滤波将是对平衡电路平衡的一种破坏，降低平衡电路本身所具有的共模抑制能力。即使在平衡电路两根信号线上同时对地并联同样大小、同样封装的电容，现在的加工工艺技术也很难保证其两个电容对平衡电路中两个信号的影响是一样的。

平衡电路对共模干扰具有很好的抑制作用，因此在通信电缆上得到广泛的应用。当平衡电路的共模抑制比不能满足要求时，可以用屏蔽、共模电感等方法来进行改善。屏蔽的方法仅适合于空间电磁场造成共模干扰的场合，共模电感的方法可以适合于任何共模干扰的场合。

4.5.2　滤波电路与抑制电路设计

使用屏蔽电缆和良好的接地方式可以使接口电路免受或降低外界共模干扰电流的影响，但是在很多场合屏蔽电缆并不适用，甚至即使使用了屏蔽电缆，也不能满足 EMI 和 EMS 方面的要求。此时，就需求在接口电路中采用各种抑制技术，将干扰消除在接口的最前端。当然，采用各种噪声抑制技术的接口电路也是解决电缆辐射问题的重要手段。在常用的各种噪声抑制电路中，一种有效方法是：合理设计电缆接口的接口电路或在电缆的接口处使用低通滤波器或抑制电路，滤除电缆上的高频共模电流，如图 4.53 所示。可见滤波电路与接口电路对 EMI 的重要性，同样，对于 EMS 问题也是一样。

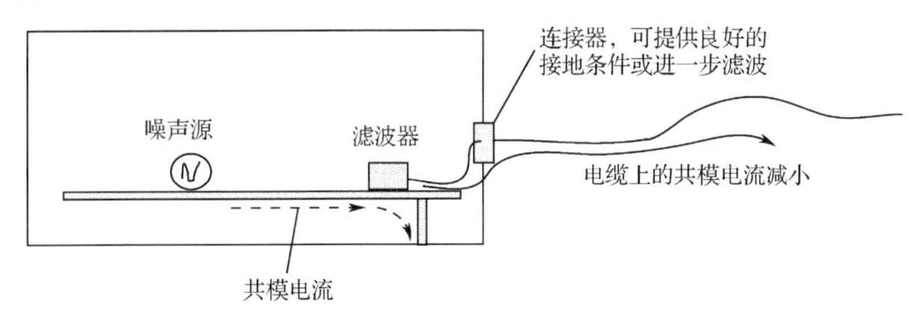

图 4.53　线路板上的接口共模滤波

接口电路与电缆直接相连，接口电路是否进行了有效的 EMC 设计，直接关系到整机系统是否能通过 EMC 测试。接口电路的 EMC 设计包括接口电路的滤波设计和保护设计。接口电路滤波设计的目的是减小系统通过接口及电缆对外产生的辐射，抑制外界辐射和传导噪声对

整机系统的干扰；接口电路保护设计的目的是使电路可以承受一定的过电压、过电流的冲击。

为避免共模干扰电流“污染”I/O 接口电路，必须在共模干扰电流进入 I/O 接口电路之前采取一定的措施。不同的应用建议用不同的方法。例如，在视频电路中，I/O 信号是单端的，且公用同一回路，使用差模 LC 滤波是最好的方法。差分驱动的接口，如以太网通常通过变压器耦合到 I/O 区域，是在变压器一侧或两侧的中心抽头提供耦合的，这些中心抽头经高压电容器与底板（保护地）相连，将共模噪声旁路到底板上，也使信号不发生失真。

关于滤波电路是否该靠近接口芯片器件（负载）放置还是靠近接口连接器处放置，这是个实际产品开发中工程师经常碰到的问题。笔者认为，处理好该问题，最主要的是将接口芯片器件紧靠接口连接器放置，再将滤波电路插入其中，这样不但保证滤波电容靠近接口，而且保证滤波电路靠近接口芯片器件被滤波的信号引脚。当有些特殊场合接口芯片器件不能做到靠近接口连接器放置时，要分为以下两种情况：

（1）对于接地设备，将滤波电路（包括共模滤波电路和差模滤波电路）靠近接口连接器放置，并保证共模滤波电容与产品接地点之间的低阻抗连接（笔者认为长宽比小于 3 的完整 PCB 铜箔是低阻抗连接）。如果不能保证共模滤波电容与产品接地点之间的低阻抗连接（长宽比大于 3 的完整 PCB 铜箔连接），则需要增加另外一级差模滤波，并靠近接口芯片器件被滤波的信号引脚放置，形成两级滤波，如图 4.54 所示。

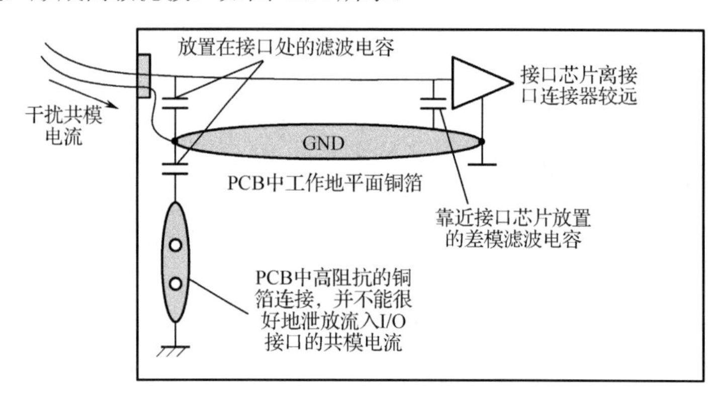

图 4.54　两级滤波

（2）对于浮地设备，建议将滤波电路靠近接口芯片器件被滤波的信号引脚放置，并防止滤波电路前后的信号线串扰。

实际产品的接口电路与电缆之间，通常还存在连接器，它是接口电路与电缆之间的通道。连接器在 EMC 中的主要作用是给电缆或接口电路提供一个良好的互连，并保证良好的接地。连接器选用不当，也许会将前级滤波电路的效果毁于一旦。选用连接器要考虑阻抗匹配、针定义、接地接触特性等。也要考虑 ESD 问题，如果是塑料封装的连接器，就要保证表面缝隙到内部金属导体之间有足够的空气间隙。有时候安装在电路板上的接口滤波电路有一个问题，就是经过滤波电路后的信号线在机箱内较长，容易再次感应上干扰信号，形成新的共模电流，导致电缆辐射。再次感应的信号有两个来源：一个是机箱内的电磁波会感应到电缆上，另一个是滤波电路前的干扰信号会通过寄生电容直接耦合到电缆接口上。解决这个问题的方法是尽量减小滤波后暴露在机箱内的导线长度。滤波连接器是解决这个问题的理想器件。滤波连接器的每个插针上有一个低通滤波器，能够将插针上的共模电流滤掉。这些滤波连接器往往在外形和尺寸上与普通连接器相同，可以直接替代普通连接器。由于连接器安装在电缆进入机箱的接口处，因此滤波后的导线不会再感应上干扰信号，如图 4.55 所示。

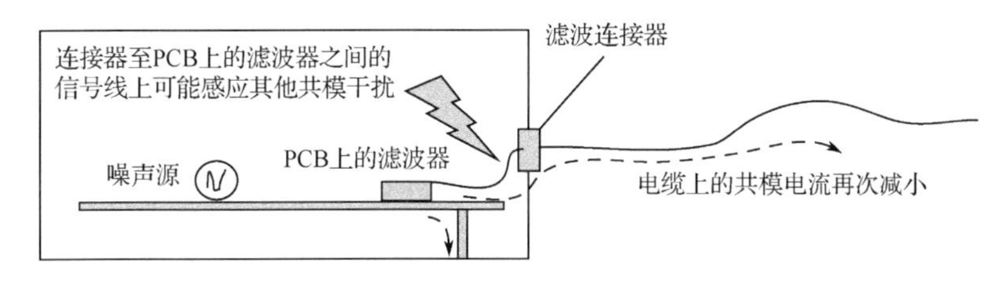

图 4.55　滤波连接器能够防止滤波后的导线再次感应上干扰

如果选择了带滤波的连接器（如连接器的插座上每个引脚都带有由铁氧体磁珠和穿心电容组成的滤波器），就要保证滤波连接器有良好的接地特性。特别是对于含有旁路电容的滤波连接器（大部分都含有），由于信号线中的大部分干扰被旁路到地上，因此在滤波器与地的接触点上会有较大的干扰电流流过。如果滤波器与地的接触阻抗较大，就会在这个阻抗上产生较大的电压降，导致严重的 EMC 问题。以下几点是选择连接器的基本原则：

- 接口信号连接器建议选用带屏蔽外壳的连接器，尤其是高频信号连接器。
- 连接器的金属外壳应与机壳保持良好的电连续性，对于能够 360° 环绕的连接器，则必须进行 360° 环绕连接，而且通常连接阻抗要小于 1mΩ。
- 对于不能进行 360° 环绕连接的连接器，则建议采用外壳四周有向上簧片的连接器，而且簧片必须有足够的尺寸和性能（弹性），以保持与机壳间有良好的电连接。
- 滤波连接器对产品 EMC 性能往往有很大的帮助，但其成本比较高，通常在采用板内滤波、电缆屏蔽等方法能解决问题的情况下，就不采用滤波连接器。滤波连接器通常用在一些特殊的情况下，如严格的军标要求、恶劣工业环境的小批量应用以及一些特殊情况下的应用等（比如结构尺寸限制）。
- 屏蔽线的屏蔽层要尽可能与接插件外壳保持 360° 的连接。对于做不到这一点的接口，通常有其他对应的措施来保证接口的 EMC 性能。如果连接器安装在电路板上，并且通过电路板上的地线与机箱相连，则要注意为连接器提供一个干净的地，这个地不能带有共模噪声，通常这个地要与机箱保持良好的搭接。
- 如果连接器与外壳没有很好的固定搭接方式（如螺钉、弹簧卡接等），则建议使用导电泡棉等极其柔软的导电材料填充在连接器与外壳缝隙处，且要放在连接器的周围。
- 连接器与机壳实现低阻抗搭接，以保证良好接触。机壳壁内侧上的衬垫，当要涂漆有遮蔽要求时，可以用更柔软的材料。
- 要求强迫冷却的设计，衬垫最好有另一特点：连接器和机壳壁之间的缝应密封起来，以减少气漏。在有尘埃的环境中，衬垫能使系统内保持干净。

4.6　隔离器件对共模电流的影响

在产品设计中，为了截断产品内部电路与外界的干扰传输通道，或出于安全隔离考虑，通常会在 I/O 接口或内部电路信号传输过程中采用隔离的方式。这种隔离技术是 EMC 中的重要技术之一，其主要目的是试图通过隔离元件把噪声干扰的路径切断，从而达到抑制噪声干扰的目的。在低频情况下，采用隔离措施以后，绝大多数电路都能够取得良好的抑制噪声的效果，使设备符合低频 EMC 的要求。常见的电路隔离方式如下：

（1）模拟电路内的隔离。

模拟信号测量系统中，电路相对复杂，既要考虑其精度、频带宽度等因素，又要考虑其价格因素；同时又具有高电压、大电流信号及微电压、微电流信号，这些信号之间需要进行隔离。

（2）数字电路内的隔离。

数字量输入系统主要采用脉冲隔离变压器及光电耦合器隔离。数字量输出系统主要采用光电耦合器及继电器隔离，个别情况也可采用高频隔离变压器隔离。

（3）模拟电路与数字电路之间的隔离。

一般来说，模拟电路与数字电路之间的转换通过模数（A/D）转换器或数模（D/A）转换器来实现。但是，若不采取一定的措施，数字电路中的高频周期信号就会对模拟电路带来一定的干扰，影响测量的精度。为了抑制数字电路对模拟电路带来的干扰，一般将模拟电路与数字电路分开布线，这种布线方式有时还不能彻底排除来自数字电路的干扰。要想排除来自数字电路的干扰，需要把数字电路与模拟电路隔离开来，常用的隔离方法是在 A/D 转换器与数字电路之间加入光电耦合器。如果这种电路还不能从根本上解决模拟电路中的干扰问题，就需要把信号接收部分与模拟处理部分也进行隔离，如在前置处理级与模数转换器之间加入线性隔离放大器，在模数转换器与数字电路之间采用光电耦合器隔离，把模拟地与数字地隔开。其目的是既要防止数字系统的干扰进入模拟部分，又要阻断来自前置电路部分的共模干扰和差模干扰。数模转换电路的隔离与模数转换电路的隔离类似，因而所采取的技术措施也差不多。

以上这些隔离的实质就是工作地的隔离。表面上看，这些所谓的隔离技术已经隔断了干扰的传输路径，然而实际上并非如此，具体请看以下关于变压器隔离、光光耦合器隔离、继电器隔离的实质。

4.6.1 变压器隔离在 EMC 中的实质

变压器主要由绕在铁芯上的两个或多个绕组组成。当在主绕组上加上交变电压时，由于电磁感应而在其他绕组上感生出交变电压，因此变压器的几个绕组之间是通过交变磁场互相联系的，它们在电路上是互相隔离的。这样可以使用变压器利用磁路将两个设备连接起来，即一定频率的差模信号可以通过。

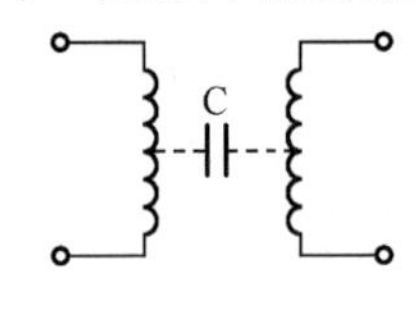

图 4.56 变压器初次级之间的寄生电容

对于 EMC 来讲，变压器隔离可以切断变压器两端的低频的共模电流。但要注意，变压器初次级之间的寄生电容（见图 4.56）仍然能够为频率较高的共模电流提供通路，未屏蔽的中等功率电源变压器的初次级之间电容为 100～1000pF。

对于像电快速瞬变脉冲群（EFT/B）这样的高频宽带的共模干扰信号，如图 4.57 所示，当 EFT/B 干扰施加在变压器的一端时，由于寄生电容的存在，变压器的两边仍然有瞬态共模电流可以通过。

由于电快速瞬变脉冲群输出的是宽带信号，其各个频点上的电流、电压幅值是不一样的，这里只能估算其能量的主要部分所产生的电流大小。由于 EFT/B 单个脉冲信号的上升沿时间为 5ns，因此其上升沿产生的电流可以估算如下：

当变压器初次级之间的寄生电容为 100pF 时，

$$I = C \times \Delta U/\Delta t = 100\text{pF} \times \Delta U/5\text{ns} = 0.02 \times \Delta U \quad \text{A} = \Delta U/50\text{A}$$

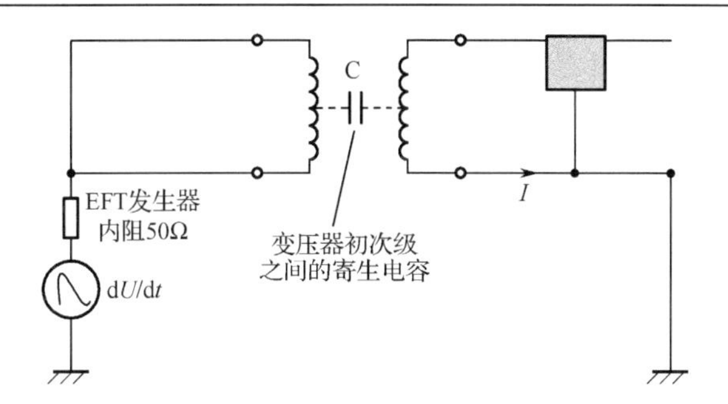

图 4.57　EFT/B 干扰施加在变压器的一端时流过变压器的电流

当变压器初次级之间的寄生电容为 1000pF 时，

$$I = C \times \Delta U / \Delta t = 1000\text{pF} \times \Delta U / 5\text{ns} = 0.2 \times \Delta U \quad \text{A} = \Delta U / 5\text{A}$$

（注：这种共模电流的计算，仅仅是一种估算，实际电流要比这个小。）

此时对于 EFT/B 干扰信号来说，几乎是直通的。

如果考虑 EFT/B 带宽下的阻抗为 $1/2\pi fC$，EFT/B 信号发生器所能输出的最大共模干扰电流是 $U/50$（只限于 EFT/B 信号发生器 50Ω的内阻），那么对于像 EFT/B 这样具有 5ns 上升沿的高频共模干扰信号来说（对应带宽为 70MHz），变压器已经起不了隔离作用。因此在产品设计中，不能试图通过变压器隔离的方式来对 70MHz 以上的信号进行隔离。

同样，在开关电源中，1MHz 以上的产生于开关电源初级回路的开关谐波噪声会通过变压器初次级之间的寄生电容 C_p 向变压器的次级传输，形成另一个共模通道，如图 4.58 开关电源中传导骚扰示意图中的 5 号箭头线所示。如图 4.59 开关电源共模传导骚扰传输的原理图是图 4.58 的等效原理图，图中的 C_1 和 C_2 分别是开关管散热器对地的寄生电容和开关电源次级输出对地的寄生电容。从图 4.59 可以看到，一部分共模电流经过 C_p、C_2、参考接地板流向 LISN，从而增大了该电流在电源接口的共模传导骚扰电平。

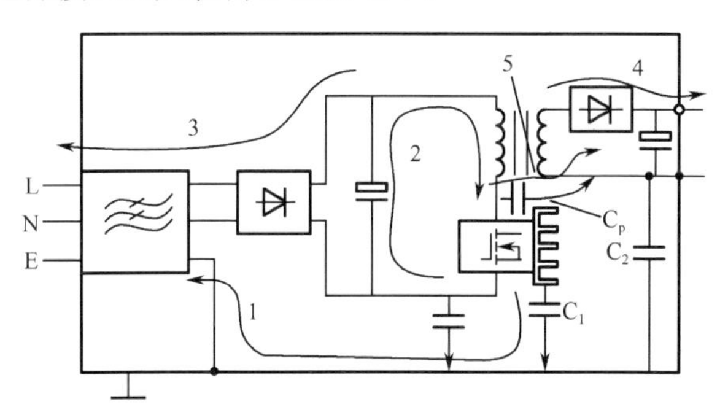

图 4.58　开关电源中传导骚扰示意图

可见，未经过特殊处理的隔离变压器在高频情况下，由于寄生电容的作用，对改变共模电流大小和方向效果较差。

共模干扰在变压器初次级之间主要通过变压器绕组间的耦合电容来传递，如果要提高变压器高频隔离效果，减小通过的共模电流，那么一个有效的办法是减小变压器初次级之间的寄生电容。在变压器的初次级之间设置屏蔽层，可以减小变压器初次级之间的寄生电容。变压器中屏蔽层的构造是用铜箔或铝箔绕一匝，但不能形成短路环（在搭接处垫一片绝缘材料）。图 4.60 是带屏蔽的隔离变压器，图中画出了带屏蔽层的隔离变压器的共模干扰通路。变压器中的屏蔽层一定要接地或接至干扰源方向的“0V”点上，这样干扰经过 C_1 耦合到屏蔽层，并被短路到地，而不会经过 C_2 耦合到次级电路的输入端。只要变压器屏蔽层接地阻抗小，便能对共模衰减达到一定的效果。屏蔽层对变压器的能量传输并无不良影响，但一定要注意隔离变压器屏蔽层的接地端必须在接收电路一端，否则不仅不能改善高频隔离效果，还可能使高频耦合更加严重。

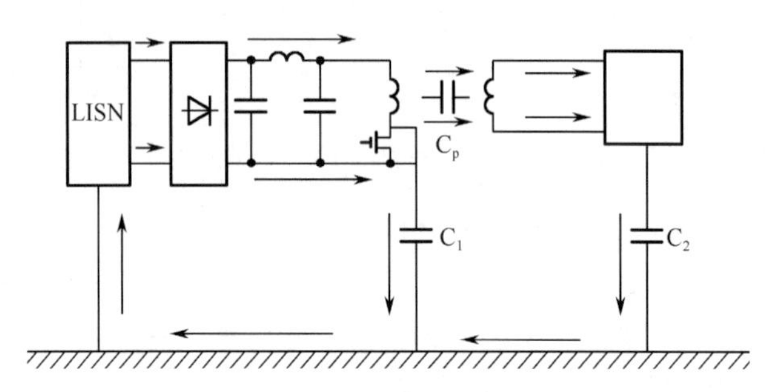

图 4.59　开关电源中共模传导骚扰传输的原理图

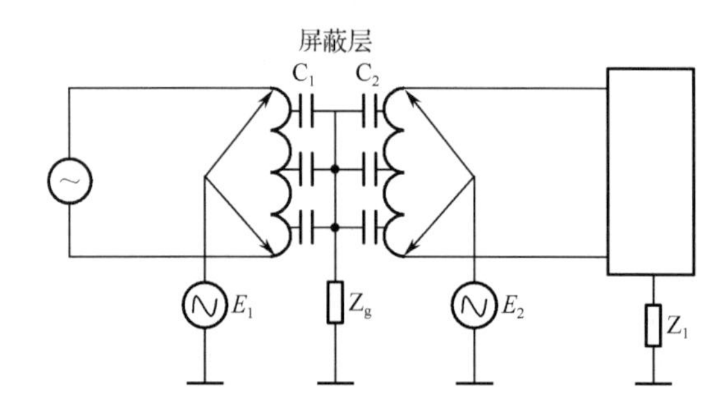

图 4.60　带屏蔽层的隔离变压器

C_1—初级线圈绕组与屏蔽层之间的寄生电容；C_2—次级线圈绕组与屏蔽层之间的寄生电容；Z_g—屏蔽层接地阻抗；Z_1—负载对地阻抗；E_1—初级线圈的共模干扰电压；E_2—次级线圈的共模干扰电压

经过良好屏蔽的变压器可以在 1MHz 以上的频率范围内提高隔离效果（理论上带屏蔽层的变压器能使衰减量达到 60dB 左右，实际使用高频衰减效果不会那么明显）。以下案例描述了一个变压器中初次级之间的屏蔽对开关电源接口的传导骚扰和辐射骚扰作用。

【现象描述】

某开关电源外形实物图如图 4.61 所示。其中，变压器采用屏蔽设计，屏蔽层位于初级线圈与次级线圈之间，并且屏蔽层通过导线接至初级线圈的 0 V，图 4.62 所示。

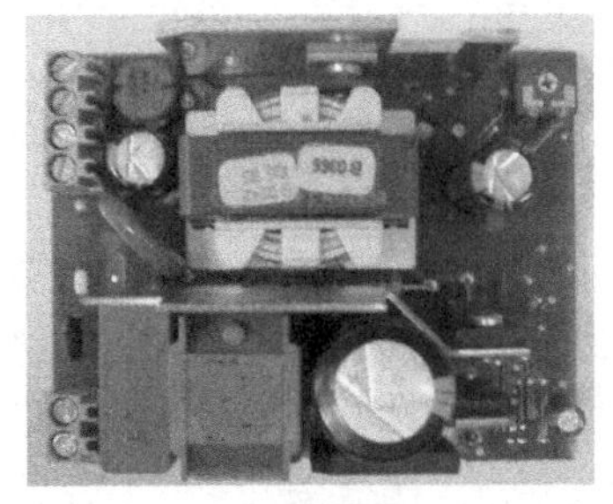

图 4.61　开关电源外形实物图

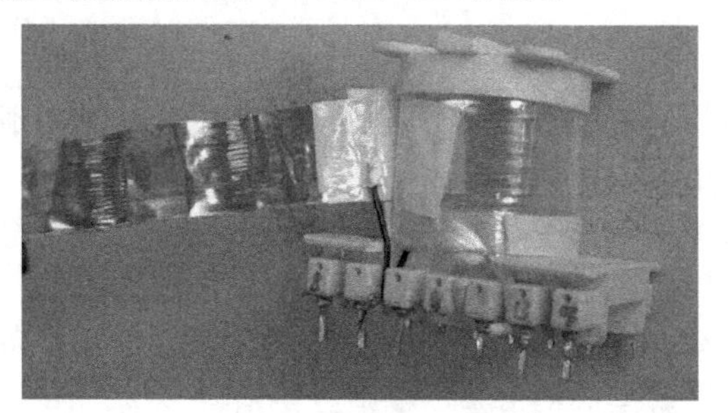

图 4.62　变压器内部结构

此开关电源的辐射发射与传导骚扰测试结果如图4.63和图4.64所示。

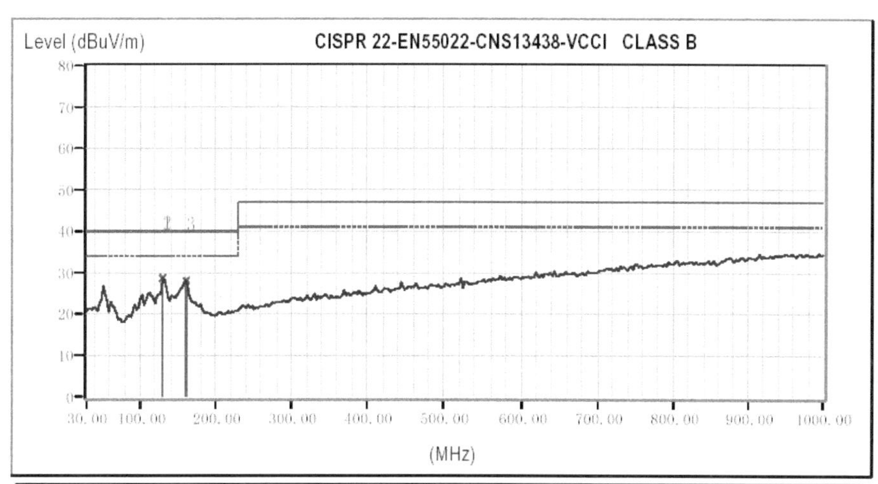

No.	Frequency	Factor	Reading	Emission	Limit	Margin	Tower / Table	
	MHz	dB	dBuV/m	dBuV/m	dBuV/m	dB	cm	deg
1	129.43	15.33	13.38	28.70	40.00	-11.30	100	19
2	129.43	15.33	13.38	28.70	40.00	-11.30	100	19
3	160.95	16.98	11.05	28.02	40.00	-11.98	100	19

图4.63 使用屏蔽隔离变压器时的辐射发射测试结果（1）

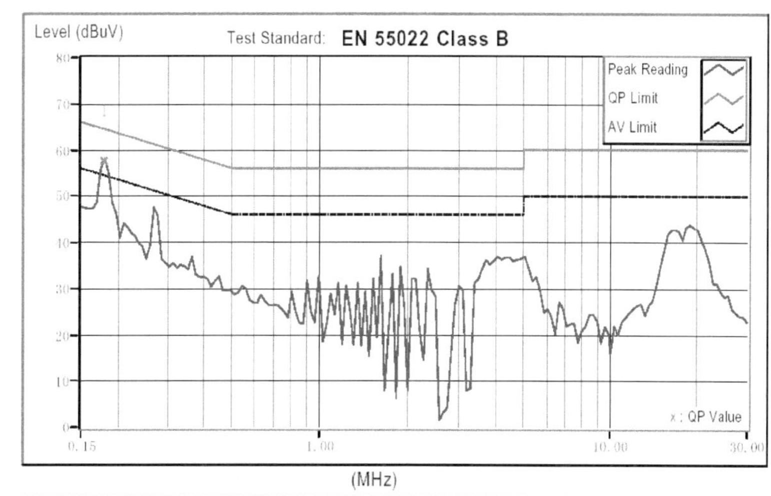

	Frequency	Corr. Factor	Reading dBuV		Emission dBuV		Limit dBuV		Margins dB		Notes
No.	MHz	dB	QP	AV	QP	AV	QP	AV	QP	AV	
+1	0.18015	0.50	57.22	47.89	57.72	48.39	64.48	54.48	-6.76	-6.09	

图4.64 使用屏蔽隔离变压器时的传导骚扰测试结果（1）

从以上测试数据可以看出，该开关电源均能通过EN55022（等同于CISPR 22）规定的CLASS B要求。将该开关电源的变压器改成非屏蔽的变压器，即取消初级线圈与次级线圈之间的屏蔽铜箔后，再进行辐射发射与传导骚扰测试，结果如图4.65和图4.66所示。

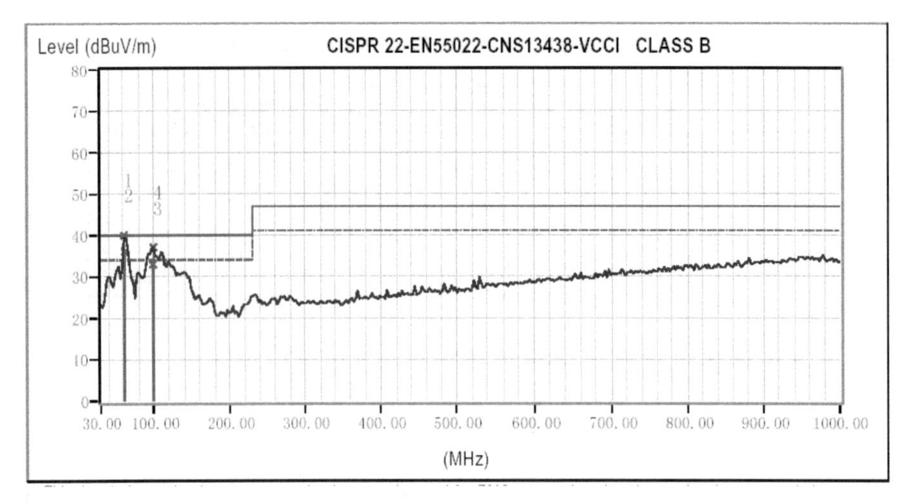

No.	Frequency	Factor	Reading	Emission	Limit	Margin	Tower / Table	
	MHz	dB	dBuV/m	dBuV/m	dBuV/m	dB	cm	deg
* 1	61.52	14.51	25.43	39.93	40.00	-0.07	--	--
2	62.42	14.34	21.73	36.07	40.00	-3.93	97	18
3	99.90	12.55	20.49	33.04	40.00	-6.96	97	106
4	100.33	12.59	24.53	37.13	40.00	-2.87	--	--

图 4.65　使用非屏蔽变压器时的辐射发射测试结果（2）

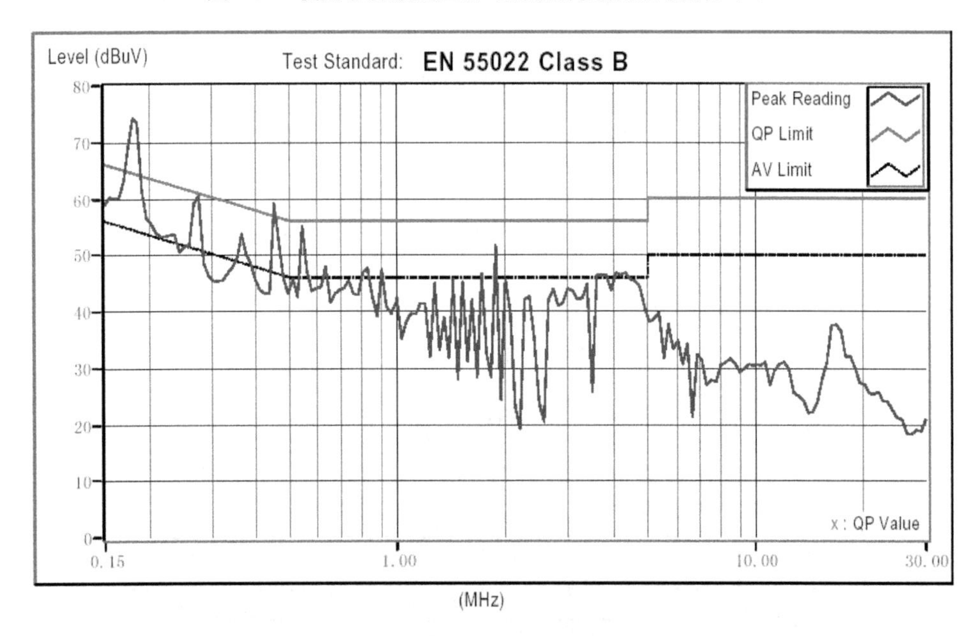

图 4.66　使用非屏蔽变压器时的传导骚扰测试结果（2）

从测试结果可以明显看出，使用非屏蔽变压器，在传导骚扰与辐射发射的项目上均不能通过 EN55022 规定的 CLASS B 要求。

【原因分析】

对开关电源来说，开关电路产生的电磁骚扰是开关电源的主要骚扰源之一。开关电路是开关电源的核心，主要由开关管、高频变压器和储能电容组成。产生于开关管两端的 dU/dt

是具有较大幅度的脉冲，频带较宽且谐波丰富，其引起的传导骚扰传输参见图 4.59。由图 4.59 中可见，开关切换产生 dU/dt 的共模高频噪声会由于隔离变压器初次级之间存在的寄生电容，使初级回路中产生的骚扰向次级回路传递，形成共模传导骚扰。这样，一方面加大了骚扰传递环路，另一方面将有更多的电流流入 LISN（辐射发射变高就使更多的共模电流流入电源输入/输出线），从而进一步恶化 EMI 特性。图 4.67 所示为图 4.59 简化后的等效电路图。

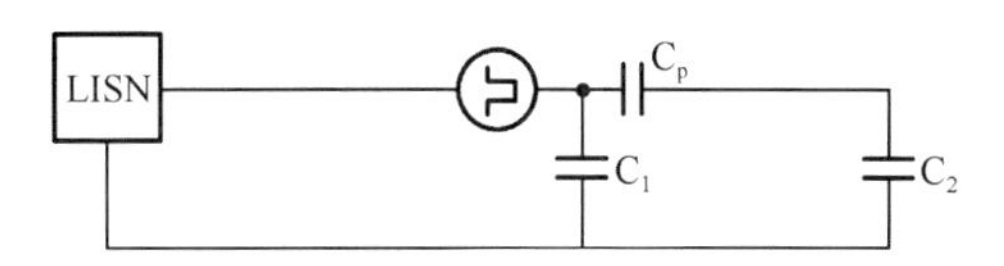

图 4.67　图 4.59 的等效电路图

在变压器中增加屏蔽层，并与初级回路的 0V 相接后（见图 4.68），相当于截断的骚扰向后面传递的路径。从等效电路（见图 4.69）上看是将骚扰源封闭在了较小的环路内，从而降低了流过 LISN 和电源线的共模电流，抑制了传导发射骚扰与辐射发射骚扰（注：图 4.68 中的 A 点即为等效电路图 4.69 中的 A 点）。

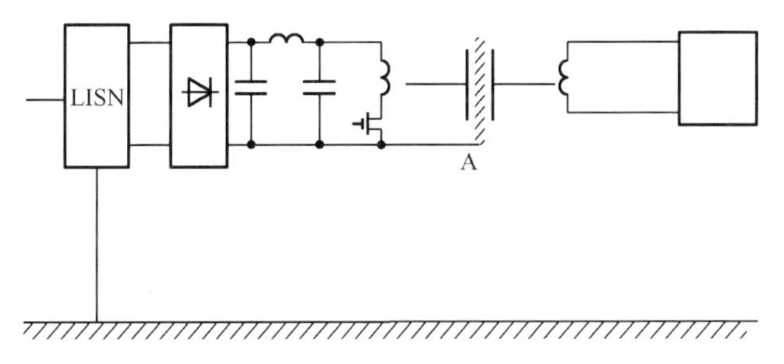

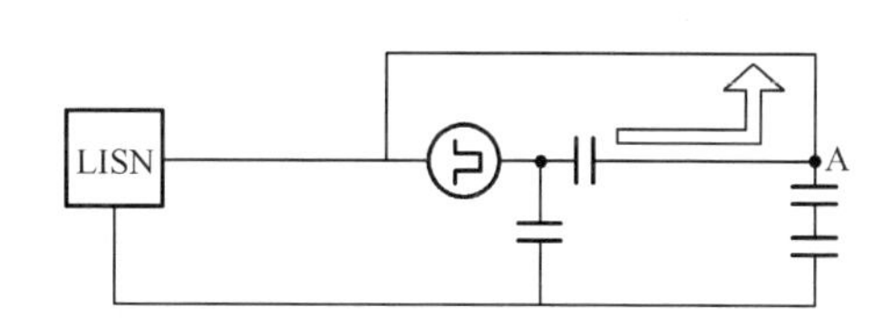

图 4.68　变压器屏蔽层接地在原理图中的位置

图 4.69　图 4.68 的等效电路

可见，在变压器中采用屏蔽技术可以有效地抑制开关电源中共模噪声向后一级电路传输，降低了流过 LISN 和电源线的共模电流。

注：这种屏蔽并非一般意义上的电磁屏蔽，而是一种静电屏蔽，屏蔽层要求接地（或接 0V 或接另一极）；电磁屏蔽用的导体原则上可以不接地，但对于静电屏蔽来说，不接地的屏蔽导体会产生所谓“负静电屏蔽”效应。

【处理措施】

开关电源变压器初级的共模噪声向次级噪声传递是开关电源产品 EMI 问题的一个主要原因，为截断这种传递的路径，需要在绕制变压器时在初级与次级之间加上屏蔽层，并接至直流地或直流的高压端，小成本将带来大的收获。

为了保证发挥屏蔽层良好的隔离作用，屏蔽层与直流地或直流的高压端连接要保证“零阻抗”，这是在高频情况下屏蔽效果好坏的关键。实践证明，具有长宽比小于 5 且没有任何缝隙、通孔的单一金属导体具有极低的阻抗。

在产品中应用变压器时还应注意如下几点：

（1）在变压器的初次级之间的“0V”之间跨接 Y 电容。

借助于以上案例中关于开关电源骚扰产生原理的详细解释内容，在变压器的初次级之间的“0V“之间跨接电容（C_y）对减小开关电源骚扰的原理可以通过图 4.70 和图 4.71 进一步说明。实际上，C_y 的存在给共模骚扰源提供了一条额外的旁路路径，减小了图 4.70 中通过 C_2

的共模电流。在交流电源中，由于 C_y 会使漏电流增加，因此 C_y 的值不能太大，通常在 10nF 以下。

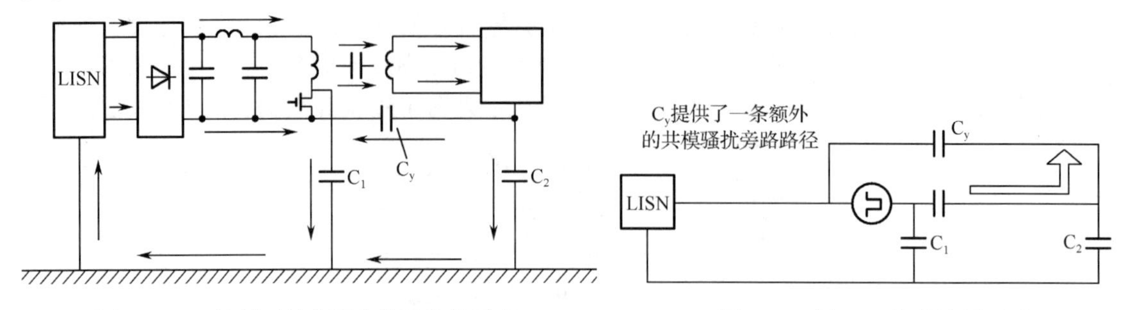

图 4.70　C_y 抑制开关电源共模骚扰的原理　　图 4.71　图 4.70 的简化原理图

（2）注意高频差模信号通过变压器时，初次级之间形成的共模电压。

差模信号在变压器两端传输时，不可能实现 100%的磁交换。再加上变压器的初次级之间存在的 pF 级的寄生电容，使得差模信号跨越变压器时，总会有一部分信号转化为共模信号寄生在初次级之间的寄生电容上，形成一种共模电压。如果变压器的一侧未能做到良好的接地或未进行接地处理，那么在该寄生共模电压的驱动下，将产生共模辐射。因此，为了避免该寄生共模电压驱动下的共模辐射，通常需要在这种变压器的两端的信号地之间也跨接一个比变压器初次级之间的寄生电容大得多的 Y 电容（如 10nF），并在电缆侧做良好的接地。这种 Y 电容的典型应用是带有变压器隔离的以太网电路，通常需要在以太网变压器的两侧跨接 Y 电容，来旁路高频以太网信号在变压器中传输时寄生在变压器两端的寄生共模电压。

4.6.2　光电耦合器隔离在 EMC 中的实质

1. 光电耦合器隔离的实质

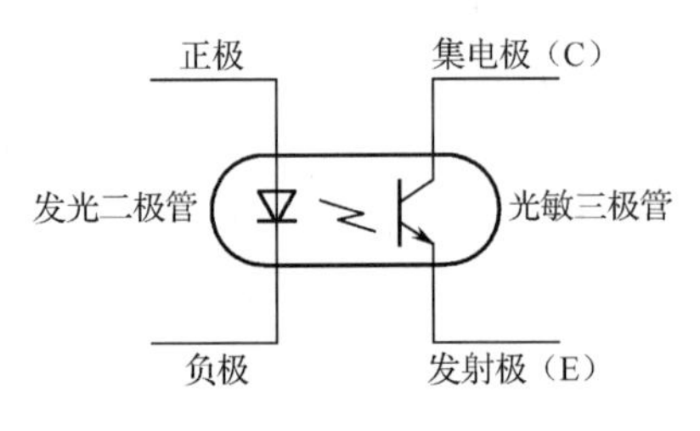

图 4.72　三极管型光电耦合器原理图

使用光电耦合器（简称光耦）可以切断电信号的直接连接，用光实现信号的传输。光电隔离是由光电耦合器件来完成的。光电耦合器件是把发光器件（如发光二极管）和光敏器件（如光敏三极管）组装在一起，通过光线实现耦合构成电–光和光–电的转换器件。图 4.72 所示为常用的三极管型光电耦合器原理图，工作时以光作为媒介来传递信息，因而输入和输出在电气理论上是完全隔离的。

光耦被光信号隔离的两端之间存在寄生电容，一般为 2pF，一个光耦能够在很高的频率提供良好的隔离。当电信号送入光电耦合器的输入端时，发光二极管通过电流而发光，光敏元件受到光照后产生电流，CE 导通；当输入端无信号时，发光二极管不亮，光敏三极管截止，CE 不导通。对于数字量，当输入为低电平“0”时，光敏三极管截止，输出为高电平“1”；当输入为高电平“1”时，光敏三极管饱和导通，输出为低电平“0”。

光电耦合器件已广泛应用于电子产品中，尤其是测量控制系统，成为接口技术中十分重要的隔离器件。

1）功率驱动电路

这类电路的控制回路中，大量应用的是开关量的控制，这些开关量一般经过微机的 I/O 输出，而 I/O 的驱动能力有限，一般不足以驱动一些电磁执行器件，需加接驱动接口电路，为避免受到干扰，须采取隔离措施。如晶闸管所在的主电路一般是交流强电回路，电压较高，电流较大，不宜与微机直接相连，可应用光电耦合器将微机控制信号与晶闸管触发电路进行隔离。双向可控硅隔离驱动如图 4.73 所示。

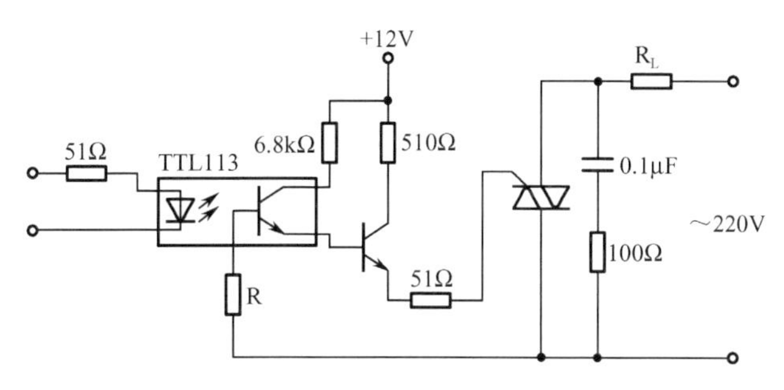

图 4.73　双向可控硅隔离驱动

在电动机控制电路中，也可采用光耦把控制电路和电动机高压电路隔离开。电动机靠 MOSFET 或 IGBT 功率管提供驱动电流，功率管的开关控制信号和大功率管之间需隔离放大级。在光耦隔离级-放大器级-大功率管的连接形式中，要求光耦具有高输出电压、高速和高共模抑制。

2）远距离的隔离传送

测控系统中，由于测控系统与被测和被控设备之间不可避免地要进行长线传输，信号在传输过程中很容易受到干扰，导致传输信号发生畸变或失真；另外，在通过较长电缆连接的相距较远的设备之间，常因设备间的地线电位差（低频时），导致低频的共模地环路电流，对电路形成差模干扰电压。为确保长线传输的可靠性，可采用光电耦合器隔离措施，将 2 个电路的电气连接隔开，切断可能形成的共模环路，使它们相互独立，提高电路系统的抗干扰性能。若传输线较长，现场干扰严重，可通过两级光电耦合器将长线完全“浮置”起来，如图 4.74 所示。

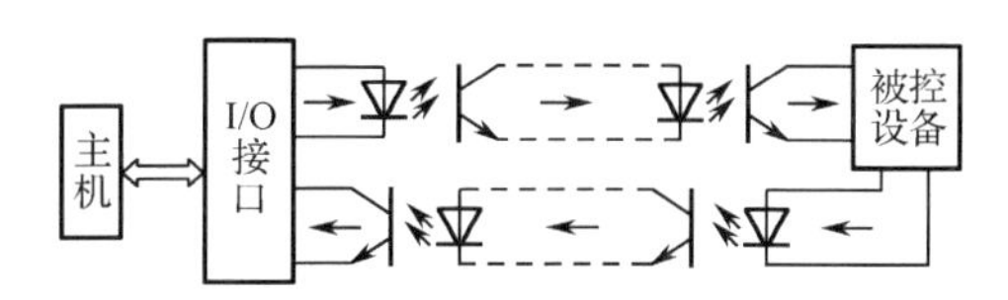

图 4.74　传输长线的光耦“浮置”处理

长线的“浮置”去掉了长线两端间的公共地线，不但有效消除了各电路的电流经公共地线时所产生噪声电压形成相互串扰，而且也有效地解决了长线驱动和阻抗匹配问题；同时，受控设备短路时，还能保护系统不受损害。但是这种“浮置”只适用于低频，高频时“浮置”将出现严重的 EMC 问题。

很多人认为光耦是彻底截断干扰路径的最理想方法。然而，尽管光耦具有以上有利于 EMC 的特点，但还是不能忽略光耦两侧寄生电容带来的影响。

图 4.75 为高频共模干扰通过光耦寄生电路进入内侧电路的原理图。图中，当干扰施加在一个光电耦合器的一端时，通过光电耦合器的最大瞬态共模电流可以通过如下方式计算。

假设一个光电耦合器初次级之间的寄生电容为 2pF，则经过光耦隔离两侧的共模电流 I 为：

$$I = C \times \Delta U / \Delta t = 2\text{pF} \times \Delta U / 5\text{ns} = \Delta U / 2500$$

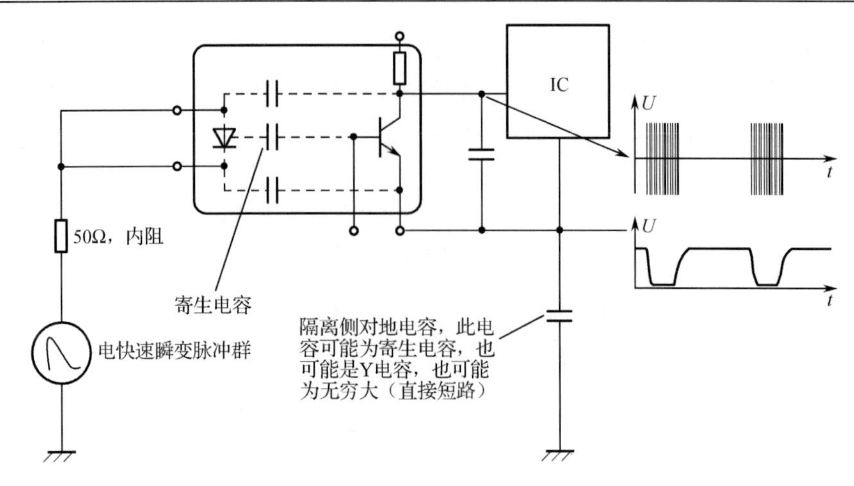

图 4.75　高频共模干扰通过光耦寄生电路进入内侧电路的原理图

如果考虑 EFT 信号带宽下的阻抗 Z：

$$Z = 1/2\pi fC$$

式中　C——光耦的寄生电容；

f——电快速瞬变脉冲信号的带宽频率，对于 5ns 上升沿的高频共模干扰信号，对应带宽频率为 $1/\pi t_r$=63MHz。

同时也假设光电耦合器两端的寄生电容 C=2pF 时，光耦对电快速瞬变脉冲共模信号所表现出的阻抗 Z 为：

$$Z = 1/2\pi fC = 1.26 \times 10^3 \Omega$$

可见，此时对于 EFT/B 干扰信号来说，光耦表现出较高的阻抗。但是随着并联光耦数量的增加，光耦两端整个电路隔离作用逐渐减弱。如在 10 个光耦并联应用时，光耦整体所呈现的隔离阻抗仅为 126Ω，因此在应用光耦进行隔离时还注意如下事项：

（1）在光电耦合器的输入部分和输出部分必须分别采用独立并隔离的电源，若两端公用一个电源，则光电耦合器的隔离作用将失去意义。即便是隔离的电源，若要保证高频的隔离效果，也必须保证电源的隔离度与光耦的隔离度相当，即两组独立的电源之间的寄生电容与光耦两端的寄生电容相当；否则，高频信号会通过电源进入隔离的另一侧，使隔离在高频下失效。实际上，由于电源隔离变压器初次级之间的寄生电容相对较大，在高频下电源并不能做到很好的隔离，使整个隔离效果降低。

（2）当用光电耦合器隔离输入/输出通道时，必须对所有的信号（包括数字量信号、控制量信号、状态信号）全部隔离，使得被隔离的两边没有任何电气上的联系，否则这种隔离是没有意义的。

（3）多路信号隔离时，多路光耦并联使用，这使整个电路的高频隔离度降低，因为多路光耦的并联使光耦两端之间的总寄生电容增加，导致高频隔离效果变差，就如同变压器隔离电快速瞬变脉冲群这样高频宽带的共模干扰信号一样。

（4）由于光耦也并非高频意义上的完全隔离，因此在产品设计中，当干扰施加在光耦的一端时，光耦另一端的信号也应该进行滤波处理。滤波的方式有：

- 对于具有基极端子的光耦，则在基极端子上并联滤波电容，如图 4.76 所示中的电容 C，其中滤波电容的值在 100pF 以上，具体取决于光耦的工作频率。

● 对于没有基极端子的光耦，则在集电极端子上并联滤波电容，如图 4.77 所示，其中滤波电容的值也在 100pF 以上，具体取决于光耦的工作频率。

除以上两种滤波的方法外，也可以通过选择带有法拉第屏蔽的光耦来抑制共模干扰电流的影响。带有法拉第屏蔽的光耦如图 4.78 所示。

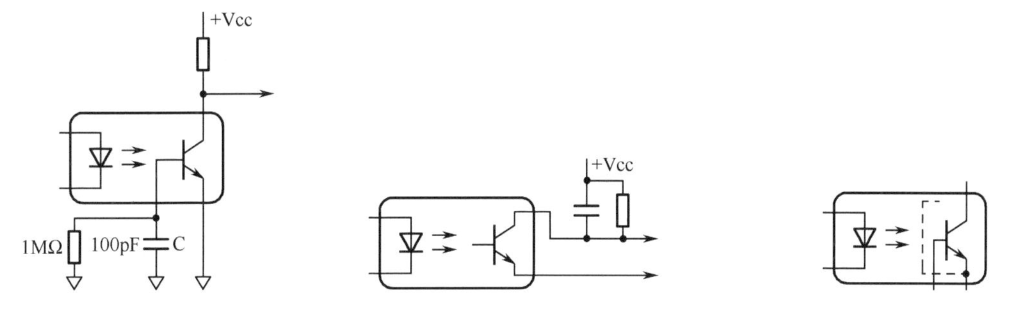

图 4.76　光耦基极上进行滤波　　图 4.77　光耦集电极上进行滤波　　图 4.78　带有法拉第屏蔽的光耦

2. 光耦隔离电路 EMC 分析实例

图 4.79 是一个带光耦隔离的产品的例子，它是一个工业控制产品的一部分，在进行 EMC 分析时，存在于光耦两端的寄生电容是不能被忽略的。正确的做法是在考虑光耦两端之间寄生电容的同时，分析共模干扰流经的路径，最后确定光耦两端的电路处理方法。

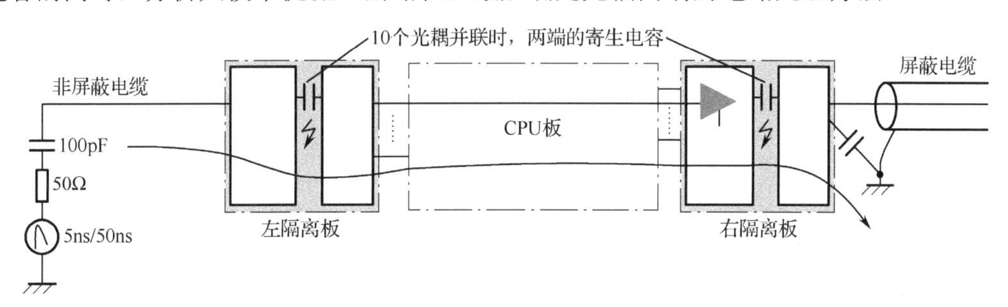

图 4.79　带光耦隔离的产品的例子

图中的左隔离板和右隔离板分别带有一根非屏蔽电缆和屏蔽电缆，其中左隔离板中的为数字量控制信号，右隔离板中的为 10mV 精度的模拟量控制信号。当 EFT/B 干扰施加在左隔离板的非屏蔽电缆上时，共模干扰电流将由非屏蔽电缆进入左隔离板的光耦的左侧，再通过左隔离板的光耦（10 个光耦并联使用）进入 CPU 板，并通过右隔离板的光耦（10 个光耦并联使用）流入大地（测试配置中的参考接地板）。假设每个光耦的寄生电容为 2pF，那么共模电流回路中的总等效电容为 10pF（两组 10 个并联的电容串联），则估算共模瞬态峰值电流 I：

$$I = C\mathrm{d}U/\mathrm{d}t = 10\mathrm{pF} \times 2\mathrm{kV}/5\mathrm{ns} = 4\mathrm{A}$$

这意味着即使有最好的地平面（阻抗在 100MHz 的频率下为 3.7mΩ），也将产生 12mV 的压降，这对于一个 10mV 精度的模拟量控制信号来说是个危险电压。另外，两个隔离板与 CPU 板通过连接器连接，若连接器的连接针长度为 2cm，其寄生电感 L 约为 20nH，当大小为 4A 的共模瞬态电流流过时，其两端产生的压降约为ΔU：

$$\Delta U = |L\mathrm{d}I/\mathrm{d}t| = 20\mathrm{nH} \times 4\mathrm{A}/5\mathrm{ns} = 16\mathrm{V}$$

参考第 2 章关于数字电路噪声承受能力的描述，该压降也是个危险电压，会使电路产生误动作。因此在这种情况下需要有额外的措施，以避免该共模电流的干扰。图 4.80 为一种解决方案，即借助其产品的金属外壳，在共模干扰进入敏感电路之前将其导入金属外壳并接地，图 4.80 中的 C_{y1} 连接在 OV1 与金属外壳之间，使注入非屏蔽电缆的共模电流在进入左隔离板的 OV1 后大部分从金属外壳流走，即使有一小部分共模电流流入 CPU 板，也会由于 CPU 板与金属外壳的连接，使共模电流再次流入大地，如图 4.81 所示。同样，如果干扰从屏蔽电缆注入，大部分共模干扰电流也会先流入金属外壳再流入大地，内部敏感的模拟电路得到保护。

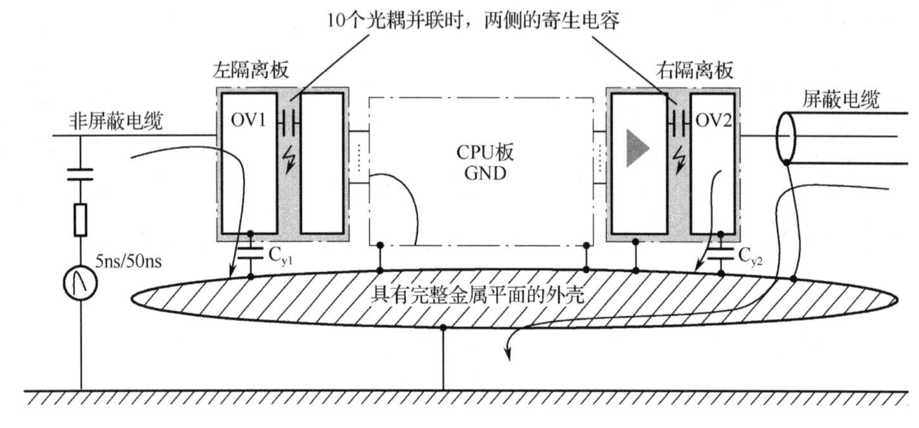

图 4.80　一种解决方案

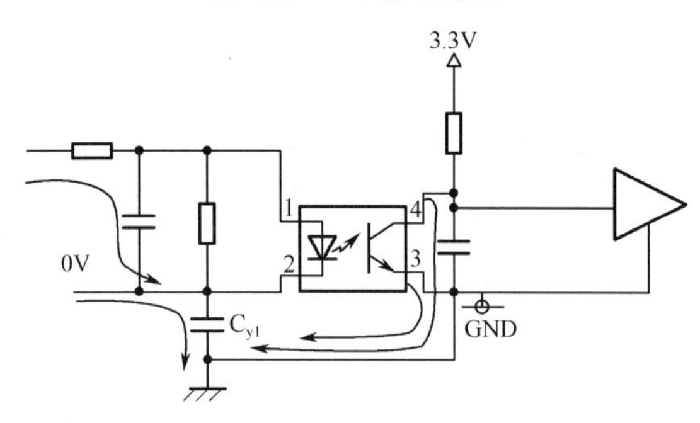

图 4.81　小部分进入光耦另一侧的干扰电流流入大地

4.6.3　继电器隔离在 EMC 中的实质

电磁式继电器一般由铁芯、线圈、衔铁、触点簧片等组成。只要在线圈两端加上一定的电压，线圈中就会流过一定的电流，从而产生电磁效应，衔铁就会在电磁力作用下克服弹簧的拉力吸向铁芯，从而带动衔铁的动触点与静触点（常开触点）吸合。当线圈断电后，电磁力也随之消失，衔铁就会在弹簧拉力作用下返回原来的位置，使动触点与原来的静触点（常闭触点）吸合。这样吸合、释放，从而达到了在电路中的导通、切断的目的。对于继电器的“常开”“常闭”触点，可以这样来区分：继电器线圈未通电时处于断开状态的静触点称为“常开触点”；处于接通状态的静触点称为“常闭触点”。继电器实际上是一种电子控制器件，它有控制系统（又称输入回路）和被控制系统（又称输出回路），通常应用于自动控制电路中，它实际上是用较小的电流去控制较大电流的一种“自动开关”，故在电路中起着自动调节、安全保护、转换电路等作用。如图 4.82 所示，当输入高电平时，晶体三极管 T 饱和导通，继电器 J 吸合；当 A 点为低电平时，T 截止，继电器 J 释放，完成了信号的传递过程。D 是保护二极管。当 T 由导通变为截止时，继电器线圈两端产生很高的反电势，以继续维持电流 I_L。由于该反电势一般很高，容易造成 T 的击穿。加入二极管 D 后，为反电势提供了放电回路，从而保护了三极管 T。

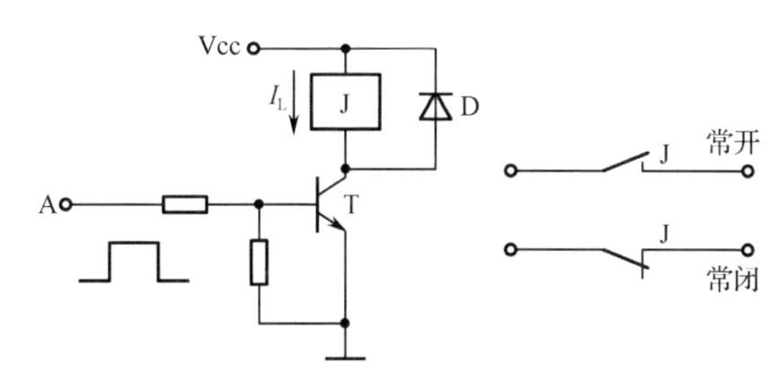

图 4.82　继电器原理图

继电器的线圈和触点之间没有电气上的联系。因此，可以利用继电器的线圈接收电气信号，而用触点发送和输出信号，从而在低频时避免强电和弱电信号之间的直接联系，实现了抗干扰隔离。继电器基本具有较高的抗干扰能力，它本身不属于干扰敏感器件。但是继电器在应用时，也要注意其控制线圈和触点回路之间的寄生电容，其大小一般为 10pF 左右。因此，参考以上关于隔离变压器和光耦的对共模干扰隔离度的描述，也可以知道随着频率的增大，继电器的隔离度会越来越差。多个继电器并联使用时，情况将变得更为恶劣。

4.6.4　使用共模电感在 EMC 中的实质

在讨论共模干扰的场合下，有一种用来抑止共模干扰的电感器件叫共模电感，共模电感（Common Mode Choke）也叫共模扼流圈。共模电感并非像隔离变压器、光耦、继电器那样属于隔离器件，这些器件中被隔离的两端通过磁或光的信号传输，共模电感在 EMC 领域里应用时，主要是为了让共模电感像隔离器件那样将共模干扰隔离在共模电感输入/输出的两端，因此笔者也将其与隔离变压器、光耦、继电器一起在这里进行介绍。

共模电感也是电感的一种。众所周知，电感在 EMC 领域中是用来控制 EMI 的，随着频率增加，理想电感的感抗线性增加。例如，理想的 10mH 电感在 10kHz 时感抗是 628Ω，在 100MHz 时增加为 6.2MΩ，使其看起来像开路，犹如隔离器件（当然，实际电感也像电容存在寄生电感一样存在寄生电容，电感绕线间的寄生电容限制了其应用的频率不会无限高）。在产品的互连电缆、I/O 口的信号线等共模干扰传输的路径上使用共模电感相当于增加了共模干扰传输路径的阻抗，这样在一定的共模电压作用下，流过产品的互连电缆、I/O 口的信号线等路径上的共模电流就会减小。

图 4.83 是共模电感的原理图及磁路分布示意图。图中，L_a 和 L_b 就是共模电感线圈。这两个线圈绕在同一铁芯上，匝数和相位都相同（绕制反向）。这样，当电路中的正常电流流经共模电感时，电流在同相位绕制的电感线圈中产生反向的磁场而相互抵消，此时正常信号电流仅受线圈电阻的影响（和少量因漏感造成的阻尼）；当有共模电流流经线圈时，由于共模电流的同向性，会在线圈内产生同向的磁场而增大线圈的感抗，使线圈表现为高阻抗，产生较强的阻尼效果，以此衰减共模电流，达到滤波的目的。共模电感还有一个特点：为防止磁饱和，差模电感必须使用较低的有效磁导率的磁芯（有气隙的铁氧体或铁粉磁芯）。然而，共模电感可

以使用一较高的磁导率磁芯且在磁芯相对小的条件下可得到一个比较高的电感。这也是为什么不能用两个分别串联在信号线上和信号回流线上的差模电感代替一个共模电感的原因。

图 4.83　共模电感的原理图及磁路分布示意图

对理想的电感模型而言，当线圈绕完后，所有磁通都集中在线圈的中心内。但通常情况下环形线圈不会绕满一周，或绕制不紧密，这样会引起磁通的泄漏。共模电感有两个绕组，其间有相当大的间隙，这样就会产生磁通泄漏，并形成差模电感。因此，共模电感一般也具有一定的差模干扰衰减能力。共模电感的真实原理图如图 4.84 所示。漏感的计算比较复杂，而且大多数的共模电感厂商在其器件手册中一般也不给出漏感值的大小。在工程中通常以 1% 的共模电感量作为漏感的估算值。在滤波器的设计中，也可以利用漏感进行差模滤波。如在普通的滤波器中仅安装一个共模电感，利用共模电感的漏感产生适量的差模电感，起到对差模电流的抑制作用。有时，也会人为增加共模电感的漏电感，提高差模电感量，以达到更好的滤波效果。

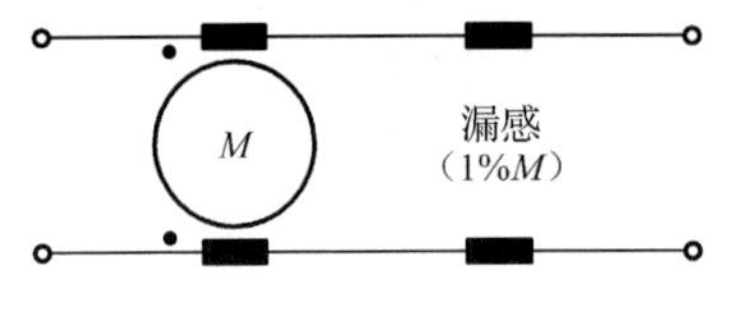

图 4.84　共模电感的真实原理图

事实上，共模电感通常不是单独使用的，因为无论当共模电感用来保护敏感源，还是用来抑止共模骚扰源，其要保护或要抑止的一侧通常都是高阻抗的，按照滤波阻抗失配的原理，必须在共模电感与敏感电路或噪声源之间并联低阻抗的电容才能获得较好的滤波效果。图 4.85 是一个由共模电感与电容组成的典型滤波器的原理图。电容放置在靠近骚扰源或敏感源的一侧，因为骚扰源或敏感源在共模回路里通常是高阻抗的。共模电感靠近干扰源或 LISN 那侧放置，因为干扰源或 LISN 在共模回路里通常是低阻抗的（如 LISN 中的共模阻抗为 25Ω，EFT/B 干扰源的源共模阻抗是 50Ω）。

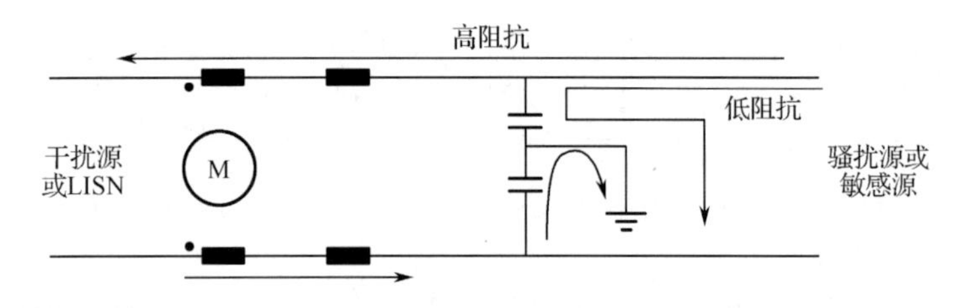

图 4.85　一个由共模电感与电容组成的典型滤波器的原理图

图 4.86 是共模电感与电容在抑制开关电源的传导骚扰时的原理图。由于在开关电源中共模骚扰源在开关管的 dU/dt 与参考地之间，其间存在大小为 pF 级的寄生电容（图 4.86 中的 C_P），在一定的频率范围内，可以认为是高阻抗的，因此滤波电路中的 Y 电容（图 4.86 中的 C_Y）需要靠近共模骚扰源那端。而在传导骚扰测试时的 LISN 和接收机在共模情况下显示为低阻抗，因此呈现高阻抗的共模电感靠近 LISN 侧放置，其间也不再需要并联电容。这样，共模

电感 L_{CM} 与电容 C_Y 一起构成低通滤波器，可以使线路上的共模 EMI 信号被控制在很低的电平上。该电路既可以抑制外部的共模干扰信号传入，又可以衰减线路自身工作时产生的 EMI 信号，能有效地降低 EMI 强度。

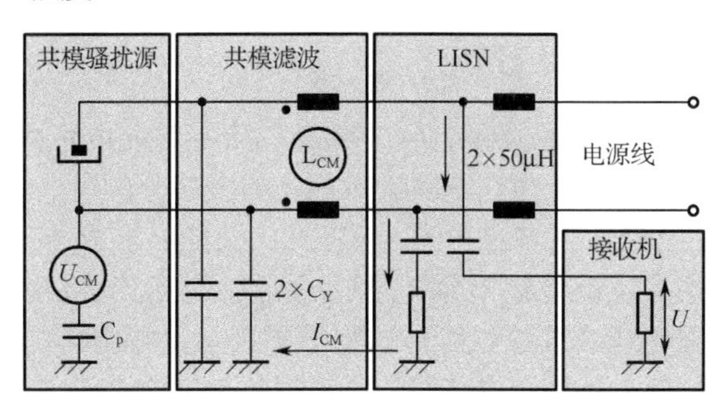

图 4.86　共模电感与电容在抑制开关电源的传导骚扰时的原理图

同样，共模电感也可以应用在平衡信号回路中，抑制信号回路上的共模电流。共模电感在使用中要注意以下几点：

（1）在应用共模电感中，要注意控制共模电感的寄生电容，否则对高频干扰的隔离效果很差。共模电感的匝数越多，则寄生电容越大，高频隔离的效果越差。

（2）共模电感建议只用在差分信号等平衡传输信号之间串联，不能在非平衡信号电路中使用。图 4.87 为非平衡电路原理。图中，S_1 和 S_2 的信号回流都经过地线 G，使得地线 G 上的电流等于信号线 S_1 和 S_2 上的总和，即地线 G 上的电流 I_3 等于信号线 S_1 上的电流 I_1 和信号线 S_2 上的电流 I_2 的总和。如果此时为了抑制流过的共模电流，分别在信号线 S_1 与地线 G 之间和信号线 S_2 与地线 G 之间各串联上一个共模电感，那么虽然能抑止这些线路上的共模电流（有助于抑制 EMI），但是会导致这些线路的抗干扰能力大大降低。原因一是共模电感的两条线路中的电流产生的磁通不能完全抵消，形成额外的差模电感，从而影响了两个器件之间的地参考电位；二是因为 G 上的阻抗变大。

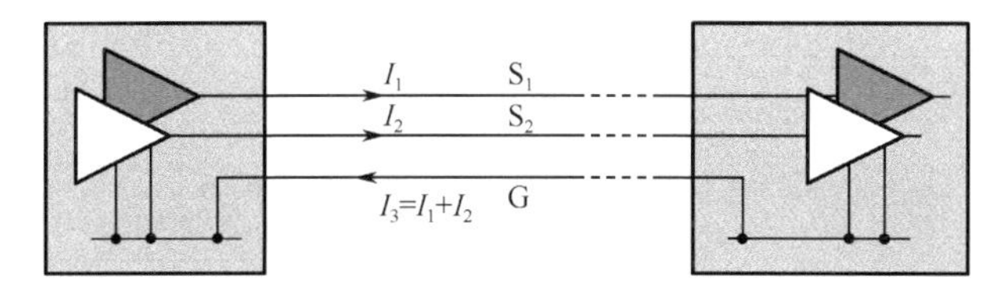

图 4.87　非平衡电路原理

（3）通常情况下，同时注意选择所需共模电感抑制的频段，在需要抑制共模电流的频率范围内，共模阻抗越大越好。因此，在选择共模电感时需要看器件资料，主要根据阻抗频率曲线选择。另外，选择时注意考虑差模阻抗对信号的影响，主要关注差模阻抗，特别注意高速接口。

（4）共模电感制作比较方便，有些企业为了节省成本，会选择自己制作。共模电感在制作时应满足以下要求：

- 绕制在线圈磁芯上的导线要相互绝缘，以保证在瞬时过电压作用下线圈的匝间不发生击穿短路；
- 当线圈流过瞬时大电流时，磁芯不应出现饱和；

- 线圈中的磁芯应与线圈绝缘，以防止在瞬时过电压作用下两者之间发生击穿；
- 线圈应尽可能绕制单层，这样做可减小线圈的寄生电容，增强线圈对瞬时过电压的耐受能力。

4.7 浮地产品的共模电流分析

采用浮地设计的产品其优点是在低频（如 9kHz 以下）时使电路由于与大地之间形成高阻抗而不受共模干扰的影响。其缺点是在 EMC 所关注的大部分频段（9kHz 以上）时使浮地电路或产品易受寄生电容的影响，对产品的安全和 EMC 性能将造成严重影响。具体表现如下。

（1）出于安全的考虑，电路往往不允许浮地，或为了保证设备在单一故障模式下保持更安全状态，必须考虑加强绝缘或双重绝缘，这将会提高对绝缘材料的要求及增大爬电距离和空气间隙的距离。这些被爬电距离和空气间隙所占据的 PCB 空间间接地影响着 PCB 的 EMC 性能（如 PCB 中地平面的完整性）。表 4.4 是安全标准 GB4943（对应 IEC60950）中的绝缘应用实例。从表中可以看出，对于不接地的二次电路（如 SELV 电路）与一次电路之间，或对于不接地的二次电路（如 SELV 电路）与二次危险电压电路之间，标准要求加强绝缘或具有附加绝缘；而对于接地的二次电路（如 SELV 电路）与一次电路之间，或对于接地的二次电路（如 SELV 电路）与二次危险电压电路之间，标准只要求基本绝缘即可；对于绝缘材料，对加强绝缘，至少使用两层材料，其中的每一层材料能通过对加强绝缘的抗电强度测试。

表 4.4　绝缘应用实例

绝 缘 等 级	绝缘位置（在下列部分之间）	
1. 功能绝缘	未接地的 SELV 电路或双重绝缘的导电零部件至	—接地的导电零部件
		—双重绝缘的导电零部件
		—未接地的 SELV 电路
		—接地的 SELV 电路
		—接地的 TNV-1 电路
	接地的 SELV 电路至	—接地的 SELV 电路
		—接地的导电零部件
		—未接地的 TNV-1 电路
		—接地的 TNV-1 电路
	ELV 电路或基本绝缘导电零部件至	—接地的导电零部件
		—接地的 SELV 电路
		—基本绝缘的导电零部件
		—ELV 电路
	接地的危险二次电路至	—另一个接地的危险电压二次电路
	TNV-1 电路至	TNV-1 电路
	TNV-2 电路至	TNV-2 电路
	TNV-3 电路至	TNV-3 电路
	变压器绕组的串/并联各部分之间	

续表

绝 缘 等 级	绝缘位置（在下列部分之间）	
2．基本绝缘	一次电路至	—接地的或不接地的危险电压二次电路
		—接地的导电零部件
		—接地的 SELV 电路
	一次电路至	—基本绝缘的导电零部件
		—ELV 电路
	接地的或不接地的危险电压二次电路至	—接地的或不接地的危险电压二次电路
		—接地的导电零部件
		—接地的 SELV 电路
		—基本绝缘的导电零部件
		—ELV 电路
	未接地的 SELV 电路或双重绝缘的导电零部件至	—未接地的 TNV-1 电路
		—TNV-2 电路
		—TNV-3 电路
	接地的 SELV 电路至	—TNV-2 电路
		—TNV-3 电路
	TNV-2 电路至	—未接地的 TNV-1 电路
		—接地的 TNV-1 电路
		—TNV-3 电路
	TNV-3 电路至	—未接地的 TNV-1 电路
		—接地的 TNV-1 电路
3．附加绝缘	基本绝缘的导电零部件或 ELV 电路至	—双重绝缘的导电零部件
		—未接地 SELV 电路
	TNV 电路至	—基本绝缘的导电零部件
		—ELV 电路
4．附加绝缘或加强绝缘	未接地二次危险电压电路至	—双重绝缘的导电零部件
		—未接地 SELV 电路
		—TNV 电路

注：

ELV（特低电压）电路

在正常工作条件下，在电路的任意两个导体之间或任意导体与地之间电压的交流峰值不超过 42.4V 或直流不超过 60V 的二次电路；使用基本绝缘与危险电压隔离，但它既不符合 SELV 电路的全部要求，也不符合限流电路的全部要求。

SELV（安全特低电压）电路

作了适当的设计和保护的二次电路，使得在正常工作条件下和单一故障条件下，它的电压值均不会超过安全值。

TNV（通信网络电压）电路

可触及接触区域受到限制的设备中的电路，该电路作了适当的设计和保护，使得在正常工作条件下和单一故障条件下，它的电压均不会超过规定的限值；通常 TNV 电路可认为是二次电路；TNV 电路分为 TNV-1、TNV-2 和 TNV-3 电路。

TNV-1 电路

在正常工作条件下，其正常工作电压不超过 SELV 电路的限值，并且在其电路上可能承受来自通信网络的过电压的 TNV 电路。

TNV-2 电路

在正常工作条件下，其正常工作电压超过 SELV 电路的限值，并且在其电路上不可能承受来自通信网络的过电压的 TNV 电路。

TNV-3 电路

在正常工作条件下，其正常工作电压超过 SELV 电路的限值，并且在其电路上可能承受来自通信网络的过电压的 TNV 电路。

（2）浮地时，由于设备不与参考地/大地相连，或者 PCB 的工作地不与产品外壳/大地相连，容易在两者间造成静电积累，当电荷积累到一定程度后，在设备地与公共地之间的电位差可能引起击穿，出现剧烈的静电放电，成为破坏性很强的骚扰源。一个折中方案是在两者之间跨接一个阻值很大的泄放电阻，用以释放所积累的电荷。注意控制释放电阻的阻抗，太低的电阻会影响设备泄漏电流的合格性。

（3）尽管设备浮地，然而由于设备与地之间存在寄生电容，这个电容在频率较高时会提供较低的阻抗而形成各种共模电流回路，因此设备浮地还是不能有效地减小高频共模干扰电流，注入接口上的共模电流必然还会流过产品中的所有电路。同时在高频的情况下，浮地反而会降低产品的抗干扰能力。图 4.88 是浮地产品架构图，它是一个浮地设备。通过分析，可以看到浮地在高频下并不能给产品带来多少 EMC 的好处，反而会使 EMC 情况恶化。

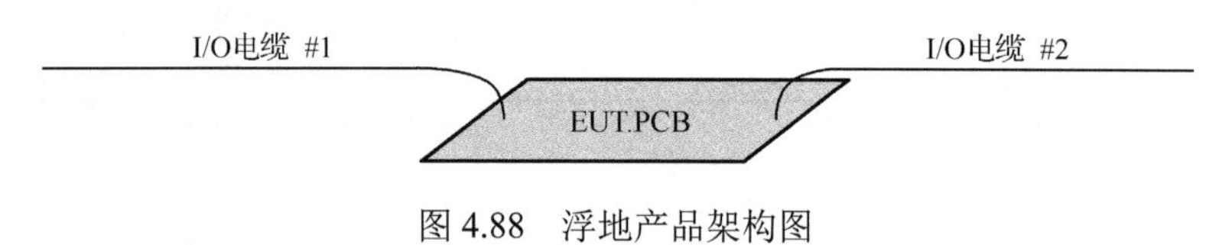

图 4.88　浮地产品架构图

具体分析如下：

以电快速瞬变脉冲群测试为例，基于电快速瞬变脉冲群测试原理，首先画出当电快速瞬变脉冲群共模干扰信号施加在其中一根电缆线上时的测试原理图，如图 4.89 所示。

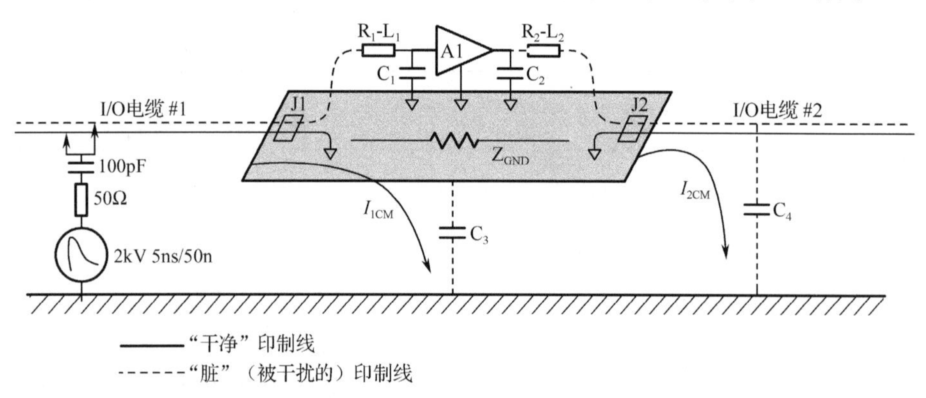

图 4.89　浮地设备 EFT/B 测试配置图

图 4.89 中，被测设备按照 IEC61000-4-4 或 ISO7637-2/3 标准规定的电快速瞬变脉冲群（EFT/B）测试要求，放置在离参考平面 10cm 高的地方，C_3 是被测设备电路板与参考接地板之间的寄生电容；C_4 是被测设备的电缆 2 与参考接地板之间的寄生电容。寄生电容 C_3、C_4 的大小通常可以按照第 2 章的描述进行计算。这里假设：

$$C_3 \approx 10\text{pF}$$

$$C_4 \approx 50\text{pF}$$

（注：如果大于 50pF 可以用 150Ω代替。）

再假设 EFT/B 测试电压为±2kV，那么

$$I_{1\text{CM}} \approx 5\text{A}$$

$$I_{2\text{CM}} \approx 25\text{A}$$

I_{2CM}≈25A 说明有相当大的共模干扰电流流过被测设备的电路。浮地并不能很好地隔离 EFT/B 等高频干扰信号。

（4）由于浮地产品不存在接地，产品中的电缆很容易被电路中的共模电压源所驱动，而产生辐射（接地时，接地点可以在共模电压源与电缆之间，从而消除辐射）。图 4.90 所示为该设备浮地时产生 EMI 问题的原理。

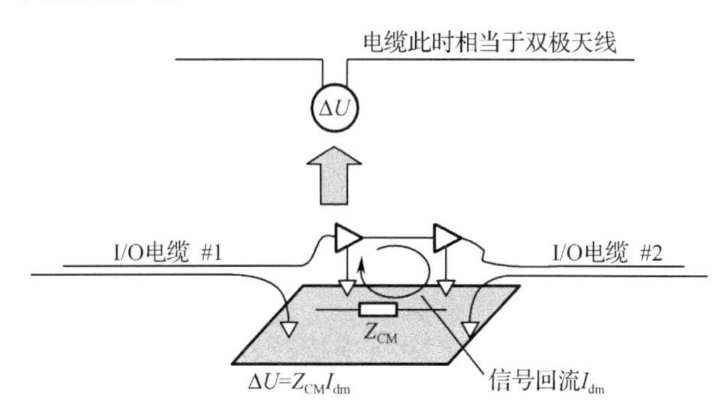

图 4.90　该设备浮地时产生 EMI 问题的原理

图 4.90 中的两根未接地的电缆正好犹如对称振子天线的两极，当信号回流在具有阻抗 Z_{CM}（寄生电感造成的）的地线上产生压降ΔU 时，就会驱动对称振子天线形成电流驱动模式的共模辐射。

如果将图 4.90 所示的产品在电缆的一端接地，则将有利于 EMC。就 EMI 而言，此时只有电缆＃2 成为共模辐射的天线，由本章关于单极天线的辐射原理可知，产品整体辐射会有所降低。图 4.91 是设备一端接地时产生 EMI 问题的原理。

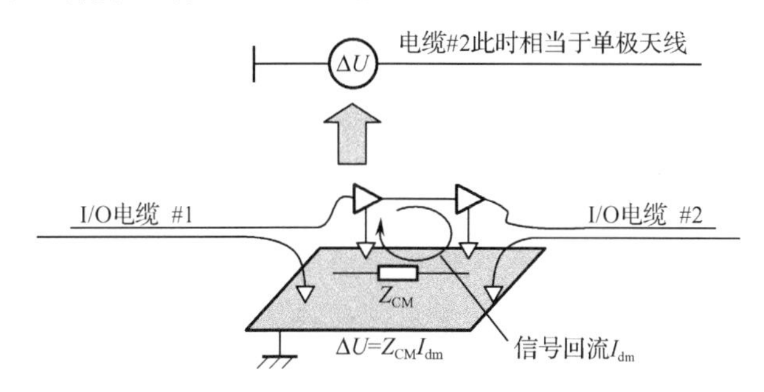

图 4.91　设备一端接地时产生 EMI 问题的原理

如果将图 4.91 所示的产品在两根电缆的 I/O 接口处都进行接地（两个接地点一定要保证阻抗为零），则将进一步有利于 EMC。就 EMI 而言，此时原来成为天线的两根电缆都被接地，共模辐射消失，如图 4.92 所示。

当然，从机械架构设计上考虑，移动电缆的位置也是比较好的解决方式（如本章所描述的那样），单个接地点就可以解决 EMC 问题。

从以上分析可以看出：

- 浮地并不是解决高频共模干扰的好方法，所谓的浮地，在高频下（如 EFT/B、ESD、传导骚扰、辐射骚扰等测试）并不能像想象中的那样可以防止产品受高频共模干扰的影响。因此在产品设计中，要尽量避免存在“悬空”的地。

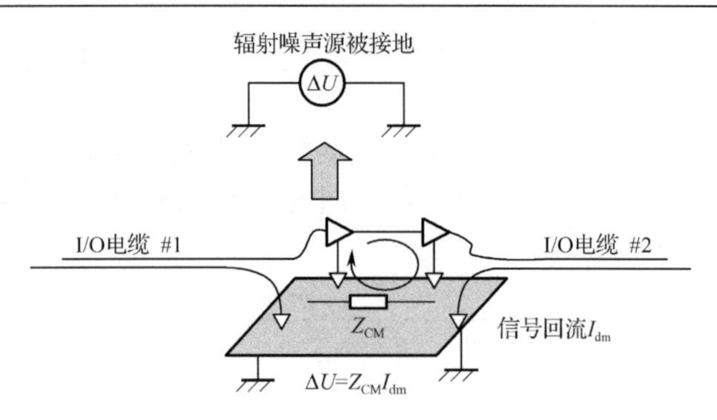

图 4.92　该设备两端都接地时解决 EMI 问题的原理

- 在高频下，接地更有利于 EMC，它能使共模电流不流过电路而流向大地，而且接地点的选择对共模干扰的路径改变很重要。
- 浮地只有在较低频（如工频）时才对抗干扰有好处。在高频下，如果万不得已要进行浮地设计，那么要充分考虑共模电流回路中所有寄生电容的影响。如果寄生电容的存在不至于增加流过电路的共模干扰电流，那么这个浮地设计是可以接受的。

4.8　产品内部 PCB 板间的互连是产品 EMC 问题的最薄弱环节

4.8.1　产品内部连接器与 EMI

EMI 问题常常因为高速、高边沿信号的互连（PCB 板间的信号连接）而变得更为复杂，因此互连的过程通常伴随着串扰和地参考电平的分离，一个没有屏蔽或良好地平面的互连连接器，其间信号线之间的串扰要远比多层 PCB 板中信号线之间的串扰大；互连连接器针脚的寄生电感造成的不同子系统之间的地阻抗，及其带来的“0V”参考点之间的压差也要远比 PCB 板中大。因此，在设计一个有内部 PCB 板间互连的产品之前，设计者应该要自问一下：

- 这个产品在功能上不用 PCB 板间互连可以实现吗？
- 能把这些需要互连的子系统集中到一块 PCB 中吗？

使用一个子系统（PCB）要比用电缆或连接器把几个小的 PCB 连到一起组成的系统更可取。

在已经决定采用互连的产品系统中，互连连接器中信号之间的串扰和互连地（“0V”）阻抗将是 EMC 设计的重点。

图 4.93（a）表示了一个典型的 I/O 架构。注意在这个互连设计中，由于“地”针太少，会导致在电源和地之间，或者信号线（周期或非周期时钟信号）和地（“0V” RF 回流路径）间存在大的 RF 回路，这种较大的 RF 回路将会产生很多 EMC 问题：

第一，RF 回路较大，产生较大的差模辐射（差模辐射与环路面积成正比）。

第二，时钟线 RF 回路较大，并处于一种很差的位置，周围根本没有参考 0V（地），并且不同信号的信号回路相互嵌套，通过磁场的感性耦合串扰加剧。图 4.93（a）中，由于信号 1～信号 6 的信号回路在物理空间上都与“时钟线”的信号回路部分重合，因此“时钟线”电流产生的电磁场都会感应到信号 1～信号 6 的信号回路上。

第三，各个信号线之间由于没有地信号隔离，容性耦合引起的串扰也将加剧。

第四，由于“地”针较少，其“地”针引起的总体等效寄生电感也较大，RF 回流将产生较高的共模压降，即在 PCB_1 与 PCB_2 之间的互连区域间就会有高频 RF 电压存在，高频 RF 电压在设备间就会产生共模电流，引起电流驱动模式的共模辐射，加重产品系统整体辐射和传导发射。

图 4.93（b）所示的互连分布与图 4.93（a）所示互连分布相比，相对较好，基本保证每个信号旁有“地”针存在，时钟信号两边都有“地”针存在（这是产品内部互连设计时最基本的 EMC 设计要求）。在物理情况允许的条件下，虽然“地”针连接越多越好，但是光凭这句话还不能很好地指导设计，因为设计者并不知道什么时候“地”针已经够了。实际情况下，使用了大量“地”针后也还会出现不能满足 EMC 要求的现象。产品的成本与 EMC 永远是一对矛盾。下面举例说明如何评估产品 PCB 板间互连中的“地”针是否足够。图 4.94 为插板架构产品互连示意图。这种产品的架构中，高速总线通常位于背板中，并与插板互连。如果互连失败，将会导致如图 4.95 所示 EMI 问题。

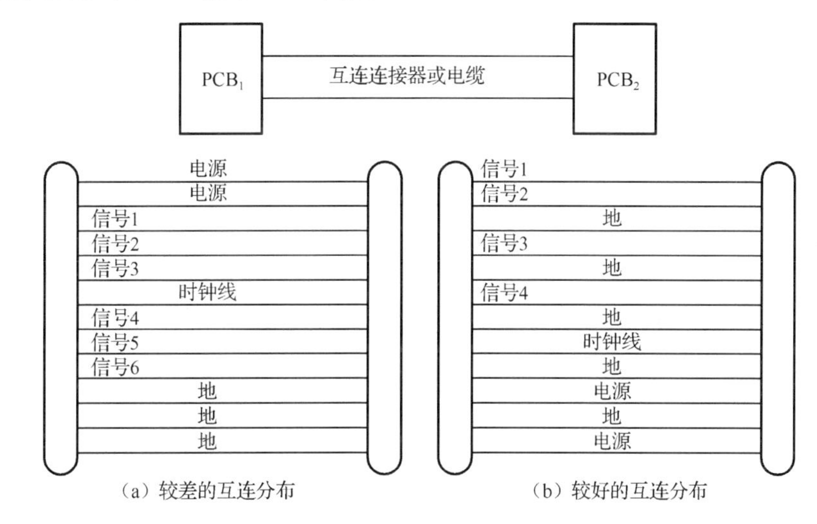

（a）较差的互连分布　　（b）较好的互连分布

图 4.93　典型互连引脚图

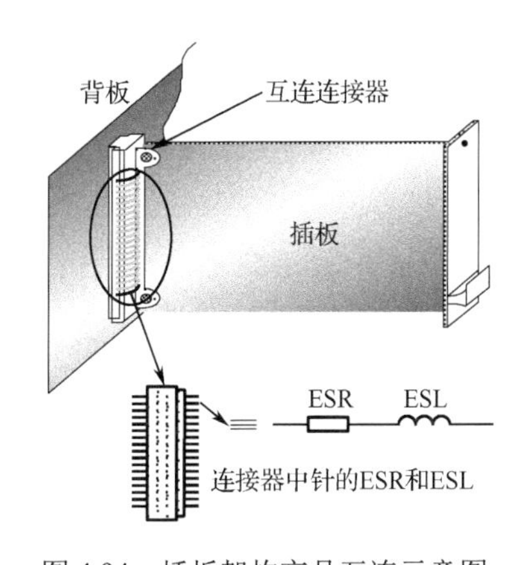

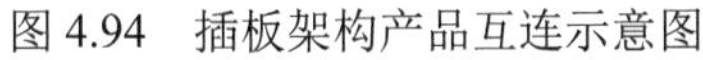
图 4.94　插板架构产品互连示意图

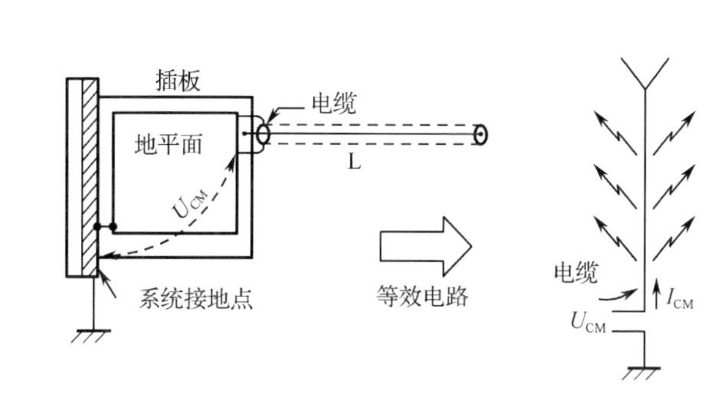

图 4.95　互连导致的共模辐射

假设图 4.95 所示中的插板和背板都是带有完整地（“0V”）平面的多层板，互连连接器的每个插针的寄生电感 L≈20nH（按 2cm 长度估算，且 10nH/cm），插针中定义成“地”的针数为 10，通过连接器的是一个电压为 3.3V、频率为 10MHz 的方波信号，该信号线的特性阻抗为 20Ω。插板上 I/O 接口的电缆长度在 3m 以上。试估算该设计方案在频率 30MHz 处能否通过 EN55022 标准中规定的 CLASS B 限制要求。

表 4.5 给出了通过用电流探头测试电缆上的共模电流来评估电缆辐射是否符合 EN55022 中规定的 CLASS A 限值的风险的方法，表 4.6 给出了通过用电流探头测试电缆上的共模电流来评估电缆辐射是否符合 EN55022 中规定的 CLASS B 限值的风险的方法。表中的数据是根据式（4.9），并考虑了地平面的反射与测试不确定度的影响而得到的，它是一组比较保守的估算值。测试时频谱仪或接收器的分辨率带宽设置与辐射发射测试时一样。

表 4.5 共模电流大小与通过 CLASS A 限值的风险

CLASS A*（EN55022）	风险评估
I < 7μA（18dBμA）	能通过
7 μA < I<30μA	50%风险，建议再增加抑制措施
I >30μA	100%风险

注：I 是用电流探头测试到的共模电流。

*：因为电缆辐射通常发生在 230MHz 以下，所以如果所购置电流探头的带宽不够，那么只测试 30～230MHz 之间的频段。通常带宽较宽的电流探头孔径较小。

表 4.6 共模电流大小与通过 CLASS B 限值的风险

CLASS B*（EN55022）	风险评估
I<2.4μA（8dBμA）	能通过
2.4μA <I<10μA（20dBμA）	50%风险，建议再增加抑制措施
I >10μA	100%风险

注：I 是用电流探头测试到的共模电流。

I（dBμA）=U（dBμV）−Z_t（dBΩ）

I（dBμA）为 I 的分贝值；

Z_t（dBΩ）为电流探头的转移阻抗；

U（dBμV）为频谱仪或接收机测到的在某一频率上的电压值。

*：因为电缆辐射通常发生在 230MHz 以下，所以如果所购置电流探头的带宽不够，那么只测试 30～230MHz 之间的频段。通常带宽较宽的电流探头孔径较小。

从表 4.6 可见，要通过 EN55022 规定的 CLASS B 限值的辐射发射测试，需要插板电缆在 30MHz 频率点上的共模电流<2.3μA。插板电缆在 30MHz 频点上的实际共模电流可以通过如下方式估算：

由于通过连接器的是一个电压为 3.3V、频率为 10MHz 的方波信号，该信号的负载 Z=20Ω，则方波信号在 30MHz 处谐波（3 次谐波）电压幅度为 U=0.66V（方波的奇次谐波的幅度随 $0.64\times I/n$ 的规律递减，其中 n 为奇数谐波次数）。信号在 30MHz 谐波处的电流 I：

$$I = U/Z = 0.66/20\text{A} = 33\text{mA}$$

这个电流也等于该信号在“地”针中的回流大小，假设这些回流电流均匀分散在 10 个“地”针中，10 个“地”针并联产生的寄生电感 L：

$$L \approx 20\text{nH}/10 = 2\text{nH}$$

由此可以估算 30MHz 谐波信号回流在地针中产生的压降 U_{CM}：

$$\begin{aligned} U_{\text{CM}} &= L \times 2 \times \pi \times F \times I \\ &= 2\text{nH} \times 2 \times \pi \times 30\text{MHz} \times 33\text{mA} \\ &\approx 12.3\text{mV} \end{aligned}$$

又由于插板上电缆的对参考地的共模阻抗 $Z_{\text{cable}} \approx 150\Omega$，则插板电缆在 30MHz 频点上的实际共模电流 I_{CM}：

$$I_{\text{CM}} = U_{\text{CM}} / Z_{\text{cable}} = 12.3\text{mV}/150\Omega = 0.082\text{mA}$$

这个电流已经远远超过了表 4.6 中所列出的值，可见这样的设计存在很大的 EMC 风险，要解决这个问题，就需要继续增加插板和背板之间的“地”针（此案例需要增加“地”针数量为原来的几十倍）或增加额外的地连接（如通信产品中的大金属插针），以降低地互连阻抗，不然就必须在插板的电缆接口处提供额外的接地（将 PCB 的地与壳体进行等电位互连）。

电缆的辐射主要是由共模电流引起的，在进行正式辐射发射测试之前，可以通过用电流探头测量流过电缆的共模电流，预测设备能否通过最终的辐射发射测试，这是一种低成本的测试，测试中只需要频谱仪、电流探头及一块参考接地板。实践也证明这种方案是可行的，特别是对于尺寸较小（如产品的最长尺寸小于 20cm）的产品。图 4.96 和图 4.97 分别是某一产品在半电波暗室里测得的辐射发射频谱图和同一产品电缆上的共模电流频谱图。对比两条曲线可以看出，共模电流的频谱与辐射发射电场强度的频谱形状和总变化趋势非常相似。

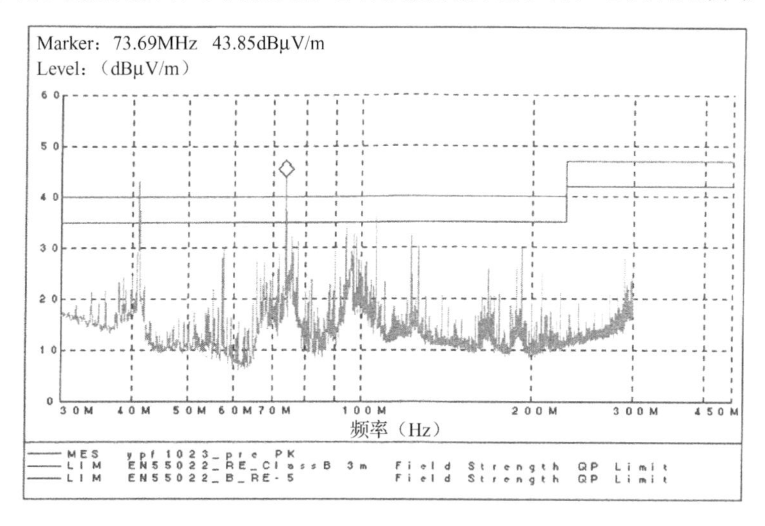

图 4.96　某一产品在半电波暗室里测得的辐射发射频谱图

另外，在通过互连连接器时，高速信号应在入口处进行驱动器缓冲，以减小驱动能力、容性负载的影响和信号通过互连障碍所造成的地反弹。驱动器缓冲可以减少连接器中的 RF 电流和 RF 回流，从而减小 RF 回流产生的共模电压。驱动器缓冲带来的另外一个好处是使源端驱动器件消耗的能量减少，特别是当存在高阻抗互连时，通常会引起很大的电阻改变。

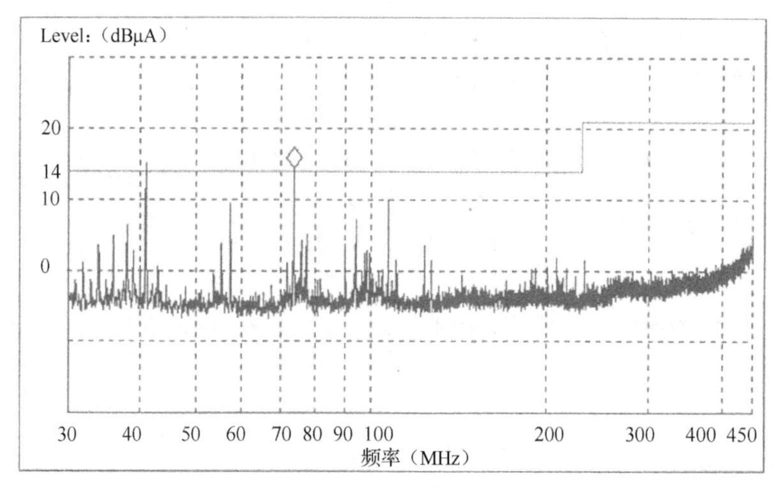

注：共模电流测试如果不在屏蔽室内进行，测试时建议在被测设备下方铺参考接地板。

图 4.97　同一产品电缆上的共模电流频谱图

4.8.2　产品内部连接器与 EMS

产品内部互连连接器或互连电缆影响产品抗干扰能力主要是因为互连连接器或互连电缆的寄生电感在高频下导致的高阻抗。当进行类似 EFT/B、ESD 抗扰度测试时，测试时产生的共模瞬态干扰电流会流过互连连接器或互连电缆的地（“0V”）线，由于互连连接器或互连电缆中地线的阻抗，必然会在互连连接器中地线上产生共模压降，互连连接器或互连电缆中地线的两端的压降ΔU_{Z0V}超过了互连连接器或互连电缆两端电路的噪声容限，就会产生错误。图 4.98 是互连连接器对抗干扰能力的影响原理图。

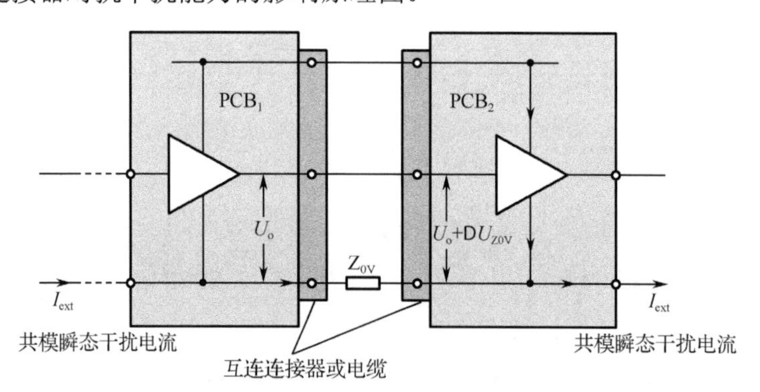

图 4.98　互连连接器对抗干扰能力的影响原理图

由第 2 章可知，产品机械架构决定共模电路的流向，因此通过合理的产品机械架构设计，避免共模干扰电流流过互连连接器或互连电缆是解决产品内部互连 EMC 抗扰度问题的第一步。当产品机械架构不能避免共模干扰电流流过互连连接器或互连电缆时，产品内部互连设计应该考虑如下几点：

（1）有共模瞬态干扰电流流过互连连接器或互连电缆时，建议采用金属外壳的互连连接器，电缆采用屏蔽电缆，而且连接器的金属外壳与电缆的屏蔽层在电缆的两端进行 360° 搭接，并将互连信号中的“0V”工作地与连接器的金属外壳在 PCB 的信号输入/输出端直接互连，在不能直接互连时，通过旁路电容互连。对于接地设备，应将金属板接大地。这样做的目的是为了引导共模瞬态干扰电流从互连连接器的外壳和电缆的屏蔽层流过，避免共模干扰电流流过互连连接器或互连电缆中的高阻抗电缆而产品瞬态压降。

（2）如果只采用非金属外壳互连连接器和非屏蔽电缆（如非屏蔽带状电缆），那么建议采用一块额外的金属板连接在互连连接器和非屏蔽电缆的两端（也可借助于产品现有金属壳体），并将互连信号中的“0V”工作地与金属板在 PCB 的信号输入/输出端直接互连，在不能直接互连时，通过旁路电容互连。对于接地设备，并将金属板接大地。

（3）在（1）、（2）所述方式都不可行的情况下，必须将所有互连信号进行滤波处理，如图 4.99 所示中的 C_2。

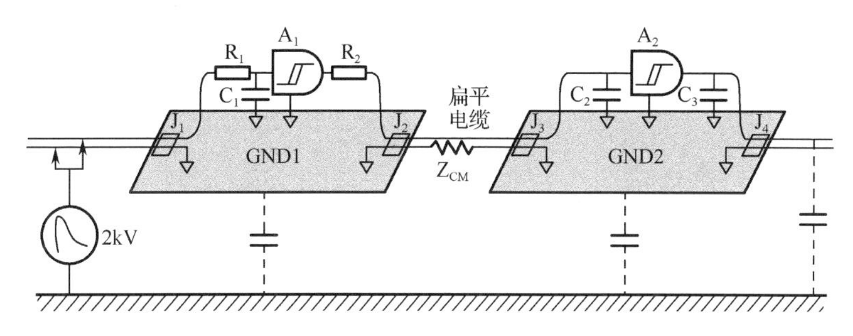

图 4.99　共模电流流过扁平电缆时的滤波

4.8.3　PCB 板间互连中的串扰分析

有关串扰的分析方法内容在第 6 章讨论。

4.9　相关案例分析

4.9.1　屏蔽电缆屏蔽层接地位置不当导致的辐射超标

【现象描述】

某产品使用以太网通信接口，以太网电缆使用屏蔽网线，进行辐射发射测试时发现测试结果超过了标准规定的 CLASS B 限值要求，并发现该辐射超标与以太网线有关。使用屏蔽线的辐射发射频谱图如图 4.100 所示。

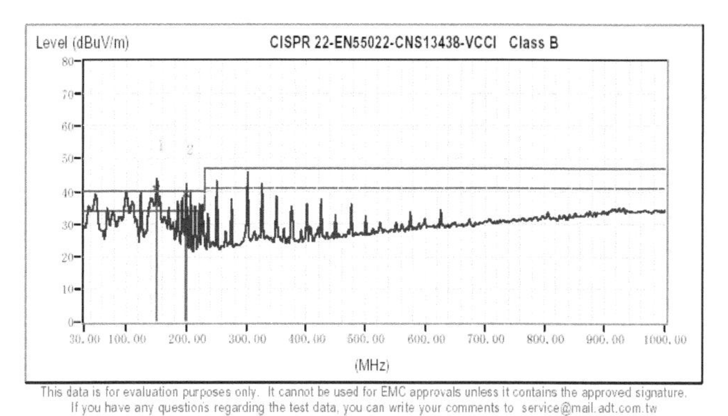

图 4.100　使用屏蔽线的辐射发射频谱图

No.		Frequency	Factor	Reading	Emission	Limit	Margin	Tower / Table	
		MHz	dB	dBuV/m	dBuV/m	dBuV/m	dB	cm	deg
*F	1	150.01	16.97	23.79	40.76	40.00	0.76	99	235
	2	199.06	13.00	26.22	39.21	40.00	-0.79	99	271

图 4.100　使用屏蔽线的辐射发射频谱图（续）

从图 4.100 中可以看出，150MHz 频点已经超过 CLASS B 限值。测试中还发现，将以太网线改成非屏蔽的普通以太网线却意外地通过了 CLASS B 限值要求，并且还有一定的余量。使用非屏蔽线后辐射发射频谱图如图 4.101 所示。

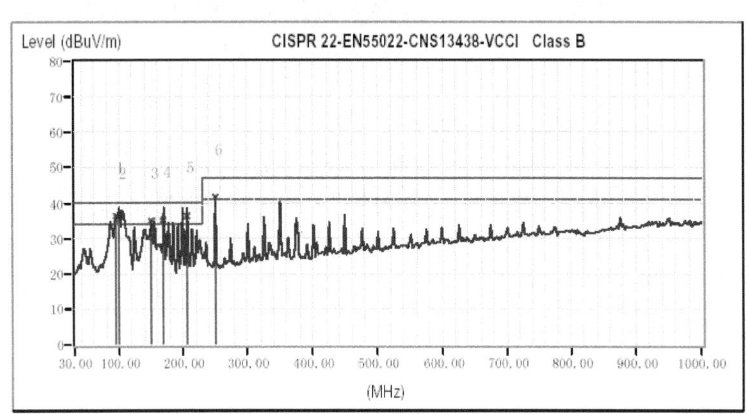

This data is for evaluation purposes only. It cannot be used for EMC approvals unless it contains the approved signature.
If you have any questions regarding the test data, you can write your comments to service@mail.adt.com.tw

No.		Frequency	Factor	Reading	Emission	Limit	Margin	Tower / Table	
		MHz	dB	dBuV/m	dBuV/m	dBuV/m	dB	cm	deg
*	1	95.47	12.20	24.06	36.26	40.00	-3.74	--	--
	2	100.01	12.56	22.30	34.86	40.00	-5.14	218	232
	3	151.25	16.98	17.77	34.76	40.00	-5.24	--	--
	4	169.57	16.15	18.88	35.03	40.00	-4.97	173	213
	5	206.43	13.06	23.16	36.22	40.00	-3.78	179	230
	6	250.68	14.83	26.77	41.60	47.00	-5.40	--	--

图 4.101　使用非屏蔽线后辐射发射频谱图

一般认为，屏蔽电缆中的屏蔽层具有减小电缆内部信号向外辐射传输的作用，在 EMI 测试中占一定的优势。许多产品在设计时，考虑到 EMC 性能，也会适当牺牲一些成本而选择屏蔽电缆。然而，本案例中为何会出现 “吃力不讨好”的现象呢？

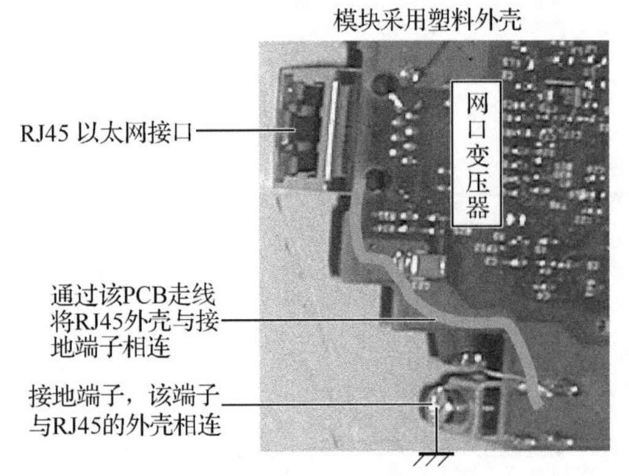

图 4.102　以太网通信接口部分的布局图

【原因分析】

首先看一下该产品以太网通信接口部分的布局情况，如图 4.102 所示。

该产品中的以太网通信接口采用网口变压器，RJ45 连接器外壳到该产品系统接地端子之间的 PCB 布线长约 6cm，如图 4.102 中粗线所示。这段接地线实际上存在一定的 EMC 问题，原因是在高频下，印制线具有较高的阻抗，再加上系统接地时采用的接地线，使得以太网接口电缆屏蔽层的总体接地阻抗较高。即使如此，由于产品架构的限制，还是不得不采用这种做法。再用图 4.103 说明辐射的形成原理。根据共模辐射的理论公式（4.8）和公式（4.9）可知，在电缆长度、辐射频率及被测设备到接收天线之间的距离等条件一定的情况下，共模电流的大小决定了电缆辐射发射的大小。该产品中的共模电流一部分是以太网信号线传输不平衡转换及耦合而来，还有一部分是通过与变压器中心抽头相连的 RC 共模抑制电路而来，图 4.103 浅色箭头线表示了共模电流的流经方向，共模电流的大小受共模压降 U_n 控制（U_n 是屏蔽电缆接地阻抗引起的共模压降），因此 U_n 也在一定程度上决定了辐射发射测试的成败。电缆屏蔽层上的共模电流 $I_{CM}=U_n/150$（假如屏蔽电缆对地的共模特性阻抗为 150Ω）。

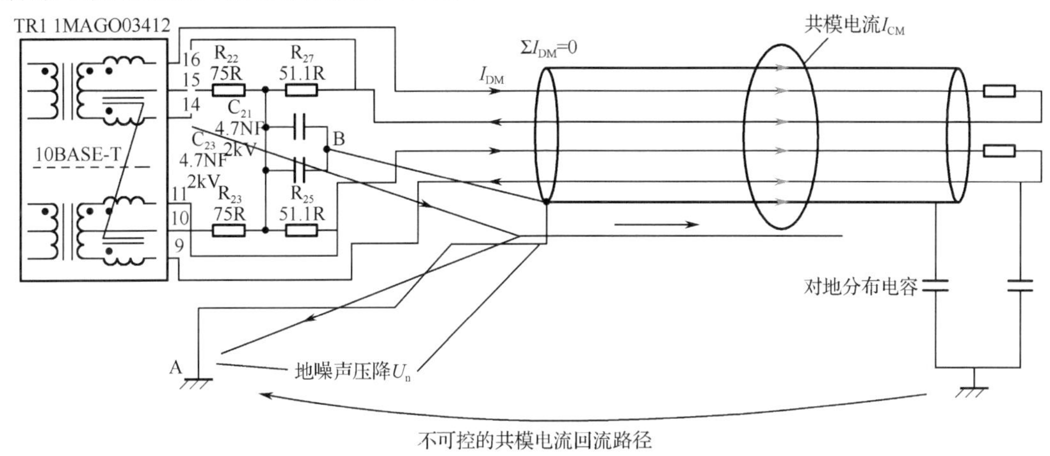

图 4.103　辐射的形成原理图

在该案例的产品中，由于产品架构形状的限制使得 RJ45 连接器外壳的接地路径所产生的接地阻抗较高，屏蔽电缆屏蔽层或 RJ45 连接器金属外壳不能良好接地，导致接地阻抗较大。当以太网接口电路的网口变压器和相关共模抑制电路（C_{21}、R_{22} 等）进行共模抑制产生的共模电流流过 RJ45 外壳的接地线（图 4.103 中 A、B 之间的连线）时，在接地线上产生较高的压降 U_n，而以太网接口屏蔽电缆在 U_n 的驱动下，最后导致以太网电缆的屏蔽层上流过较大的共模电流，流过共模电流的屏蔽层成了辐射的载体——“天线”。这是一种典型的共模电压驱动辐射天线模型。图 4.104 是共模电压驱动产生辐射的原理图。

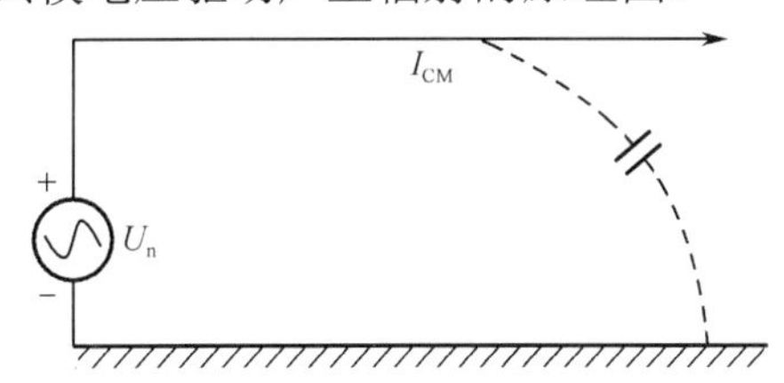

图 4.104　共模电压驱动产生辐射的原理图

将屏蔽电缆改成非屏蔽的普通电缆后，虽然共模电压 U_n 依然存在，但是辐射的载体“天线”就不存在了，所以辐射降低了。

【处理措施】

有以下三种方式可以改进该辐射问题：

（1）取消“发射天线”：在不能改进接地效果的情况下，将屏蔽电缆改成非屏蔽电缆。

（2）截断共模电流路径：断开 C_{21}、C_{23} 与地的连接。

（3）降低接地阻抗，降低共模电压 U_n：用金属片代替 PCB 中的屏蔽层接地线和产品接地线（但这点不可行）。

本产品中最后采用的是方式（2），即断开 C_{21}、C_{23} 与屏蔽电缆屏蔽层的直接连接，将 C_{21}、C_{23} 接至网口变压器内侧的工作地（数字地）。修改后导致 EMI 辐射降低的原理图如图 4.105 所示。

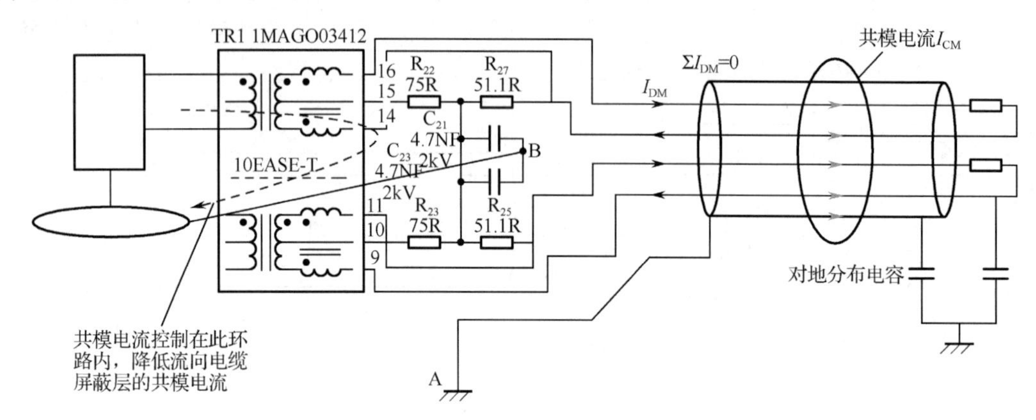

图 4.105　修改后导致 EMI 辐射降低的原理图

修改后的辐射发射测试结果如图 4.106 所示。

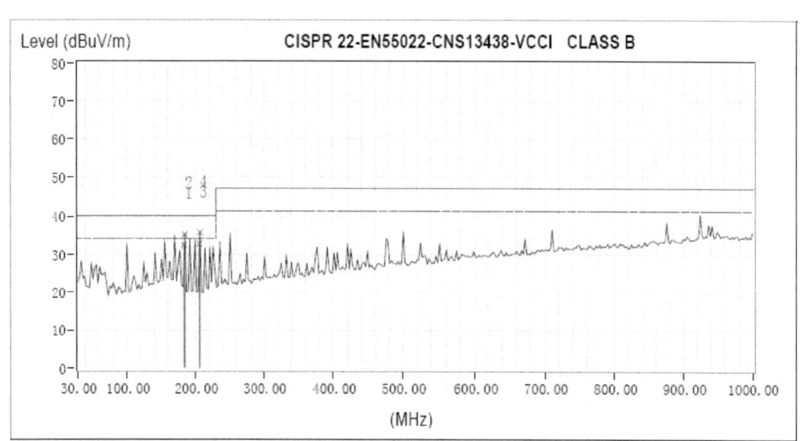

This data is for evaluation purposes only. It cannot be used for EMC approvals unless it contains the approved signature.
If you have any questions regarding the test data, you can write your comments to service@mail.adt.com.tw

No.	Frequency MHz	Factor dB	Reading dBuV/m	Emission dBuV/m	Limit dBuV/m	Margin dB	Tower / Table cm	deg
1	184.18	14.14	18.16	32.30	40.00	-7.70	100	22
2	185.20	14.02	21.10	35.12	40.00	-4.88	--	--
3	206.28	13.06	19.56	32.62	40.00	-7.38	99	90
* 4	207.03	13.07	22.52	35.59	40.00	-4.41	--	--

图 4.106　修改后的辐射发射测试结果

4.9.2　改变共模电流的方向与大小使产品通过 EMC 测试

【现象描述】

某一工业产品的产品架构示意图如图 4.107 所示。

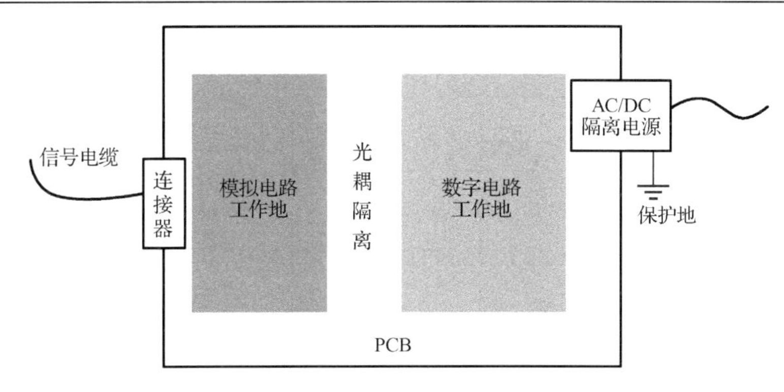

图 4.107　产品架构示意图

该产品只有一块电路板，外壳是塑料壳，电源端子附近有专门的接地端子。电路板电路分为模拟电路部分和数字电路部分，之间采用光电耦合器隔离。因为该产品的信号电缆长度大于 3m，所以除了电源接口，信号接口也要进行 IEC61000-4-4 标准规定的 EFT/B 等抗扰度测试。其中在信号接口上的 EFT/B 测试要求是±1kV，电源接口上的 EFT/B 测试要求是±2kV。在测试时发现，信号接口在进行±500V EFT/B 测试时就出现电路不正常现象。经过分析，出现不正常的电路是 PCB 中的数字电路部分。

【原因分析】

要分析此问题，首先从光电耦合器谈起。由本章介绍可以看到，一个光耦两端的寄生电容一般是 2pF，是不能忽略不计的。本案例产品中因为光耦的数量是 5 个，所以数字地与模拟地之间存在 2pF×5=10pF 的总寄生电容。正是由于寄生电容的存在，使得 EFT/B 干扰的共模电流从信号电缆接口流入被光耦隔离的数字电路。干扰的共模电流流向图如图 4.108 所示。

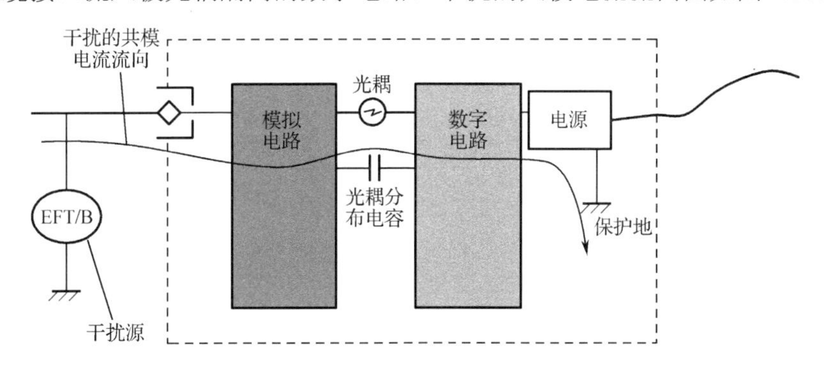

图 4.108　干扰的共模电流流向图

在图 4.108 中箭头曲线表示 EFT/B 干扰的共模电流流向，由于光耦分布电容的存在，共模电流会经过光耦，流经数字电路，可见被光耦隔离的数字电路部分是受到 EFT/B 共模电流的影响的，当共模电流流过时，如果数字电路的地平面存在较大的地阻抗（如地平面不完整、过孔太多等），那么地平面上就会产生较高的压降。该压降超过一定程度时，电路就会受影响。

分析到这里，大概清楚了电路受干扰的区域，即共模电流流经的区域。如果共模电流不流经数字电路部分或只有很小一部分共模电流流经数字电路部分，那么产品在测试时出错的可能就会降低。按这个思路，在模拟电路的工作地与产品的接地端之间接旁路电容（如 10nF），再进行测试，发现可以通过±1kV 的 EFT/B 测试。再来看看在这种情况下，EFT/B 的干扰共模电流路径与最初的情况相比发生了什么改变。图 4.109 是接旁路电容后的共模电流流向分析图。

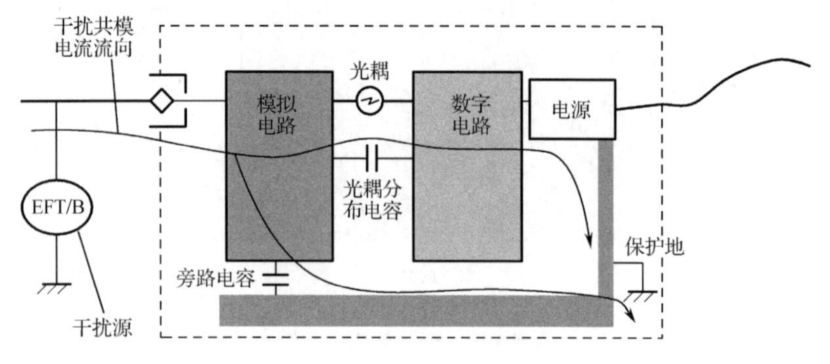

图 4.109　接旁路电容后的共模电流流向分析图

从图中可以清楚地看到，EFT/B 干扰的共模电流路径已经有所改变，即多了一条共模电流的路径。同时，由于 10nF 的旁路电容远远大于 10pF 的结电容，旁路电容接地阻抗较低，使大部分的 EFT/B 干扰共模电流从旁路电容流向参考接地板，从而使流经数字电路的共模电流大大减小，数字电路受到了保护，产品 EFT/B 抗干扰度水平大大提高。

【处理措施】

按照以上的分析及测试结果，在模拟电路工作地（AGND）与保护地（PGND）之间接旁路电容，容值为 10nF。当然，虽然解决本案例所提及问题的方法有多种（如数字电路入口的信号做滤波处理、优化数字电路地平面等），但是此方法最简单。

【思考与启示】

- 被隔离的地不能单独悬空，若产品为金属外壳，则一定要接到机壳或通过旁路电容接到机壳；若产品为塑料外壳，则一定要接到保护地端子或通过旁路电容接到保护地端子或接到 PCB 中另一个地。如果有特殊原因不能这样处理，那么所有的信号都要进行滤波处理。
- 本案例隔离采用的是光耦，采用变压器隔离、磁隔离等方式的电路同样也可以参考本案例的解决方法。

4.9.3　隔离地之间的互连

【现象描述】

本案例是 4.9.2 节的延续，发生在同一产品中，4.9.2 节分析并解决了产品 EFT/B 测试的问题，更改之后，使信号线 EFT/B 测试能通过±1kV 的测试，满足了产品标准的要求，但是当进行辐射发射测试时问题又出现了，测试不能通过。辐射发射测试频谱图如图 4.110 所示。

【原因分析】

进一步测试发现，当去掉信号电缆或在电缆上套上磁环后，辐射水平大大降低，说明辐射主要与信号电缆有关，而与电缆直接相连的模拟电路部分又不是高速电路，不存在辐射测试中发现的频率及谐波相关频率。而该产品的数字电路部分有一部分是高速电路，其时钟频率为 25MHz，测试频谱图中可以清楚地看到辐射较高的频点都是 25MHz 的倍频。这样看来，产生辐射的噪声很有可能来自数字电路部分。

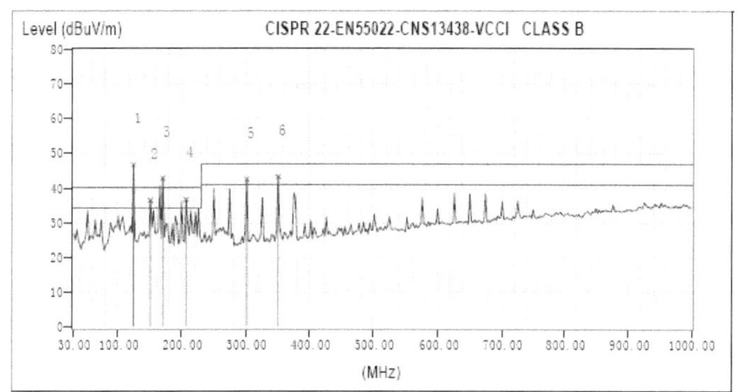

No.		Frequency	Factor	Reading	Emission	Limit	Margin	Tower / Table	
		MHz	dB	dBuV/m	dBuV/m	dBuV/m	dB	cm	deg
*F	1	124.58	15.04	31.57	46.61	40.00	6.61	--	--
	2	151.25	16.98	19.39	36.38	40.00	-3.62	--	--
F	3	170.65	16.01	26.75	42.77	40.00	2.77	--	--
	4	207.03	13.07	23.54	36.60	40.00	-3.40	--	--
	5	301.60	16.58	25.88	42.46	47.00	-4.54	--	--
	6	350.10	17.47	25.71	43.18	47.00	-3.82	--	--

图 4.110　辐射发射测试频谱图

由辐射产品的原理可知，产生辐射的必要条件是：

（1）驱动源，它可以是电压源也可以是电流源。

（2）天线。

很明显，信号电缆是产生辐射的天线。那么驱动源在哪里呢？一般认为数字电路中的噪声已经被光耦隔离了，应该不会有噪声向信号电缆方向传输，其实在高频情况下并非如此，图 4.111 是辐射产生的原理。

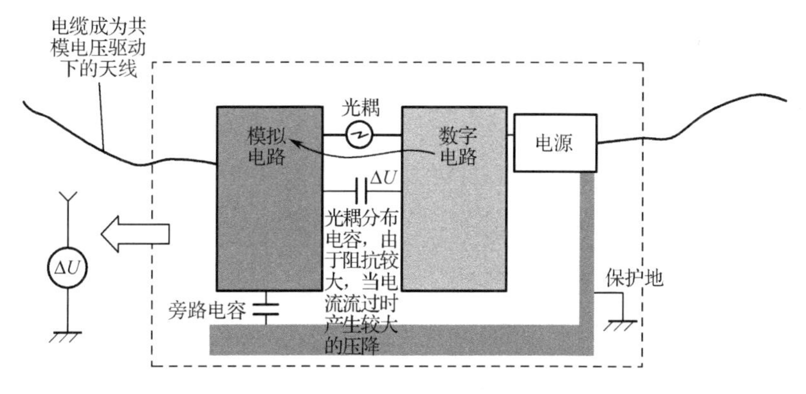

图 4.111　辐射产生的原理

由于光耦结电容的存在（在本案例的产品中光耦的数量是 5 个，因此数字地与模拟地之间存在 2pF×5=10pF 的电容），数字电路中的部分噪声会通过光耦寄生电容向模拟电路方向传输，由于寄生电容的值并不是很大，所以电流流过时会产生较大的压降ΔU。该ΔU就是驱动源，这样形成辐射的两个必要条件就产生了。

显然，降低ΔU是解决本案例中辐射问题的最好方式，也许有人会试图通过在数字地与模拟地之间采用串联磁珠的方式来抑制噪声的传输，但这种方法并不能解决问题，因为磁珠在高频下呈现高阻抗。

电流流过时产生的压降与阻抗有关，按这个思路，在模拟电路的地与数字电路的地之间跨接旁路电容，容值为 1nF，再进行测试，测试通过。接旁路电容后的辐射发射频谱图如图 4.112 所示。

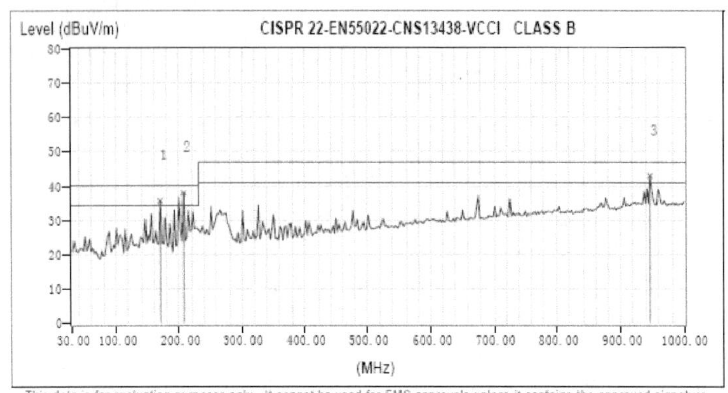

This data is for evaluation purposes only. It cannot be used for EMC approvals unless it contains the approved signature.
If you have any questions regarding the test data, you can write your comments to service@mail.adt.com.tw

	No.	Frequency	Factor	Reading	Emission	Limit	Margin	Tower / Table	
		MHz	dB	dBuV/m	dBuV/m	dBuV/m	dB	cm	deg
	1	170.65	16.01	19.51	35.53	40.00	-4.47	--	--
*	2	207.03	13.07	24.73	37.80	40.00	-2.20	--	--
	3	946.65	27.80	15.04	42.84	47.00	-4.16	--	--

图 4.112　接旁路电容后的辐射发射频谱图

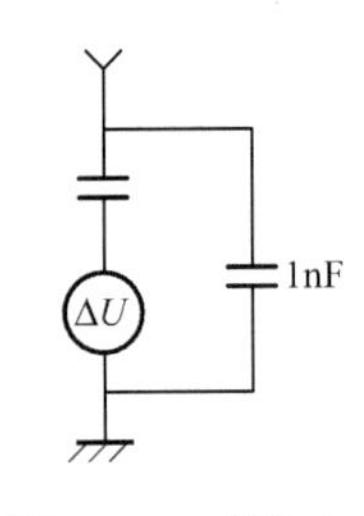

图 4.113　旁路电容的工作原理

原来，1nF 电容在本案例所产生的辐射频率范围内的阻抗要比 10pF 的寄生电容小很多，1nF 旁路电容的连接相当于把Δ*U*“短路”了，如图 4.113 所示。

这也许是个不可意思的结果，但是事实还是发生了。经过这样改动后，有人会怀疑，是不是因为这个 1nF 电容的存在，使 EFT/B 抗干扰能力降低呢？答案是肯定的，理由是因为 1nF 电容比原来的 10pF 结电容大很多，在 EFT/B 干扰的频率下，阻抗也会小很多，所以流经数字电路的电流自然也会增大（见图 4.114），EFT/B 测试也许就不能通过。

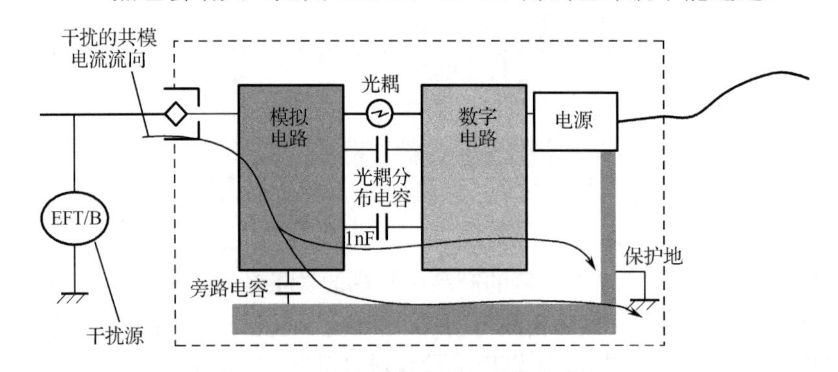

图 4.114　接旁路电容后的共模电流流向

经过测试，结果正好相反，抗 EFB/T 干扰能力并没有降低，相反却提高了很多，原来只能通过信号线±1kV 测试的本产品，现在能通过±2kV 测试（拆除 1nF 电容后，只能通过±1kV）。以下是数字电路地与模拟电路地之间接 1nF 旁路电容后反而使 EFT/B 抗干扰能力提高的解释：

图 4.115 中假如 A 点的电压是 0V，当共模电流流过时，B 点的电压会随之上升，当电压达到一定程度时，控制光耦通断的电压（B、C 两点间的电压）就发生了改变，当光耦由于干扰电压出现非期望的通断时，被测设备系统错误也随之产生。

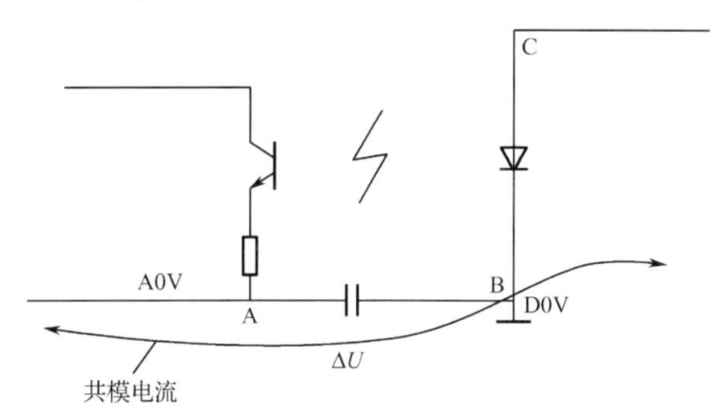

图 4.115　共模电流导致光耦工作不正常

与辐射问题同样的道理，接了 1nF 的旁路电容后，降低了 A、B 之间的压降，所以情况也就好转很多。（注：通常这种跨接的旁路电容需要采用耐压 1kV 以上的高压电容。）

【处理措施】

按照以上的分析及测试结果，在隔离的模拟电路地与数字电路地之间接旁路电容，容值为 1nF。

提醒一点：因为数字电路地与模拟电路地之间接 1nF 旁路电容后的确增加了流入数字电路的共模电流，这是对数字电路的一种考验，本案例中之所以对整体抗扰度有所提高也是因为光耦的敏感电平（图 4.115 中 B、C 之间的电平）相对较低，所以在设计时，要统筹考虑，EMC 设计不仅仅是一些规则的宣贯，也要对电路特性有较深的了解。

【思考与启示】

- 相互光电隔离的数字地与模拟地之间建议采用电容连接，容值为 1～10nF。
- 被隔离的地之间也要考虑地电位平衡。
- 开关电源中变压器初级线圈回路与次级线圈回路的地之间跨接电容，也是基于本案例同样的原理。
- 产品设计时，不要以单点接地或多点接地的概念来定义产品的接地方案，接地方案要根据共模电流（包括外界注入的共模干扰电流和产品内部自己产品的共模骚扰电流）的流向来确定，接地的原则是不让共模电流流向产品内部电路，而使其流向壳体或产品中低阻抗的完整地平面。

第5章

滤波、去耦、旁路设计

对连接电缆的接口使用适当的滤波、去耦、旁路或抑制电路，改变高频干扰电流的流向与大小是 EMC 设计中常用的措施。滤波、去耦、旁路或抑制电路对 EMI 的重要性，也同样适用于 EMS 问题。接口电路与电缆在电路上直接相连，接口电路是否进行了有效的滤波、去耦、旁路或抑制电路，直接关系到整机系统能否通过 EMC 测试。接口电路滤波设计的目的是减小系统通过接口及电缆对外产生的辐射，抑制外界辐射和传导噪声对整机系统的干扰，其电路的基本组成元器件是电容器、电感（包括磁珠）、电阻等。

5.1 电容器

在 EMC 设计过程中，电容器是应用最广泛的元件，主要用于构成各种低通滤波器或用作去耦电容和旁路电容。大量实践表明：在 EMC 设计中，恰当选择与使用电容，不仅可解决许多 EMC 问题，还能充分体现效果良好、价格低廉、使用方便的优点。若电容的选择或使用不当，则可能根本达不到预期的目的，甚至会恶化产品的 EMC 水平。

5.1.1 电容器的自谐振

从理论上讲，理想的电容容量越大，容抗就越小，滤波效果就越好。但是，电容器都存在等效串联电感（ESL），容量大的电容器一般等效串联电感也大，而且等效串联电感与电容本身呈串联关系，于是串联自谐振就产生了，等效串联电感越大，自谐振频率越低，对高频噪声的去耦效果也越差，甚至根本起不到去耦作用。元件的物理尺寸越大，同样容值的电容器其自谐振点频率越低。

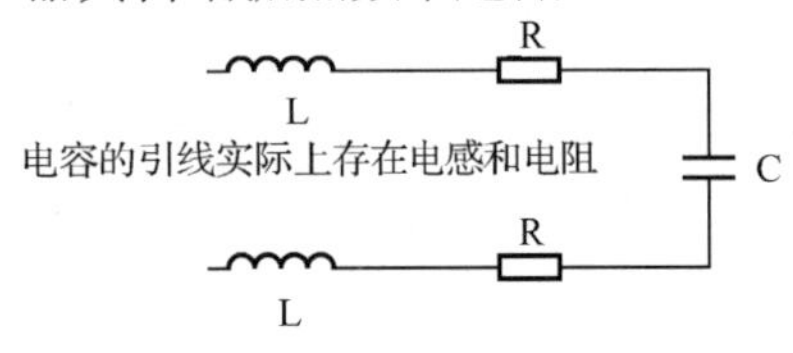

图 5.1　带有引线电感、电阻的电容的实际物理特征图

按以上分析，所有的电容器都包含一个 LCR 电路，这里 L 是等效串联电感（和引线长度有关），R 是等效串联电阻（ESR），C 是电容。图 5.1 为带有引线电感、电阻的电容器的实际物理特征图。

图 5.1 显示的电容器的等效电路，它的阻抗为：

$$|Z|=\sqrt{R^2+\left(2\pi fL-\frac{1}{2\pi fC}\right)^2} \tag{5.1}$$

式中　Z——阻抗（Ω）；

R——等效串联电阻（Ω）；

L——等效串联电感（H）；

C——电容（F）；

f——频率（Hz）。

从式（5.1）可以看出，$|Z|$在谐振频率f_0有最小值，此时：

$$f_0 = \frac{1}{2\pi\sqrt{LC}}$$

在谐振频率f_0上，L 和 C 将串联谐振，此时整个回路的阻抗最低。在自谐振点以上的频率，电容的阻抗随感性的增加而增加，这时电容将不再起旁路和去耦的作用，如图 5.2 所示。因此，旁路和去耦受电容器的引线电感（包括表贴的）及电容和元件间布线长度、通孔焊盘等的影响。

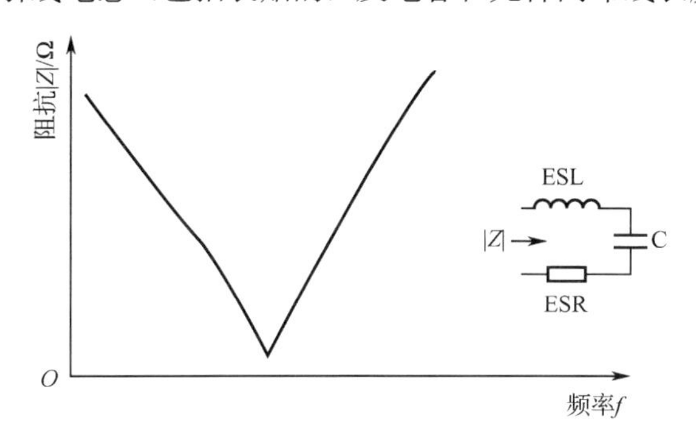

图 5.2　电容器的频率阻抗特性

谐振电路是一个选频网络，它允许高于或低于某个特定频率的频率通过。图 5.3 为串联谐振电路，串联 LCR 电路可使选定的频率通过。

串联 RLC 电路在谐振点处有如下特征：

- 等效阻抗最小；
- 等效阻抗等于电阻；
- 相位差为 0；
- 电流最大；
- 能量转换（功率）最大。

并联谐振电路可看成是一个负载拒绝谐振频率信号通过的电路。图 5.4 为并联 RLC 谐振电路，它的振荡频率和串联 RLC 电路相同。

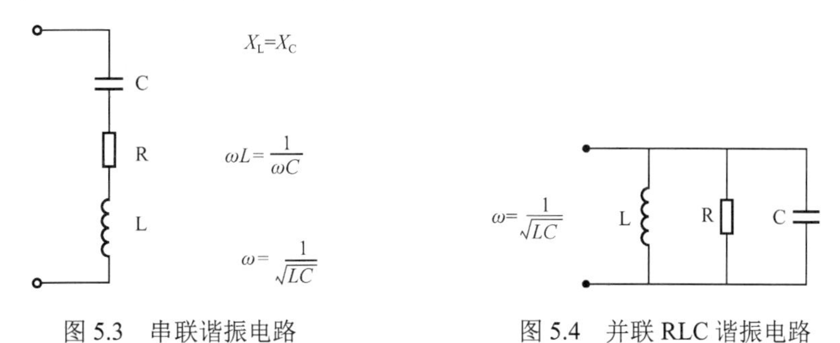

图 5.3　串联谐振电路　　图 5.4　并联 RLC 谐振电路

并联 RLC 电路在谐振点处有如下特征：

- 等效阻抗最大；

- 等效阻抗等于电阻；
- 相位差为 0；
- 电流最小；
- 能量转换（功率）最小。

选择电容器时，并非取决于电容值的大小，而是电容器的自谐振频率，并与逻辑电路和所用的时钟频率相匹配。在自谐振频率以下电容器表现为容性，在自谐振频率以上电容器变为感性。当电容器表现为感性时，实际上已经失去了电容应有的作用。表 5.1 显示了两种类型的瓷片电容的自谐振频率，一种是带有 0.25in 引脚的，另一种是表贴的。

表 5.1　电容器的自谐振频率

电　容　值	插件* 0.25in 引脚	表贴** 0805
1.0μF	2.6MHz	5MHz
0.1μF	8.2MHz	16MHz
0.01μF	26MHz	50MHz
1000pF	82MHz	159MHz
500pF	116MHz	225MHz
100pF	260MHz	503MHz
10pF	821MHz	1.6GHz

注：* 表示寄生电感 L=3.75nH。

** 表示寄生电感 L=1nH。

表贴电容器的自谐振频率相对较高，在实际应用中，它的连接线的等效串联电感也会减小其原来的优势。表贴电容器有较高的自谐振频率是因为小包装尺寸的径向和轴向的电容的引线电感较小。据统计，不同封装尺寸的表贴电容，随着封装的引线电感的变化，它的自谐振频率的变化在±(2～5)MHz 之内。

插件的电容器只不过是表贴器件加上插脚引线的结果。对于典型的插件电容，它的等效串联电感平均为 2.5nH/0.01in。表贴电容器的等效串联电感平均为 1nH。综合以上所述可得，在使用去耦电容时电容的等效串联电感是需要重点考虑的。表贴电容器比插件电容器高频时有更好的效能，就是因为它的等效串联电感很低。

图 5.5、图 5.6 分别是常用插件和表贴不同容值的电容器的频率阻抗关系图，图中可以看出自谐振频率点，仅供参考。

既然等效串联电感是引起电容在自谐振频率以上失去其应有作用的主要因素，那么在实际电路应用中，必须将 PCB 中电容的连接线电感（包括过孔等）考虑进去。某些电路，如果工作频率很高，而且频率要比电容在电路中呈现的自谐振频率范围高很多，那么就不能使用该电容。例如，一个 0.1μF 的电容不适合给 100MHz 有源晶振电源去耦，而 0.001μF 电容在不考虑实际引线、过孔的电感的情况下，就是一个很好的选择，这是因为 100MHz 及其谐波已经超过了 0.1μF 电容的谐振频率。在实际应用中，一般选择瓷片电容，超小型聚酯或聚苯乙烯薄膜电容也是适用的，因为它们的尺寸与瓷片电容相当。三端电容因为电容引线电感极小，它可以将小瓷片电容频率范围从 50MHz 以下拓展到 200MHz 以上，这对抑制 VHF 频段的噪声是很有用的。要在 VHF 或更高的频段获得更好的滤波效果，特别是保护屏蔽体不被穿透，必须使用馈通电容，它也是三端电容的一种。

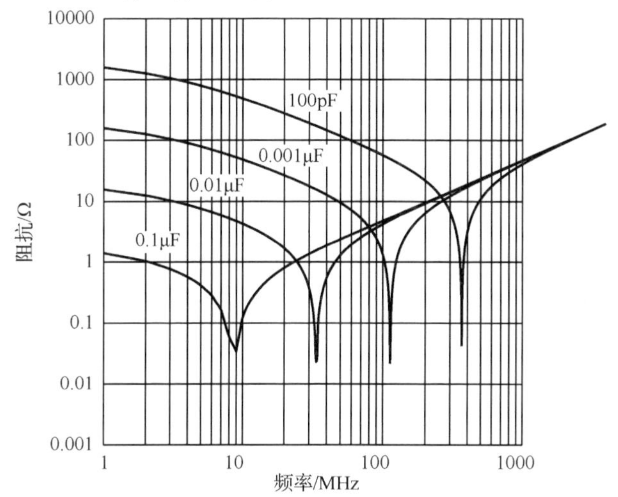

图 5.5　常用插件不同容值的电容器的频率阻抗关系图（ESL=2.5nH）

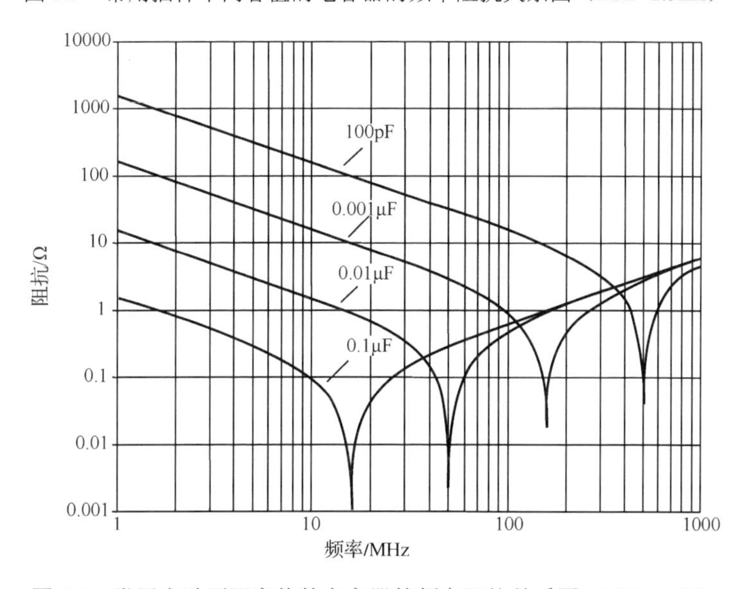

图 5.6　常用表贴不同容值的电容器的频率阻抗关系图（ESL=1nH）

PCB 中电源层与地平面之间的分布电容是理想的平板电容，电流一律从一边流入，从另一边流出，电感几乎为 0。这种情况下，平板电容在高频时仍然表现为容性，因此在多层板 PCB 设计时，电源层与地层之间形成的平板电容对高频数字电路的高频去耦具有重要意义，PCB 中电源层与地层之间形成的平板电容大小随着电源层与地层之间距离的减小而增加，随着电源层与地层面积的增大而增大。

5.1.2　电容器的并联

有效的容性去耦是通过在 PCB 上适当位置放置电容器来实现的。在实际应用中，两个电容并联使用能提供更宽的抑制带宽。图 5.7 显示了 0.1μF 和 100pF 两个去耦电容单独使用和并联使用的曲线。由图可知，当不同容值的电容器并联使用时，出现了一个例外的情况，如，0.1μF 电容器的自谐振频率为 14.85MHz，100pF 电容的自谐振频率是 148.5MHz。在 110MHz 以上，并联电容的结合阻抗有一个很大的上升，那是因为在 110MHz 以上，0.1μF 电容变成了感性，而 100pF 电容仍为容性，这样在这个频率范围内形成了一个并联谐振 LC 电路。在谐振时既有电感也有电容，因此会有一个反共振频率点，在这些谐振点周围，并联电容表现的阻抗要大于它们单个使用时的阻抗，如果在这个点附近一定要满足 EMI 要求，这将是个风险。因此，两个并联电容必须有不同的数量级（如 0.1μF 和 0.001μF）或容值相差 100 倍以上的关系，以达到最佳的效果。容值相差 100 倍以上是为了让反共振频率范围变得更窄。

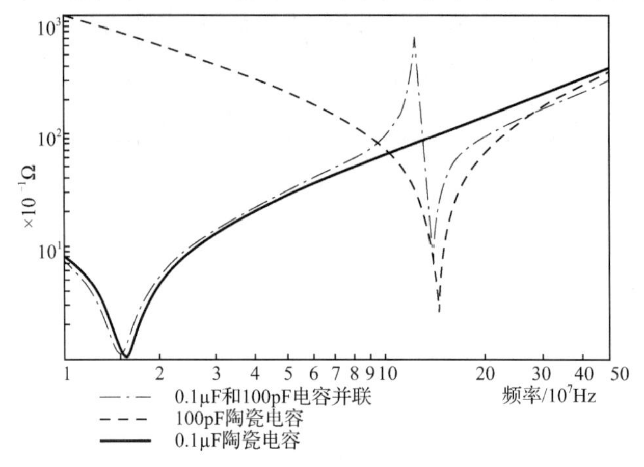

图 5.7　不同值并联电容的谐振

为了优化并联去耦的效果，也需要减小电容内的引线电感。同时，当电容装到 PCB 上时会有一定值的走线电感存在（注意：这个线长包括连接电容器到平面的过孔的长度）。并联去耦电容的 PCB 走线越短，去耦效果越好。

另外，两个同值的电容器并联也可以提高去耦的效果和频率，这是因为电容器并联后等效串联电阻（ESR）和等效串联电感（ESL）减小，对于多个（n）同样值的电容器来说，并联使用之后，等效电容变为 nC，等效电感变为 L/n，等效电阻变为 R/n，但谐振频率不变。同时，从能量的角度看，多个电容器并联能向被去耦的器件提供更多的能量（见图 5.8）。

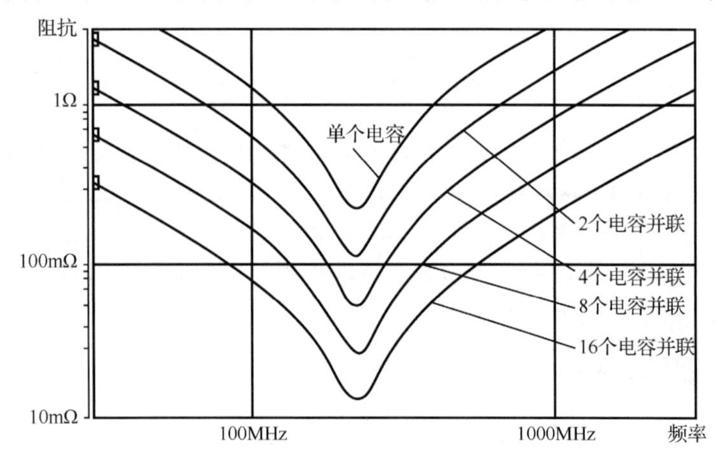

图 5.8　等值电容并联特性

5.1.3 X 电容和 Y 电容

根据电子设备用固定电容器系列标准 IEC 60384-14，电容分为 X 电容 Y 电容。在电源电路中，交流电源输入一般分为 3 个端子：火线（L）/零线（N）/地线（G）。跨接在 L-N 之间的小方块电容就是 X 电容；同样，在电源部分跨接 L-PE 和 N-PE 之间电容就是 Y 电容，它通常是成对出现的。由于 X 电容具有 2 个输入端，2 个输出端，很像 X，因此命名为 X 电容；Y 电容具有一个输入端、一个输出端以及一个公共的大地，很像一个 Y，因此命名为 Y 电容。

X 电容主要用于交流电源线的 L 和 N 之间，使用 X 电容后，当电容失效时，电容处于开路状态，不致产生线间短路。X 电容的测试条件是：在交流电压有效值的 1.5 倍电压下工作 100 小时；至少再加上 1kV 的脉冲高压测试。Y 电容主要用于交流电源线的 L、N 与地线之间，或其他电路的公共地与外壳地之间。跨于这些位置的电容一旦出现失效短路，就会导致电击危险（尤其是对外壳），这时必须强制使用 Y 电容（Y 电容的失效模式是开路）。Y 电容的测试条件是：在交流电压的有效值的 1.7 倍电压下工作 100 小时；至少再加上 2kV 脉冲高压测试。

X 电容又分为 X1、X2、X3，主要区别在于：

（1）X1 耐高压大于 2.5kV，小于等于 4kV。

（2）X2 耐高压小于等于 2.5kV。

（3）X3 耐高压小于等于 1.2kV。

Y 电容又分为 Y1、Y2、Y3、Y4，主要区别在于：

（1）Y1 耐高压大于 8kV。

（2）Y2 耐高压大于 5kV。

（3）Y3 对耐高压没有特别限制。

（4）Y4 耐高压大于 2.5kV。

5.2 RC 电路

阻容（RC）电路在模拟电路、脉冲数字电路中得到广泛的应用，由于电路的形式以及信号源和 R、C 元件参数的不同，因而组成了 RC 电路的各种应用形式：微分电路、积分电路、耦合电路、滤波电路。笔者将 RC 电路知识写入书中，是因为 RC 电路对 EMC 有着重要的意义，不但 EMC 抗干扰测试仪器的波形发生和耦合回路中存在大量的 RC 电路，理解测试原理需要深刻理解测试仪器的波形发生和耦合回路的工作原理，而且 RC 电路合理的应用对提高产品的 EMC 性能也有很大的帮助。

5.2.1 RC 微分电路

如图 5.9 所示，电阻 R 和电容 C 串联后接入输入信号 U_I，由电阻 R 输出信号 U_O，当时间常数 $\tau=RC$ 与输入方波宽度 t_W 之间满足 $RC \ll t_W$ 时，这种电路就称为微分电路。在 R 两端（输出端）得到正、负相间的尖脉冲，而且是发生在方波的上升沿和下降沿，如图 5.10 所示。

当 $t=t_1$ 时，U_I 由 $0 \rightarrow U_m$，因电容两端电压不能突变（来不及充电，相当于短路，$U_C=0$），输入电压 U_I 全降在电阻 R 上，即 $U_O=U_R=U_I=U$。随后（$t>t_1$），电容 C 的电压按指数规律快速充电上升，输出电压随之按指数规律下降（因 $U_O=U_I-U_C=U_m-U_C$），经过大约 3τ（$\tau=RC$）时，$U_C=U_m$，$U_O=0$，τ（RC）的值越小，此过程越快，输出正脉冲越窄。

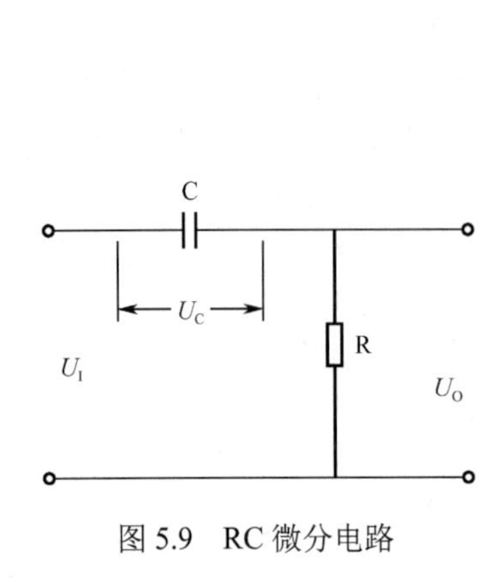

图 5.9　RC 微分电路

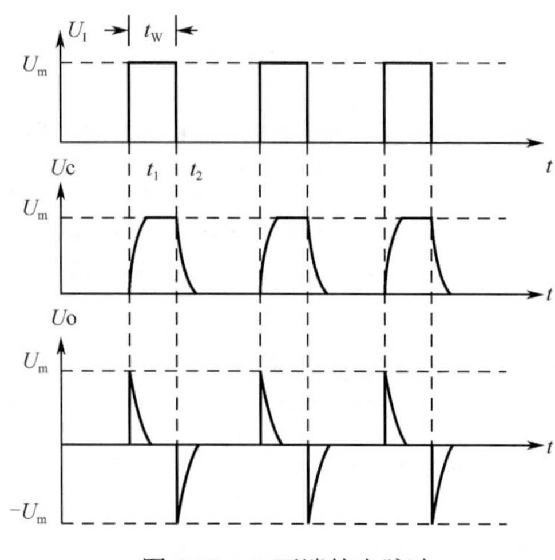

图 5.10　R 两端的尖脉冲

当 $t=t_2$ 时，U_I 由 $U_m \rightarrow 0$，相当于输入端被短路，电容原先充有左正右负的电压 U_m 开始按指数规律经电阻 R 放电，刚开始，电容 C 来不及放电，它的左端（正电压）接地，所以 $U_O=-U_m$，之后 U_O 随着电容的放电也按指数规律减小，同样经过大约 3τ后，放电完毕，输出一个负脉冲。

只要脉冲宽度 $t_W>(5\sim10)\tau$，在 t_W 时间内，电容 C 已完成充电或放电（约需 3τ），输出端就能输出正、负尖脉冲，才能成为微分电路，因而电路的充放电时间常数τ必须满足：$\tau<(1/5\sim1/10)t_W$，这是微分电路的必要条件。

由于输出波形 U_O 与输入波形 U_I 之间恰好符合微分运算的结果［$U_O=RC(\mathrm{d}U_I/\mathrm{d}t)$］，即输出波形取输入波形的变化部分，如果将 U_I 按傅里叶级数展开进行微分运算，结果也将是 U_O 的表达式。

5.2.2　RC 耦合电路

图 5.9 中，如果电路时间常数$\tau \gg t_W$，它将变成一个 RC 耦合电路，输出波形与输入波形一样，如图 5.11 所示。

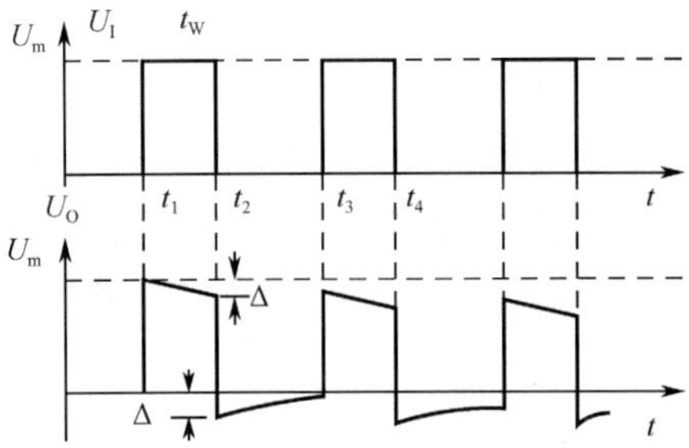

图 5.11　RC 耦合电路波形

（1）当 $t=t_1$ 时，第一个方波到来，U_I 由 $0 \rightarrow U_m$，因电容两端电压不能突变（$U_C=0$），$U_O=U_R=U_I=U_m$。

（2）当 $t_1<t<t_2$ 时，因$\tau \gg t_W$，电容 C 缓慢充电，U_C 缓慢上升为左正右负，$U_O=U_R=U_I-U_C$，U_O 缓慢下降。

（3）当 $t=t_2$ 时，U_O 由 $U_m \rightarrow 0$，相当于输入端被短路，此时，U_C 已充有左正右负电压Δ［$\Delta=(U_I/\tau)\times t_W$］，经电阻 R 非常缓慢地放电。

（4）当 $t=t_3$ 时，因电容还来不及放完电，积累有一定电荷，第二个方波到来，电阻上的电压就不是 U_m，而是 $U_R=U_m-U_C$（$U_C\neq0$），这样第二个输出方波比第一个输出方波略微往下平移，第三个输出方波比第二个输出方波又略微往下平移……最后，当输出波形的正半周“面积”与负半周“面积”相等时，就达到了稳定状态。也就是电容在一个周期内充得的电荷与放掉的电荷相等时，输出波形达到稳定而不再平移，电容上的平均电压等于输入信号中电压的直流分量（利用 C 的隔直作用），把输入信号往下平移这个直流分量，便得到输出波形，起到传送交流信号成分的作用，因此是一个耦合电路。

以上的微分电路与耦合电路，在电路形式上是一样的，关键是 t_W 与时间常数 τ 的关系，下面比较一下 τ 与方波周期 T（$T>t_W$）不同时的结果，如图 5.12 所示。在以下三种情形中，由于电容 C 的隔直作用，输出波形都是在一个周期内正、负"面积"相等，即其平均值为 0，不再含有直流成分。

① 当 $\tau \gg T$ 时，电容 C 的充放电非常缓慢，其输出波形近似理想方波，是理想耦合电路。

② 当 $\tau = T$ 时，电容 C 有一定的充放电，其输出波形的平顶部分有一定的下降或上升，不是理想方波。

③ 当 $\tau \ll T$ 时，电容 C 在极短时间内（t_W）已充放电完毕，因而输出波形为上下尖脉冲，是微分电路。

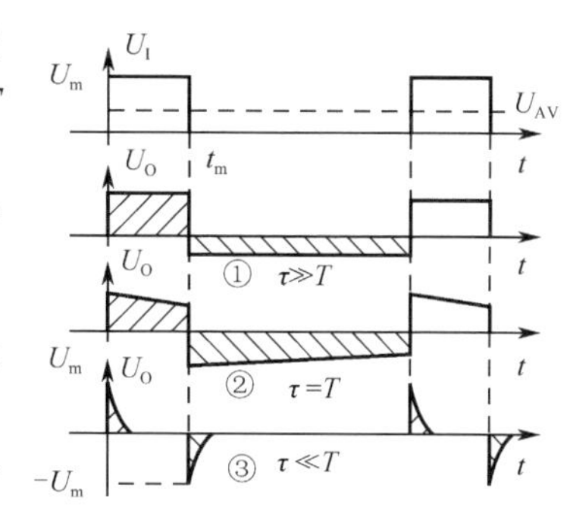

图 5.12　t_W 与 τ 的比较图

RC 耦合电路在抗干扰试验中应用广泛，如 IEC61000-4-4 标准中规定的 EFT/B 测试中的干扰耦合电路、IEC61000-4-5 标准中规定的浪涌测试中浪涌信号耦合电路、IEC61000-4-6 标准中规定的传导抗扰度测试中干扰信号耦合电路等。

另外，在模拟电路中，选择恰当的电容 C，就可以有选择地让较高频的信号通过，而阻断直流及低频信号。

5.2.3　RC 积分电路

如图 5.13 所示，电阻 R 和电容 C 串联接入输入信号 U_I，由电容 C 输出信号 U_O，当 τ 与输入方波宽度 t_W 之间满足 $\tau \gg t_W$ 时，这种电路称为积分电路。在电容 C 两端（输出端）得到锯齿波电压，如图 5.14 所示。

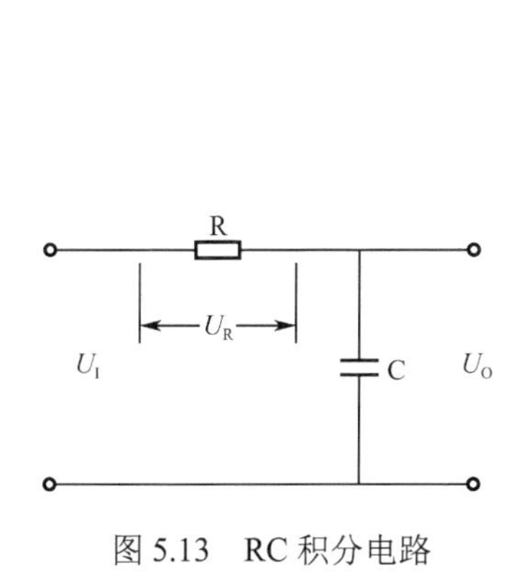

图 5.13　RC 积分电路

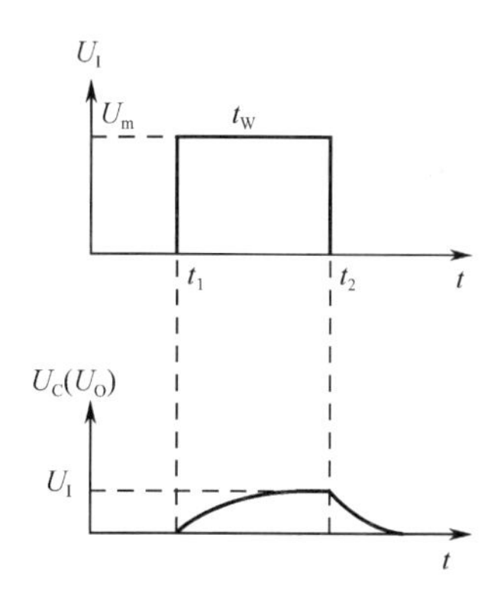

图 5.14　电容 C 两端的锯齿波电压

（1）当 $t=t_1$ 时，U_I 由 $0 \to U_m$，因电容电压不能突变，$U_O=U_C=0$。

（2）当 $t_1<t<t_2$ 时，电容开始充电，U_C 按指数规律上升，$U_I=U_R+U_C$，由于 $\tau>>t_W$，电容充电非常缓慢，U_C 上升很小，$U_C<<U_R$，所以 $U_I=U_R+U_C \approx U_R=iR=U_m$，$i \approx U_m/R$，因而输出电压 $U_O(U_C)=1/C\times\int i\mathrm{d}t \approx 1/C\int (U_m/R)\mathrm{d}t=(U_m/RC)t$。可见输出信号 $U_O(U_C)$ 与输入信号 $U_I(U_m)$ 的积分成正比。

（3）当 $t=t_2$ 时，U_I 由 $U_m \to 0$，相当于输入端被短路，电容原先充有左正右负电压 U_I（$U_I<U_m$）经 R 缓慢放电，U_O（U_C）按指数规律下降。

这样，输出信号就是锯齿波，近似为三角形波，$\tau \gg t_W$ 是本电路的必要条件，因为在方波到来期间，电容只是缓慢充电，U_C 还未上升到 U_m 时方波就消失了，电容开始放电，以免电容电压出现一个稳定电压值，而且 τ越大，锯齿波越接近三角波。输出波形是对输入波形积分运算的结果（$U_O \approx 1/C\int(U_I/R)dt$），它突出输入信号的直流及缓变分量，降低输入信号的变化量。

积分电路实际上就是一个 RC 滤波器，时间常数决定了它所能滤除的频率。这种电路常常被应用在信号线的滤波中。RC 电路的衰减量如图 5.15 所示。

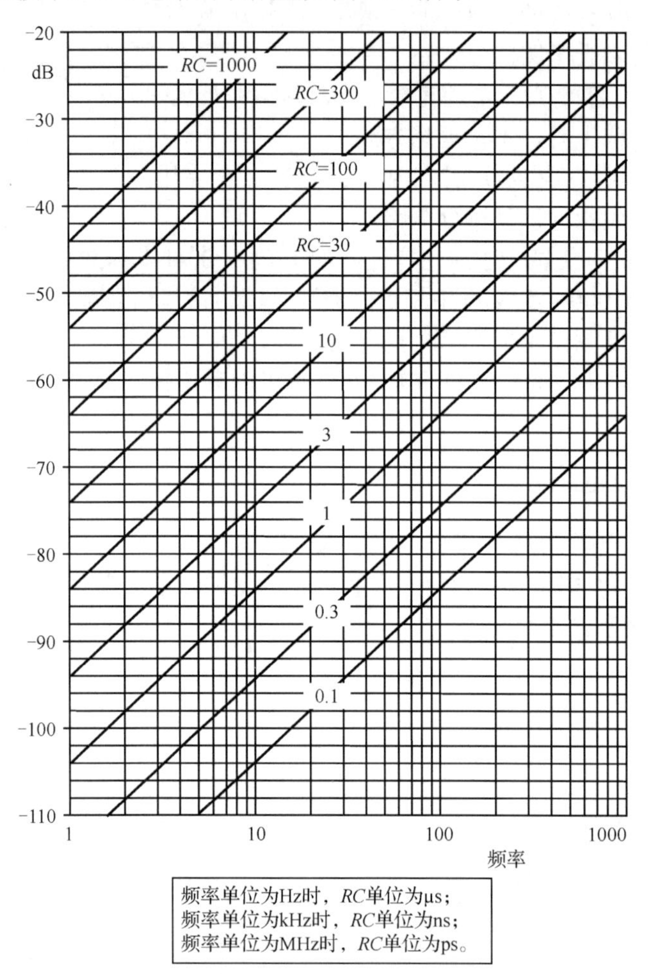

图 5.15　RC 电路的衰减量

例如，在第 4 章谈到的 PCB 印制线与参考接地板之间的容性耦合问题，在图 5.16 所示的放大器电路中，放大器输入的有效信号范围为 10mV～100V，假设放大器输入信号印制线的有效面积为 5cm^2，印制线与地平面之间的距离为 1cm，放大器输入前端的电阻大小为 100kΩ。如果注入放大器输入信号口上的共模电压为 100V，那么在 100kHz 频率处（如浪涌测试信号），图 5.16 中 A 点的感应电压计算如下：

A 点与参考接地板之间的容性耦合（寄生电容）为 C：

$$C = (0.1 \times 5/1)\text{pF} = 0.5\text{pF}$$

RC 时间常数τ为：

$$\tau = (100 \times 10^3 \times 0.5 \times 10^{-12})\text{s} = 50\text{ns}$$

根据图 5.15 所示的曲线，查得在 100kHz 处，时间常数为 100ns 时，衰减量为 24dB，因此时间常数为 50ns 时，衰减量为 30dB，即图 5.16 中 A 点的电压为 3V。相比 100mV～100V 的信号输入范围，这个信号是一个会造成该电路错误的干扰信号。因此为了解决此问题，需要增大输入电阻的值，以增大时间常数。

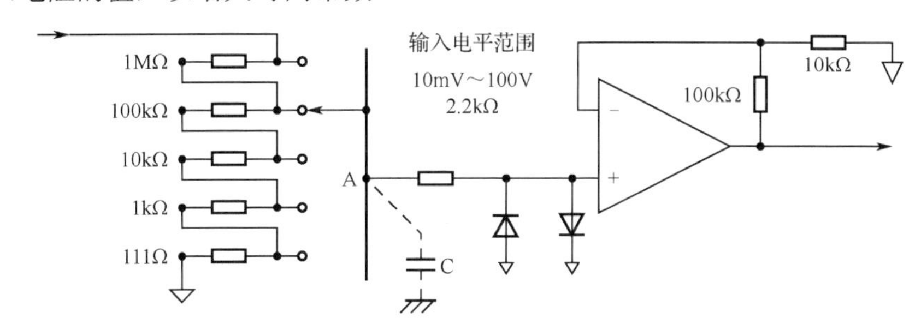

图 5.16　放大器电路

5.3　再谈 LC 电路

电感、电容（LC）电路实际上在 5.1 节中已经有所描述，这里再换一个角度进行分析。LC 电路广泛应用于滤波器和滤波电路的设计中，谐振是 LC 电路最明显的特点，包括并联谐振和串联谐振，其中在 EMC 领域，LC 串联谐振最为重要。

图 5.17 为 LC 串联谐振电路。图中，L 为电感，C 为电容，R 表示线圈 L 的寄生电阻，这个电路形式与实际电容的等效电路一样，只是这里的电感是一个实体，并非寄生参数。与计算电容的实际交流等效阻抗一样，该 LC 串联谐振电路的交流阻抗 Z 为：

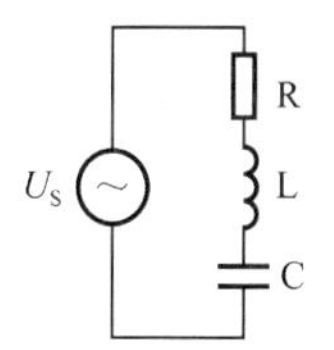

图 5.17　LC 串联谐振电路

$$Z = R + \mathrm{j}\left(\omega L - \frac{1}{\omega C}\right) \tag{5.2}$$

式中ω为信号的角频率。

当电路发生谐振时，$\omega L - \frac{1}{\omega C} = 0$，故电路的谐振频率为：

$$f_0 = \frac{1}{2\pi\sqrt{LC}}$$

该电路谐振时的特点是，电路的阻抗最小且 $Z_0=R$；信号电压一定时，电路的电流最大且为 $I_0=\frac{U_S}{R}$；电感或电容两端的电压最大，且是信号电压的 Q 倍。Q 的定义为：

$$Q = \frac{\omega_0 L}{R} = \frac{1}{\omega_0 RC} \tag{5.3}$$

式中 Q 为电路的品质因数。

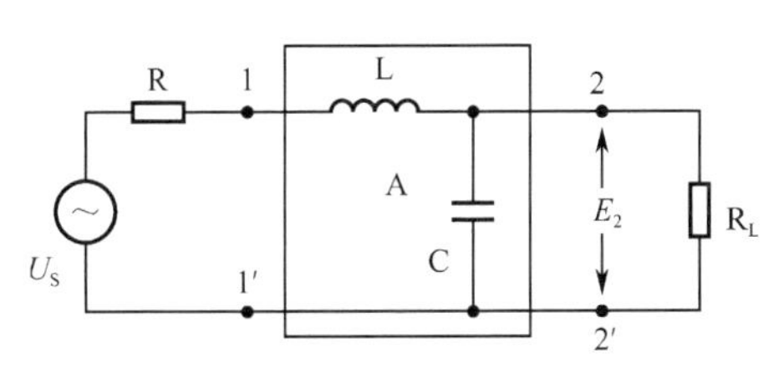

图 5.18　带负载的 LC 滤波电路

如果在图 5.17 中所示的电容两端并联上负载，那么图 5.17 可以变形为图 5.18 所示带负载的 LC 滤波电路。这时，可以把图 5.18 中的方框看作由 L 和 C 组成的两接口网络。它的输入端 1-1′与电源相接，其电动势为 U_s，内阻为 R。二接口网络的输出端 2-2′与负载 R_L 相接，当电流的频率为零（直流）或较低时，感抗 $j\omega L$ 很小，负载 R_L 两端的电压降 E_2 比较大（也就是说负载 R_L 可以得到比较大的功率）。但是，当电流的频率很高时，一方面感抗 $j\omega L$ 变得很大，另一方面容抗 $-j/\omega C$ 却很小，电感 L 上有一个很大的压降，电容 C 几乎把 R_L 短路，所以纵然电源的电动势 U_s 保持不变，负载 R_L 两端的压降 E_2 也接近于零。换句话说，R_L 不能从电源取得多少功率。网络会让低频信号顺利通过，到达 R_L，但阻拦了高频信号，使 R_L 不受它们的影响，那些被两接口网络 A（或其他滤波器）顺利通过的频率构成一个“通带”，而那些受两接口网络 A 阻拦的频率构成一个“止带”，通带和止带相接频率称为截止频率。什么机理使网络 A 具有阻止高频功率通过的能力呢？网络 A 是由电感元件组成的，而电感元件是不消耗功率的，所以高频功率并没有被网络 A 吸收，在图 5.18 所示的具体情况中，它有时储存于电感 L 的周围，作为磁能，有时又由电感 L 交还给电源。如果 L 和 C 都是无损元件（即它们的等效电阻等于零），那么高频功率就是这样在电感与电源之间来回交换，丝毫不受损耗，这就是滤波器阻止一些频率通过的物理基础。从这个意义说，可以认为 LC 电路在当作滤波电路使用时，将止带频率的功率发射回电源去。

5.4 滤波器和滤波电路的设计分析

5.4.1 什么是滤波器和滤波电路

滤波器就是一种二接口网络。它具有选择频率的特性，即可以让某些频率顺利通过，而对其他频率则加以阻拦。EMC 设计中的滤波器通常指由 R、L（包括共模电感）、C 中的一种或几种元件构成的低通滤波器。不同结构滤波器的主要区别之一，是其中的电容与电感的连接方式不同。（注：这里所说的滤波器不仅包括作为单个部件的滤波器，还包括直接设计在产品 I/O 接口中的滤波电路。）滤波器按照原理结构不同可以分为多种，最简单的滤波器就是单个电容或电感。图 5.19 为电容和馈通电容。图 5.20 为各种封装的磁珠、共模电感和差模电感。另外，电感和电容不同的组合会形成不同功能的滤波器。图 5.21 为各种由电感、电容组成的简单差模滤波器。图 5.22 为具有共模滤波能力的简单滤波器。

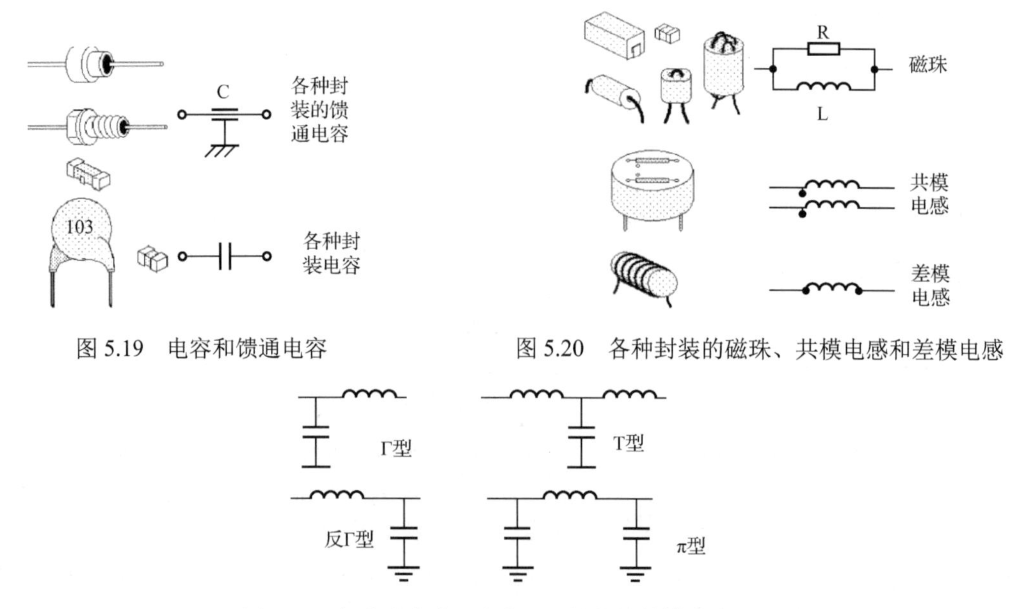

图 5.19 电容和馈通电容

图 5.20 各种封装的磁珠、共模电感和差模电感

图 5.21 各种由电感、电容组成的简单差模滤波器

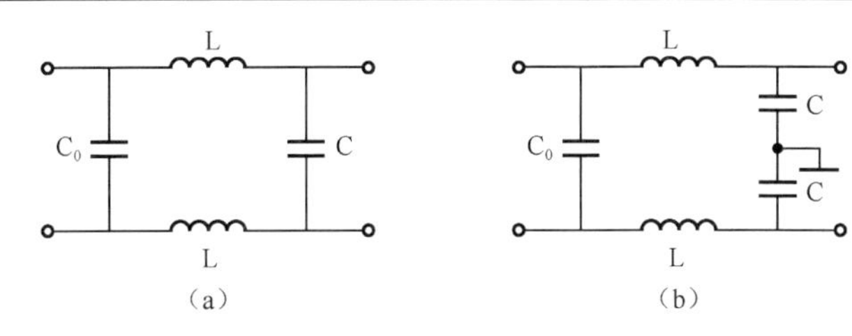

图 5.22　具有共模滤波能力的简单滤波器

5.4.2　滤波效果与阻抗

滤波器的有效性不仅与其结构有关，而且还与连接网络的阻抗有关。例如，单个电容的滤波器并联在高输入阻抗电路的接口时能取得较好的滤波效果，而并联在低输入阻抗电路的接口时却不能取得较好的滤波效果；单个电感的滤波器串联在低输入阻抗电路的接口时能取得较好的滤波效果，而串联在高输入阻抗电路的接口时却不能取得较好的滤波效果。滤波器的工作原理是在射频电磁波的传输路径上形成很大的特性阻抗不连续，将射频电磁波中的大部分能量反射回源处。如果滤波器中还存在耗能性元件（如磁珠、电阻），还将产生损耗，将电磁波的能量转化为热能而散发掉。当滤波器的输出阻抗 Z_o 和与它端接的负载阻抗不相等时，在这个接口上会产生反射。反射系数定义为$\rho=(Z_o-R_L)/(Z_o+R_L)$，Z_o 与 R_L 相差越大，ρ 就越大，接口产生的反射也就越大。对被控制的干扰信号，当滤波器两端阻抗都处于失配状态时，干扰信号会在它的输入和输出接口产生很强的反射。这样一来，滤波器对干扰信号的衰减，等于滤波器的固有插入损耗加上反射损耗。在滤波器电路设计时，可用此技巧来实现对干扰信号更加有效的抑制。这也是为什么选用成品滤波器时，一定要仔细分析其接口阻抗的正确搭配，尽可能产生大的反射，以达到对干扰信号有效控制的原因。有的成品滤波器已在其标牌上标明“电源”和“负载”的字样，这可能是为某特定电子设备所做的标识，也许是制造厂商建议的端接方法。总之，在设计滤波器电路时，先要具体分析滤波器的网络结构和接入电路的等效阻抗，按表 5.2 阻抗搭配方法进行端接。其规律为：电容对应高阻，电感对应低阻。

表 5.2　阻抗搭配方法

源阻抗 Z_S	电 路 结 构	负载阻抗 Z_L
高	C、π、多级π	高
高	Γ、多级Γ	低
低	反Γ、多级反Γ	高
低	L、多级 L	低

成品滤波器其参数是在 50Ω的源和负载阻抗的测试环境下获得的，因为大多数射频测试设备采用 50Ω的源、负载及电缆。这对测试方便，并且也是符合射频标准的。这种方法获得的滤波器性能参数是最优化的，同时也是最具有误导性的，因为滤波器是由电感和电容组成的，因此这是一个谐振电路。其性能和谐振主要取决于源端及负载端的阻抗。事实上，一只价格昂贵且 50/50 性能优秀的滤波器可能在实际中的性能还不如一只价格较低且 50/50 性能较差的滤波器好，那是因为实际应用中源阻抗 Z_S 和负载阻抗 Z_L 很复杂。如白天，交流电源的阻

抗在 2Ω～2kΩ间变化，取决于与它连接的负载以及所关心的频率和不同时刻，如当整流器在电源波形的尖峰附近导通时，相当于短路，而在其他时间，相当于开路。另外，如果滤波器的一端或两端与电感元件相连时，则可能会产生谐振，使某些频率点的插入损耗变为插入增益，此时滤波器不但不能将噪声滤除，反而会放大噪声。

5.4.3 电源 EMI 滤波器设计

源阻抗 Z_S 和负载阻抗 Z_L 的不确定给滤波器设计带来了一定的难度，还好，作为 EMC 测试，不同的测试项目，相关标准均给出了一个标准的电源输出阻抗，即与被测设备相连的 EMC 测试仪器其阻抗是恒定的，传导骚扰测试时，LISN 和接收器提供的共模阻抗为 25Ω，差模阻抗为 100Ω。这样在设计具有开关电源的电源接口的滤波器时，电源接口在频率 150kHz～30MHz 之间的电源接口电网侧的阻抗是恒定的，即开关电源的 EMI 噪声源成为电源滤波器的源，LISN 和接收机成为电源滤波器的负载且阻抗恒定，这样就简化了电源滤波器的设计和选择，因此如图 5.22（b）的滤波器原理图成为接地设备电源滤波器最常用的设计，利用滤波阻抗失配的原理可以解释如下：

（1）由于开关电源的 EMI 噪声源是开关电源中的开关管反复开关动作造成的，其差模 EMI 噪声源（图 5.23 中的 U_{DM}）阻抗 Z_S 为低阻抗，大小取决于与开关电源中电解电容的 ESL 和 ESR。

（2）开关电源的共模噪声源（图 5.23 中的 U_{CM}）存在于开关管、开关管散热器与大地之间（这是由于寄生在开关管、开关管散热器与大地之间的寄生电容造成的），由于寄生电容较小（通常是 pF 级），因此在 150kHz～30MHz 频率之间或更高的频率范围内其阻抗［$1/(2\pi fC)$，其中 C 为开关管、开关管散热器与大地之间的寄生电容］为高阻抗。

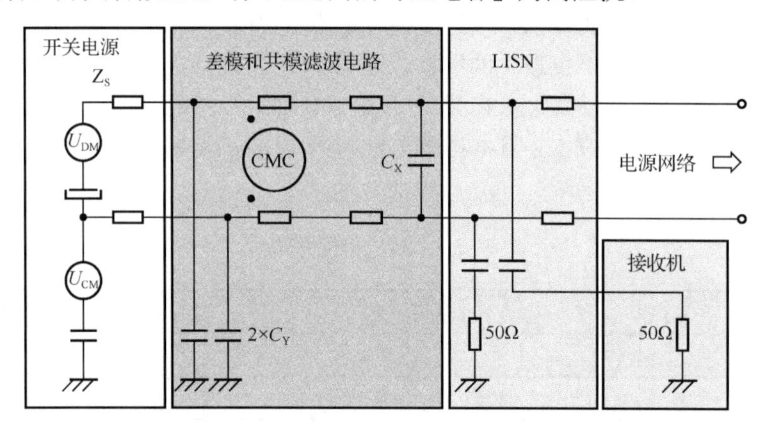

图 5.23 开关电源中差模和共模滤波原理图

（3）传导骚扰测试时，由于 LISN 和接收机（50Ω的输入阻抗）的存在，电源滤波器负载的共模阻抗为 25Ω，相对于共模噪声源的内阻为低阻抗；电源滤波器负载的差模阻抗为 100Ω，相对于噪声源的内阻为高阻抗。差模阻抗为 50Ω，都可以认为是低阻抗。

（4）根据表 5.2 设计滤波器的原则，分别在差模和共模的情况下使电容两端存在高阻抗，电感两端存在低阻抗，于是就设计出图 5.23 所示的差模和共模滤波电路。

（5）为了更加直观，将图 5.23 所示的原理拆分为差模和共模两部分，分别如图 5.24 和图 5.25 所示。

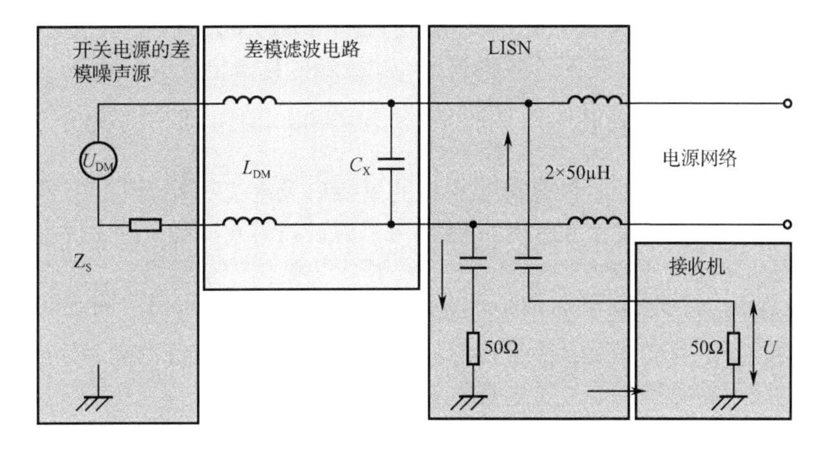

图 5.24 开关电源中差模滤波原理图

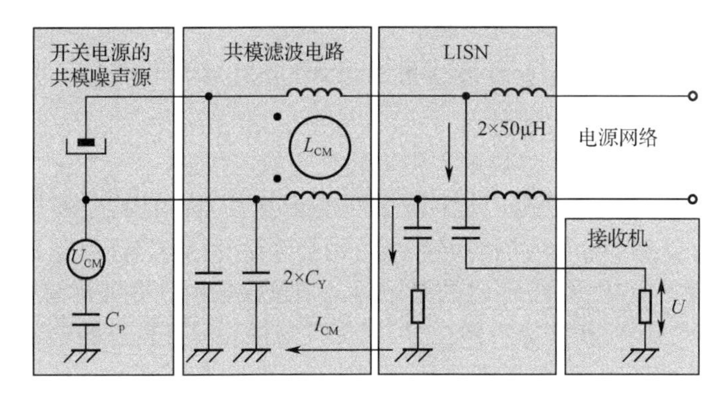

图 5.25 开关电源中共模模滤波原理图

注：

（1）图 5.23 中 C_Y 通常由于漏电流限值不能选择太大的值，当漏电流限值为 0.25mA 时，C_Y 最大不能超过 2.2nF；当漏电流限值为 0.5mA 时，C_Y 最大不能超过 4.7nF；当漏电流限值为 3.5mA 时，C_Y 最大不能超过 33nF；对于医疗设备，特别是与病人身体接触的设备，还不能使用 C_Y。

（2）C_X 通常在 10nF 到几个 μF 之间。

（3）L_{CM} 为共模电感，一般电感值为 0.1～50mH，其磁性材料以 MnZn 铁氧体为好。

（4）图 5.24 中的 L_{DM} 是共模电感的漏感，一般是共模电感值的 1%。

大多数电源滤波器采用共模电感 L_{CM} 和连接在相线间的 X 电容 C_X 处理差模干扰。如果滤波器用于解决相位角功率控制器、马达驱动器等电路产生的低频高强度干扰问题，则通常需要比 X 电容及共模电感的漏感 L_{DM} 所能提供的差模衰减更大的衰减，这时需要采用如图 5.26 所示的差模电感，组成多级差模滤波。但是由于差模电感的磁芯会发生饱和现象，所以很难以较小的体积获得较大的电感量，所以滤波器会比一般滤波器体积大，而且设计成本也比较昂贵。

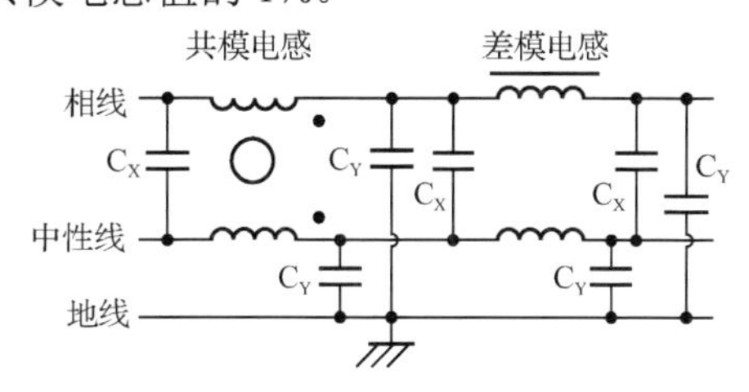

图 5.26 多级电源滤波器差模滤波

另外，对于一些阻抗不确定的设备，为了解决阻抗问题，最好是购买生产厂家同时标明了在“匹配”的 50/50 测试系统中的指标和在“失配”条件下的指标的产品。失配的数据是在源阻抗为 0.1、负载阻抗为 100 的条件下和相反的条件下测得的。一个窍门是用所有这些曲线中的最坏情况形成一条衰减曲线图，并将其作为滤波器的技术指标。

5.4.4 信号接口的滤波设计

信号接口电路滤波设计的目的是减小系统通过接口及电缆对外产生的传导骚扰与辐射骚扰，抑制外界辐射和传导噪声（主要是共模噪声）通过信号接口进入产品系统内部电路而造成干扰。信号滤波器的工作原理与电源滤波器一样，只是由于信号接口上的工作信号频率、幅度及输入/输出阻抗千变万化，使得信号滤波器有其相对独特的地方，不同的信号电路有不同的信号滤波器，即不同的滤波器件组合。其设计的基本原则如下：

（1）滤波电路不能对接口信号质量有本质的影响。

（2）滤波电路应根据实际接口电路、信号特性进行设计，不能简单复制。

（3）需要同时进行滤波电路和浪涌保护电路时，应保证先浪涌保护后滤波的原则，除非滤波电路器件具有足够的耐压值。

（4）滤波后的信号在同一接口连接器里存在不同类型的信号时，必须用地针隔离这些信号，特别是对于一些比较敏感的信号。

（5）对于高频信号的滤波，建议选用带屏蔽外壳的连接器。

（6）如果使用成品滤波器，则应优选金属外壳的滤波器，且其金属外壳应与机壳保持良好的电连续性，对于能够 360° 环绕的连接器，则必须进行 360° 环绕连接。

（7）对于不能进行 360° 环绕连接的滤波器，则建议采用外壳四周有向上簧片的滤波器，而且簧片必须有足够的尺寸和性能（弹性），以保持与机壳间有良好的电连接。

（8）滤波连接器对产品 EMC 性能往往有很大的帮助，但其成本比较高，通常在采用板内滤波、电缆屏蔽等方法能解决问题的情况下，就不采用滤波连接器。滤波连接器通常用在一些特殊的情况下，如严格的军标要求、恶劣工业环境的小批量应用以及一些特殊情况下的应用等（比如结构尺寸限制等）。

（9）如果有些信号由于频率较高而不允许滤波，则在设计时可以考虑将这些信号连接到单独的连接器上，然后对这些信号线使用屏蔽性能较好的屏蔽电缆。

（10）所有信号都要进行滤波处理，只要有一根信号线上有频率较高的共模电流，它就会耦合到同一个连接器上的其他导线上。

对于产品信号接口或 I/O 接口处的滤波器，通常也需要同时考虑共模滤波和差模滤波。共模滤波器或滤波电路靠近信号接口或 I/O 接口放置，对于接地设备，共模滤波器或滤波电路将共模干扰直接引入大地；对于浮地设备，共模滤波器或滤波电路将抑制或减小共模电流的大小。差模滤波器或差模滤波电路靠近接口芯片放置，直接跨接在信号线两端或信号线与工作地之间，对接口芯片的信号接口进行保护。图 5.27 是典型的平衡信号线接口的滤波设计方式。图中，L_1、L_2 是共模电感；C_3、C_4、C_5、C_6 是进行共模滤波的电容，值得注意的是，在平衡电路中由于这些电容会破坏电路应有的平衡性（这个对提高共模抑制比很重要），所以一般不用；C_1、C_2 为差模滤波电容，在 PCB 中靠近接口芯片的信号引脚放置。

虽然不同的信号电路可以使用不同的信号滤波器，但除了对于低频模拟信号，尤其是电子电路的灵敏度非常高时，才会分别在共模和差模滤波时采用多级滤波，在大多数情况下，基本上还是采用电阻（R）、电感或磁珠（L）、电容（C）、RC、LC、π型滤波器。其原理说明如下：

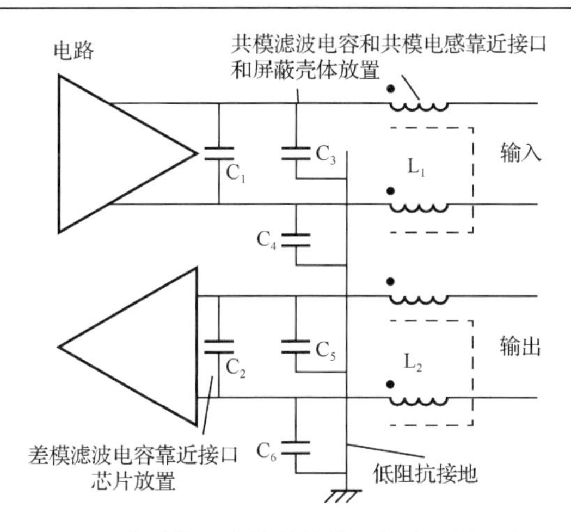

图 5.27　典型的平衡信号线接口的滤波设计方式

（1）当 R 和 L 等单个元件作为滤波器使用时，其基本工作原理是产生一个高阻抗以使干扰产生反射或使干扰损耗掉，但这通常仅能获得几个 dB 的衰减。当源和负载阻抗都较低时，这种滤波器是最适合的。另外，如果要滤除的干扰信号是高频的，那么 L 最好由铁氧体磁性材料做成。铁氧体在低频（有时可达 10MHz 左右）时呈电感特性，但在较高的频率处，它们失去了电感特性而表现出电阻特性。铁氧体磁珠在 100MHz 时的有效阻抗超过 1kΩ，但直流时的阻抗则小于 0.5Ω，因而在无用频率处呈现高阻状态，在有用频率处呈现低阻状态。现在可以采购到型号众多的表贴铁氧体磁珠来满足各种频率的需要。

（2）C 滤波器能产生一个低阻抗来反射干扰，通常用在源和负载阻抗都比较高的场合。通常，C 滤波器的性能曲线看起来都是比较理想的，但实际上远不是这样（具体参考 5.1 节描述）。使用 C 滤波器时，要特别注意 C 对信号质量的影响（如信号边沿），那是因为信号通过滤波电容 C 时，信号会对滤波电容进行充电，从而延缓上升沿。图 5.28 是电容对信号边沿影响的波形图。

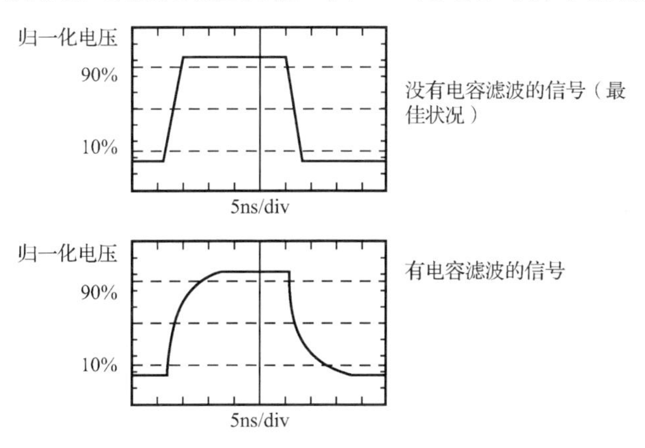

图 5.28　电容对信号边沿影响的波形图

图 5.29 为 RC 充放电电路。图中的方程式描述了对电容充电和放电时，电容两端及流过电容的电流大小的计算方法，U_b 表示从信号发出来的信号电压，R 表示信号源的源阻抗，一般位于集成电路内部，C 即为信号线上的滤波电容。可见，电容 C 的值越大，信号边沿越缓，因此对 I/O 信号进行滤波时，一定要先计算滤波电容的值，使电容对信号边沿的影响控制在信

号规范的范围内。这种滤波电容大小的计算方法有两种。

在计算滤波电容值之前，先要确定被滤波 I/O 信号电路的戴维宁等效电阻，这个电阻值即为信号源内阻和负载电阻的并联值，如图 5.30 所示，假设 R_S=150Ω，R_L=2kΩ，则戴维宁等效电阻为：

$$R_t = \frac{R_S R_L}{R_S + R_L} = \frac{150 \times 2000}{2150}\Omega = 140\Omega$$

方法一：

使用式（5.4）直接求适合某一信号上升时间的最大滤波电容值 C_{max}：

$$C_{max} = 0.3 t_r / R_t \tag{5.4}$$

式中　t_r 为被滤波信号的上升时间；R_t 为被滤波信号电路的戴维宁等效电阻。

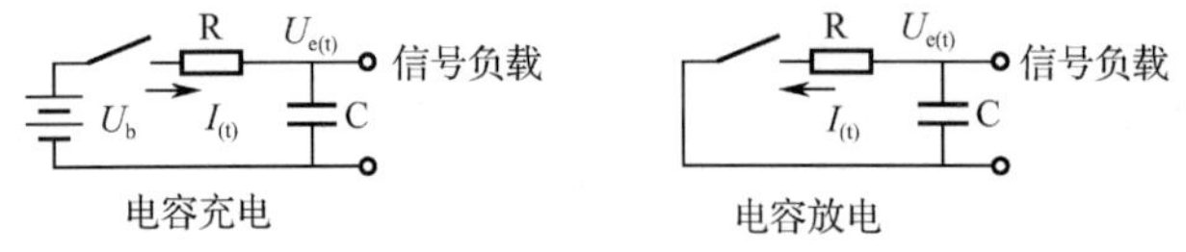

电容充电的电压、电流计算公式

$$U_{e(t)} = U_b\left(1 - e^{\frac{-t}{RC}}\right)$$

$$I_{(t)} = \left(\frac{U_b}{R}\right)e^{\frac{-t}{RC}}$$

电容放电的电压、电流计算公式：

$$U_{e(t)} = U_0 e^{\frac{-t}{RC}}$$

$$I_{(t)} = \left(\frac{-U_0}{R}\right)e^{\frac{-t}{RC}}$$

图 5.29　RC 充放电电路

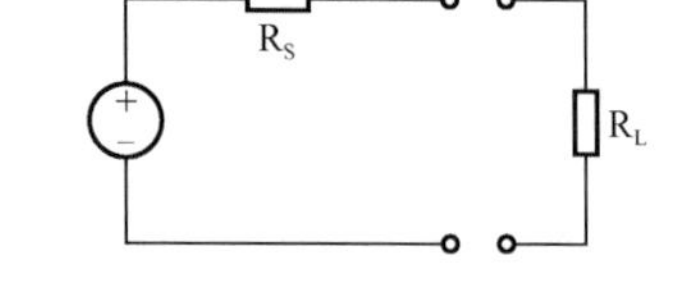

图 5.30　被滤波 I/O 信号电路的等效电路

当 t_r 的单位为 ns 时，C_{max} 的单位为 nF；当 t_r 的单位为 ps 时，C_{max} 的单位为 pF。

注：C_{max} 不但要满足信号上升时间的要求，还要满足信号下降时间的要求。

方法二：

已知信号中需要滤除的最高频率，利用式（5.5）计算滤波电容 C 的最大值 C_{max} 为：

$$\frac{1}{2\pi f_{max} \times \frac{C_{max}}{2}} \geqslant 3 \times R_t$$

$$C_{max} = \frac{1}{f_{max} \times R_t} \tag{5.5}$$

式中，C_{max} 的单位为 pF；f_{max} 的单位为 MHz。

例如：一个信号电路的戴维宁等效电阻为 140Ω，信号工作频率为 20MHz，则最大的滤波电容值 $C_{max} = \frac{100}{20 \times 140}\text{nF} = 0.035\text{nF}$。

注：时钟信号等高速周期信号，一般不采用电容滤波，因为电容滤波在降低时钟信号的上升沿的同时，还会增加时钟信号线上的电流，从而加剧辐射和串扰。一般的做法是通过串联电阻或磁珠限流。

（3）具有较大 R 值的 RC 滤波器是比较理想的，因为它不会产生明显的谐振。但当信号频率在几千赫兹以上，或传输率在 kbps 以上的电路中，高 R 值（最好是取 10kΩ左右）是不适合的。RC 滤波电路也会对信号的边沿产生影响，因此在使用 RC 滤波电路时，也需要对滤波电路中的电容 C 进行计算。计算方法可以参考式（5.4）和式（5.5），只是在计算戴维宁等效电阻时，信号源电阻 R_S 需要再加上 RC 滤波电路中的 R。

例如，假设 R_S=150Ω，R_L=2kΩ，RC 滤波电路中的 R 也为 100Ω，那么戴维宁等效电阻 $R_t=(R_S+R)\times R_L/(R_S+R+R_L)\approx 222\Omega$。另外，$R$ 的大小通常由信号的功能特点来确定。

（4）LC、T 和π型滤波器可以有更高的衰减值，通常应用在具有较高 EMC 要求的非屏蔽电缆接口电路中。

5.5　常用信号接口电路的滤波电路设计原理

5.5.1　鼠标和键盘 PS/2 接口电路的滤波设计

图 5.31 所示电路是一个比较成熟的 PS2 接口滤波电路，TVS 管用来抑制 ESD，PS2 接口经常要进行插拔，受 ESD 干扰比较严重，因此采用多级 ESD 保护。R_t 和 C 组成π型滤波器，用来滤除内部电路传输到 PS2 接口的噪声，同时也滤除外界注入 PS2 接口的干扰。该滤波电路对差模干扰和共模干扰都有抑制效果。这个电路可以由分立器件组成，也可以采用现成集成在一起的滤波器件，如 ST 公司的 KBMF01SC6，为 SOT23-6L 封装。如果能正确使用该器件，可以使 PS2 接口满足标准 PCC Part15 和 CISPR 22 的要求，同时 ESD 抗干扰等级高达 15kV，符合 IEC1000-4-2 标准的最高电平要求。

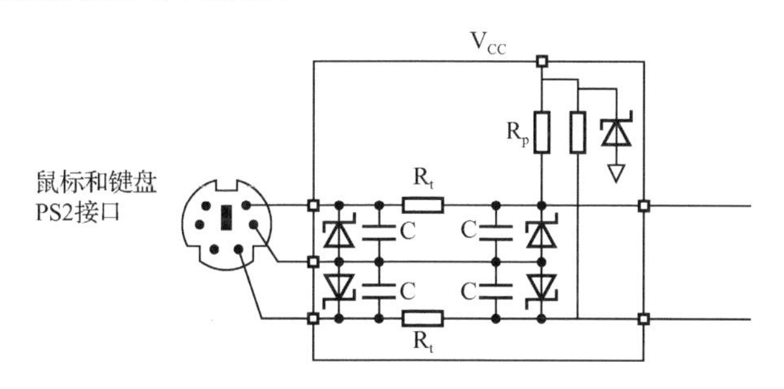

图 5.31　鼠标和键盘 PS2 接口滤波电路

5.5.2　RS232 接口电路的滤波设计

RS232 接口滤波电路常采用 LC 滤波的形式，L 为磁珠（有时也可以用电阻代替），C 为电容，如图 5.32 所示，L 可以选用阻抗特性为 500Ω/100MHz，通流量合适的磁珠。滤波电容由于接口信号质量的要求，一般不能采用很大容值的电容。图 5.32 所示的电路中该电容为 220pF，以达到对高频干扰信号的滤波同时，不对有效信号产生影响。对于接地产品，还会在 GND 和大地或金属外壳之间跨接一个值约为 10nF 的 Y 电容，进行共模滤波，或直接将 GND 与壳体短路。如果还有浪涌保护电路（电缆采用非屏蔽电缆）时，则需要在接口上直接进行浪涌测试，此时接口需要浪涌保护电路（如 TVS 管），并将滤波电路放置在浪涌保护电路的后侧。

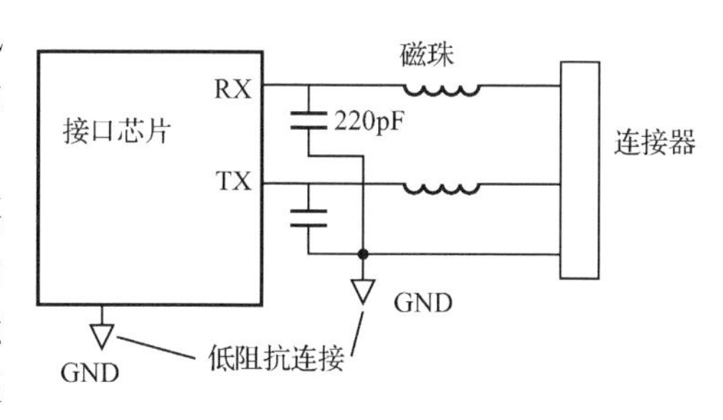

图 5.32　常用 RS232 接口滤波电路

5.5.3　RS422 和 RS485 接口电路的滤波设计

RS422 与 RS485 接口电路的滤波电路都可以采用共模电感的形式，如图 5.33 所示，如果还有浪涌保护电路，应该将滤波电路放置在浪涌保护电路的后边。

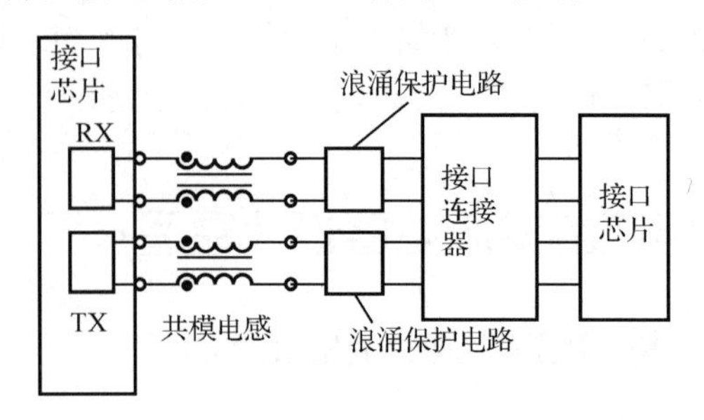

图 5.33　RS422 接口电路滤波电路

5.5.4　E1/T1 接口电路的滤波设计

E1/T1 接口电路是平衡接口电路，其滤波设计可采用共模电感的形式，电路形式与 RS422、RS485 一样。可根据内部电路的工作频率选择共模电感的参数，如 MURATA 公司的 PLM250H/250S 系列、PULSE 公司的 T8005、T8006、T8008。

目前，PULSE 公司已经可以提供集成共模电感的 E1/T1 接口隔离变压器（见图 5.34）产品，并与不同的接口芯片配合（见表 5.3）使用，实践证明该器件可以使 E1/T1 接口达到较好的滤波效果。

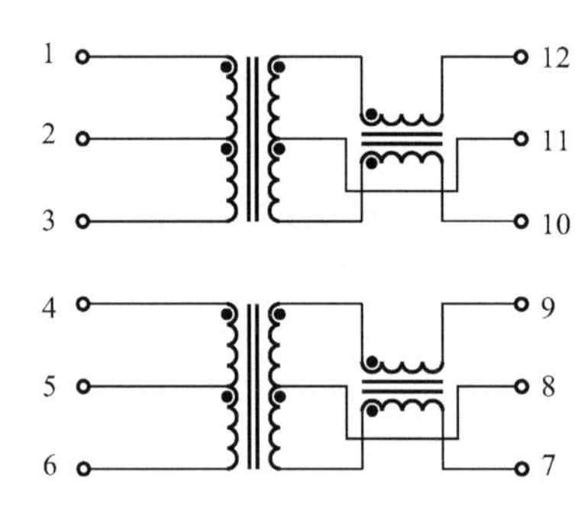

图 5.34　集成共模电感的 E1/T1 隔离变压器

表 5.3　E1/T1 接口芯片与接口变压器的配合表

IC 芯片	接口变压器
T7688	T1214
DS2154、DS21554	T1213
LXT384	T1207
PEB2254	T1215
PEB22554	T1219

E1/T1 接口电路也可采用三端 EMI 电容进行滤波设计，此时应该将浪涌保护电路置于滤波电路之前（共模电感的耐压能力较强，而三端 EMI 电容的耐压较低），电路形式如图 5.35 所示，可选用的三端滤波器件如 MURATA 公司的 NMF51R 系列。

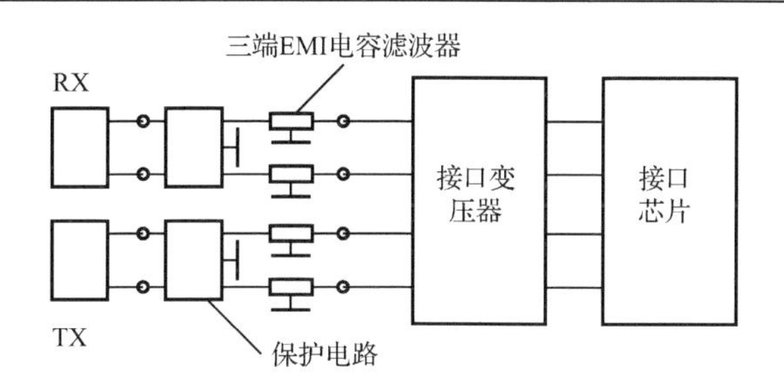

图 5.35　采用三端 EMI 电容对 E1/T1 接口进行滤波设计

5.5.5　以太网接口电路的滤波设计

以太网是一种高速接口电路，很多带有以太网线的产品在 EMC 测试时就是因为以太网线导致辐射测试失败。除电缆接地和选用带有屏蔽的接口连接器外，以太网接口电路的滤波设计、PCB 布局布线（因为工作频率较高，使 PCB 布局布线显得更为重要）也是很重要的一部分。以下是笔者对 10M/100M 以太网接口电路的 EMC 设计的总结，供读者参考。

1．原理设计

图 5.36 为常用以太网接口电路图，就是该部分电路完成阻抗的匹配与 EMI 的抑制。

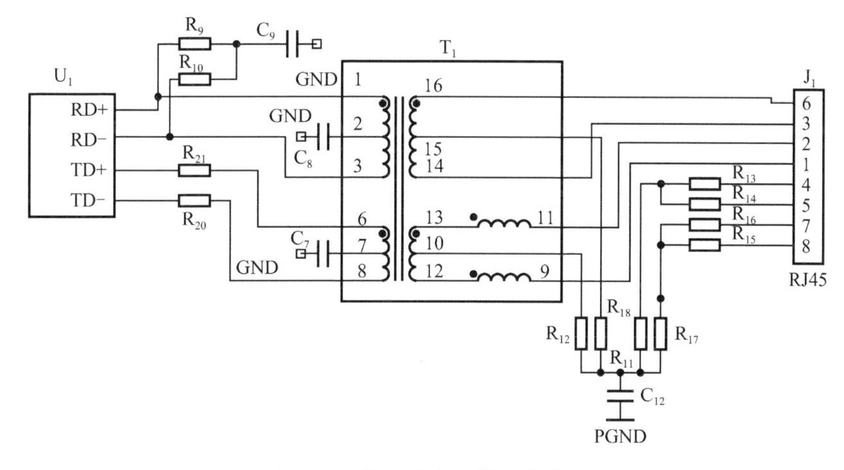

图 5.36　常用以太网接口电路图

注：该电路的变压器只在发送端集成了共模线圈，而接收端没有集成共模线圈，如果变压器没有集成共模线圈，则需要外接共模电感。当然，也可以选用发送端和接收端都集成了共模线圈的网口变压器，如 H1012 等。选用集成了共模线圈的网口变压器时，下面介绍的 PCB 布局布线方法仍然适用。

图中，R_9、R_{10} 是接收端差模匹配电阻，通过中间电容接地，提供共模阻抗匹配，同时也具有共模滤波效果，使得外部共模干扰信号不会进入接收电路；R_{20}、R_{21} 是发送端驱动电阻；变压器次级中心抽头通过电容 C_7、C_8 接地，可以滤除电路内部产生和外部引入的共模干扰；变压器本身提供低频隔离、滤波的作用；初级端由电阻、电容组成的电路是专用的 Bob Smith 电路，以达到差模、共模阻抗匹配的作用，通过电容接地还可以滤除共模干扰，该电路可以提供 10dB 的 EMI 衰减；RJ45 连接器中未用引脚通过电阻、电容组成的阻抗匹配网络接地，以免产生干扰。用于接口芯片、晶振电源去耦的磁珠要具有 100Ω/100MHz 或更高的阻抗特性。

2. PCB 布局（见图 5.37）

- 变压器在板上的放置方向应该使初级、次级电路完全隔离。
- 变压器与 RJ45 之间的距离 L_1、接口芯片与变压器的距离 L_2，应控制在 1in 内。当布局限制时，应优先保证变压器与 RJ45 之间的距离在 1in 内。
- 接口芯片的放置方向应使其接收端正对变压器，以保持接口芯片固有的 A/D 隔离，同时由于路径最短化可以容易做到平衡走线，减少干扰信号向板内耦合的同时，防止共模电流向差模电流转化，从而影响接收端的信号完整性。
- 接收端差模、共模匹配电阻、电容靠近接口芯片放置，两个电阻对称放置，在共有节点中心位置接出电容；发送端串阻靠近接口芯片放置。
- 变压器次级共模滤波电容靠近变压器；Bob Smith 电路靠近 RJ45 连接器。
- 图 5.37 中，A 区域电路靠近接口芯片放置，B 区域电路靠近网口变压器放置。
- 信号线 TX+和 TX-（RX+和 RX-）之间的距离要保持在 2cm 之内。

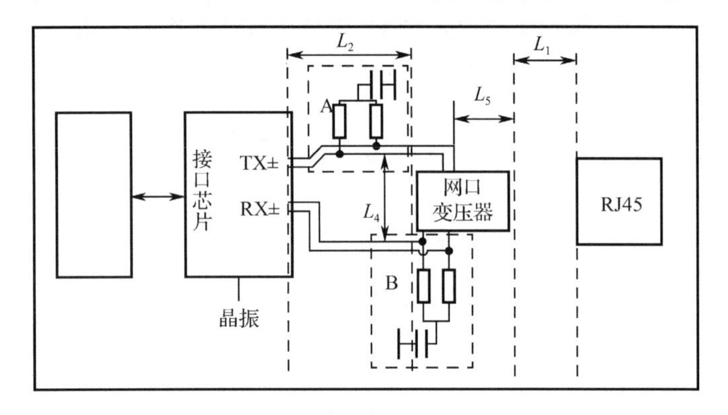

图 5.37　接口电路 PCB 布局

3. PCB 布线

- 保护地 PGND 的分割线通过变压器体正下方，分割线宽应在 100mil（$1\text{in}=10^3\text{mil}$）以上，见图 5.37 中 L_5，并保证输入/输出线有很好的隔离，见图 5.38 中 L_4，隔离可以采用图 5.39 中所示的铺 GND 的方式。

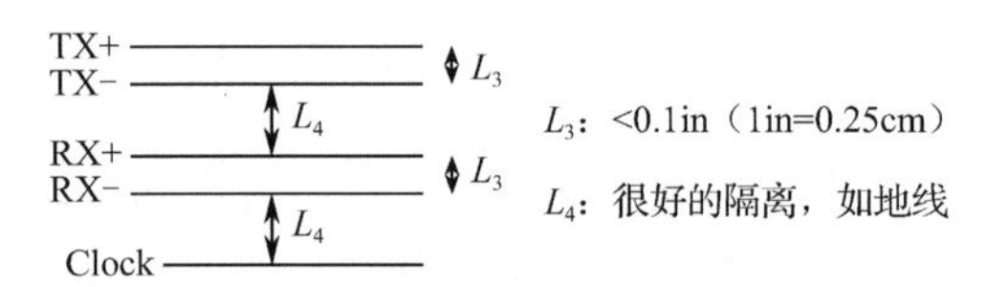

图 5.38　PCB 布线

- 除 PGND 层外，网口变压器初级边下的所有平面层做挖空处理，如图 5.40 中右边方框区域（图 5.40 是一个具有良好以太网接口电路 EMC 设计的 PCB 图）。建议此区域内 PGND 层的焊盘及过孔设置应满足：反焊盘（Anti Relief）、热焊盘（Thermal Relief）直径比正常焊盘（Regular Pad）大 70mil 以上
- 最优先处理的关键信号线是 TX+和 TX-（RX+和 RX-），如图 5.40 中高亮的标有 TPI、TPO 字样的网络；TX+和 TX-（RX+和 RX-）应以差分形式布线，平衡对称是最重要的，以提高接收端性能，防止发送端辐射发射；差分线间距不超过 100mil（图 5.38 中

的 L_3)；紧邻地平面布线，推荐直接在顶层不打过孔直连，顶层下第二层为地平面；附近不能有其他高速信号线，特别是数字信号线；布线宽度推荐为 20mil，提高抗干扰能力（空间足够时，考虑在旁边布屏蔽地线，屏蔽地线必须每隔一段距离要有接地过孔)。

- 接口芯片推荐的数字电源和模拟电源必须分开，如图 5.40 中所示。每一个模拟电源引脚处布置一个高频电容；模拟电源在电源层分割，见图 5.40 中左边矩形框区域；分割宽度为 50mil；数字电源不能扩展到 TX+和 TX-（RX+和 RX-）信号附近。
- 电流偏置电阻（图 5.40 中 R19）附近不能有其他高速信号线穿过。
- 变压器与 RJ45 连接器之间的接收、发送信号线的处理方式与次级的印制线 TX+和 TX-（RX+和 RX-）处理方式一致。
- Bob Smith 电路布线加粗，电阻和电容节点网络（图 5.40 中白色高亮网络）的处理方式是：在走线层铺铜。
- TX+和 TX-印制线最好没有过孔，RX+和 RX-印制线与元件布在同一层。

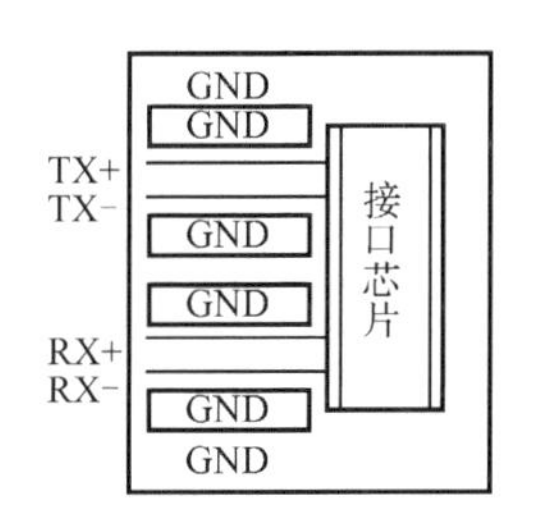

图 5.39　输入/输出线用 GND 隔离

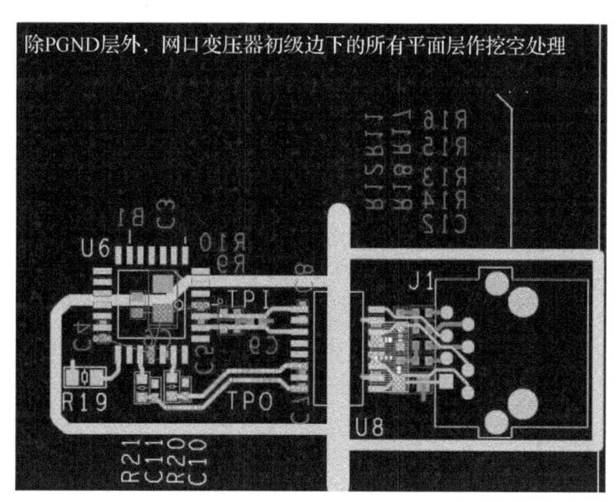

图 5.40　网口布局图

5.5.6　USB 接口电路的滤波设计

USB 信号传输电缆通常是双绞屏蔽线，其内部包含一对 USB 信号线和一对电源线，在传输通道上的输入电压为 4.07～5.25V，传输的最大电流约为 500mA。USB 接口的传输速率很高，因此如何提高 USB 信号的传输质量、减小 EMI 和 ESD 成为 USB 设计的关键。以 USB2.0 为例，从电路原理图设计和 PCB 布局布线设计两个方面对此进行分析。

当 USB 接口中带有电源信号，对电源信号也要进行滤波处理。图 5.41 是常用的 USB 接口滤波电路原理图。电源线上串联一个磁珠（如阻抗为 120Ω/100MHz、额定电流为 2A)，并在电源线上的磁珠两端并联电容（图 5.41 中的 C_1 和 C_2)，电容一般为 0.01～0.1μF。另外，如果该产品是金属壳体，则还需将电路板的工作地直接接至外壳，或通过旁路电容（图 5.41 中的 C_y）接至外壳或大地，并与电缆屏蔽层相连（浮地产品需要将 USB 电缆屏蔽层与 GND 通过 Y 电容相连或直接连接)。

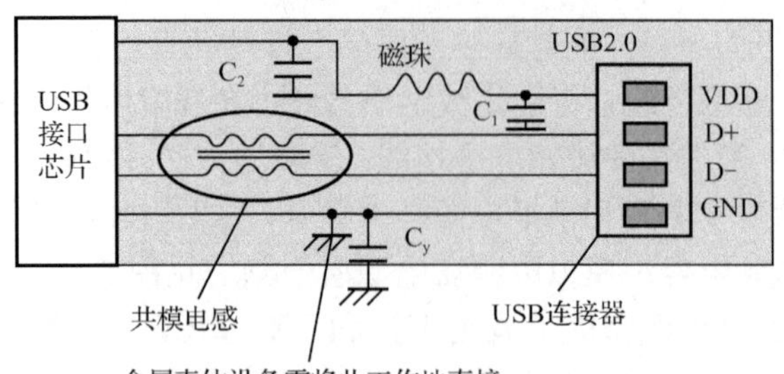

图 5.41　常用的 USB 接口滤波电路原理图

USB 差分线对上串联一个共模电感（如共模阻抗为 90Ω/100MHz）。对于共模电感的选择，要考虑共模电感的差模寄生电感对高速 USB 信号的影响。如果寄生差模电感太大，就会对 USB 信号产生衰减，影响 USB 接口的工作性能。图 5.42 是一个共模电感的衰减损耗曲线图。图中曲线表明，该器件在 100MHz 处的差模衰减几乎为零，480MHz 处的差模衰减也接近于零，而这两点频率上的共模衰减却很大。这种衰减特性表明此共模电感对差分信号不会造成影响，而对共模干扰电流会进行选择性的衰减。

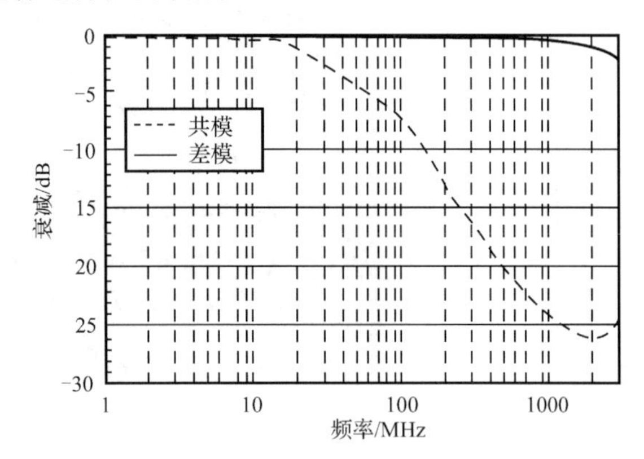

图 5.42　一个共模电感的衰减损耗曲线

由于 USB 接口具有可热插拔性，USB 接口很容易因不可避免的人为因素导致静电而损坏器件，比如死机、烧板等。因此，使用 USB 接口的用户迫切要求加入防 ESD 的保护器件。不过，值得注意的是，对于金属外壳的设备，USB 的 ESD 保护电路原理往往会设计成如图 5.43 所示的那样，将 ESD 保护器件分别并联在电路中的 USB 数据线、电源线、工作地和金属外壳（屏蔽层）之间，其实这是一种错误的设计。正确的设计方法是，将 ESD 保护器件分别并联在电路中的 USB 数据线、电源线和工作地之间，并把工作地和金属外壳（屏蔽层）直接短路（如果允许）。对于非金属外壳设备，ESD 保护器件也分别并联在电路中的 USB 数据线、电源线和工作地 GND 之间，并将 USB 电缆屏蔽层与 GND 相连。只是工作地不再与金属壳体相连而已（因为无金属壳体）。

差分线对因数据传送速度高达 480Mb/s，则需要连接寄生电容非常小的器件（图 5.44 所示的电压波形也验证了寄生电容为 4pF 的压敏电阻器可以满足 USB 信号的要求），如顺络电子有限公司生产的 SDV1005H180C4R0GPT 压敏电阻器，其动作电压为 18V、结电容最大值为 4pF。较大电容的保护器件可导致数据信号波形恶化，甚至出现数位错误。实验室的测量结果显示，寄生线电容高于 3.5pF 的 ESD 保护二极管可能会在高速数据传输时产生很大的信号干扰。结果可能导致 USB2.0 收发器无法正常读取数据。而对于 USB1.1 接口，寄生电容大约 50pF 的二极管并不会构成任何数据完整性问题。这就是 USB2.0 的 ESD 保护器件的额定寄生电容在 0V 时通常要求低于 3pF 的主要原因。

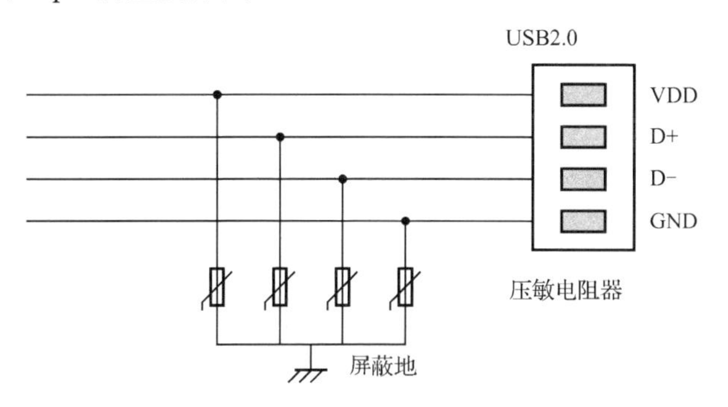

图 5.43　USB2.0 的 ESD 保护电路

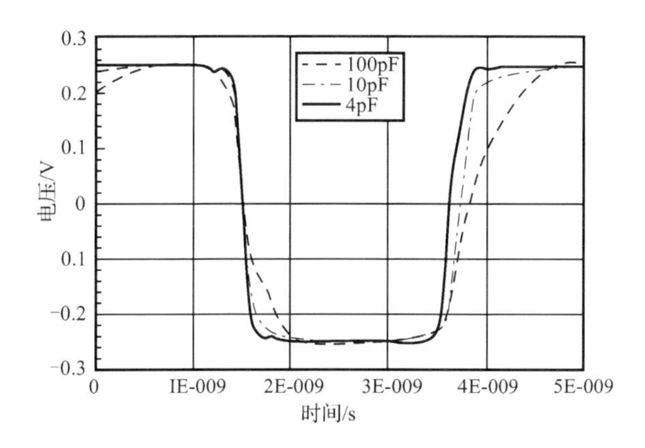

图 5.44　不同电容值的压敏电阻对波形的影响

USB 接口的另一种 ESD 保护电路如图 5.45 所示。

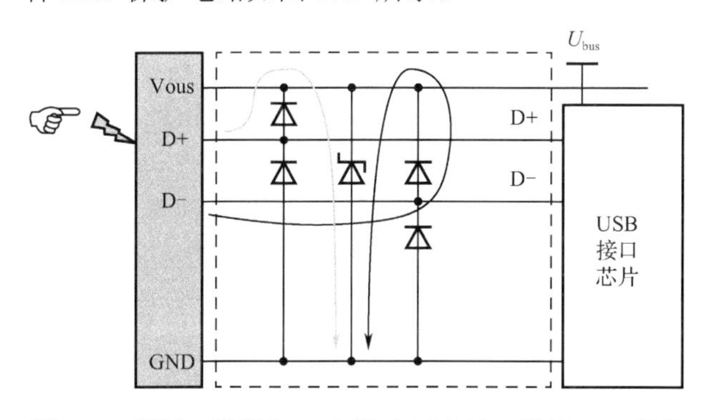

图 5.45　利用二极管和 TVS 管对 USB 接口进行 ESD 保护

在这个电路图中，由于单个 TVS 管的寄生电容较大，因此不能直接并联在 USB 的数据线之间。利用二极管寄生电容较小的特性，当二极管与 TVS 管串联时，总寄生电容取决于较小的部分，因此不会对 D+、D−信号产品影响。图 5.45 中箭头线表示了 D+、D−线上 ESD 电流放电的路径。通常图中的 4 个二极管和一个 TVS 管是集成在一起的一个器件，它可以做到在 D+、D−之间的典型线路电容低于 3.5pF，可完全满足 USB 接口的所有设计要求。

由于 USB 接口信号速度较高，因此在 PCB 中也要特别注意 PCB 布线对其 EMC 性能的影响。对于 USB2.0 的 PCB 布线，需要考虑以下原则：

- 差分线对要保持线等长，否则会导致时序偏移、降低信号质量以及增加 EMI。
- 差分线对之间的间距要保持小于 10mm，并且信号的始端到末端保持一致，增大它们与其他信号走线的间距。
- 差分走线要求在同一板层上，因为不同板层之间的阻抗、过孔等差别会降低差模传输的效果而引入共模噪声。
- 差分信号线之间的耦合会影响信号线的外在阻抗，必须采用终端电阻实现对差分传输线的最佳匹配。
- 尽量减少过孔等会引起线路不连续的因素。
- 避免导致阻值不连续性的 90° 走线，可用圆弧或 45° 折线来代替。
- 每对 D+/D−外围加上包围的屏蔽地线（Guard Traces）。
- USB 控制接口芯片靠近 USB 连接器，使 USB 连接器与 USB 连接器之间的 D+/D−信号线距离最短。
- 避免使用两个 USB 连接器的 D+/D−印制线同时与一个 USB 接口芯片连接。
- USB 接口芯片用的晶振时钟线周围需要用屏蔽 GND 线作包地处理，并保持时钟线、等长等距平行布线。

5.6 滤波器或滤波电路的安装与放置

设计制造得很好的滤波器或滤波电路，也可能因安装不当而降低它对干扰信号的抑制能力。如图 5.46 所示电源滤波器的安装方法是有问题的。问题的本质在于，滤波器的输入端电线和它的输出端电线之间存在有明显的电磁耦合路径串扰。这样一来，存在于滤波器某一端的 EMI 信号会逃脱滤波器对它的限制，不经过滤波器的衰减而直接耦合到滤波器的另一端去；另外，图中的三种滤波器都是安装在设备屏蔽的内部，设备内部电路及元件上的 EMI 信号会因电磁耦合（串扰）在滤波器的（电源）端引线上生成 EMI 信号而直接耦合到设备外面，使设备屏蔽丧失对内部元件和电路产生的 EMI 辐射的抑制。当然，如果滤波器输入电缆上存在共模干扰信号，也会跨过滤波器耦合到设备内部的元件和电路上，从而破坏滤波器和屏蔽的作用。

在电子设备或系统内安装滤波器或放置滤波电路时要注意的是：在捆扎设备电缆时，千万不能把滤波器输入端的电缆和滤波器输出端的电缆捆扎在一起；PCB 布线时，千万不能把滤波器输入端的信号线和滤波器输出端的信号线布置在一起，因为这无疑加剧了滤波器输入/输出端之间的电磁耦合，形成串扰，严重破坏了滤波器和设备屏蔽对干扰信号的抑制能力。

另外，要求滤波器的外壳或滤波电路中共模滤波电容（有时也叫 Y 电容）与系统大地之间有良好的低阻抗电气连接，也就是说，要处理好滤波器的接地。最好不要像图 5.46（a）所示的那样，把滤波器安装在塑料板或其他绝缘物体上，而应该安装在金属外壳上。要避免使用较长的接地线。因为过长的接地线意味着大大增加接地电感和电阻，这样会严重破坏滤波器的共模抑制能力。较好的方法是，用金属螺钉与星形弹簧垫圈把滤波器的屏蔽牢牢地固定在设备电源入口处的机壳上。

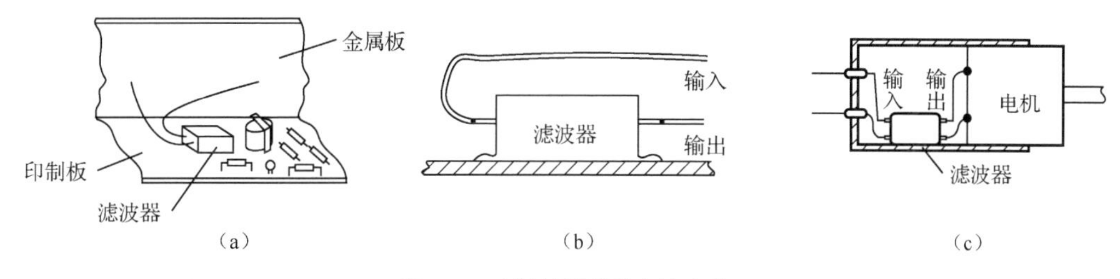

图 5.46　滤波器不正确的安装

滤波器正确的安装如图 5.47 所示。这些安装方法的特点是借助设备的屏蔽，把电源滤波器的输入端和输出端有效地隔离开来，把滤波器输入端和输出端之间可能存在的电磁耦合（即串扰）控制到最低程度。

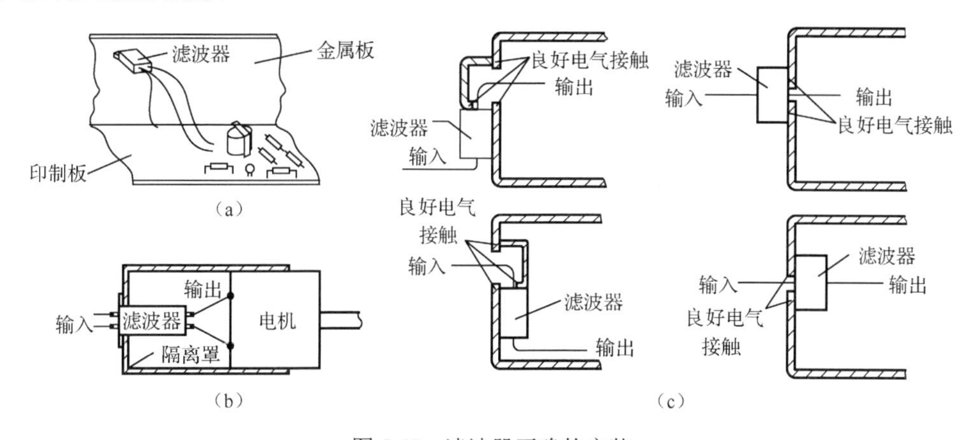

图 5.47　滤波器正确的安装

如果是在 PCB 上设计滤波电路，并且接地由 PCB 印制线实现，那么对于共模滤波电容的接地，即共模滤波电容与金属外壳或产品接地点之间，必须采用具有长宽比小于 3 的印制线，而且不能有过孔或裂缝、开槽存在；对于差模滤波电容的接地，即差模滤波电容与接口芯片的工作地引脚之间，也必须采用具有长宽比小于 3 的印制线，而且其间不能有过孔或裂缝、开槽存在，否则就不算是 EMC 意义上良好接地。下面是一个电机接口的滤波电路安装案例。

【案例描述】

小型带电刷车载直流电机的辐射发射频谱图如图 5.48 所示。

由图可见，该电机的辐射发射已经超过了限制线。

【原因分析】

带电刷的电机，由于在电刷切换时电机线圈中的电流不能突变，当一路线圈通电断开时，会在该线圈的两端产生较高的反电动势，这个电动势会在附近的回路中产生放电现象，放电产生瞬态电流具有较陡的上升沿，伴随着高频噪声，并且这种噪声在幅度和频率上有很大的随机性。当这些高频噪声耦合到电源线或其他较长的未接地导体时，就会产生辐射。图 5.49 为电机实物图。图 5.50 为拆开后的电机实物图。图 5.51 为电流的直流供电口的滤波电路原理图。滤波电路中的电感 L1、L2 直接与电刷串联。电感的作用是防止当电刷通过换向片间隙时流进电刷电流的突然变化。电感的电感量大约为 4μH。串联在电路中的电感和对地的旁路电容 C2、C3 组合起来构成一个低通滤波器，这可以增强单个电感或电容的滤波效果。

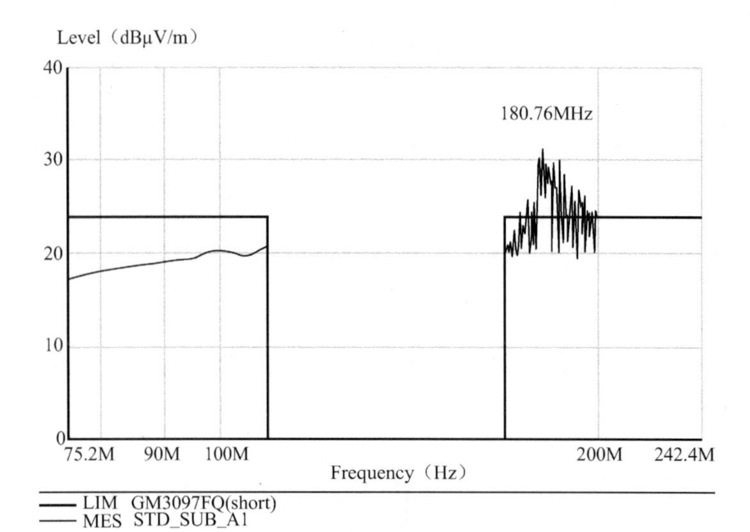

图 5.48　小型带电刷车载直流电机的辐射发射频谱图

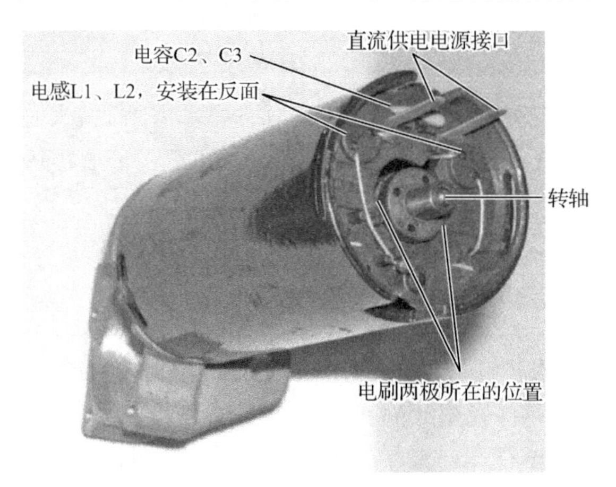

图 5.49　电机实物图

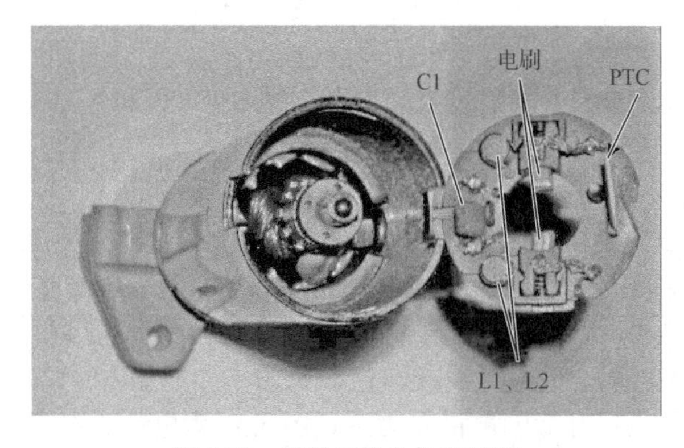

图 5.50　拆开后的电机实物图

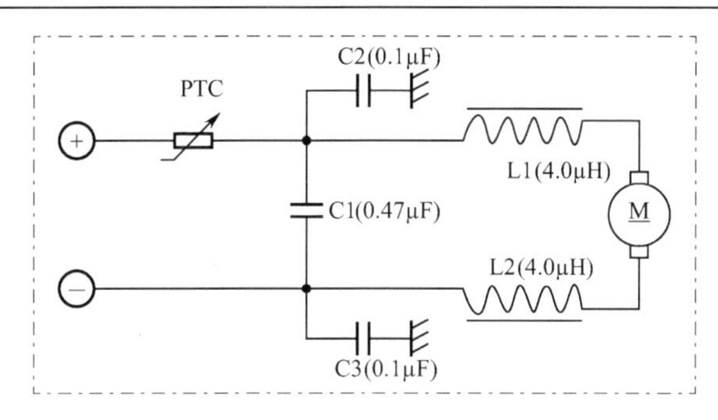

图 5.51　电流的直流供电口的滤波电路原理图

由图 5.49～图 5.51 可以看出，该电机的滤波电路，物理位置正好处在电机中电刷（放电骚扰源）当中，因此电刷放电产生的近场噪声会通过电磁耦合的方式耦合到滤波电路的环路中，使滤波电路失效。

【处理措施】

- 改变滤波电路位置，把滤波电路中的所有器件都移到电机电刷的一边，消除滤波电路组成的环路正好落在电刷当中这一情况。
- 将电刷和滤波电路之间进行屏蔽处理，防止电刷放电产生的电磁波通过空间传播到电源线上。
- 电容的引线也很重要，引线很长的电容几乎没有什么效果，因此要缩短电容的引线。要使电容具有较好的滤波效果，它与噪声源的公共地之间的连线要非常短。自由空间中的导线的电感约为 1nH/cm。如果电刷产生的噪声频率为 180MHz，与电容连接的导线的长度为 4～6cm，那么即使不考虑电容本身在一定频率下的容抗，仅导线电感的阻抗也已经有：

$$X_{\mathrm{L}} = 2\pi fL = 6.78\Omega$$

总阻抗还需要加上电容（0.1μF）的容抗：

$$X_{\mathrm{C}} = 1/(2\pi fC) = 0.09\Omega$$

从这个结果可以看出，单看电容的容抗，这是一个非常好的旁路型滤波器。但是由于引线电感的影响，已经根本不起滤波器的作用了。如果将导线的长度缩短为 1cm，则电感的阻抗仅为 1.1Ω，这时滤波电容的效果提高了 20%。当用电机外壳做接地端时，壳体上的漆必须去掉，以便导线与地能够良好地接触。即使产品的外壳是金属的，也要将滤波器直接安装在噪声源上，而不是靠近噪声源或外壳的某个最方便的位置。这样可以消除任何额外的引线长度，使噪声回到噪声源的阻抗最小，具有最佳的滤波效果。

- 另外，由于电机的电压尖峰是由电刷与换向片触点的断开产生的，尖峰的幅度可以通过将电刷材料换成较软的材料或增加电刷对换向片的压力来减小，但是这会缩短电刷的寿命及引起其他一些问题。这个方法可以在没有其他更好办法时使用。

5.7　滤波器与共模电流分析

根据以上关于滤波器的分析可知，滤波器对于共模电流（无论是注入接口上的共模干扰电流，还是内部电路产品的共模噪声电流）来讲，存在如下意义：

（1）对于共模滤波器，其不但使共模电流减小，而且对于具有共模滤波电容的共模滤波器，还能改变共模电流的方向。

（2）对于差模滤波器，不能改变共模电流的大小也不能改变共模电流的方向，但是能将共模电流传输中由于传输电路不平衡而转换成的差模干扰信号滤除。

5.8 PCB 中的去耦设计

5.8.1 去耦的实质

去耦（Decoupling）：当器件高速开关时，高速器件需要从电源分配网络吸收瞬态能量。去耦电容也为器件和元件提供一个局部的直流源，这对减小由于电流在板上传播而产生的尖峰很有作用。

图 5.52 是一个典型的门电路输出级。当输出为高时，Q_3 导通，Q_4 截止；相反，当输出为低时，Q_3 截止，Q_4 导通，这两种状态都在电源与地之间形成了高阻抗，限制了电源的电流。

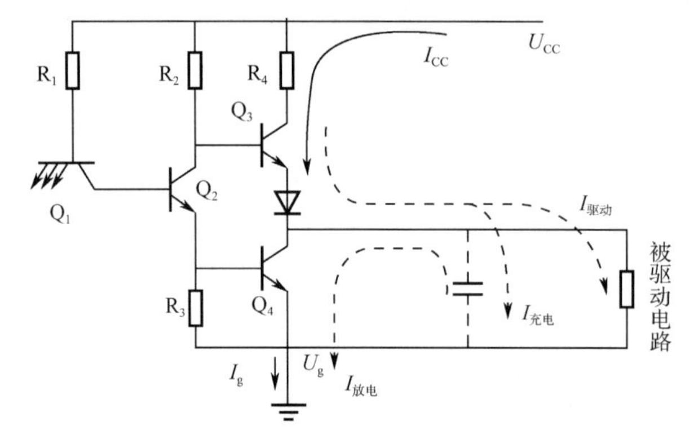

图 5.52　典型的门电路输出级

但是，当状态发生变化时，会有一段时间 Q_3 和 Q_4 同时导通的过程，这时在电源与地之间形成短暂的低阻抗，产生 30～100mA 的尖峰电流。当门输出从低变为高时，电源不仅仅提供短路的电流，还要给寄生电容提供充电的电流，使这个电流的峰值更大。由于电源线总是有不同程度的电感，因此当发生电流突变时会有感应电压，这就是电源线上出现的噪声。当电源线上产生尖峰时，地线上必然也流过这个电流，由于地线也总会有不同程度的电感，因此也会感应出电压，这就出现了地线噪声，特别是对周期信号的电路来说，噪声尖峰更加集中，如图 5.53 所示。

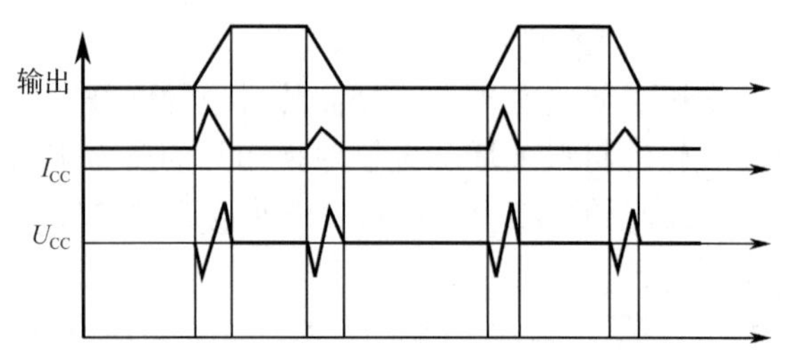

图 5.53　电源线上和地线上的噪声

去耦电容是为了克服上述产生的尖峰噪声的一种方法。当所有的信号引脚工作于最大容量负载并同时开关时，去耦电容还提供给元件在时钟和数据变化期间正常工作所需的动态电压和电流。去耦是通过在信号线和电源平面间提供一个低阻抗的电源来实现的。在频率升高到自谐振点之前，随着频率的提高，去耦电容的阻抗会越来越低。这样，高频噪声会有效地从信号线上泄放，这时余下的低频射频能量就没有什么影响了。

当元件开关消耗直流能量时，没有去耦电容的电源分配网络中将发生一个瞬时尖峰。这是因为电源供电网络中存在着一定的电感，而去耦电容能提供一个局部的、没有电感的或者说很小电感的电源。通过去耦电容，把电压保持在一个恒定的参考点，阻止了错误的逻辑转换，同时还能减小噪声的产生，因为它能提供给高速开关电流一个最小的回路面积来代替元件和远端电源间大的回流面积，如图 5.54 所示。

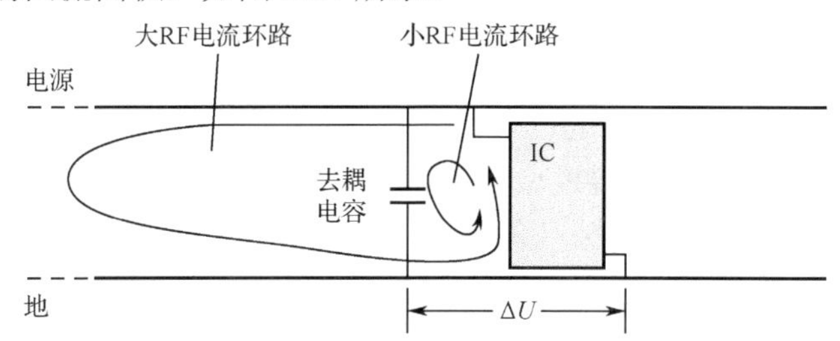

图 5.54　两层板中去耦电容的存在大大减小了电流环路

去耦电容的另一个作用是提供局部的能量存储源，可以缩短电源供电的辐射路径。电路中 RF 能量的产生是和 I、A、f 成正比的，这里 I 是回路的电流，A 是回路的面积，f 是电流的频率，因为电流和频率在选择逻辑器件时已确定，要想减小辐射，减小电流的回路面积就变得非常重要。在有去耦电容的电路中，电流在小 RF 电流回路中流动，从而减小 RF 能量。通过仔细放置去耦电容可以得到很小的回路面积。

根据去耦电容的工作原理，如果增加从电源线吸收能量的难度，就会使大部分能量从去耦电容获得，充分发挥去耦电容的作用，同时电源线上也将产生更小的 dI/dt 噪声。根据这一思路，可以人为地增加电源线上的阻抗。串联铁氧体磁珠是一种常用的方法，由于铁氧体磁珠对高频电流呈现较大的阻抗，因此增强了电源去耦电容的效果。

5.8.2　去耦电容的选择方法

在实际电路设计中，时钟等周期工作电路器件要进行重点的去耦处理。这是因为这些器件产生的开关能量相对集中，幅度较高，并会注入电源和地分配系统中。这种能量将以共模和差模的形式传到其他电路或子系统中。去耦电容的自谐振频率必须高于抑制时钟谐波的频率。典型地，当电路中信号沿为 2ns 或更小时，选择自谐振频率为 10～30MHz 的电容。常用的去耦电容是 0.1μF 并上 0.001μF，但是因为它的感性太大、充放电时间太慢而不能用作 200～300MHz 以上频率的供电源。一般 PCB 电源层与地层之间分布电容的自谐振频率为 200～400MHz，如果元器件工作频率很高，只有借助 PCB 层结构的自谐振频率（作为一个大电容）来提供很好的 EMI 抑制效果，通常具有一平方英尺面积的电源层与地层平面，当距离为 1mil 时，其间电容为 225pF。

在 PCB 上进行元件放置时，要保证有足够的去耦电容，特别是对时钟发生电路来说；还要保证旁路和去耦电容的选取满足预期的应用；自谐振频率要考虑所有要抑制的时钟的谐波，通常情况下，要考虑原始时钟频率的五次谐波。

下面以一个实际例子来说明如何来选择去耦电容（虽然这种方法在实际电路设计中并不实用），假设电路中有 50 个驱动缓冲器同时开关输出，边沿速率为 1ns，负载为 30pF，电压为 2.5V，允许波动范围为±2%（如果考虑电源层的阻抗影响，可允许的波动范围可增加），则最简单的一种方法就是看负载的瞬间电流消耗，计算方法如下。

（1）先计算负载需要的电流 I。

$$I=\frac{C\mathrm{d}U}{\mathrm{d}t}=\frac{30\mathrm{pF}\times 2.5\mathrm{V}}{1\mathrm{ns}}=75\mathrm{mA}$$

则总的电流需要：$50\times 75\mathrm{mA}=3.75\mathrm{A}$

（2）然后可以算出需要的电容。

$$C=\frac{I\mathrm{d}t}{\mathrm{d}U}=\frac{3.75\mathrm{A}\times 1\mathrm{ns}}{2.5\times 2\%}=75\mathrm{nF}$$

（3）考虑到实际情况可能因为温度、老化等影响，可以取 80nF 的电容以保证一定的裕量，并可采用两个 40nF 电容并联，以减小 ESR。

上面这种计算方法很简单，但实际的效果不是很好，特别是在高频电路的应用上，会出现很多问题。比如上面的这个例子，即便电容的电感很小，只有 1nH，但根据 $\mathrm{d}U=L\mathrm{d}i/\mathrm{d}t$，可以算出大概有 3.75V 的压降，这显然是无法接受的。

因此，针对较高频率的电路设计时，要采用另外一种更为有效的计算方法，主要看回路电感的影响。仍以刚才的例子进行分析：

（1）先计算电源回路允许的最大阻抗 $X_{\max}$。

$$X_{\max}=\Delta U/\Delta I=0.05\mathrm{V}/3.75\mathrm{A}=13.3\mathrm{m}\Omega$$

（2）考虑低频旁路电容的工作范围 F_{BYPASS}。

$$F_{\mathrm{BYPASS}}=X_{\max}/(2\pi L_0)=13.3\mathrm{m}\Omega/(2\times 3.14\times 5\mathrm{nH})=424\mathrm{kHz}$$

这是考虑板子上电源总线的去耦电容一般取值较大的电解电容，这里假设其寄生电感为 5nH。可以认为频率低于 F_{BYPASS} 的交流信号由板级大电容提供旁路。

（3）考虑最高有效频率 F_{knee}，也称为截止频率。

$$F_{\mathrm{knee}}=0.5/T_{\mathrm{r}}=0.5/1\mathrm{ns}=500\mathrm{MHz}$$

截止频率代表了数字电路中能量最集中的频率范围，超过 F_{knee} 的频率将对数字信号的能量传输没有影响。

（4）计算出在最大的有效频率（F_{knee}）下电容允许的最大电感 L_{TOT}。

$$L_{\mathrm{TOT}}=\frac{X_{\max}}{2\pi F_{\mathrm{knee}}}=\frac{X_{\max}T_{\mathrm{r}}}{\pi}=\frac{13.3\mathrm{m}\Omega\times 1\mathrm{ns}}{3.14}=4.24\mathrm{pH}$$

（5）假设每个电容的 ESL 为 1.5nH（包含焊盘引线的电感），则可算出需要的电容个数 N。

$$N=\mathrm{ESL}/L_{\mathrm{TOT}}=1.5\mathrm{nH}/4.24\mathrm{pH}=354$$

（6）电容在低频下不能超过允许的阻抗范围，可以算出总的电容值 C。

$$C=\frac{1}{2\pi F_{\mathrm{bypass}}X_{\max}}=\frac{1}{2\times 3.14\times 424\mathrm{kHz}\times 13.3\mathrm{m}\Omega}=28.3\mu\mathrm{F}$$

（7）最后算出每个电容的取值 C_{n}。

$$C_{\mathrm{n}}=C/N=28.3\mu\mathrm{F}/354=80\mathrm{nF}$$

计算结果表示，为了到达最佳设计效果，需要将 354 个 80nF 的电容平均分布在整个 PCB 上，但是从实际情况看，这么多电容往往是不太可能的，如果同时开关的数目减少，上升沿不是很快，允许电压波动的范围更大的话，计算出来的结果也会变化很大。如果实际的高速电路要求很高的话，只有尽可能选取 ESL 较小的电容来避免使用大量的电容。

实践中，去耦电容的容量选择并不严格，可按 $C=1/f$ 选用，f 为电路频率，即 10MHz 频率以下选 0.1μF，100MHz 频率以上选 0.01μF，10～100MHz 频率之间，在 0.1～0.01μF 之间任选。

但是，近年的研究表明，去耦电容的容量选择还必须满足以下条件：

① 芯片与去耦电容两端电压差 ΔU_0 必须小于噪声容限 U_{NI}：

$$\Delta U_0 = \frac{L\Delta I}{\Delta t} \leqslant U_{\mathrm{NI}}$$

② 从去耦电容为芯片提供所需的电流的角度考虑，其容量应满足：

$$C \geqslant \Delta I \Delta t / \Delta U$$

③ 芯片开关电流 i_{C} 的放电速度必须小于去耦电容电流的最大放电速度：

$$\frac{\mathrm{d}i_{\mathrm{C}}}{\mathrm{d}t} \leqslant \frac{\Delta U}{L}$$

此外，当电源引线比较长时，瞬变电流会引起较大的压降，此时就要加电容以维持器件要求的电压值。

5.8.3　去耦电容的安装方式与 PCB 设计

安装去耦电容时，一般都知道使电容的引线尽可能短。但是，实践中往往受到安装条件的限制，电容的引线不可能取得很短。况且，电容自身的寄生电感只是影响自谐振频率的因素之一，自谐振频率还与过孔的寄生电感、相关印制导线的寄生电感等因素有关。一味地追求引线短，不仅困难，而且可能根本达不到目的。当去耦电容在 PCB 上的位置不可能实现使用很短的印制引线时，就必须加粗印制线。实践证明，一根长宽比小于 3 的印制线具有非常低的阻抗，能满足去耦电容引线的要求。当然，还应该尽量减少过孔的数量，设计过孔时应尽量减小过孔的寄生电感。

5.9　电容旁路的设计方法

旁路在 EMC 领域可以理解为把不必要的共模 RF 能量从元件、电路或电缆中泄放掉。它的实质是产生一个交流支路来把不希望的能量从易受影响的区域泄放掉，另外它还提供滤波功能（带宽限制），因此从某种意义上也可以称为滤波。

旁路通常发生在电源与地之间、信号与地之间、或不同的地之间，它与去耦的实质有所不同，但是对于电容的使用方法来说是一样的。旁路的概念有点抽象，它的作用通常是为了改变共模电流的路径或给共模电压提供一个额外的电流路径而存在的。

4.9.2 节的案例中，在模拟电路的地与产品的接地端之间接旁路电容，电容值为 10nF，它改变了注入电缆的 EFT/B 干扰电流在产品内部流动的主要路径，使大部分的干扰共模电流从旁路电容流向大地，使流经敏感电路的共模电流大大减小，从而保护了敏感电路，以致 EFT/B 干扰度水平大大提高。当然，旁路电容的接地阻抗很重要，一定要保证很小的阻抗，如果是用 PCB 布线的话，长宽比小于 3 的 PCB 铜箔具有很小的阻抗，在 100MHz 的频率下约为 3mΩ。4.9.3 节的案例中，寄生在模拟电路和数字电路之间的共模电压是形成此共模辐射的主要原因。在模拟电路的地与数字电路的地之间跨接一个远比寄生电容大的旁路电容，犹如给共模辐射的共模电压源提高了一个额外的电流分流路径，使流入电缆（此时犹如天线）的共模电流减小。由以上两个案例可以看出，旁路电容有以下两个作用：

（1）引导共模电流流向“安全”区域。包括引导注入电缆中的共模干扰电流流向参考地（或大地）、产品中的金属外壳、金属板等可以让共模干扰电流流动的“安全”地方，使产品的内部敏感电路受到保护，还包括引导产品内部噪声电路产生的共模电流限制在较“安全”的区域，使 EMI 共模电流不流向电缆和接口。这里所谓的“安全”区域是指不会产生 EMC 问题的区域。

（2）提供一个高频的通道，既可以在直流或低频的时候实现旁路电容两端的电路隔离，又可以在高频的时候实现互连。

第6章

PCB 布局布线 EMC 设计

PCB 作为产品中电路所在的核心区域，其设计水平与整个产品的 EMC 性能有着重大的关系，结合第 4 章、第 5 章的内容，PCB 的 EMC 设计将弥补那些在机械架构设计（包括接地设计）和滤波设计上无法实现或没有实现所造成的缺陷或风险。从风险的概念上讲，机械架构设计（包括接地设计）和滤波设计得差，PCB 的 EMC 设计就需要越好；机械架构设计（包括接地设计）和滤波设计得好，PCB 的 EMC 设计要求就可以降低。PCB 的 EMC 设计除在 PCB 中设计必要的滤波外，其核心在于以下两个方面：

（1）地平面的设计，其目的是降低地阻抗。

（2）串扰防止的设计，其目的是为了控制在 PCB 上的共模电流不要随意流动，出现非期望的传递路径或耦合。

6.1 什么是阻抗

6.1.1 阻抗与特性阻抗

在解释阻抗与特性阻抗之前，首先要区分电阻与阻抗这两个不同的概念。在一般状态下，导体多少都存在阻止电流流动的作用，其阻止程度用电阻表示，单位是欧姆，符号为 Ω。在交流电路中，除电阻外，还有电感和电容等皆有阻碍电流的作用，通常将阻止交流电流作用的部分称为“阻抗”。输入阻抗是在入口处测得的阻抗。高输入阻抗能够减小电路连接时电流信号的变化。在直流电路中，物体对电流阻碍的作用叫作电阻，世界上所有的物质都有电阻，只是电阻值的大小差异而已。电阻小的物质称作良导体，电阻很大的物质称作非导体，而超导体则是一种电阻值接近于零的物质。但是在交流电的领域中，除了电阻会阻碍电流，电容及电感也会阻碍电流的流动，这种作用就称之为电抗，即抵抗电流的作用。电容及电感的电抗分别称作电容抗及电感抗，简称容抗及感抗。它们的计量单位与电阻一样都是欧姆，而其值的大小则和交流电的频率有关，频率越高则容抗越小感抗越大，频率越低则容抗越大而感抗越小。此外，电容抗和电感抗还有相位角度的问题，具有矢量上的关系式，因此才会说：阻抗是电阻与电抗在矢量上的和。

本书中所述的“阻抗”有别于长线传输概念意义上的“特性阻抗”。特性阻抗是在高频、超高频范围内的概念，而不是直流电阻。特性阻抗是在信号的传输过程中，在信号沿（上升沿和下降沿）到达的地方，信号线和参考平面（电源平面或地平面）之间由于电场的建立，就会产生一个瞬间的电流，如果传输线是各向同性的，那么只要信号在传输，就会始终存在

一个电流 I，如果信号的输出电平为 U，则在信号传输过程中（注意是传输过程中），传输线就会等效成一个阻抗，大小为 U/I，高频传输线理论中把这个等效的阻抗称为传输线的特性阻抗（Characteristic Impedance）Z。要格外注意的是，这个特性阻抗是对交流（AC）信号而言的，对直流（DC）信号，传输线作为一导体其电阻并不是 Z，而是远小于这个值。高频信号在传输过程中，如果传输路径上的特性阻抗发生变化，信号就会在阻抗不连续的结点产生反射。这就需要阻抗匹配，阻抗匹配（Impedance Matching）是微波电子学里的一部分，主要用于传输线上，来达到所有高频的微波信号皆能传至负载点的目的，而不会有信号反射回来源点，从而提升能源效益。阻抗匹配技术对于 EMC 也有很重要的意义，但是限于本书的篇幅，本书不再单独进行描述。

6.1.2 阻抗的意义

1. 导线、PCB 印制线和阻抗

每一条导线或 PCB 印制线都包含寄生电阻、寄生电容、寄生电感。这些寄生的成分影响着导线或 PCB 印制线阻抗，并且对频率敏感。低频时，导线或 PCB 印制线主要是电阻性的。在更高一点的频率，导线或 PCB 印制线表现出电感的特性，这种电感产生的阻抗改变了导线或 PCB 印制线与接地方法的关系。

导线与 PCB 印制线最主要的区别是，导线是圆形的而 PCB 印制线是矩形的。导线的阻抗包括电阻 R 和感抗 $X_L=2\pi fL$，即：

$$Z= R+\mathrm{j}2\pi fL$$

高频时导线阻抗约为 $\mathrm{j}2\pi fL$。另外，对于导线的高频阻抗响应而言，容抗 $X_C=1/(2\pi fC)$也可以忽略。在直流和低频应用中，导线也是电阻性的。在更高的频率上，导线的感抗变成了阻抗的重要部分，在 100kHz 以上，感抗超过了电阻，导线或 PCB 印制线不再是低阻连接，而成了一个电感。通用的经验是，在音频以上，导线或 PCB 印制线是电感性的，而不是电阻性的。比如，假定 10cm 长的印制线电阻 R=57mΩ，电感量为 10nH/cm，在 100kHz 时，感抗为 6mΩ，在 1000kHz 以上时，印制线就逐渐变为电感性的了，在方程式中就可以逐渐将电阻部分忽略掉。

2. 电阻器和阻抗

电阻器（Resistor）是所有电子电路中使用最多的元件。电阻器的主要物理特征是变电能为热能，也可说它是一个耗能元件，电流经过它就产生热能。电阻在电路中通常起分压、限流的作用，对信号来说，交流与直流信号都可以通过电阻。电阻器都有一定的阻值，它代表这个电阻对电流流动阻挡力的大小。电阻的单位是欧姆，用符号 Ω 表示。欧姆是这样定义的：当在一个电阻器的两端加上 1 伏特的电压时，如果在这个电阻器中有 1 安培的电流通过，则这个电阻器的阻值为 1 欧姆。除欧姆外，电阻的单位还有千欧（kΩ）、兆欧（MΩ）等。

电阻是线性的。说它线性，是因为通过实验发现，在一定条件下，流经一个电阻的电流与电阻两端的电压成正比——即它符合欧姆定律，见公式（6.1）：

$$I=U/R \tag{6.1}$$

式中　U——电压降或端电压（V）；

　　　R——被量度部分的电阻（Ω）。

3. 电容器和容抗

所谓电容器，就是容纳和释放电荷的电子元件，它是表征两个导电体和导电体间的电介

质在单位电压作用下，储存电场能量（电荷）能力的参量，电荷、电压和电容之间的关系见式（6.2），电荷用符号 Q 表示。电容的单位是法拉。电容能储存能量，根据式（6.2），电容代表单位电压下的电荷储存能力。电容可以是分立的元件，也可以是分布式的寄生电容。当电容是分布式的寄生电容时，式（6.2）可以帮助工程技术人员判断寄生电容值的大小，即单位电压下的电荷储能能力越强，寄生电容值越大，反之则越小。电容在电路中除储存电场能量外，在直流电路中还起隔离直流的作用。在交流电路中，容抗随电源的频率升高而减小，同时电容上的电压不能突变。

电容的基本工作原理就是充电放电，当然还有整流、振荡以及其他的作用。另外，电容器的结构非常简单，主要由两块正、负电极和夹在中间的绝缘介质组成，所以电容类型主要是由电极和绝缘介质决定的。

$$Q = C/U \tag{6.2}$$

式中　C——电容，一个确定的常量；

Q——电荷。

电容的微分定义式为：

$$I = \mathrm{d}Q/\mathrm{d}t = C\mathrm{d}U/\mathrm{d}t \tag{6.3}$$

式中　$\mathrm{d}U/\mathrm{d}t$——单位时间内电容两端的电压变化量，U 的单位是 V，t 的单位是 s；

I——流过电容的电流，单位是 A。

容抗可用公式（6.4）来描述：

$$X_C=1/(2\pi fC) \tag{6.4}$$

式中　X_C——容抗（Ω）；

f——频率（Hz）；

C——电容（F）。

可以这样理解这个公式，10μF 的电解电容在 10kHz 时的容抗是 1.6Ω，在 100MHz 时容抗减小到 160μΩ，这时就存在短路的条件，对泄放干扰和抑止 EMI 有利。

4. 电感器和感抗

电感器是衡量线圈产生电磁感应能力的物理量。给一个线圈通入电流，线圈周围就会产生磁场，线圈就有磁通量通过。流入线圈的电流越大，磁场就越强，通过线圈的磁通量就越大。实验证明，通过线圈的磁通量和流入的电流是成正比的，它们的比值叫作自感系数，也叫作电感。如果通过线圈的磁通量用 φ 表示，电流用 I 表示，电感用 L 表示，那么有：

$$L= \varphi/I \tag{6.5}$$

电感的单位是亨（H），也常用毫亨（mH）或微亨（μH）做单位。1H=1000mH，1mH=1000μH。

电感也可以储存能量，电感可以是分立的元器件，也可以是分布式的寄生电感。当电感是分布式的寄生电感时，式（6.5）可以帮助工程技术人员判断寄生电感的大小，即单位电流通过某导体时，通过判断导体周边的磁通量大小来判断寄生电感的大小。交流电也可以通过线圈，但是线圈的电感对交流电有阻碍作用，这个阻碍叫作感抗。电感量越大，交流电越难以通过线圈，说明电感量越大，电感的阻碍作用越大；交流电的频率越高，交流电也越难以通过线圈，这说明频率越高，电感的阻碍作用也越大。实验证明，感抗和电感成正比，和频率也成正比。如果感抗用 X_L 表示，电感用 L 表示，频率用 f 表示，则有：

$$X_L=2\pi fL \tag{6.6}$$

式中，感抗的单位是欧姆（Ω）。知道了交流电的频率 f 和线圈的电感 L，就可以用上式计算感抗。例如，理想的 10mH 电感在 10kHz 时的感抗是 628Ω，在 100MHz 时，增加为 6.2MΩ，看起来像开路。试想，同样幅度而不同频率的电流要通过同一电感，这个电感两端产生的压降有何不同。

电感的微分定义为：

$$U = L\mathrm{d}I/\mathrm{d}t \tag{6.7}$$

式中 $\mathrm{d}I/\mathrm{d}t$——单位时间内电感上的电流变化量，I 的单位是 A，t 的单位是 s；

U——电感两端的压降（V）。

6.1.3 阻抗在实际 PCB 中的体现形式

PCB 是电子产品的重要组成部分，也是电子产品的核心部分，产品中大部分的干扰问题最终出现在 PCB 中，骚扰源也主要出现在 PCB 中，因此研究 PCB 中各导体的阻抗是非常重要的。

在原理图上，地线是作为电路电位基准点的等电位体。实际地线上的电位并不是恒定的，那是因为由印制线或铜箔组成的地网络是存在一定阻抗的。这些不可见的原理图使 EMC 成为一种“黑盒”艺术。这也使得 EMC 很难能够用数学方程式来解释，即使能够提供数学分析，对于实际应用来说，这些方程式也太复杂，解决不了实际问题。但是，实际中发现，用简单易懂的理论知识反而可以解释和评估一些看似复杂的 EMC 现象。这些简单易懂的理论所对应的主要对象就是 PCB 中的那些无源器件。这些无源器件中，不能忽略的是寄生电感和寄生电容，只有深刻理解它们的存在，才能更好地理解 PCB 中阻抗的奥秘。如高频时，上一节描述的这些电阻、电容、电感将会发生一些变化，即电阻表现为并联的电阻、电容与一个电感串联；而电容等效为电阻、电感、电容的串联；电感则表现为电感与电容的并联。图 6.1 为无源器件高低频等效电路对比图。

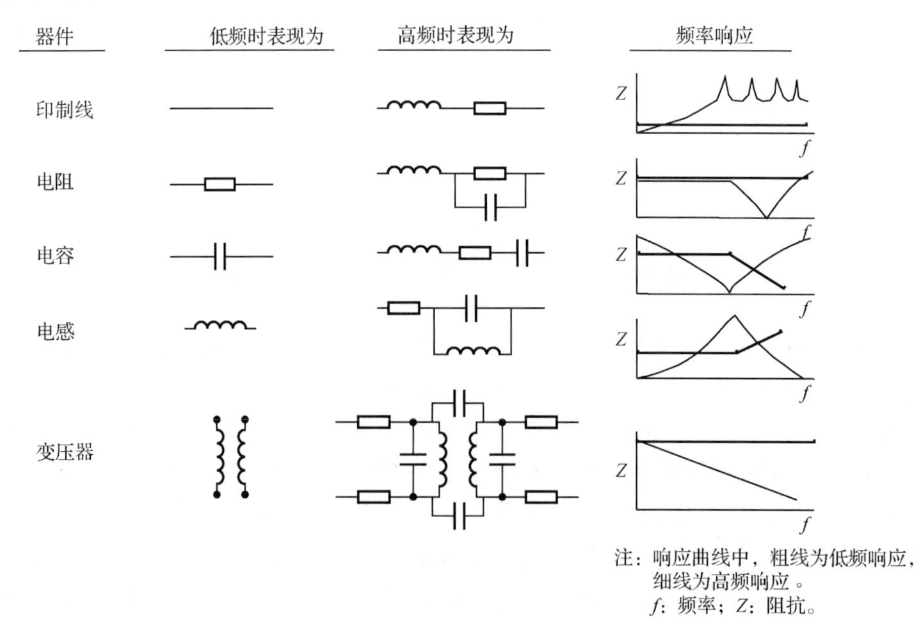

图 6.1 无源器件高低频等效电路对比图

例如，在设计应用无源器件时，必须时刻自问“何时电容器不再是一个电容了？”答案很简单。电容器不再像一个电容起作用是因为高频时引脚线的电感使得电容改变了其功能特性，使其更像一个电感。相反地，“何时电感器不再是一个电感呢？”由于高频时寄生的线间耦合，电感器此时起着一个电容的作用。作为一个成功的设计师，必须认识到使用无源器件的限制。为了设计出高 EMC 性能的产品，必须使用恰当的设计技术来配合这些“异常特性”。这些特性有时被称为“隐藏的原理图”。换一种方式来说就是，EMC 是“原理图或者是装配图没有表达出来的一切事物”。一旦理解了器件的异常特性，设计一个通过 EMC 的产品就是简单的过程了。“异常特性”也包括有源器件的开关速度及其独特的特性，还有其隐藏的电阻性、电容性、电感性等因素。

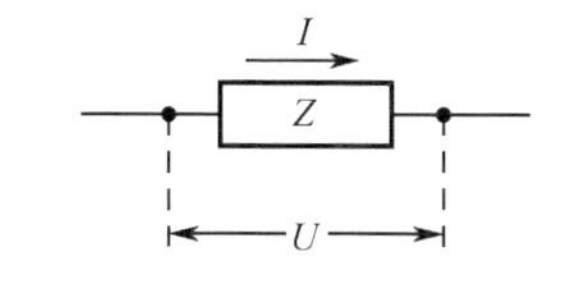

图 6.2　电压、电流、阻抗关系示意图

最后用一张表格（见表 6.1）和一张图（见图 6.2）来表示电阻、电容、电感、电流、电压和阻抗之间的关系。

表 6.1　电阻、电感、电容关系

	单　位	时　域	频　域
电阻	Ω	$U=R\times I$	$U=R\times I$
电感	H	$U=L\times\Delta I/\Delta t$	$U=L\times\omega\times I$
电容	F	$I=C\times\Delta U/\Delta t$	$U=\dfrac{1}{C\times\omega}$

- 电压 U：伏（V）；
- 电流 I：安培（A）；
- 阻抗 Z：欧姆（Ω）；
- 频率 f：赫兹（Hz）；
- 角频率 ω：$\omega=2\pi f(^\circ/\mathrm{s})$

6.1.4　PCB 中印制线阻抗

分析印制导线的阻抗，主要为了让读者认识印制线在实际电路板中的意义，并了解如何在 PCB 设计中设计印制导线的放置方式、长度、宽度以及布局方式，特别是接地印制线设计方式、去耦电容引线设计方式等。

印制线作为一个金属导体，其阻抗由两部分组成，即自身的电阻和寄生电感。有两个近似公式可以计算印制线的阻抗。假设印制线的厚度为 35μm，则在直流或较低的频率（如 10kHz 以下）情况下，印制线的阻抗 R（mΩ）为：

$$R(\mathrm{m\Omega})=0.5\times L/W \tag{6.8}$$

从式（6.8）可以看出，在直流或较低频率下，印制线的阻抗与印制线长度成正比，与宽度成反比，印制线 L 越短，直流电阻 R 越小；同时，增加印制线的宽度和厚度也可降低直流电阻 R。

在高频时，印制线的阻抗 $Z(\Omega)$为：

$$Z(\Omega)=1.25\times L\times[\ln(L/W)+1.2+0.22(W/L)]\times f \tag{6.9}$$

式中　L——印制线的长度（m）；

W——印制线的宽度（m）；

f——频率（MHz）。

式（6.9）可近似为：

$$Z(\Omega) \approx 0.06 \times L \times F \tag{6.10}$$

在高频时，印制线的阻抗计算除式（6.9）和式（6.10）给出的计算方法外，还有一种计算方法。图6.3为PCB中的印制线，其长度为L，宽度为W。

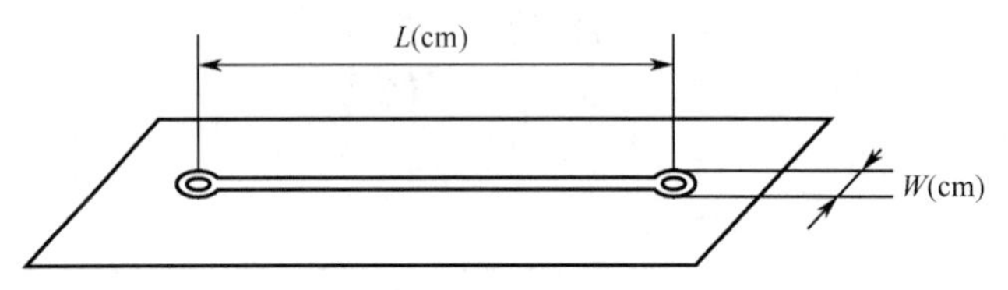

图6.3　PCB中的印制线

这条印制线在一定频率下的阻抗为$Z(\Omega)$：

$$Z(\Omega) = Z \times L \times K \tag{6.11}$$

式中，Z为一个参数，单位为Ω/cm或MΩ/cm；K为一个系数，其值是印制线长度L与宽度W比值的函数；L为印制线的长度，单位为cm。

式（6.11）实际上是式（6.9）的一种变形，这种变形给计算印制线的阻抗提供了方便。

通过这种方法计算印制线阻抗时，只要先根据图6.4所示的曲线，查得系数Z和系数K的值，然后两个数相乘，再乘以印制线的长度，结果即为印制线的阻抗。

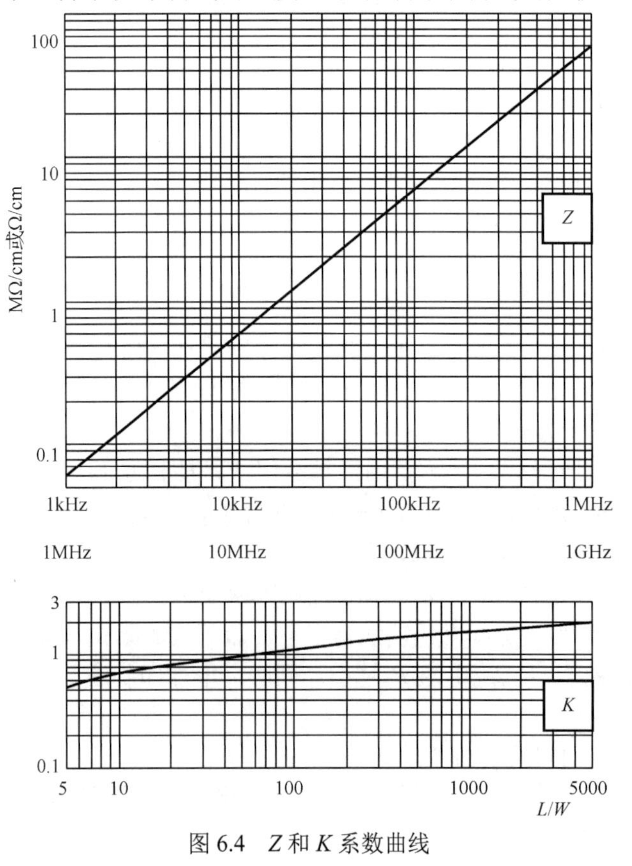

图6.4　Z和K系数曲线

例如：在 HCMOS 电路中，两个 HCMOS 电路的地引脚之间的印制线互连长度 $L=10\text{cm}$，印制线宽度 $W=1\text{mm}$，试计算该印制线在 HCMOS 电路信号所对应的频率下的阻抗？

要计算出该地互连印制线在 HCMOS 电路信号所对应的频率下的阻抗，首先应该计算出流过该印制线信号电流的频率。由于 HCMOS 电路信号的上升沿时间通常为 3.5ns，因此转化到频域可得，上升时间的带宽约为 100MHz。查图 6.4 中的 Z 和 K 系数的曲线，可得：

- 在 100MHz 频率下，$Z=6.3\Omega/\text{cm}$；
- 又由于 $L/W=100$，因此 $K=1.1$。

最后，根据式（6.11）得：

$$Z=10\times6.3\times1.1\Omega$$
$$=69.3\Omega$$

根据以上所描述的几种计算印制线的方法，可以计算出表 6.2 所示的一些值，供读者参考。

表 6.2　印制线阻抗表

DC 50Hz	印制线阻抗						
	W=1mm				W=3mm		
	L=1cm	L=3cm	L=10cm	L=30cm	L=3cm	L=10cm	L=30cm
To 1kHz	5.7mΩ	17mΩ	57mΩ	170mΩ	5.7mΩ	19mΩ	57mΩ
10kHz	5.75mΩ	17.3mΩ	58mΩ	175mΩ	5.9mΩ	20mΩ	61mΩ
100kHz	7.2mΩ	24mΩ	92mΩ	310mΩ	14mΩ	62mΩ	225mΩ
300kHz	14.3mΩ	54mΩ	225mΩ	800mΩ	40mΩ	175mΩ	660mΩ
1MHz	44mΩ	173mΩ	730mΩ	2.6Ω	0.13Ω	0.59Ω	2.2Ω
3MHz	0.13mΩ	0.52Ω	2.17Ω	7.8Ω	0.39Ω	1.75Ω	6.5Ω
10MHz	0.44mΩ	1.7Ω	7.3Ω	26Ω	1.3Ω	5.9Ω	22Ω
30MHz	1.3Ω	5.2Ω	21.7Ω	78Ω	3.9Ω	17.5Ω	65Ω
100MHz	4.4Ω	17Ω	73Ω	260Ω	13Ω	59Ω	220Ω
300MHz	13Ω	52Ω	217Ω		39Ω	175Ω	
1GHz	44Ω	170Ω			130Ω		

注：实际工程应用中常用 10nH /cm 的近似值来估算印制线的寄生电感。

6.1.5　导线的阻抗

导线的阻抗与印制线有些类似，用欧姆表测量一根导线的电阻时，导线的阻抗往往在毫欧姆级，但是在高频下，原来这根在直流条件下如此低阻抗的导线却表现出较高的阻抗，使很小的电流流过也会产生较高的电压降。

导线在低频时阻抗 R（单位为 mΩ）的计算公式为：

$$R=\frac{22\times L_{\text{m}}}{d^2}\tag{6.12}$$

式中　L_{m}——导线长度（m）；

d——导线直径（mm）。

导线高频时阻抗 Z（单位为 Ω）的计算公式为：

$$Z \approx 1.25 \times L_m \times [\ln (L/d) + 0.64] \times f_{MHz} \quad (6.13)$$

式中 L_m——导线长度（m）；

d——导线直径（m）；

f_{MHz}——频率（MHz）。

表 6.3 是利用式（6.12）和式（6.13）计算出的导线在不同频率下的阻抗，从该表中给出的数据可以看出，如果将 10Hz 时的阻抗近似认为是直流电阻，可以看出当频率达到 10MHz 时，对于 1m 长导线，它的阻抗是直流电阻的 1000 倍至 10 万倍。因此，对于射频电流，当电流流过地线时，电压降是很大的。增加导线的直径对于减小直流电阻是十分有效的，但对于减小交流阻抗的作用很有限（见表 6.3），但在 EMC 设计中，最值得工程师关心的却是导体的交流阻抗。如对于用作接地的导体来说，在高频的情况下，因为导线的长度与导线的直径比例达到一定的值后，导线的粗细与导线的高频阻抗影响是有限的，这样使得仅仅改变接地导线的粗细，对提高高频接地效果的关系并不大。这是接地产品设计时常见的错误，即使用的接地线很粗，但长度却很长。这种导线不但增加了加工难度和成本，还没有必要。正确的方法是，当接地距离不是很远时，使用金属片作为接地装置可以大大降低接地阻抗。这种方式的典型应用就是 IEC61000-4-4 标准中规定的 EFT/B 信号发生器，有些厂家生产的 EFT/B 信号发生器出厂时，会专门配一条扁平的金属接地片，用于 EFT/B 信号发生器在试验时与实验室的参考接地板相连，保证高频下的“等电位连接”，以免用户在不知情的情况下，用细而长的导线代替该接地线，从而影响该项测试的一致性和严酷性。一般认为，作为接地导体的金属片的长度 L 与宽度 W 之比不要超过 5，最好在 3 以下。当金属条长度远大于宽度时，其阻抗与导线基本相同，因此当导体很长时，就没有必要专门使用金属条作地线，用一条细导线（地线很长时，没有必要使用粗导线）也具有同样的效果。

表 6.3　导线的阻抗（Ω）

频率/Hz	d = 0.65mm		d = 0.27mm		d = 0.065mm		d = 0.04mm	
	L=10cm	L=1m	L=10cm	L=1m	L=10cm	L=1m	L=10cm	L=1m
10	51.4μ	517μ	327μ	3.28m	5.29m	52.9m	13.3m	133m
1k	429μ	7.14m	632μ	8.91m	5.34m	53.9m	14m	144m
100k	42.6m	712m	54m	828m	71.6m	1.0	90.3m	1.07
1M	426m	7.12	540m	8.28	714m	10	783m	10.6
5M	2.13	35.5	2.7	41.3	3.57	50	3.86	53
10M	4.26	71.2	5.4	82.8	7.14	100	7.7	106
50M	21.3	356	27	414	35.7	500	38.5	530
100M	42.6		54		71.4		77	
150M	63.9		81		107		115	

注：d-导线直径；L-导线长度。实际工程应用中常用 15nH /cm 的近似值来估算圆形电缆的寄生电感。

从表 6.3 还可以看出，同样长度地导线，低频时由于截面的尺寸不同，阻抗相差很大，而高频时相差很小。这是因为导线的阻抗也有电阻和感抗两部分，频率较低时，感抗很小，电阻起主导作用，电阻与导线的截面尺寸关系很大；频率较高时，感抗起主导作用，而导线的电感与导线的截面尺寸关系不大。

在实际电路中，电路本身的信号往往是脉冲信号（如时钟信号、数据信号、地址信号），脉冲信号陡峭的边沿包含丰富的高频成分，因此如果导线或长印制线是电路中高频信号回流的载体，那么高频信号回流会在导线或长印制线上产生较大的电压，就有产生共模辐射的危险。同样，外界流入的高频共模干扰电流（如 EFT/B 干扰电流、ESD 放电电流等），如果流过作为电路工作参考电位的地线的导线或长印制线，那么导线或长印制线上也将产生较高的干扰压降，引起电路的干扰。总之，导线或长印制线作为地互连载体时，导线或长印制线的阻抗对数字电路的影响是十分可观的，导线或长印制线不适合高频信号的地信号互连（如屏蔽电缆中的“猪尾巴”效应，又如 PCB 之间互连的扁平线），只有金属平面（包括 PCB 中的铜箔地平面，一般把长宽比不超过 5 的 PCB 中的铜箔都可以看成平面）才适合高频下的地信号互连和系统接地。

6.2　PCB 中地平面的设计与分析方法

PCB 设计已经成为产品设计中的一个重要环节。层数方面，必须根据电路性能的要求、板尺寸及线路的密集程度而定。其中在 4 层以上的多层板设计中，通常至少有独立的电源层和地层，以 4 层板（对多层印制板来说，以 4 层板、6 层板的应用最为广泛）为例，就是两个导线层（元件面和焊接面）、一个电源层和一个地层，如图 6.5 所示。

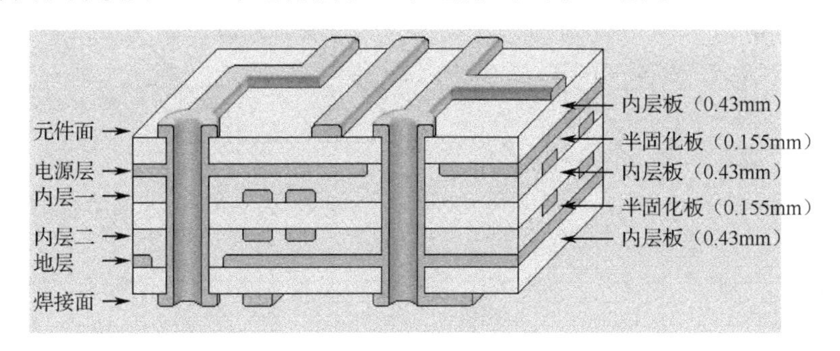

图 6.5　4 层板结构分布图

由第 2 章的介绍可知，瞬态的共模干扰电流总是通过寄生电容、电容、接地线进入产品内部和印制板的，由于地线上的阻抗较低及 I/O 接口上信号线对地之间存在滤波电容，导致印制板上的大部分共模干扰电流沿着地线、地平面或互连连接器中的地线流动。当共模干扰电流流过 PCB 的地线、地平面或互连连接器中的地线时，如果在两个逻辑电路之间的地阻抗过大，其阻抗两端的压降也会较大，当压降超过一定值时，将影响逻辑电路的正常工作。可见，地线、地平面或互连连接器中地阻抗对一个产品 EMC 性能（包括抗干扰能力和骚扰水平）的重要性，PCB 中的地平面阻抗与产品的瞬态抗干扰能力和 EMI 水平有直接影响。既然地平面阻抗对产品的 EMC 性能如此重要，那么很有必要分析一下影响 PCB 中地层阻抗的一些因素。

6.2.1　完整地平面的阻抗与设计方法

PCB 中的地层，在 PCB 的制作工艺上实际上是一层金属（铜）箔平面。要计算和测试金属箔上面两点间阻抗，可以使用电流源的方法。金属箔上面两点间阻抗测试原理图如图 6.6 所示。

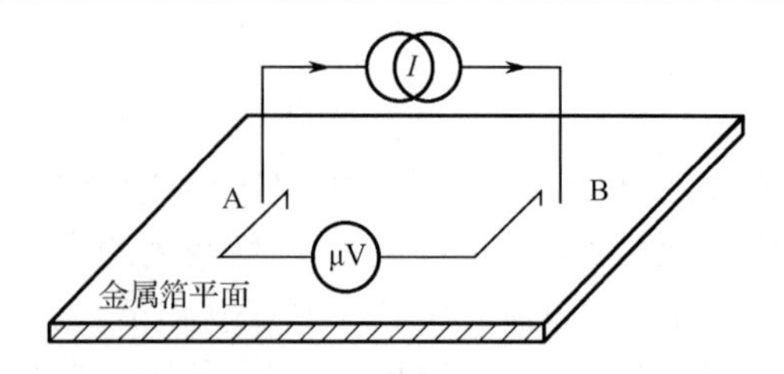

图 6.6　金属箔上面两点间阻抗测试原理图

图 6.6 中，当有一个给定的电流 I 通过金属箔上面的两点 A、B 时，AB 之间的阻抗为：

$$Z_{AB} = U_{AB} / I$$

式中　U_{AB}——当电流 I 流过 A、B 时产生的压降；

Z_{AB}——电流 I 所在频率下 A、B 之间的阻抗。

假设有一个面积为 $L\times L$ 的正方形金属平面 1，其两条对边中间点 A_1、B_1 之间的阻抗为 Z_1，如图 6.7 所示。

另假设有一块长为 $N\times L$，宽为 $N\times L$ 的正方形金属平面 2，如图 6.8 所示（N 为自然数 1, 2, 3, 4,⋯）。

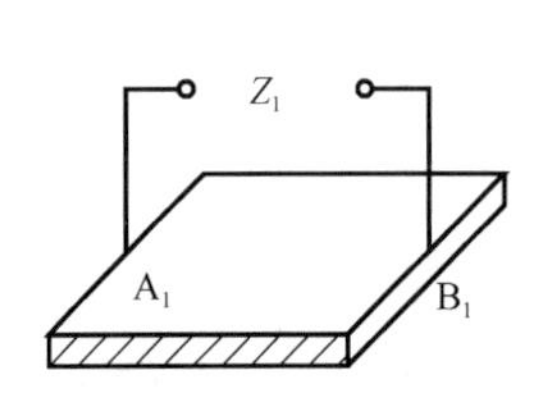

图 6.7　单位正方形金属平面 1

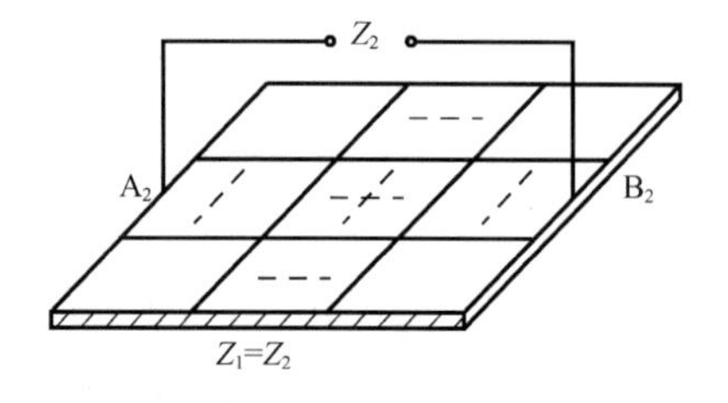

图 6.8　较大正方形金属平面 2

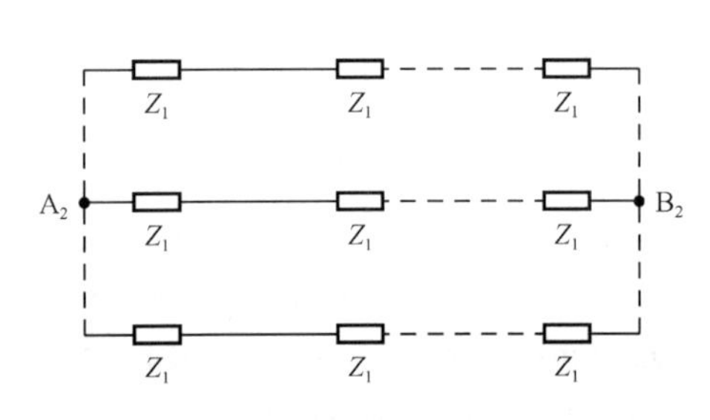

图 6.9　金属平面 2 的等效电路

其中金属平面 2 相当于由 $N\times N$ 个的金属平面 1 组成的正方形平面。其两条对边中间点 A_2、B_2 之间的阻抗为 Z_2。金属平面 2 的等效电路如图 6.9 所示。根据阻抗串并联原理，A_2、B_2 两点之间的阻抗也为 Z_1，即 $Z_2=Z_1$。

由此可以看出，同一材料、同一厚度的任何正方形的金属平面的阻抗是一样的，金属平面的阻抗在面积有限的范围内并不取决于金属平面的大小，而是取决于金属平面的长宽比。当然，除金属平面的长宽比之外，其材料也是一个决定金属平面阻抗的重要因素。式（6.14）和式（6.15）是正方形金属平面在直流和交流情况下对边中心点之间的阻抗与材料金属材料的相对磁导率和相对电导率参数之间的关系。表 6.4 是金属材料的相对磁导率和相对电导率。

低频下阻抗：

$$Z = \frac{17}{\sigma_r t_{mm}} (\mu\Omega) \tag{6.14}$$

高频下阻抗：

$$Z = 370\sqrt{\frac{f_{\text{MHz}}\mu_r}{\sigma_r}}(\mu\Omega) \tag{6.15}$$

式中　t_{mm}——金属板平面的厚度（mm）；

μ_r——介质的相对磁导率；

σ_r——介质的相对电导率。

表 6.4　金属材料的相对磁导率和相对电导率

金属（在 25°C 下）	σ_r	μ_r
硅钢	0.02	1000
不锈钢	0.03	1
铝（house foil）	0.6	1
铝（hardened）	0.4	1
银	1.06	1
青铜（phosphorous）	0.18	1
镉	0.23	1
紫铜	1	1
锡	0.15	1
铁	0.17	200
黄铜（60% Cu + 40% Zn）	0.26	1
镍	0.22	100
金	0.7	1
铅	0.08	1
镍铁钼超导磁合金	0.03	100000
锌	0.29	1

由表 6.4 可以看出，对于常用于 PCB 中导电材料的铜箔，相对电导率 σ_r 和相对磁导率 μ_r 都等于 1，则正方形铜箔平面的阻抗计算公式如下：

直流或较低频率情况下：

$$Z = \frac{17}{t_{\text{mm}}}(\mu\Omega) \tag{6.16}$$

交流情况下：

$$Z = 370\sqrt{f_{\text{MHz}}}(\mu\Omega) \tag{6.17}$$

由式（6.16）和式（6.17）可以得出，一块 35μm 厚及 1mm 厚度的正方形铜箔平面的阻抗曲线，如图 6.10 所示。

由图 6.10 可以看到，常用于 PCB 中的 35μm 厚的铜箔，当其形状为正方形时的阻抗与频率的关系，如在频率 1MHz、10MHz、100MHz、1000MHz 情况下，单位正方形铜箔平面的阻抗分别为 0.37mΩ、1.2mΩ、3.7mΩ、10.2mΩ。另外，从图 6.10 所示还可以看出，在高频下（如

2MHz 以上）铜箔平面的阻抗与铜箔厚度几乎没有无关，那是因为趋肤效应的关系。表 6.5 是频率、趋肤深度与阻抗的关系表。

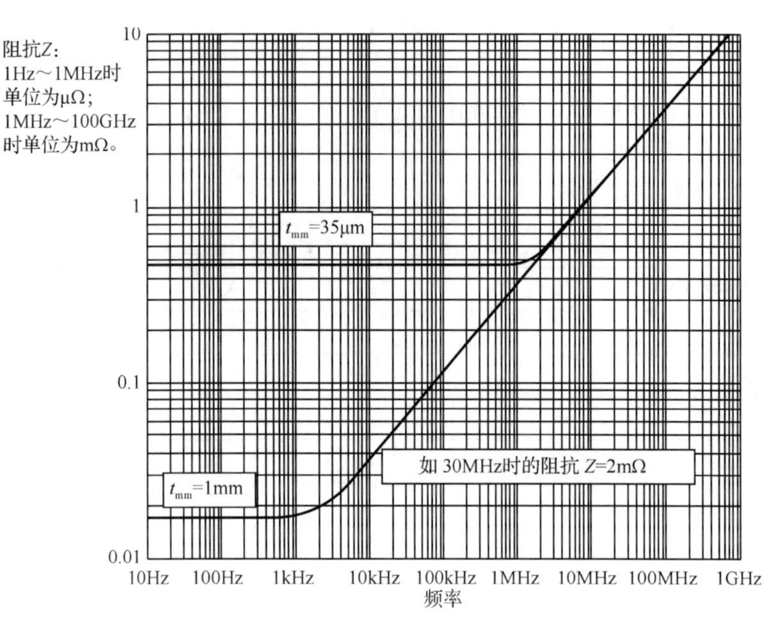

图 6.10　正方形铜箔平面的阻抗曲线

表 6.5　频率、趋肤深度与阻抗的关系表

频率/MHz	趋肤深度/cm	阻抗/（Ω/sq）
1	6.6×10^{-3}	0.00037
10	2.1×10^{-3}	0.00102
100	6.6×10^{-4}	0.0037
1000	2.1×10^{-4}	0.0102

通过图 6.10，可以间接地算出各种长宽比情况下的地平面的阻抗。比如，计算在多层 PCB 中一个尺寸为 30cm×15cm 的地平面（35μm 厚）在 EFT/B 瞬态干扰所在频率的情况下，其表现出的阻抗是多少?

根据电快速瞬变脉冲信号的频谱分析，电快速瞬变脉冲群干扰波形的频谱主瓣在 100MHz 以内，其带宽为 70MHz。为了计算方便，以 100MHz 的频率为例，从图 6.10 所示的曲线中可以得知，在频率为 100MHz 的情况下，正方形铜箔对边中心点之间的阻抗约为 3.7mΩ，当然一个尺寸为 15cm×15cm 的铜箔地平面其对边中心点之间的阻抗也为 3.7mΩ。PCB 中一个尺寸为 30cm×15cm 的铜箔地平面相当于两个尺寸为 15cm×15cm 的铜箔地平面串联，因此其短边中心点之间的阻抗为 2×3.7mΩ=7.4mΩ。实际上，用这种方法估算地平面的阻抗时，忽略了当电流流过地平面时，地平面周边所产生的磁场对电流的阻碍特性（即自感，这种特性在地平面无限大时将不存在），因此在计算 PCB 中的印制线及较细长的地线的阻抗时不能采用这种方法，如一条尺寸为 3000mm×3mm 的印制线，如果用该方法，在频率为 100MHz 下得到的阻抗约为 3.7Ω，而实际上阻抗已经远超过了这个值，参考表 6.2 中的数据，约为 13Ω。

由以上分析可知，一个没有任何过孔和裂缝的正方形铜箔地平面在较高的频率下都可以保持很低的阻抗，这个阻抗足够使产品在现有抗干扰测试的共模电流流过时，其两端产生的压降不会超过现有电路的噪声承受能力。

6.2.2　过孔、裂缝及其对地平面阻抗的影响

1. 什么是过孔和裂缝

过孔（via）对于 EMC 来说有不少缺点，但其却是多层 PCB 的重要组成部分之一，因过孔而钻孔的费用通常为 PCB 制板费用的 30%～40%。简单地说，PCB 上的每一个孔都可以称为过孔。从作用上看，过孔可以分成两类：

（1）用作各层间的电气连接；

（2）用作器件的固定或定位。

如果从工艺制程上来说，这些过孔一般又分为三类，即盲孔（blind via）、埋孔（buried via）和通孔（through via）。盲孔位于印制电路板的顶层和底层表面，具有一定深度，用于表层线路和下面的内层线路的连接，孔的深度通常不超过孔径。埋孔是指位于印制电路板内层的连接孔，它不会延伸到电路板的表面。上述两类孔都位于电路板的内层，层压前利用通孔成型工艺完成，在过孔形成过程中可能还会重叠做好几个内层。通孔穿过整个线路板，可用于实现内部互连或作为器件的安装定位孔。由于通孔在工艺上更易于实现，成本较低，所以绝大部分印制电路板均使用它，而不用另外两种过孔。以下所说的过孔，没有特殊说明的均作为通孔考虑。

从设计的角度来看，一个过孔主要由两个部分组成，一是中间的钻孔（drill hole），即图 6.11 中的过孔直径，二是钻孔周围的焊盘区，即图 6.11 中过孔焊盘直径。过孔俯视图如图 6.12 所示。

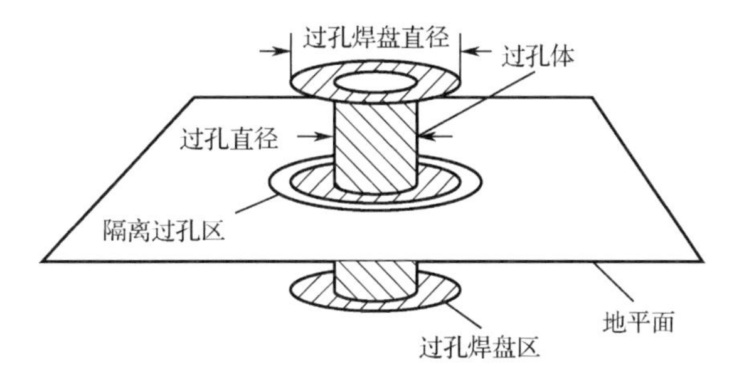

图 6.11　过孔组成图

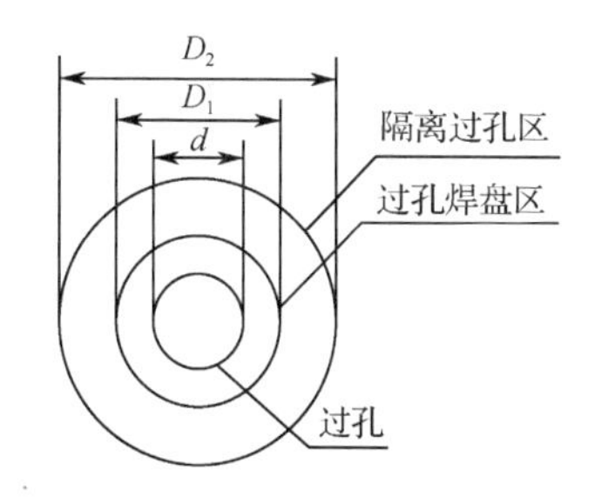

图 6.12　过孔俯视图

这两部分的尺寸大小决定了过孔的大小。很显然，在高速、高密度的 PCB 设计时，设计者总是希望过孔越小越好，这样板上可以留有更多的布线空间，此外，过孔越小，其自身的寄生电容也越小，同时，过孔对地平面阻抗的影响也越小，这样更适合用于高速电路。但孔尺寸的减小同时带来了成本的增加，而且过孔的尺寸不可能无限制地减小，它受到钻孔（drill）和电镀（plating）等工艺技术的限制：孔越小，钻孔需花费的时间越长，也越容易偏离中心位置；且当孔的深度超过钻孔直径的 6 倍时，就无法保证孔壁能均匀镀铜。比如，现在正常的一块 6 层 PCB 的厚度（通孔深度）为 50mil 左右，所以 PCB 厂家能提供的钻孔直径最小只能达到 8mil。

2. 过孔自身的寄生电容

过孔本身存在着对地的寄生电容，如果已知过孔在铺地层上的隔离过孔区直径为 D_2，过孔焊盘直径为 D_1，PCB 的厚度为 T，板基材介电常数为 ε_r，则过孔的寄生电容近似于式（6.18）所计算得出的电容值：

$$C = \frac{1.41\varepsilon_r T D_1}{D_2 - D_1} \tag{6.18}$$

式中　D_1——过孔焊盘直径（in）；

D_2——隔离过孔区直径（in）；

T——PCB 厚度（in）；

C——过孔寄生电容（pF）。

过孔的寄生电容会给电路造成的主要影响是延长了信号的上升时间，降低了电路的速度。举例来说，对于一块厚度为 50mil 的 PCB，如果使用内径为 10mil，焊盘直径为 20mil 的过孔，隔离过孔区直径为 32mil，则通过式（6.18）可以近似算出过孔的寄生电容大致是：

$$C = 1.41 \times 4.4 \times 0.050 \times 0.020 / (0.032 - 0.020)\,\text{pF} = 0.517\text{pF}$$

这部分电容引起的上升时间变化量 T_r 为：

$$T_r = 2.2C(Z_0 / 2) = 2.2 \times 0.517 \times (55 / 2)\,\text{ps} = 31.28\text{ps}$$

从这些数值可以看出，尽管单个过孔的寄生电容引起的上升沿变缓的效果不是很明显，但是如果走线中多次使用过孔进行层间的切换，设计者还是要慎重考虑。

3. 过孔自身的寄生电感

同样，过孔存在寄生电容的同时也存在着寄生电感，在数字电路的设计中，过孔的寄生电感带来的危害往往大于寄生电容的影响。它的寄生串联电感会削弱旁路电容的贡献，减弱整个电源系统的滤波效用。可以用式（6.19）来简单地计算一个过孔近似的寄生电感：

$$L = 5.08h\left[\ln\left(\frac{4h}{d}\right) + 1\right] \tag{6.19}$$

式中　h——过孔长度（in）；

d——过孔直径（in）；

L——过孔寄生电感（nH）。

从式（6.19）中可以看出，过孔的直径对电感的影响较小，而对电感影响最大的是过孔的长度。仍然采用上面的例子，可以计算出过孔的电感为：

$$L = 5.08 \times 0.050[\ln(4 \times 0.050 / 0.010) + 1]\text{nH} = 1.015\text{nH}$$

如果信号的上升时间 T_r 是 1ns，那么其等效阻抗为：

$$X_L = \pi L / T_r = 3.19\Omega$$

这样的阻抗在有高频电流通过时已经不能够被忽略。特别要注意，旁路电容在连接电源层和地层时需要通过两个过孔，这样过孔的寄生电感就会成倍增加。

4. 过孔、裂缝、开槽对地平面阻抗的影响

PCB 中完整（没有任何过孔、裂缝或开槽）的正方形地平面具有非常低的阻抗，但是实际应用中，PCB 地平面的阻抗不但受其形状的影响，还不可避免地受 PCB 中信号线过孔、裂缝、开槽等影响，具有大量过孔和裂缝的地平面图如图 6.13 所示。图中，这些过孔及开槽的存在，在高频下将大大提高地平面的阻抗，最终导致 EMC 问题。

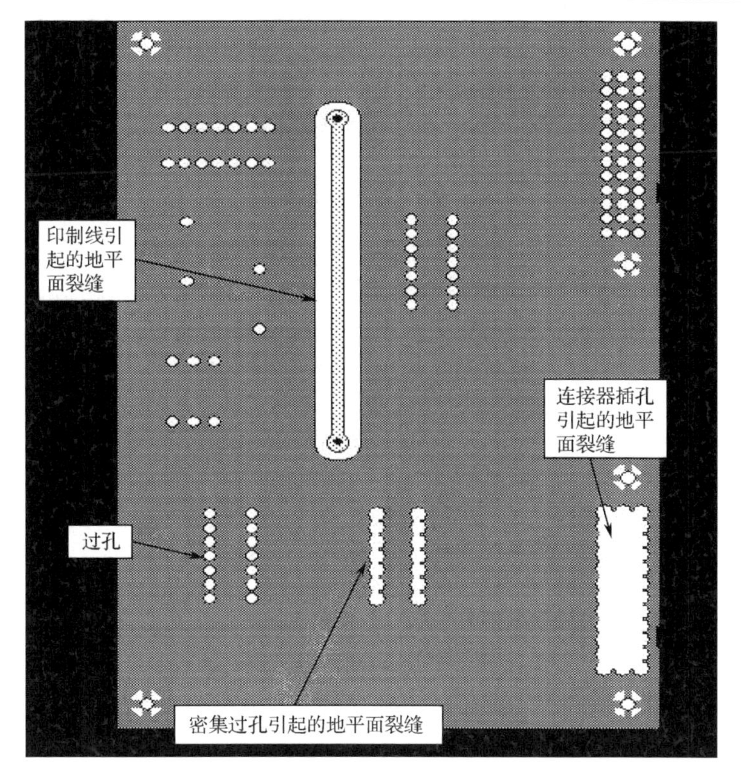

图 6.13　具有大量过孔和裂缝的地平面图

图 6.14 给出了一种研究多层 PCB 地平面中过孔对地平面阻抗影响的方法。有兴趣的读者不妨可以试着去计算一下不同大小、不同数量的过孔对地平面阻抗的影响。

过孔、裂缝或开槽对于低频信号、低速信号的影响是很小的，但是随着时钟速度的提高，过孔和裂缝不但影响产品的 EMI 和信号质量，而且还使地平面的阻抗随着频率的增加而迅速上升，一方面，当有共模干扰电流流过时，影响跨于这些过孔或裂缝之间电路的正常工作，产生干扰；另一方面，高速信号本身回流路径中的阻抗也会增加，产生地噪声。总的来说，过孔对 EMC 产生的不利因素有以下两方面：

（1）过孔串联在所连接信号回路中时，由于过孔本身具有的寄生电感和寄生电容，会使信号发生额外的畸变，如高速信号的反射、去耦电容去耦效果的降低等。

（2）由于信号过孔要穿透 PCB 中的地层和电源层，使本来完整的地平面变得有空洞、裂缝，导致地平面阻抗随着频率的增加而迅速上升（目前业界研究比较多的是过孔对 EMC 的影响的第一方面，其实这一点也同样对 EMC 有着很重要的影响）。

关于 PCB 中过孔、裂缝、开槽对 EMC 的影响，大部分书籍描述更多的是过孔导致了印制线阻抗不连续，对于走线的特性阻抗起到了一个跳变作用，导致反射，以及密集过孔造成信号回流破坏，其实影响还不止这些。引用 *Printed circuit board design techniques for EMC compliance*（Mark Montrose）中的一个例子，并做进一步分析。

从图 6.15 中可见，在 PCB 上钻孔的器件或在 PCB 上连续打过孔不但会引起的信号回流镜像平面的连续性破坏，而且还使地平面阻抗增加，使外界流入共模干扰电流时产生更高的压降，导致干扰的发生。对于高速的传输线来说，镜像平面本来是给信号线提供了一个回流路径（物理上该回流路径正好是信号线走向的镜像，因此称该平面为镜像平面）。当完整的镜像平面给信号高速信号线提供镜像回流时，因为每个路径对（源电流和它的镜像）非常靠近，信号线和 RF 电流回流路径中的电流大小相等方向相反时，差模 RF 电流被抵消，就像共模电感或互感一样。如果电流抵消没有达到 100%，剩下的大部分电流就会变成共模电流，并加到信号路径的主电流上，正是这个共模电流形成了励磁源，并导致了产品 EMI 辐射。为最小化这个共模电流，必须最大化信号线和镜像平面间的互感以“获取磁通”，由此抵消不想要的 RF 能量。而当如图 6.15 所示那样在镜像回流路径中出现过孔，则回流路径被切断，镜像平面上的回流电流只能绕过这些通孔区域，而信号线是呈直线穿过这些不连续区域的。结果，回流电流绕过镜像平面上的开槽出现多余的线长。多余的线长会在信号回流线上增加更多的电感 L，当信号回流经过这个电感 L 时就会产生压降 E：

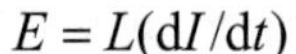

$$E = L(\mathrm{d}I/\mathrm{d}t)$$

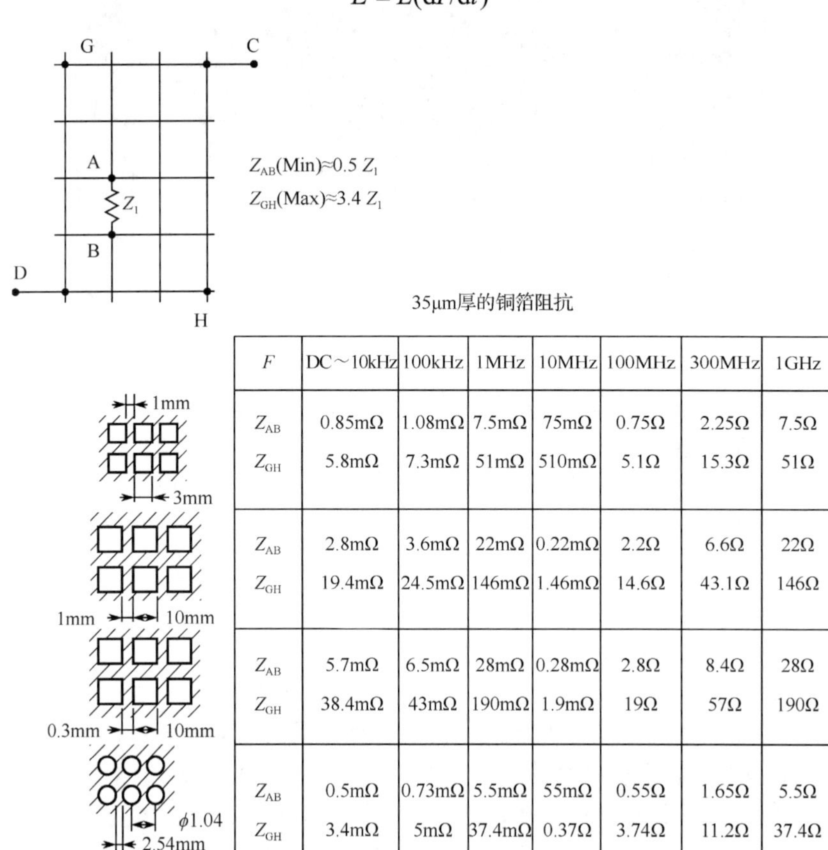

35μm厚的铜箔阻抗

F	DC～10kHz	100kHz	1MHz	10MHz	100MHz	300MHz	1GHz
Z_{AB}	0.85mΩ	1.08mΩ	7.5mΩ	75mΩ	0.75Ω	2.25Ω	7.5Ω
Z_{GH}	5.8mΩ	7.3mΩ	51mΩ	510mΩ	5.1Ω	15.3Ω	51Ω
Z_{AB}	2.8mΩ	3.6mΩ	22mΩ	0.22mΩ	2.2Ω	6.6Ω	22Ω
Z_{GH}	19.4mΩ	24.5mΩ	146mΩ	1.46mΩ	14.6Ω	43.1Ω	146Ω
Z_{AB}	5.7mΩ	6.5mΩ	28mΩ	0.28mΩ	2.8Ω	8.4Ω	28Ω
Z_{GH}	38.4mΩ	43mΩ	190mΩ	1.9mΩ	19Ω	57Ω	190Ω
Z_{AB}	0.5mΩ	0.73mΩ	5.5mΩ	55mΩ	0.55Ω	1.65Ω	5.5Ω
Z_{GH}	3.4mΩ	5mΩ	37.4mΩ	0.37Ω	3.74Ω	11.2Ω	37.4Ω

图 6.14　过孔对地平面阻抗的影响

由于回流线上多余的电感，信号线和 RF 电流回流路径的差模耦合则会减小（磁通抵消减小）。如果信号线绕开通孔不连续区走线，沿着完整的信号走线就将有恒定的镜像平面（RF 回流路径）。另外，还有一点值得考虑的是，镜像平面中信号回流并不是像信号线那样集中在一根尺寸较细的印制线上，图 6.16 高速传输线镜像回流有效面积剖面图和图 6.17 高速传输线镜像回流有效面积俯视图表示了信号回流密度在镜像平面上的分布情况。高速信号的回流峰值电流密度位于走线的中心正下方并从走线的两边快速衰减，通常 90%的信号回流的电流密度分布在 10 倍的 H（H 为信号印制线与镜像平面之间的距离）内。图 6.17 中的阴影部分表示高速传输线镜像回流有效面积。

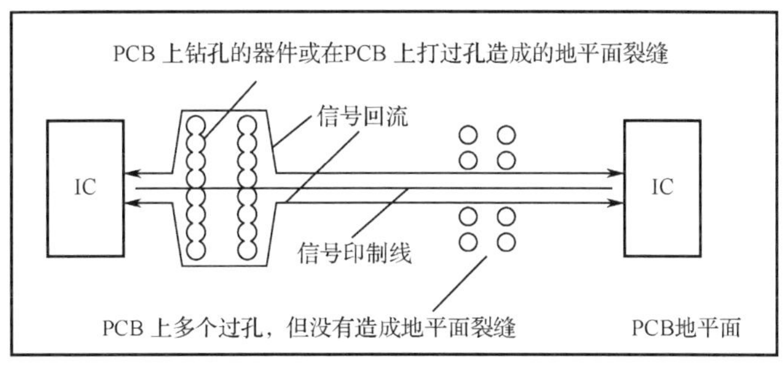

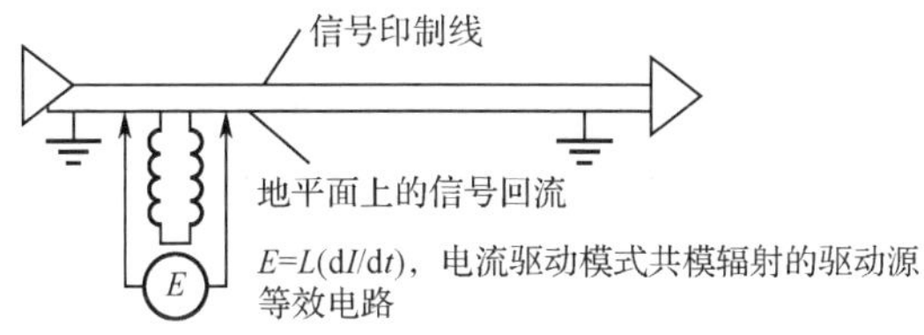

图 6.15　当使用通孔元件时产生的地裂缝

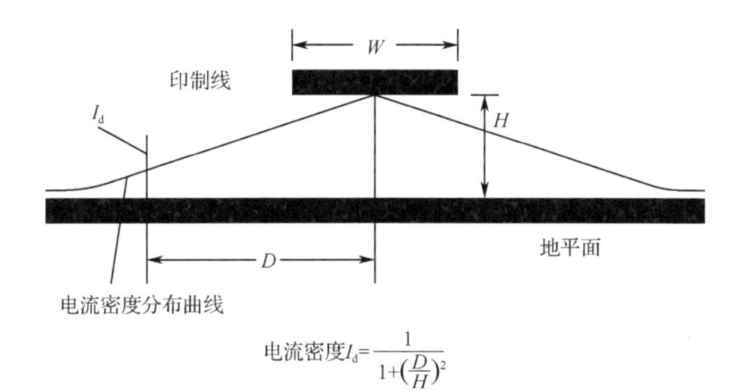

图 6.16　高速传输线镜像回流有效面积剖面图

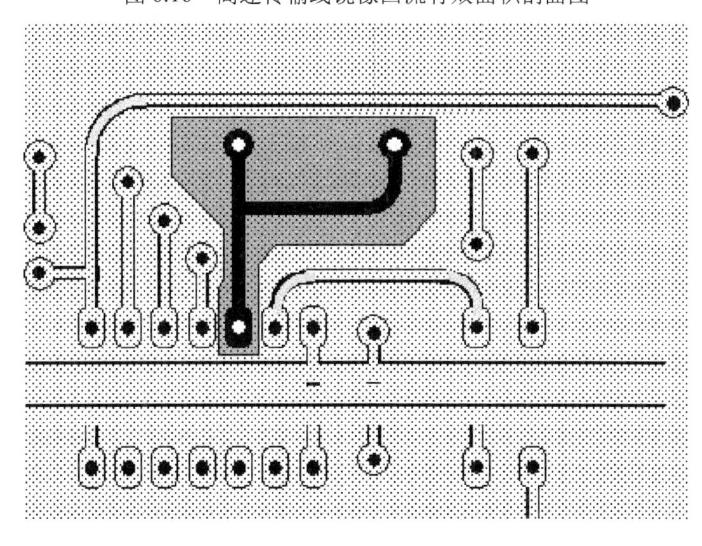

图 6.17　高速传输线镜像回流有效面积俯视图

可见，多层 PCB 中地平面上，信号印制线对应的一个较大的范围内（图 6.16 中宽度为 $10H$）的任何过孔或裂缝都会影响镜像平面的完整性而产生 EMC 问题。图 6.15 中的右侧，由于过孔的存在，那里已经不能算是连续的完整地平面了。虽然信号线可以穿过过孔之间，但是只要地平面的面积不足以覆盖传输线镜像回流有效面积，就会增加地平面阻抗，产生 EMC 风险。在印制线和通孔之间的空白区域内加屏蔽地线可以使信号的回流集中在更小的范围内，能有效减少该问题的发生。

例如：一个频率为 50MHz 的方波时钟信号，其电流为 15mA，信号在 PCB 中的印制线长度为 10cm，那么它的 3 次谐波在各种情况下回流路径中所生的压降计算如下：

根据第 1 章的基本知识，可知该方波时钟信号的基波电流 I_0 为：

$$I_0 = 2 \times 15\text{mA}/2 = 15\text{mA}$$

3 次谐波 150MHz 的电流 I_3 为：

$$I_3 = 0.64 \times I_0 / 3 = 0.64 \times 15\text{mA}/3 = 3.2\text{mA}$$

（1）当该时钟信号的回流路径是一条较细的印制线时，信号回流的 3 次谐波电流在这条较细的地印制线产生的压降 ΔU 为：

$$\Delta U = Z \times I_3 = 105\Omega \times 0.0032\text{A} \approx 0.35\text{V}$$

其中 Z=105Ω 为较细地印制线在 150MHz 处的阻抗近似值。

（2）当该时钟信号的回流路径是一个带有类似图 6.15 所示过孔的地平面时，信号回流的 3 次谐波电流在这个带有过孔的正方形地平面上产生的压降 ΔU 为：

$$\Delta U = Z \times I_3 = 0.83\Omega \times 0.0032\text{A} \approx 2.7\text{mV}$$

其中 Z=0.83Ω 为带有过孔的正方形地平面在 150MHz 处的阻抗近似值。

（3）当该时钟信号的回流路径是一个边长为 5mm 的地网格平面时，信号回流的 3 次谐波电流在这个地网格平面上产生的压降 ΔU 为：

$$\Delta U = Z \times I_3 = 1.1\Omega \times 0.005\text{A} \approx 3.5\text{mV}$$

其中 Z=1.1Ω 为带有过孔的地平面在 150MHz 处的阻抗近似值。

（4）当该时钟信号的回流路径是一个没有过孔，且地平面面积远大于印制线的面积（即地平面上容纳 100%的信号回流）的完整正方形地平面时，信号回流的 3 次谐波电流在这个完整地平面上产生的压降 ΔU 为：

$$\Delta U = Z \times I_3 = 0.005\Omega \times 0.005\text{A} \approx 16\mu\text{V}$$

其中 Z=0.005Ω 为带有过孔的地平面在 150MHz 处的阻抗近似值。

地平面中过孔、裂缝对 EMC 的影响不仅如上述例子中的 EMI 问题，对电路的抗干扰能力也有很大的影响，主要原因是地平面中过孔、裂缝增大了共模干扰电流路径中的阻抗。裂缝增大地平面共模干扰电流路径中的阻抗原理示意图如图 6.18 所示。

如图 6.18 所示的地平面上有一条裂缝，当地平面上的电流方向垂直于这条裂缝时，裂缝两侧中心点之间产生的寄生电感最大，约为 1nH /cm。因此，在 PCB 设计中，当不得已出现地平面裂缝或开槽时，应避免电流方向与裂缝或开槽的方向垂直。另外，如果这条裂缝的一端开口（见图 6.19），那么裂缝或开槽的寄生电感将更大，近似为原来的 4 倍。

除裂缝或开槽对地平面阻抗影响外，没有造成地平面开裂的过孔对地平面阻抗的影响也不容忽视，也值得设计者关注。

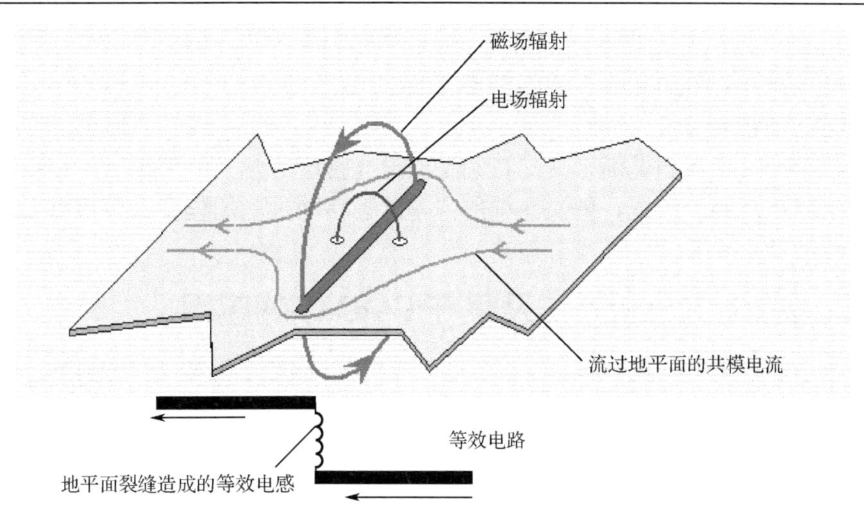

图 6.18　裂缝增大地平面共模干扰电流路径中的阻抗原理示意图

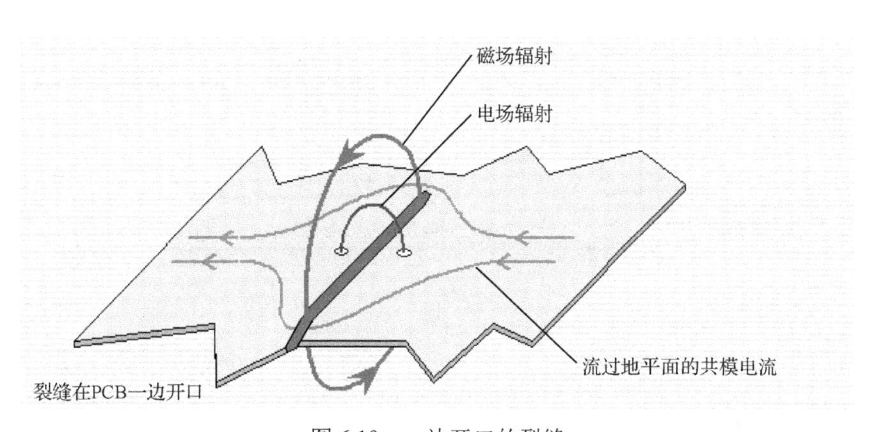

图 6.19　一边开口的裂缝

6.2.3　PCB 中的过孔设计技巧

通过对过孔寄生特性的分析可以看到，在高速 PCB 设计中，看似简单的过孔往往也会给电路的设计带来很大的负面效应。为了减少过孔的寄生效应带来的不利影响，在设计中应尽量做到：

- 从成本和信号质量两方面考虑，选择合理尺寸的过孔大小。比如对 6～10 层的内存模块 PCB 设计来说，选用 10/20mil（钻孔/焊盘）的过孔较好，对于一些高密度的小尺寸的板子，也可以尝试使用 8/18mil 的过孔。目前技术条件下，很难使用更小尺寸的过孔了。对于电源或地线的过孔则可以考虑使用较大尺寸，以减小阻抗。
- 使用较薄的 PCB 有利于减小过孔的两种寄生参数。
- PCB 上的信号走线尽量不换层，也就是说尽量不要使用不必要的过孔。
- 电源和地的引脚要就近打过孔，过孔和引脚之间的引线越短越好，因为它们会导致电感的增加。同时，电源和地的引线要尽可能粗，以减少阻抗。
- 信号换层的过孔附近放置一些接地的过孔，以便为信号提供最近的回路，甚至可以在 PCB 上大量放置一些多余的接地过孔。

- PCB 主要共模电流路径中，尽量减少过孔数量。
- 严禁出现多个过孔造成地平面裂缝或开槽。
- 晶振底下不能有过孔。

当然，在设计时还需要灵活多变。特别是在过孔密度非常大的情况下，可能会导致在铺铜层形成一个隔断回路的开槽，解决这样的问题除了移动过孔的位置，还可以考虑将过孔在该铺铜层的焊盘尺寸减小。

6.3 金属板的阻抗分析方法及其在 EMC 中的应用

从以上关于地平面阻抗的分析与 2.5 节可以看出，让 PCB 保持一个无过孔、无裂缝的地平面是多么的重要。然而，在实际工程设计中，多层 PCB 没有过孔几乎是不可能的，而且随着 PCB 集成度越来越高，层数越来越多，过孔会随之增多，地平面阻抗也会随之增高。这时，为了使产品还能取得良好的 EMC 性能，往往会特意设计一块辅助的金属板或借助于产品中的金属外壳与 PCB 中的地层配合使用，通过合理的互连，达到降低地阻抗的目的。图 6.20 是金属板在产品中应用的实例。金属板的分析可参考 6.2 节。

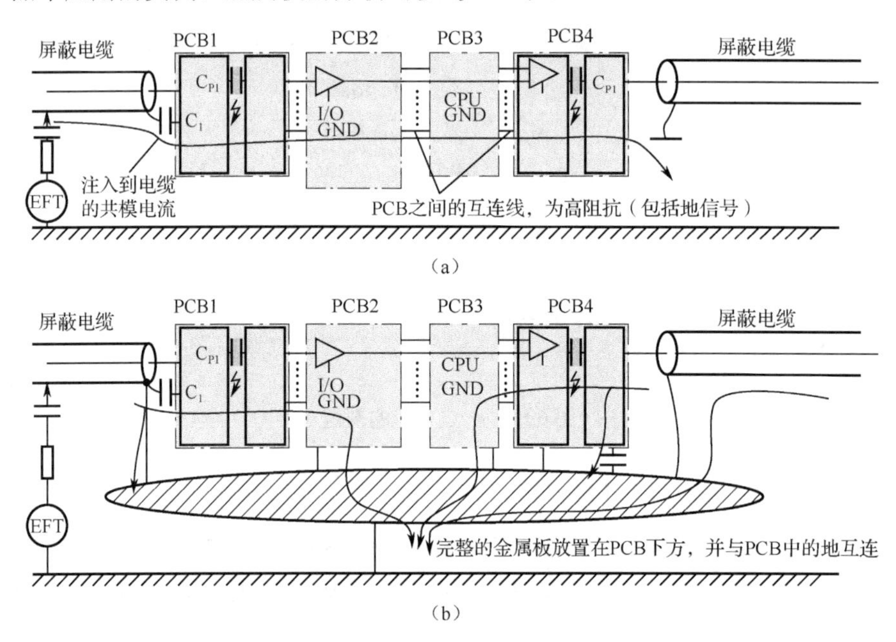

图 6.20　金属板在产品中应用的实例

如图 6.20（a）所示，如果没有金属板，那么流过这些 PCB 中地平面及 PCB 之间互连地线上的共模电流（图中箭头线所示）I 约为：

$$I = \frac{C\mathrm{d}U}{\mathrm{d}t} = 20\mathrm{pF} \times 2\mathrm{kV} / 5\mathrm{ns} = 8\mathrm{A}$$

式中，C 是 C_1 与 C_{P1}、C_{P2} 的串联等效电容，C_{P1}=20pF=C_{P2}（10 个光耦并联），C_1=10nF。

由于该产品是一个测量装置，不但所测量电平的精度在 10mV 以下，而且那些 PCB 之间的互连地信号连接器的阻抗也较高（假如存在 100nH，用 10nH/cm 估算），共模干扰电流流过时在连接器地互连信号线两端产生的压降足够高，并超过了数字电路的噪声承受能力，就能使产品抗干扰测试失败（实际上，这个产品抗干扰测试的确是失败的）。

作为解决方案的图 6.20（b），增加了金属板，并使金属板与各 PCB 形成良好的连接后，流入的共模干扰电流大部分将从金属板上流过（图中箭头线所示），大大减小了流过 PCB 内部地平面及 PCB 互连连接器地线中的共模电流，使 PCB 内部的电路受到保护。要使金属板按图 6.20 所示发挥出良好的 EMC 效果，必须使金属板的阻抗也较低（金属板阻抗分析可参考 6.2 节）。有些产品中金属板是由多块小的金属板组合而成的。此时，除要求每块小的金属板阻抗较低外，还要保证不同金属板之间的搭接阻抗也较低。实践证明，当两块金属板存在有意搭接，且搭接间距足够小时（如小于波长的 1/20），则表示具有较低的搭接阻抗。

6.4 PCB 板间互连连接器对地阻抗的影响

在产品设计中，经常会发生不同 PCB 板间互连的情况。互连时，不但不同信号相互靠近，引发串扰问题，更重要的是由于连接器中的地互连信号路径的阻抗要比多层 PCB 中的地平面高很多（工程中，可以用 10nH/cm 来估算连接器中每个信号针的寄生电感）。这样，当有外界的共模干扰电流流过连接器时，互连在连接器之间的电路信号就会受到更严重的干扰；同样，当互连在连接器之间的信号回流流过高阻抗的连接器时，就会产生共模的 EMI 问题。

6.5 PCB 设计中防止串扰的设计

6.5.1 串扰对产品整体 EMC 性能的影响原理

串扰在产品的 EMC 设计中也是相当重要的一部分，从前几章的分析可以得知，一个具有良好的 EMC 机械架构设计的产品，必须能避免共模干扰电流流过产品内部电路，并将其导向大地、低阻抗的外壳或电路中非敏感电路区。这样就出现了一个必须考虑的串扰问题：共模干扰电流流经的区域与共模电流不流经的敏感电路区域，如果发现串扰问题，那么这两个区域之间必然存在电场（容性耦合）或磁场（感性耦合）的耦合，最终导致设计失败。图 6.21 是串扰引起的抗干扰问题原理图。同样，对于电路内部的 EMI 噪声源信号，如时钟线、开关电源的 PWM 信号等必须被“隔离”在电路内部，避免与外围的信号线或电缆产生串扰，最终导致 EMI 问题。图 6.22 是串扰引起的 EMI 辐射原理图。这就是本章所需讨论并避免的两个方面的串扰问题。

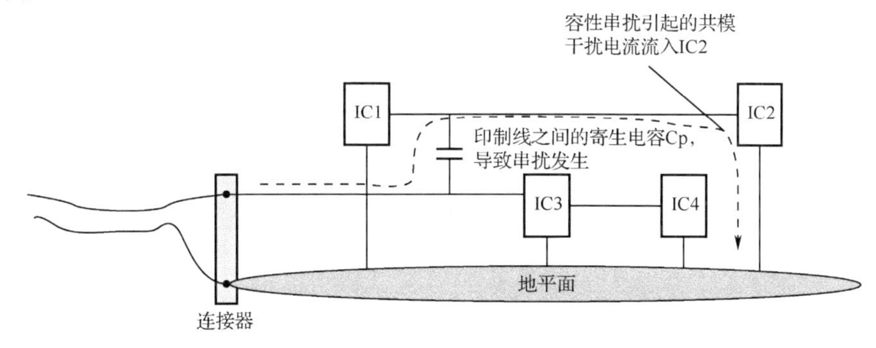

图 6.21 串扰引起的抗干扰问题原理图

6.5.2 产品中的串扰是如何发生的

形成串扰的根本原因是信号变化引起周边的电磁场发生变化，特别是对于频率很高的信号来说，信号线之间的寄生电容和电感容易成为串扰信号的耦合通道，如 PCB 中的两根印制线之间分布着寄生电感分量和寄生电容分量，所以理论上这两个信号之间的串扰由两部分组成，即容性耦合串扰和感性耦合串扰。两根互为串扰的信号线，称为噪声源（即图 6.23 中的信号线 1）和噪声接收器（即图 6.23 中的信号线 2）。因为两根线间存在寄生电容 C，导致信号线 1 上的噪声信号能耦合到信号线 2 上。在噪声接收器信号线 2 上，电流在 Z_1 和 Z_2 两个方向上传播，直到在源和负载上被消耗。在线路上产生的电压尖峰由 Z_1 和 Z_2 决定。当电流脉冲到达 Z_1 和 Z_2 时，它就会沿电阻被消耗且电压与阻抗成正比。如果在源或负载上的阻抗不匹配，就会发生反射。对于没有端接的负载而言，Z_1 上的电压峰值会很大，而端接负载能有效地减少下一个器件的输入电压噪声，但会带来损耗。

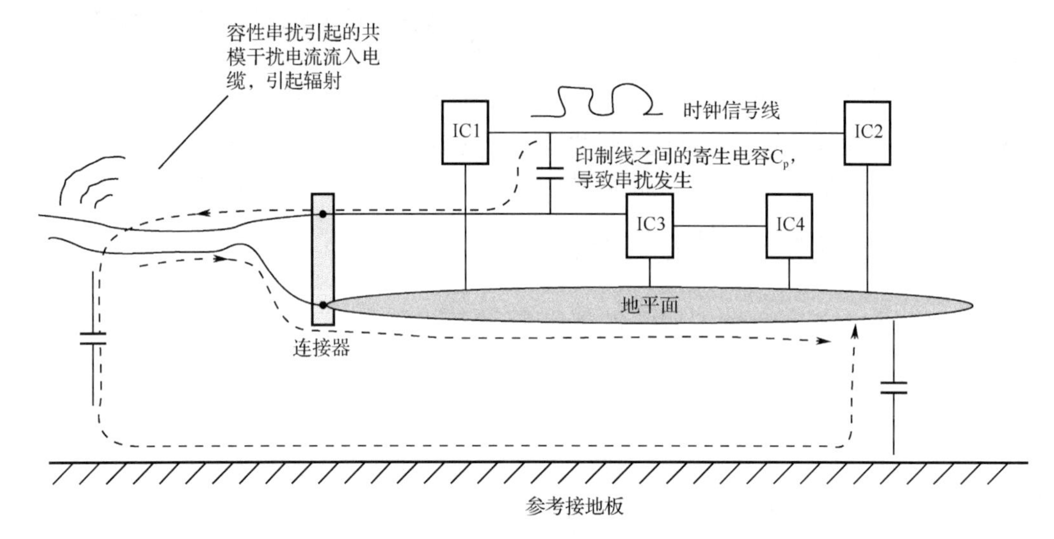

图 6.22　串扰引起的 EMI 辐射原理图

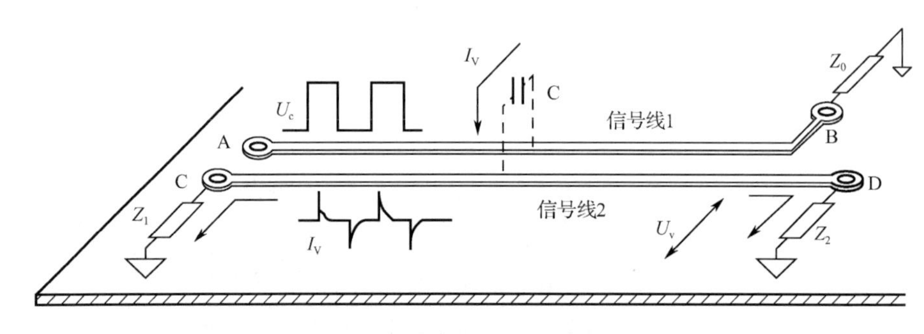

图 6.23　容性耦合串扰原理图

图 6.23 中，信号线 1 上信号的峰值电压为 U_c，信号上升沿时间为Δt，角频率为 ω，噪声源信号线 1 与信号线 2 之间的寄生电容为 C，Z_1 和 Z_2 分别是信号线 2 两侧的负载。如果噪声接收器信号线 1 中的信号从源向负载传送，信号将会容性耦合进相邻印制线 CD，而且两根相互平行的印制线越接近，印制线间的电容就越大，通过串扰，能量在二者间传输的耦合越紧密。噪声接收器信号线 2 上的耦合电压引起从耦合点到印制线两端的电流。返回源端的电流是后向串扰的，而传输到负载端的电流是前向串扰的。因为电容在高频下能有效地传导 RF 能量（电流），所以跳变沿速率越快，串扰越大。

通过寄生电容 C 的电流 I_v 可用式（6.20）表达：

$$I_v = C \times \Delta U_c / \Delta t = C \times \omega \times U_c \tag{6.20}$$

电流 I_v 被 Z_1 和 Z_2 分流，则 I_v 的总负载阻抗可用式（6.21）表达：

$$Z = Z_1 \times Z_2 / (Z_1 + Z_2) \tag{6.21}$$

例如，信号线 1 中的电压为 U_c=5V，负载 Z_0=100Ω（当今数字电路的负载阻抗通常为 50～120Ω），信号线 2 中的源阻抗 Z_1 和负载 Z_2 都为 100Ω，则 $I_c = U_c / Z_0 = 5/100\text{A} = 0.05\text{A}$；$Z = Z_1 \times Z_2 / (Z_1 + Z_2) = 50\Omega$。

串扰引起的信号线 2 上的电压则为：

$$U_v = Z \times I_v = [Z_1 \times Z_2 / (Z_1 + Z_2)] \times C_x \times \Delta U_c / \Delta t$$

用式（6.22）表示串扰的大小的分贝值：

$$D_{dB} = 20\lg\left(\frac{U_v}{U_c}\right) \approx 20\lg(2\pi f ZC) \tag{6.22}$$

式中 f 为信号频率。

从以上分析可以看出，电压是引起容性耦合的主要因素，容性耦合的噪声源是电压源。对应到实际的工作电路中，如果电路负载阻抗较高，那么信号线上电压很高，但是电流很小，这时线间的串扰主要是容性串扰。

两根走线间除寄生电容外还存在互感，引起感性耦合。图 6.24 是感性耦合串扰原理图。I_c 是信号线上信号峰值电流，信号上升沿时间为 Δt，角频率为 ω。M 为信号线 1 和信号线 2 之间的互感。当一定频率的 I_c 流过信号线 1 时，信号线 2 上会感应出电压 U_v，U_v 的大小可用式（6.23）表示：

$$U_v = M \times \Delta I_c / \Delta t = M \times \omega \times I_c \tag{6.23}$$

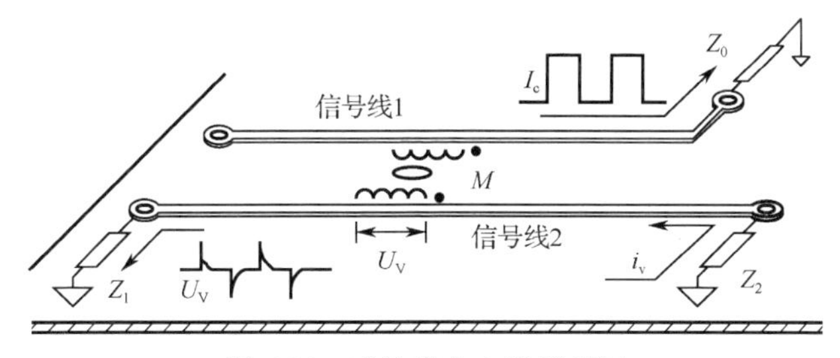

图 6.24　感性耦合串扰原理图

可见感性串扰也与两根走线之间的距离和长度有关，增加线间距离，减小线的长度也同样有利于减少感性串扰。从式（6.23）可以看出，电流是引起感性耦合的主要因素，感性耦合的噪声源是电流源。对应到实际的工作电路中，如果电路负载阻抗较低，那么信号线上电流很高，但是电压很小，这时引起线间串扰的主要因素是感性串扰。

试验表明，在当今的数字电路中，通常以容性耦合为主，这也是本书分析的重点。但是当 PCB 平面结构不完善时，如出现开槽或存在噪声的参考层，感性串扰成分将变大，这时感性串扰将大于容性串扰。

6.5.3　串扰模型分析

1. 容性串扰

从上一节可知，容性串扰中起决定性作用的是噪声源和噪声接收器线间的寄生电容，其实质是噪声源和噪声接收器之间存在电场，只要有电场，就存在电容。容性耦合的实质如图 6.25 所示。

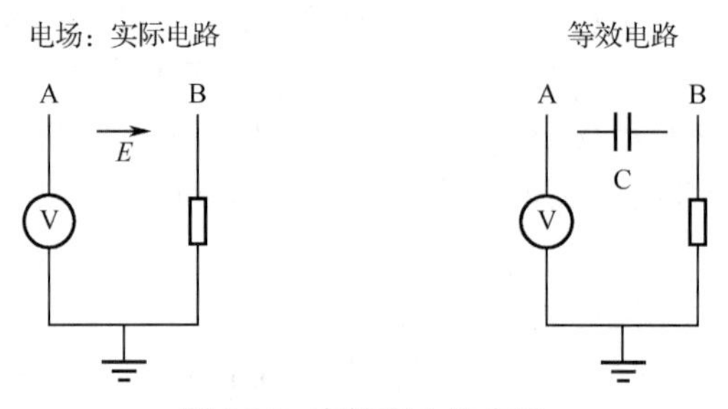

图 6.25　容性耦合的实质

可见分析两线之间的寄生电容是分析容性串扰的重点。图 6.27 给出了在图 6.26 所示情况下，相邻两层平行布置的两根印制线之间的寄生电容值。图 6.26 中，*W* 为印制线的宽度，*h* 为 PCB 板层间厚度，也为噪声源印制线和噪声接收器印制线间的距离，*W*、*h* 为同一单位，板的相对介电常数 ε_r 为 4.5。相邻层上下平行布置的两根印制线，其间犹如形成了一个平板电容。从图 6.27 所示的曲线也可以看出，相邻层上下平行布置的印制线，其间的串扰决定于印制线宽度、印制线间的距离及印制线的长度。

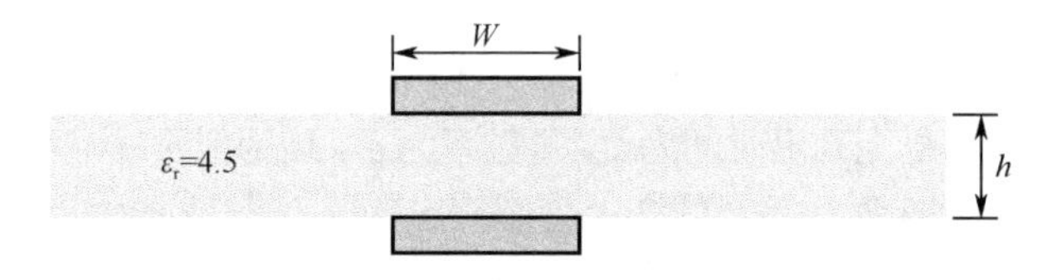

图 6.26　相邻层印制线平行布线

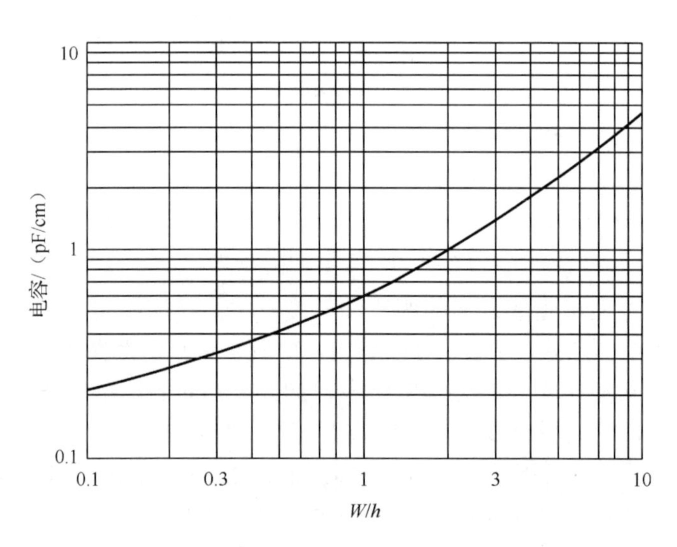

图 6.27　相邻两层印制线之间的寄生电容值

图 6.29 给出了在图 6.28 所示一个没有地平面 PCB 中的印制线布置情况下的两根印制线之间的寄生电容值。图 6.28 中，*W* 为印制线的宽度，*d* 为噪声源印制线和噪声接收器印制线间的中心距，*h* 为 PCB 厚度，*W*、*h*、*d* 为同一单位，板的相对介电常数 ε_r 为 4.5。

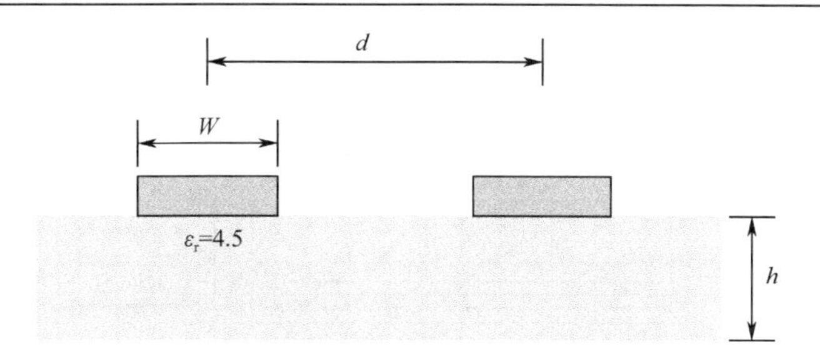

图 6.28　没有地平面 PCB 中的印制线布置

从图 6.28 和图 6.29 可以看出，假设两根印制线布置在同一层上，并且平行布置，印制线宽度 $W = 0.8$mm，印制线之间的距离 $d = 3.2$mm，长度均为 L=10cm，PCB 厚度 h=1.6mm，则该两根印制线间的寄生电容约为 3pF。再假设两根印制线分别布置在相邻层上，并且平行布置，印制线宽度 $W = 0.8$mm，印制线之间的距离（即层间间距）$h = 1.6$mm，长度均为 L=10cm，则两根印制线间的寄生电容约为 4pF。可见印制线在相邻两层布置时，由于线间距离较近，容性串扰会比较严重。

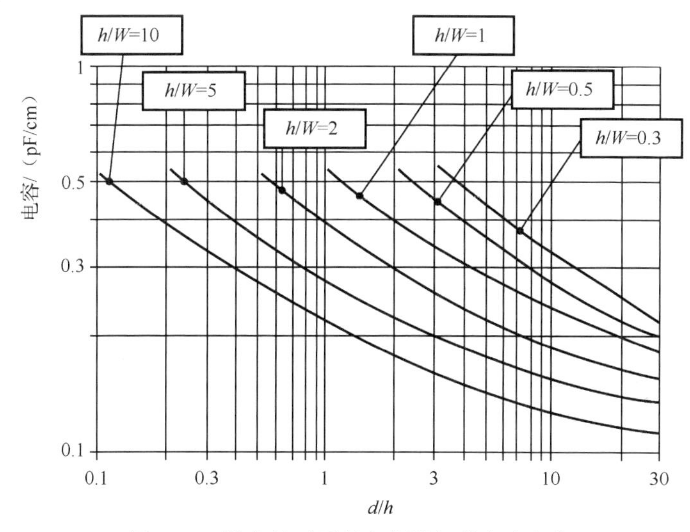

图 6.29　没有地平面的印制线间的寄生电容

印制线间的串扰除随本身两根印制线的宽度、长度及线间的距离变化外，还与是否有地平面与其相邻有关。图 6.31 和图 6.33 分别给出了在图 6.30 所示带一层地平面 PCB 中的印制线布置情况下两根印制线之间的寄生电容值和在图 6.32 所示带双层地平面 PCB 中的印制线布置情况下两根印制线之间的寄生电容值。图中，W 为印制线的宽度（cm）；d 为噪声源印制线和噪声接收器印制线间的中心距（cm）；h 为 PCB 中印制线与地平面之间的距离（cm）；ε_r 为该板层间介质的相对介电常数，ε_r=4.5。

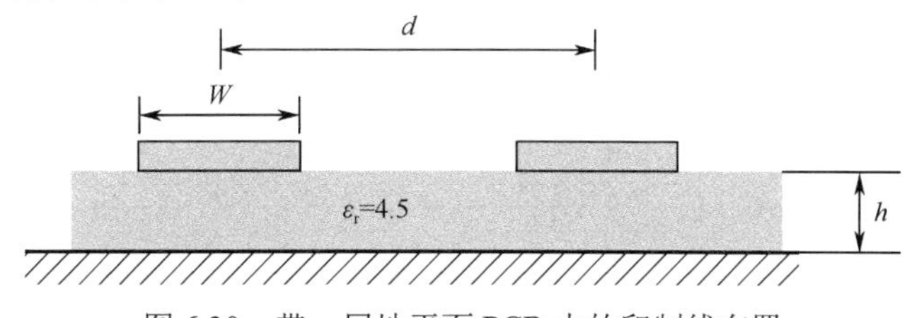

图 6.30　带一层地平面 PCB 中的印制线布置

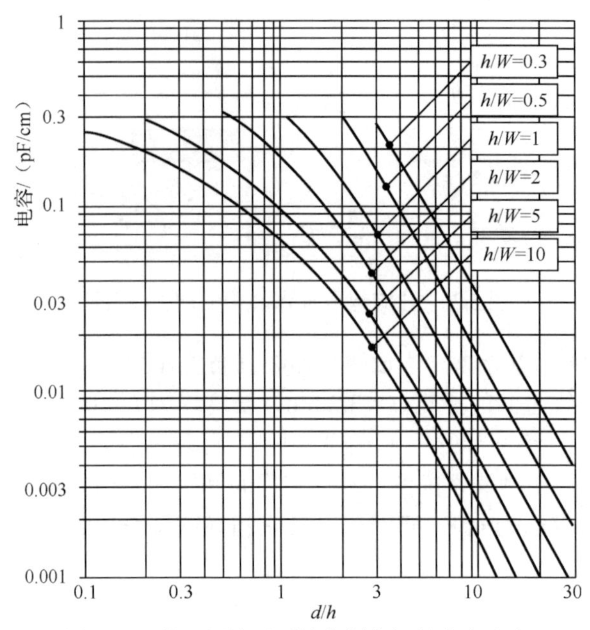

图 6.31　带一层地平面的印制线间的寄生电容

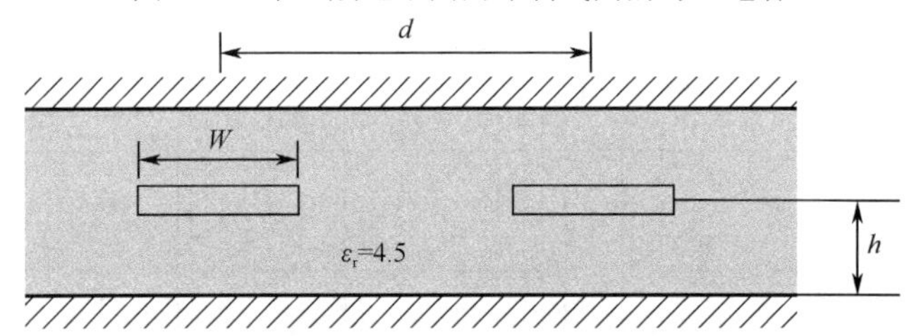

图 6.32　带双层地平面 PCB 中的印制线布置

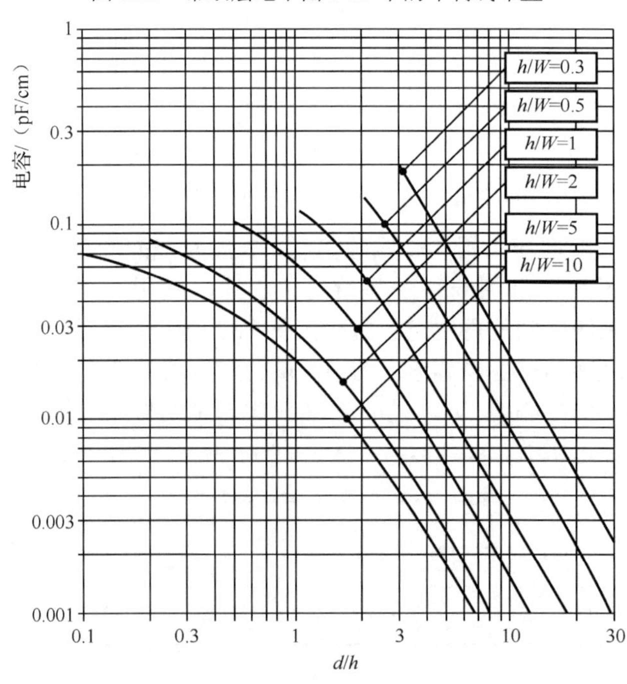

图 6.33　带双层地平面的印制线间的寄生电容

从图 6.31 和图 6.33 可以看出，假如两根平行布置的印制线，宽度 $W = 0.8\text{mm}$，印制线之间的距离 $d = 3.2\text{mm}$，长度均为 L=10cm，PCB 中印制线与地平面之间的距离 h=0.4mm，则当只有一层地平面时（微带线结构），该两根印制线间的寄生电容约为 0.25pF；当有双层地平面时（带状线），该两根印制线间的寄生电容约为 0.15pF。

从以上两个例子可以看出，PCB 中的地平面对降低同一层中印制线间的寄生电容很有效，特别是具有带状线结构的双层地平面，对降低印制线间的寄生电容更为有效。随着寄生电容的降低，印制线间的串扰也必然随之降低。为了让读者对地平面降低印制线的寄生电容有比较直观的感受，笔者将图 6.31 和图 6.33 合在一起，组合成图 6.34 带有一层地平面的印制线间的寄生电容和没有地平面的印制线间的寄生电容的对比图。

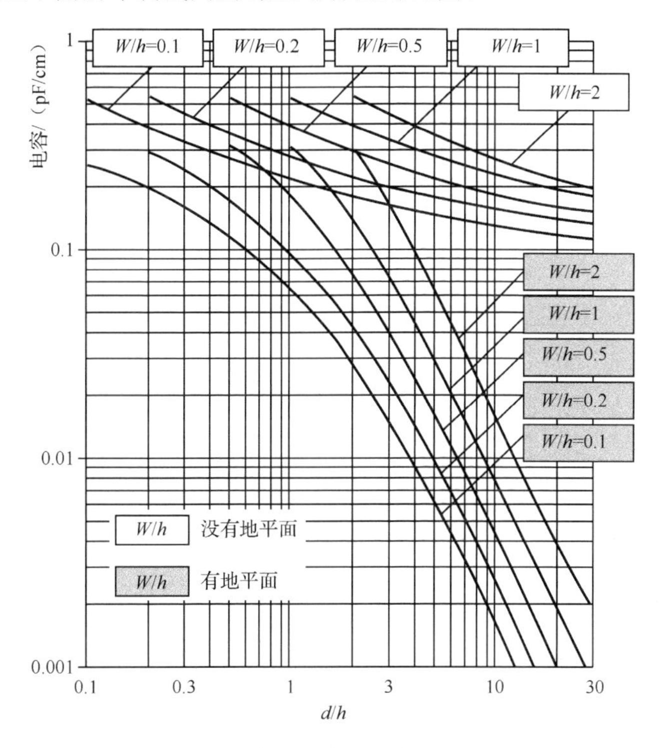

图 6.34　带有一层地平面的印制线间的寄生电容和没有地平面的印制线间的寄生电容的对比图

其实，地平面对降低印制线间的串扰还不仅在于印制线间的寄生电容的减小，因为在地平面存在的情况下，印制线与地平面之间造成的寄生电容和印制线间的寄生电容形成分压，原理如图 6.35（b）所示。

图 6.35 中，C_1、C_2、C_3 分别表示噪声源印制线与地平面之间的寄生电容、噪声源印制线和噪声接收器印制线之间的寄生电容、噪声接收器印制线和地平面之间的寄生电容，U_{C1} 表示在噪声源印制线上的信号电压，U_{C_3} 表示噪声接收器印制线上被串扰的噪声电压。C_1、C_2、C_3 形成的分压电路中，由于 C_1 和 C_3 远大于 C_2，使得 C_3 上的压降 U_{C3} 很小。当交流信号 U_{C_1}=5V 时，U_{C_3} 约为 0.5V。而当 d/h 为 10 时，由于 C_2 降为 0.0015pF，则 U_{C_3} 仅为 0.05V。（注：此例子仅为说明印制线与地平面之间的寄生电容形成的分压给降低串扰带来的作用，而忽略了接收器印制线负载阻抗的影响，实际串扰的大小也与负载阻抗有关。）

图 6.36 是容性串扰大小与频率、ZC 时间常数的关系图。根据图 6.36 所示的曲线，可以

比较简单地计算出印制线间的容性串扰。

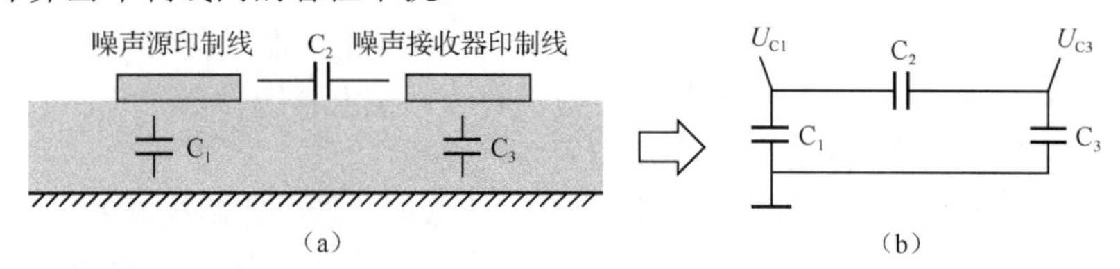

图 6.35　印制线与地平面之间的寄生电容形成分压降低串扰原理图

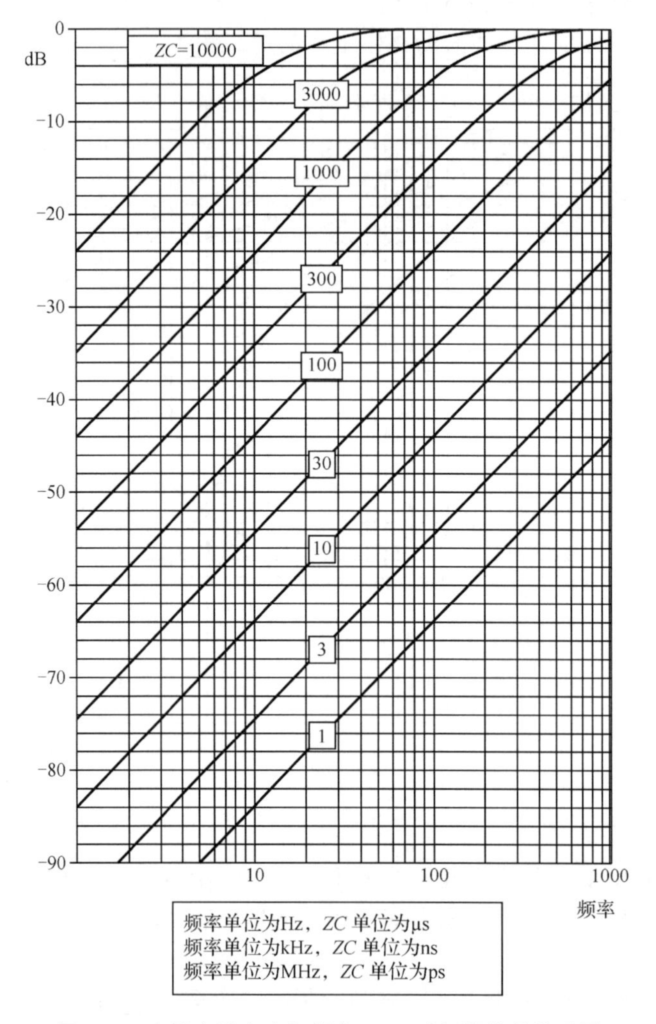

图 6.36　容性串扰大小与频率、ZC 时间常数的关系图

图 6.37 是视频接口串扰分析实例。图 6.37 中有两个视频接口，其接口中的信号电压的幅度都为 1V，其中＃1 视频接口上的频率为 4MHz。＃1 视频接口和＃2 视频接口各有一段长为 10cm 的 PCB 印制布线，线距为 3.2mm，印制线的线宽为 0.8mm。

根据图 6.29 可知，在没有地平面的情况，这两根印制线之间的寄生电容 C= 3pF。被干扰的视频信号线的负载的总阻抗：

$$Z = 75\Omega // 560\Omega = 66\Omega$$

则时间常数为：

$$Z \times C = 66 \times 3\text{ps} \approx 200\text{ps}$$

再根据式（6.22），可得串扰[4MHz，200ps] ≈ 46dB

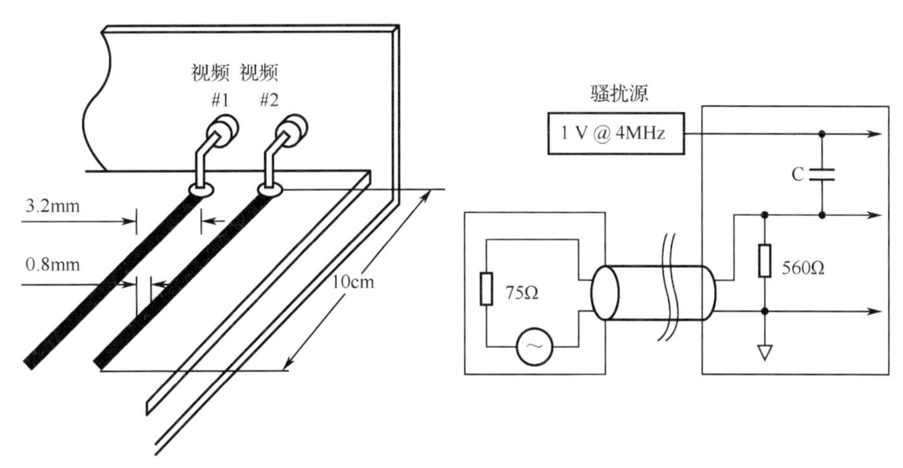

图 6.37　视频接口串扰分析实例

当这根视频印制线的上下方有地平面存在时，则这两根印制线之间的寄生电容 C=0.25pF，按照同样的方法可以计算出串扰约为 12dB。

在实际产品应用中，由于连接器中通常不存在地平面，其信号线间的容性串扰会在连接器中急剧增大，因此连接器中信号排布的设计非常值得关注。

容性串扰不但发生在印制电路板中，同样也发生在设备内部及外部的电缆布线中。电缆线间的寄生电容可以用图 6.38 和式（6.24）、式（6.25）表示。

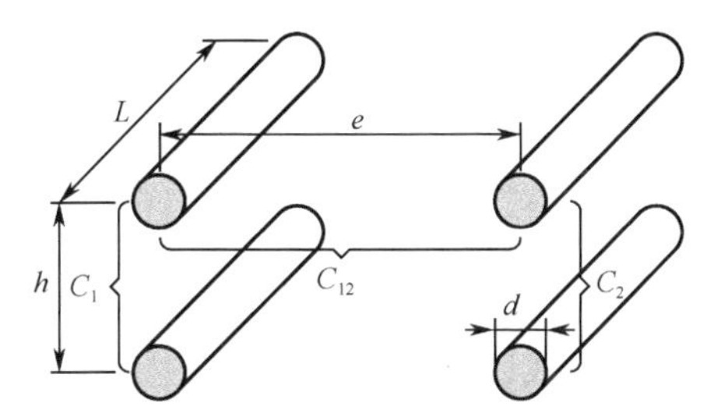

图 6.38　容性线与线之间的串扰

$$C_1 = C_2 \approx \frac{27.8 \times \varepsilon_r \times L(\text{pF})}{\ln\left(\frac{h}{d} + \sqrt{(\frac{h}{d})^2 - 1}\right)} \tag{6.24}$$

$$C_{12} \approx C_1 \times \frac{\ln\left[1 + \left(\frac{h}{e}\right)^2\right]}{2 \times \ln\left(\frac{2h}{d}\right)} \tag{6.25}$$

式中　h——两根电缆的纵向距离；

e——两根电缆的横向距离；

d——电缆的直径；

ε_r——相对介电常数（见表 6.6）。

表 6.6　绝缘材料的相对介电常数

绝 缘 材 料	ε_r
酚醛树脂	5
聚乙烯	2.3
聚氯乙烯	3.5
聚四氟乙烯	2.2
环氧玻璃	4.5

与印制线间在 PCB 中的串扰一样，在两根电缆的下方放置一地平面（见图 6.39）也同样可以减小线间的串扰。

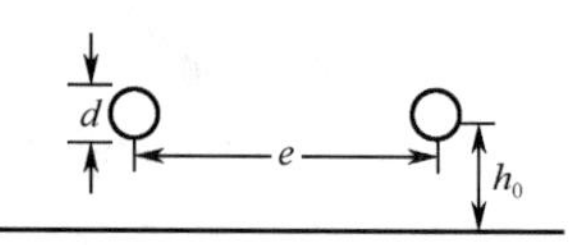

图 6.39　地平面减小线间串扰

地平面减小线间串扰的百分比 D_{max} 可以通过式（6.26）计算：

$$D_{max}=200/(1+R) \tag{6.26}$$

其中：

$$R=2\times\ln[4\times h_0/d]/\ln[1+(2\times h_0/e)2] \tag{6.27}$$

式中　d——线的直径；

e——线间的中心距；

h_0——线离地平面的高度。

根据式（6.26） 可以得出如图 6.40 所示的 e/h_0 与串扰衰减百分比的关系曲线。

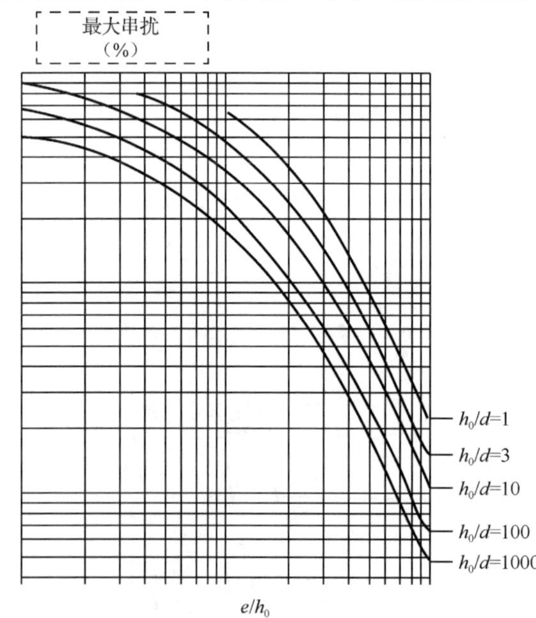

图 6.40　e/h_0 与串扰衰减百分比的关系曲线

2. 感性串扰

感性串扰可以认为是不希望的变压器的主副线圈（板上电流环路）间的信号耦合，其实质是磁场。只要有磁场存在，就存在电感或互感。负载感应耦合到的不希望的信号量取决于环路的大小和相距程度，也与受影响的负载阻抗有关。转换的能量随环路增大且靠得越近而增加。在负载（即副环路）上，信号的大小随负载阻抗而增加。环路电感随环路尺寸增大而增加，当两个环路产生互感时，一个为主电感（L_P），另一个为副电感（L_S）。虽然实际电路中，信号线不会被有目的地设计成变压器，为松散耦合，然而它总能在副环上产生干扰。

如果感性串扰是由于人工布线引起的环路，那么它是比较好解决的，只要拆除环路就可以了。如果串扰是由源信号和返回信号环路产生的，显然是不能切断该环路的，但可以保持低负载阻抗，以最小化串扰的影响。图 6.41 为感性串扰的实质示意图。

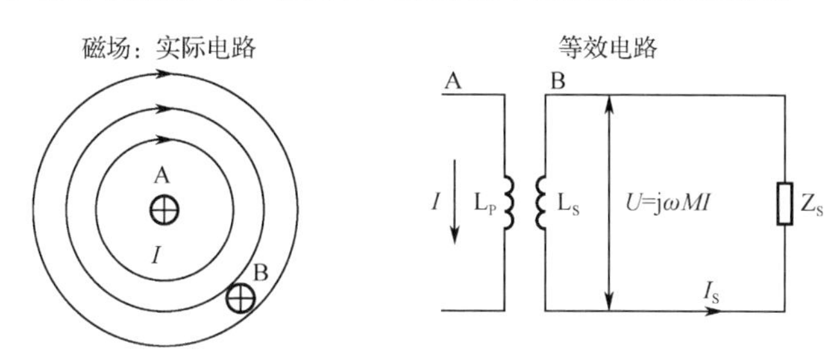

图 6.41　感性串扰的实质示意图

图 6.41 中的 Z_S 是副环路的负载阻抗，当副环路的总感应电压一样时，负载阻抗越大，负载两端的电压降也越大。

PCB 中印制线之间的感性串扰引起的耦合电压可以通过式（6.23）来计算，可见信号印制线上的电流和信号印制线之间互感是决定感性串扰大小的重要因素。表 6.7 列出了几种情况下印制线之间的互感大小比较。

表 6.7　几种情况下印制线之间的互感大小比较

互感 \ s/h	10	3	1	0.3
微带线（M(nH/cm)=ln[1+$(2s/h)^2$]）	0.04	0.4	1.6	3.8
带状线（M(nH/cm)=ln[1+$(h/s)^2$]）	0.01	0.1	0.7	2.5

注：s 为印制线之间的中心距离，h 为印制线与地平面之间的距离。

从表 6.7 可以看出，在同样的条件下，微带线比带状线产生更大的感性串扰。同时，印制线与地平面之间距离对感性串扰的大小有很大的关系，距离越大，感性串扰越大。

例如：在一多层 PCB 中，一个信号印制线的频率为 30MHz，电压为 5V，信号的负载为 50Ω（该传输线的特性阻抗），同一层中距离这根信号线 0.5mm 处存在另一根信号印制线，而且这根印制线是 I/O 信号线（直接与 I/O 电缆相连），且两者的平行布线的长度为 6cm，两根印制线与地平面之间的距离为 0.4mm。则它们之间在 30MHz 频率上及 3 次谐波和 5 次谐波上产生的感性串扰情况分析见表 6.8。

表 6.8　感性串扰情况分析

项　目 \ 频　率	30MHz	90MHz	150MHz
干扰源电压 U_{culp}	3V	1V	0.6V

续表

项目 \ 频率	30MHz	90MHz	150MHz
电流 $I=U_{culp}/50$	60mA	20mA	12mA
互感系数 M（nH/cm）	1.3	1.3	1.3
总互感 M（nH）	7.8	7.8	7.8
串扰电压 $U_{vict}=M\times2\pi f\times I$	90mV	90mV	90mV

从表 6.8 得到的串扰电压数据（90mV）可以预测这个 I/O 接口必须进行滤波处理，或将 I/O 电缆采用屏蔽电缆。

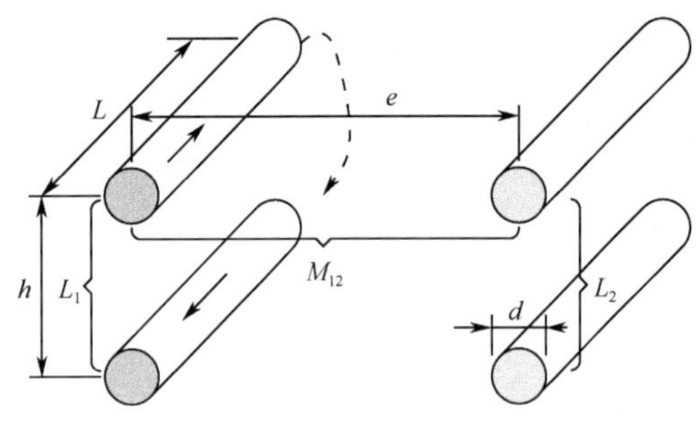

图 6.42　电缆线对之间的串扰模型

信号电缆之间串扰发生的原理与 PCB 中印制线之间发生串扰的原理一样，只是信号电缆之间通常没有地平面，因此在感性串扰分析上会略有不同。图 6.42 是电缆线对之间的感性串扰模型，左侧 2 根信号线组成一个信号的发送和回流，右侧 2 根信号线也组成一个信号的发送和回流。

假设，图 6.42 中左侧的一对线是噪声源信号线，右侧的一对线是噪声接收器信号线。其中一侧线对信号线的自身寄生电感可用式（6.28）表示：

$$L_1 = L_2 \approx 4\times10^{-7}\times\ln\left[\frac{h}{d}+\sqrt{\left(\frac{h}{d}\right)^2-1}\right] \tag{6.28}$$

噪声源信号线对、噪声接收器信号线对之间的互感的计算可用式（6.29）表示：

$$M_{12} \approx L_1\times\frac{\ln\left[1+\left(\frac{h}{e}\right)^2\right]}{2\times\ln\left(\frac{2h}{d}\right)} \tag{6.29}$$

式中　h——两根信号线的纵向距离，即一对信号线中，信号的发送线与回流线之间的距离；

e——两根信号线的横向距离，即噪声源信号线对和噪声接收器信号线对之间的距离；

d——信号线的直径。

6.5.4　产品中防止串扰的方法

1. 防止串扰的设计技术

从上面几节的分析可以看出，串扰的大小与很多因素有关，如信号的速率、信号上升沿和下降沿的速率、PCB 板层的参数、信号线间距、驱动端和接收端的电气特性及线端接方式等。很明显，加大并行信号之间间距（d）或者减小信号到平面层之间的距离（h）都有助于减小同层信号之间的串扰，也能通过分离线路来减少容性串扰。如果电路板上余留空间足够的话，那么应尽可能地让信号线保持大的间隔，因为信号线路距离越远，电容越少，串扰越小。另外，除在印制线下方设置地平面（这一点对降低串扰非常重要）可以大大降低线间串扰之外，还可以在相邻信号线间放置一根屏蔽地线，它也能很有效地减小线间的寄生电容。如图 6.43 是线间插入屏蔽地线降低线间串扰示意图，插入屏蔽地线后信号将与地耦合，不再与邻近线耦合，使线间串扰大大降低。当然，这里所说的线间插入屏蔽地线不但包含了 PCB 中同层印制信号线相互串扰时，同层中的印制线间插入的屏蔽地线，还包括不同层印制信号线之间相互串扰时，不同信号线层间插入的（屏蔽）地层。

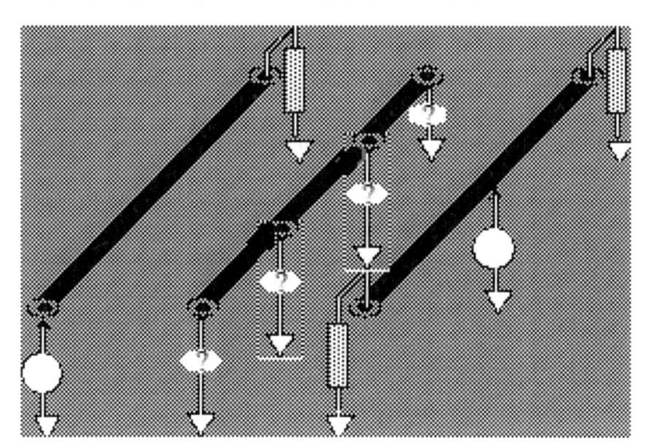

图 6.43　线间插入地线降低线间串扰示意图

在应用线间插入屏蔽地线降低串扰的方式时，应当注意，屏蔽地线必须与地平面实现等电位互连。如果仅仅是在线路末端连接到地层，那么屏蔽地线仅对低频有效，因为高频时该地线的阻抗还是相当高的。只有将屏蔽地线多点与地平面互连并且满足接地间距小于所考虑频率的 1/20 波长，才会在高频下对降低容性耦合和感性耦合都有效。

除插入的屏蔽地线防止串扰外，还可以进一步将骚扰源信号或敏感源信号用屏蔽地线进行包地处理，如图 6.44 所示。同样，这种包围在印制信号线周围的地线只有将其每隔信号的最高频率分量的 1/20 波长打孔且与地层连接才会取的较好的防串扰效果。

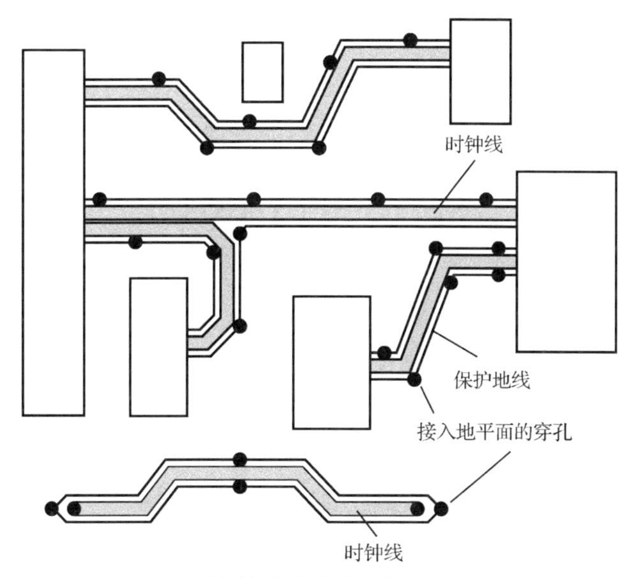

图 6.44　用保护地线对时钟线进行包地处理

2. 关于 3*W* 原则的实质与说明

3*W* 原则是一种设计者无须其他设计技术就可以遵守 PCB 布局的原则。但这种设计方法占用了很多面积，可能会使布线更加困难。使用 3*W* 原则的基本出发点是使走线间的耦合最小。这种原则可表示为：走线间距离（走线中心间的距离）必须是单一走线宽度的三倍。另一种表示是：两根走线间的距离间隔必须大于单一走线宽度的二倍。比如，时钟线为 6mil 宽，则其他走线只能在距这根走线 2×6mil 以外的地方布线，或者保证边到边距离大于 12mil。图 6.45 是使用 3*W* 原则实例。

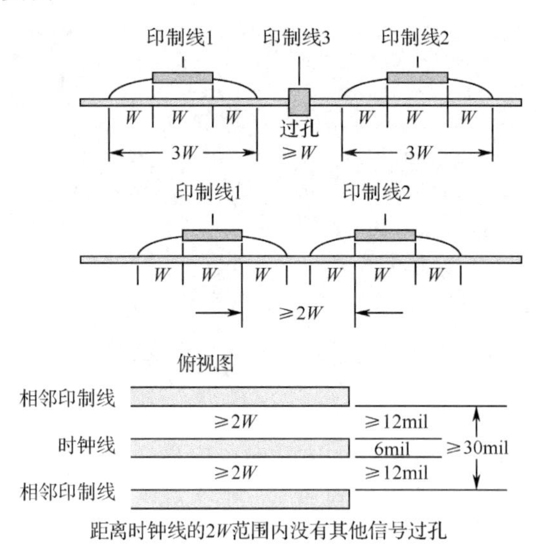

图 6.45　使用 3*W* 原则实例

注意：3*W* 原则代表的是逻辑电流中近似 70%的通量边界，要想得到 98%边界的近似，应该用 10*W* 原则，而 EMC 问题中有时需要考虑串扰降低的级别会高到 1000 倍的数量级，因此即使用 10*W* 的原则还是不够的。

注：3*W* 原则是防止串扰的一种方法，该方法仅作为一种参考，可以用于同一电平的不同频率信号线之间在功能上的串扰防止手段（通常这种需求只要求干扰电平降低 10 倍，就可以满足信号质量的要求），并作为理解如何防止串扰的一种启发。实际在 EMC 的领域中，PCB 设计中的 3*W* 原则并不能完全满足避免串扰的要求，按实践经验，如果没有屏蔽地线的话，印制信号线之间大于 1cm 以上的距离才能很好地防止串扰，因此在 PCB 线路布线时，就需要在噪声源信号（如时钟走线）与非噪声源信号线之间，及受 EFT/B、ESD 等干扰“脏”线与需要保护的“干净”线之间，不但要强制使用 3*W* 原则，甚至 10*W* 原则，而且还要进行屏蔽地线包地处理，以防止串扰的发生。另外，不是所有的 PCB 上的走线都必须遵照 3*W* 布线原则。使用这一设计指导原则，在 PCB 布线前决定哪些印制线必须使用 3*W* 原则是十分重要的。

如图 6.45 所示，两根走线中间的印制线 3 有一个过孔。这个过孔通常与第三根走线相连，如果这根印制线是敏感信号线的话，如复位线、音视频等低电平模拟信号线、I/O 接口信号线等，那么它将以电感或电容的形式感受额外的电磁能量干扰。为最小化走线对过孔的串扰，相邻走线间的距离必须包括过孔直径和间隙间隔，如图 6.45 中所描述的那样，距离时钟线 2*W* 范围内没有其他信号过孔，并且有屏蔽地线。对富含 RF 能量的走线间的距离也有同样的要求，这种走线上的能量可能会耦合到元件的引脚上。

差分对也是 3*W* 的主要代表。对差分走线来说，走线对间的距离应为 1*W*，不然电源层噪声和单端信号可能通过容性或感性耦合进差分对的走线。如果那些与差分对无关的走线物理间隔不到 3W，则干扰可能引起数据的破坏。图 6.46 为在一个 PCB 结构中差分对走线布线的例子。另外，考虑到差分线对的平衡性，通常差分线对也需要进行包地处理。

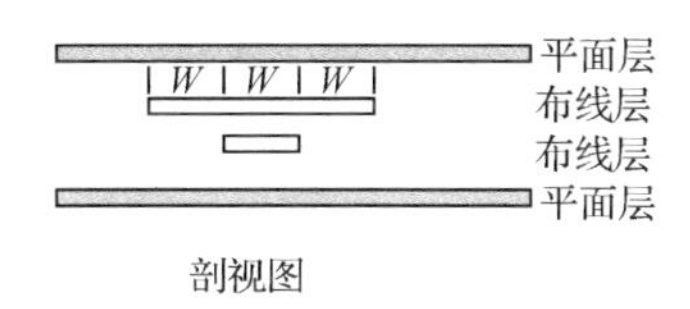

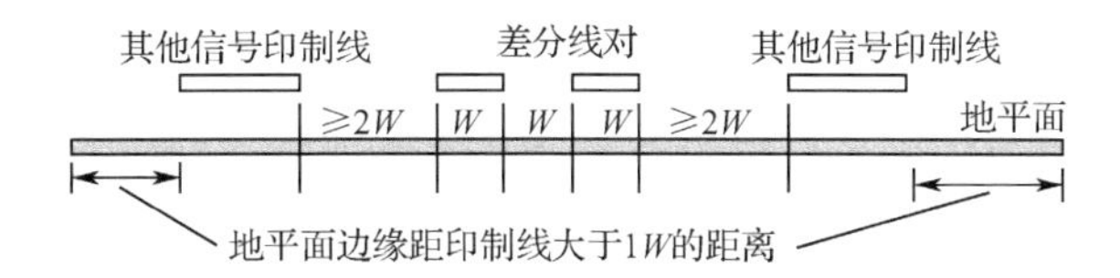

图 6.46　在一个 PCB 结构中差分对走线布线的例子

除上述技术之外，为在 PCB 中避免串扰，也因从 PCB 设计和布局方面考虑，还应注意如下方面：

- ◆ 根据功能分类，保持总线电路控制在相对独立的范围内。
- ◆ 最小化元器件之间的物理距离，以缩短印制线长度。
- ◆ 高速信号线及元器件（如晶振）要远离 I/O 互连接口及其他易受数据干扰及耦合影响的区域。
- ◆ 对高速线提供正确的终端。
- ◆ 避免长距离互相平行的走线布线，提供走线间足够的间隔以最小化电感耦合。
- ◆ 相邻层（微带或带状线）上的布线要互相垂直，以防止层间的电容耦合。
- ◆ 降低信号到地平面的间隔距离。
- ◆ 分割和隔离高噪声发射源（时钟、I/O、高速互连）。不同的信号分布在不同的层中。
- ◆ 尽可能增大信号线间的距离，它可以有效地减少容性串扰。
- ◆ 降低引线电感，避免电路使用非常高的阻抗的负载和非常低的阻抗的负载，尽量使模拟电路负载阻抗稳定在 10Ω～10kΩ 之间。因为在使用非常高的阻抗的负载时，由于工作电压较高，导致容性串扰增大，而在使用非常低的阻抗的负载时，由于工作电流很大，感性串扰将增加。
- ◆ 将高速周期信号布置在 PCB 的内层。
- ◆ 使用阻抗匹配技术，以保证信号完整性。防止过冲。
- ◆ 注意具有快速上升沿（t_r≤3ns）的信号，要进行包地等防串扰处理。
- ◆ 将一些受 EFT/B 或 ESD 干扰，且未经滤波处理的信号线布置在 PCB 的边缘。
- ◆ 尽量采用地平面，使用地平面与不使用地平面的信号线相比可获得 15～20dB 的衰减。
- ◆ 高频信号和敏感信号要进行包地处理（双面板中使用包地技术可获得 10～15dB 的衰减）。
- ◆ 使用平衡线、屏蔽线或同轴线。
- ◆ 对骚扰信号线和敏感线进行滤波处理。
- ◆ 合理设置层和布线，合理设置布线层和布线间距，减小并行信号长度，缩短信号层与平面层的间距，增大信号线间距，减小并行信号线长度，这些措施都可以有效减小串扰。

3. 屏蔽地线（包地）对特性阻抗的影响

屏蔽地线（包地）的目的在于减小关键信号与其他信号线之间的寄生电容，从而减少相邻线之间的串扰。但增加地线的同时，也改变了信号的电磁场分布，降低了信号线的阻抗，随着信号线特性阻抗的降低，同样大小的电压下，信号线将流过更大的电流，这一点对 EMC 是不利的。

1）地线与信号线之间的间距对信号线特性阻抗的影响

为了研究屏蔽地线对信号的影响，设置如图 6.47 所示的 PCB 印制线结构。该结构为标准的对称带状线，信号+、信号-为差分信号的正负走线，图中左右两边为屏蔽地线（包地线），上下两层均为地层。假设信号走线的线宽为 8mil，正负信号之间的间距为 8mil，两个地平面之间的间距为 12.50mil、27.36mil 或 50mil。

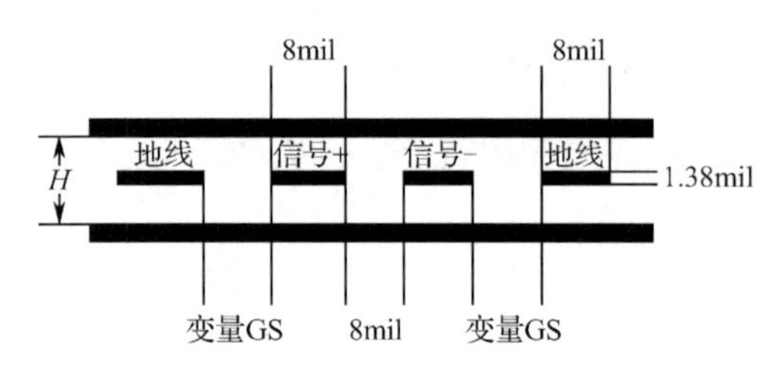

图 6.47 研究屏蔽地线对信号阻抗影响的 PCB 结构图

当两个地平面之间的间距等于 12.50mil 时地线到信号线的间距对信号阻抗的影响如图 6.48 所示。

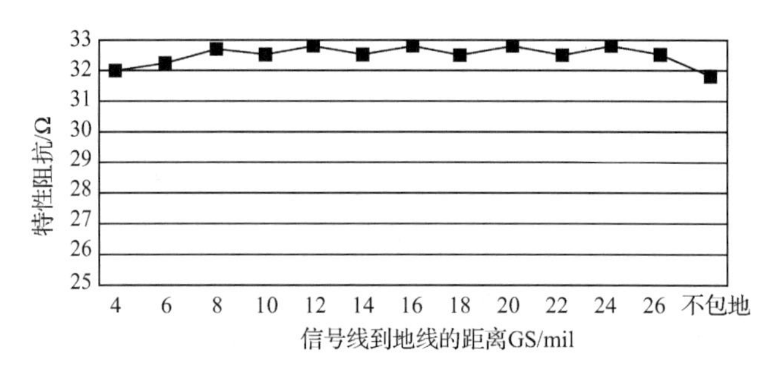

图 6.48 两个地平面之间的间距为 12.50mil 时地线到信号线的间距对信号阻抗的影响

当两个地平面之间的间距等于 27.36mil 时地线到信号线的间距对信号阻抗的影响如图 6.49 所示。

当两个地平面之间的间距等于 50mil 时地线到信号线的间距对信号阻抗的影响如图 6.50 所示。

由上面的变化曲线可以得到：

（1）随着地线到信号线距离的增大，地线对信号线阻抗的影响逐渐减弱。

（2）屏蔽地线对那些距离地平面较远的信号线的特性阻抗影响较大。

（3）当两地平面之间的间距为 12.50mil 时，随着地线到信号的间距从 4mil 变化到 26mil，信号线特性阻抗基本上没用变化；当两地平面之间的间距为 27.36mil 时，随着地线到信号的间距从 4mil 变化到 26mil，信号线特性阻抗从 48Ω 变化到 54Ω；当两地平面之间的间距为 50mil 时，随着地线到信号的间距从 4mil 变化到 26mil，信号线的特性阻抗从 55Ω 变化到 70Ω。

所以，地线对信号线特性阻抗的影响随着两地平面之间间距的增大而增强。这是由于随着信号线到地平面距离的增大，信号线到地平面之间的耦合逐渐减弱，到地线的耦合逐渐增强造成的。

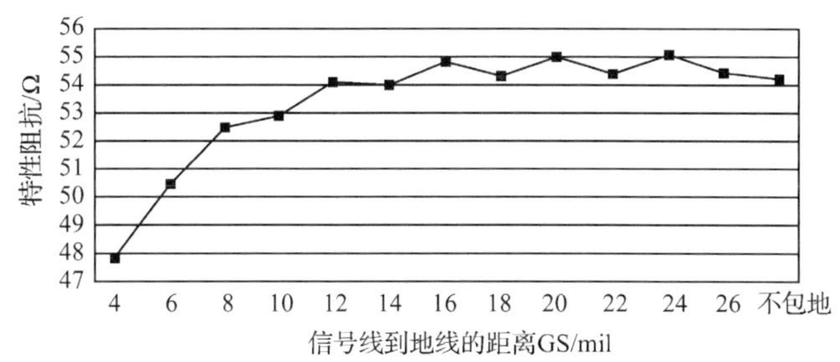

图 6.49　两个地平面之间的间距为 27.36mil 时地线到信号的间距对信号特性阻抗的影响

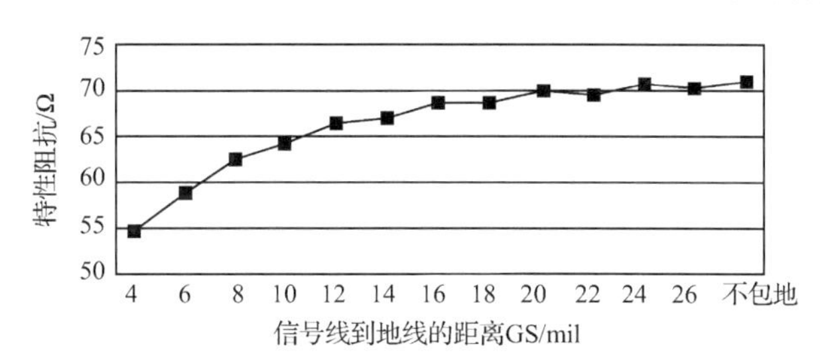

图 6.50　两个地平面之间的间距为 50mil 时地线到信号的间距对信号阻抗的影响

2）屏蔽地线线宽对特性阻抗的影响

为了研究屏蔽地线的线宽对信号线特性阻抗的影响，设置以下结构（见图 6.51）：信号走线的线宽为 8mil，差分信号走线的间距为 8mil，两地平面之间的间距为 27.38mil。地线到信号之间的间距为 6mil 或 12mil。

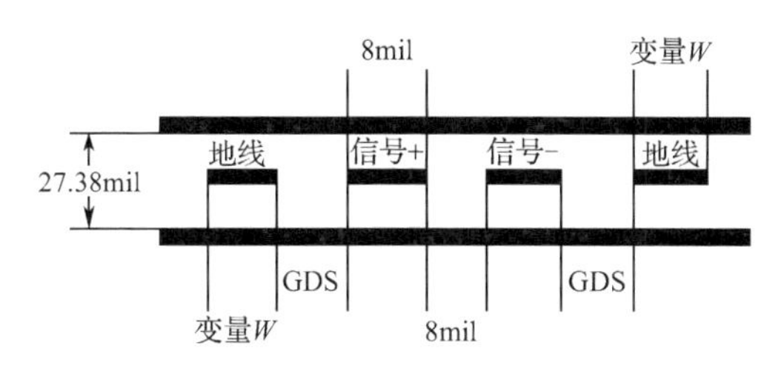

图 6.51　研究包地线宽对信号特性阻抗的影响

用类似的方法可以得到屏蔽地线宽度对信号特性阻抗的影响曲线（本书没有列出），并从中得出以下结论：

（1）屏蔽地线的线宽对信号线的特性阻抗影响并不是单调的，且对信号的特性阻抗的影响较弱。随着屏蔽地线线宽从 4mil 变化到无穷大，相应的特性阻抗变化只是在 1Ω 内摆动。所以在进行 PCB 设计时，为了节省布线空间，可以用较细的地线作为屏蔽。

（2）当地线到信号线的间距为 6mil 时，单线的特性阻抗降低 4Ω 左右，差分线的特性阻抗降低 5Ω 左右。当地线到信号的距离为 12mil 时，单线的特性阻抗降低 1Ω 左右，差分线的特性阻抗也降低 1Ω 左右。因此，对于关键信号线与接口信号，可考虑包屏蔽地线。

6.5.5 哪些信号之间需要考虑串扰问题

串扰是系统设计、PCB 设计中的重要方面之一，在设计的任意环节都需要考虑。它是印制线、导线、印制线和导线、电缆束、元器件及任意其他易受电磁场干扰的电子元器件之间不希望有的电磁耦合。发生串扰的噪声源信号线不仅出现在时钟或周期信号线上，而且也出现在数据线、地址线、控制线和 I/O 走线上。实际上，串扰是 EMI 和外界干扰进入产品内部敏感电路传播的主要途径。高速走线、模拟电路和其他易受影响的信号可能被外面源引起的串扰破坏。EMI 噪声产生电路可能也无意识地把它们的 RF 能量耦合到了 I/O 部分，这种 I/O 耦合会使产品的辐射发射测试或传导骚扰测试失败。

可见对于产品 PCB 设计，以下几个区域的信号线之间必须防止串扰：

（1）防止敏感的内部电路信号线（如模拟电路、复位电路、高输入阻抗电路、小信号电路等易受影响的电路和信号）和被外界干扰注入的“脏”的信号线之间的串扰。就像 7.3.3 节分析的那样，在原理图分析时用各种颜色区分各类信号线，如红线表示产品的接口信号线，这些接口需要进行电快速瞬变脉冲群等抗扰度测试，因此这些信号所连接的电缆中会直接注入共模干扰；绿线则表示为经过滤波之后的信号线，其中敏感电路也在其中。另外，在原理图上，滤波器（如 C、RC、LC 等）介于红线与绿线之间。外界的干扰注入红线后，被滤波器滤除，滤波器之后的信号线是没有受干扰的信号线。因此，在 PCB 设计中，需要特别考虑红线与绿线之间的串扰，一旦发生串扰，滤波就失败，干扰会进入内部敏感电路。如图 6.52 所示是一个没有考虑串扰的失败 PCB 布线，图中滤波器之后的信号线与滤波器之前的信号线由于在 PCB 中布置得较近，发生串扰，使滤波器失效。图 6.53 所示是考虑串扰的 PCB 布线，是一个相对较好的设计。

（2）防止内部电路噪声信号（如时钟信号、高速信号、高 di/dt 和 du/dt 的 PWM 信号、电机驱动的 UVW 信号等）与其他信号线之间的串扰，特别是对 I/O 信号线之间的串扰。避免 EMI 噪声传递至 I/O 电缆引起辐射发射。就像 7.3.3 中描述的那样，那些被一种特殊颜色标出的内部噪声信号需要与“干净”的信号线及 I/O 接口上的“脏”线之间防止串扰。

（3）如果 PCB 是数模混合电路，那么还必须在 PCB 中的所有数字信号线与模拟信号线之间考虑串扰问题，即数字信号线与模拟信号线之间插入屏蔽地线。

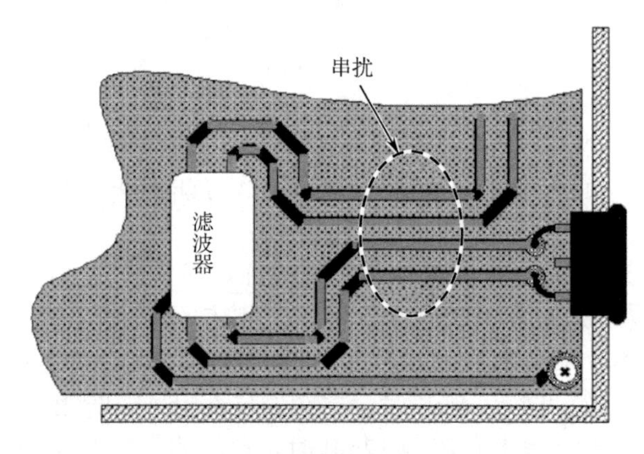

图 6.52 没有考虑串扰的失败 PCB 布线

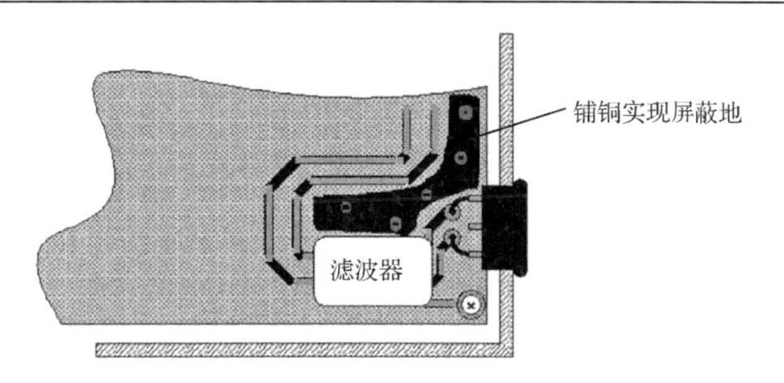

图 6.53　考虑串扰的 PCB 布线

6.6　印制线与参考地或金属壳之间的分布电容

原理解释请参见《EMC 设计与案例分析》第 3 版的案例 79 和案例 82。 可以得到的设计结论是：

（1）PCB 中印制线与参考接地板或金属壳之间的寄生电容会导致额外的干扰路径，引起 EMS 问题和 EMI 问题。

（2）PCB 设计时，应该保证所有的印制线下方都存在地平面。

（3）不要将敏感的印制线（如低电平模拟信号线）和高噪声的印制线（如 PWM 信号线、时钟信号线）布置在 PCB 板地层的边缘。

（4）PCB 板电源层和信号层的边缘要进行铺铜（所在“0V”平面的地）处理或增加屏蔽地线，并将铺铜或屏蔽地线通过多个过孔与地层互连。

6.7　相关案例分析

6.7.1　连接器地阻抗引起的 EMC 问题案例

【现象描述】

某工业产品是一个控制器，由主机和扩展模块组成，主机和扩展模块上都带有 I/O 电缆，I/O 电缆都属于非屏蔽电缆。图 6.54 为产品 EMC 测试配置示意图。

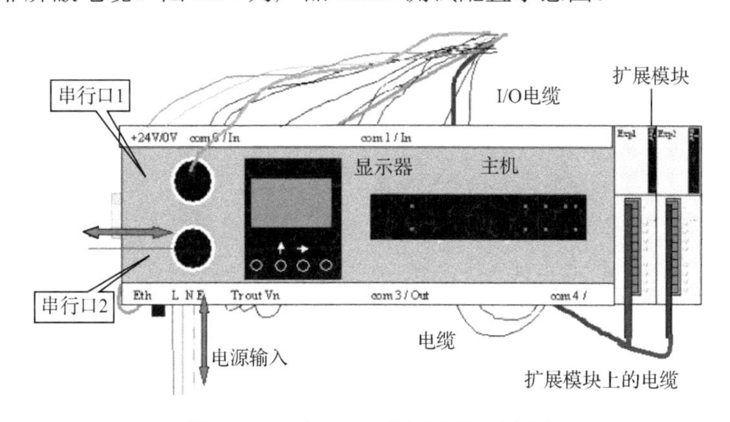

图 6.54　产品 EMC 测试配置示意图

图 6.55 是辐射发射水平极化频谱图。图 6.56 是辐射发射垂直极化频谱图。

由图 6.55 和图 6.56 可知，该产品不能通过标准 EN55022 中规定的 CLASS A 辐射发射限值要求，超标频点分别是 177.56MHz 和 30MHz。测试中还发现，如果去掉扩展模块，主机能够通过标准 EN55022 中规定的 CLASS A 辐射发射限值要求。

Location: Schneider 7X4X3 Date: 2006-9-26 Time: 10:07 Approved by:

Temperature (C): 25.0 Humidity (%): 65 Polarity: **Horizontal**

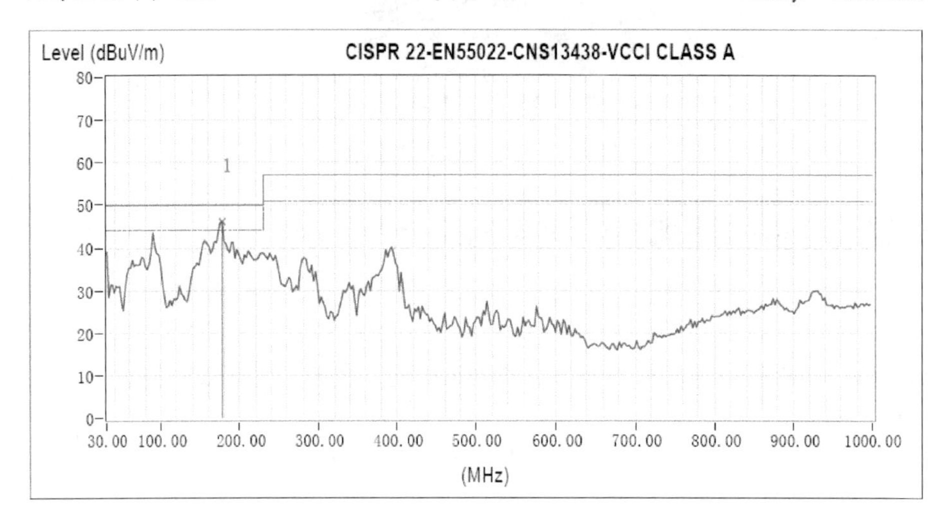

No.	Frequency	Factor	Reading	Emission	Limit	Margin	Tower / Table	
	MHz	dB	dBuV/m	dBuV/m	dBuV/m	dB	cm	deg
* 1	177.56	-23.57	69.61	46.04	50.00	-3.96	--	--

图 6.55　辐射发射水平极化频谱图

Location: Schneider 7X4X3 Date: 2006-9-26 Time: 11:03 Approved by:

Temperature (C): 25.0 Humidity (%): 65 Polarity: **Vertical**

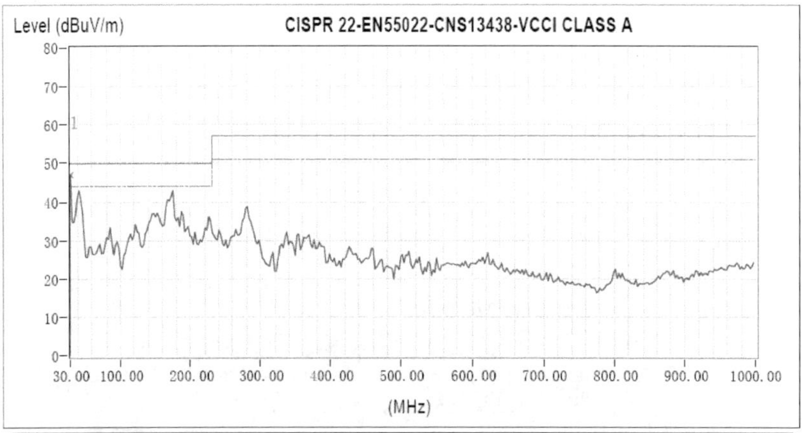

Level (dBuV/m) CISPR 22-EN55022-CNS13438-VCCI CLASS A

(MHz)

No.	Frequency	Factor	Reading	Emission	Limit	Margin	Tower / Table	
	MHz	dB	dBuV/m	dBuV/m	dBuV/m	dB	cm	deg
* 1	30.00	-20.15	67.10	46.95	50.00	-3.05	--	--

图 6.56　辐射发射垂直极化频谱图

同时，对该产品扩展模块上的 I/O 电缆进行 IEC61000-4-4 标准规定的 EFT/B 测试时，发现只要测试电压超过±1kV，该产品就会出现误动作现象。

【原因分析】

根据测试结果，由于主机本身能通过辐射发射测试，而且扩展模块 I/O 接口的 EFT/B 测试等级也只有±1kV，因此问题一般出在扩展模块上，或扩展模块与主机的互连线上。分析扩展模块及扩展模块与主机的互连设计发现，主机中的 PCB 和扩展模块的 PCB 之间是通过一根普通的扁平电缆实现互连的，扁平电缆中信号分别是：地、地、信号、信号、信号、信号、地、信号、地、电源。互连电缆中信号的最高频率为 3MHz 左右，而且该信号的上升沿小于 1ns。图 6.57 是主机中的 PCB 和扩展模块中的 PCB 互连部分实物照片。

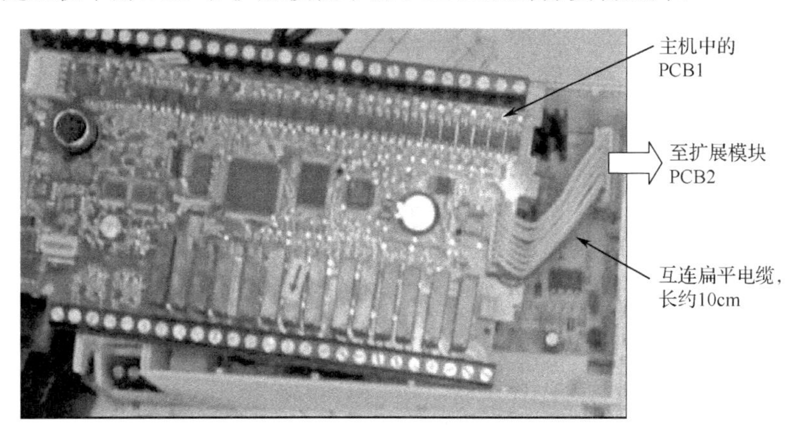

图 6.57　主机中的 PCB 和扩展模块中的 PCB 互连部分实物照片

由此可以发现一个很重要的 EMC 设计问题，即主机和扩展模块之间互连电缆采用图 6.57 所示的扁平电缆。图 6.58 是辐射发射产生原理图。由图可知，辐射发射问题是由于 PCB1 中的工作地与 PCB2 中的工作地互连线阻抗 Z_{gnd} 较大，长度约为 10cm，其寄生电感约为 100nH（假设导线直径为 0.65mm，由表 6.3 也可以查得，在 177MHz 的频率下，它的阻抗约为 100Ω；在 30MHz 的频率下，它的阻抗约为 15Ω），在高频下，该寄生电感是该连接电缆阻抗的主导因素。因此当互连信号的回流流过此地信号电缆时，将产生 $\Delta U=|L\mathrm{d}I/\mathrm{d}t|$ 的压降，这是一个典型的电流驱动模式的共模辐射发射。

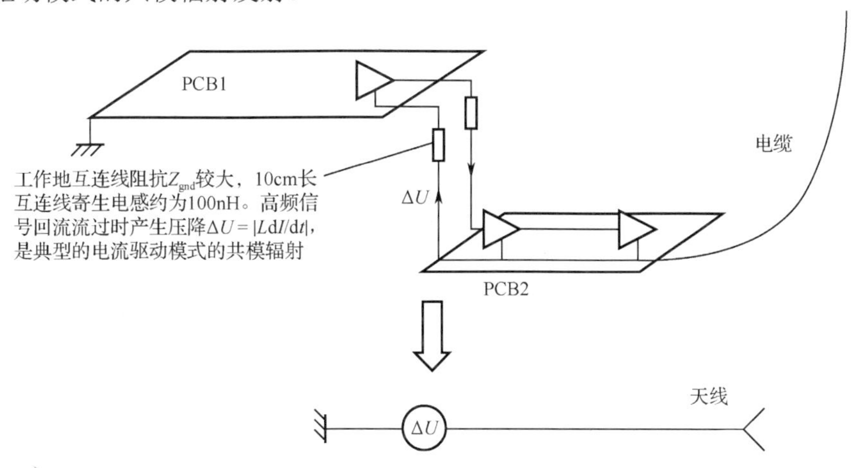

图 6.58　辐射发射产生原理图

图 6.59 是 EFT/B 抗扰度测试问题产生原理图。由图可知，由于该产品的接地点在主机的左侧，当在扩展的 I/O 电缆上注入 EFT/B 共模干扰时，共模电流必将通过主机和扩展的互连部分最终流向地。由于主机中 PCB1 上的工作地与扩展模块中的 PCB2 互连线阻抗 Z_{gnd} 较大，长度约为 10cm，当注入扩展 I/O 电缆上的共模干扰电流流过时产生 $\Delta U=|LdI/dt|$ 的压降，当 ΔU 超过器件的噪声承受能力时就产生干扰。

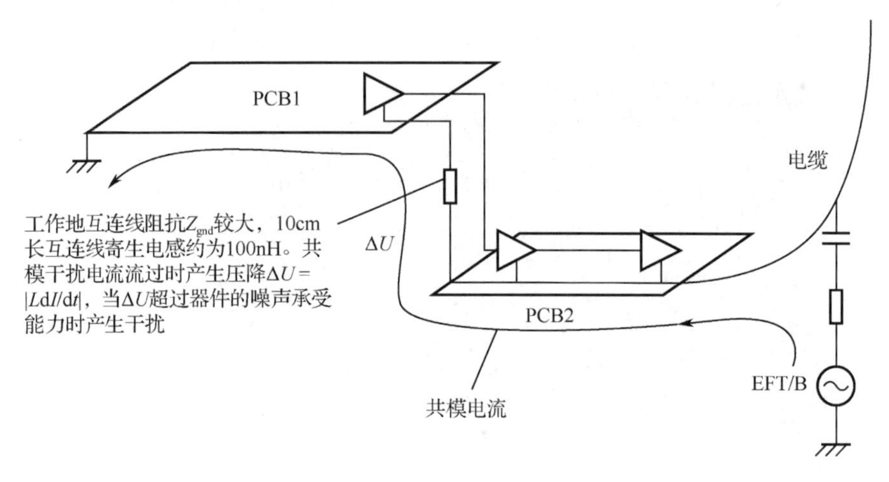

图 6.59　EFT/B 抗扰度测试问题产生原理图

【处理措施】

由以上分析可以看出，降低 PCB1 和 PCB2 之间信号中的地阻抗 Z_{gnd} 就可以解决此问题。将此互连线改成 PCB 互连，即将原来 PCB1 和 PCB2 之间的电缆线互连改用 PCB 互连，并采用 4 层板，以保证用 PCB 中较完整的地平面作为 PCB 板间的地互连。PCB 各层的布置图如图 6.60～图 6.64 所示。

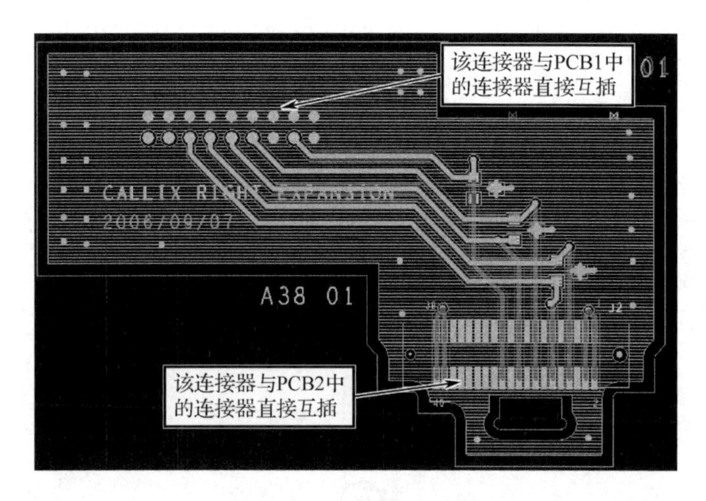

图 6.60　PCB 布置全局图

采用以上所述的 PCB 连接后，该产品在同样的配置条件下测得辐射发射结果如图 5.65 和图 5.66 所示。信号电缆接口抗 EFT/B 瞬态干扰的能力也从原来的±1kV 提高到±2kV。

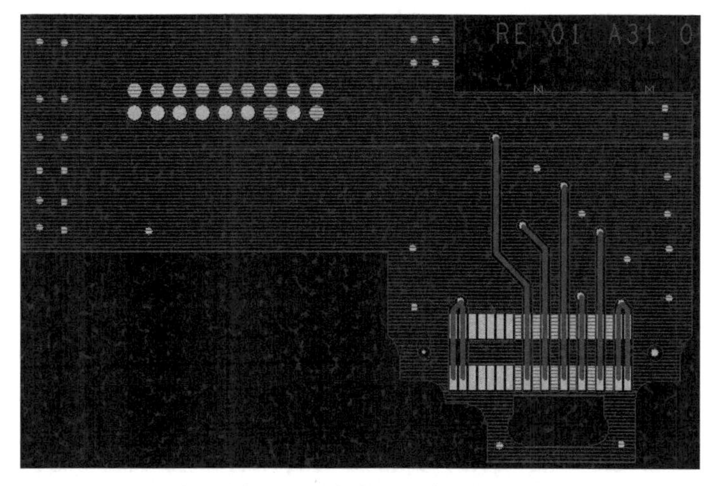

图 6.61　顶层 PCB 布置图

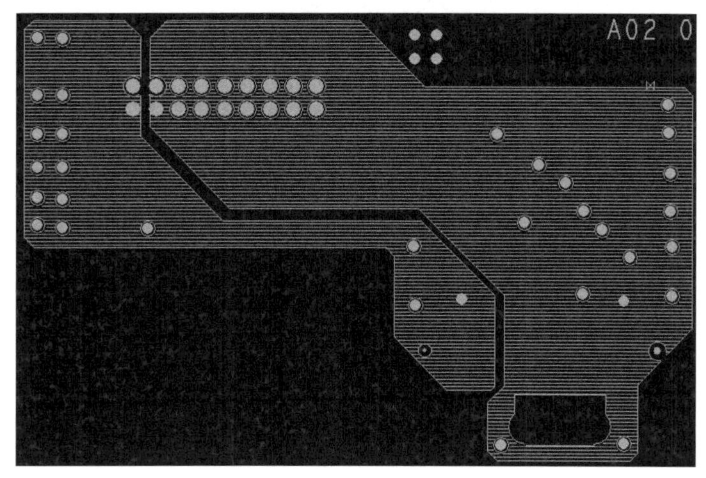

图 6.62　第二层 PCB 布置图

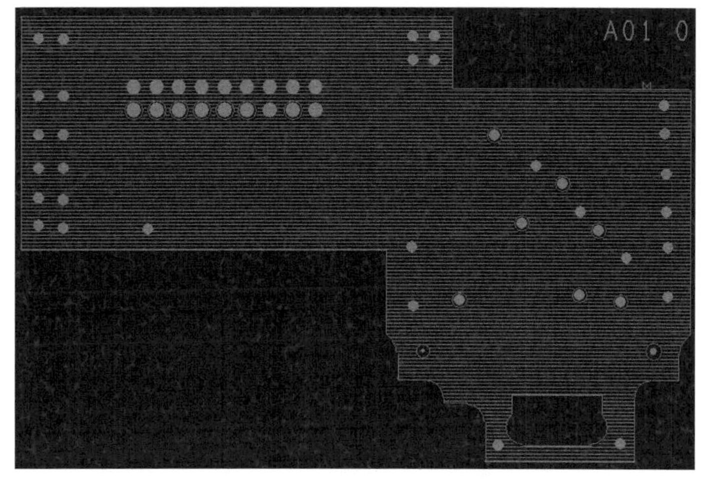

图 6.63　第三层 PCB 布置图

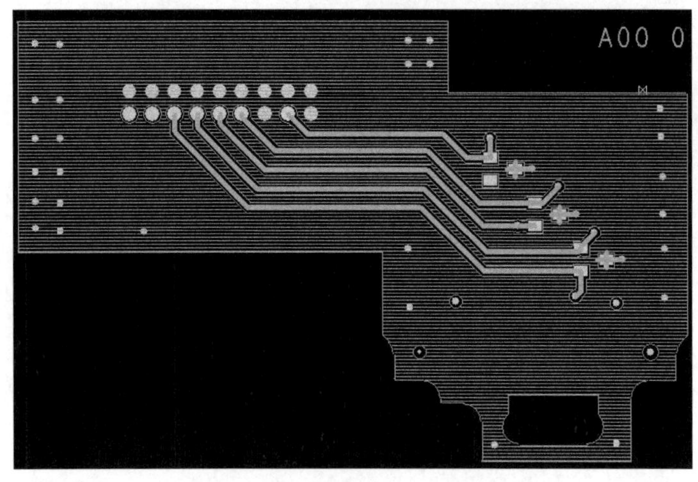

图 6.64　第四层 PCB 布置图

Location: Schneider 7X4X3　　Date: 2006-9-25　　Time: 15:31　　Approved by:

Temperature (C): 26.0　　Humidity (%): 65　　Polarity: **Horizontal**

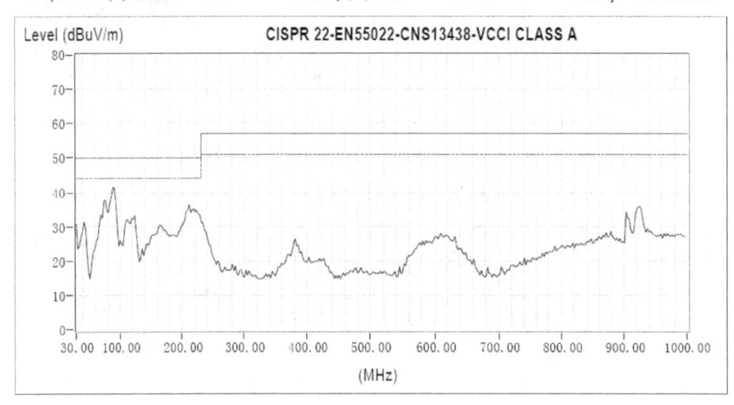

图 6.65　修改后的水平极化测试频谱图

Location: Schneider 7X4X3　　Date: 2006-9-25　　Time: 15:39　　Approved by:

Temperature (C): 26.0　　Humidity (%): 65　　Polarity: **Vertical**

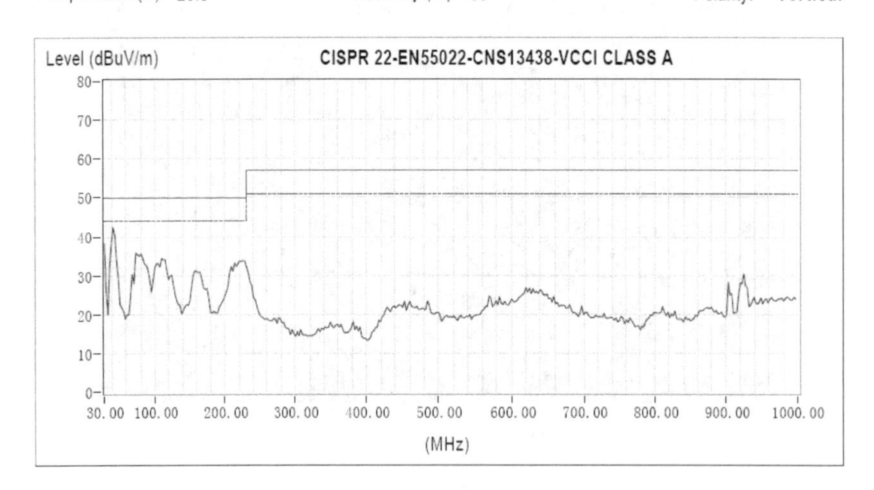

图 6.66　修改后的垂直极化测试频谱图

6.7.2　PCB 布线串扰引起的干扰

【现象描述】

某直流放大器产品，在进行电源接口的电压为 1kV 的 EFT/B（IEC61000-4-4 标准规定的）测试时，放大器出现饱和现象而失效。

【原因分析】

该直流放大器安装在一块 PCB 上，为了安装方便，整块 PCB 通过一条电缆与其他电路模块连接，如图 6.67 所示。这样，放大器的输入/输出信号线、电源线、地线被捆在一起，布置在一根电缆中。

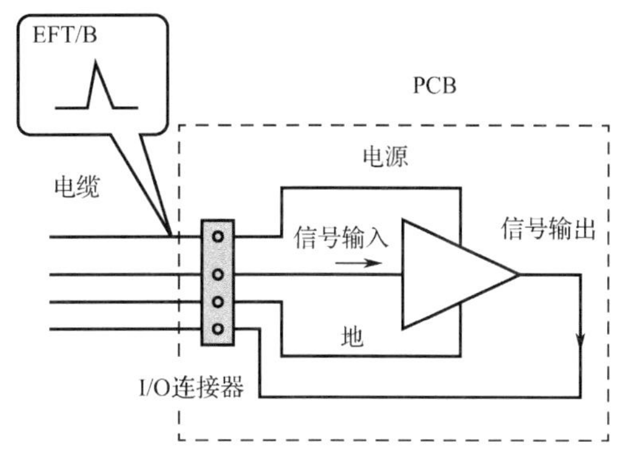

图 6.67　直流放大器安装结构

该放大器产品由于电缆中导线近距离平行布线，因此导线之间的互感和线间寄生电容较大。

EFT/B 测试时，由于 EFT/B 信号的高频成分较多，干扰能量会通过导线之间的互感和线间寄生电容耦合到放大器的输入端。尽管这个放大器是直流放大器，但设计者并没有限制放大器的带宽，结果放大器对耦合到输入端的高频信号进行了放大。由于放大器的输入线与输出线之间也有较大的互感和寄生电容（容性耦合为主），因此放大后的输出信号又被耦合到输入信号线上，结果形成正反馈，导致放大器饱和。图 6.68 为寄生电容和寄生电感使放大器饱和的原理。

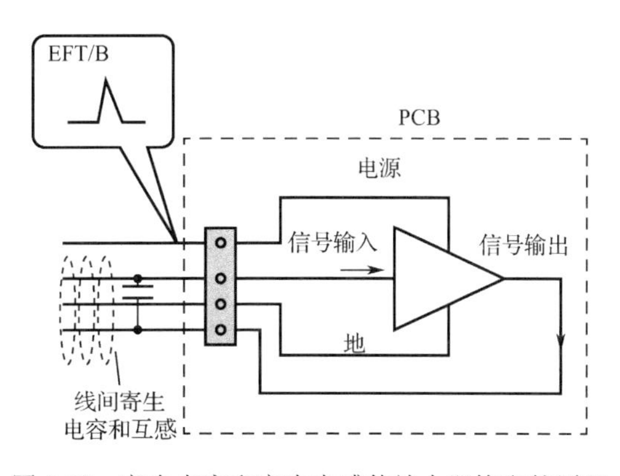

图 6.68　寄生电容和寄生电感使放大器饱和的原理

【处理措施】

解决这个问题有两个办法。第一个办法可以将导线分开，减小导线之间的互感和寄生电容，特别是将电源线与放大器的输入/输出线分开，放大器的输入/输出线也要分开，这样可以避免测试脉冲的能量耦合进放大器的输入端。

第二个办法是压缩放大器的频带，使放大器对耦合进输入端的高频信号没有响应。因为既然是直流放大器，就应该使放大器仅对直流附近的信号进行放大，对高频信号不进行放大。

但是考虑到产品实际情况，将导线分开会影响使用的方便性。如果更换一个带宽较窄的放大器，虽然可以解决这个问题，但可能会导致产品结束研发的周期变长。因此为了解决这个问题，只有在放大器的外围安装滤波器件，压缩放大器的带宽，使放大器对耦合进输入端的高频信号没有响应。频率较低的信号耦合效率较低，不会造成放大器饱和的问题。采取措施后的电路如图 6.69 所示，即在放大器的输入端安装一个低通放大器，这样相当于压缩了放大器的带宽。采取这个措施后，放大器顺利通过了电快速瞬变脉冲群±1kV 的测试。

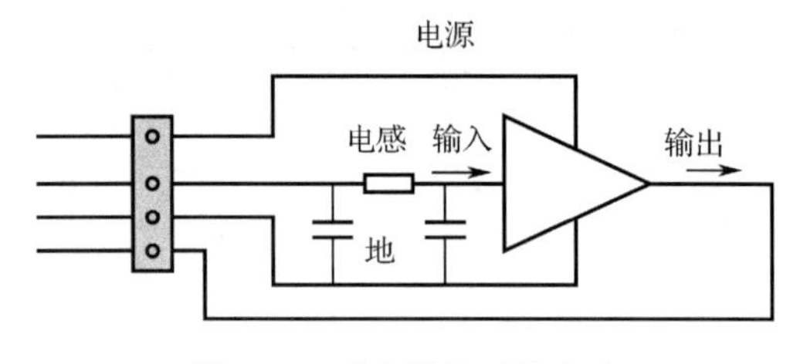

图 6.69　采取措施后的电路

第7章 产品EMC设计分析方法

本章重点描述一种产品EMC设计分析方法，它是建立在第2章、第4章、第5章和第6章所涉及的机械架构EMC设计、滤波设计和PCB EMC设计技术基础上而形成的一套面向产品整机的EMC设计分析方法，也是以国际/国家标准中的EMC测试（如IEC61000-4-4 EFT/B）原理为基础，即当测试干扰施加在产品的各个输入/输出信号接口上时，如何通过合理的产品架构设计和原理图、PCB设计，使测试时产生的共模电流，不流向产品内部电路的工作地（GND）部分，而使其流向结构地（包括产品的接地点、金属外壳、金属板等），若无法避免共模电流流向产品电路时，通过合理的电路设计方式和PCB布局布线（layout）方式，使产品内部电路得到保护，最终降低EMC测试风险，为企业节省研发成本。使用EMC设计分析方法可以发现现有产品的EMC设计缺陷，也可以指导产品进行合理的EMC设计。大量实践证明，通过该方法而设计的产品，也同样能在EMI测试中获得非常高的通过率，即用在产品抗干扰设计的措施同样适用于产品降低EMI水平。分析内容包含：

（1）产品机械架构的EMC设计分析（包括设计建议和审查）。

（2）电路原理图的EMC设计分析（包括滤波）。

（3）PCB布局布线设计EMC分析。

7.1 产品机械架构设计的EMC分析

实践证明，为了降低产品的EMC风险和设计成本，应尽早开始该产品的EMC设计分析，以减小产品由于EMC问题而重新设计或修改设计的轮数。产品架构设计的EMC风险分析的目的是为了分析现有产品架构设计是否存在的EMC风险，并给出改进的方案，以避免EMC风险，从而设计出较低EMC风险的产品架构。该分析应该在产品机械架构总体设计的时候同步完成。通过分析，EMC专家与结构设计工程师、系统工程师、电子硬件工程师、市场部的工程师一起消除机械架构设计中存在的EMC风险。

7.1.1 产品机械架构设计的EMC分析原理

由于电快速瞬变脉冲群测试是一项非常具有代表性的高频EMC测试，因此它的测试原理及干扰机理可以作为研究产品EMC设计的重要依据。以标准IEC61000-4-4（或以标准ISO7637-2中的P3a和P3b）的电快速瞬变脉冲群测试原理为基础，当电快速瞬变脉冲群干扰施加在产品的各个输入/输出信号接口上时，通过产品机械架构的合理设计，不使测试时产生的共模电流流向产品内部电路的数字工作地（GND）或模拟工作地（AGND）部分，而使其流向结构地（包括产品的接地点、金属外壳、金属板等），从而使产品内部电路得到保护。如果共模电流不可避免地要流过产品内部电路的数字工作地（GND）或模拟工作地（AGND），那么一定要保证数字工作地和模拟工作地具有良好的低阻抗地平面和各个电路板之间参考地的互连是低阻抗连接，并加以一定的滤波，绝对不能有类似于不带地平面的扁平电缆等高阻抗的连接，除非这些电缆中的信号都进行了滤波处理。这就是本章所论述的方法论的分析原理。

电快速瞬变脉冲群测试时的瞬态共模电流大小，可以通过合理的估算得到。估算瞬态共模电流时，以 IEC61000-4-4 标准（或以标准 ISO7637-2 中的 P3a 和 P3b）的测试布置为基础，计算产品整体与地、产品中各个电路板与地之间、电缆与地之间等各种寄生电容。实践证明，按照电快速瞬变脉冲群测试干扰原理为基础进行分析的结果，对其他高频抗扰度测试项目及 EMI 测试项目同样也有重要的意义，如 IEC61000-4-2、IEC61000-4-3、IEC61000-4-4、IEC61000-4-6、IEC61000-4-12 标准中所涉及的所有测试，传导骚扰和辐射发射测试，汽车电子中标准 ISO10605、ISO11452-2、ISO11452-3、ISO11452-4、ISO11452-5、ISO11452-6、ISO11452-7、CISPR25、ISO7637-3 所涉及的测试及 ISO7637-2 中的 P3a、P3b 波形的测试。

7.1.2 产品相关 EMC 信息描述

1. 列出产品的基本 EMC 相关信息

在分析产品的架构 EMC 设计风险之前，产品的系统工程师、市场部工程师、电子工程师及结构工程师需要列出如下信息：

时钟频率、电源的开关频率、产品要达到的 EMC 测试等级（包括电快速瞬变脉冲群、传导骚扰、辐射发射的测试等级）、产品是否接地、电缆是否屏蔽、是否存在模拟电路、模拟电路的电平是多少、是否存在模拟地与数字地的隔离、地的分类等。

产品相关的 EMC 重要信息如表 7.1 所示。

表 7.1 产品相关的 EMC 重要信息

时钟频率	
电源的开关频率	
EMC 测试等级	
产品是否接地	
电缆类型及数量	
是否存在模拟电路	
模拟电路的电平	
是否存在隔离	
地的分类	

2. 产品机械架构描述

产品机械架构描述必须包括如下信息：

每一块电路板上的数字工作地（DGND）和模拟工作地（AGND）等所有参考地，并指出每个参考地类型及参考地所在电路的功能，如通信接口地、开关电源初次级地。

○ 扁平线或类似产品内部互连的位置，并指出扁平电缆的类型及是否带有地平面。

○ 产品所有对外接口及所有外部输入/输出电缆的位置及电缆、连接器的类型。

○ 产品所有对外接口及所有内部输入/输出电缆的位置及电缆、连接器的类型。

○ 产品内部各种地之间的连接点（包括直接相连的点和通过 Y 电容相连的点）及各种地与接地金属板之间的连接点位置及连接方式。

○ 产品在进行电快速瞬变脉冲群测试时，与参考接地板之间的连接点位置及连接方式。

○ 产品在电快速瞬变脉冲群实际测试中各种寄生电容的描述，包括：

- 隔离器件两端的寄生电容，如继电器、变压器、接触器、光耦、磁耦等；
- 那些不进行 EMC 测试，但是在实际电快速瞬变脉冲群测试中与参考接地板之间存在容性耦合的短电缆与参考接地板间的寄生电容；
- PCB、金属板与参考接地板之间的寄生电容；
- 所有电缆与参考接地板之间的寄生电容（近似 50pF/m）。

○ 对产品 I/O 电缆进行电快速瞬变脉冲群测试时，电快速瞬变脉冲群测试发生器所在的位置。

○ 估算当电快速瞬变脉冲群共模干扰测试信号注入某根电缆时，产品各种地上及电缆上流过的共模电流大小。

注：

产品机械架构必须要避免共模电流流过扁平电缆或类似互连电缆，除非该扁平电缆或其他连接器中的所有信号都进行滤波。如果上述问题不能解决，那么就必须使用带有屏蔽的连接器和电缆实现互连，或者在扁平电缆或类似互连电缆的下方设计一块金属地平面。不然就要重新设计产品架构，将电路集中在一块电路板中，或重新改变连接器的位置以改变共模电流的路径。

3. 画出产品机械架构 EMC 设计分析图

按照以上产品机械架构的描述画出产品机械架构 EMC 设计分析图，将以上信息在产品机械架构 EMC 设计分析图中表达出来。图 7.1 为某一产品的机械架构 EMC 设计分析图，从图中可以看出，当电快速瞬变脉冲群干扰源施加在各个电缆上时的共模电流流经情况。通过对各条共模电流路径的分析，可以看出该产品机械架构设计的 EMC 问题所在，EMC 专家与其他参与机械架构设计的工程师可以通过对机械架构设计的改变，来改变共模电流的路径，使其流向产品的结构地或产品中其他可以经得起共模电流流过的区域。

7.1.3　共模电流和干扰估算

估算共模电流和干扰压降的大小主要是为了确认该共模电流是否会对所在的电路产生干扰。共模电流和干扰压降的估算两者都不可缺，通常先根据机械架构 EMC 设计分析图估算出各条共模电流路径中的共模电流大小，再根据共模电流的大小，预测当该共模电流流过电路时所产生的干扰压降是多少，最后根据估算出的干扰压降与各种电路的噪声容限进行比较，来确定这个干扰存在的风险。共模电流为：

$$I=C\mathrm{d}U/\mathrm{d}t$$

式中，C 为共模电流路径中的等效电容大小，这个等效电容包括寄生电容和实际电容；$\mathrm{d}U$ 为电快速瞬变脉冲群测试电压等级，对于 IEC61000-4-4 中的 EFT/B 测试，电压范围为-4.4kV～+4.4kV，对于 ISO7637 中的 P3a，P3b 测试，电压范围为-200V～+100kV；$\mathrm{d}t$ 为电快速瞬变脉冲信号的上升时间，通常为 5ns（如果用 IEC61000-4-2 中的 ESD 电流来估算，则为 1ns）。

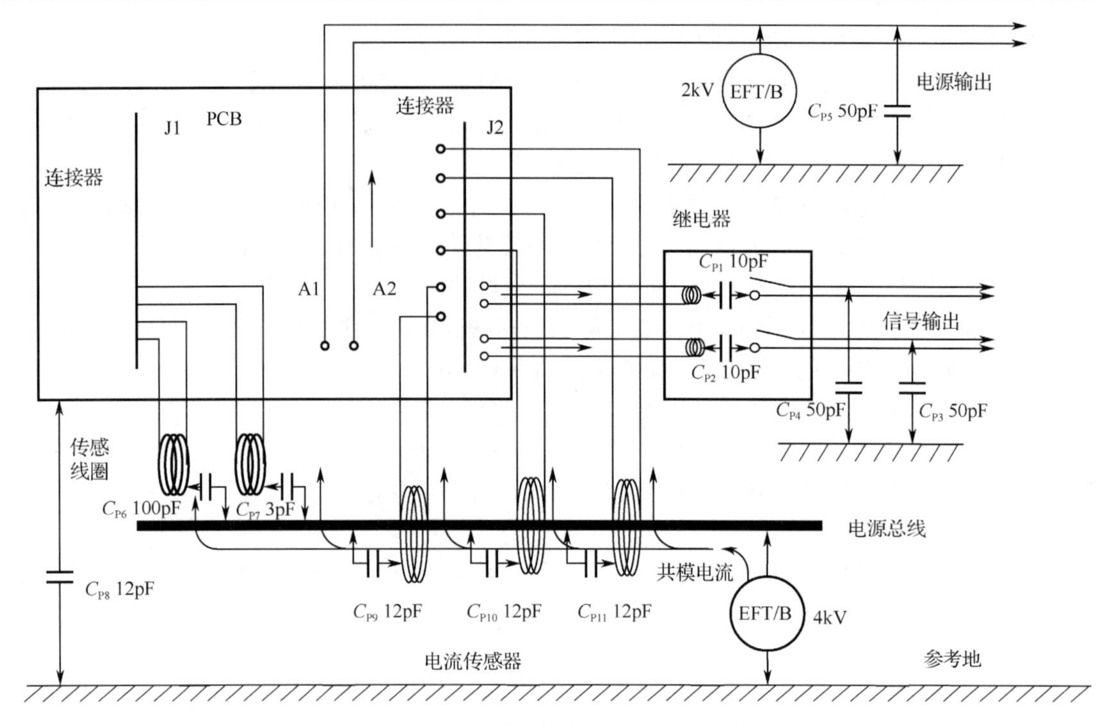

图 7.1　某一产品的机械架构 EMC 设计分析图

如图 7.1 所示产品的情况下，当电快速瞬变脉冲群同时施加在电源总线上时，这个产品的主要共模电流路径有三条：

第一条是流向电源线的；

第二条是流向用户接口的；

第三条是通过 PCB 与参考大地之间的寄生电容流向参考地的。

第一条共模电流路径中，整个路径上的等效电容是 C_{P6}、C_{P7}、C_{P10}、C_{P11}、C_{P12} 并联后再与 C_{P5} 串联，那这条路径的等效电容 C 为：

$$\begin{aligned}C&=1/[1/(C_{P6}+C_{P7}+C_{P10}+C_{P11}+C_{P12})+1/C_{P5}]\\&=1/[1/(100\text{pF}+3\text{pF}+12\text{pF}+12\text{pF}+12\text{pF})+1/50\text{pF}]\\&\approx 40\text{pF}\end{aligned}$$

电快速瞬变脉冲群测试电压为 4kV，共模电流 I 为：

$$I=C\text{d}U/\text{d}t=40\text{pF}\times 4\text{kV}/5\text{ns}=32\text{A}$$

注：如果是汽车电子设备，则 dU 用 ISO7637-2 标准中规定的 P3a P3b 实际的测试电压代替。

第二条共模电流路径中，整个路径上的等效电容是 C_{P6}、C_{P7}、C_{P10}、C_{P11}、C_{P12} 并联，再串上 C_{P1} 、C_{P2} 的并联，再串上 C_{P3} 、C_{P4} 的并联，这条路径的等效电容 C 为：

$$\begin{aligned}C&=1/[1/(C_{P6}+C_{P7}+C_{P10}+C_{P11}+C_{P12})+1/(C_{P1}+C_{P2})+1/(C_{P3}+C_{P4})]\\&=1/[1/(100\text{pF}+3\text{pF}+12\text{pF}+12\text{pF}+12\text{pF})+1/(10\text{pF}+10\text{pF})+1/(50\text{pF}+50\text{pF})]\\&\approx 14.9\text{pF}\end{aligned}$$

电快速瞬变脉冲群测试电压为 4kV，共模电流 I 为：

$$I=C\text{d}U/\text{d}t=14.9\text{pF}\times 4\text{kV}/5\text{ns}\approx 12\text{A}$$

第三条共模电流路径中，整个路径上的等效电容是 C_{P6}、C_{P7}、C_{P10}、C_{P11}、C_{P12} 并联，再

与 C_{P8} 串联，那这条路径的等效电容 C 为：

$$
\begin{aligned}
C &= 1/[1/(C_{P6}+C_{P7}+C_{P10}+C_{P11}+C_{P12})+1/C_{P8}] \\
&= 1/[1/(100\text{pF}+3\text{pF}+12\text{pF}+12\text{pF}+12\text{pF})+1/12\text{pF}] \\
&\approx 11\text{pF}
\end{aligned}
$$

电快速瞬变脉冲群测试电压为 4kV，共模电流 I 为：

$$I=C\text{d}U/\text{d}t=11\text{pF}\times 4\text{kV}/5\text{ns}\approx 8.8\text{A}$$

实际上，由于发生器 50Ω 内阻和共模电流路径上的寄生电感，共模电流比这种方法计算出的结果要小。也就是这个原因在估算共模电流时，如果整个共模电流路径上的寄生电容大于 50pF，那么当共模电流路径是浮地时，用电缆的近似特性阻抗 Z=150Ω 代替，当共模电流是经过接地线入地时，就用电快速瞬变脉冲群发生器内阻 Z=50Ω 代替，即此时的共模电流 I 的大小为：

$$I=U/Z$$

式中，U 为电快速瞬变脉冲群干扰信号的峰值电压；Z 为浮地系统电缆的特性阻抗（Z=150Ω）或电快速瞬变脉冲群发生器的内阻（Z=50Ω）。

根据估算得到的共模电流大小再来估算共模电流在一定阻抗下产生的压降 ΔU，通常 ΔU 可以通过以下三种方法求得：

（1）利用公式 $\Delta U=L\text{d}I/\text{d}t$。其中 L 为共模电流流经路径中的寄生电感估计值；dI 为电快速瞬变脉冲群瞬态共模电流的峰值；dt 为电快速瞬变脉冲群共模瞬态电流的上升时间。

（2）利用公式 $\Delta U=2\pi fL\times I_{\text{PEAK WITH } f=70\text{MHz}}$。其中，$f$ 为电快速瞬变脉冲群干扰的带宽（70MHz）；L 为共模电流流经路径中的寄生电感估计值；$I_{\text{PEAK WITH } f=70\text{MHz}}$ 为电快速瞬变脉冲群瞬态共模电流的峰值的一半。

（3）利用第 5 章所描述的内容查得在 70MHz 频率下共模电流路径的寄生阻抗（如长宽比等于 1 的金属平面在 70MHz 下的阻抗约为 3mΩ），再利用欧姆定律 $\Delta U=Z\times I$ 估算干扰压降。其中，Z 为 70MHz 频率下共模电流路径某段寄生电感产生的阻抗，I 为电快速瞬变脉冲群瞬态共模电流的峰值。

根据估算得到的压降 ΔU 与电路的噪声承受能力进行比较，评估此压降所带来的 EMC 风险。如当 $\Delta U<0.8$V 时，对于 3.3V 的 TTL 电路来说是安全的，而当 $\Delta U>0.8$V 时，EMC 风险将随着 ΔU 值的增大而增大，直到当 $\Delta U\geqslant 8$V 时，可以认为风险非常大，这时要采取一定的措施才能避免此风险。

这种关于共模电流和干扰压降的计算方法，仅仅是为了进行 EMC 分析而进行的，实际上共模电流的大小不但受电容、寄生电容的影响，而且受寄生电感、等效电阻的影响。

对产品进行以上 7.1.4～7.1.12 节内容的描述和共模电流、共模电压降估算后，再从 7.1.2～7.1.3 节所描述的内容来分析产品机械架构的 EMC 特性，从而根据各项的符合度来判断该产品机械架构设计的 EMC 风险，通常满足的条数越多，风险越小；全部满足，该产品在架构上就会取得 80%～90%的 EMC 成功率。如果 EMC 专家需要应用此分析方法作为分析报告输出，则需要 EMC 专家及相关参与分析的人员在确认完实际所设计的产品与以下每一节所描述内容的符合度之后，再描述实际所采用的设计方式，以保持文档的完整性。

7.1.4 产品的系统接地与浮地分析

产品接地可以将外界干扰在到达产品内部电路之前导入大地，使内部电路免受干扰影响，并将产品内部电路产生的 EMI 噪声电流在流向 I/O 之前导入大地，避免产品 EMI 问题的发生。产品是否接地，对产品的 EMC 风险非常重要。系统接地将大大降低产品的 EMC 风险，因此应该尽量避免浮地系统的存在。通常一个带有模拟量测量系统的浮地产品，是很难通过电快速瞬变脉冲群等级 4 的测试的。除非有一个很好的金属平面与该产品的电路直接连接或通过 Y 电容连接，而使大部分共模电流通过金属板流动。也许这一点对于特定的产品来说是一句空话，因为对于很多特定的产品，由于应用环境的限制，设计工程师并不能选择其是否接地。但是作为 EMC 分析，设计者必须清楚，当你设计的产品为浮地产品时，EMC 风险也随之增大。

产品应尽量避免浮地。如果采用浮地，则应记下这个风险点。

7.1.5 局部接地、隔离与浮地分析

如果产品核心电路是浮地的，那么它的一些通信接口、模拟量输入/输出接口等就要采取隔离措施，以将这些通信接口、模拟量输入/输出接口等接地。如果通信接口、模拟量输入/输出接口等使用屏蔽电缆，那么这一点将变得更加重要。

产品实际设计如果与这条不一样，就要给出足够的理由并记下这个风险点。

7.1.6 产品系统接地方式分析

EMC 意义上产品系统接地线的尺寸至少应该 10cm 长，并且是长宽比小于 5 的低阻抗金属。安规意义上的黄绿 PE 接地线，不符合 EMC 的要求，因为其在高频下阻抗较大，寄生电感约为 10nH/cm。这样产品系统接地端子的设计必须具有接较宽接地线的能力，如编织铜带。

如果不能做到这一点，就必须给出足够的理由并记下这个风险点。

7.1.7 工作地和大地（保护地或机壳地）之间连接点的位置分析

产品接地（接保护地或机壳地）的目的是为了让干扰（共模电流）流向大地，因此，产品内部工作地与大地之间的连接位置必须要能避免共模电流流过产品内部电路板的工作地平面或扁平电缆等内部互连电缆，而且接地点的位置必要靠近注入共模干扰电流的 I/O 接口，不合理的连接点位置将引入共模电流的干扰。

如果不能做到这一点，就必须给出足够的理由并记下这个风险点。

如产品内部工作地与大地之间接地点选择在电路板中 I/O 接口的另一侧，则将导致严重的 EMC 问题，这时就必须使用两个接地点，或将 I/O 接口组合在电路板的一侧。

7.1.8 金属板的形状和应用分析

具有一定长宽比的完整金属板由于其有着较低的阻抗，当共模电流流过时，在完整金属板上任何两点间的共模压降将小于电路的最小噪声承受能力，即这时共模干扰电流不会对电路的正常工作产生影响。当这种金属板与电路中的工作地直接相连后（金属板与电路板中的工作地并联），如图 7.2 所示，由于金属中 A、B 两点间的阻抗 Z_m 远远小于 PCB 中的 A_1、B_1 两点之间的阻抗，当金属板与该 PCB 电路中的工作地并联后，使当同样大小的共模电流流过时产生的压降 U_{CM} 大大减小。通常具有长宽比等于 1 的金属板，其板上任何两点间的最大阻抗在 100MHz 的频率下为 3.7mΩ（该频率接近电快速瞬变脉冲群和 ESD 信号的核心频率）。为了更直观地认识 3.7mΩ 对于产品电路及 EMC 测试等级来说是一个什么水平，可以假设电快速

瞬变脉冲群测试要求为最高等级 4kV，测试时电快速瞬变脉冲群测试仪器所能输出的最大瞬态电流为 80A，当 80A 电流流过 3.7mΩ 的阻抗时产生压降仅为 0.3V，这个值与器件门限值相比较小，因此不会对电路产生干扰。

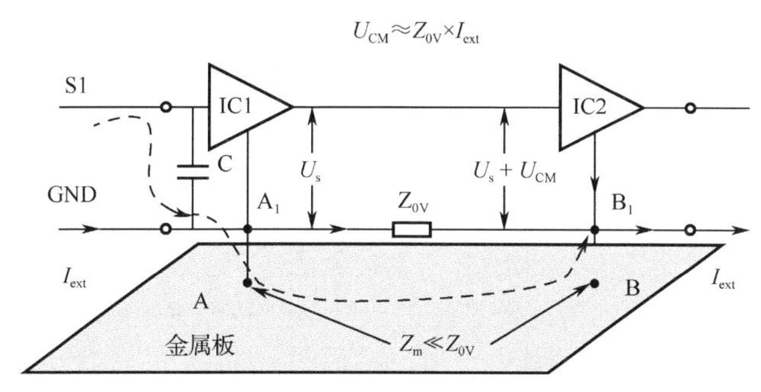

图 7.2　金属板在 EMC 中的意义

可见金属板对提高产品电路的 EMC 性能有着极其重要的作用。金属板对提高产品 EMC 性能的原因是金属板上两点之间在较高频率下还能继续取得较低的阻抗，而其阻抗又取决于金属板的形状。因此在产品设计时，需要金属板具有长宽比小于 5 的尺寸，并且金属板与电路相连的各个点之间没有缝隙，因为缝隙的出现将增加金属板中两点间的阻抗。如 1cm 的缝隙会在跨于该缝隙的两点间产生 1nH 的寄生电感，而 1nH 的电感在高频（如 100MHz）下产生的阻抗是相当客观的。

另外值得一提的一点是，以上金属板与 PCB 中的工作地多点相连时假设为零阻抗连接，即理想连接。实际应用中，如果两者之间的连接不良，也会使金属板失去应有的作用。如图 7.3 所示，当 $Z_A + Z_B + Z_M > Z_{0V}$ 时，金属板将不再起作用，否则，金属板可能还会起反面作用。

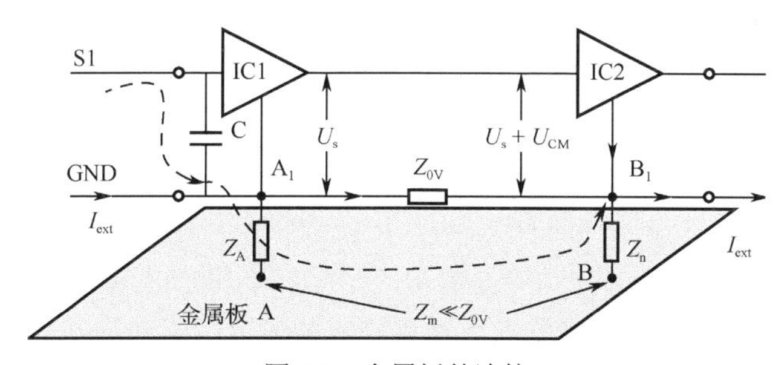

图 7.3　金属板的连接

如果设计者决定采用金属板作为辅助部件来提高产品的 EMC 性能，那么金属板的使用必须满足以上描述的特点，如果不能做到这一点，就必须给出足够的理由。因此，EMC 专家必须与结构工程师进行充分的沟通，说明金属板设计的 EMC 要求。另外，金属板与其他工作地之间推荐使用可靠的连接方式，如使用螺钉、铆钉等连接。

7.1.9　I/O 接口连接器在产品中或在电路板中的位置分析

按照共模电流在产品内部流动的规律，那些流过共模电流的连接器应该集中放置在电路板的同一侧，这样可以防止共模电流流过整个电路板及其工作地（GND），分散放置意味着

EMC 风险的增加。将 I/O 接口连接器集中放置在电路板的一侧，可以降低 EMC 的风险。当然，承载不同信号特性的连接器在同一电路板的同一侧放置时也应注意各信号间的串扰与滤波。

设计者在设计产品 I/O 接口连接器在电路板中的位置时，必须满足以上要求，如果不能做到这一点，就必须给出足够的理由并记下这个风险点。

7.1.10 电路板间的互连处理分析

电路板之间互连线（如排线、扁平电缆）中的每一根工作信号参考地地线和互连连接器中的工作信号参考地地线通常具有较高的阻抗，按照第 2 章所描述的共模电流干扰电路的原理，在共模电流流过时，会在互连地线上产生较大的压降。该压降往往是对产品产生干扰的原因。同样，互连线上的高速信号回流产生的压降是产品产生 EMI 问题的主要原因。因此对于直接接地的设备或通过 Y 电容接地的设备，必须保证产品中的排线和/或产品内部 PCB 板间的互连连接器避免有共模电流流过。

对于浮地设备，共模电流的路径通常由产品对地及各电路部分之间的寄生电容决定，所以很难做到共模电流不流过排线和/或产品内部互连与各个电路板之间的连接器。因此，对于浮地设备，如果设备中存在排线等扁平电缆或类似互连电缆和连接器，并且排线扁平电缆或类似互连电缆和连接器中有以上定义的共模电流流过时，那么：

- 对于连接器来说，必须把连接器中的地与连接器的金属外壳在互连线的两端直接相连或通过电容相连；
- 对于排线扁平电缆或类似互连电缆来说必须有地平面存在；
- 所有连接器和排线中的信号需要做滤波处理。

如果以上措施均不能执行，那么必须重新设计互连线和连接器在产品中的位置，使共模电流不流过互连线和连接器，如取消互连线，将所有电路集中到一个电路板中。否则，就必须给出足够的理由并记下这个风险点。

7.1.11 屏蔽需求分析

屏蔽就是对两个空间区域之间进行金属的隔离，以控制电场、磁场和电磁波由一个区域对另一个区域的感应和辐射。也就是用屏蔽体将元器件、电路、组合件、电缆或整个系统的干扰源包围起来，防止干扰电磁场向外扩散；用屏蔽体将接收电路、设备或系统包围起来，防止它们受到外界电磁场的影响。

以下情况下需要对 PCB 及内部互连电缆进行屏蔽或局部屏蔽处理：

- 产品中存在流过共模电流的电缆距离 PCB 或内部互连电缆 10cm 以内；
- 内部时钟工作电路的频率在 20MHz 以上，并且 PCB 和内部互连电缆的最大尺寸超过电路工作频率波长的 1/100；
- 内部时钟等工作电路的周期信号频率的倍频正好落在辐射发射测试要求的极低限值线的频段内（如船运标准中的 156～165MHz 之间 3m 处的辐射限值仅为 24dBμV/m）；
- 存在精度小于 10mV 的模拟电路（可以局部屏蔽）。

如果不能做到这一点，就必须给出足够的理由并记下这个风险点。

7.1.12 屏蔽体的设计方式分析

屏蔽设计往往与搭接联系在一起。搭接指在两金属表面之间构造一个低阻抗的电气连接。

当两边的结构体不能完成很好的搭接时，通常需要通过密封衬垫来弥补，这些密封衬垫包括导电橡胶、金属丝网条、指形簧片、螺旋管、多重导电橡胶、导电布衬垫等。选择使用何种电磁密封衬垫时要考虑四个因素：屏蔽效能要求、有无环境密封要求、安装结构要求、成本要求。

屏蔽设计的关键是电连续性，有着最优化电连续性的屏蔽体是一全封闭的单一金属壳体。但是在实际应用中，往往有散热孔、出线孔、可动导体等，因此如何合理地设计散热孔、出线孔、可动部件间的搭接成为屏蔽设计的要点。孔缝尺寸、信号波长、传播方向、搭接阻抗之间合理的协调，才能设计出好的屏蔽体。

对于屏蔽体必须有：

- 孔缝的长边与流过屏蔽体的共模电流方向平行。
- 孔缝的最大尺寸不能超过以下两种情况下的最小尺寸；

① 电路最大工作频率波长的 1/100；

② 当这个屏蔽体有共模干扰电流流过时，小于 0.15m。

- 严禁屏蔽电缆直穿屏蔽体（电缆屏蔽层一定要与屏蔽体做 360° 搭接）。

如果不能做到这一点，就必须给出足够的理由并记下这个风险点。

7.1.13　电缆类型及屏蔽电缆屏蔽层的连接方式分析

产品中所有外部输入/输出非屏蔽电缆中的信号都要进行滤波处理。屏蔽电缆的屏蔽层必须在连接器入口处与接地的金属板或金属连接器外壳相连，并做 360° 搭接或与浮地系统中 GND 相连。EMC 专家应该对实际电缆屏蔽层的连接方式进行描述，并给出改进方案。对于电缆屏蔽的连接方式，如果从风险的概念来评估，据经验，30MHz 以上频率下，屏蔽层电缆具有零长度的“猪尾巴”，则没有风险；1cm 长度的“猪尾巴”存在 30%风险；3cm 长度的“猪尾巴”存在 50%风险；5cm 长度的“猪尾巴”存在 70%风险。

如果不能做到这一点，就必须给出足够的理由并记下这个风险点。

7.1.14　开关电源中开关管上的散热器的处理分析

功率开关管是开关电源中的一个干扰源，功率开关管通常有较大的功率损耗，为了散热往往需要安装散热器。在这种情况下，散热器也成了开关电源核心干扰源中的一部分。由于散热器面积较大，因此使散热器表面很容易与其他相对应的 PCB 走线、器件、电源线等形成较大的寄生电容，而成为传送干扰的“祸源”。所以一般开关电源设计中需要将散热片进行接地或接变压器初级的“0V”或“GND”处理，其目的就是防止散热器成为一悬空的金属片，从而成为单极发射天线，并将开关管造成的噪声封闭在开关管散热器与变压器初级的“0V”之间。

散热片虽然不是电子器件，本身不会产生信号或干扰，但是它往往会成为传播信号或干扰的收发器，特别是在开关电源的设计中，散热片的设计对 EMC 测试结果将会产生很大的影响，合理设计散热片形状与安装方法，也是开关电源设计工程师需要考虑的。EMC 专家应该对实际散热片形状与安装方法进行描述，并给出改进方案。

如果不能做到这一点，就必须给出足够的理由并记下这个风险点。

7.1.15 传导骚扰与辐射发射抑制措施的补充分析

以 EFT/B 测试原理为基础的产品 EMC 分析及其分析中采用的 EMC 措施，同样对产品的传导骚扰和辐射发射抑制有效，但是还需要对额外的传导骚扰和辐射发射抑制措施进行补充。更多的传导骚扰和辐射发射抑制措施意味着产品 EMI 风险的降低。

7.1.16 产品抗 ESD 干扰措施的补充分析

（1）产品机械架构设计必须防止 ESD 直接放电至印制信号线，如 ESD 空气放电是通过绝缘击穿放电造成的，击穿过程中，ESD 会通过各种各样的途径自动找到设备最近的放电点，形成特定的空气放电。因此，对于非金属外壳的产品或浮地产品，首先应该考虑产品的可接触表面与产品内部的任何金属体之间具有足够的爬电距离（金属体可接触表面之间沿绝缘体表面的最短距离），确保电子产品的可接触表面与电路所在导体之间的路径具有足够的长度，如 6mm 可以承受±8kV 的空气放电，10mm 可以承受±15kV 的空气放电。

如果不能做到这一点，就必须给出足够的理由并记下这个风险点。

（2）指出需要进行 ESD 测试的连接器（通常那些产品应用者接触不到或只有维修人员才能接触到的连接器才不需要进行 ESD 测试，并且这些信息应该在产品说明书中进行说明）。需要进行 ESD 测试的金属连接器必须进行接地（浮地产品接 GND）处理，非金属连接器的表面到内部任何金属体之间必须有足够的爬电距离。

如果不能做到这一点，就必须给出足够的理由并记下这个风险点。

（3）扁平电缆的处理。ESD 放电过程中伴随着一个频率范围在 1～500MHz 的强磁场，并会感性耦合到邻近的每一个布线环路，扁平电缆通常存在较大的信号环路，因此必须采用一定的防止 ESD 措施，常用措施有：

① 对扁平电缆的所有信号进行滤波；

② 将电缆屏蔽；

③ 避免电缆暴露在 ESD 放电产生的强磁场中。

如果不能做到这一点，就必须给出足够的理由并记下这个风险点。

7.1.17 其他 EMC 方面的考虑

1. 软件处理

软件本身不属于 EMC 范畴，但它可以作为一种容错技术在 EMC 中应用，它的作用主要集中体现在产品的抗扰度技术中，如通过软件陷阱抵御因干扰造成的 CPU 程序“跑飞”；通过数字滤波消除信号中的噪声以提高系统精度；通过合理的软件时序机制，避开干扰效果的呈现等。

产品设计时，是否考虑使用软件陷阱、数字滤波等措施将影响产品 EMC 设计的风险。

2. EMC 设计成功率的估算

虽然估计产品架构设计的 EMC 成功率比较困难，但是这是企业在产品开发流程中比较关键的一步，因为这对于管理者和系统工程师来说是个非常重要的数据，他们可以依据此数据来判断项目成本、时间及成败。参与架构分析的 EMC 专家可以通过对 7.1.1～7.1.16 节内容的满足率来大致估计 EMC 设计的成功率。通过实践，发现满足该方法所有要求的机械架构设计将会取得 90%以上的 EMC 成功率。

7.2 单板设计的 EMC 分析

单板设计的 EMC 分析仅适用于复杂系统，当一个系统包含很多块 PCB 时，仅用“产品机械架构 EMC 设计分析”不能完全表达出所有产品的 EMC 信息，因此需要用“单板设计的 EMC 分析”来进行补充，即对每一块单板或部分主要单板再进行一次机械架构的 EMC 分析，其分析内容与“产品机械架构 EMC 设计分析”一样。

7.3 电路原理图的 EMC 设计分析

7.3.1 电路原理图的 EMC 设计分析原理

产品电路原理图的设计是产品设计的核心，对原理图设计的 EMC 分析的目的是为了指出现有原理图存在 EMC 问题，通过 EMC 设计风险分析及修改，最大限度地降低 EMC 风险，降低设计成本。在这个阶段，产品的架构基本已定型，因此共模电流的路径也基本确定，在此基础上来考虑电路原理的设计，进一步降低 EMC 风险；同时，随之提出的 PCB 布局布线建议，也将降低 PCB 设计的 EMC 风险和设计成本。参与人员通常包括 EMC 专家、系统工程师、电子硬件工程师、CAD 工程师。

电路原理图的 EMC 分析是建立在对原理图中的电路进行划分的基础上的，通过分析将电路原理图分成：

- “脏”信号区域；
- “干净”信号区域；
- 滤波、去耦或隔离区域；
- 特殊处理信号区域（噪声电路、敏感电路）。

图 7.4 表示了电路原理图的 EMC 分析原理，其中“脏”信号或噪声区域通常是电路中的 I/O 接口或产品的壳体。在这些 I/O 接口或壳体上需要进行 EMC 测试，EMC 干扰需要从这些 I/O 接口注入，这些电路是产品中受干扰最严重、最直接的部分，如产品的 ESD 放电点、电源接口的电路，通信接口的电路，其他 I/O 接口的电路，通常这些电路不能直接延伸到内部干净的电路区域，其间需要包含至少一个以上器件（如电容）组成的滤波器或滤波电路与其配合使用，滤波电路包括共模滤波和差模滤波。对于接地产品，共模滤波是必须的。在有些不能使用共模滤波的情况下（如产品浮地），除 I/O 接口需要进行差模滤波外，还要保证 PCB 设计时，在共模电流干扰路径上地平面的完整，以降低共模电流流过时产生的压降，不然就需要在地阻抗较高区域的信号线上加电容进行差模滤波。

“干净”信号区域是不受外界直接干扰的或内部噪声源干扰的电路部分，在电路中通常位于滤波电路之后，也是电路中需要保护的部分，如 A/D、D/A 转换电路，检测电路，CPU 核心电路等。

滤波、去耦及隔离区域是介于“干净”电路部分与“脏”电路部分之间的、完成对“干净”电路和“脏”电路隔离的电容或其他 PCB 设计措施，它是为了保护“干净”电路不受外界干扰的影响，并将干扰滤除，或将产品内部特殊噪声电路或敏感电路“隔离”在其他电路之外。滤波电路通常包含有一个或多个电容，通常还包括电感、磁珠、电阻等元器件。

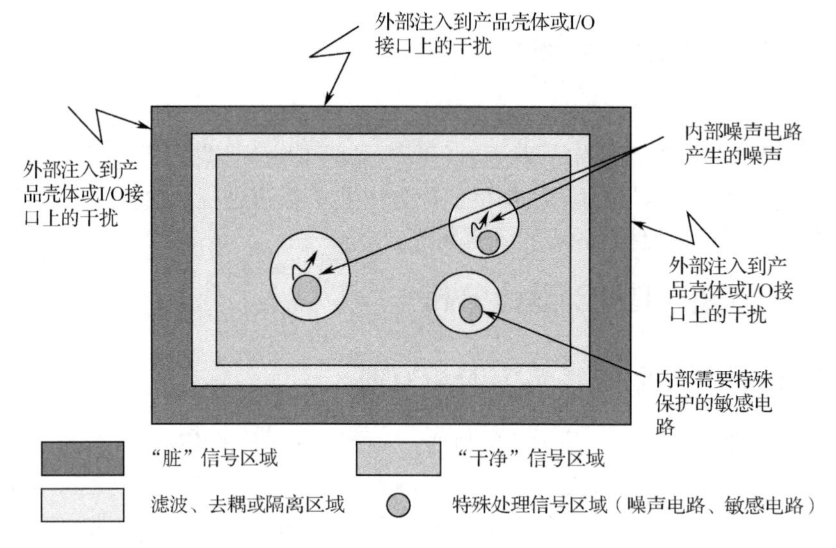

图 7.4　电路原理图的 EMC 分析原理

内部噪声电路、敏感电路的区域是一些需要做特殊处理的部分，它是电路中比较特殊的部分。通常特殊电路包括两种电路：第一种是极其敏感的电路，如复位电路，低电压、低电流检测电路，低电压模拟电路，高输入阻抗电路等，这些电路不像其他普通数字电路一样具有相对较高的抗干扰能力，对于这些敏感电路，除进行像普通电路一样的滤波去耦处理之外，还有必要进行一些额外处理，如二级滤波、屏蔽、对信号线进行包地等处理。第二种是内部电路的噪声源。对这部分电路的处理主要是为了降低噪声源的电平，并将其隔离于“天线”之外，如电路中的晶振和时钟电路，开关电源中的开关管、开关回路，对这些电路和元器件通常需要做特殊处理，常用的措施有屏蔽、去耦、对信号线进行包地等，使其与其他信号线和电路之间不发生串扰，以免噪声传输复杂化。

在 PCB 布局布线时，各电路部分之间的串扰是需要着重考虑的，避免串扰的方法在第 7 章中进行描述。

7.3.2　电路原理图的功能描述

将产品的电路原理图列出，并做必要的解释，表达出原理图中各个功能块的功能及特点，并对特殊的电路进行说明，如：

- 那些不能进行电容滤波的信号；
- 超低电平的信号；
- 大电流、高电压的信号；
- 对阻抗有特殊要求的信号；
- 非常敏感的信号；
- 高速信号；
- 对边沿有特殊要求的信号等。

7.3.3　电路原理图的 EMC 描述

电路原理图 EMC 描述包括如下几个方面：

（1）找出电路中的“脏”电路和信号线，并将“脏”电路部分的电路标出，如用一种颜色（红色）标出，这些“脏”电路和信号线通常包括：

- 需要进行 EMC 测试的 I/O 线；
- 不直接进行干扰测试，但是与干扰噪声源有直接容性耦合的器件和电路。

（2）找出电路中的滤波电容与去耦电容，将放置在以下位置上的滤波电容标出，如用一种颜色（蓝色）标出：

- I/O 接口上的滤波电容；
- 电缆接口不直接进行干扰测试，但是与干扰噪声源和参考接地板之间有直接容性耦合的器件和电路上的滤波电容；
- 各个芯片的电源去耦电容；
- 内部 PCB 互连信号线上的滤波电容。

（3）找出电路中“干净”的信号、器件及电路。这些干净”的信号、器件及电路通常是滤波电容后一级的信号线、器件及电路，并将其标出，如用一种颜色（绿色）标出。

（4）找出电路中那些必须进行特殊处理的信号线（如时钟线、开关电源的开关噪声回路、复位信号线、低电平模拟信号线、高速信号线等），并将其标出，如用一种比较特殊的颜色（紫色）标出。

图 7.5 是与图 7.1 所示架构产品对应的电路原理图。

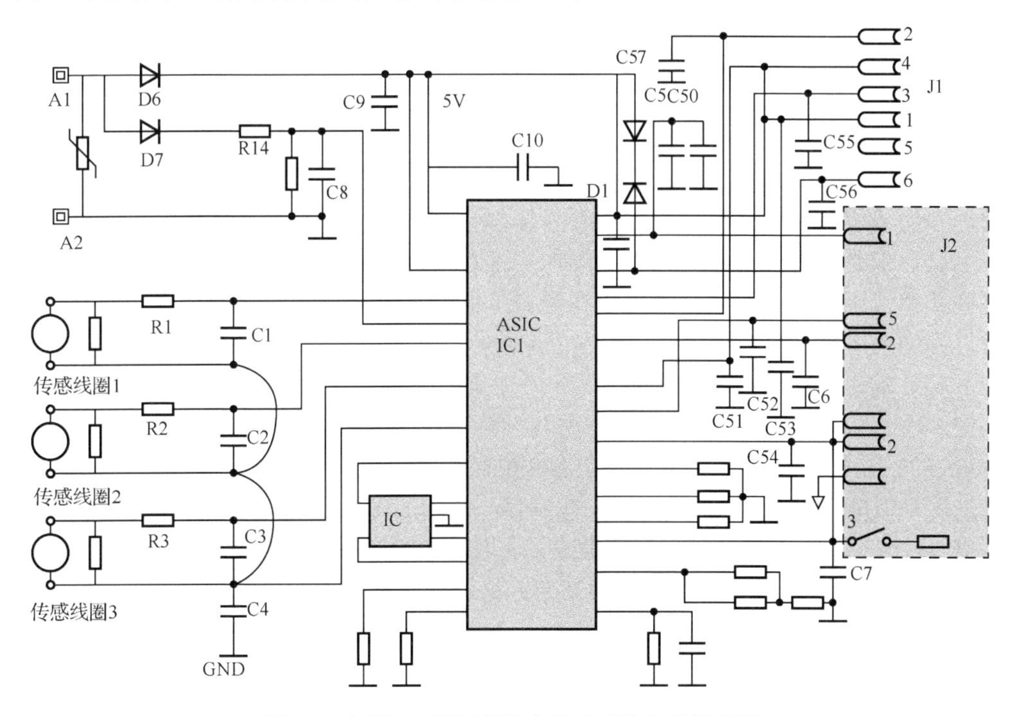

图 7.5　与图 7.1 所示架构产品对应的电路原理图

7.3.4　电路原理图的滤波分析

（1）“脏”电路和信号线。如果与其相连的 I/O 电缆为非屏蔽线，那么这些信号至少具有滤波电容。滤波电容在不影响信号质量的情况下，通常为 1～100nF。当不能使用电容滤波时，建议使用共模电感。如果后一级电路非常敏感，可以采用 LC、RC 或多级滤波，如图 7.6 所示。如果是屏蔽线，那么这个要求将被降低（具有良好屏蔽层接地的屏蔽线，通常具有 90%的屏蔽效能）。

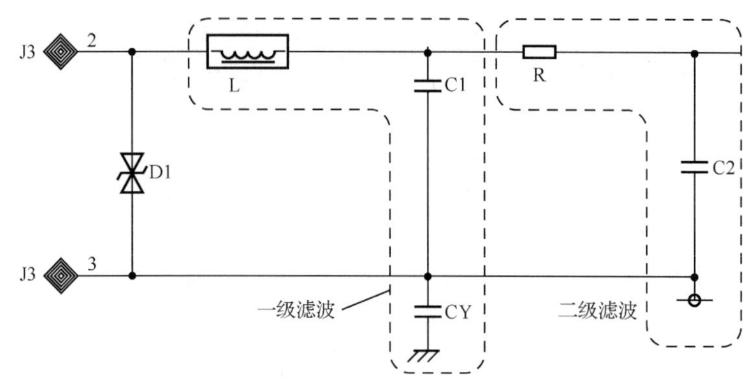

图 7.6　多级滤波

如果不能做到这一点，就必须给出足够的理由并记下这个风险点。

（2）产品中是否存在不带地平面的扁平电缆或类似互连电缆。如果有这样的情况存在，当扁平电缆或类似互连电缆中有共模电流流过时，那么这根扁平电缆中的所有信号都要进行滤波处理，而且滤波电路至少包含一个电容。但是要注意，对信号进行滤波时，也要注意滤波电容对信号的影响。如果滤波电容使信号发生了本质的变化，就意味着此处不适合容性滤波，必须更改产品的架构，改变共模电流的流向，使共模电流不流过扁平电缆。

如果不能做到这一点，就必须给出足够的理由并记下这个风险点。

（3）产品中是否存在这样的一些电缆和器件，这些电缆或器件虽然不直接进行 EMC 测试，但是其与干扰噪声源和参考接地板之间有直接容性耦合。或这些电缆或器件所在的接口虽然不进行测试，但是所在的电缆、器件与参考接地板间存在较大的寄生电容，使得共模电流会流过这些接口，因此这些电缆和器件所在接口上的信号有必要进行滤波处理。如果不能做到这一点，就必须给出足够的理由并记下这个风险点。

（4）芯片的每个电源引脚是否至少有一个去耦电容。去耦电容的大小通常由器件的工作频率决定，对于去耦电容的选取，除了考虑其频响特性，还要考虑其容量。当频率大于 20MHz 后，0.1μF 的去耦电容比 0.01μF 的去耦电容频响特性差，因此建议在主频超过 20MHz 的电路中尽量采用 0.01μF（甚至 0.001μF）的去耦电容，并保证每个芯片的每一个电源引脚至少有一个去耦电容。这样做一方面是出于功耗考虑，选取适当的电容以保证提供足够的瞬态电能（电平翻转时电流能供应），另一方面是因为离电源引脚较远放置的去耦电容会由于引线电感的作用而起不到应有的去耦作用。如果不能做到这一点，就必须给出足够的理由并记下这个风险点。

（5）敏感电路引脚的滤波处理。

外部中断（IRQ）引脚：

IRQ 引脚是 MCU 最为敏感的引脚之一，因为它可以在 MCU 上产生中断并引起 MCU 的动作。IRQ 既可能从一个在 PCB 上离 MCU 有点距离的设备上引入，也可以在一个内嵌的适配器或子系统卡上引入，因此对连接到 IRQ 引脚的任何接线的滤波是十分重要的。除滤波外，IRQ 引脚的 ESD 保护也是非常重要的，在 IRQ 引脚上使用 TVS 管等瞬态抑制器件是较为恰当的做法。即使应用中对价格问题比较敏感，在 IRQ 引脚上的抗干扰和 ESD 保护的措施也不能减少。

复位（RESET）引脚：

通常，MCU 在上电启动和掉电时才会使 RESET 信号处于有效状态，非期望的复位可能会引起许多问题，因此 RESET 引脚也需要进行滤波处理。为了防止电压超过供电电压，也为了当电源关掉时滤波电容快速放电，还推荐在 RESET 引脚上使用 TVS 钳位瞬态抑制二极管。

如果不能做到这一点，就必须给出足够的理由并记下这个风险点。

（6）光耦的基极、发射极或集电极上应有滤波电容。如果不能做到这一点，就必须给出足够的理由并记下这个风险点。

7.3.5　地的 EMC 分析

（1）被光耦、磁耦、变压器、继电器等隔离器件分离的 AGND 与 GND 之间需要有电容跨接，容值为 1～10nF。如果不能做到这一点，就必须给出足够的理由并记下这个风险点。

（2）所有被分割在主电路之外的地平面需要通过 Y 电容旁路接地（接地设备接外壳地或系统地，浮地设备接主控制电路工作地 GND），不能有悬空的地平面。特别是 I/O 接口被隔离的地平面，如被光耦、变压器、继电器隔离的地。通过 Y 电容将被分割的地平面接地是为了将流入接口的共模干扰电流引入大地。Y 电容容值为 1～10nF。如果不能做到这一点，就必须给出足够的理由并记下这个风险点。

（3）隔离的 AC/DC 或 DC/DC 开关电源的初级 0V 与次级所有的 GND 之间需要接 Y 电容。同时还应注意，虽然该 Y 电容在抑止 EMI 方面取得很好的效果，但是由于该电容的存在必然会导致外界共模电流通过该电容进入变压器次级（变压器两端的寄生电容已经足够大，致使外界的共模干扰电流进入变压器次级）。尽管如此，没有特殊原因该电容必须保留。如果不能做到这一点，就必须给出足够的理由并记下这个风险点。

（4）屏蔽电缆的屏蔽层是否接地合理。指出屏蔽电缆屏蔽层的连接点，并指出问题所在点和改进方法。

屏蔽电缆的屏蔽层应接在产品的机壳地上，或对于浮地设备来说，屏蔽电缆的屏蔽层必须与 GND 相连。图 7.7 是工作地直接接地产品的屏蔽电缆接地原理图。图 7.8 是工作地通过 Y 电容接地产品的屏蔽电缆接地原理图。图 7.9 是浮地设备产品的屏蔽电缆接地原理图。

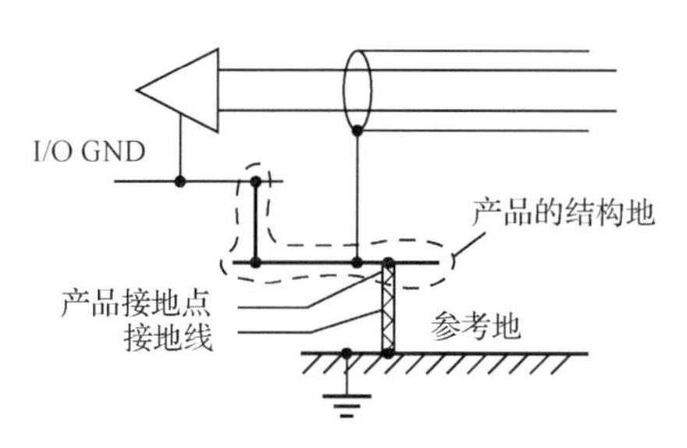

图 7.7　工作地直接接地产品的屏蔽电缆接地原理图

如果不能做到这一点，就必须给出足够的理由并记下这个风险点。

（5）产品中互连电缆。互连连接器或排线中的信号定义是否合理，是否具有足够小的环路和串扰。

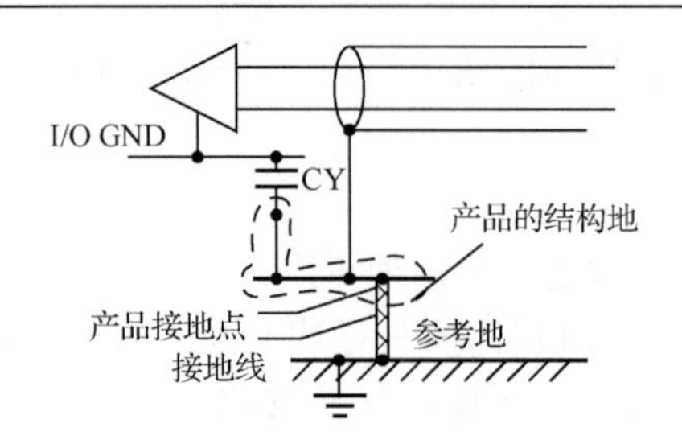

图 7.8　工作地通过 Y 电容接地产品的屏蔽电缆接地原理图

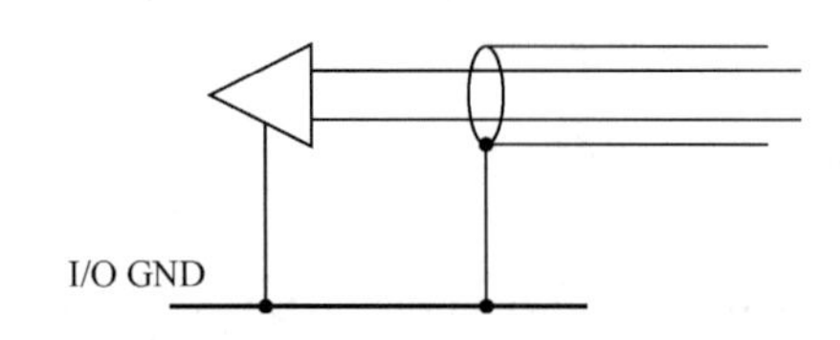

图 7.9　浮地设备产品的屏蔽电缆接地原理图

对于不带地平面的电缆（如扁平线），至少要保证每根信号线边上有一个地线。

如果不能做到这一点，就必须给出足够的理由并记下这个风险点。

7.3.6　高速信号线的 EMC 分析

将原理图中所有的高速信号线（特别是时钟信号线、 PWM 信号线、电机驱动的 UVW 信号线等）按表 7.2 所示的格式列出，并对这些信号线做匹配检查和选择（始端匹配、终端匹配），控制上升沿和下降沿时间，使信号在功能允许的范围内，上升沿时间和下降沿时间最长，列出表格的目的是便于在 PCB 布局布线时关注这些信号线。

表 7.2　高速信号线列表

信 号 名 称	互 连 始 端	互 连 终 端	信 号 频 率	上升沿时间	电平或电流

7.3.7　敏感信号线的 EMC 分析

将原理图中所有的敏感信号线按表 7.3 所示的格式列出，并指出其处理方式（如电容滤波），以便在 PCB 布局布线时关注这些信号线。

敏感信号线应包括：

- 高输入阻抗的信号线；
- 低电平模拟信号线；
- 外部中断 IRQ 信号线；
- RESET 信号线等。

特别是外部中断 IRQ 或者复位 RESET 引脚上的处理比一般 I/O 更为重要，因为在这两个引脚上的干扰噪声如果引起错误的触发，那么可能会在电路的动作上产生灾难性的后果。

表 7.3　敏感信号线列表

信 号 名 称	互 连 始 端	互 连 终 端	信 号 频 率	上升沿时间	电平或电流

对这些敏感线建议在可能的情况下都进行电容滤波。

7.3.8　未使用元器件及悬空信号线的 EMC 处理分析

悬空的金属、一端与电路相连另一端悬空的信号线、电缆及未用到的元器件（如多组封装器件中未用的与非门、二极管、LED 等）必须进行直接接地或通过电阻接地处理，其中未用到的元器件也可以用短路的方式，即将器件的输入/输出短路。

大多数 MCU 的引脚是高阻输入接口或者输入/输出接口。高阻输入接口容易受干扰的影响，假如输入接口没有适当处理而悬空，则可能在 MCU 的寄存器中锁存进错误的逻辑电平。未用的输入接口如果在 MCU 内部没有被处理，那么需要通过一个电阻（4.7kΩ或者 10kΩ）上拉或者接地来让输入接口有确定的状态。悬空的输入接口的电平通常为供给电压值的一半左右，或者因为内部泄漏电流的原因为一个不确定的值。特别是 CMOS 器件通常有比较大的电流损耗，当输入接口悬空时输入触发器处于半开半闭状态。

如果不能做到这一点，就必须给出足够的理由并记下这个风险点。

7.4　PCB 布局布线的建议

7.4.1　PCB 布局布线建议的意义

PCB 布局布线的建议是一个高附加值的任务，它的目的在于完成高 EMC 性能 PCB 设计，同时将由于 EMC 问题而产生的 PCB 布局布线成本最小化。PCB 布局布线的建议的核心包括以下三方面：

（1）指出关键 EMC 器件在 PCB 中的相对位置。

（2）指出 PCB 中哪些区域需要进行完整的地平面设计，并将该地平面的阻抗最小化。

（3）串扰防止的处理。

它的具体内容包括两方面：

（1）书面的建议描述。

（2）PCB 布局布线建议示意图。

完成 PCB 布局布线建议后，在电子工程师将原理图送到 CAD 小组进行布局布线设计前，EMC 专家需要与 CAD 的专家和工程师进行充分的沟通，将所需表达的意见充分传达给 CAD 的专家和工程师。

7.4.2　PCB 层数和层分配

从 EMC 方面考虑，除非 2 层板也能设计出较为完整地平面，否则最好采用带有地层和电源层的 4 层以上的 PCB。实践证明，4 层板与 2 层板相比，4 层板能取得高于 2 层板 100%的

EMC 性能（注意：4 层板以上并非层数越多越好）。2 层板通常地平面很难设计完整，如果使用 2 层板，那么工程师要特别注意地平面的设计。

PCB 板层的排布原则：

（1）元件面下面（第二层）为地平面，提供器件屏蔽层以及为顶层布线提供参考平面。

（2）所有信号层尽可能与地平面相邻。

（3）尽量避免两信号层直接相邻。

（4）主电源尽可能与其对应地相邻。

4 层 PCB 板层的层排布方式如表 7.4 所示，其中优选方案 1，可用方案 3。

表 7.4　4 层 PCB 板层的层排布方式

方　案	电源层数	地层数	信号层数	1	2	3	4
1	1	1	2	S	G	P	S
2	1	1	2	G	S	S	P
3	1	1	2	S	P	G	S

方案 1 为 4 层 PCB 的主选层设置方案，在元件面下有一地平面，关键信号优选 TOP 层；至于层厚设置，有以下建议：

- 满足阻抗控制；
- 芯板（GND 到 POWER）不宜过厚，以降低电源、地平面的分布阻抗；保证电源平面的去耦效果。

为了达到一定的屏蔽效果，有人试图把电源、地平面放在 TOP、BOTTOM 层，即采用方案 2。此方案试图达到想要的屏蔽效果，但至少存在以下缺陷：

- 电源、地相距过远，电源平面阻抗较大；
- 电源、地平面由于元件焊盘等影响，极不完整；
- 由于参考面不完整，信号特性阻抗不连续。

实际上，在 PCB 中器件越来越密的情况下，方案 2 的电源、地几乎无法作为完整的参考平面，预期的屏蔽效果很难实现，该方案使用范围有限。但在个别单板中，方案 2 不失为最佳层设置方案。

方案 3 与方案 1 类似，适用于主要器件在 BOTTOM 布局或关键信号底层布线的情况。一般情况下，限制使用此方案。

6 层 PCB 板层的层排布方式如表 7.5 所示，其中优选方案 3，可用方案 1，备用方案 2、4。

表 7.5　6 层 PCB 板层的层排布方式

方　案	电　源	地	信　号	1	2	3	4	5	6
1	1	1	4	S1	G	S2	S3	P	S4
2	1	1	4	S1	S2	G	P	S3	S4
3	1	2	3	S1	G1	S2	P	G2	S3
4	1	2	3	S1	G1	S2	G2	P	S3

对于 6 层板，优先考虑方案 3，优选布线层 S2，其次选择 S3、S1。主电源及其对应的地

布在 4、5 层，层厚设置时，增大 S2-P 之间的间距，缩小 P-G2 之间的间距（相应缩小 G1-S2 之间的间距），以减小电源平面的阻抗，减少电源对 S2 的影响。

当成本要求较高时，可采用方案 1，优选布线层 S1、S2，其次选择 S3、S4。与方案 1 相比，方案 2 保证了电源、地平面相邻，减少了电源阻抗，但 S1、S2、S3、S4 全部裸露在外，只有 S2 有较好的参考平面。

对于局部、少量信号线要求较高的场合，方案 4 比方案 3 更适合，它能提供极佳的布线层 S2。

八层 PCB 板层的层排布方式如表 7.6 所示，其中优选方案 2、3，可用方案 1。

表 7.6　八层 PCB 板层的层排布方式

方案	电源	地	信号	1	2	3	4	5	6	7	8
1	1	2	5	S1	G1	S2	S3	P	S4	G2	S5
2	1	3	4	S1	G1	S2	G2	P	S3	G3	S4
3	2	2	4	S1	G1	S2	P1	G2	S3	P2	S4
4	2	2	4	S1	G1	S2	P1	P2	S3	G3	S4
5	2	2	4	S1	G1	P1	S2	S3	G2	P2	S4

对于单电源的情况，方案 2 比方案 1 减少了相邻布线层，增加了主电源与对应地相邻，保证了所有信号层与地平面相邻，代价是牺牲了一布线层。对于双电源的情况，推荐采用方案 3，方案 3 兼顾了无相邻布线层、层压结构对称、主电源与地相邻等优点，但 S4 应减少关键布线。方案 4：无相邻布线层、层压结构对称，但电源平面阻抗较高；应适当加大 3-4、5-6 之间层间距，缩小 2-3、6-7 之间层间距。方案 5：与方案 4 相比，保证了电源、地平面相邻；但 S2、S3 相邻，S4 以 P2 作参考平面；对于底层关键布线较少以及 S2、S3 之间的线间串扰能控制的情况下此方案可以考虑。

十层 PCB 板层的层排布方式如表 7.7 所示，其中推荐方案 2、3，可用方案 1、4。

表 7.7　十层 PCB 板层的层排布方式

方案	电源	地	信号	1	2	3	4	5	6	7	8	9	10
1	1	3	6	S1	G1	S2	S3	G2	P	S4	S5	G3	S6
2	1	4	5	S1	G1	S2	G2	S3	G3	P	S4	G4	S5
3	2	3	5	S1	G1	S2	P1	S3	G2	P2	S4	G3	S5
4	2	4	4	S1	G1	S2	G3	P1	P2	G3	S3	G4	S4

方案 3：扩大 3-4 与 7-8 之间层间距，缩小 5-6 之间层间距，主电源及其对应地应分别置于 6、7 层；优选布线层 S2、S3、S4，其次选择 S1、S5；本方案适合信号布线要求相差不大的场合，兼顾了性能、成本，推荐大家使用，但须注意避免 S2、S3 之间平行、长距离布线。方案 4：EMC 效果极佳，但与方案 3 比，牺牲了一布线层；在成本要求不高、EMC 指标要求较高且必须双电源层的关键单板，建议采用此方案；优选布线层 S2、S3。对于单电源层的情况，首先考虑方案 2，其次考虑方案 1。方案 1 具有明显的成本优势，但相邻布线过多，平行长线难以控制。

十二层 PCB 板层的层排布方式如表 7.8 所示，其中推荐方案 2、3，可用方案 1、4，备用方案 5。

表 7.8　十二层 PCB 板层的层排布方式

方案	电源	地	信号	1	2	3	4	5	6	7	8	9	10	11	12
1	1	4	7	S1	G1	S2	G2	S3	P	S4	G3	S5	S6	G4	S7
2	1	5	6	S1	G1	S2	G2	S3	G3	P	S4	G4	S5	G5	S6
3	2	4	6	S1	G1	S2	G2	S3	P1	G3	S4	P2	S5	G4	S6
4	2	5	5	S1	G1	S2	G2	S3	G3	P1	P2	G4	S4	G5	S5
5	2	3	7	S1	G1	S2	S3	P1	G2	S4	S5	P2	S6	G3	S7

以上方案中，方案 2、4 具有极好的 EMC 性能，方案 1、3 具有较佳的性价比。对于 14 层及以上层数的单板，由于其组合情况的多样性，这里不再一一列举。读者可按照以上排布原则，根据实际情况具体分析。

以上层排布作为一般原则，仅供参考，具体设计过程中大家可根据需要的电源层数、布线层数、特殊布线要求信号的数量、比例以及电源、地的分割情况，结合以上排布原则灵活掌握。

7.4.3　地平面和电源平面在 PCB 中的位置

层的放置按照电快速瞬变脉冲群测试原理，通过对共模电流流向的分析来确定。对于浮地设备，大多数情况下可以把 GND 层当成屏蔽层，用来泄放共模干扰电流，AGND 必须放置在没有被共模干扰耦合到的层和位置。注意：这里描述的 AGND 通常为产品中的模拟电路，其电平较低，噪声容限较低，较容易受干扰。

PCB 电源的层数由其电源种类数量决定：对于单一电源供电的 PCB，一个电源平面足够了。对于多种电源，若互不交错，可考虑采取电源层分割（保证相邻层的关键信号布线不跨分割区）；对于电源互相交错（尤其是像 8260 等 IC，多种电源供电，且互相交错）的单板，则必须考虑采用 2 个或 2 个以上的电源平面，每个电源平面的设置需满足以下条件：

- 单一电源或多种互不交错的电源；
- 相邻层的关键信号不跨分割区。

地的层数除满足电源平面的要求外，还要考虑：

- 元件面下面（第 2 层或倒数第 2 层）有相对完整的地平面；
- 高频、高速、时钟等关键信号有一相邻地平面；
- 关键电源有一对应地平面相邻。

7.4.4　敏感元器件在 PCB 中的位置

敏感元器件一般放置在电路板的当中位置，并且在 PCB 中没有耦合的层上。如图 7.10 所示，信号及元件面 1 为没有耦合的面，这一层中没有共模电流流过；信号及元件面 2 为存在共模电流耦合的层，这一层中共模电流会流过，如果器件置于该层中，将会受到更严重的干扰。

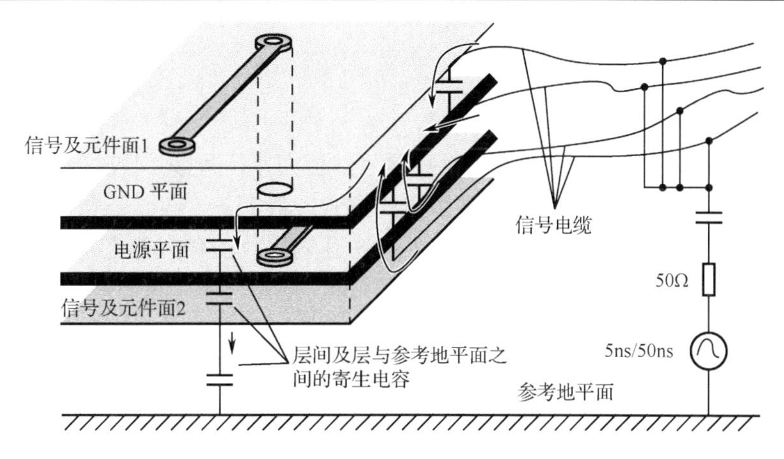

图 7.10　共模电流在各层中的分布图

7.4.5　滤波器件在 PCB 中的位置

滤波电容通常放置在被滤波器件的相应引脚附近，或在共模电流泄放的路径中。所有的滤波电容的连接不能用长线的方式，而要保证低阻抗的连接，比较好的做法是，滤波电容引线长宽比小于 3，至少要做到小于 5。

7.4.6　地平面的设计

共模电流流过的区域必须具有完整的地（GND）平面，完整地平面意味着一块没有任何过孔、开槽、裂缝且长宽比小于 3 的 PCB 铜箔。以下几个地方通常需要使用完整地平面：

（1）共模电流的泄放路径上；

（2）有共模电流流过的两个器件的地引脚之间；

（3）接口上的滤波器电容、芯片去耦电容、旁路电容与地之间的互连线。

为了更好地实现 PCB 中的完整地平面设计，建议在 PCB 布局确定后，先将所需要的完整地平面布置好，并将需要进行完整地平面设计的区域设定为不能有任何过孔、开槽、裂缝等的区域，然后进行印制线布线设计。这样可以防止先把印制线布置好后，发现某区域的完整地平面并不完整再进行修改而带来的时间浪费（通常这个时候再进行修改，难度也会增加）。

注意：当共模电流流过 GND 时，并不是整个 PCB 的 GND 平面需要完整地平面，这也是不可行的，只是在以上 3 点描述的地方需要完整地平面。

7.4.7　模拟电路地平面的设计

这里所述的模拟电路地（AGND）平面通常是产品中电平较低、对干扰比较敏感的电路的参考地。该平面必须设计在既没有共模耦合，也没有共模电流流过的位置上。如果没有办法避免共模电流流过 AGND，那么共模电流流过的路径必须为完整地平面。

7.4.8　电源平面的设计

电源是产品电路的主电源，该平面通常在保证没有串扰发生的情况下尽可能大；并且电源平面尽量做到与地平面邻近，以增加电源平面与地平面之间的层间电容，这对高频去耦有效。

7.4.9 串扰防止的处理设计

“脏”（红色）的信号线、特殊处理的时钟信号线、高速信号线（特殊颜色）与“干净”（绿色）信号线之间必须考虑串扰问题，处理串扰的方式一般有：

（1）对信号线进行包地（见图 7.11）处理，在互为串扰的信号线之间插入地线。

（2）把信号线分布在不同的层中，其间应有 GND 地层隔离。同一层中左右布置且没有包地，相邻层的上下平行布置，都认为存在串扰。

（3）信号线下方必须有地平面。

7.4.10 特殊信号线（如时钟信号线、高速信号线、敏感信号线等）的处理设计

给出表 7.2 和表 7.3 所列出的高速信号线、敏感信号线等的布线注意方法，包括阻抗匹配、串扰等。始端阻抗匹配的电阻和限流电阻通常放置在信号发出端。在串扰处理上，除了考虑这些信号线在 PCB 中的具体位置，还应采取用屏蔽地线包地的方式处理。包地处理示意图如图 7.11 所示。

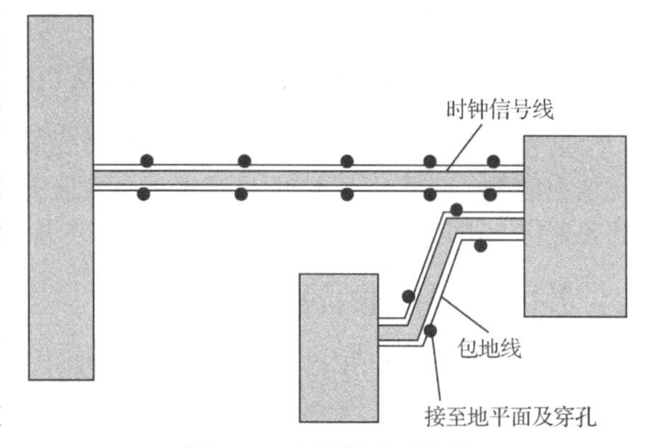

图 7.11　包地处理示意图

7.4.11 PCB 中空置区域的处理设计

所有空置区域都要铺铜处理，并将其通过适量过孔与相应区域的地平面相连。

7.4.12 其他建议

如果还有其他建立，请在这里列出。

7.4.13 PCB 布局布线示意图

画出 PCB 布局布线示意图是为了更直观地表达以上 PCB 布局布线的建议，并把一些用文字很难清楚表达的建议用示意图的方式表示出来。它所包含的内容是为了让 CAD 专家和工程师更容易理解。一般来说，在 PCB 布局布线示意图中，将表达出完整地平面（没有过孔、开槽、裂缝，长宽比小于 3）在 PCB 板中及与器件的相对位置，I/O 接口上的滤波电容、器件的去耦电容与器件、完整地平面的相对位置，及“脏”信号线、“干净”信号线在 PCB 中的具体位置或相对位置。其中“脏”信号线和“干净”信号线通常会被 I/O 接口上的滤波电容分离，并且其间不会发生串扰。滤波电容的接地端会集中接在完整地平面上。另外，那些需要进行包地处理的特殊信号线，也要在 PCB 布局布线示意图中被标出。图 7.12 是 PCB 布局布线示意图实例。

图中，GND 说明在电容 C53、C6、C7、C51、C54、C9、C56、C57、C55、C8、C4、C10、C5、C50 和 ASIC 器件的 GND 地引脚之间需要设计一个完整的 GND 平面，C1、C2、C3 与 ASIC 的 AGND 地引脚之间也需要设计一个完整 AGND 平面。粗箭头线与细箭头线之间需要防止串扰。C5、C50 与 ASIC 之间的信号引脚之间连接线长宽比要小于 3。C51、C10 是 ASIC

电源 VCC 的去耦电容，其间要进行低阻抗连接，以减小引线电感。

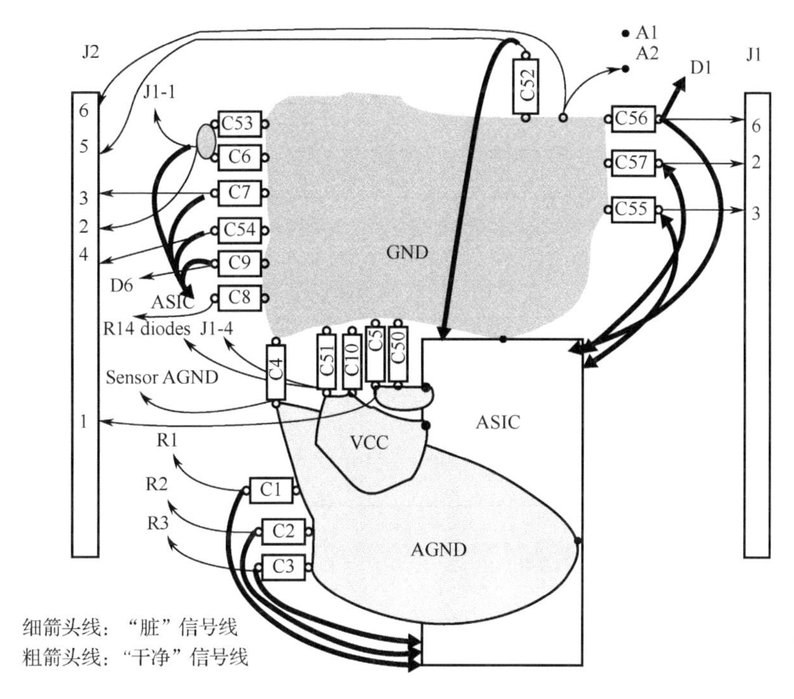

图 7.12　PCB 布局布线示意图实例

7.5　PCB 设计审查

7.5.1　PCB 设计审查的意义和任务

PCB 审查的目的是为了检查 PCB 设计者是否将 EMC 专家给出的 PCB 布局布线建议落实。虽然落实全部 PCB 布局布线的建议有很大困难，但是通过审查，EMC 专家与 CAD 专家还是能够找到一种折中方法，这种方法不但能降低 EMC 风险，而且还能顺利实现 PCB 布局布线。在 PCB 审查结果中，EMC 专家需要把一些未落实的或实际实现与建议不一致的地方一一列出，这将有助于产品在 EMC 测试时定位分析，其主要包括如下三个方面：

- 共模电流流过路径上的阻抗，如地平面是否完整，是否没有任何过孔、裂缝和开槽。
- “脏”信号印制线及一些需要进行特殊处理的信号印制线与其他信号线之间是否存在串扰。
- 去耦、旁路电容和滤波电容位置是否合理，引线阻抗是否足够低。

7.5.2　地平面完整性设计审查

是否将 PCB 布局布线建议中关于地平面的建议都落实了？

若有不同的地方，那么：

（1）如果地平面的设计没有按照 PCB 布局布线的建议执行，那么按表 7.9 所示的格式指出不同点，并说明风险在哪里。

表 7.9 地平面完整性及其阻抗审查状况表

序 号	原建议描述	实际处理方式	风险点描述
1			
2			
3			

（2）对可能出现的风险点，按表 7.10 所示的格式列出可行的修改建议。

表 7.10 可行修改建议列表

序 号	可行的修改建议
1	
2	
3	

7.5.3 串扰防止的设计审查

是否将 PCB 布局布线建议关于串扰处理的建议都落实？

若有不同的地方，那么：

（1）如果串扰防止设计没有按照 PCB 布局布线的建议执行，那么按表 7.11 所示的格式指出不同点，并说明风险在哪里。

表 7.11 串扰审查状况表

序 号	原建议描述	实际处理方式	风险点描述
1			
2			
3			

（2）对可能出现的风险点，按表 7.12 所示的格式列出可行的修改建议。

表 7.12 可行修改建议列表

序 号	可行的修改建议
1	
2	
3	

7.5.4 去耦、旁路和滤波设计审查

是否将 PCB 布局布线建议中关于去耦、旁路、滤波电容的建议都落实了？

若有不同的地方，那么：

（1）如果去耦、旁路和滤波电容在 PCB 设计中（主要是去耦电容的位置是否靠近被去耦器件电源引脚，并保证引线阻抗足够低；旁路电容位置是否在共模电流泄放的最佳位置上，

并保证引线阻抗足够低；滤波电容是否放置在 I/O 接口上，同时在共模电流泄放的最佳位置上，并保证引线阻抗足够低）没有按照 PCB 布局布线的建议执行，那么按表 7.13 所示的格式指出不同点，并说明风险在哪里。

表 7.13　去耦、旁路和滤波电容审查状况表

序　号	电 容 代 号	原建议描述	实际处理方式	风险点描述
1				
2				
3				

（2）对可能出现的风险点，按表 7.14 所示的格式列出可行的修改建议。

表 7.14　可行修改建议列表

序　号	电 容 代 号	可行的修改建议
1		
2		
3		

7.5.5　PCB 布局布线文件

为了保持完整性，建议把 PCB 布置图分层列出，图 7.13～图 7.17 是按图 7.12 所示的设计建议完成的 PCB 图。

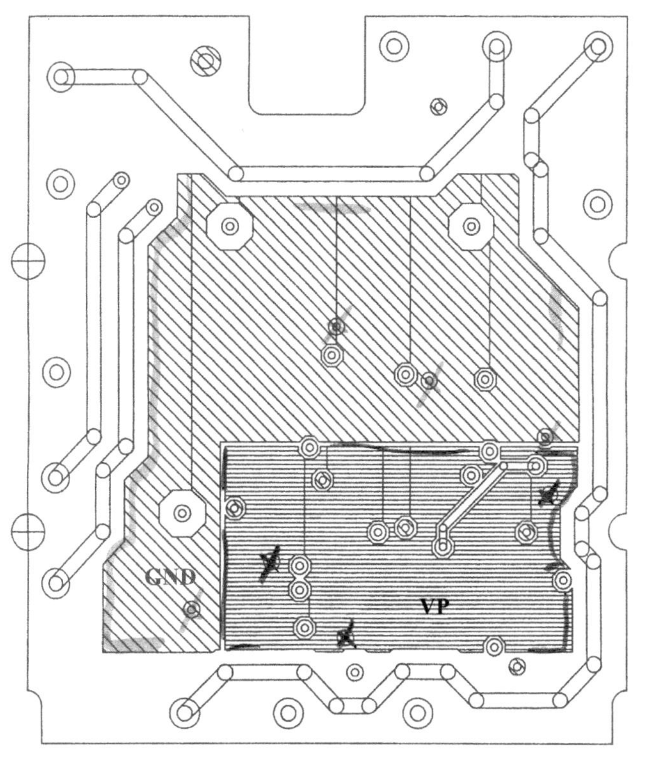

图 7.13　按图 7.12 所示的设计建议完成的 PCB 图的第三层

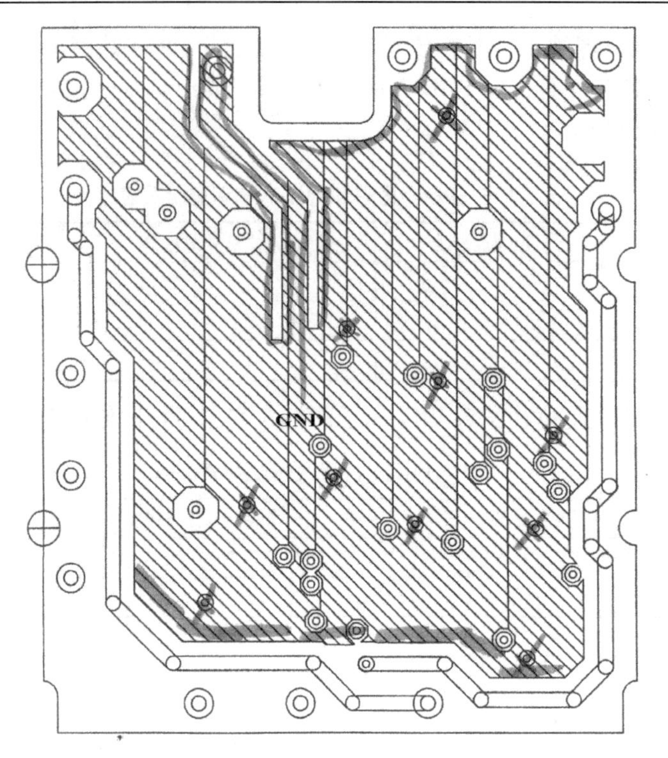

图 7.14　按图 7.12 所示的设计建议完成的 PCB 图的第二层

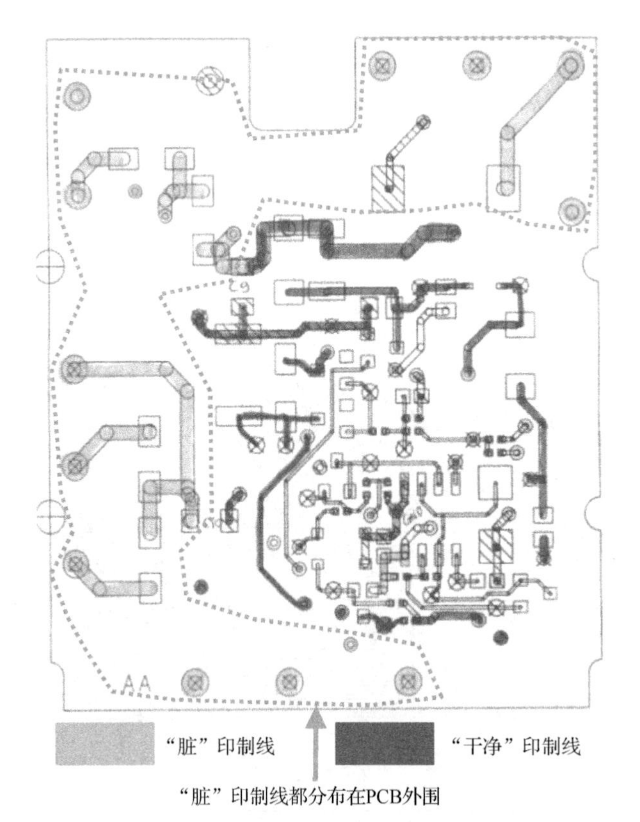

图 7.15　按图 7.12 所示的设计建议完成的 PCB 图的第一层

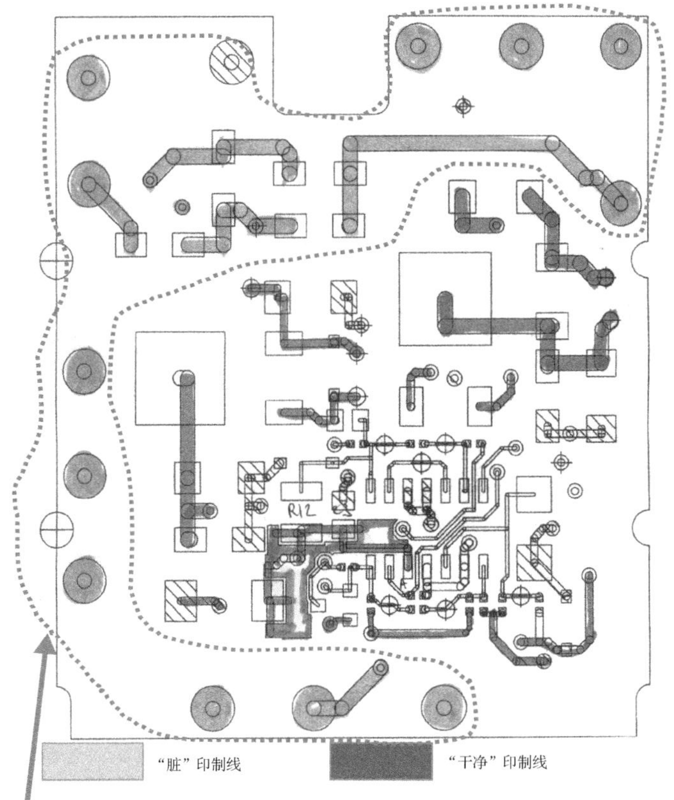

图 7.16　按图 7.12 所示的设计建议完成的 PCB 图的第四层

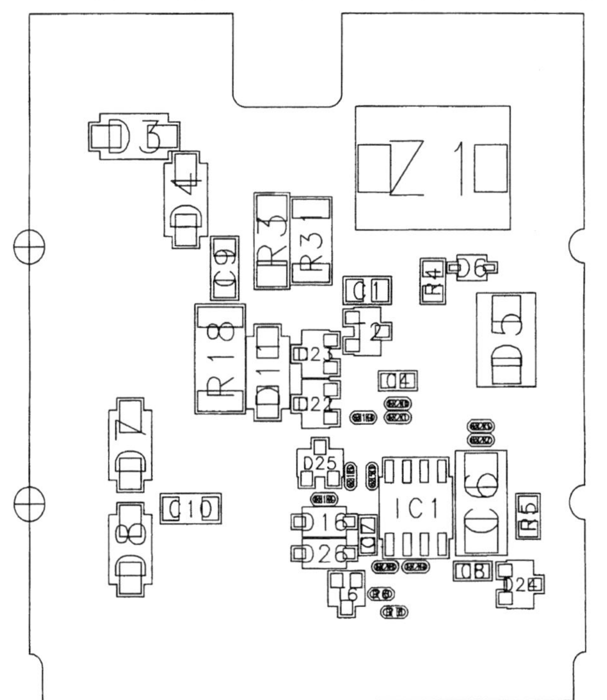

图 7.17　按图 7.12 所示的设计建议完成的 PCB 图的第一层器件

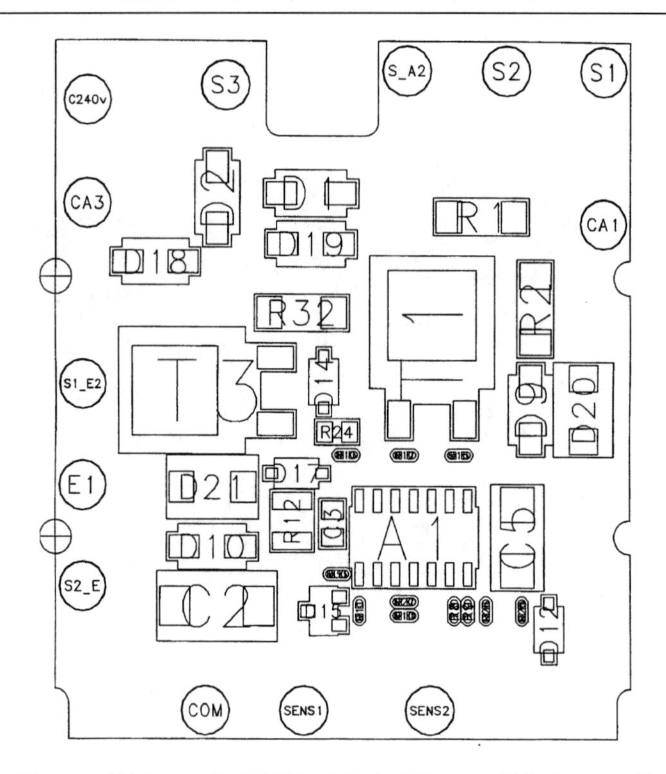

图 7.18　按图 7.12 所示的设计建议完成的 PCB 图的第四层器件

第8章 产品的防雷击浪涌、ESD和差模EMC问题设计与分析

第1章至第7章主要描述的是如何设计出高频EMC性能较高的产品，高频范围内的EMC设计是电子产品EMC设计的难点，也是产品EMC设计成败的关键。如果一定要给出高频范围内的EMC设计内容在产品整个EMC设计内容中所占的比例，那么笔者认为是80%，甚至更高。形成这种高频EMC设计理念的主线是“共模电流”。围绕着“共模电流”展开一系列对产品EMC设计的分析实践，是非常有效的。然而，“木桶能装水的容量，取决于木桶中最短的木板，而非最长的木板”，为避免短板效应，产品设计者不得不考虑剩下部分的EMC问题，这部分EMC问题包括低频问题（1MHz以下，如防浪涌、防雷等问题）、差模干扰与骚扰及ESD抗扰度设计问题，只有这样，产品EMC性能才是完整的、全面的。本章包括如下3个方面：

（1）产品的防雷与防浪涌保护设计。

（2）EMC中的差模干扰与骚扰。

（3）ESD保护设计。

8.1 产品的防雷与防浪涌

8.1.1 雷击与浪涌的定义

雷击电流通常是指：

① 直接雷击于外部电路，注入的大电流流过接地电阻或外部电路阻抗而产生电压；

② 在建筑物内，外导体上产生感应电压和电流的间接雷击。

雷击电流是一个非周期的瞬态电流，通常是很快上升到峰值，然后较为缓慢地下降。雷电流的波头时间是指雷电流从零上升到峰值的时间，又称为波前时间；波长时间是指从零上升到峰值，然后下降到峰值的一半的时间，又称为半峰值时间。由于在雷电流波的起始和峰值处常常叠加有振荡，很难确定其真实零点和到达峰值的时间，因此常用视在波头时间 T_1 和视在波长时间 T_2 来表示，一般记为 T_1/T_2，如图8.1所示。

浪涌通常是开关瞬态或感应雷造成的，包括：①主电源系统切换骚扰，如感性负载之间的切换；②配电系统内在仪器附近的轻微开关动作或负荷变化；③与开关装置有关的谐振电路，如晶闸管；④各种系统故障，如对设备组接地系统的短路和电弧故障；⑤附近直接对地放电的雷电入地电流耦合到设备组接地系统的公共接地路径。

在IEC、ISO标准、国标中规定的雷击浪涌测试波形主要有：8μs/20μs、10μs/350μs（电

流波），10μs/700μs、1.2μs/50μs（电压波）等以及应用于汽车电子的各种浪涌波形。

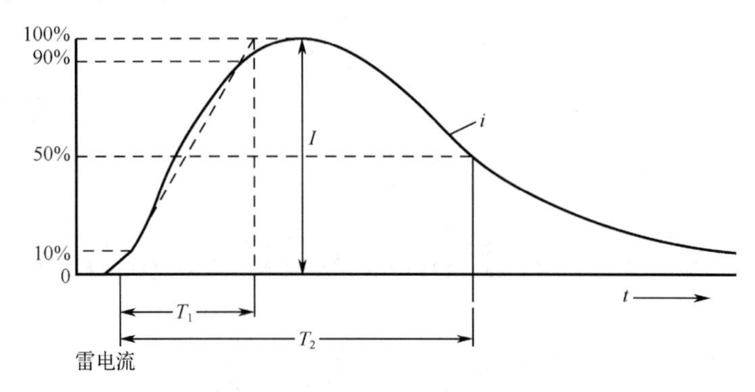

图 8.1　雷电流波形示意图

对于 1.2μs/50μs 电压波，标准要求发生器产生的实际记录电压和 1.2μs/50μs 标准雷电冲击电压的规定值之间的允许容差为：

峰值　±10%

波前时间　±30%

半峰值时间　±20%

峰值附近的过冲和振荡是容许的，但单个波峰的幅值不应超过峰值的 5%。

对于通常使用的浪涌电压发生器回路，在峰值的 90%以下波前部分的振荡对试验结果的影响一般是可以忽略的。

对于 8μs/20μs 电流波，标准要求发生器产生的实际记录的冲击电流和 8μs/20μs 标准雷电冲击电流的规定值之间的允许容差为：

峰值　±10%

波前时间　±10%

半峰值时间　±10%

峰值附近的过冲和振荡是容许的，但单个波峰的幅值不应超过峰值的 5%。当电流下降到零后，反极性的振荡幅值不应超过峰值的 20%。

对于 10μs/700μs 电压波，标准要求发生器产生的实际记录的冲击电压和 10μs/700μs 标准冲击电压的规定值之间的允许容差为：

峰值　±10%

波前时间　±30%

半峰值时间　±20%

峰值附近的过冲和振荡是容许的，但单个波峰的幅值不应超过峰值的 5%。

对于通常使用的冲击电压发生器回路，在峰值的 90%以下波前部分的振荡对试验结果的影响一般是可以忽略的。

对于 1.2μs/50μs～8μs/20μs 组合波，把能产生 1.2μs/50μs 开路电压波形、8μs/20μs 短路电流波形的发生器称之为组合波发生器。发生器输出的冲击电压/电流大小以及波形是由发生器和被测设备的阻抗共同决定的。将开路电压幅值与短路电流幅值的比值称为发生器的虚拟阻抗（Z_f），其值等于 2Ω。

开路电压的允许容差为：

峰值　±3%

波前时间　±30%

半峰值时间　±20%

峰值附近的过冲和振荡是容许的，但单个波峰的幅值不应超过峰值的 5%。电压波形应是单向的。

对于通常使用的冲击电压发生器回路，在峰值的 90%以下波前部分的振荡对测试结果的影响一般是可以忽略的。

短路电流的允许容差为：

峰值　±10%

波前时间　±10%

半峰值时间　±10%

峰值附近的过冲和振荡是容许的，但单个波峰的幅值不应超过峰值的 5%。当电流下降到零后，反极性的振荡幅值不应超过峰值的 20%。

雷击电流和浪涌电流波形基本相同，只是幅度不同，一般在标准 IEC61000-4-5 和汽车电子 EMC 测试标准 ISO7637-2 中的 P1、P2a、P2b、P5a、P5b 波形所规定的电压、电流范围内的干扰称为浪涌。电压、电流幅度高出这个范围的称为雷击或雷电流冲击。同样，对于保护电路来说，高等级雷击保护电路通常称为防雷器或防雷电路；标准 IEC61000-4-5 和 ISO7637-2 所规定电压、电流范围内的保护电路，通常称为浪涌保护电路。

对于测试，很多人对测试中的电压（如 1.2μs/50μs 的电压波）测试和电流（8μs/20μs 的电流波）测试的区别比较疑惑。电流测试与电压测试到底有何区别呢？其实两者是统一的，这一点从试验发生器的原理中也可以看出，如第 1 章中所描述的那样，浪涌信号发生器的信号输出离不开电压的概念，而直接输出一个电流波形。浪涌信号发生器输出的是电压波还是电流波完全取决于作为负载的被测设备接口的输入阻抗。当作为负载的被测设备接口呈现高阻抗（如接口没有保护电路，或保护电路不动作）时，浪涌信号发生器以电压波的形式将干扰信号施加在被测接口；当作为负载的被测设备接口呈现低阻抗（如保护器件呈现短路）时，浪涌信号发生器输出电流波，并流过保护电路。在 IEC61000-4-5 及 ISO7637-2 标准规定的测试等级范围内，产品完全可能不使用任何浪涌保护器件而通过测试，因此对电压波有明确的定义也是非常必要的。

雷电冲击电流信号发生器和浪涌信号发生器的原理类似，都是通过被充电的储能电容放电而产生的能量，浪涌信号和雷电冲击电流信号一开始都是以电压的形式传递给被测接口的，只是由于当作为负载的被测设备接口所呈现的阻抗不同，导致流过负载的电流也不同，两种极端的情况是：

（1）负载开路，发生器输出电流为 0，被测接口受到电压的冲击（这种情况在雷电冲击电流测试中很少出现）。

（2）负载短路，发生器输出到被测接口的电压为 0，被测接口受到短路电流的冲击。

对于需要进行高电压、大电流（如 10kA 以上）等级雷电冲击电流测试的设备来说，通常有防雷电路（没有防雷电路的设备，由于施加到被测设备接口的电压很高，肯定会在测试中损坏），这导致进行防雷测试时，作为负载的被测设备接口总是以低阻的状态（接近短路的状态）呈现给雷电冲击电流试验发生器的。因此，通常情况下也就用雷电冲击电流的大小来衡量测试的等级。同时，为了测试的可比性，在测试时需要对雷电冲击电流波形进行校准。

通过连续傅里叶变换，可以计算雷电冲击电流和浪涌电流波的频谱变化。结果表明，雷电冲击电流和浪涌电流波形的振幅和能量主要集中在低频部分，振幅频谱主要集中在 1MHz 以下，90%以上的能量主要集中在 10kHz 以下。半峰值时间是雷击电流和浪涌电流振幅和能量频谱分布的主要因素，它的大小决定了低频部分的谐波丰富程度。这说明了产品系统中，只要防止 10kHz 以下频率的雷击电流和浪涌干扰信号窜入，就能把干扰能量消减 90%以上，这对避雷工程和产品防浪涌设计具有重要的指导意义。

8.1.2 防雷与防浪涌设计理念

本书讲述的以共模电流作为分析主线的 EMC 设计技术包括产品架构设计技术、滤波设计技术、PCB 设计技术，同样适用于产品防共模浪涌与雷电的设计，因此在设计理念上不再重复叙述，但是设计者还需额外考虑如下几点。

（1）保护元器件有所不同。

鉴于 8.1.1 节的分析，雷击和浪涌是一种上升沿为 μs 级的瞬态干扰，在频率上相对较低，约 10kHz 级。若采用电感、电容等滤波器件滤除或抑制这种干扰频率，则需要选择数值相当大的电感和电容组合，如数十 mH 的电感和数十 μF 的电容，显然这种电路在产品设计过程中很难实现或实施。采用 8.1.3 节的浪涌和雷电防护专用元器件显然是最好的选择。至于电路，设计者在设计过程中只要遵循如下几个原则就可以完成产品的防雷或防浪涌设计：

- 增加的保护器件必须能承受最大的浪涌或雷电冲击，通常器件的瞬态功率要大于雷电和浪涌的输入功率；
- 保护器件通常与滤波电容直接并联或采用电感串联隔离后并联，即电容用来滤波，保护器件用来防雷或防浪涌；
- 外部注入的最大雷电或浪涌冲击电压经过保护电路后必须小于后一级电路的最高承受充电电压或电流。

（2）隔离在浪涌中发挥的作用。

鉴于第 4 章关于隔离电路的分析，电路采用隔离器件后，隔离电路之间的寄生电容一般小于 nF 级，甚至更小。此电容在 10kHz 级频率的浪涌和雷电干扰下表现为较高的阻抗，因此隔离器件（如光耦、隔离变压器等）可以成为抑制或减小浪涌、雷电共模电流的良好措施，然而必须注意隔离器件本身的耐压等级，当落在隔离器件两端的浪涌电压超过隔离器件本身能承受的浪涌电压时，还需要在前一级电路中增加保护电路。

（3）差模保护。

防浪涌和防雷测试中有明确的差模测试要求，此部分设计参见 8.2 节。

（4）避免特殊 EMC 测试现象迷惑 EMC 设计理念。

如下案例提醒设计者对防雷或防浪涌设计出现错误理解。

【现象描述】

某 DC12V 供电的金属外壳产品，其供电电源 12V 的电源地与外壳不连接。在这种情况下，对电源接口进行线对地的浪涌测试，测试可以通过，而把 12V 的电源地在电源接口处与外壳短路后，发现浪涌测试不能通过。于是产生两个问题：

（1）按第 4 章的分析，产品的 PCB 中工作地最好在 PCB 的连接器附近与产品金属外壳互连，这个设计原则是否不适用于防浪涌或防雷设计？

（2）为何将产品的 PCB 中工作地与产品金属外壳互连后会导致浪涌测试失败？

【原因分析】

图 8.2 是 12V 电源地未与产品壳体连接时的浪涌电流分析图，它可以用来在原理上解释本案例发生的测试现象。当 12V 的工作地（即 PCB 的工作地）未与外壳连接时，由于 12V 的工作地与外壳之间的阻抗是由寄生电容决定的，而寄生电容值相对较小，因此阻抗较高，最终形成的浪涌电流也较小，浪涌保护器件两端形成的残压也较小。

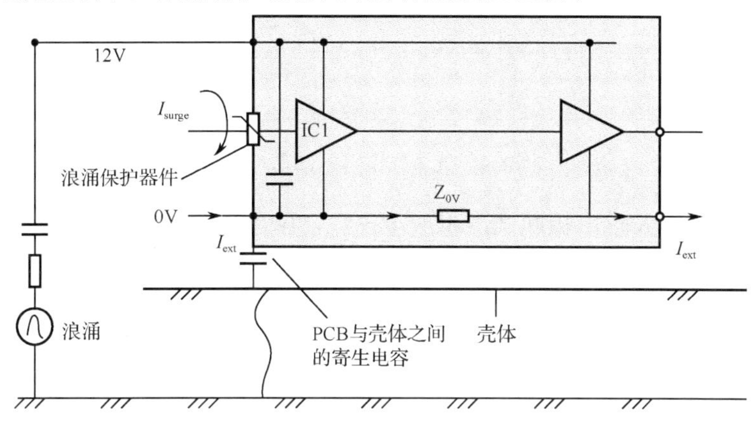

图 8.2　12V 电源地未与产品壳体连接时的浪涌电流分析图

当 12V 的工作地与外壳连接后，如图 8.3 所示，在外部注入浪涌电压一样的情况下，浪涌电流会明显增加，导致浪涌保护器件两端的残压也明显变高，器件接口的干扰变大，于是出现测试未能通过。

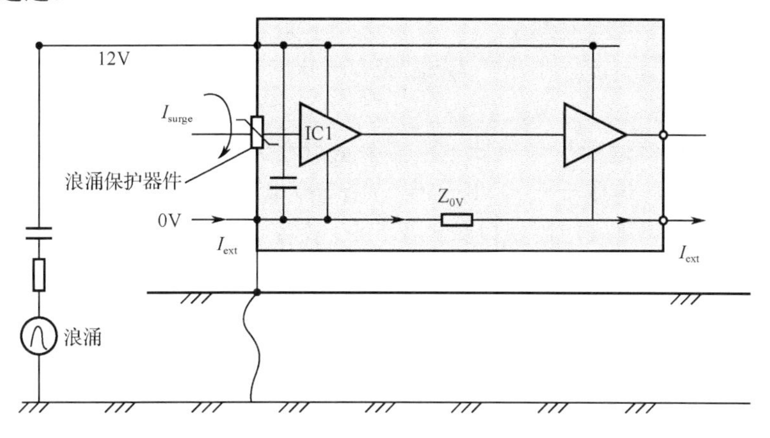

图 8.3　12V 电源地与产品壳体连接时的浪涌电流分析图

鉴于以上分析，结论是否是："PCB 工作地在连接器附近与壳体连接后反而不利于浪涌保护。"笔者认为不是。原因是在图 8.2 所示的方案中，虽然电路接口的电流较小，接口受到的干扰也小，但是由于 I/O 接口附近的 0V 没有与产品外壳互连，导致更多的电流流入 PCB 内部，即图 8.2 中 Z_{0V} 上的电流相对更大，造成对 PCB 中其他电路更大的干扰。因此，最佳的处理方式是保持图 8.3 所示的接地设计（0V 与外壳在 I/O 接口互连），同时改变信号接口的浪涌保护电路或保护器件，选择具有更小残压的保护电路或保护器件，使得产品在图 8.3 所示接地设计的情况下通过测试。

8.1.3 防雷电路中的元器件

1. 气体放电管

气体放电管是一种开关型保护器件，工作原理是气体放电。图 8.4 所示是气体放电管的图形符号。

图 8.4 气体放电管的图形符号

当两极间电压足够大时，极间间隙将放电击穿，由原来的绝缘状态转化为导电状态，类似短路。导电状态下两极间维持的电压很低，一般为 20～50V，因此可以起到保护后级电路的效果。气体放电管的主要指标有响应时间、直流击穿电压、冲击击穿电压、通流量、绝缘电阻、极间电容、续流遮断时间。

气体放电管的响应时间可以达到数百 ns 以至数 μs，在保护器件中是最慢的。当接口上的雷击浪涌过电压使防雷器中的气体放电管击穿短路时，初始的击穿电压基本为气体放电管的冲击击穿电压，一般在 600V 以上，放电管击穿导通后两极间维持电压下降到 20～50V；另一方面，气体放电管的通流量比压敏电阻和 TVS 管大，气体放电管与 TVS 等保护器件合用时应使大部分的过电流通过气体放电管泄放，因此气体放电管一般用于保护电路的最前级，其后级的保护电路由压敏电阻或 TVS 管组成，这两种器件的响应时间很快，对后级电路的保护效果更好。气体放电管的绝缘电阻非常高，可以达到千兆欧姆的量级。极间电容的值非常小，一般在 5pF 以下，极间漏电流非常小，为 nA 级。因此，气体放电管并接在线路上对线路基本不会构成什么影响。

气体放电管的“续流遮断”是设计电路需要重点考虑的一个问题。如前所述，气体放电管在导电状态下续流维持电压一般为 20～50V，在直流电源电路中应用时，如果两线间电压超过 15V，不可以在两线间直接应用放电管。在 50Hz 交流电源电路中使用时，虽然交流电压有过零点，可以实现气体放电管的“续流遮断”，但气体放电管类的器件在经过多次导电击穿后，其“续流遮断”能力将大大降低，长期使用后在交流电路的过零点也不能实现续流遮断。因此在交流电源电路的相线对保护地线、中线对保护地线单独使用气体放电管是不合适的，在以上的线对之间使用气体放电管需要和压敏电阻串联。在交流电源电路的相线对中线的保护中基本不使用气体放电管。

防雷电路的设计中，应注重气体放电管的直流击穿电压、冲击击穿电压、通流量等参数值的选取。设置在普通交流线路上的放电管，要求它在线路正常运行电压及其允许的波动范围内不能动作，则它的直流放电电压（击穿电压） 应满足：$u_{\mathrm{fdc}} \geqslant 1.8U_{\mathrm{P}}$。式中，$u_{\mathrm{fdc}}$ 表示直流击穿电压的最小值；U_{P} 为线路正常运行电压的峰值。

气体放电管主要应用在交流电源接口相线、中线的对地保护，直流电源接口工作地和保护地之间的保护，信号口线对地的保护，天馈口馈线芯线对屏蔽层的保护。

气体放电管的失效模式多数情况下为开路，因电路设计原因或其他因素导致放电管长期处于短路状态而烧坏时，也可引起短路的失效模式。气体放电管使用寿命相对较短，多次冲击后性能会下降，因此由气体放电管构成的防雷器长时间使用后存在维护及更换的问题。

2. 压敏电阻

1）什么是压敏电阻

压敏电阻简称 VSR，是一种对电压敏感的非线性过电压保护半导体元件。它在电路中用文字符号“RV”或“R”表示，图 8.5 压敏电阻图形符号。压敏电阻广泛应用在家用电器及其他电子产品中，起过电压保护、防雷、抑制浪涌电流、吸收尖峰脉冲、限幅、高压灭弧、消噪、保护半导体元器件等作用。

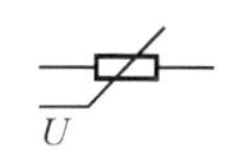

图 8.5　压敏电阻的图形符号

压敏电阻是一种限压型保护器件。普通电阻遵守欧姆定律，而压敏电阻的电压与电流则呈特殊的非线性关系。当压敏电阻两端所加电压低于标称额定电压值时，压敏电阻的电阻值接近无穷大，内部几乎无电流流过。当压敏电阻两端电压略高于标称额定电压时，压敏电阻将迅速击穿导通，并由高阻状态变为低阻状态，工作电流也急剧增大，同时把电压限制在较低的幅度上，从而保护后一级电路。当其两端电压低于标称额定电压时，压敏电阻又能恢复为高阻状态。当压敏电阻两端电压超过其最大限制电压时，压敏电阻将完全击穿损坏，无法再自行恢复。

压敏电阻的主要参数有通流量、最大限制电压、最大能量、电压比、额定功率、最大峰值电流、残压比、漏电流、静态电容等。

（1）通流量，又称最大冲击电流，指压敏电阻所能承受的最大冲击电流峰值。试验压敏电阻所用的冲击波有两种，一种为 8μs/20μs 波，即通常所说的波头时间为 8μs、波尾时间为 20μs 的脉冲波，另一种为 2ms 的方波，如图 8.6 所示。

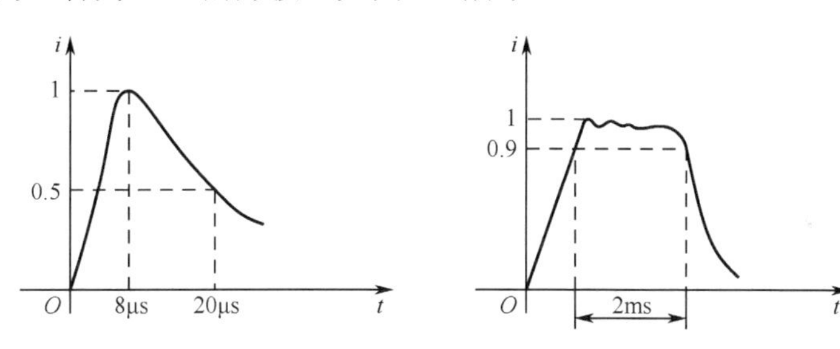

图 8.6　试验压敏电阻所用的冲击电流波形

（2）最大限制电压：最大限制电压是指压敏电阻两端所能承受的最高电压值，它表示在规定的冲击电流 I_p 通过压敏电阻时压敏电阻两端所产生的电压，此电压又称为残压，所以选用的压敏电阻的残压一定要小于被保护物的耐压水平 U_o，否则便达不到可靠的保护目的。

（3）最大能量（能量耐量）：

压敏电阻所吸收的能量通常按式（8.1）计算：

$$W = k \times I \times U \times T \tag{8.1}$$

式中　W——压敏电阻吸收的能量（J）；

I——流过压敏电阻的峰值电流（A）；

U——在电流 I 流过压敏电阻时压敏电阻两端的电压（V）；

T——电流持续时间（s）；

k——电流 I 的波形系数，对于 2ms 的方波，k=1；对于 8μs/20μs 波，k=1.4；对于 10μs/1000μs 波，k=1.4。

压敏电阻对 2ms 方波，吸收能量可达 330J/cm^2；对 8μs/20μs 波，电流密度可达 2000A/cm^3，这表明它的通流能力是很大的。一般来说，压敏电阻的片径越大，耐冲击电流的能力也越大，选用压敏电阻时还应当考虑经常遇到能量较小、但出现频率次数较高的过电压，如几十秒、一两分钟出现一次或多次的过电压，这时就应该考虑压敏电阻所能吸收的平均功率。

（4）电压比：电压比是指压敏电阻的电流为 1mA 时产生的电压值与压敏电阻的电流为 0.1mA 时产生的电压值之比。

（5）额定功率：在规定的环境温度下所能消耗的最大功率。

（6）最大峰值电流：

一次：以 8μs/20μs 波的电流做一次冲击的最大电流值，此时压敏电压变化率应在±10%以内。二次：以 8μs/20μs 波的电流做两次冲击的最大电流值，两次冲击时间间隔为 5 分钟，此时压敏电压变化率仍在±10%以内。

（7）残压比：流过压敏电阻的电流为某一值时，在它两端所产生的电压称为电流值的残压。残压比则的残压与标称电压之比。

（8）漏电流：漏电流又称等待电流，是指压敏电阻在规定的温度和最大直流电压下，流过压敏电阻的电流。

（9）静态电容：静态电容是指压敏电阻本身固有的电容容量。

压敏电阻一般用字母“MY”表示，如加 J 为家用，后面的字母 W、G、P、L、H、Z、B、C、N、K 分别用于稳压、过压保护、高频电路、防雷、灭弧、消噪、补偿、消磁、高能或高可靠等方面。压敏电阻虽然能吸收很大的浪涌电能量，但不能承受毫安级以上的持续电流，在用作过压保护时必须考虑这一点。

压敏电阻的失效模式主要是短路，当通过的过电流太大时，也可能造成阀片炸裂而开路。压敏电阻使用寿命较短，多次冲击后性能会下降。因此由压敏电阻构成的防雷器长时间使用后存在维护及更换的问题。

压敏电阻可以按结构、制造过程、使用材料和伏安特性分类。

（1）按结构分类：压敏电阻按其结构可分为结型压敏电阻、体型压敏电阻、单颗粒层压敏电阻和薄膜压敏电阻等。结型压敏电阻是因为电阻体与金属电极之间的特殊接触，才具有了非线性特性，而体型压敏电阻的非线性是由电阻体本身的半导体性质决定的。

（2）按使用材料分类：压敏电阻按其使用材料的不同可分为氧化锌压敏电阻、碳化硅压敏电阻、金属氧化物压敏电阻、锗（硅）压敏电阻、钛酸钡压敏电阻等多种。

（3）按其伏安特性分类：压敏电阻按其伏安特性可分为对称型压敏电阻（无极性）和非对称型压敏电阻（有极性）。

2）压敏电阻的选用

压敏电阻是一种限压型保护器件。利用压敏电阻的非线性特性，当过电压出现在压敏电阻的两极间时，压敏电阻可以将电压钳位到一个相对固定的电压值，从而实现对后级电路的保护。压敏电阻的主要参数有：压敏电压、通流量、结电容、响应时间等。压敏电阻的响应时间为 ns 级，比空气放电管快，比 TVS 管稍慢一些，一般情况下用于电子电路的过电压保护，其响应速度可以满足要求。压敏电阻的结电容一般为几百到几千 pF 的数量级范围，很多情况下不宜直接应用在高频信号线路的保护中，应用在交流电路的保护中时，因为其结电容较大，会增加漏电流，因此在设计防护电路时需要充分考虑。压敏电阻的通流量较大，但比气体放电管小。

3）压敏电压的选取

一般来说，压敏电阻常常与被保护器件或装置并联使用，在正常情况下，压敏电阻两端的直流或交流电压应低于标称电压，即使在电源波动情况最坏时，也不应高于额定值中选择的最大连续工作电压，该最大连续工作电压值所对应的标称电压值即为选用值。对于过压保护方面的应用，压敏电压 U_{1mA} 值应大于实际电路的电压值，可以使用式（8.2）进行选择：

$$U_{1mA}=aU/bc \tag{8.2}$$

式中　a——电路电压波动系数，一般取 1.2；

U——电路直流工作电压（交流时为有效值）；

b——压敏电压误差，一般取 0.85；

c——元件的老化系数，一般取 0.9。

这样计算得到的 U_{1mA} 实际数值是直流工作电压的 1.5 倍，在交流状态下还要考虑峰值，因此计算结果应扩大 1.414 倍。通常在直流回路中，应当有：$U_{1mA}\geqslant(1.5\sim2)U_{dc}$，式中 U_{dc} 为回路中的直流额定工作电压。在交流回路中，应当有：$U_{1mA}\geqslant(2.2\sim2.5)U_{ac}$，式中 U_{ac} 为回路中的交流工作电压的有效值。上述取值原则主要是为了保证压敏电阻在电源电路中应用时，有适当的安全裕度。在信号回路中，应当有：$U_{1mA}\geqslant(1.2\sim1.5)U_{max}$，式中 U_{max} 为信号回路的峰值电压。压敏电阻的通流量应根据防雷电路的设计指标来确定。另外，选用时还必须注意：

（1）必须保证在电压波动最大时，连续工作电压也不会超过最大允许值，否则将缩短压敏电阻的使用寿命；

（2）在电源线与大地间使用压敏电阻时，有时由于接地不良而使线与地之间电压上升，所以通常采用比线与线间使用场合更高标称电压的压敏电阻。

4）通流量的选取

产品通常给出的通流量是按产品标准给定的波形、冲击次数和间隙时间进行脉冲测试时产品所能承受的最大电流值。而产品所能承受的冲击数是波形、幅值和间隙时间的函数，当电流波形幅值降低 50%时冲击次数可增加一倍，所以在实际应用中，压敏电阻所吸收的浪涌电流应小于产品的最大通流量。

5）压敏电阻的安全性问题

（1）老化失效。它是指电阻体的低阻线性化逐步加剧，漏电流恶性增加且集中流入薄弱点，薄弱点材料熔化，形成 1kΩ 左右的短路孔后，电源继续推动一个较大的电流灌入短路点，形成高热而起火。这种事故通常可以通过一个与压敏电阻串联的热熔接点（如保险丝）来避免。热熔接点应与电阻体有良好的热耦合，当最大冲击电流流过时不会断开，但当温度超过电阻体上限工作温度时即断开。研究结果表明，若压敏电阻存在制造缺陷，易发生早期失效，强度不大的电冲击的多次作用，也会加速老化过程，使老化失效提早出现。

（2）暂态过电压破坏。它是指较强的暂态过电压使电阻体穿孔，导致更大的电流而高热起火。整个过程在较短时间内发生，以致电阻体上设置的热熔接点来不及熔断。在三相电源保护中，N-PE 线之间的压敏电阻烧坏起火的事故概率较高，多数属于这种情况。相应的对策集中在压敏电阻损坏后不起火。一些压敏电阻的应用技术资料中，推荐与压敏电阻串联电流熔丝（保险丝）进行保护。

6）压敏电阻的连接线问题

将压敏电阻接入电路的连接线要足够粗，接地线截面积为 5.5mm^2 以上，连接线要尽可能短，且走直线，因为冲击电流会在连接线电感上产生附加电压，使被保护设备两端的限制电压升高。表 8.1 是导线截面积与压敏电阻通流量的关系。

表 8.1　导线截面积与压敏电阻通流量的关系

压敏电阻通流量	≤600A	600～2500A	2500～4000A	4000～20000A
导线截面积	≥0.3mm^2	≥0.5mm^2	≥0.8mm^2	≥2mm^2

例如：若压敏电阻两端各有 3cm 长的接线，它的电感量 L 大体为 45nH，若有 10kA 的 8μs/20μs 波冲击电流流入压敏电阻，把浪涌电流信号的上升时间看作 10kV/8μs，则引线电感上的附加电压 U_{L1}、U_{L2} 大体为：

$$U_{L1}=U_{L2}=|L(di/dt)|=45\times10^{-9}(10\times10^{3}/8\times10^{-6})\,V=56V$$

这就使限制电压增高了 112V。

7）压敏电阻的串联和并联

压敏电阻可以很简单地串联使用。将两只压敏电阻体直径相同（通流量相同）的压敏电阻串联后，其压敏电压、持续工作电压和限制电压相加，而通流量指标不变。例如，在高压电力防雷器中，要求持续工作电压高达数千伏、数万伏，就是将多个 ZnO 压敏电阻阀片叠起来（串联）而得到的。

如手头上压敏电阻的通流量不能满足使用要求时，可将几只单个的压敏电阻并联使用，并联后的压敏电压不变，其通流量为各单只压敏电阻数值之和，目的是获得更大的通流量，或者在冲击电流峰值一定的条件下减小电阻体中的电流密度，以降低限制电压。并联的压敏电阻伏安特性应尽量相同，否则易引起分流不均匀而损坏压敏电阻。

当要求获得极大的通流量（如 8μs/20μs 波，50～200kA），且压敏电压又比较低（如低于 200V）时，压敏电阻体的直径/厚度比太大，在制造技术上有困难，且随着压敏电阻体直径的加大，压敏电阻体的微观均匀性变差，因此通流量不可能随压敏电阻体面积成比例地增大。这时用较小直径的压敏电阻并联可能是个更合理的方法。由于压敏电阻的高非线性特性，压敏电阻的并联需要特别小心，只有经过仔细配对，参数相同的压敏电阻相并联，才能保证电流在各压敏电阻之间均匀分配。针对这种需求，有些生产压敏电阻的公司会专门为用户提供配对的压敏电阻。

此外，纵向连接的几个压敏电阻，使用经过配对的参数一致的压敏电阻后，当冲击侵入时出现在横向的电压差可以很小，这种情况下配对也是有意义的。

3. 电压钳位型瞬态抑制二极管（TVS）

TVS 是一种限压保护器件，作用与压敏电阻类似。也是利用器件的非线性特性将过电压钳位到一个较低的电压值实现对后级电路的保护。TVS 管的主要参数有：反向击穿电压、最大钳位电压、瞬间功率、结电容、响应时间等。

TVS 电路图形符号与普通稳压二极管相同，如图 8.7 所示。它的正向特性与普通二极管相同，反向特性为典型的 PN 结雪崩器件。在瞬态峰值脉冲电流作用下，流过 TVS 的电流，由原来的反向漏电流变为反向击穿电流，其两极呈现的电压由额定反向关断电压上升到击穿电压，TVS 被击穿。随着峰值脉冲电流的出现，流过 TVS 的电流达到峰值脉冲电流，其两极的电压被钳位到预定的最大钳位电压以下。而后，随着脉冲电流按指数衰减，TVS 两极的电压也不断下降，最后恢复到起始状态。这就是 TVS 抑制可能出现的浪涌脉冲功率、保护电子元器件的整个过程。

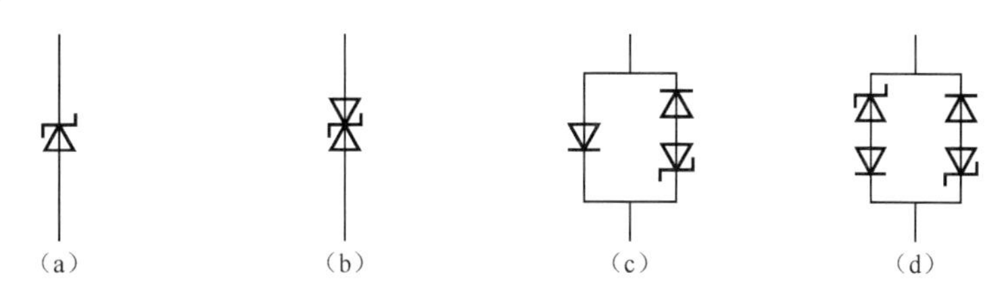

图 8.7　TVS 电路图形符号

TVS 的响应时间可以达到 ps 级，是限压型浪涌保护器件中最快的。用于电子电路的过电压保护时其响应速度都可满足要求。TVS 的结电容根据制造工艺的不同，大体可分为两种类型，高结电容型 TVS 的结电容一般为几百～几千 nF 的数量级，低结电容型 TVS 的结电容一般为几 pF～几十 pF 的数量级。一般分立式 TVS 的结电容都较高，表贴式 TVS 两种类型都有。在高频信号线路的保护中，应主要选用低结电容的 TVS。

TVS 的非线性特性比压敏电阻好，当通过 TVS 的过电流增大时，TVS 的钳位电压上升速度比压敏电阻慢，因此可以获得比压敏电阻更理想的残压输出。在很多需要精细保护的电子电路中，应用 TVS 是比较好的选择。TVS 的通流量在限压型浪涌保护器中是最小的，一般用于最末级的精细保护，因其通流量小，一般不用于交流电源线路的保护。直流电源的防雷电路使用 TVS 时，一般还需要与压敏电阻等通流量大的器件配合使用。TVS 便于集成，很适合在 PCB 上使用。

TVS 的另一个优点是可灵活选用单向或双向保护器件，在单极性的信号电路和直流电源电路中，选用单向 TVS，可以获得比压敏电阻低 50%以上的残压。TVS 也可以与二极管串联，利用二极管寄生电容较小的特点来降低总寄生电容，可以实现对高速信号接口的保护。

TVS 的反向击穿电压、通流量是电路设计时应重点考虑的。在直流回路中，所选 TVS 的反向击穿电压应当约等于$(1.8～2)U_{dc}$，式中 U_{dc} 为回路中的直流工作电压。在信号回路中时，所选 TVS 的反向击穿电压应当约为$(1.2～1.5)U_{max}$，式中 U_{max} 为信号回路的峰值电压。

TVS 主要可用于直流电源、信号线路、天馈线路的防雷保护。

TVS 的失效模式主要是短路。但当通过的过电流太大时，也可能造成 TVS 被炸裂而开路。TVS 的使用寿命相对较长。

4. 电压开关型瞬态抑制二极管（TSS）

TSS 与 TVS 相同，也是利用半导体工艺制成的限压保护器件，但其工作原理与气体放电管类似，而与压敏电阻和 TVS 不同。TSS 的图形符号如图 8.8 所示。

图 8.8　TSS 的图形符号

当 TSS 两端的过电压超过击穿电压时，TSS 将把过电压钳位到比击穿电压更低的接近 0V 的水平上，之后 TSS 持续这种短路状态，直到流过 TSS 的过电流降到临界值以下后，TSS 才恢复开路状态。

TSS 在响应时间、结电容方面具有与 TVS 相同的特点。易于制成表贴器件，很适合在 PCB 上使用，TSS 动作后，将过电压从击穿电压值附近下拉到接近 0V 的水平，所以用于信号电平较高的线路（如模拟用户线、ADSL 等）保护时通流量比 TVS 大，保护效果也比 TVS 好。TSS

适合于信号电平较高的信号线路的保护。

在使用 TSS 时需要注意的一个问题是：TSS 在过电压作用下击穿后，当流过 TSS 的电流值下降到临界值以下后，TSS 才恢复开路状态，因此 TSS 在信号线路中使用时，信号线路的常态电流应小于 TSS 的临界恢复电流。

TSS 的击穿电压（U_{1mA}）、通流量是电路设计时应重点考虑的。在信号回路中应当有：$U_{1mA}≈(1.2～1.5)U_{max}$，式中 U_{max} 为信号回路的峰值电压。

TSS 较多应用于信号线路的防雷保护。

TSS 的失效模式主要是短路。但当通过的过电流太大时，也可能造成 TSS 被炸裂而开路。TSS 的使用寿命相对较长。

5. MLV（Multi-Layer Varistor，多层变阻器）

MLV 是一种基于 ZnO 压敏陶瓷材料，采用特殊的制造和处理工艺而制得的高性能电路保护器件，它是近年来才开始发展起来的技术，能够为受保护电路提供双向瞬态过压保护。MLV 的工作原理是利用压敏电阻的非线性特性，当过电压出现在压敏电阻的两极之间时，压敏电阻可以将电压钳位到一个相对固定的电压值，从而实现对后级电路的保护。MLV 通常的通流量都要小于压敏电路和 TVS，因此它常用来进行 ESD 保护。

6. 保险管、熔断器、空气开关

保险管、熔断器、空气开关都属于保护器件，用于设备内部出现短路、过电流等故障情况下，能够断开线路上的短路负载或过电流负载，防止电气火灾及保证设备的安全特性。保险管一般用于 PCB 上的保护，熔断器、空气开关一般可用于整机的保护。下面简单介绍保险管的使用。

对于电源电路上由空气放电管、压敏电阻、TVS 组成的保护电路，必须配有保险管进行保护，以避免设备内的防护电路损坏后设备发生安全问题。用于电源防护电路的保险管宜设置在与防护器件串联的支路上，这样防护器件发生损坏，保护管熔断后不会影响主路的供电。无馈电的信号线路、天馈线路的保护采用保险管的必要性不大。

保险管的特性主要有额定电流、额定电压等。

标注在熔丝上的电压额定值表示该熔丝在电压等于或小于其额定电压的电路中完全可以安全可靠地中断其额定的短路电流。对于大多数小尺寸熔丝及微型熔丝，熔丝制造商们采用的标准电压额定值为 32V、125V、250V、600V。

在带有相对低的输出电源的电路阻抗限制短路电流值小于熔丝电流额定值十倍的电子设备中，常见的做法是规定电压额定值为 125V 或 250V 的熔丝可用于 500V 或更高电压的二次电路保护。

概括而言，熔丝可以在小于其额定电压的任何电压下使用而不损害其熔断特性。

额定电流可以根据防护电路的通流量确定。防护电路中的保险管宜选用防爆型慢熔断保险管。

7. 防雷、浪涌保护电路中的电感、电阻、导线

电感、电阻、导线本身并不是保护器件，但在多个不同保护器件组合构成的防护电路中，可以起到配合的作用。

防护器件中，气体放电管的特点是通流量大，但响应慢、冲击击穿电压高；TVS 的通流量小，响应最快，电压钳位特性最好；压敏电阻的特性介于这两者之间。当一个防护电路要求整体通流量大，能够实现精细保护的时候，防护电路往往需要这几种防护器件配合起来实现比较理想的保护特性，但是这些防护器件不能简单地并联起来使用，如将通流量大的压敏电阻和通流量小的 TVS 直接并联，在过电流的作用下，TVS 会先发生损坏，无法发挥压敏电阻通流量大的优势。因此在几种防护器件配合使用的场合，往往需要电感、电阻、导线等在两种元件之间进行配合。下面对这几种元件分别进行介绍。

1）电感

在串联式直流电源防护电路中，电源线上不能有较大的压降，因此防雷电路中的压敏电阻与 TVS 之间的配合可以采用空心电感，如图 8.9 所示。

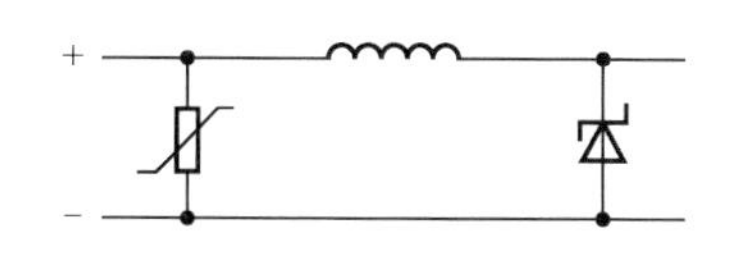

图 8.9　电感串联在压敏电阻与 TVS 之间

电感应起到的作用是防护电路达到设计通流量时（大于 TVS 的通流量），TVS 上的过电流不应达到 TVS 的最大通流量，因此电感需要提供足够的对雷击过电流的限流能力。

以图 8.9 为例，空心电感的取值计算方法为：以 8μs/20μs 波冲击电流为准，测得在设计通流量下压敏电阻的残压值 U_1，查 TVS 器件手册得到 8μs/20μs 波冲击电流作用下 TVS 的最大通流量 I_1 以及 TVS 最高钳位电压 U_2，8μs/20μs 波冲击电流的波头上升时间 T_1=8μs，半峰值时间 T_2=20μs，则电感量的最小取值 L 为：

$$L = (U_1 - U_2) \times (T_2 - T_1)/(I_1/2)$$

式中，电压单位为伏特（V），时间单位为秒（s），电流单位为安培（A），电感单位为亨利（H）。

在电源电路中，电感的设计应注意以下两个问题：

（1）电感线圈应在流过设备的满配工作电流时能够正常工作而不会过热。

（2）尽量使用空心电感，带磁芯的电感在过电流作用下会发生磁饱和，电路中的电感量只能以无磁芯时的电感量来计算。

2）电阻

在信号线路中，线路上串接的元件对高频信号的抑制要尽量小，因此各种不同等级的保护电路之间的配合可以采用电阻，如图 8.10 所示。

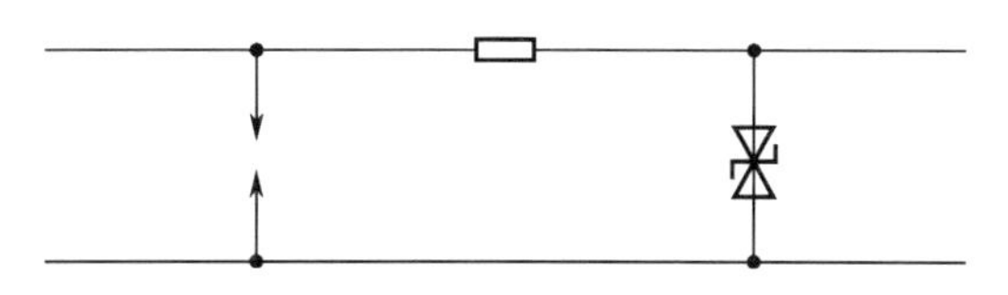
图 8.10　电阻串联在气体放电管与 TVS 之间

电阻应起到的作用与前述电感的作用基本相同。以图 8.10 为例，电阻的取值计算方法为：测得空气放电管的冲击击穿电压值 U_1，查 TVS 器件手册得到 TVS 管 8μs/20μs 波冲击电流下的最大通流量 I_1 以及 TVS 最高钳位电压 U_2，则电阻的最小取值为：$R=(U_1-U_2)/I_1$。

在信号线路中，电阻的使用应注意以下两个问题：

（1）电阻的功率应足够大，避免在过电流作用下电阻发生损坏。

（2）尽量使用线性电阻，使电阻对正常信号传输的影响尽量小。

3）导线

某些交/直流设备的满配工作电流很大，超过 30A，这种情况下防护电路中各种不同等级的保护电路之间的配合采用电感会出现体积过大的问题，为解决这个问题，可以将防护电路分为两个部分，前级防护和后级防护不设计在同一块电路板上，同时两级电路之间可以利用

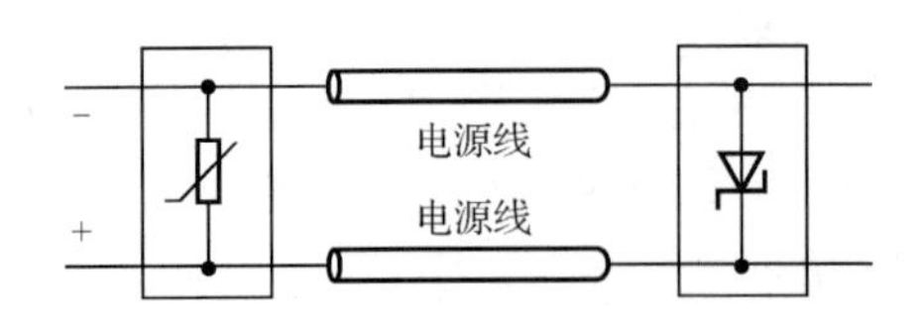

图 8.11　电源线串联在压敏电阻与 TVS 之间

规定长度的电源线来做配合（见图 8.11）。

这种组合形成的防护电路中，规定长度电源线所起的作用与电感的作用是相同的，因为 1m 长导线的电感量为 1～1.6μH，电源线达到一定长度时就可以起到良好的配合作用，电源线的线径可以根据满配工作电流的大小灵活选取，克服了采用电感做极间配合时电感上不能流过很大工作电流的缺点。

8. 变压器、光耦、Y 电容

前面对变压器、光耦、Y 电容（一般旁路用）进行过较详细的描述，从那些描述可以看出，变压器对高频的隔离效果较差，光耦相对好一点，但是多路光耦并联使用时，由于并联寄生电容的增加，其隔离效果会变差；Y 电容主要用来改变前面所描述的共模电流的路径或对共模电压形成旁路。这些都是基于在较高的频率（如 150kHz 以上）下的功能。但在雷击浪涌这样的相对低频信号下，虽然这些器件本身并不属于保护器件，但接口电路的设计中可以利用这些器件在一定频率下具有的隔离特性来提高接口电路抗过电压的能力。

一般接口雷击浪涌共模保护设计有两种方法：

（1）线路对地安装限压保护器。当线路引入雷击过电压时，限压保护器成为短路状态将过电流泄放到大地。

（2）线路上设计隔离元件。隔离元件两边的电路不共地，当线路引入雷击过电压时，这个瞬间过电压施加在隔离元件的两边。过电压作用在隔离元件期间，只要隔离元件本身不被绝缘击穿，线路上的雷击过电压就不能够转化为过电流进入设备内部，设备的内部电路也就得到了保护。这时线路上只需要设计差模保护，简化了保护电路，如以太网口的保护就可以采用这种思路。能够实现这种隔离作用的元件主要有变压器、光耦、Y 电容等。

这里的变压器主要是指用于信号接口的各种信号传输变压器。变压器一般有初/次级间绝缘耐压的指标，变压器的冲击耐压值（适用于雷击）可根据直流耐压值或交流耐压值换算出来。大致的估算公式为：冲击耐压值=2×直流耐压值=3×交流耐压值。

图 8.12 为一种将变压器结合在内的信号接口防护电路设计。雷击时，设备外部的电缆上可感应的对地共模过电压作用在变压器的初级和次级之间。只要初/次级不发生绝缘击穿，设备外电缆上的过电压就不会转化为过电流进入设备内部。这时接口只需要做差模保护，利用变压器等器件的隔离特性，有利于简化接口的防雷电路。

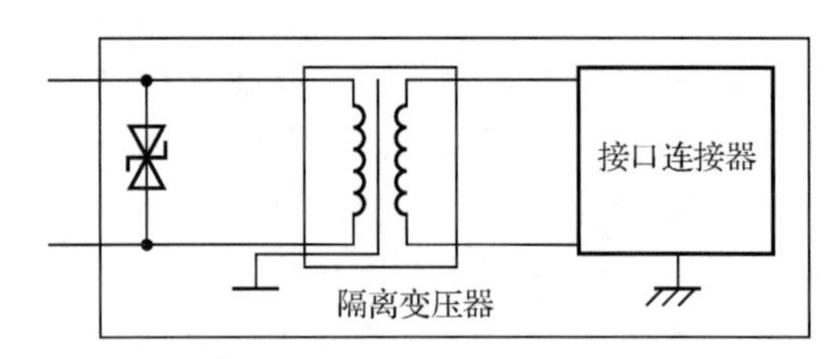

图 8.12　一种将变压器结合在内的信号接口防护电路设计

采用这种方法设计需要注意的是变压器、光耦、Y 电容等元件本身的绝缘耐压能力应很高（如冲击耐压大于 4kV），否则在过电压的作用下很容易发生绝缘击穿，不能起到提高接口耐压的作用。另外，在利用变压器的隔离特性时，需要注意变压器的初/次之间有分布电容，某些情况下外部电缆上的共模过电压可通过分布电容从初级耦合到次级，从而进入内部电路，这样就破坏了变压器的隔离效果，因此应尽量选用带有初次级间屏蔽层的变压器，并将变压器屏蔽层外引线在 PCB 内接地。这时变压器的有效绝缘耐压变成了初级与屏蔽接地端间的绝缘耐压值。采用共模隔离设计的另一个需要注意的问题是初级电路与 PCB 上其他电路、地的印制线在 PCB 上应分离开，并有足够的绝缘距离。一般印制板上边缘相距 1mm 的两根印制走线，能耐受 1.2μs/50μs 波冲击电压高于 1kV。

9. PCB 印制线

防护电路的设计常犯的一个错误是：防护电路中的保护器件达到了设计指标的要求，但在印制板上的印制走线过细，降低了防护电路整体的通流能力。例如：在一个设计指标为 5kA 的防护电路中，采用的防护器件的通流量达到了 8kA，而连接保护器件的印制走线上的通流量却只能达到 1kA，则印制走线的宽度成了限制防护电路通流量的瓶颈。因此在进行接口部分电路的布线时，应注意印制走线不要太细。一般在印制板表层的走线，15mil 线宽可以承受的 8μs/20μs 波冲击电流约 1kA。

8.1.4 交流电源接口防雷和防浪涌电路的设计

1. 交流电源接口常用防雷电路

一种两级的交流电源接口防雷电路如图 8.13 所示。

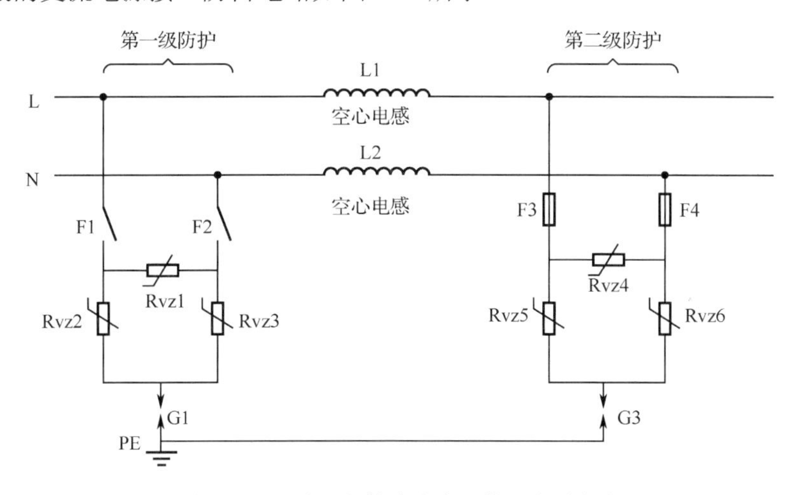

图 8.13 一种两级的交流电源接口防雷电路

图 8.13 所示电路可以做到标称放电电流 20kA，电路原理简述如下：

第一级防雷电路为具有共模和差模保护的电路，差模保护采用的压敏电阻，共模保护采用压敏电阻和气体放电管串联。第一级防雷元件应满足额定通流量（8μs/20μs 波）不小于 20kA、最大通流量（8μs/20μs 波）不小于 40kA。第一级防雷电路应选用空气开关作为保护器件。

第二级防雷电路的形式与第一级相同，合理设计第一级电路和第二级电路间的电感值，可以使大部分的雷电流通过第一级防雷电路泄放，第二级电路只泄放少部分雷电流，这样就可以通过第二级电路将防雷器的输出残压进一步降低以达到保护后级设备的目的。

保护电路中各保护器件的通流量的选择应达到设计指标的要求并有一定裕量；差模压敏电阻的压敏电压取值可按 8.1.3 节给出的方法选择；压敏电阻和气体放电管串联的共模保护电路中，压敏电阻、空气放电管的取值仍可按压敏电阻、空气放电管单独并接在线路中时，8.1.3

节给出计算方法来选取。空气开关的作用主要是为了在保护器件损坏短路时及时断开电路，空气开关的选择应保证在线路承受标称放电电流的冲击时，空气开关不会跳开，空气开关的设计应有裕量，但不要太大，以免保护器件损坏后，空气开关的容量过大，不易断开短路电流而使防雷器有着火等安全隐患。

图 8.13 所示电路应用场合：后级电路的抗浪涌过电压的能力较弱，一级防雷电路不足以保护后级的设备，需要通过第二级的防雷电路将残压进一步降低。

2. 交流电源接口防雷电路的两个变形

（1）变形电路 1

图 8.14 是将图 8.13 电路中的电感换成了一定长度的电源线。规定长度的电源线所具有的电感量与原电路中电感的电感值是基本相同的。将电感换成电源线的优点是：在设备的工作电流很大的情况下，合理地选择电源线线径就可以满足给设备供电的需求，克服了在设备供电电流很大时空心电感的体积过大而无法在电路上实现的问题。第一级的防护电路和第二级的防护电路可以分别放置在两个不同的设备中实现，例如将第一级防护电路设计为一个独立的防雷箱，将第二级防雷电路内置于通信设备中。

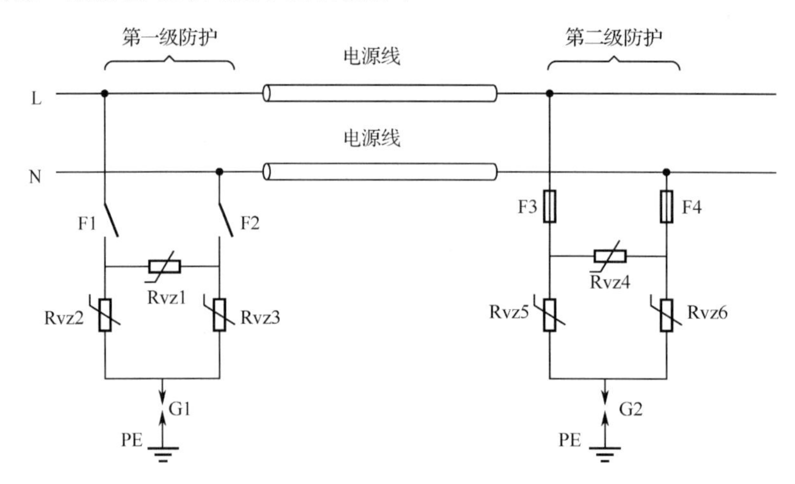

图 8.14 变形电路 1

由于去掉了电感，变形电路 1 可以看作为两个并联式的防雷电路。当这两级防雷电路做成两个单独的防雷器时，需要注意防雷器的安装问题。

（2）变形电路 2

图 8.15 是图 8.13 所示防雷电路的简化设计：保留了第一级防雷电路，去掉电感及第二级防雷电路，其他设计不变。

变形电路 2 在后一级电路本身抗浪涌过电压能力较强时采用，这个方案可以降低电路的复杂性。同时由于去掉了电感，不需要考虑满足通过设备正常工作电流的需要，方案更容易实现。由于变形电路 2 去掉了电感，它由一个串联式防雷电路变成了一个并联式防雷电路。当这个电路做成一个独立的防雷器时，需要注意防雷器的安装问题。

如果设备的防雷等级不是很高，或者只要进行浪涌等级范围内的保护，则它的保护电路只需要如图 8.16 所示的电路原理设计，甚至在有些接地的产品（如防浪涌等级要求小于共模±2kV，差模±1kV 时）或浮地的产品中，也还可以将图 8.14 中的 Rvz2、Rvz3 和 G1 移去，即保护电路中只有差模保护，并利用产品本身电源所带有的隔离变压器或产品的浮地来切断共模回路，而对共模浪涌信号实现保护。

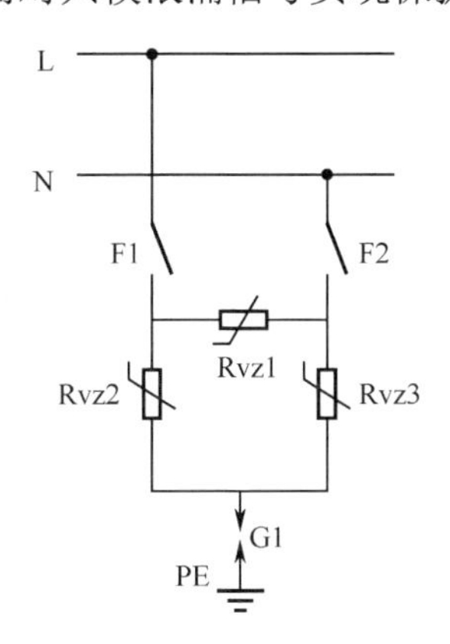

图 8.15　变形电路 2

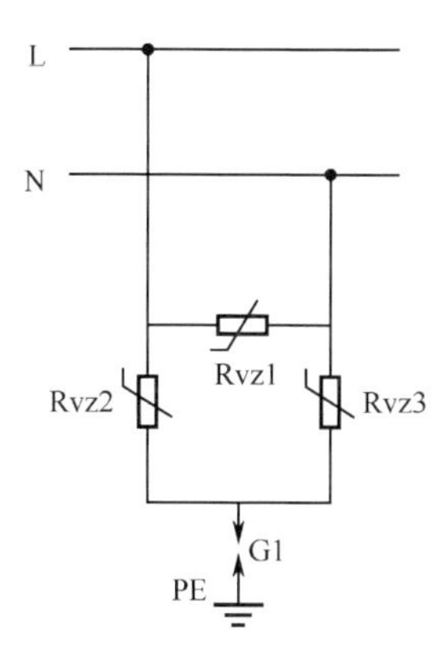

图 8.16　变形电路 3

8.1.5　直流电源接口防雷和防浪涌电路的设计

一种防护等级较高的直流电源接口防雷电路如图 8.17 所示。

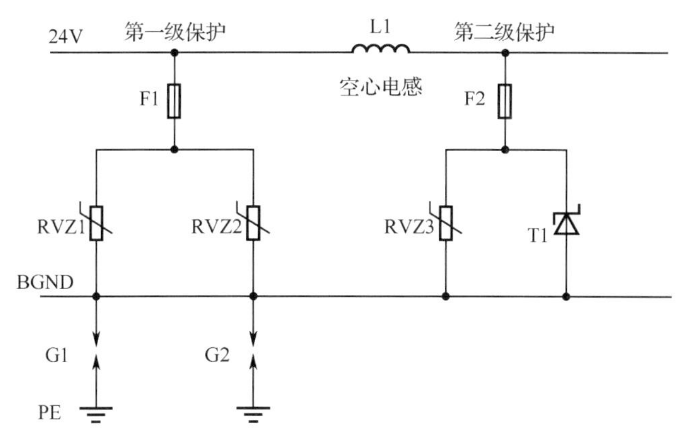

图 8.17　一种防护等级较高的直流电源接口防雷电路

图 8.17 是一个具有串联式两级差模防护电路，可以做到标称放电电流 5kA，电路原理简述如下：

第一级采用两个压敏电阻并联的差模保护，可以达到标称放电电流 5kA 的设计指标，第二级采用压敏电阻和单向 TVS 保护，将残压降低到后级电路能够承受的水平。共模保护采用两个气体放电管 G1、G2 并联构成的一级保护电路。该电路的优点是具有较低的输出残压，适用于后级电路抗过电压水平很低的情况。防雷电路中各保护元件通流量、压敏电压、反向击穿电压的选择、电感的取值可参照 8.1.3 节给出的方法进行。

图 8.17 所示电路的应用场合：后级电路的抗浪涌过电压的能力较弱，一级防雷电路不足以保护后级的设备，需要通过第二级的防雷电路将残压进一步降低。

需要注意的是：设备防护能力的高低与接地的关系非常密切。防雷设计对接地的要求中，最根本的一点是实现设备上电源地、工作地、保护地的等电位连接。设备不仅需要良好的接口防护电路，同时也需要有合理的系统接地设计，这样才能达到良好的防雷效果。图 8.17 所示的直流电源接口防雷电路可以有以下两种变形电路。

（1）变形电路 1

图 8.18 是将图 8.17 中电感换成了一定长度的电源线。规定长度的电源线所具有的电感量与原电路中电感的感值是基本相同的。将电感换成电源线的优点是：在设备的工作电流很大的情况下，合理地选择电源线线径就可以满足给设备供电需求，克服了在设备供电电流很大时空心电感的体积过大而无法在电路上实现的问题。第一级的防护电路和第二级的防护电路可以分别放置在两个不同的设备中实现，例如将第一级防护电路设计到直流高阻柜中，将第二级防雷电路内置于通信设备中。

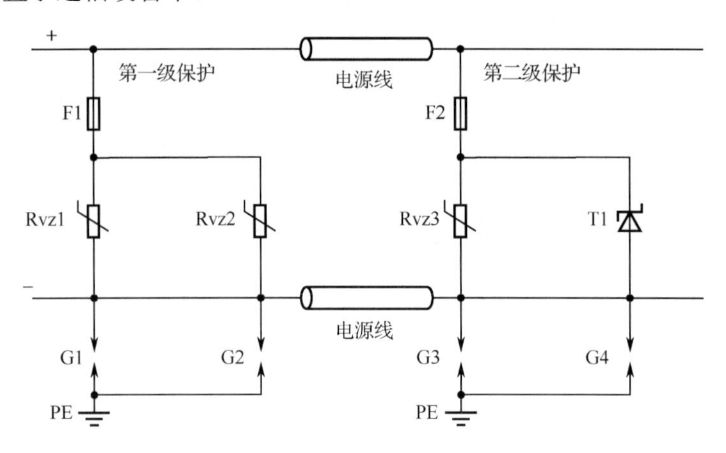

图 8.18　变形电路 1

由于去掉了电感，变形电路 1 可以看作为两个并联式的防雷电路。当这两级防雷电路做成两个单独的防雷器时，需要注意防雷器的安装问题。

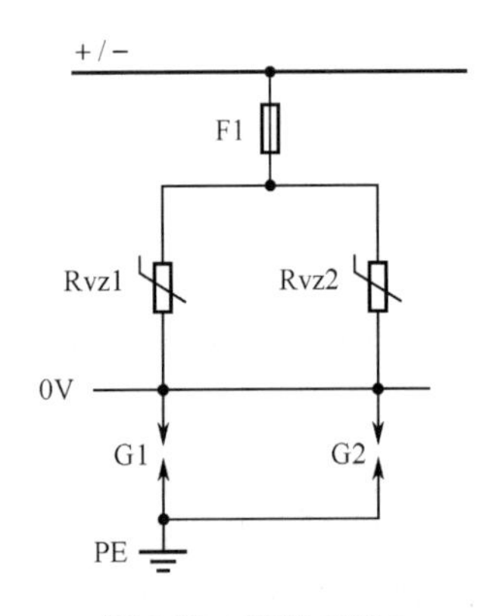

图 8.19　变形电路 2

（2）变形电路 2

图 8.19 是图 8.17 所示防雷电路的简化设计：保留了第一级防雷电路，去掉电感及第二级防雷电路，其他设计不变。

变形电路 2 的应用场合是后级电路抗浪涌过电压能力较强时采用，这个方案可以降低电路的复杂性。同时由于去掉了电感，不需要考虑满足通过设备正常工作电流的需要，方案更容易实现。由于变形电路 2 中去掉了电感，它由一个串联式防雷电路变成了一个并联式防雷电路。当这个电路做成一个独立的防雷器时，需要注意防雷器的安装问题。

在防雷或防浪涌等级不是很高的直流电源接口，通常只在直流电源接口并联压敏电阻或 TVS。

直流电源接口防雷电路的设计还需注意如下几个方面：

（1）防雷电路加在电路上，不应给设备的安全运行带来隐患。例如，应避免由于电路设计不当而使防雷电路存在着火等安全隐患。

（2）在整个电路上存在多级防雷电路时，应注意各级防雷电路间有良好的配合关系，不应出现后级防雷电路遭到雷击损坏而前级防雷电路完好的情况。

（3）防雷电路应具有损坏告警、遥信、热容和过电流保护功能，并具有可替换性。

8.1.6　信号接口防雷和防浪涌保护电路的设计

设计信号口保护电路应注意保护电路的输出残压值必须比被保护电路自身能够耐受的过电压峰值低，并有一定裕量。信号保护电路应满足相应接口信号传输速率及带宽的需求，且接口与被保护设备兼容。保护电路包括差模保护设计和共模保护设计，在电路设计时要考虑保护器件的功率、启动电压、结电容等特性，保证有效防护和对信号质量的影响满足要求，板级电路保护采用的器件主要包括 TVS、TSS、压敏电阻、二极管等。信号接口的防雷和浪涌保护电路通常由以下两个基本电路中的一个或两个组成。

1. 差模基本保护电路及器件

差模基本保护电路如图 8.20 所示。图中，二极管和 TVS 串联是为了减小线间的寄生电容，以免对信号质量产生影响。

2. 共模基本保护电路及器件

共模基本保护电路如图 8.21 所示。图中，二极管和 TVS 串联是为了减小线与地之间的寄生电容。

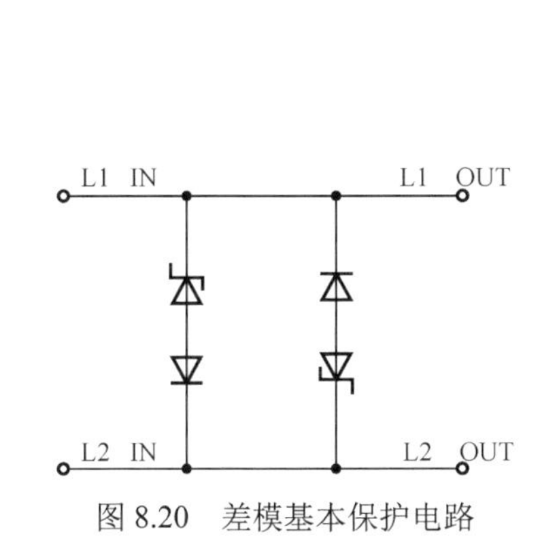

图 8.20　差模基本保护电路

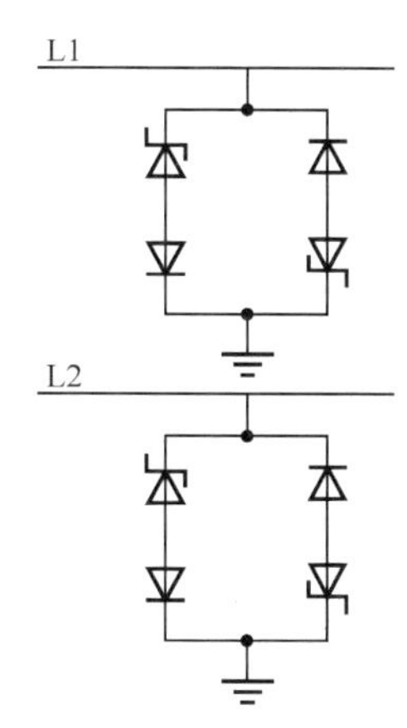

图 8.21　共模基本保护电路

信号接口保护等级较高时，还会采用气体放电管。图 8.22 是信号接口高级防雷保护电路。

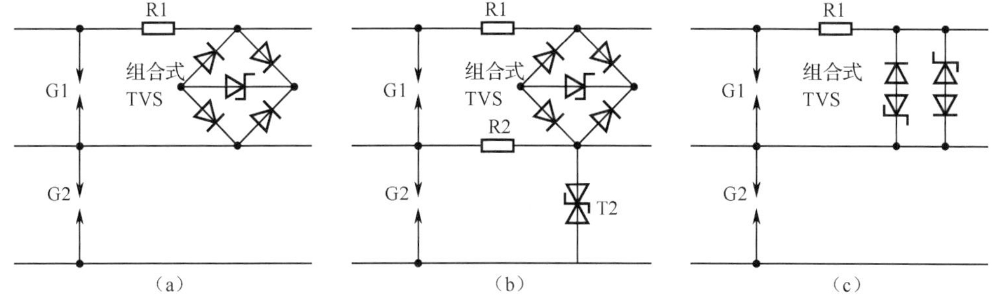

图 8.22　信号接口高级防雷保护电路

图 8.22 是一种比较典型的信号接口防雷保护电路，差模保护电路由气体放电管、电阻、快恢复二极管、TVS 等组成。其中，气体放电管将电缆引入的大部分雷击过电流短路，电阻的作用是限值较大的过电流流到气体放电管的后级电路中，由 TVS 和快恢复二极管组成的桥

式电路进一步降低防雷器输出的残压，从而有效地保护后级设备。在这个电路中，要求信号电平较低，且设备在正常运行状态下工作地与保护地之间的电位差也要很低，否则气体放电管将不适用。电路中的气体放电管可以选用低动作电压的管子。由快恢复二极管和 TVS 形成的组合电路可以降低单个分立式 TVS 的结寄生电容：快恢复二极管的结寄生电容比 TVS 小很多，组合电路的结寄生电容主要决定于快恢复二极管。

图 8.22（b）、（c）是图 8.22（a）所示电路的变形。图 8.22（b）增加了第二级共模保护电路，进一步降低防雷器的共模残压，但同时防雷器共模漏电流也相应增大，该电路可用于共模过电压耐受水平特别低的接口电路的保护。图 8.22（c）增大了芯线上的串联电阻值，后级 TVS 和快恢复二极管组合电路形式有助于进一步降低防雷器的输出残压，但增大了串联电阻，图 8.22（c）所示电路对正常信号波形的破坏比图 8.22（a）所示的电路大，该电路可用于差模过电压耐受水平极低的接口电路的保护。把图 8.22 的防雷保护电路简化，就得到如图 8.23 所示的信号接口的简化防雷保护电路。

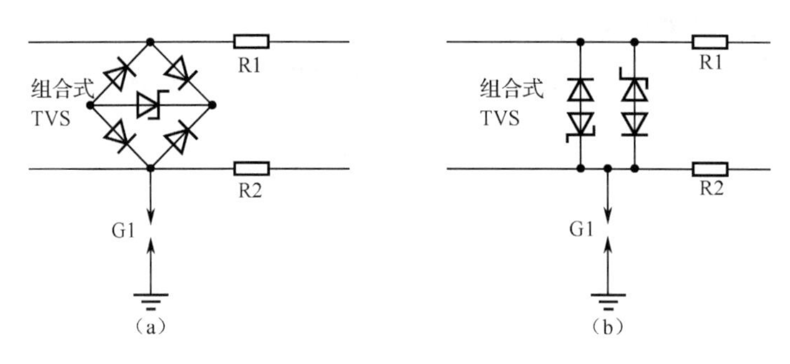

图 8.23　信号接口的简化防雷保护电路

图 8.23 所示的电路适合室内走线距离超过 10m 但不超过 30m 的情况下采用。图 8.23 所示电路也可采用分立式低电压的 TVS，基本可以承受 300A 左右的 8μs/20μs 波冲击电流，虽然比图 8.22 所示的防雷保护电路通流量低很多，但在信号线室内走线时能够满足绝大多数情况下的防浪涌要求。

3. 网口外置防雷保护电路

图 8.24 为网口外置防雷保护电路。图中 G1 和 G2 是一种三极气体放电管，它可以同时起到两信号线间的差模保护和两线对地的共模保护效果。因为网口传输速率高，所以在网口防雷保护电路中应用的组合式 TVS 需要具有更低的结电容。

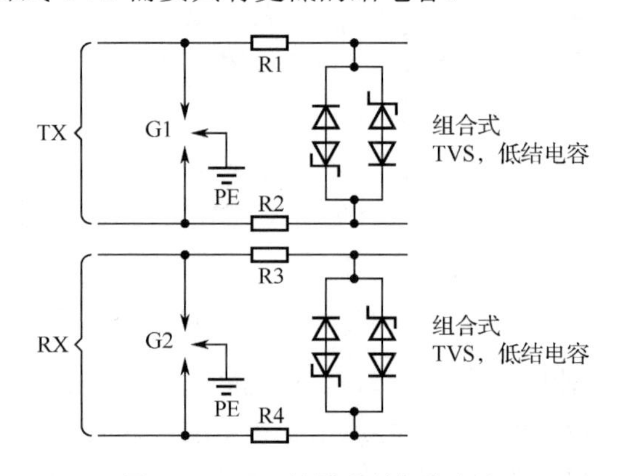

图 8.24　网口外置防雷保护电路

4. 串口外置防雷保护电路

串口外置防雷保护电路如图8.25所示。各信号线对信号地的防护主要采用TVS，信号地和保护地之间采用压敏电阻。这种类型的防雷器通流量比图8.22所示的防雷保护电路和图8.25所示的防雷保护电路要差一个量级，主要适用于串口等在室内走线、传输距离不长的信号线。这个电路比较简单，适用于信号线数量较多的信号类型。

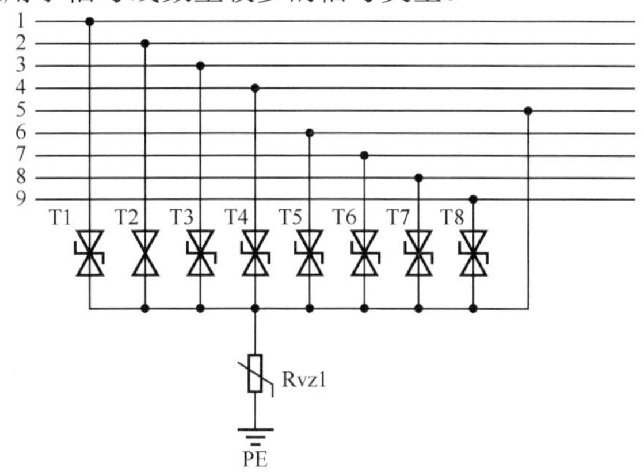

图8.25　串口外置防雷保护电路

8.1.7　电源防雷器的安装

1. 串联式电源防雷器

串联式电源防雷器安装方式如图8.26所示。保护器件并接到电源线上的走线可以做到很短且距离是固定的，因此串联式电源防雷器的安装位置可视设备安装的方便、合理性来确定。

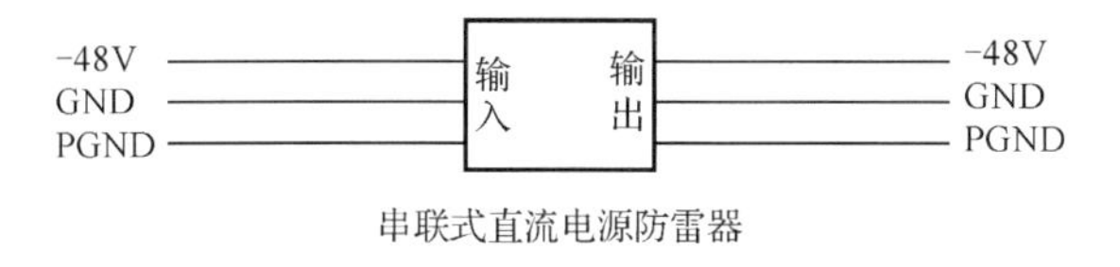

图8.26　串联式电源防雷器安装方式

2. 并联式电源防雷器

并联式电源防雷器在安装中需要注意的一个问题是：防雷器并接到机柜电源接线端子的导线（或并接到电源线上的导线）一定要短，否则电源防雷器的保护效果会大大降低。

图8.27为一种不好的防雷器安装方式，防雷器到机柜接线端子的并接线较长（如1～1.5m)。由图8.27可以看出：直流电源线引入差模过电流时，由于并接电源防雷器的作用，机柜电源端子处呈现的差模残压为：$U_{ad}=U_{ab}+U_{bc}+U_{cd}$。其中，$U_{bc}$是电源防雷器的差模残压，$U_{ab}$、$U_{cd}$分别是过电流流过电源防雷器的两段并接导线时导线两端的瞬间压降。电源防雷器的差模残压（U_{ad}）在5kA的8μs/20μs波冲击电流下约为200V；若导线L_{ab}、L_{cd}分别长1m，则在5kA的8μs/20μs波冲击电流下，若导线L_{ab}、L_{cd}两端的瞬间压降U_{ab}、U_{cd}均为905V，如图8.28中左图所示，则基站电源接线端子处的残压值为$U_{ad}=U_{ab}+U_{bc}+U_{cd}=(905+200+905)\text{V}=2010\text{V}$，可见并接导线达1m时，影响设备接口差模残压指标的主要是导线的压降而不是防雷器的残压。所以，如果电源防雷器到机柜电源接线端子的并接导线太长，

就无法使电源防雷器有效地保护设备。

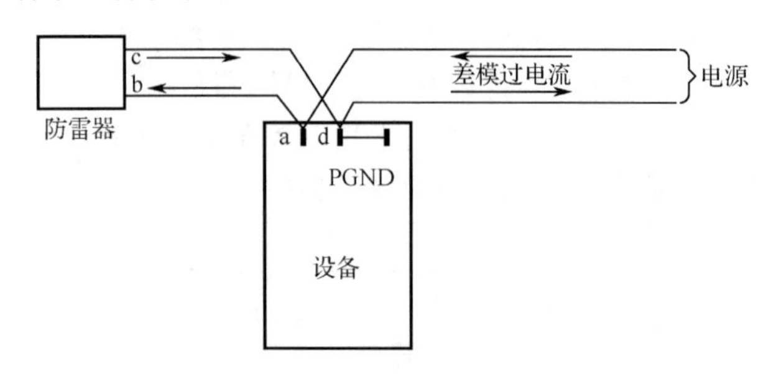

图 8.27　一种不好的防雷器安装方式

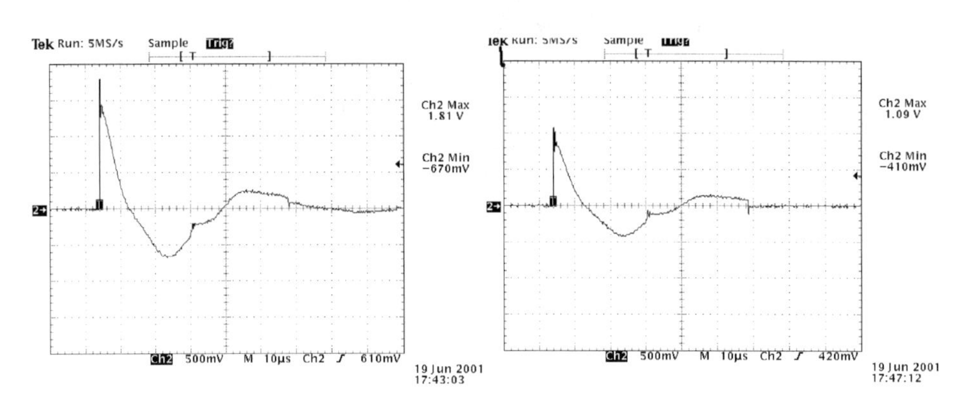

图 8.28　5kA（左）、3kA（右）的 8μs/20μs 波冲击电流下 1m 长导线两端压降

雷电冲击电流作用下电缆两端的压降可以通过理论计算大致得出：一根导线可等效为一个电感，在一个变化的电流流过导线时，导线两端的压降为 $U=L\times\mathrm{d}i/\mathrm{d}t$。其中，$L$ 为导线上的电感量，一般 1m 长导线的电感量为 1～1.6μH（计算可取 1.5μH）；$\mathrm{d}i/\mathrm{d}t$ 是导线上电流的变化率。通过这个公式可以看出，U 与 L 成正比，L 又与线长成正比。减小电源防雷器并接导线的长度就是减小 U_{ab} 和 U_{cd}，也就是减小 U_{ad}。所以，电源防雷器并接到机柜电源接线端子的导线（或并接到电源线上的导线）一定要短。这一设计原则应用到 PCB 内的保护电路设计也是一样的道理：做线间保护的防雷电路的引线一定要短。

8.1.8　信号防雷器的接地

图 8.29 为一种不正确的信号防雷器安装方式。防雷器被安装在设备以外的其他设备内，并且通过其他装置的接地线接地，由于机房内独立设备的保护接地线通常都不会太短（3～20m），使信号防雷器的共模保护作用大大降低。

根据被保护设备内部接口电路的不同，信号防雷器实现共模保护的原理略有区别：

（1）内部接口具有对地的保护电路，或外部电缆中有信号回线与内部 PCB 地连接。

这种情况下，外加信号防雷器应达到如下效果：由信号线引入的共模过电流绝大部分通过信号防雷器的接地线泄放到大地，只有非常少的过电流流入设备内部，这一小部分过电流是设备内部的 PCB 保护电路本身能耐受得住而不发生损坏的。

在信号防雷器和 PCB 板级保护电路都存在的情况下，电缆上的感应过电流可以同时通过图 8.29 中 1、2 两条泄放途径泄放到大地。但是泄放途径 1 因为保护接地线太长而具有较大的线间感抗，使路径 1 不能成为比路径 2 阻抗小得多的雷电流低阻泄放路径，因此信号防雷器的共模保护效果大大降低。解决方法是：将信号防雷器靠近被保护设备安装或安装在被保护设备内部，信号防雷器通过很短的接地线接到设备的保护地。

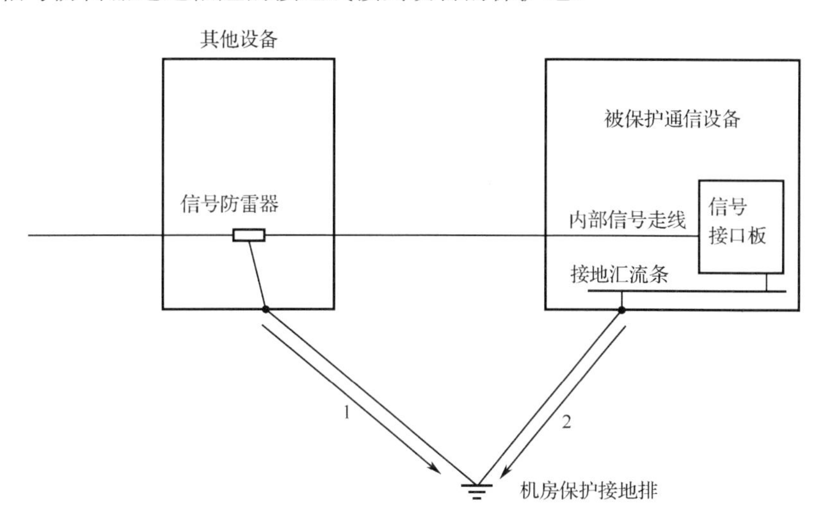

图 8.29　一种不正确的信号防雷器安装方式

（2）内部信号接口没有保护电路，且外部信号电缆对内部 PCB 地隔离。

在外部信号电缆对内部 PCB 地隔离的情况下，只要接口部分出现的过电压没有超过接口电路自身的绝缘耐压值时，接口电路一般不会发生共模损坏。因此信号防雷器的共模保护作用体现在：外部电缆引入感应雷击过电流时，信号防雷器本身的共模残压加上信号防雷器接地线两端的压降，必须小于接口电路自身的绝缘耐压。如 5kA 的 8μs/20μs 波冲击电流作用下 1m 长导线两端的压降可达到 900V 左右，而导线两端的压降 U 为：

$$U=\left|L\mathrm{d}i/\mathrm{d}t\right|$$

因此减小信号防雷器输出共模残压的最有效办法是减小信号防雷器接地线的长度（信号防雷器自身的共模残压可以做到很小）。正确的信号防雷器安装方式是：将信号防雷器靠近被保护设备安装或安装在被保护设备内部，信号防雷器通过很短的接地线接到设备的保护地。这个原则也适用于 PCB 内部防护电路的设计：PCB 内部保护电路的泄流地应尽可能短地在 PCB 板框母板上与 PCB 工作地汇接在一起。

8.2　EMC 中的差模干扰与骚扰

8.2.1　接口电路中的差模干扰与骚扰

处理接口电路中的差模 EMC 问题，要比处理共模问题简单得多，通常只要进行差模滤波就可以了。图 8.30 是电源接口的常用滤波电路。图中，C_X 就是为了滤除差模干扰信号而存在的，它与共模电感 L_X 中的漏感（图中没有示出）一起组成了一个差模低通滤波器。由于 C_X 两端存在相线与零线之间的电压，为保证电容器失效后不危及人身安全，需要采用安全标准中规定的 X 电容。C_X 安全等级分为两类，即 X_1 类和 X_2 类，X_1 类用于设备峰值电压大于 1kV 的场合，X_2 类用于设备峰值电压小于 1.2kV 的一般场合。

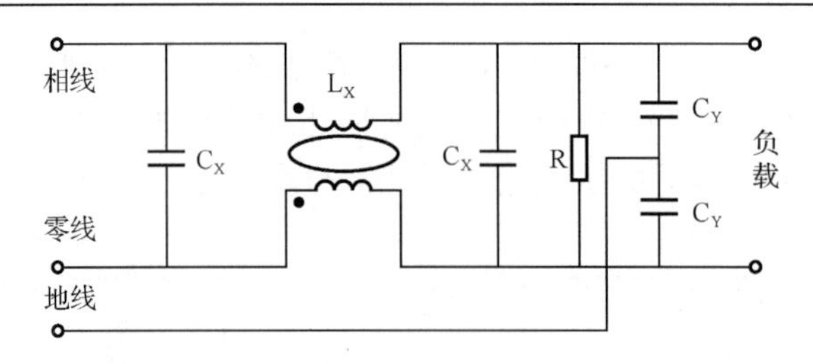

图 8.30　电源接口的常用滤波电路

信号接口中的差模滤波原理也与电源接口的差模滤波一样，只是在信号接口中进行滤波时要注意滤波电路对信号的影响。

8.2.2　PCB 电路中的差模干扰与骚扰

1. PCB 电路中的差模干扰

PCB 电路中的差模干扰通常发生在 PCB 电路中的环路与磁场（如 ESD 电流产生的磁场、EFT/B 信号电流产生的磁场、射频抗扰度测试时的干扰磁场等）之间的感应。这种干扰形成的原理也很简单。任意一个电路环路中有变化的磁通量穿过时，将会在环路内感应出电流，如图 8.31 安培定律所示。电流的大小与磁通量成正比。较小的环路中通过的磁通量较少，因此感应出的电流也较小，这就说明在 PCB 设计时，必须保证环路面积最小。

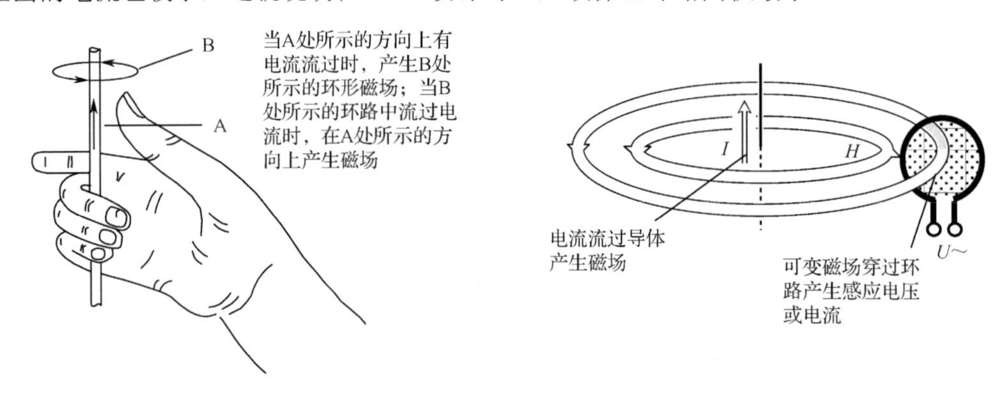

图 8.31　安培定律

在 PCB 中，信号从源驱动端出发传输到负载端，再从负载端将信号回流传回至源端形成信号电流的闭环，每个信号的传送都包含着一个环路，当外界的电磁场穿过此环路时，就会在环路中产生感应电压，如图 8.32 所示。

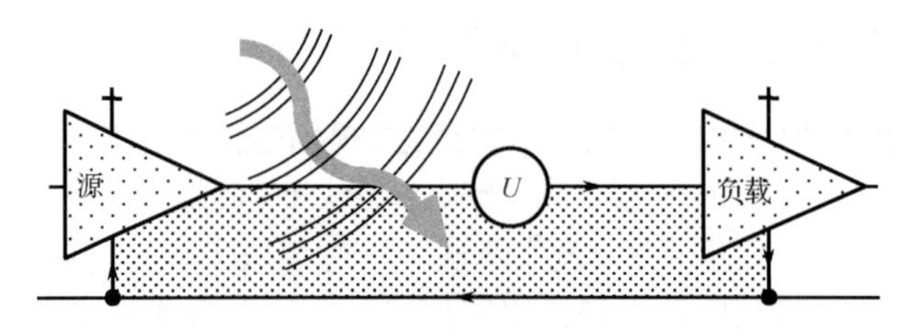

图 8.32　干扰电磁场穿过电路中的环路产生感应电压

单线（单匝）回路中对通过其磁场的感应电压可用式（8.3）表示：

$$U = S \times \mu_0 \times \Delta H / \Delta t \tag{8.3}$$

由于 $\Delta B = \mu_0 \times \Delta H$，则式（8.3）又可以转化为式（8.4）：

$$U = S \times \Delta B / \Delta t \tag{8.4}$$

式中　U——感应电压（V）；

H——磁场强度（A/m）；

B——磁感应强度（T）；

μ_0——自由空间磁导率，$\mu_0 = 4\pi \times 10^{-7}\text{H/m}$；

S——回路面积（m^2）。

平面波穿过环路时，环路中也会产生感应电压，可用式（8.5）表示：

$$U = S \times E \times f_{\text{MHz}} / 48 \tag{8.5}$$

式中　U——感应电压（V）；

S——回路面积（m^2）；

E——电场强度（V/m）；

f_{MHz}——电场的频率（MHz）。

例如，在一个 PCB 中存在一回路面积为 20cm^2 的电路，当该电路在电场强度为 30V/m 的电磁场中进行辐射抗扰度测试时，在 150MHz 频点上该回路中产生的感应电压 U_1 可以计算如下：

$$U_1 = S \times E \times f_{\text{MHz}} / 48 = 0.0020 \times 30 \times 150 / 48\text{V} \approx 200\text{mV}$$

又如，在 PCB 中一个面积为 2cm^2 回路，在 ESD 测试时（假设 ESD 放电电流为 30A，放电电流路径离 PCB 中的回路距离为 50cm），感应到的电压 U_2 可以计算如下：

ESD 放电电流为 30A 时，距离放电电流路径 50cm 处的磁场强度 H：

$$H = I/2\pi r = 30/(2\pi \times 0.5)\text{A/m} \approx 10\text{A/m}$$

再根据式（8.3）得，该 20cm^2 回路中得感应电压 U_2 为：

$$\begin{aligned} U_2 &= S \times \mu_0 \times \Delta H / \Delta t \\ &= 0.0002 \times 4\pi \times 10^{-7} \times 10 / 1 \times 10^{-9}\text{V} \\ &\approx 2.5\text{V} \end{aligned}$$

式中，$\Delta t = 1\text{ns}$，为 ESD 电流脉冲的上升沿。

2. PCB 电路中的差模骚扰

根据电磁理论，磁场由电流和电场产生。变化的电场也会产生磁场，根据右手定律，电流流过导体或环路时也会产生磁场，如图 8.33 所示，其中图 8.33（a）为一个通有电流的导线周围铁屑的分布情况；图 8.33（b）为通电直导线与其产生的磁场的关系图。

磁场 H 同时垂直于电流方向和径向单位矢量 $\boldsymbol{r}$，其强度与电流强度 i 成正比。如图 8.31 所示的情况下，磁场强度 H 可以由安培定律给出：

$$H = \frac{1}{2\pi r} \tag{8.6}$$

磁场强度 H 的单位为 A/m。

已知电流在其周围产生环绕的磁场，如果把通电导线圈成一个面积为 πr^2 的圆环，其周围的铁屑则展示了其产生的磁场的形态，如图 8.34（a）所示。这个磁场等效于一个磁矩为 m 的磁铁产生的磁场，如图 8.34（b）所示。由电流 i 产生的磁场，其强度和圆环的面积相关（圆环越大，磁矩就越大），即 $m = i\pi r^2$。由 n 个圆环产生的总磁矩是由这些单一圆环产生的磁矩

的叠加，如图 8.34（c）所示，即

$$m = ni\pi r^2 \tag{8.7}$$

磁矩 m 的单位为 $A \cdot m^2$。

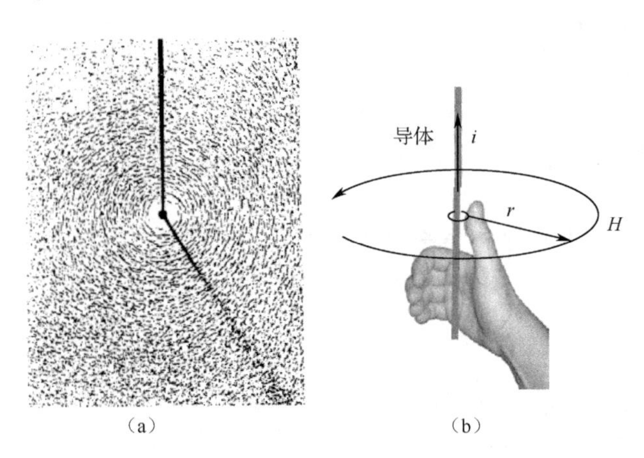

（a）　　　　（b）

图 8.33　电流流过导体或环路时产生磁场

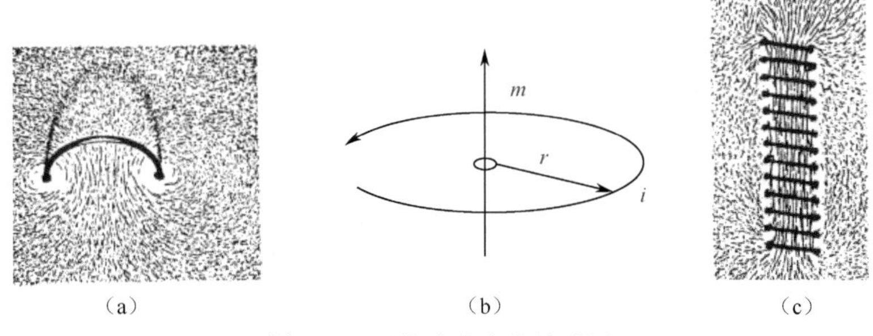

（a）　　　　（b）　　　　（c）

图 8.34　环状电流产生的磁场

在 PCB 中，源驱动端产生的电流，并经过印制线将电流传送到负载，电流必须经过一个回传系统回到来源端（安培定律），这样就产生了一个电流回路。这个回路有时候不一定是环状的，但通常呈回旋状。在这是个回传系统内产生了一个封闭回路，因此会产生一个磁场。如果这个磁场可变，则又会产生一个辐射的电场。在近场处，由磁场成分主导；而在远场处，电场对磁场的比率（波阻抗）大约是 120πΩ 或 377Ω，和源无关。这种磁场也可以通过一个环状天线或其他天线来接收（这就形成了上节所述的电磁场引起的差模干扰）。PCB 中环路形成的辐射如图 8.35 所示。

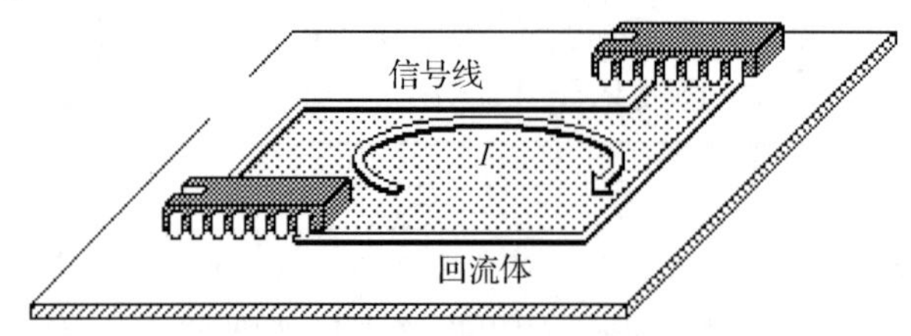

图 8.35　PCB 中环路形成的辐射

这个引起辐射的封闭回路是由 PCB 印制线和电流的回传路径组成的，回路所产生的电磁场是下面四个变量的函数。

（1）回路中的电流振幅：电场大小和存在于信号走线的电流大小成正比。

（2）回路的极性和测量装置的关系：如果测量装置的天线呈回路状，回路电流的极性必须和测量装置天线的极性相同，如此才能测量到正确的回路电流。例如，如果测量装置使用双极天线，则回路电流的极性必须和它一样，两者的极性都必须是垂直的。

（3）回路面积的大小：回路面积非常小（比回路信号频率的波长小很多），则电磁场的强度将和回路面积成正比。回路面积越大，在天线端所测量到的频率就越低。对特定的回路面积而言，此天线会在特定的频率下共振。

（4）距离：电磁场强度下降的比率取决于来源端和天线之间的距离。此外，此距离也决定所产生的是电场还是磁场。当距离比较短时，磁场强度和距离的平方成反比。当距离比较长时，会出现一个电磁平面波。此平面波强度和距离成正比。在平面波上，电场矢量和磁场矢量相交点的位置，大约在 1/6 波长的地方（也可使用 $\lambda/2\pi$ 来表示，波长 $\lambda=300/f$）。1/6 波长和 EMI 的“点源”相关，“点源”是指电磁波发射的起源。接收端天线越大，1/6 波长的值越大。

差模辐射可用环天线产生的辐射来模拟。当环路辐射源与测量点的距离 $D>48/f_{\mathrm{MHZ}}$（以 MHz 为单位的频率）时，在自由空间上距离辐射源距离为 D 时的远场电场强度为：

$$E=1.3f^2SI/D \tag{8.8}$$

式中　E——电场强度（μV/m）；

f——回路中电流信号的频率（MHz）；

S——回路面积（cm^2）；

I——电流强度（A）；

D——测试点与环路的距离（m）。

注：式（8.8）适用于回路周长小于频率的四分之一波长（$\lambda/4$）（例如 75MHz 为 10m）。多数 PCB 环路当发射频率达到几百兆赫时仍认为是“小”的。当其尺寸接近 $\lambda/4$ 时，环路上不同点的电流相位是不同的。

在多数设备中，主要的发射源是印制电路板（PCB）上电路（时钟、视频和数据驱动器及其他振荡器）中流动的电流。当一个环路在地平面上时，在距环路 10m 处的最大电场强度与频率的平方成正比，在自由空间中，电场随着离源的距离按正比例下降（这里使用 10m 是因为这是欧洲辐射发射标准的标准测量距离）。由于地平面的反射，考虑最坏情况时要将辐射场强增加一倍（这也是符合测试标准要求的）。要利用式（8.8）估算辐射强度，环路面积 S 必须是已知的，这个环路是由信号电流和回流构成的环路。I 是在单一频率上环路中的电流，由于方波有丰富的谐波，I 必须应用傅里叶公式计算。可以利用式（8.8）来粗略地预测已知 PCB 是否要加额外的屏蔽。

例如，若电路信号环路面积 $A=10\mathrm{cm}^2$，电流 $I_{\mathrm{s}}=20\mathrm{mA}$，频率 $f=50\mathrm{MHz}$，电场强度 $E=42\mathrm{dB\mu V/m}$，它超过了欧洲 B 级极限值 12dB。如果频率和工作电流是固定的，并且环路面积不能减小，则屏蔽是必要的。

又如，一个 40MHz 的时钟信号，其电压幅度为 3V，上升时间 $T_{\mathrm{r}}=2\mathrm{ns}$，所在电路的环路面积为 $2.5\mathrm{cm}^2$，假设负载在 160MHz 附近时的阻抗约为 50Ω，则这个时钟信号的高次谐波（以 4 次谐波为例）在环路中产生的 10m 远处的辐射可以通过如下方法计算。

根据傅里叶公式，40MHz 的时钟信号的基波幅度 $U_{\text{fundamental}}$ 为：

$$U_{\text{fundamental}} = 0.45 \times 3\text{V} = 1.35\text{V}$$

信号的带宽为 $f_0 = 1/\pi T_r$，即

$$f_0 = 1/\pi T_r = 159\text{MHz}$$

则，在 159MHz 处的电压幅度 U 为：

$$U = 1.35 \times 40/159\text{V} = 0.34\text{V}$$

则，在 159MHz 处的电流 I 为：

$$I = 0.34/50\text{A} = 6.8\text{mA}$$

根据式（8.8）可以计算出这个时钟信号的高次谐波（以 4 次谐波为例）在环路中产生的 10m 远处的辐射强度 $E_{\mu\text{V/m}}$ 为：

$$E_{\mu\text{V/m}} = 1.3 \times 2.5 \times 6.8 \times 0.001 \times 159^2 / 10\mu\text{V/m} = 56\mu\text{V/m}$$

转化成分贝值：$E_{\text{dB}\mu\text{V/m}} = 35\text{dB}\mu\text{V/m}$

虽然这个值并没有超过 FCC 和 EN 相关标准中的辐射限值，但是如果考虑在半电波暗室测试时地面的反射，那么天线接收到的最终辐射强度可能会加倍（加 6dB），这样就超过了 FCC 和 EN 等标准中规定的辐射限值。

8.2.3 解决电路中差模干扰与骚扰的方法

从 8.2.2 节可以看出，对于控制差模骚扰和差模抗扰度问题，环路面积的大小是最主要的。因此在电路设计时，工程师们就必须试着去找出或避免所有可能的环路，并提出解决方案。以下是几种常用的减小回路面积的方法。

（1）电源线与地线应紧靠在一起以减小电源和地间的环路面积。

（2）在双面板中，信号线与地线应紧挨着放在一起。在每根信号线的旁边安排一条地线。不过，这也许会产生很多平行地线。为了避免这个问题，可采用地平面或地线网格，而不采用单条地线。

（3）特别敏感的器件之间的较长的电源线或信号线应每隔一定间隔与地线的位置对调一下。对调的含义是将一根导线从上面移到下面，或从左边移到右边，另一根导线则做相反的调整。双绞线表明了这种方法与减小环路面积的等同效果：对调有关导线后，只有较小的环路存在。图 8.36 是双绞线减小有效回路面积的原理图。

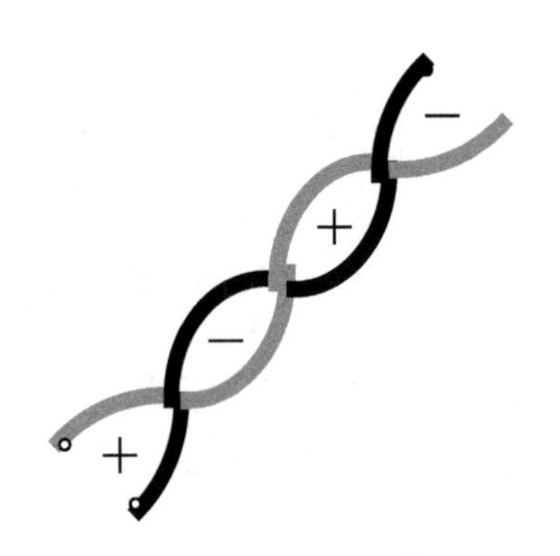

图 8.36 双绞线减小有效回路面积的原理图

（4）推荐使用 4 层板以上的 PCB，并设置一层以上的地平面，使所有信号线的映射都在地平面上。

8.3　ESD 干扰防止

8.3.1　ESD 干扰机理

ESD 干扰电流其实是一种共模电流，因为 ESD 电压总是以参考接地板为基准的。关于共模电流引起的 EMC 问题，可以参考第 1 章～第 9 章。另外，ESD 又有其独特的地方，如空气击穿放电电弧及放电时产生的高频电磁场而引起与产品电路之间的耦合。这些需要在产品设计时额外考虑。8.2 节所描述的关于差模 EMC 问题的内容也同样适用于 ESD（ESD 放电辐射场产生的空间耦合）。除此之外，还必须了解本节以下所描述的内容。

ESD 接触放电是如何发生在产品的金属表面上的，这个比较容易理解。但是 ESD 空气击穿放电又是如何发生的？ESD 产生的干扰又是如何进入电子设备的呢？这是因为一个充电的导体（ESD 测试中的静电枪）接近另一个导体时，两个导体之间会建立一个很强的电场，产生由电场引起的击穿。两个导体之间的电压超过它们之间空气和绝缘介质的击穿电压时，就会产生空气放电，空气放电伴随着电弧。在 1～10ns 的时间里，ESD 电流会达到几十安培，有时甚至会超过 100A。ESD 电弧将一直维持直到两个导体接触短路或者电流低到不能维持电弧为止。ESD 发生后，还继续通过五种耦合途径进入电子设备：

（1）初始的电场能容性耦合到表面积较大的网络上，并在离 ESD 电弧 100mm 处产生高达 4000V/m 的高压。

（2）电弧注入的电荷/电流可以产生以下的损坏和故障。

a．穿透元器件内部薄的绝缘层，损毁 MOSFET 和 CMOS 元器件的栅极。b. CMOS 元器件中的触发器锁死。c. 短路反偏的 PN 结。d. 短路正向偏置的 PN 结。e. 熔化有源元器件内部的焊接线或铝线。

（3）电流会导致导体上产生电压脉冲（$\Delta U=|L\times \mathrm{d}I/\mathrm{d}t|$），这些导体可能是电源、地或信号线，通过容性串扰和感性串扰，这些电压脉冲将进入与这些网络相连的每一个元器件。

（4）电弧会产生一个频率范围为 1～500MHz 的强磁场，并感性耦合到邻近的每一个布线环路，在离 ESD 电弧 100mm 远的地方产生高达数十 A/m 的感应瞬态电流，同时电流流过带有阻抗的信号线、地线，产生感应电压。

（5）ESD 电弧辐射的电磁场会耦合到长的信号线上，这些信号线起到接收天线的作用。

8.3.2　通过绝缘防止 ESD

ESD 是通过绝缘击穿放电造成的，击穿过程中，ESD 会通过各种途径自动找到设备最近的放电点，形成特定的空气放电。因此，对于非金属外壳的产品，首先应该考虑产品的可接触表面与产品内部的任何金属体之间具有足够的爬电距离（金属体可接触表面之间沿绝缘体表面的最短距离），确保电子产品的可接触表面与下列各项之间的路径具有足够的长度（如 6mm 可以承受±8kV 的空气放电，10mm 可以承受±15kV 的空气放电）。

（1）包括接缝、通风口和安装孔在内任何用户能够接触到的点。在电压一定的情况下，电弧通过介质的表面比通过空气传播得更远。

（2）任何用户可以接触到的未接地金属，如紧固件、开关、操纵杆和指示器。

（3）在塑料机箱上的控制面板和键盘位置处安装局部屏蔽装置来阻止 ESD：

- 电源连接器和引向外部的连接器的位置，要连接到机箱地或者电路公共地。

- 使用金属片以便小的高频电容可以焊接在屏蔽装置与开关/操纵杆/指示器的连接处之间。
- 在塑料中使用聚酯薄膜/铜或者聚酯薄膜/铝压板，或者使用导电涂层或导电填充物。

8.3.3 通过屏蔽防止 ESD

利用金属机箱和屏蔽罩可以阻止 ESD 电弧以及相应的电磁场，并且保护设备免受间接 ESD 的影响，目的是将全部 ESD 阻隔在机箱以外。对于静电敏感的电子设备来说，不接地机箱也至少应该确保电子产品的机箱金属机体与内部电路的金属部件之间的路径具有足够的长度（如 6mm 可以承受±8kV 的空气放电，10mm 可以承受±15kV 的空气放电）；而对接地机箱，电子设备也要具备一定的爬电距离以防止二级电弧，一般要求路径长度大于等于 2.2mm。

以下措施能使 ESD 的屏蔽更有效：

- 杜绝在屏蔽体中开太大的缺口、裂缝，确保孔径小于等于 20mm 以及槽的长度小于等于 20mm。相同开口面积条件下，采用孔比槽好。如果由于产品特点，要求有较大的开口及敏感器件，则应该在操纵杆、指示器之间设置第二层屏蔽。
- 在屏蔽体中排列的各个开槽要与 ESD 电流流过的方向平行，否则会出现缝隙天线的效应，产生 ESD 电流辐射。
- 在薄膜键盘电路和与其相对的邻近电路之间放置一个接地的导电层，以引导 ESD 电流。

8.3.4 通过良好的搭接与接地防止 ESD

ESD 首先对被击中金属物体的寄生电容充电，然后再流经每一个可能的导电路径。ESD 电流更容易在片状或短而宽的带状导体（即阻抗较低的路径中）而不是窄线上流过。如果放电点的金属部件与产品的接地点之间有良好的搭接，并建立了低阻抗的路径，那么 ESD 电流流过的整个路径中电压差会很低（如一个长宽比为 1，当中没有任何孔或裂缝的金属平面，其在 100MHz 频率下为 3Ω，ESD 电流乘以阻抗即为 ESD 放电电流在此路径中的压降），而接地则提供最终泄放掉累积电荷的路径。因此，确保 ESD 电流密度和电流路径阻抗足够低（如放电路径长宽比为 1 的金属平面），才能有效地防止 ESD。以下是关于如何实现 ESD 电流泄放路径低阻抗的设计要点：

- 预计产品中 ESD 电流流过的路径。
- 产品可以借助与机箱的金属部分泄放 ESD 电流，这时就需要把产品的工作地与机箱在 ESD 电流最早进入的地方连接在一起。
- 确保每个电缆进入点离机箱地的距离在 40mm 以内，以免实现较短的接地路径。
- 将连接器外壳和金属开关外壳都连接到金属机箱外壳上。
- 在薄膜键盘周围放置宽的导电保护环，将环的外围连接到金属机箱上。
- 确保搭接部分短而粗。长宽比尽量做到小于等于 5∶1。做不到时可使用多个搭接点并联，从而避免 ESD 电流过分集中。
- 确保绑定接头和绑定线远离易受影响的电子设备或者这些电子设备的电缆。

8.3.5 通过 PCB 布局布线防止 ESD 产生的电磁场感应

PCB 中的任何环路或悬空的导线都会接收到 ESD 放电过程产生的电磁场。因此，在 PCB 设计时，需要通过合理的 PCB 分层设计、恰当的布局布线，使之具有最强的 ESD 防范性能。

这些设计技术要点包括：

（1）尽可能使用多层 PCB，采用 4 层板以上的 PCB 将大大降低 ESD 的电磁场干扰电路的风险。相对于双面 PCB 而言，地平面和电源平面以及排列紧密的信号线-地线间距能够减小共模阻抗和感性耦合，使之达到双面 PCB 的 1/10～1/100。

（2）尽量将每一个信号层都紧靠一个电源层或地层，因为离地层远意味着信号环路的增加。

（3）长距离布线最好选择在内层，并在两个地层之间，或电源和地层之间，这样如同对信号进行法拉第屏蔽。

（4）对于双面 PCB 来说，要采用紧密交织的电源和地栅格，并使电源线紧靠地线。在垂直和水平线之间，要尽可能多连接。栅格尺寸应小于等于 60mm，最好小于 13mm（0.5in）。

（5）以下列方式在 PCB 周围设置一个环形地：

- 除边缘连接器以及机箱地以外，在整个外围四周放上环形地通路。
- 确保所有层的环形地宽度大于 2.5mm（0.1in）。
- 每隔 13mm（0.5in）用过孔将环形地连接起来。
- 将环形地与多层电路的公共地连接到一起。
- 对安装在金属机箱或者屏蔽装置里的双面板来说，应该将环形地与电路公共地连接起来。
- 不屏蔽的双面电路则应该将环形地连接到机箱地，环形地上不能涂阻焊剂，以便该环形地可以充当 ESD 的放电棒，在环形地（所有层）上的某个位置处至少放置一个 0.5mm 宽（0.020in）的间隙，这样可以避免形成一个大的环路。
- 信号布线离环形地的距离不能小于 0.5mm。

（6）如果 PCB 中的信号线与产品壳体之间的绝缘距离不够（能被 ESD 直接击中），则这个信号线附近都要布一条地线，以引导 ESD。

（7）对于 I/O 接口中的 ESD 瞬态抑制保护器件，必须采用短而粗的印制线（长度小于 5 倍宽度，最好小于 3 倍宽度）连接到机壳地（对于浮地产品连接到电路的工作地），而且信号线要先经过瞬态抑制保护器，然后才能连接到电路的其他部分。

（8）PCB 中的信号线应尽可能短，特别是表层布线，当表层信号线的长度大于 300mm（12in）时，一定要平行布一条地线。对于 6 层以上的 PCB，敏感信号线（如复位信号、采样信号、低电压的模拟信号、中断信号线或者边沿触发信号等）禁止布置在表层或 PCB 边缘。

（9）重点注意任何信号线的环路大小，信号线和相应回路之间的环路面积尽可能小。严禁信号线跨地分割区布线。对于双面板中长信号线每隔几厘米调换信号线和地线的位置来减小环路面积。

（10）I/O 连接器接口的高频旁路电容一定要放置在距离每一个连接器 75mm（3in）范围以内。

（11）在允许的情况下，要用地铜箔填充 PCB 各层中未使用的区域，并至少每隔 60mm 将所有层的填充地连接起来。至少确保在任意大的地填充区［大约大于 25mm×6mm（1in×0.25in）］的两个相反端点位置与地连接。

8.3.6　I/O 接口的 ESD 防护

目前的 IEC61000-4-2 标准中并没有规定需要对连接器的插针信号进行 ESD 测试（特别是

金属外壳的连接器）。如下是 IEC61000-4-2 2.0 版本中的原话，供读者参考。

除非在通用、与产品有关或产品类标准中有其他规定，静电放电只施加在受试设备正常使用中人员可触摸到的点和面。以下是例外的情况（例如，放电不施加在下述点）：

a．在维护时才接触到的点和面。这种情况下，特定的静电放电简化方法应在相关文件中注明。

b．最终用户使用时接触到的点和面。这些极少接触到的点，如换电池时接触到的电池、录音电话中的磁带等。

c．设备安装固定后或按使用说明使用以后不再能接触到的点和面，例如，底部和/或设备的靠墙面或安装端子后的地方。

d．外壳为金属的同轴连接器和多芯连接器可接触到的点。该情况下，仅对连接器的外壳施加接触放电。

非导电（如塑料）连接器内可接触到的点，应只进行空气放电试验。试验使用静电放电发生器的圆形电极头。

通常，应考虑如表 8.2 连接器 ESD 测试要求所表达的六种情况。

表 8.2　连接器 ESD 测试要求

例	连接器外壳	涂 层 材 料	空 气 放 电	接 触 放 电
1	金属	无	—	外壳
2	金属	绝缘	涂层	可接触的外壳
3	金属	金属	—	外壳和涂层
4	绝缘	无	a	—
5	绝缘	绝缘	涂层	—
6	绝缘	金属	—	涂层
注：若连接器插脚有防静电放电涂层，涂层或设备上采用涂层的连接器附近应有静电放电警告标签。				
a．若产品（类）标准要求对绝缘连接器的各个插脚进行试验，应采用空气放电。				

e．由于功能原因并有静电放电警告标签对静电放电敏感的连接器或其他接触部分可接触到的点，如测量、接收或其他通信功能的射频输入端。

但是在产品的实际应用或 ESD 测试中，如果 I/O 接口没有专门的 ESD 保护器件或滤波器件，那么 I/O 接口中与连接器最为密切的 I/O 接口芯片就很容易损坏。典型的例子有：

① 经常需要插拔的 I/O 接口，插拔时产品的瞬态冲击电流或电压会使 I/O 接口芯片损坏。另外，被插拔的电缆上也经常会带有静电电荷，当电缆与产品连接器中的信号线达到一定的距离时，就会产生放电，这种放电的过电压和过电流直接作用在 I/O 接口上，可能造成对 I/O 接口芯片的直接损坏。

② 一些接地不好的产品和浮地产品，ESD 电流会直接释放到 I/O 接口电路部分的工作地上，这样也会影响 I/O 接口芯片。

因此，在 I/O 接口中进行 ESD 保护也是产品 EMC 设计的一个不可缺少的部分。其实如第 5 章所描述的关于 I/O 接口的一些滤波措施，对提高产品的 ESD 抗干扰能力都有效。另外，也常用齐纳二极管、肖特基二极管、MLV（Multi-Layer Varistor，多层变阻器）和 TVS（Transient Voltage Suppresser，瞬态电压抑制器）进行接口保护。

第9章

产品 EMC 设计分析方法应用实例

本章是“第 7 章 产品 EMC 设计分析方法”的实例应用。在工程应用时，第 7 章的主要内容就是“产品 EMC 设计分析报告”的模板。本章就是以第 7 章的内容作为模板而形成的针对具体产品的应用实例。于是，为了分析报告的完整性，本章保留了第 7 章中的部分内容。在第 7 章内容的基础上，结合具体产品实际设计的情况，进行详细对照与分析。通过实例的分析，有助于读者对“产品 EMC 设计分析方法”的理解。

9.1 产品机械架构的 EMC 设计分析实例（抗扰度分析方法）

9.1.1 产品机械架构的 EMC 设计分析原理

产品机械架构的 EMC 设计分析原理见 7.1.1 节。

9.1.2 产品相关 EMC 信息描述

1. 列出产品的基本 EMC 相关信息

在分析产品的架构 EMC 设计风险之前，产品的系统工程师、市场部工程师、电子工程师及结构工程师需要列出如下信息：

时钟频率、电源的开关频率、产品要达到的 EMC 测试等级（包括电快速瞬变脉冲群、传导骚扰、辐射发射的测试等级）、产品是否接地、电缆是否屏蔽、是否存在模拟电路，模拟电路的电平是多少、是否存在模拟地与数字地的隔离、地的分类。

该产品是一个电机驱动控制器，电源采用 AC/DC 隔离开关电源，包括一个电机驱动接口和 485 通信接口。产品相关的 EMC 重要信息如表 9.1 所示。

表 9.1 产品相关的 EMC 重要信息

时钟频率	4MHz
电源的开关频率	100kHz
EMC 测试等级	传导骚扰：CLASS B（参考标准为 EN55022）； 辐射骚扰：CLASS B（参考标准为 EN55022）； EFT/B：电源接口为±4kV，通信和 I/O 接口为±2kV； Surge：电源接口共模为±2kV，差模为±1kV；通信和 I/O 接口为±0.5kV； ESD：接触放电为±6kV，空气放电为±8kV；

续表

时钟频率	4MHz
EMC 测试等级	传导骚扰：3V（150kHz～80MHz）； 辐射骚扰：3V/m（80MHz～2GHz）
产品是否接地	产品采用金属外壳并接地
电缆是否屏蔽	使用非屏蔽电缆
是否存在模拟电路	存在模拟电路，为电机控制信号
模拟电路的电平	最高电平为 400V（非小信号模拟信号）
是否存在隔离	485 通信接口信号线采用光耦隔离，电源采用变压器隔离
地的分类	保护地 PE，即产品的外壳，测试时与参考接地板直接相连； 工作地 GND，即控制电路 CPU 所在的地，它与 AC/DC 开关电源初级“0V”直接相连； 被光耦隔离的 485 通信接口的工作地，5V_485-(GND1)

2. 产品机械架构描述

产品机械架构描述必须包括如下信息：

每一块电路板上的数字电路工作地（DGND）和模拟工作地 AGND 等所有参考地，并指出每个参考地类型及参考地所在电路地功能，如通信接口地、开关电源初次级地等。

- ○ 扁平线或类似产品内部互连的位置，并指出扁平电缆的类型及是否带有地平面。
- ○ 产品所有对外接口及所有外部输入/输出电缆的位置及电缆、连接器的类型。
- ○ 产品所有对外接口及所有内部输入/输出电缆的位置及电缆、连接器的类型。
- ○ 产品内部各种地之间的连接点（包括直接相连的点和通过 Y 电容相连的点）及各种地与接地金属板之间的连接点位置及连接方式。
- ○ 产品在进行电快速瞬变脉冲群测试时，与参考接地板之间的连接点位置及连接方式。
- ○ 产品在电快速瞬变脉冲群实际测试中各种寄生电容的描述，包括：
  - ● 隔离器件两端的寄生电容，如继电器、变压器、接触器、光耦、磁耦等。
  - ● 那些不进行 EMC 测试，但是在实际电快速瞬变脉冲群测试中与参考接地板之间存在容性耦合的短电缆与参考接地板间的寄生电容。
  - ● PCB、金属板与参考接地板之间的寄生电容。
  - ● 所有电缆与参考接地板之间的寄生电容（近似 50pF /m）。
- ○ 对产品 I/O 电缆进行电快速瞬变脉冲群测试时，电快速瞬变脉冲群测试发生器所在的位置。
- ○ 估算当电快速瞬变脉冲群共模干扰测试信号注入某根电缆时，产品各种地上及电缆上流过的共模电流大小。

图 9.1 是未进行 EMC 分析及 EMC 设计的产品实物图。该产品是一个安装在金属外壳底板当中的控制器。

3. 画出产品机械架构 EMC 设计分析图

按照以上产品机械架构的描述画出产品机械架构 EMC 设计分析图，将以上信息在产品机械架构 EMC 设计分析图中表达出来。图 9.2～图 9.4 中给出了当电快速瞬变脉冲群干扰源分别施加在各个电缆上时的共模电流流经情况。通过对各条共模电流路径的分析，可以看出该产品机械架构设计的 EMC 问题所在，EMC 专家与其他参与机械架构设计的工程师可以通过对机械架构设计的改变，来改变共模电流的路径，使其流向产品的结构地或产品中其他可以经得起共模电流流过的区域。

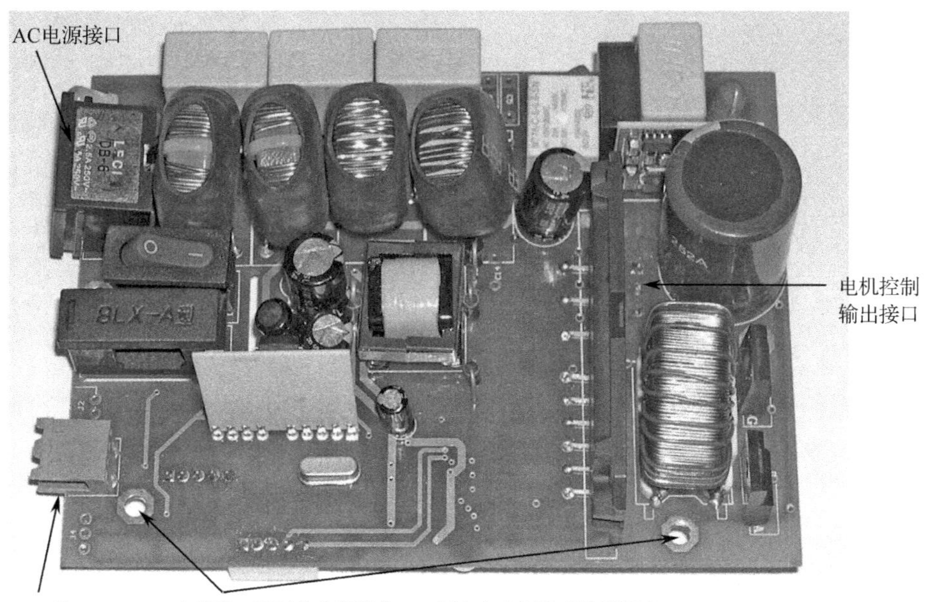

图 9.1　未进行 EMC 分析及 EMC 设计的产品实物图

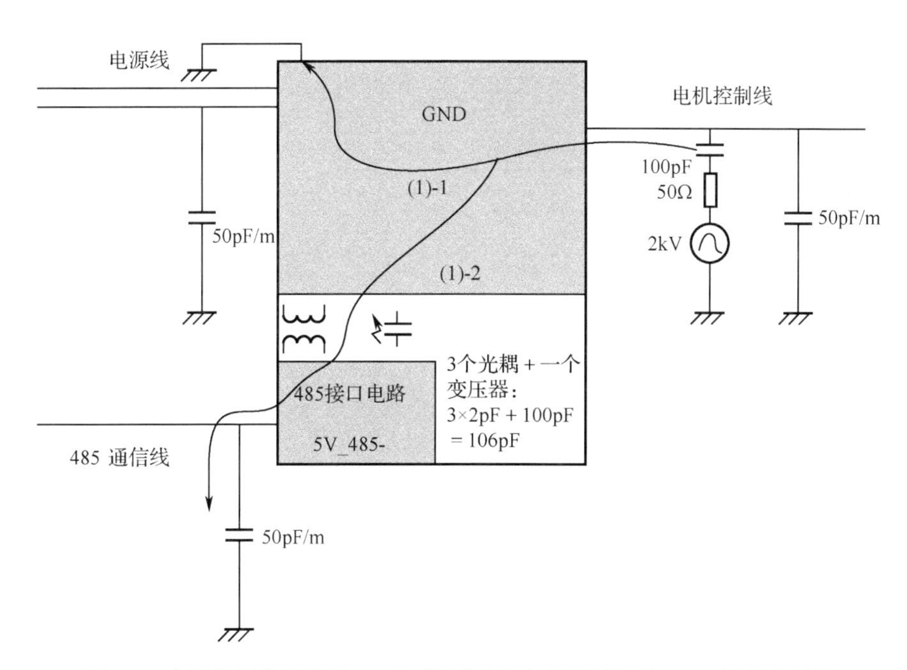

图 9.2　电机控制线上进行 EFT/B 测试时的产品机械架构 EMC 设计分析图

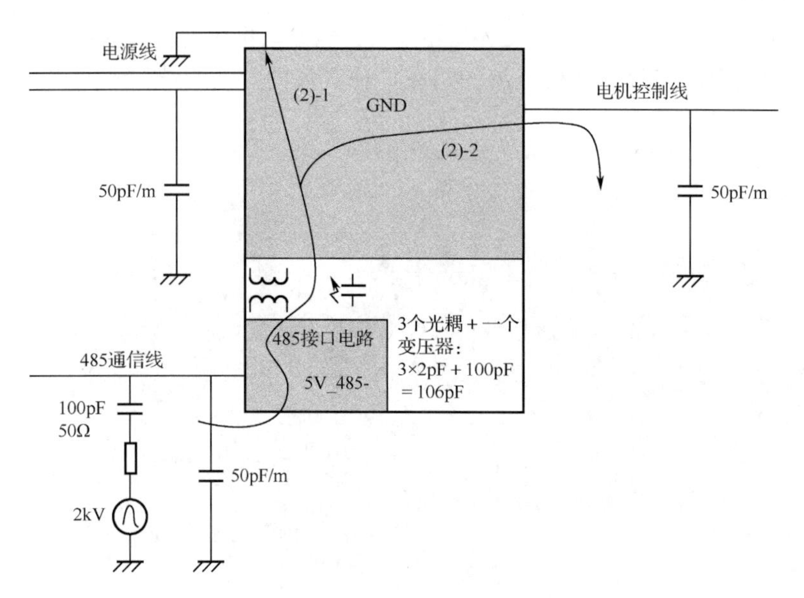

图 9.3　485 通信线上进行 EFT/B 测试时的产品机械架构 EMC 设计分析图

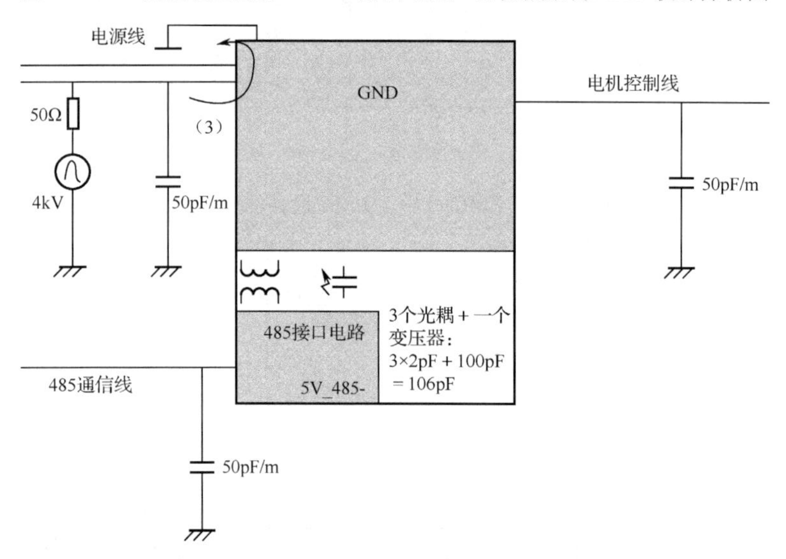

图 9.4　电源线上进行 EFT/B 测试时的产品机械架构 EMC 设计分析图

9.1.3　共模电流和干扰估算实例分析

估算共模电流和干扰压降的大小主要是为了确认该共模电流是否会对所在的电路产生干扰。共模电流和干扰压降的估算两者都不可缺，通常先根据机械架构 EMC 设计分析图估算出各条共模电流路径中的共模电流大小，再根据共模电流的大小，预测当该共模电流流过电路时所产生的干扰压降是多少，最后根据估算出的干扰压降与各种电路的噪声容限进行比较，来确定这个干扰存在的风险。

由于产品分别需要在电源接口、485 通信接口和电机控制接口进行 EFT/B 测试，并且在产品的电源入口处接地，因此主要存在 3 条共模电流路径，即 图 9.2 中的共模电流路径（1）、图 9.3 中的共模电流路径（2）及图 9.4 中的共模电流路径（3）。

1. 共模电流路径（1）

EFT/B 干扰从电机控制线注入，主要分为两条共模电流支路即图 9.2 所示中的（1）-1 和（1）-2。

共模电流路径（1）-1 流过 GND 并在电源入口处通过 Y 电容（参见图 9.7，值为 2.2nF）流入大地。该路径上的共模电流可大致估算为：

$$I_{\text{cm(1)-1}} = 2000\text{V} / 50\Omega = 40\text{A}$$

注：此时共模电流受限于 EFT/B 信号发生器的内阻。这个电流仅仅是估算，不考虑共模电流路径中寄生电感和等效电阻的影响，但是它对分析产品 EMC 问题有很大的帮助。

共模电流路径（1）-2 经过光耦和变压器进入 485 通信电缆，并通过 485 通信电缆对参考接地板的寄生电容（3m 长的电缆，寄生电容约为 150pF）流入大地。该路径上的总寄生电容为 3m 长电缆对地的寄生电容 150pF 与 485 电路隔离两侧的寄生电容 106pF 的串联，总寄生电容约为 60pF>50pF（此时用电缆的特性阻抗 Z=150Ω 代替 EFT/B 的等效负载），则路径（1）-2 的共模电流 $I_{\text{cm(1)-2}}$ 可以估算如下：

$$I_{\text{cm(1)-2}} = U/Z = 2000\text{V}/150\Omega = 13\text{A}$$

2. 共模电流路径（2）

对于共模电流路径（2）-1，主要流向该产品的接地点，同时 485 电路部分于内部电路之间的总寄生电容为 106pF，因此共模电流路径（2）-1 上的共模电流 $I_{\text{cm(2)-1}}$ 主要受限于 EFT/B 发生器的内阻 Z（50Ω），其值可以估算如下：

$$I_{\text{cm(2)-1}} = U / Z = 2000\text{V} / 50\Omega = 40\text{A}$$

对于共模电流路径（2）-2：

共模电流路径（2）-2 与共模电流路径（1）-2 一样，则 $I_{\text{cm(2)-2}}$=13A 。

注：若电机控制电缆长度为 1m，则该电缆对地的寄生电容约为 50pF，共模电流路径（2）-2 上的总寄生电容为电机控制电缆对地的寄生电容 50pF 与 485 电路隔离两侧的寄生电容 33pF 的串联。这时共模电流路径（2）-2 的共模电流 $I_{\text{cm(2)-2}}$ 应该用以下公式估算：

$$I_{\text{cm(2)-2}} = C\text{d}U/\text{d}t = 33\text{pF} \times 2\text{kV}/5\text{ns} = 13\text{Ap}$$

式中，C 为 485 通信电缆和隔离两侧的寄生电容的串联，等效约为 33pF；dU 为 EFT/B 脉冲信号的幅度，为 2kV；dt 为 EFT/B 脉冲信号的上升时间，为 5ns。

根据第 2 章关于 EFT/B 干扰电路的原理，加入 PCB 中两个器件的地引脚 GND 之间的存在的寄生电感 L =10nH（实践证明 10nH 的寄生电感在 PCB 设计中非常常见），那么当共模电流流过时，以共模电流路径（2）-2 为例，该寄生电感两端的压降 ΔU 为：

$$\Delta U = |L \times \text{d}I / \text{d}t| = 10\text{nH} \times 40\text{A} / 5\text{ns} = 80\text{V}$$

这是一个非常危险的电压。

3. 共模路径（3）

共模电流路径（3）是一条接地路径，它是一条对提高该产品 EMC 性能非常有利的共模电流路径。在这个路径中，设计者应该重点关心该接口的共模滤波电路设计及接地线设计的低阻抗问题。

9.1.4 产品接地与浮地分析实例

产品接地可以将外界干扰在到达产品内部电路之前导入大地，使内部电路免受干扰影响，并将产品内部电路产生的 EMI 噪声电流在流向 I/O 之前导入大地，避免产品 EMI 问题的发生。

因此，产品是否接地，对产品的 EMC 风险非常重要。系统接地将大大降低产品的 EMC 风险，因此应该尽量避免浮地系统的存在。通常一个带有模拟量测量系统的浮地产品，是很难通过电快速瞬变脉冲群等级 4 的测试的。除非有一个很好的金属平面与该产品的电路直接连接或通过 Y 电容连接，而使大部分共模电流通过金属板流动。也许这一点对于特定的产品来说是一句空话，因为对于很多特定的产品，由于应用环境的限制，设计工程师并不能选择其是否接地。但是作为 EMC 分析，设计者必须清楚，当你设计的产品为浮地产品时，EMC 风险也随之增大。

产品应尽量避免浮地。如果采用浮地，则应记下这个风险点。

该产品是接地产品，通过 Y 电容现实产品工作地 GND 与金属外壳之间的连接，将金属外壳接地，这点对提高产品的 EMC 性能有很大的帮助。

但是由于产品的接地点仅在电源接口附近，反而会导致当干扰施加在 485 通信线或电机控制线上时加大流过内部电路的共模电流，如图 9.2 和图 9.3 所示的共模电流路径（1）-1 和（2）-1。

9.1.5 局部接地、隔离与浮地分析实例

如果产品核心电路是浮地的，那么它的一些通信接口、模拟量输入/输出接口等就要采取隔离措施，以将这些通信接口、模拟量输入/输出接口等接地。如果通信接口、模拟量输入/输出接口等使用屏蔽电缆，那么这一点将变得更加重要。

产品实际设计如果与这条不一样，就要给出足够的理由并记下这个风险点。

485 接口信号与内部控制电路的通信采用光耦隔离，电源采用变压器隔离，这样有助于实现对共模电流的隔离，但是由于被隔离的 485 电路处于悬浮状态，并且由于隔离电路之间的寄生电容较大，使得注入 485 接口的共模电流还是会流向 GND。最好的做法是将 485 接口电路的工作地 GND1 通过 Y 电容在接口处与金属外壳实现低阻抗连接，如通过螺钉连接。

9.1.6 产品系统接地方式分析实例

EMC 意义上产品系统接地线的尺寸至少应该 10cm 长，并且是长宽比小于 5 的低阻抗金属。安规意义上的黄绿 PE 接地线，不符合 EMC 的要求，因为其在高频下阻抗较大，寄生电感约为 10nH/cm。这样产品系统接地端子的设计必须具有接较宽接地线的能力，如编织铜带。

如果不能做到这一点，就必须给出足够的理由并记下这个风险点。

该产品通过金属螺柱与系统大地相连，测试时可用编织铜带代替。

9.1.7 工作地和大地（保护地或机壳地）之间的连接点的位置分析实例

产品接地（接保护地或机壳地）的目的是为了让干扰（共模电流）流向大地，因此，产品内部工作地与大地之间的连接位置必须要能避免共模电流流过产品内部电路板的工作地平面或扁平电缆等内部互连电缆，而且接地点的位置必要靠近注入共模干扰电流的 I/O 接口，不合理的连接点位置将引入共模电流的干扰。

如果不能做到这一点，就必须给出足够的理由并记下这个风险点。

如产品内部工作地与大地之间接地点选择在电路板中 I/O 接口的另一侧，则将导致严重的 EMC 问题，这时就必须使用两个接地点，或将 I/O 接口组合在电路板的一侧。

该产品中只有在电源入口处有 Y 电容实现 CPU 工作地 GND 与金属外壳的连接，这样会加剧注入电机控制线与 485 信号线的共模干扰电流，因此除了 485 接口的工作地 GND1 要实

现与金属外壳之间良好的连接，CPU 控制电路的地 GND 在电机控制接口附近也要通过 Y 电容与金属外壳连接

注：从 EMC 考虑，CPU 控制电路的地 GND 在电机控制接口附近可以不通过 Y 电容而直接与金属外壳连接，但是由于该产品的 CPU 控制电路的电源并非隔离电源，出于安全考虑，CPU 控制电路的地 GND 与金属外壳连接只能通过 Y 电容连接。

9.1.8　金属板的形状和应用分析实例

金属板对提高产品电路的 EMC 性能有着极其重要的作用。金属板对提高产品 EMC 性能的原因是金属板上两点之间在较高频率下还能继续取得较低的阻抗，而其阻抗又取决于金属板的形状。因此在产品设计时，需要金属板具有长宽比小于 5 的尺寸，并且金属板与电路相连的各个点之间没有缝隙，因为缝隙的出现将增加金属板中两点间的阻抗。如 1cm 的缝隙会在跨于该缝隙的两点间产生 1nH 的寄生电感。

如果设计者决定采用金属板作为辅助部件来提高产品的 EMC 性能，那么金属板的使用必须满足以上描述的特点。如果不能做到这一点，就必须给出足够的理由。因此，EMC 专家必须与结构工程师进行充分的沟通，说明金属板设计的 EMC 要求。另外，金属板与其他工作地之间推荐使用可靠的连接方式，如使用螺钉、铆钉等连接。

该产品采用金属外壳，这样金属外壳就是一个很好的金属板，可以借助于此金属板实现各个地之间的地阻抗连接。

9.1.9　I/O 接口连接器在产品中或在电路板中的位置分析实例

那些流过共模电流的连接器应该集中放置在电路板的同一侧，这样可以防止共模电流流过整个电路板及其工作地（GND），分散放置意味着 EMC 风险的增加。将 I/O 接口连接器集中放置在电路板的一侧，可以降低 EMC 的风险。当然，承载的不同信号特性的连接器在同一电路板的同一侧放置时也应注意各信号间的串扰与滤波。

设计者在设计产品 I/O 接口连接器在电路板中的位置时，必须满足以上要求，如果不能做到这一点，就必须给出足够的理由并记下这个风险点。

该产品中存在电源接口、485 接口和电机控制接口，其中电源接口和 485 接口分布在 PCB 的同一侧，这有助于共模电流从这一个接口进入 PCB 后从附近的另一个接口流入大地，这一点很好。但是电机控制电路分布在 PCB 的另一侧，这将导致共模电流流经 PCB 中的工作地，如图 9.2 所示的共模电流路径（1）。因此建议将电机控制接口也放置在 PCB 的左侧，这样可以降低 EMC 的风险。

9.1.10　印制电路板之间的互连处理分析实例

按照共模电流在产品内部流动的规律，那些流过共模电流的连接器应该集中放置在电路板的同一侧，这样可以防止共模电流流过整个电路板及其工作地（GND），分散放置意味着 EMC 风险的增加。同样，互连线上的高速信号回流产生的压降是产品产生 EMI 问题的主要原因。因此对于直接接地的设备或通过 Y 电容接地的设备，必须保证产品中的排线和或产品内部互连与各个电路板之间的连接器应避免有共模电流流过。

对于浮地设备，共模电流的路径通常由产品对地及各电路部分之间的寄生电容决定，所以很难做到共模电流不流过排线和/或产品内部互连与各个电路板之间的连接器。因此，对于

浮地设备，如果设备中存在排线等扁平电缆或类似互连电缆和连接器，并且排线扁平电缆或类似互连电缆和连接器中有以上定义的共模电流流过时，那么：

- 对于连接器来说，必须把连接器中的地与连接器的金属外壳在互连线的两端直接相连或通过电容相连；
- 对于排线扁平电缆或类似互连电缆来说必须有地平面存在；
- 所有连接器和排线中的信号需要做滤波处理。

如果以上措施均不能执行，那么必须重新设计互连线和连接器在产品中的位置，使共模电流不流过互连线和连接器，如取消用互连线，将所有电路集中到一个电路板中。否则，就必须给出足够的理由并记下这个风险点。

由于产品采用非屏蔽电缆，因此产品中所有外部输入/输出非屏蔽电缆中的信号都要进行滤波处理。滤波包括共模与差模。具体电路形式参见原理图的 EMC 分析。

另外，该产品采用单一 PCB，不存在 PCB 之间互连线或排线。

9.1.11　电缆类型及屏蔽电缆屏蔽层的连接方式分析实例

产品中所有外部输入/输出非屏蔽电缆中的信号都要进行滤波处理。屏蔽电缆的屏蔽层必须在连接器入口处与接地的金属板或金属连接器外壳相连，并做 360° 搭接或与浮地系统中 GND 相连。EMC 专家应该对实际电缆屏蔽层的连接方式进行描述，并给出改进方案。对于电缆屏蔽的连接方式，如果从风险的概念来评估，据经验，30MHz 以上频率下，屏蔽层电缆具有零长度的“猪尾巴”，则没有风险；1cm 长度的“猪尾巴”存在 30%风险；3cm 长度的“猪尾巴”存在 50%风险；5cm 长度的“猪尾巴”存在 70%风险。

如果不能做到这一点，就必须给出足够的理由并记下这个风险点。

485 电缆是屏蔽电缆，对 485 信号进行滤波处理的同时，还需将 485 电缆的屏蔽层在连接器入口处与金属外壳连接，并做 360° 搭接。485 电缆屏蔽层接地示意图如图 9.5 所示。

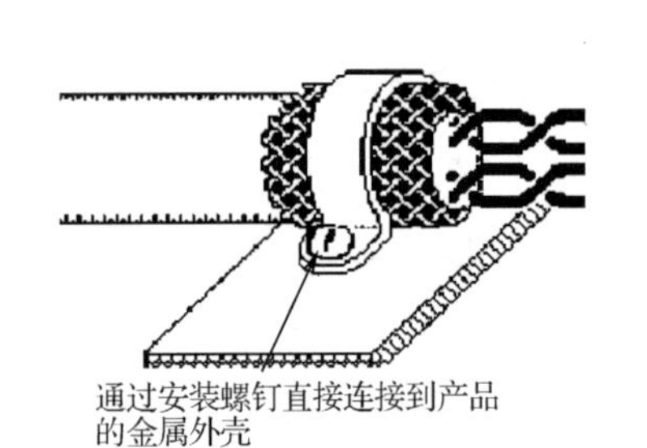

图 9.5　485 电缆屏蔽层接地示意图

9.1.12　屏蔽需求分析实例

屏蔽就是对两个空间区域之间进行金属的隔离，以控制电场、磁场和电磁波由一个区域对另一个区域的感应和辐射。也就是用屏蔽体将元器件、电路、组合件、电缆或整个系统的干扰源包围起来，防止干扰电磁场向外扩散；用屏蔽体将接收电路、设备或系统包围起来，防止它们受到外界电磁场的影响。

以下情况下需要对 PCB 及内部互连电缆进行屏蔽或局部屏蔽处理：

- 产品中存在流过共模电流的电缆距离 PCB 或内部互连电缆 10cm 以内；
- 内部时钟等工作电路的周期信号频率在 20MHz 以上，并且 PCB 和内部互连电缆的最大尺寸超过电路工作频率波长的 1/100；
- 内部时钟等工作电路的周期信号频率的倍频正好落在辐射发射测试要求的极低限值线的频段内（如船运标准中的 156～165MHz 之间 3m 处的辐射限值仅为 24dBμV/m）；
- 存在精度小于 10mV 的模拟电路（可以局部屏蔽）。

如果不能做到这一点，就必须给出足够的理由并记下这个风险点。

本产品的工作频率只有 4MHz，PCB 和内部互连线的最大尺寸小于 20cm，不需要进行屏蔽设计。

9.1.13　屏蔽体的设计方式分析实例

屏蔽设计往往与搭接联系在一起。搭接指在两金属表面之间构造一个低阻抗的电气连接。当两边的结构体不能完成很好的搭接时，通常需要通过密封衬垫来弥补，这些密封衬垫包括导电橡胶、金属丝网条、指形簧片、螺旋管、多重导电橡胶、导电布衬垫等。选择使用何种电磁密封衬垫时要考虑四个因素：屏蔽效能要求、有无环境密封要求、安装结构要求、成本要求。

屏蔽设计的关键是电连续性，有着最优化电连续性的屏蔽体是一全封闭的单一金属壳体。但是在实际应用中，往往有散热孔、出线孔、可动导体等，因此如何合理地设计散热孔、出线孔、可动部件间的搭接成为屏蔽设计的要点。孔缝尺寸、信号波长、传播方向、搭接阻抗之间合理的协调，才能设计出好的屏蔽体。

对于屏蔽体必须有:

- 孔缝的长边与流过屏蔽体的共模电流方向平行。
- 孔缝的最大尺寸不能超过以下两种情况下的最小尺寸:

① 电路最大工作频率波长的 1/100;

② 当这个屏蔽体有共模干扰电流流过时，小于 0.15m。

- 严禁屏蔽电缆直穿屏蔽体（电缆屏蔽层一定要与屏蔽体做 360° 搭接）。

如果不能做到这一点，就必须给出足够的理由并记下这个风险点。

本产品的工作频率只有 4MHz，PCB 和内部互连线的最大尺寸小于 20cm，不需要进行屏蔽设计。

9.1.14　开关电源中开关管上的散热器的处理分析实例

功率开关管是开关电源中的一个干扰源，功率开关管通常有较大的功率损耗，为了散热往往需要安装散热器。在这种情况下，散热器也成了开关电源核心干扰源中的一部分。由于散热器面积较大，因此使散热器表面很容易与其他相对应的 PCB 走线、器件、电源线等形成较大的寄生电容，而成为传送干扰的“祸源”。所以一般开关电源设计中需要将散热片进行接地或接变压器初级的“0V”或“GND”处理，其目的就是防止散热器成为一悬空的金属片，从而成为单极发射天线，并将开关管造成的噪声封闭在开关管散热器与变压器初级的“0V”之间。

散热片虽然不是电子器件，本身不会产生信号或干扰，但是它往往会成为传播信号或干扰的收发器，特别是在开关电源的设计中，散热片的设计对 EMC 测试结果将会产生很大的影响，合理设计散热片形状与安装方法，也是开关电源设计工程师需要考虑的。EMC 专家应该对实际散热片形状与安装方法进行描述，并给出改进方案。

如果不能做到这一点，就必须给出足够的理由并记下这个风险点。

该产品中开关电源中的散热片需要与 GND 直接相连或通过 Y 电容互连（目前处于悬空状态）。

9.1.15 传导骚扰与辐射发射抑制措施的补充分析实例

以 EFT/B 测试原理为基础的产品 EMC 分析及其分析中采用的 EMC 措施，同样对产品的传导骚扰和辐射发射抑制有效，但是还需要对额外的传导骚扰和辐射发射抑制措施进行补充。更多的传导骚扰和辐射发射抑制措施意味着产品 EMI 风险的降低。

产品安装在金属外壳中，金属外壳可以作为屏蔽壳体。

9.1.16 产品抗 ESD 干扰措施的补充分析实例

（1）非金属外壳产品或浮地产品。

产品机械架构设计必须防止 ESD 直接放电至印制信号线，如 ESD 空气放电是通过绝缘击穿放电造成的，击穿过程中，ESD 会通过各种各样的途径自动找到设备最近的放电点，形成特定的空气放电。因此，对于非金属外壳的产品或浮地产品，首先应该考虑产品的可接触表面与产品内部的任何金属体之间具有足够的爬电距离（金属体可接触表面之间沿绝缘体表面的最短距离），确保电子产品的可接触表面与电路各导体之间的路径具有足够的长度，如 6mm 可以承受±8kV 的空气放电，10mm 可以承受±15kV 的空气放电。

如果不能做到这一点，就必须给出足够的理由并记下这个风险点。

产品安装在接地的金属外壳中，并且 ESD 放电点与 PCB 内部电路之间具有足够的爬电距离。

（2）需要进行 ESD 测试的连接器。

指出需要进行 ESD 测试的连接器（通常那些产品应用者接触不到或只有维修人员才能接触到的连接器才不需要进行 ESD 测试，并且这些信息应该在产品说明书中进行说明）。需要进行 ESD 测试的金属连接器必须进行接地（浮地产品接 GND）处理，非金属连接器的表面到内部任何金属体之间必须有足够的爬电距离。

如果不能做到这一点，就必须给出足够的理由并记下这个风险点。

485 接口电缆虽然是屏蔽电缆，但是连接器并非金属外壳，因此选用 485 接口连接器时必须要求连接器具有这样的机械特性：当静电放电枪头靠近 485 连接器时，在任何一点位置都要保证静电放电枪头到 485 连接器内导体的距离大于静电放电枪头到金属外壳的距离。只有这样，静电放电才总是发生在静电放电枪头与金属外壳之间，而不是静电放电枪头与 485 连接器内导体之间，目前选用的连接器存在此风险。电机驱动接口连接器由于只有维修人员才能接触到，因此不需要进行 ESD 测试，但是建议在产品说明书中进行说明。

（3）扁平电缆的处理。

ESD 放电过程中伴随着一个频率范围在 1～500MHz 的强磁场，并会感性耦合到邻近的每一个布线环路，扁平电缆通常存在较大的信号环路，因此必须采用一定的防止 ESD 措施，常用措施有：

① 对扁平电缆的所有信号进行滤波；

② 将电缆屏蔽；

③ 避免电缆暴露在 ESD 放电产生的强磁场中。

如果不能做到这一点，就必须给出足够的理由并记下这个风险点。

该产品不存在扁平电缆或类似的内部信号互连电缆，因此此风险不存在。

9.1.17　其他 EMC 方面的考虑

1. 软件处理

软件本身不属于 EMC 范畴，但它可以作为一种容错技术在 EMC 中应用，它的作用主要集中体现在产品的抗扰度技术中。如通过软件陷阱抵御因干扰造成的 CPU 程序“跑飞”；通过数字滤波消除信号中的噪声以提高系统精度；通过合理的软件时序机制，避开干扰效果的呈现等。

产品设计时，是否考虑使用软件陷阱、数字滤波等措施将影响产品 EMC 设计的风险。

本产品不涉及软件处理，无须考虑使用软件陷阱、数字滤波等措施对产品 EMC 设计的影响。

2. EMC 设计成功率的估算

虽然估计产品架构设计的 EMC 成功率比较困难，但是这是企业在产品开发流程中比较关键的一步，因为这对于管理者和系统工程师来说是个非常重要的数据，他们可以依据此数据来判断项目成本、时间及成败。参与架构分析的 EMC 专家可以通过对 7.1.1 ~ 7.1.16 节内容的满足率来大致估计 EMC 设计的成功率。通过实践，发现满足该方法所有要求的机械架构设计将会取得 90%以上的 EMC 成功率。

通过以上分析，可见该产品目前的架构设计存在较严重的 EMC 问题，它的 EMC 机械架构成功率估计在 50%左右。如果能采纳本分析文档中的所有建议，那么该产品的 EMC 机械架构设计成功率可达 90%。

9.2　单板设计的 EMC 分析实例

单板设计的 EMC 分析仅适用于复杂系统，当一个系统包含很多块 PCB 时，仅用“产品机械架构 EMC 设计分析”不能完全表达出所有产品的 EMC 信息，因此需要用“单板设计的 EMC 分析”来进行补充，即对每一块单板或部分主要单板再进行一次机械架构的 EMC 风险，其分析内容可以完全与“产品机械架构 EMC 设计分析”一样。

该产品只有一块 PCB，不需要再单独进行单板设计的 EMC 分析。

9.3　电路原理图的 EMC 设计分析实例

9.3.1　电路原理图的 EMC 设计分析原理

产品电路原理图的 EMC 设计分析原理见 7.3.1 节。

9.3.2　电路原理图的功能描述实例

将产品的电路原理图列出，并做必要的解释，表达出原理图中各个功能块的功能。对于那么特殊的电路进行说明，如：

- 那些不能进行电容滤波的信号；
- 超低电平的信号；
- 大电流、高电压的信号；
- 对阻抗有特殊要求的信号；
- 非常敏感的信号；
- 高速信号；
- 对边沿有特殊要求的信号等。

该产品的电路原理图如图 9.6～图 9.8 所示。

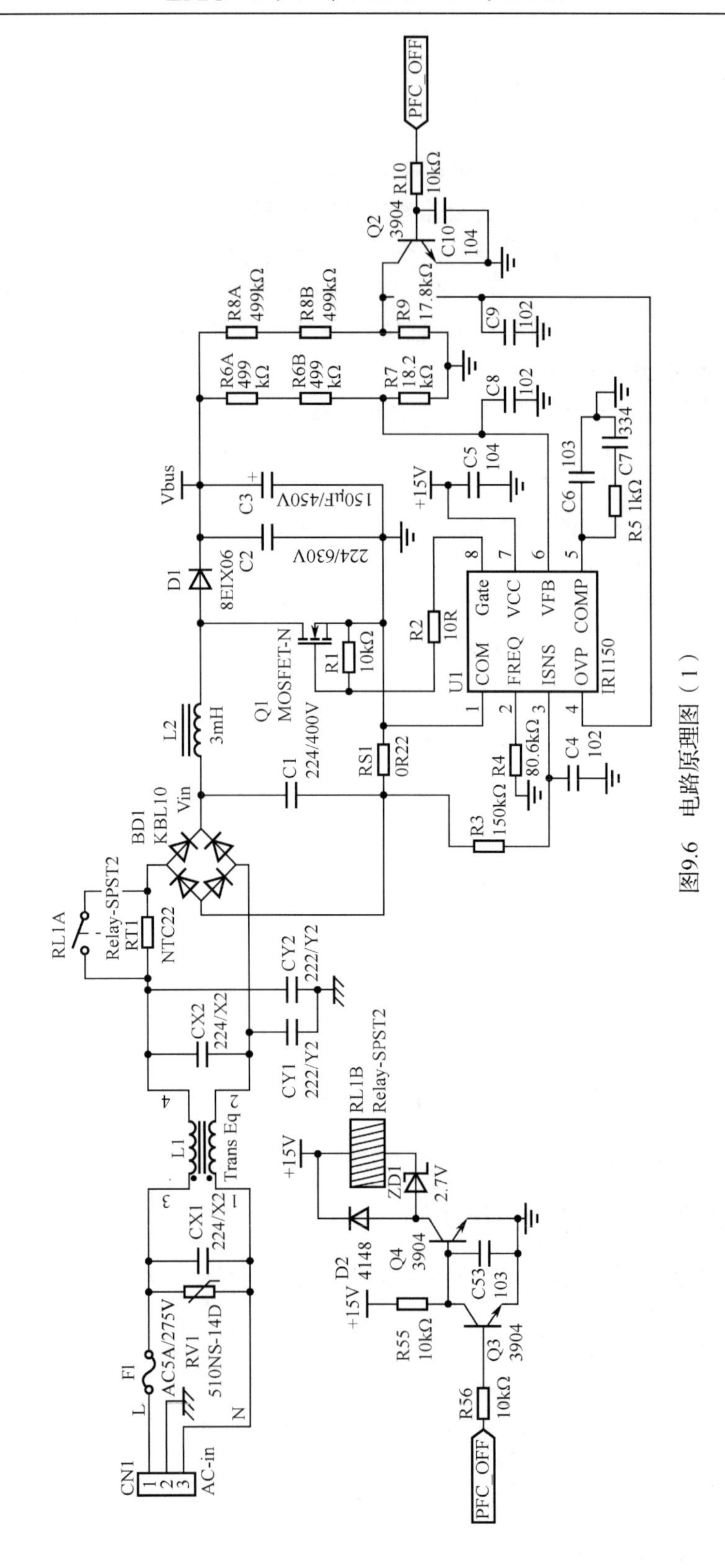
PFC_OFF
R10
10kΩ
Q2
3904
C10
104
R8A
499kΩ
R8B
499kΩ
R9
17.8kΩ
C9
102
R6A
499
kΩ
R6B
499
kΩ
R7
18.2
kΩ
C8
102
C5
104
+15V
C6
103
C7
334
R5 1kΩ
Vbus
C3
150μF/450V
C2
224/630V
D1
8EIX06
Gate
VCC
VFB
COMP
COM
FREQ
ISNS
OVP
U1
IR1150
R2
10R
R1
10kΩ
Q1
MOSFET-N
L2
3mH
C1
224/400V
RS1
0R22
R4
80.6kΩ
C4
102
R3
150kΩ
Vin
BD1
KBL10
RL1A
Relay-SPST2
RT1
NTC22
CY2
222/Y2
CX2
224/X2
CY1
222/Y2
RL1B
Relay-SPST2
L1
Trans Eq
+15V
ZD1
2.7V
CX1
224/X2
D2
4148
Q4
3904
C53
103
F1
AC5A/275V
RV1
510NS-14D
+15V
R55
10kΩ
Q3
3904
R56
10kΩ
PFC_OFF
L
N
CN1
AC-in

图9.6 电路原理图（1）

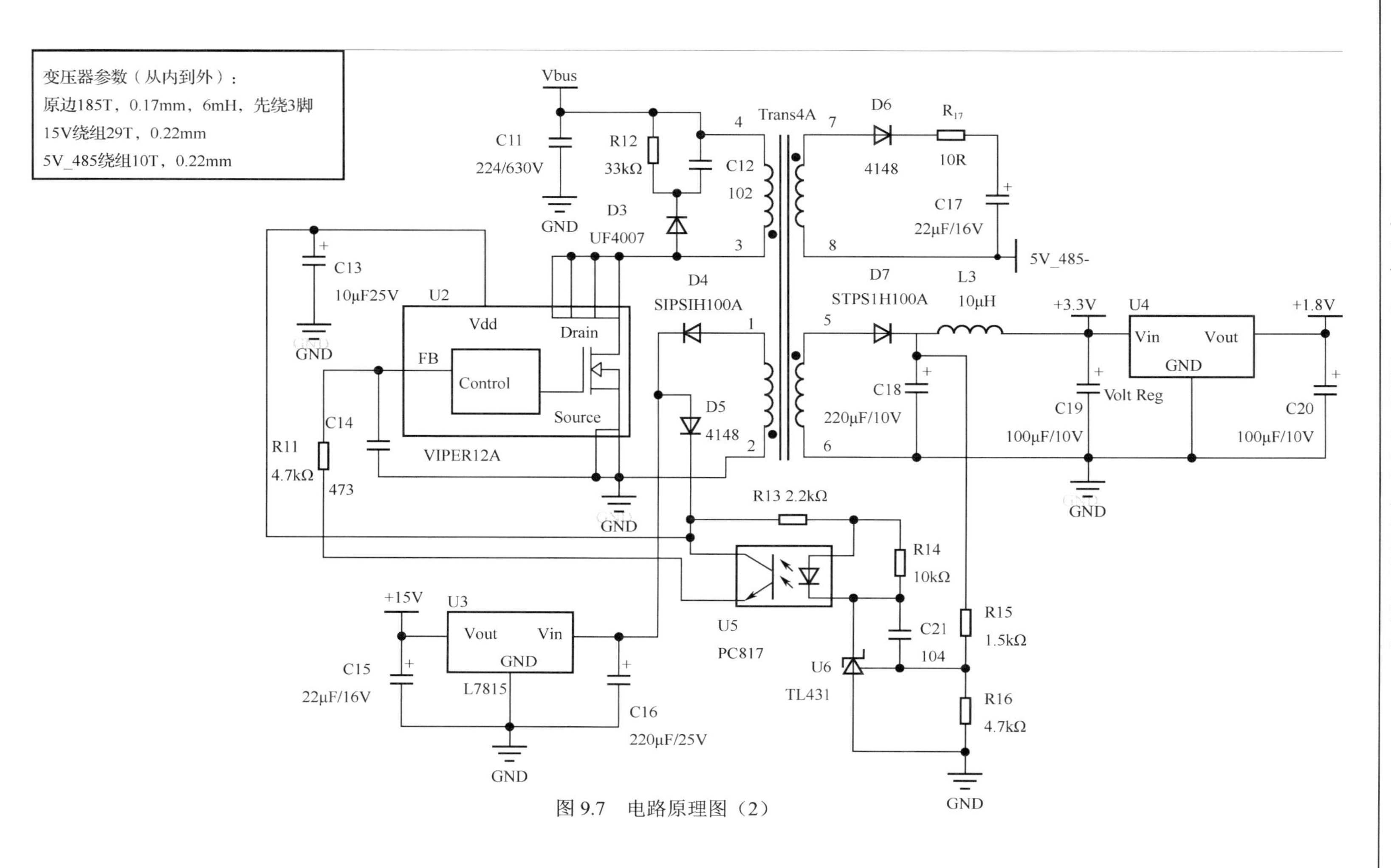
变压器参数（从内到外）：
原边185T，0.17mm，6mH，先绕3脚
15V绕组29T，0.22mm
5V_485绕组10T，0.22mm
Vbus
C11
224/630V
GND
R12
33kΩ
C12
102
D3
UF4007
4
3
Trans4A
7
8
5
6
1
2
D6
4148
R17
10R
C17
22μF/16V
5V_485-
C13
10μF25V
GND
U2
Vdd
Drain
FB
Control
Source
VIPER12A
C14
473
R11
4.7kΩ
GND
D4
SIPSIH100A
D5
4148
D7
STPS1H100A
L3
10μH
C18
220μF/10V
+3.3V
U4
Vin
Vout
GND
+1.8V
C19
100μF/10V
Volt Reg
C20
100μF/10V
GND
R13 2.2kΩ
R14
10kΩ
U5
PC817
C21
104
U6
TL431
R15
1.5kΩ
R16
4.7kΩ
GND
+15V
U3
Vout
Vin
GND
L7815
C15
22μF/16V
C16
220μF/25V
GND

图9.7　电路原理图（2）

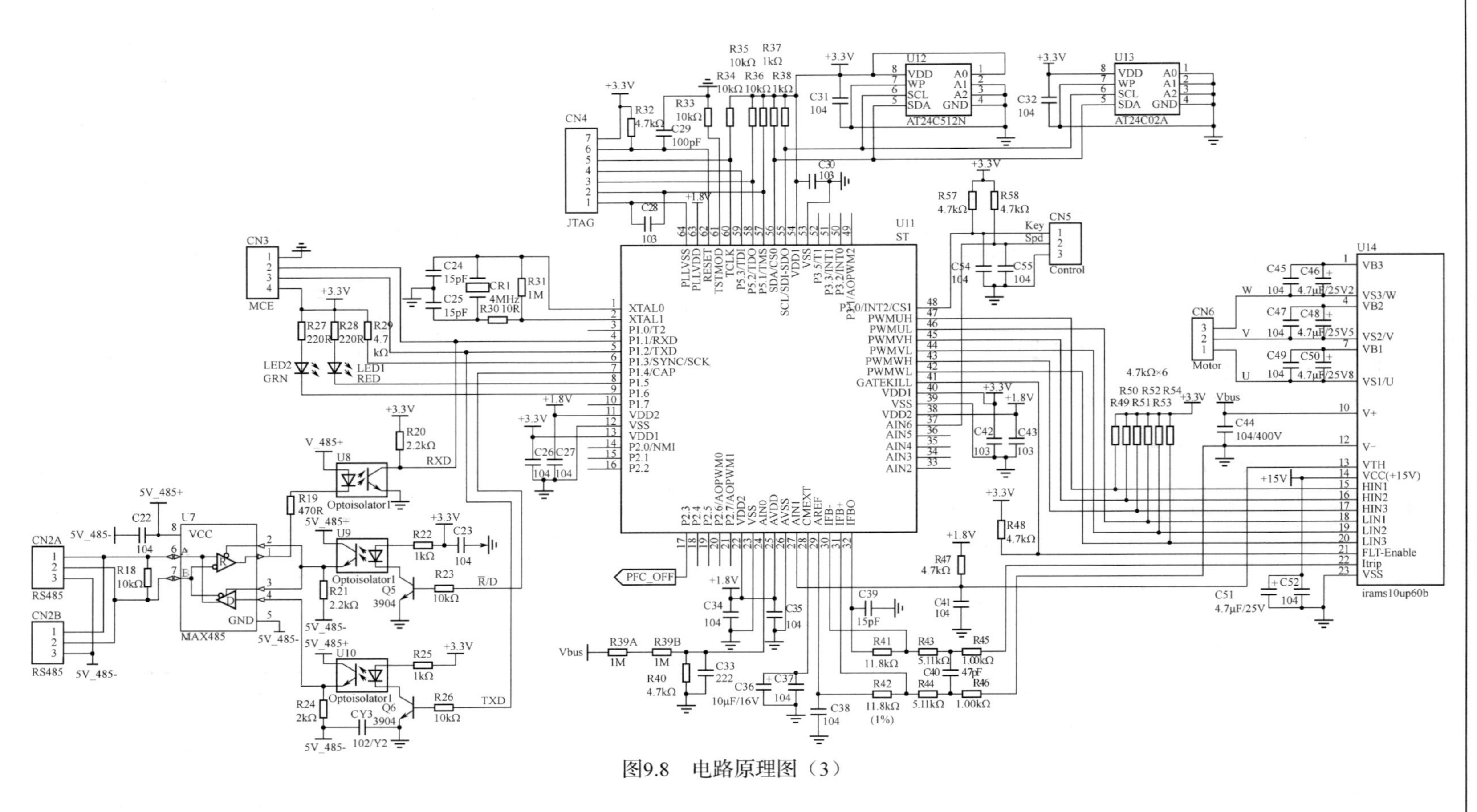
U14
irams10up60b
VB3
VS3/W
VB2
VS2/V
VB1
VS1/U
V+
V-
VTH
VCC(+15V)
HIN1
HIN2
HIN3
LIN1
LIN2
LIN3
FLT-Enable
Itrip
VSS
CN6
Motor
Vbus
C44
104/400V
C51
4.7μF/25V
+15V
4.7kΩ×6
R49 R51 R53
R50 R52 R54
U13
AT24C02A
U12
AT24C512N
VDD
WP
SCL
SDA
A0
A1
A2
GND
CN5
Control
Key
Spd
U11
ST
PFC_OFF
CN4
JTAG
CN3
MCE
LED1
RED
LED2
GRN
U8
U9
U10
Optoisolator1
RXD
R/D
TXD
Q5
3904
Q6
3904
U7
MAX485
VCC
GND
CN2A
RS485
CN2B
RS485
5V_485+
5V_485-
V_485+
+3.3V
+1.8V
Vbus

图9.8 电路原理图（3）

9.3.3 电路原理图的 EMC 描述实例

进行 EMC 描述后的电路原理图如图 9.9～图 9.11 所示。

电路原理图 EMC 描述包括如下几个方面：

（1）找出电路中的“脏”电路和信号线，并将“脏”电路部分用“红”方框标出，见图 9.9～图 9.11，这些“脏” 电路和信号线通常包括：

- 需要进行 EMC 测试的 I/O 线；
- 不直接进行干扰测试，但是与干扰噪声源有直接容性耦合的器件和电路。

（2）找出电路中的滤波电容与去耦电容，将放置在以下位置上的滤波电容用“黄”方框标出，见图 9.9～图 9.11。

- I/O 接口上的滤波电容；
- 不直接进行干扰测试的电缆接口上的，但与干扰噪声源和参考接地板之间有直接容性耦合的器件和电路上的滤波电容；
- 各个芯片的电源去耦电容；
- 内部 PCB 互连信号线上的滤波电容。

（3）找出电路中“干净”的信号、器件及电路。这些干净”的信号、器件及电路通常是滤波电容后一级的信号线、器件及电路，并将其用“绿”方框标出，见图 9.9～图 9.11。

（4）找出电路中那些必须进行特殊处理的信号线（如时钟线、开关电源的开关噪声回路、复位信号线、低电平模拟信号线、高速信号线等），并将其用“紫”方框标出，见图 9.9～图 9.11。

9.3.4 电路原理图的滤波分析实例

（1）“脏”电路和信号线。

如果与其相连的 I/O 电缆为非屏蔽线，那么这些信号至少包含具有一个电容以上的滤波器或滤波电路。滤波电容在不影响信号质量的情况下，通常为 1～100nF。当不能使用电容滤波时，建议使用共模电感。如果后一级电路非常敏感，可以采用 LC、RC 或多级滤波。如果是屏蔽线，那么这个要求将被降低（具有良好屏蔽层接地的屏蔽线，通常具有 90%的屏蔽效能）。

如果不能做到这一点，就必须给出足够的理由并记下这个风险点。

对 485 接口进行共模滤波处理，可采用共模电感的方式，也可以在共模电感与接口芯片之间增加电容，与共模电感一起组成 LC 滤波，其中电容的值不能太大，可以尝试 1nF 以下，以免影响 485 通信功能。485 接口的滤波如图 9.12 所示。

对电机控制信号接口进行滤波处理，即分别在 V、W、U 信号与 GND 之间并联电容，值为 10～100nF。

对于电源接口的滤波，需要将 EMC 描述后的电路原理图（参见图 9.9～图 9.11）中的 C1 移至 Q1 两端，Y 电容 CY1、CY2 移至 GND 和金属外壳之间，具体在 PCB 上的位置见图 9.16。

在 GND 和金属外壳地之间增加一个 Y 电容，电容值为 2.2nF，放置在电机控制接口附近，称为 CY4。

在 485 通信接口工作地 GND1 和金属外壳地之间增加一个 Y 电容 CY5，电容值为 2.2nF，放置在 485 接口附近。

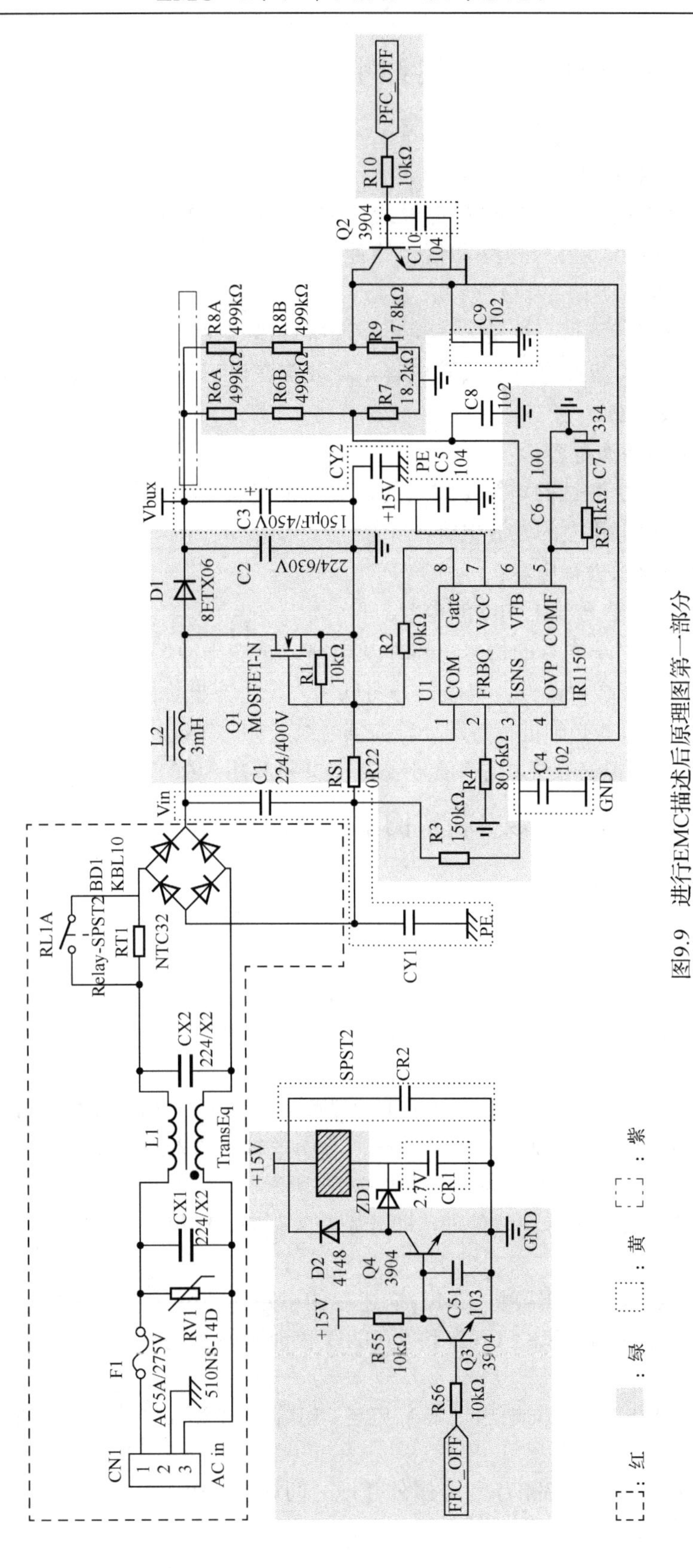

图9.9　进行EMC描述后原理图第一部分

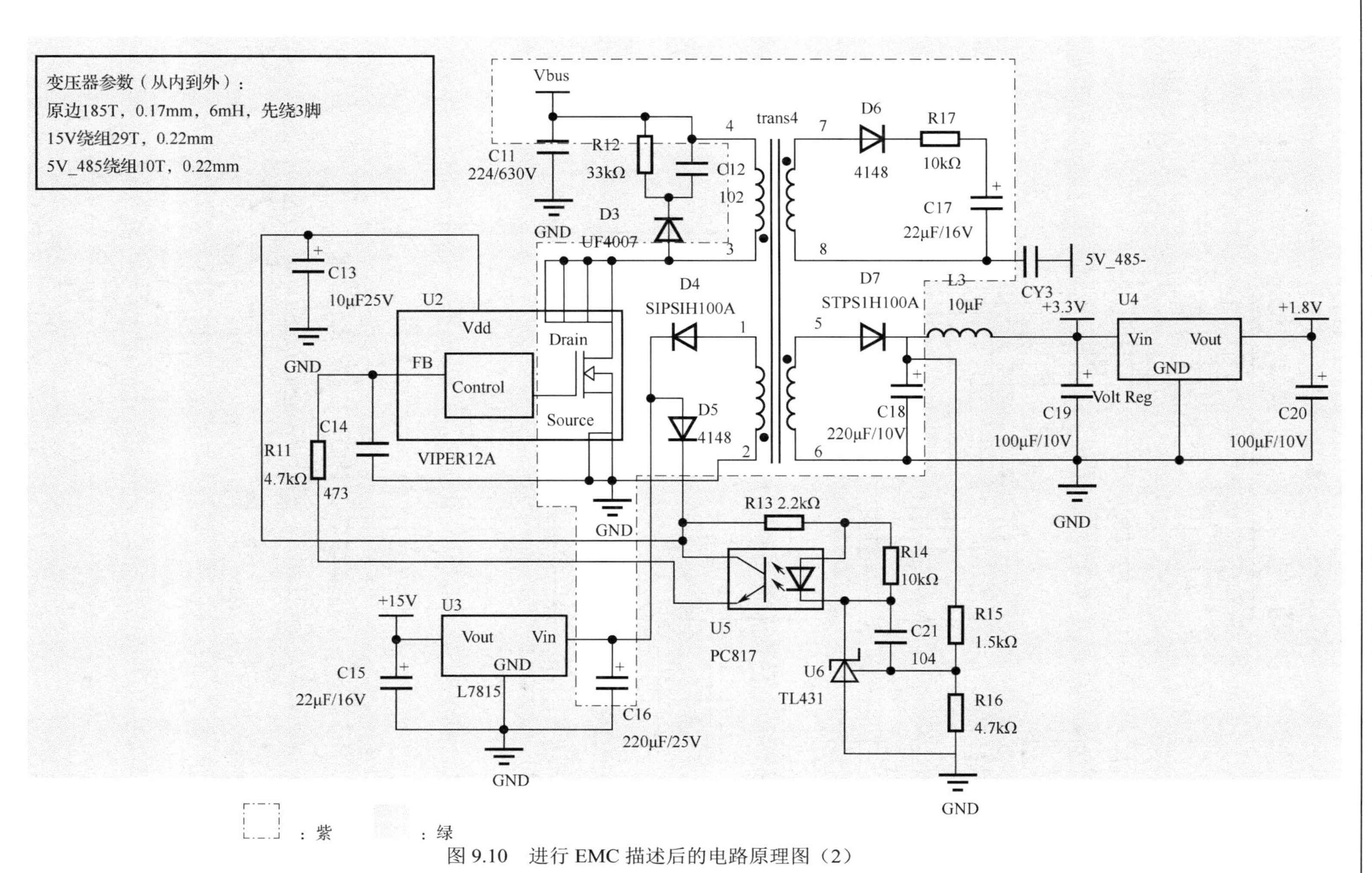

图 9.10　进行 EMC 描述后的电路原理图（2）

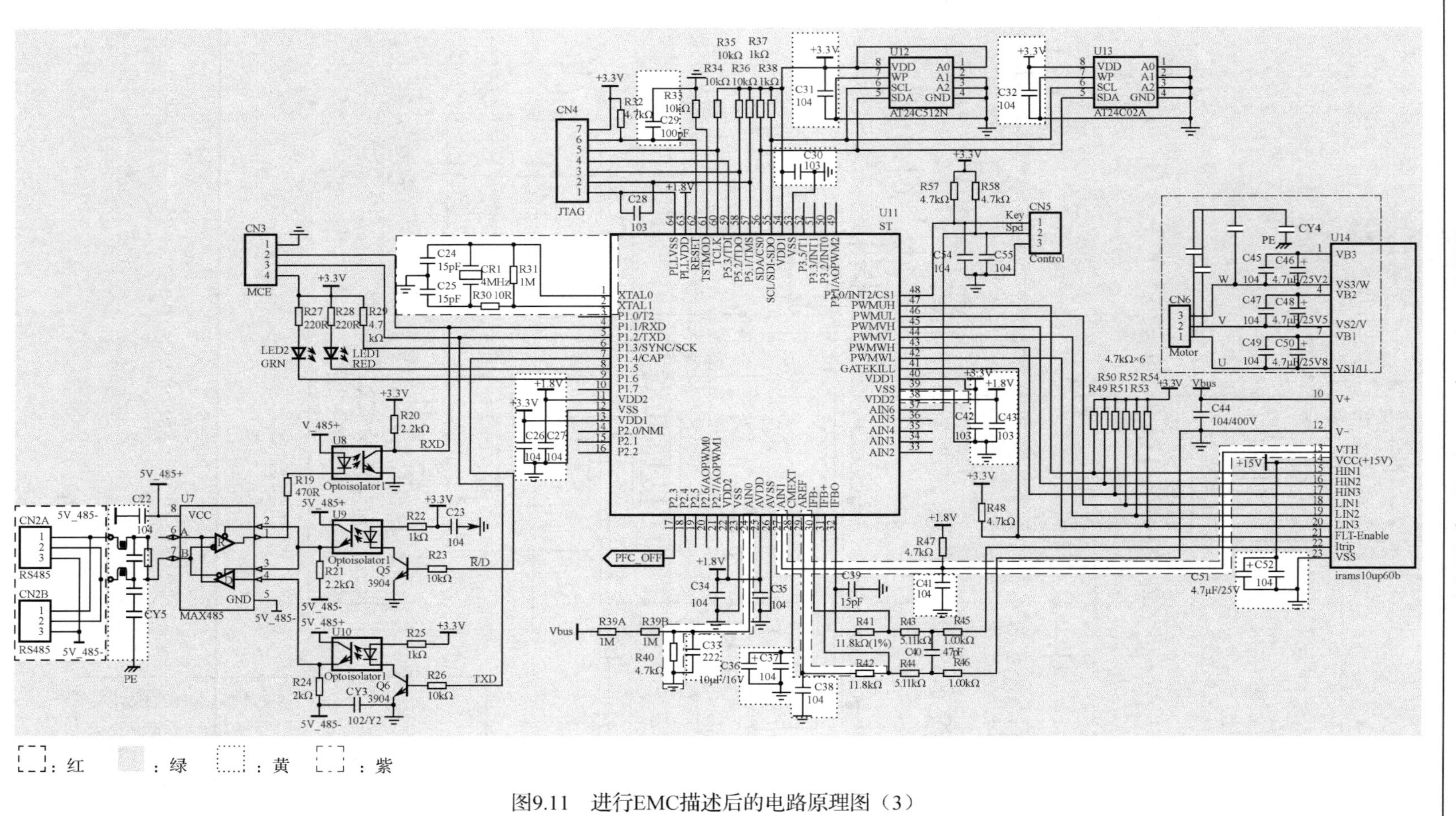

图9.11 进行EMC描述后的电路原理图（3）

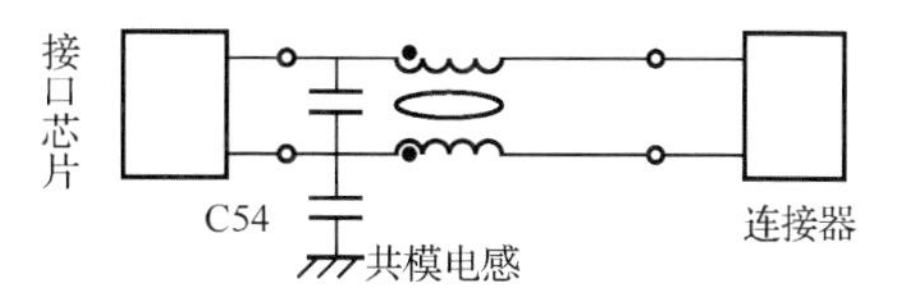

图 9.12　485 接口的滤波

继电器线圈 15V 与 GND 之间增加 100nF 的电容。增加此电容主要是因为继电器触点所在的信号线处在红色的“脏”信号区域，而且继电器的触点与线圈之间存在较大的寄生电容（约 10pF），因此，为了防止共模干扰电流从此寄生电容进入内部控制电路，必须在继电器的线圈控制线上增加电容（图 9.9 中的 CR1、CR2）进行滤波，并在 PCB 布线时注意“脏”线与“干净”线之间的串扰。

（2）产品中是否存在不带地平面的扁平电缆或类似互连电缆。

如果有这样的情况存在，当扁平电缆或类似互连电缆中有共模电流流过时，那么这根扁平电缆中的所有信号都要进行滤波处理，而且滤波电路至少包含一个电容。但是要注意，对信号进行滤波时，也要注意滤波电容对信号的影响。如果滤波电容使信号发生了本质的变化，就意味着此处不适合容性滤波，必须更改产品的架构，改变共模电流的流向，使共模电流不流过扁平电缆。

如果不能做到这一点，就必须给出足够的理由并记下这个风险点。

不存在扁平电缆，该点风险不存在。

（3）产品中是否存在这样的一些电缆和器件，这些电缆和器件虽然不直接进行 EMC 测试，但是其与干扰噪声源和参考接地板之间有直接容性耦合。

或这些电缆或器件所在的接口虽然不进行测试，但是所在的电缆、器件与参考接地板间存在较大的寄生电容，使得共模电流会流过这些接口，因此这些电缆和器件所在接口上的信号有必要进行滤波处理。

如果不能做到这一点，就必须给出足够的理由并记下这个风险点。

不存在这样的电缆和器件，该点风险不存在。

（4）芯片的每个电源引脚是否至少有一个去耦电容。

去耦电容的大小通常由器件的工作频率决定，对于去耦电容的选取，除了考虑其频响特性，还要考虑其容量。当频率大于 20MHz 后，0.1μF 的去耦电容比 0.01μF 的去耦电容频响特性差，因此建议在主频超过 20MHz 的电路中，尽量采用 0.01μF（甚至 0.001μF）的去耦电容，并保证每个芯片的每一个电源引脚至少有一个去耦电容。这样做一方面是出于功耗考虑，选取适当的电容以保证提供足够的瞬态电能（电平翻转时电流能供应），另一方面是因为离电源引脚较远放置的去耦电容会由于引线电感的作用而起不到应有的去耦作用。

如果不能做到这一点，就必须给出足够的理由并记下这个风险点。

把 C28、C42 和 C43 的值改为 100nF；

给 U8、U9、U10 的电源 5V_485+增加一个去耦电容，电容值为 100nF。

（5）敏感电路引脚是否有滤波处理。

外部中断（IRQ）引脚：

IRQ 引脚是 MCU 最为敏感的引脚之一，因为它可以在 MCU 上产生中断并引起 MCU 的动作。IRQ 既可能从一个在 PCB 上离 MCU 有点距离的设备上引入，也可以在一个内嵌的适配器或子系统卡上引入，因此对连接到 IRQ 引脚的任何接线的滤波是十分重要的。除滤波外，IRQ 接口的 ESD 保护也是非常重要的，在 IRQ 引脚上使用 TVS 管等瞬态抑制器件是较为恰当的做法。即使应用中对价格问题比较敏感，在 IRQ 引脚上的抗干扰和 ESD 保护的措施也不能减少。

复位（RESET）引脚：

通常在 MCU 上电启动和掉电时才会是 RESET 处理有效状态，非期望的复位可能会引起许多问题，因此 RESET 引脚也需要进行滤波处理。为了防止电压超过供电电压，也为了使当电源关掉时滤波电容快速放电，还推荐在 RESET 引脚上使用 TVS 钳位瞬态抑制二极管。

如果不能做到这一点，就必须给出足够的理由并记下这个风险点。

Reset、AIN0、AIN1、AREF 等敏感信号接口已有滤波电容，如 C29、C38、C33、C41。

（6）光耦的基极、发射极或集电极上是否有滤波电容。

光耦 U8 的集电极与 GND 之间增加 1nF 滤波电容，称为 C55；光耦 U9、U10 的射极与 485 通信接口工作地 GND1 直接增加 1nF 滤波电容，分别称 C56、C57。

9.3.5 地的 EMC 分析实例

（1）被光耦、磁耦、变压器、继电器等隔离器件分离的 AGND 与 GND 之间需要有电容跨接，容值在 1～10nF。

见图 9.11 中 CY3。

注：CY3 也可能使产品的抗干扰能力恶化，所以该电容仅为调试用，若产品测试失败，则可以拆除此电容后再进行测试。

（2）所有被分割在主电路之外的地平面需要通过 Y 电容旁路接地（接地设备接外壳地或系统地，浮地设备接主控制电路工作地 GND），不能有悬空的地平面。

特别是 I/O 接口被隔离的地平面，如被光耦、变压器、继电器隔离的地。通过 Y 电容将被分割的地平面接地是为了将流入接口的共模干扰电流引入大地。Y 电容容值为 1 ~ 10nF。

如果不能做到这一点，就必须给出足够的理由并记下这个风险点。

没有。因此增加如下电容：

① 在 GND 和金属外壳地之间增加一个 Y 电容 CY4，电容值为 2.2nF，放置在电机控制接口附近。

② 在 485 通信接口工作地 GND1 和金属外壳地之间增加一个 Y 电容 CY5，电容值为 2.2nF，放置在 485 接口附近。

（3）隔离的 AC/DC 或 DC/DC 开关电源的初级 0V 与次级所有的 GND 之间需要接 Y 电容。

同时还应注意，虽然该 Y 电容在抑止 EMI 方面取得很好的效果，但是由于该电容的存在必然会导致外界共模电流通过该电容进入变压器次级（变压器两端的寄生电容已经足够大，致使外界的共模干扰电流进入变压器次级）。尽管如此，没有特殊原因该电容必须保留。如果不能做到这一点，就必须给出足够的理由并记下这个风险点。

没有。但是该产品中的开关电源的初级 0V 与次级所有的 GND 之间是直接短接的，因此也同样可以解决存在于变压器两端的共模电压问题。只是这样做的结果是，GND 及其所在的所有电路将不再是安全电路，产品设计时要考虑产品在任何正常使用情况下，用户可接触的点与 GND 及其所在的所有电路之间采用加强绝缘。

（4）屏蔽电缆的屏蔽层是否接地合理。指出屏蔽电缆屏蔽层的连接点，并指出问题所在点和改进方法。

屏蔽电缆的屏蔽层应接在产品机壳地上，或对于浮地设备来说，屏蔽电缆的屏蔽层必须与 GND 相连。图 9.13 是工作地直接接地产品的屏蔽电缆接地原理图。图 9.14 是工作地通过 Y 电容接地产品的屏蔽电缆接地原理图。图 9.15 是浮地设备产品的屏蔽电缆接地原理图。

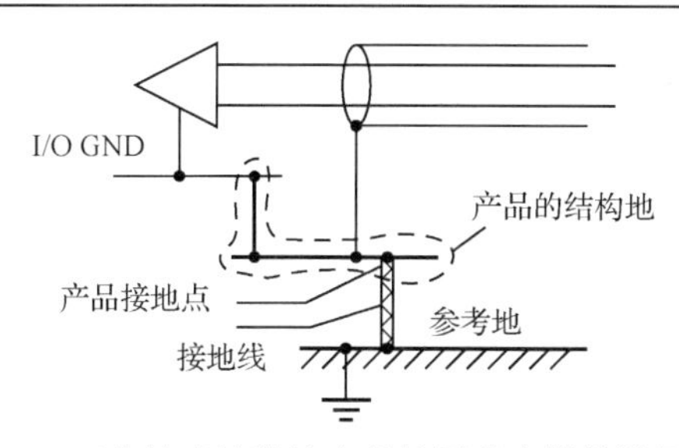

图 9.13　工作地直接接地产品的屏蔽电缆接地原理图

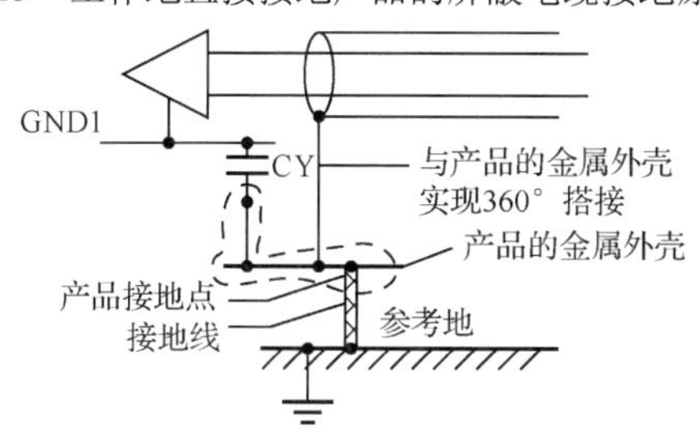

图 9.14　工作地通过 Y 电容接地产品的屏蔽电缆接地原理图

该产品不采用屏蔽电缆，产品 EMC 测试不能顺利通过，若要尝试采用屏蔽电缆（如 485 接口和电机控制接口），则按图 9.15 所示原理连接。

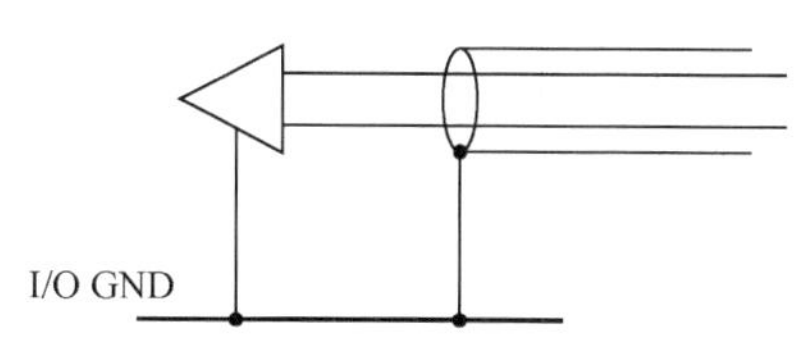

图 9.15　浮地设备产品的屏蔽电缆接地原理图

（5）产品中互连电缆。互连连接器或排线中的信号定义是否合理，是否具有足够小的环路和串扰。

对于不带地平面的电缆（如扁平线），至少要保证每根信号线边上有一个地线。

如果不能做到这一点，就必须给出足够的理由并记下这个风险点。

该产品不存在内部互连连接器。

9.3.6　高速信号线的 EMC 分析实例

将原理图中所有的高速信号线列于表 9.2，并对这些信号线做匹配检查和选择（始端匹配、终端匹配），以便在 PCB 布局布线时关注这些信号线。

表 9.2　高速信号线列表

信 号 名 称	互 连 始 端	互 连 终 端	信 号 频 率	上升沿时间	电平或电流
互连时钟线	U11 的 XTAL0、XTAL1	CR1、R30	4MHz	纳秒级	未知
开关管开关信号	存在于电容 C3、C11	变压器、开关电源主开关管	30kHz	未知	未知
之间的所有互连线	C17、D6	变压器	30kHz	未知	未知
之间的所有互连线	C18、 D7、R17	变压器	30kHz	未知	未知
之间的所有互连线	C16、D4	变压器	30kHz	未知	未知

时钟线串联 R30 限流，其他不需要匹配。

9.3.7 敏感信号线的 EMC 分析实例

将原理图中所有的敏感信号线列于表 9.3，并指出其处理方式（如电容滤波），以便在 PCB 布局布线时关注这些信号线。

敏感信号线应包括：

- 高输入阻抗的信号线；
- 低电平模拟信号线；
- 外部中断 IRQ 信号线；
- RESET 信号线等。

特别是外部中断 IRQ 或者复位 RESET 引脚上的处理比一般 I/O 更为重要，因为在这两个引脚上的干扰噪声如果引起错误的触发，那么可能会在电路的动作上产生一个灾难性的后果。

表 9.3 敏感信号线列表

信号名称	互连始端	互连终端	信号频率	上升沿时间	电平或电流
RESET 信号	R32	U11 的 RESET 引脚	非周期信号	未知	未知
参考电平信号	R42	U11 的 AREF 引脚	直流信号	直流信号	直流信号
AIN0 信号	U11 的 AIN0 引脚	R40	非周期信号	未知	未知
AIN1 信号	U11 的 AIN1 引脚	U14 的 VTH 引脚	非周期信号	未知	未知

对这些敏感线建议在可能的情况下都进行电容滤波。

RESET、AREF、AIN0、AIN1 为敏感信号线，必须进行电容滤波处理，并在 PCB 中进行包地处理。

9.3.8 未使用元器件及悬空信号线的 EMC 分析实例

悬空的金属、一端与电路相连另一端悬空的信号线、电缆及未用到的元器件（如多组封装器件中未用的与非门、二极管、LED 等）必须进行直接接地或通过电阻接地处理，其中未用到的元器件也可以用短路的方式，即将器件的输入/输出短路。

大多数 MCU 的引脚是高阻输入接口或者输入/输出接口。高阻输入接口容易受干扰的影响，假如输入接口没有适当处理而悬空，则可能在 MCU 的寄存器中锁存进错误的逻辑电平。未用的输入接口如果在 MCU 内部没有被处理，那么需要通过一个电阻（4.7kΩ或者 10kΩ）上拉或者接地来让输入接口有确定的状态。悬空的输入接口的电平通常为供给电压值的一半左右，或者因为内部泄漏电流的原因为一个不确定的值。特别是 CMOS 器件通常有比较大的电流损耗，当输入接口悬空时输入触发器处于半开半闭状态。

如果不能做到这一点，就必须给出足够的理由并记下这个风险点。

U11 中的 pin49～52，pin33～36，pin18～21，pin14～16，pin10，pin3 均为悬空，需要进行直接接 GND 处理或通过电阻、电容接 GND。

9.4　PCB 布局布线的建议实例

9.4.1　PCB 布局布线的建议的意义

PCB 布局布线的建议的意义见 7.4.1 节。

9.4.2　PCB 层数及层分配

从 EMC 方面考虑，除非 2 层板也能设计出较为完整地平面，否则最好采用带有地层和电源层的 4 层以上的 PCB。实践证明，4 层板与 2 层板相比，4 层板能取得高于 2 层板 100%的 EMC 性能（注意：4 层板以上并非层数越多越好）。2 层板通常地平面很难设计完整，如果使用 2 层板，那么工程师者要特别注意地平面的设计。

PCB 板层的排布原则：

（1）元件面下面（第二层）为地平面，提供器件屏蔽层以及为顶层布线提供参考平面。

（2）所有信号层尽可能与地平面相邻。

（3）尽量避免两信号层直接相邻。

（4）主电源尽可能与其对应地相邻。

建议采用 4 层板，层分布建议如下：

第一层：信号层（包括功率器件和模拟信号器件及布线）；

第二层：地层（包括 GND 和 GND1）；

第三层：电源层（3.3V、1.8V 及 5V_485+，VBUS 可以布在第一层）；

第四层：信号层（包括 CPU 等数字器件及数字信号）。

将模拟电路和数字电路分别放置在第一层和第四层是为了防止两者之间的串扰。

9.4.3　地平面和电源平面在 PCB 中的位置

地平面和电源平面在 PCB 中的位置见 7.4.3 节。

9.4.4　敏感元器件在 PCB 中的位置

敏感元器件一般放置在电路板的当中位置，并且在 PCB 中没有耦合的层上。

PCB 布局布线示意图实例如图 9.16 所示。

9.4.5　滤波器件在 PCB 中的相对位置

滤波电容通常放置在被滤波器件的相应引脚附近，或在共模电流泄放的路径中。所有的滤波电容的连接不能用长线的方式，而要保证低阻抗的连接，比较好的做法是，滤波电容引线长宽比小于 3，至少要做到小于 5。

参见图 9.16。另外，芯片电源引脚上的去耦电容应靠近引脚放置。

9.4.6　地平面的设计

共模电流流过的区域必须具有完整的地（GND）平面，完整地平面意味着一块没有任何过孔、开槽、裂缝且长宽比小于 3 的 PCB 铜箔。 以下几个地方通常需要使用完整地平面：

（1）共模电流的泄放路径上；

（2）有共模电流流过的两个器件的地引脚之间；

（3）接口上的滤波器电容、芯片去耦电容、旁路电容与地之间的互连线。

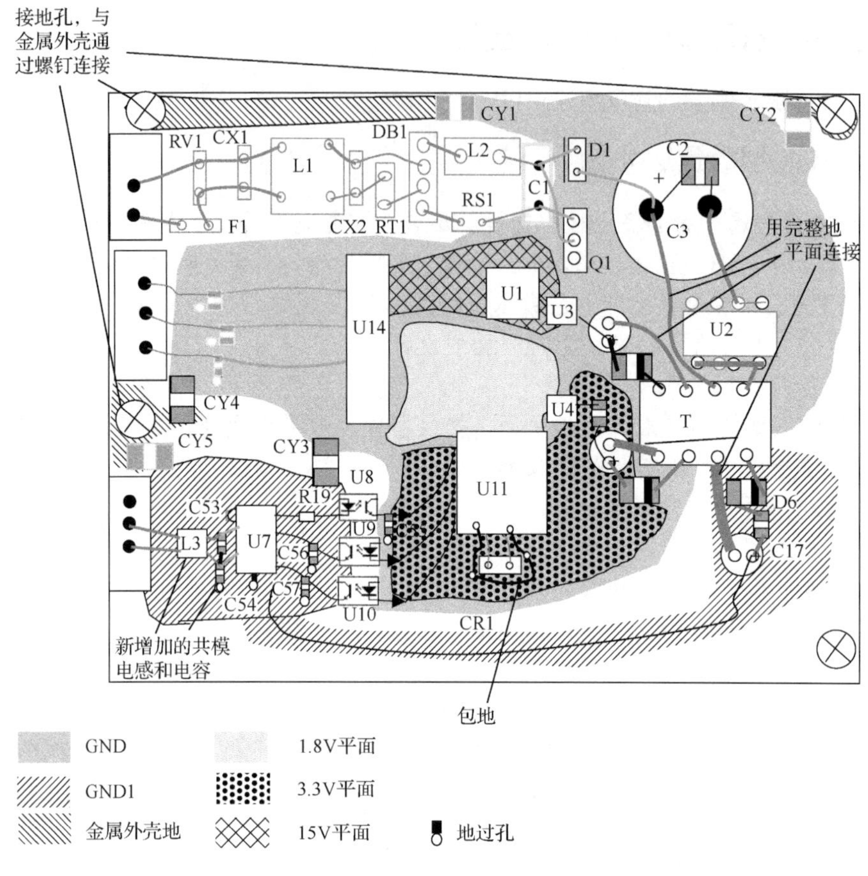

图 9.16　PCB 布局布线示意图实例

为了更好地实现 PCB 中的完整地平面设计，建议在 PCB 布局确定后，先将所需要的完整地平面布置好，并将需要进行完整地平面设计的区域设定为不能有任何过孔、开槽、裂缝等的区域，然后进行印制线布线设计。这样可以防止先把印制线布置好后，发现某区域的完整地平面并不完整再进行修改而带来的时间浪费（参见图 9.16）。

9.4.7　模拟电路地平面的设计

这里所述的模拟地 AGND 通常是产品中电平较低、对干扰比较敏感的电路的参考地。该平面必须设计在既没有共模耦合，也没有共模电流流过的位置上。如果没有办法避免共模电流流过 AGND，那么共模电流流过的路径必须为完整地平面。

参见图 9.16。

9.4.8　电源平面的设计

电源是产品电路的主电源，该平面通常在保证没有串扰发生的情况下尽可能大；并且电源平面尽量做到与 GND 地平面邻近，以增加电源平面与地平面之间的层间电容，这对高频去耦有效。

参见图 9.16。

9.4.9　串扰防止的处理设计

“脏”（“红”方框）的信号线、特殊处理的时钟信号线、高速信号线（特殊颜色）与“干净”（“绿”方框）信号线之间必须考虑串扰问题，处理串扰的方式一般有：

（1）对信号线进行包地处理，在互为串扰的信号线之间插入地线。

（2）把信号线分布在不同的层中，其间应有 GND 地层隔离。同一层中左右布置且没有包地，相邻层的上下平行布置，都认为存在串扰。

（3）信号线下方必须有地平面。

按模板中的串扰处理方式处理本产品电路中的脏信号线和干净信号线串扰。

9.4.10　特殊信号线（如时钟信号线、高速信号线、敏感信号线等）的处理设计

给出表 9.1 和表 9.2 所列出的高速信号线、敏感信号线等的布线注意方法，包括阻抗匹配、串扰等。始端阻抗匹配的电阻和限流电阻通常放置在信号发出端。在串扰处理上，除了考虑这些信号线在 PCB 中的具体位置，还应采取用屏蔽地线包地的方式处理。

时钟信号进行包地处理，并且 R30 靠近 CR1 放置。表 9.2 列出的敏感信号线应尽量短，并且滤波器件 C33 靠近 U11 中 AIN0 引脚放置；C41 靠近 U11 中 AIN1 AREF 引脚放置；C38 靠近 U11 中 AREF 引脚放置；C29 靠近 U11 中 RESET 引脚放置。

9.4.11　PCB 中空置区域的处理设计

所有空置区域都要铺铜处理，并将其通过适量过孔与 GND 相连。

9.4.12　其他建议

无。

9.4.13　PCB 布局布线示意图

画出 PCB 布局布线示意图是为了更直观地表达以上 PCB 布局布线的建议，并把一些用文字很难清楚表达的建议用示意图的方式表示出来。它所包含的内容是为了让 CAD 专家和工程师更容易理解。一般来说，在 PCB 布局布线示意图中，将表达出完整地平面（没有过孔、开槽、裂缝，长宽比小于 3）在 PCB 板中及与器件的相对位置，I/O 接口上的滤波电容、器件的去耦电容与器件、完整地平面的相对位置，及“脏”信号线、“干净”信号线在 PCB 中的具体位置或相对位置。其中“脏”信号线和“干净”信号线通常会被 I/O 接口上的滤波电容分离，并且其间不会发生串扰。滤波电容的接地端会集中接在完整地平面上。另外，那些需要进行包地处理的特殊信号线，也要在 PCB 布局布线示意图中被标出。

参见图 9.16。

9.5　PCB 设计审查实例

由于 9.4 节所述的电机驱动控制器产品在本书完稿前还未完成 PCB 局部布线，为了保持方法论实例的完整性，用另一电源产品的 PCB 设计审查作为实例，它仅仅是为了表达 PCB 设计审查的过程与内容，里面所描述的有关技术内容由于要结合该产品的原理图才能看懂，因此审查内容不做技术性参考。

9.5.1 PCB 设计审查的意义和任务

PCB 设计审查的意义和任务见 7.5.1 节。

9.5.2 地平面完整性设计审查

是否将 PCB 布局布线建议中关于地平面的建议都落实？

没有全部落实。

（1）地平面完整性及其阻抗审查状况见表 9.4。

表 9.4 地平面完整性及其阻抗审查状况表

序　号	原建议描述	实际处理方式	风险点描述
1	所有滤波电容的连接不能使用长线方式，而应保证低阻抗的连接，比较好的做法是，滤波电容引线长宽比小于 3，至少要做到小于 5	电容 C2、C102 和 C103 之间的连接阻抗较高，需要改进。这种高阻抗连接将导致共模滤波效果变差	很重要，必须改进
2	噪声源回路中，需要设计完整地平面（完整地平面意味着长宽比小于 3，没有任何过孔、开槽的地平面）	电源开关主回路（见图 9.17 中箭头线所示）中，变压器、开关管、储能电容及采样电阻之间的连接不是很好，连接线的寄生电感会增加开关噪声。这点对于开关电源的 PCB 设计非常重要，它是目前 PCB 设计的最主要的 EMC 风险所在	很重要，必须改进
3	同 1	C11 与 C10C 之间及 C10C 与 D10 之间的连接阻抗较高，需要改进	很重要，必须改进
4	同 2	图 9.18 中箭头所示的线路径上（TI 与 C105 之间）连接阻抗较高，需要改进	很重要，必须改进
5	同 2	电阻 R60、R60a、R60b、R60c 及电容 C60 与地平面之间的连接采用细长的印制线，阻抗较高，需要改进。细长的印制线将使电源共模 EMI 噪声增大，导致 EMI 测试风险	很重要，必须改进

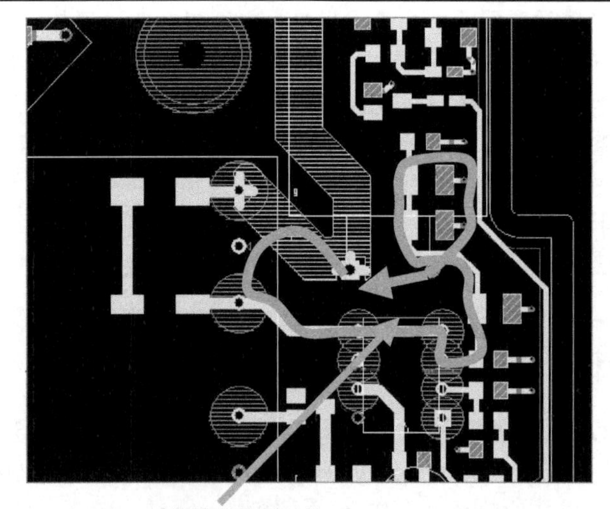

图 9.17 高阻抗开关回路连接

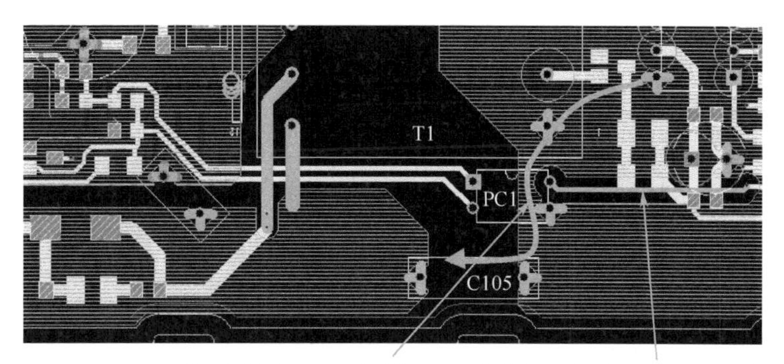

图 9.18　T1 与 C105 之间地平面连接

（2）对可能出现的风险点，列出可行的修改建议，见表 9.5。

表 9.5　可行修改建议列表

序　号	可行的修改建议
1	对于表 9.4 中 1，将 C102 移至靠近 C2 的位置，并将保证 C2 与 C102 之间的连接地线长宽比小于 3
2	对于表 9.4 中 2，增大图 9.18 所示箭头线所在路径中的印制线宽度，使其长宽比小于 3
3	对于表 9.4 中 3，按图 9.19 所示加粗 C11 与 C10C 之间及 C10C 与 D10 之间的连接线，使其长宽比小于 3
4	对于表 9.4 中 4，将 PC1 与 C105 左移，以扩大变压器次级的地平面，降低图 9.18 箭头线所示路径上的阻抗，并将图 9.18 所示的印制线换层，避免地平面长距离开槽而造成地平面阻抗升高
5	对于表 9.4 中 5，用长宽比小于 3 的铜箔将电阻 R60、 R60a、 R60b 、R60c 及电容 C60 互连起来，并通过地连接过孔在 C60 附近与地平面直接连接，地连接过孔数量在 3 个以上

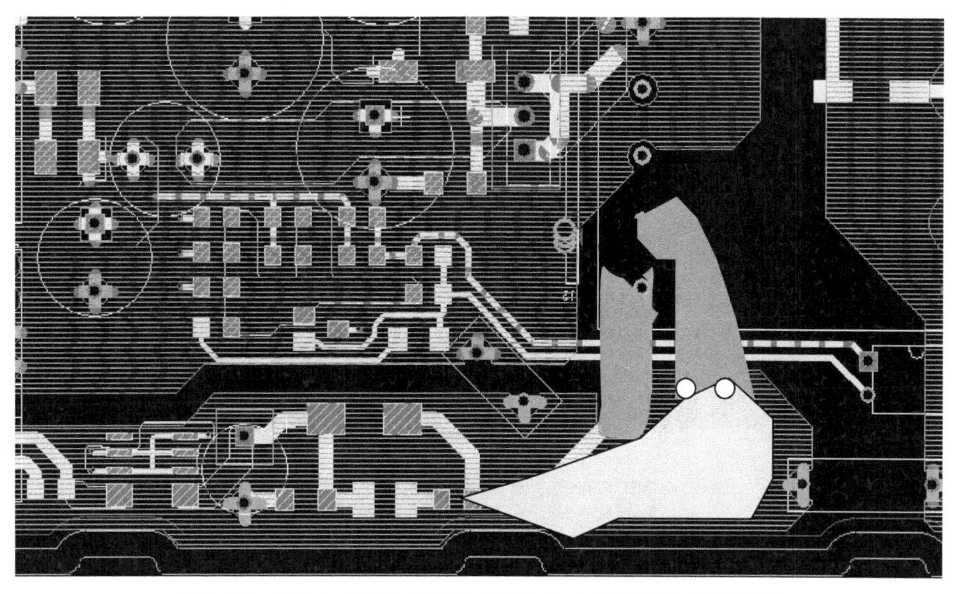

图 9.19　C11 与 C10C 之间及 C10C 与 D10 的连接线示意图

9.5.3 串扰防止设计审查

是否将 PCB 布局布线建议关于串扰处理的建议都落实了？

没有全部落实。

（1）串扰审查状况见表 9.6。

表 9.6 串扰审查状况表

序 号	原建议描述	实际处理方式	风险点描述
1	“脏”线和“干净”的线之间必须没有串扰	变压器次级的整流回路与其他控制信号线在原理图 EMC 分析中分别属于“脏”线和“干净”线，如图 9.20 所示，两者在 PCB 上位于同一层，且相互靠近，存在串扰。这种串扰会造成电源控制信号失效	很重要，必须改进
2	“脏”线和“干净”线之间必须没有串扰	电阻 R100、R100C 及与其相连接的印制线所在的位置没有 GND 覆盖，这样会增加这些信号线之间的串扰，及与外部干扰之间的耦合	很重要，必须改进
3	“脏”线和“干净”线之间必须没有串扰	如图 9.21 所示，在电源的主回路中，虚线框内的左侧印制线与右侧印制线在原理图 EMC 分析中分别属于“脏”线（存在噪声）和“干净”线，两者在 PCB 上位于同一层，且相互靠近，存在串扰	很重要，必须改进

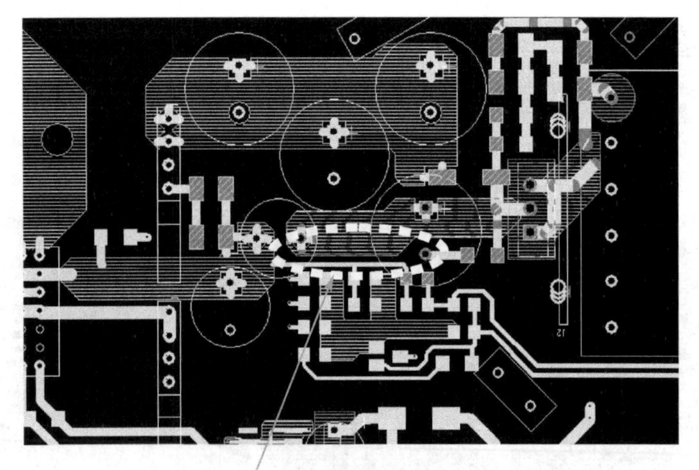

图 9.20 整流回路与其他控制信号线之间的串扰

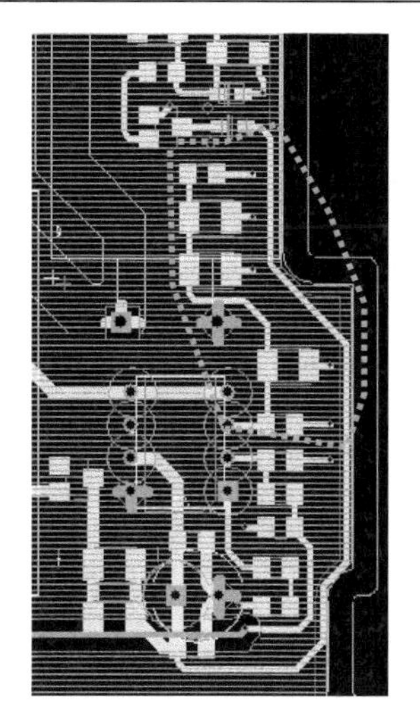

图 9.21　主回路中的串扰

（2）对可能出现的风险点，列出可行的修改建议，见表 9.7。

表 9.7　可行修改建议列表

序　号	可行的修改建议
1	对于表 9.6 中 1，将电阻 R40 、R43、 R44 下移一点，使整流回路与那根控制信号线之间有空间插入一根地线，以防止它们之间的串扰，同时这根地线要与顶层的地平面多点连接
2	对于表 9.6 中 2，在 PCB 顶层扩大地平面，使其覆盖电阻 R100、R100C 及与其相连接的印制线所对应的区域
3	对于表 9.6 中 3，在图 9.21 所示虚线框内左侧印制线与右侧印制线之间插入一根地线，并将该地线的两端与顶层的地平面通过过孔连接

9.5.4　去耦、旁路和滤波设计审查

是否将 PCB 布局布线建议中关于去耦、旁路、滤波电容的建议都落实了？

没有全部落实。

（1）去耦、旁路和滤波电容审查状况见表 9.8。

表 9.8　去耦、旁路和滤波电容审查状况表

序　号	电容代号	原建议描述	实际处理方式	风险点描述
1	C1	靠近电源接口放置，并在共模电感 L1 之前	可接受	无
2	C2	靠近变压器 T1 和 U1 放置，使 T1、U1、C2 组成的开关环路最小，并使引线长宽比小于 3	电容 C2、C102 和 C103 之间的连接阻抗较高	很重要，必须改进
3	C10	靠近 D10 放置，使 T1、D10、C10 组成的环路最小，并使引线长宽比小于 3	可接受	无
4	C10C	靠近 C10 放置，并使引线长宽比小于 3	C11 与 C10C 之间及 C10C 与 D10 之间的连接阻抗较高	很重要，必须改进
5	C11	靠近输出接口放置即可	C11 与 C10C 之间的连接阻抗较高	很重要，必须改进
6	C22	靠近 U1 的电源引脚放置，并使引线长宽比小于 3	可接受	无

续表

序　号	电容代号	原建议描述	实际处理方式	风险点描述
7	C62	靠近 R60 放置，并使引线长宽比小于 3	可接受	无
8	C43	靠近 U2 放置，并使引线长宽比小于 3	可接受	无
9	C100	放置在 L1 与 DB1 之间，并保证引线长宽比小于 3	可接受	无
10	C101	放置在 L1 与 DB1 之间，并保证引线长宽比小于 3	可接受	无
11	C102	靠近 C2 放置，并使引线长宽比小于 3	电容 C2、C102 和 C103 之间的连接阻抗较高	很重要，必须改进
12	C103	靠近 PE 端放置，并与 C102 及 PE 之间的引线长宽比小于 3，同时与 C105、C106 靠近	电容 C2、C102 和 C103 之间的连接阻抗较高	很重要，必须改进
13	C105	靠近 C106 放置，并使引线长宽比小于 3	T1 与 C105 的连接阻抗较高	很重要，必须改进
14	C106	靠近 C103 放置，并使引线长宽比小于 3	可接受	无

（2）对可能出现的风险点，列出可行的修改建议，见表 9.9。

表 9.9　可行的修改建议列表

序　号	电 容 代 号	可行的修改建议
1	C2	参考表 9.7 的描述进行修改
2	C10C	参考表 9.7 的描述进行修改
3	C11	参考表 9.7 的描述进行修改
4	C102	参考表 9.7 的描述进行修改
5	C103	参考表 9.7 的描述进行修改
6	C105	参考表 9.7 的描述进行修改

9.5.5　PCB 布局布线文件

PCB 的顶层如图 9.22 所示。PCB 的底层如图 9.23 所示。

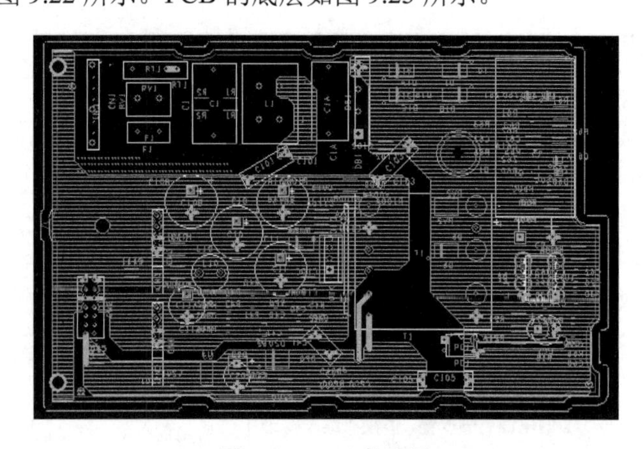

图 9.22　PCB 的顶层

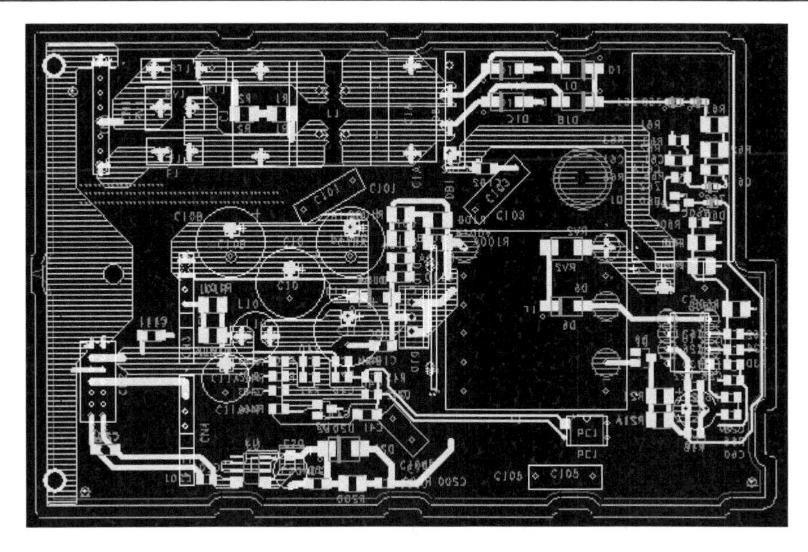

图 9.23　PCB 的底层

9.6　产品机械架构的 EMC 设计分析实例（EMI 分析）

9.6.1　分析原理

产品机械架构设计的 EMC 分析是以标准的辐射测试原理为基础的，通过产品架构的合理设计，使产品内部电路工作时产生的共模电流不流向产品中的等效发射天线，而流向结构地（包括产品的接地点、金属外壳、金属板等），从而使产品的发射降低。如果共模电流不可避免地要流过产品中的等效发射天线（如外部电缆、内部较长的互连排线、金属体等），那么一定要在这些等效发射天线上采取抑制发射的措施，如使用屏蔽电缆并 360° 接地及磁环等。

产品工作时流向等效发射天线的共模电流的大小可以通过合理的估算得到。估算共模电流时，以 RE 测试布置为基础，需要确定产品整体与地之间、产品中各个电路板与地之间、电缆与地之间等各种寄生电容。实践证明，按照 RE 测试干扰原理为基础进行分析的结果，对 EMS 也同样有着重要的意义。

9.6.2　产品相关 EMC 重要信息描述

1）产品的基本信息

时钟频率：主控板时钟频率为 25MHz（千兆以太网），主控板与显示板之间的时钟频率为 20MHz；

电源开关频率：外购 AC/DC 开关频率，开关频率：25kHz；

EMC 测试等级：EN55022：2010，EN55024：2010，EN61000-3-2，EN61000-3-3；

产品接地：产品采用金属外壳接地；

电缆：外部通信电缆是非屏蔽电缆（网线），电源线是非屏蔽线；

数字电路电平：5V、3.3V、1.2V、2.5V；

地的分类：控制板与显示板的工作地（共地），机壳地。

2）产品机械架构描述

产品实物如图 9.24～图 9.27 所示。

图 9.24　产品背面图（开盖）

图 9.24 中内部互连电缆最长约为 1m，并且传递时钟信号。

图 9.25 中 LED 板在电气上独立于机架壳体，并安装在机架的一面，覆盖正面。

图 9.25　产品正面图

图 9.26 中互连排线都是等效发射天线。PCB 中的连接器随意放置，并与金属壳体无任何连接。

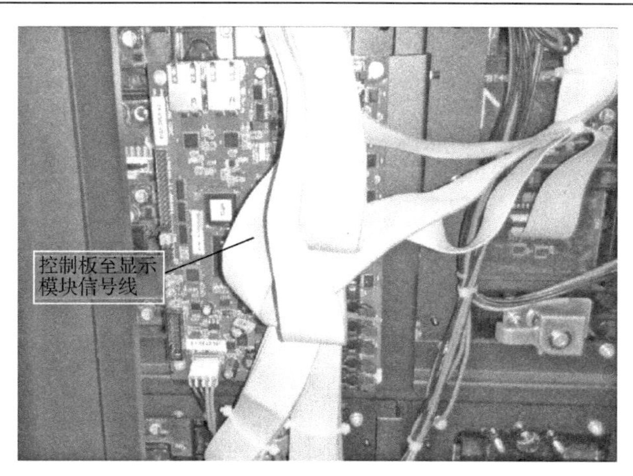

图 9.26　产品内部排线布置细节图

图 9.27 中安装的开关电源的 EMC 指标不是很明确。

3）估算产品正常工作时等效发射天线的导体带有的 EMI 共模电流

工程中，频率 $f \geqslant 30\text{MHz}$，并且辐射源与测量接收天线的距离 $D \geqslant 1\text{m}$ 时，可用式（9.1）和式（9.2）估算产品中等效发射天线上所产生的辐射强度：

■ 当 $L_m < \lambda/2$ 时，有：

$$E_{\mu V/m} \approx 0.63 I_{\mu A} L_m f_{MHz} / D_m \tag{9.1}$$

■ 当 $L_m \geqslant \lambda/2$ 时，有：

$$E_{\mu V/m} \approx 60 I_{\mu A} / D_m \tag{9.2}$$

式中　$E_{\mu V/m}$——辐射源在测量处产生的场强（μV/m）；

$I_{\mu A}$——流过电缆的共模电流（μA）；

f_{MHz}——辐射源的信号频率（MHz）；

L_m——电缆长度（m）；

D_m——辐射源到测量天线的距离（m）。

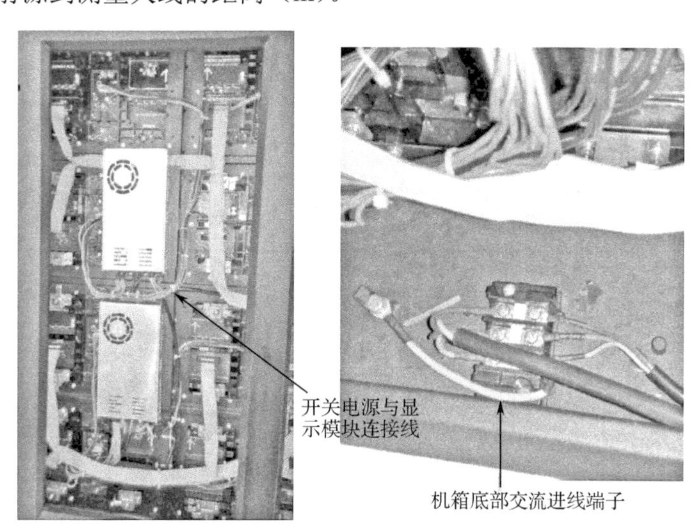

图 9.27　产品内部布线局部细节图

根据已有的测试结果（见图 9.28），再根据式（9.2）推算等效发射天线（内部互连排线和外部电缆）上的共模电流大小。根据计算，在 30～300MHz 的范围内，该产品在超标频点上等效发射天线（内部互连排线和外部电缆）中的共模电流至少超过 300μA，而满足标准测试的要求意味着共模电流要小于 3μA。因此，需要给出降低此电流的方案，最终让产品的 EMI 测试通过。

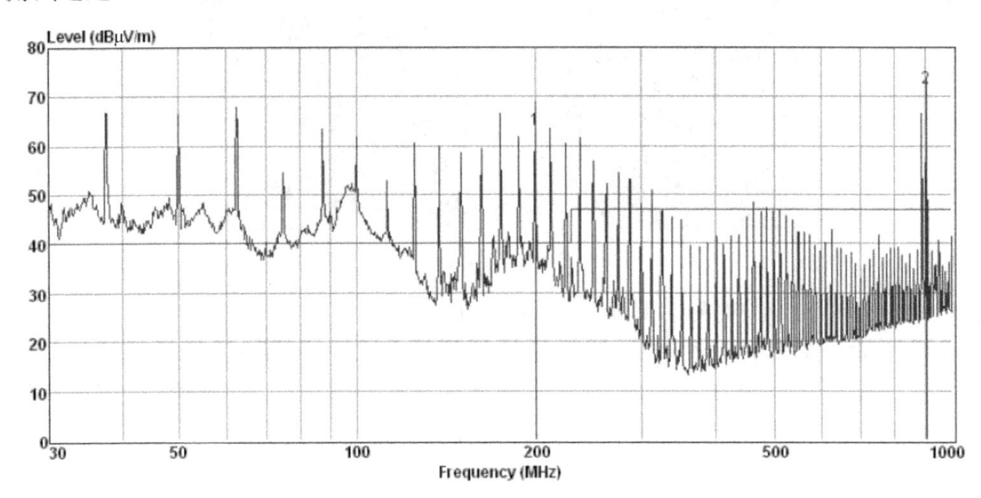

图 9.28　产品 EMI 测试频谱图

4）画出产品机械架构 EMC 分析图

产品机械架构 EMC 分析图如图 9.29 所示。

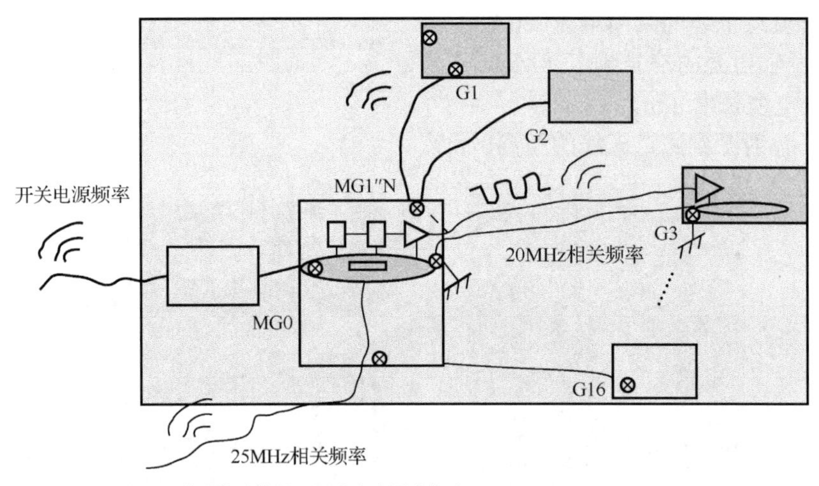

图 9.29　产品机械架构 EMC 分析图

9.6.3　关于产品的系统接地、浮地与屏蔽分析

系统接地将大大降低产品的 EMC 风险，尽量避免浮地系统的存在。通常一个带有高频时钟电路的产品，如果是浮地的，且没有金属屏蔽壳体及屏蔽电缆，该产品就很难通过 CLASS B

测试。除非有一个很好的金属平面与该产品的电路直接连接或通过 Y 电容连接，使大部分共模 EMI 电流旁路在金属板内。

该产品为金属壳体接地产品，但是金属壳体的设计无法提供电磁屏蔽，并且：

（1）PCB 与金属壳体之间无连接；

（2）金属壳体中的各金属部件没有实现等电位互连（金属体长宽比小于 3，且互连点距离小于 1.5cm）；

（3）外部电缆中电源线和以太网线采用非屏蔽电缆；

（4）内部互连排线较长（近 1m）且排线中传递约 20MHz 的时钟信号（周期信号），使其产生极其严重的 EMC 问题。

鉴于以上几点描述，首先对产品的金属外壳进行屏蔽设计，用 LED 显示 PCB 的地平面、金属机箱的外框、后门三种金属体，实现一个相对完整的屏蔽体。产品屏蔽设计原型图如图 9.30 所示。

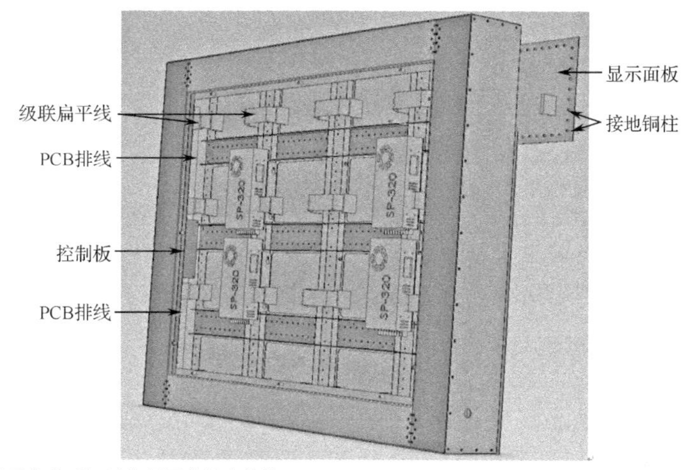

注：图中开放区需要安装后门以实现屏蔽的完整性。

图 9.30　产品屏蔽设计原型图

9.6.4　局部接地、隔离与浮地分析

如果产品核心电路是浮地的，那么它的通信接口、模拟量输入/输出接口等就要进行隔离处理，以将这些接口接地。如果这些电缆使用的是屏蔽电缆，这一点就更加重要。

设备中存在 AC 电源线，此时 N 线可以看成交流电源地，控制板和显示板的电路 0V 可以看成这两块电路板的工作地，与这些地互连的电缆都为非屏蔽电缆，因此将其与壳体实现互连变得更加重要。具体的措施为：L/N 线通过 Y 电容与机壳实现连接；将控制板和显示板的工作地与机壳直接相连。

9.6.5　工作地和大地（保护地或机壳地）之间的连接点的位置分析

产品内部工作地与大地之间的连接位置必须要能避免共模电流流过产品内部电路板的工作地平面或扁平电缆等内部互连电缆，而且接地点的位置必要靠近注入共模干扰电流的 I/O 接口。如果不能做到这一点，就必须给出足够的理由。

产品中的控制板和显示板的 PCB 中的连接器分散放置在 PCB 的四周，并且工作地与机壳

无任何连接，存在 EMC 风险。因此，需要按图 9.31 所示的接地方式进行改进，即所有 PCB 的工作地在连接器附近实现工作地与机壳框架等电位相连。

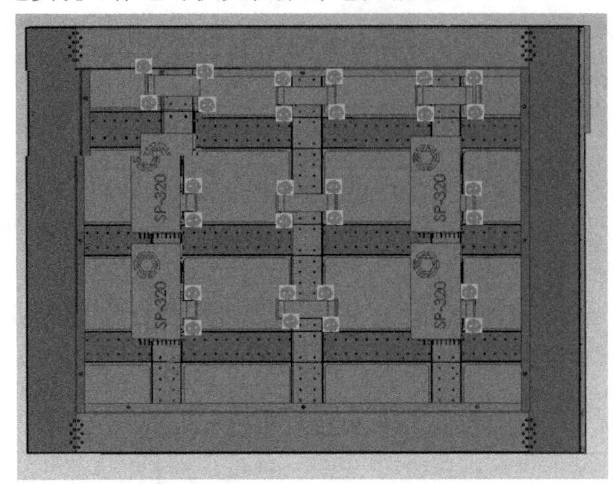

图 9.31　产品排线接地点设置示意图

9.6.6　EMC 意义上的产品接地设计分析

EMC 意义上的产品接地线应该是等电位互连，而等电位互连则需要长宽比小于 5 的低阻抗金属再加上可靠的有意搭接来实现，安规意义上的黄绿 PE 接地线不符合 EMC 的要求，因为其在高频下阻抗较大，寄生电感约为 10nH/cm。该方法在本产品中不可行。

9.6.7　金属板的形状设计分析

具有一定长宽比的完整金属板有较低的阻抗，当这样的金属板等电位互连在一起形成完整的封闭结构时，就形成良好的屏蔽体。这样的结构能使 EMI 感应共模电流流过时，金属板上任何两点间因共模电流驱动而导致的共模压降较低，最终屏蔽产品内部产生的电磁辐射。

原先的金属体结构设计无法满足上述要求，存在较大风险，因此应采取如下措施：

（1）按图 9.32 所示实现 6 面屏蔽体的一面。

（2）用焊接、铆接或螺钉的方式实现 6 面屏蔽体中其余 5 面所在金属体（图 9.33 外壳金属体之间的互连要求示意图中用不同颜色表示）之间的等电位互连，即连接点之间的距离小于 3cm，并且金属面中不能有尺寸大于 3cm 的散热孔或缝隙。

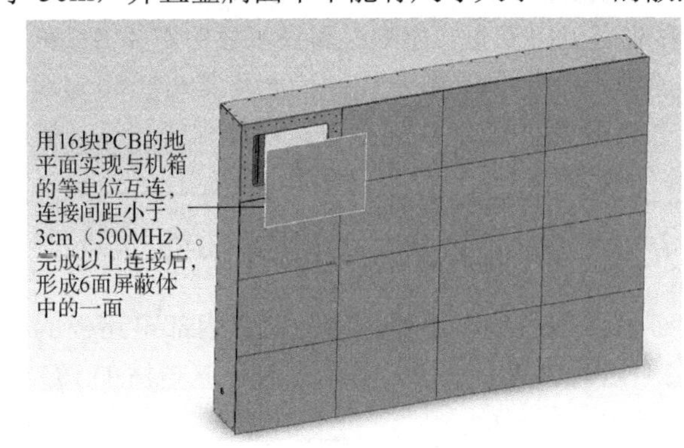

图 9.32　6 面屏蔽体示意图

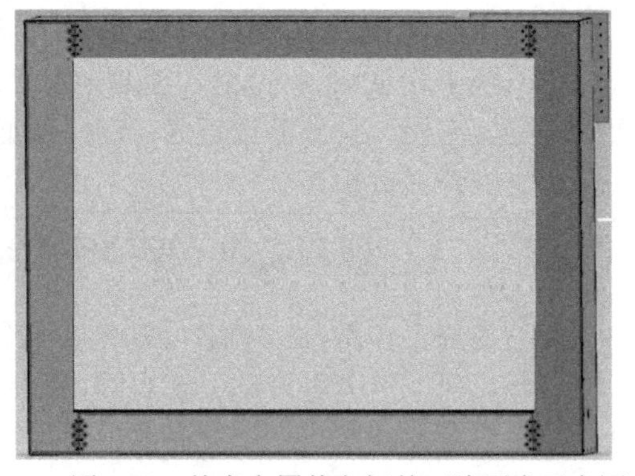

图 9.33　外壳金属体之间的互连要求示意图

如果不能实现图 9.33 所示的要求，则需要用导电性材料填充，即按图 9.34 所示的那样填充屏蔽体中金属板之间的空隙，并保持两者之间有良好的接触。

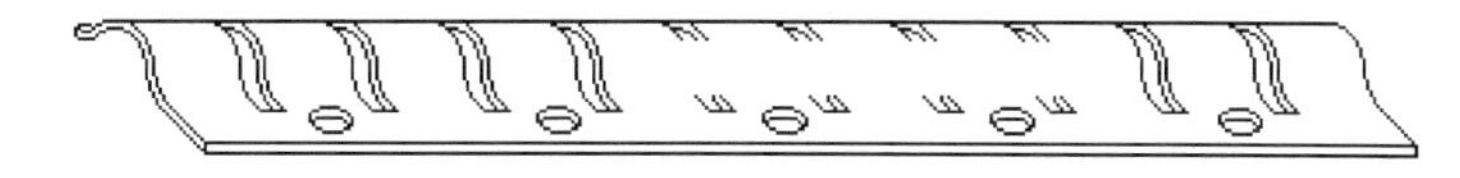

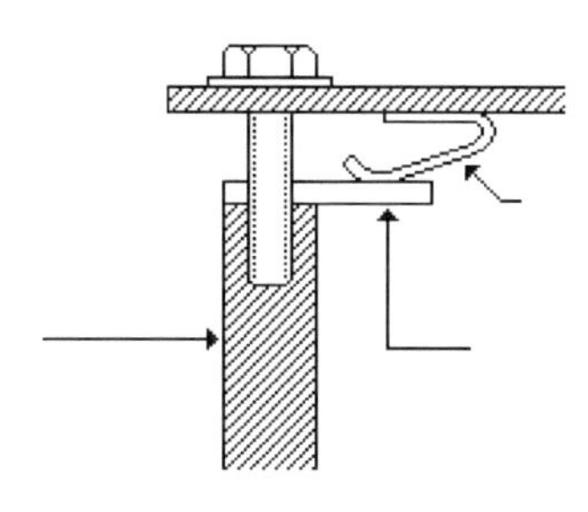

图 9.34　导电材料安装示意图

9.6.8　I/O 接口连接器在产品中或在电路板中的位置分析

将 I/O 接口连接器集中放置在电路板的一侧可以降低 EMC 的风险；相反，将 I/O 接口连接器分散放置的电路板的各个地方，必将增加 EMC 的风险。

因为产品中的控制板和显示板的 PCB 中的连接器分散放置在 PCB 的四周，并且工作地与机壳无任何连接，所以此产品存在较大的 EMC 风险。要降低此风险，需要按图 9.31 所示的接地方式进行接地处理（将 PCB 的工作地与外壳直接互连），并且保证所有 PCB 的工作地在所有的连接器附近实现工作地与机壳框架等电位互连。只有这样，才能弥补连接器分散放置在 PCB 四周的 EMC 缺陷。

9.6.9　电路板之间的互连设计分析

17MHz 时钟信号在排线上长距离传输是本案例最大的风险。

如下方法可以解决或降低此风险：

- 通过 PCB 与机架的互连，实现左右 PCB 板间的等电位；
- 最大限度地降低时钟信号的上升沿，使时钟信号上升沿大于 5ns；
- 采用频率抖动技术，以展宽时钟信号的频带；
- 调整时钟信号的占空比，其占空比为 1/2，并且时钟信号上升沿和下降沿没有过冲；
- 减小互连排线的长度，使其小于 10cm。

9.6.10　电缆类型及屏蔽电缆屏蔽层的处理分析

产品中所有外部输入/输出非屏蔽电缆中的信号都要进行滤波处理。屏蔽电缆的屏蔽层必须在连接器入口处与接地的金属板或金属连接器外壳相连，并做 360° 搭接。浮地系统中的屏蔽电缆的屏蔽层必须在连接器入口处与 GND 相连，并做 360° 搭接。对于电缆屏蔽的连接方式的 EMC 风险，在 30MHz 以上的频率下可以这样认为：

- 若屏蔽层电缆具有零长度的“猪尾巴”，则此处没有风险；
- 若有 1cm 长度的“猪尾巴”，则此处存在 30%风险；

- 若有 3cm 长度的“猪尾巴”，则此处存在 50%风险；
- 若有 5cm 长度的“猪尾巴”，则此处存在 70%风险。

产品中的外部电缆电源线和以太网线均采用非屏蔽电缆。由于以太网线是高速信号线，并且 PCB 的工作地与机壳不相连，则可认为此处存在较大的风险，因此应采取如下措施：

（1）以太网线需要采用屏蔽电缆，并在 I/O 接口处进行有效接地。在工艺上需要实现在屏蔽电缆进出屏蔽体时，屏蔽电缆的屏蔽层与外壳之间进行 360° 搭接。图 9.35 为屏蔽电缆屏蔽层接地示意图。

（2）电源接口进行良好的滤波处理，或选用的开关电源内部有滤波电路，并且能满足 CLASS B 的要求。

9.6.11 开关电源的要求

开关电源属于外购设备，无法对其进行 EMC 设计，因此只能对电源提出如下要求：

使其开关电源能通过 EN55022：2010，EN55024：2010，EN61000-3-2，EN61000-3-3 相关标准的要求。

同时，为避免如图 9.36 所示的辐射耦合，需要在电源线进入机箱的入口处安装电源滤波器，电源滤波器参数不做要求，只要满足产品的功率要求即可。

图 9.35 屏蔽电缆屏蔽层接地示意图

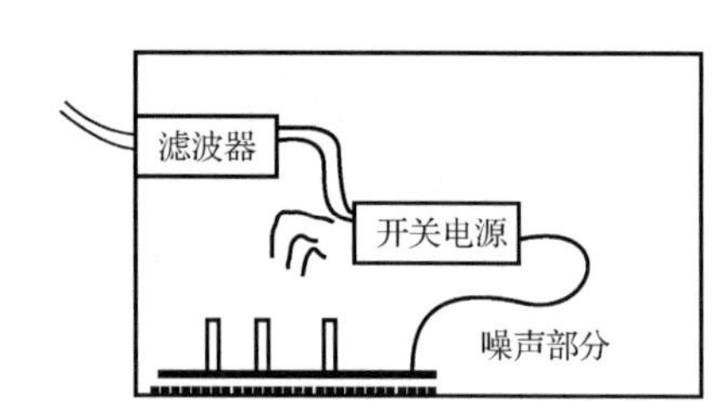

图 9.36 滤波器安装示意图

第 10 章

产品 EMC 风险评估技术

第 7 章给出的是一种产品的 EMC 设计分析方法，它根据产品的实际设计情况，对应产品设计的 EMC 相关因素逐个进行分析，过程中设计者可以发现产品 EMC 设计的缺陷。然而，在工程应用中还存在如下问题和需求：

（1）某一个 EMC 设计点做不到是否会导致 EMC 测试失败？或某一个 EMC 设计点做了是否就可以通过 EMC 测试？

（2）产品的最终 EMC 性能不是产品中某个或某几个 EMC 设计点决定的，它应该是所有 EMC 相关因素的综合设计的结果。当产品实际的设计结果在某一个或几个 EMC 相关因素没有满足时，设计者往往需要决定是否需要花成本去改进，但是设计者可能无法知道这一个或几个 EMC 相关因素没有满足是否一定会导致 EMC 测试失败，最后导致设计者虽然明白某些措施有效，但总是在成本、付出与 EMC 测试成败的结果之间犹豫。就是说有一个问题困扰着设计者，“我知道此措施有效，但在不采用此措施的情况下，是否也有可能让产品通过 EMC 测试？”

（3）不进行 EMC 测试的情况下，是否能够评定产品的 EMC 性能？

EMC 风险评估法就能解决以上问题，它会给出一种 EMC 测试失败的风险概率，通过这种概率可以帮助设计者做出是否需要增加成本去继续改进自己的设计的决定，降低 EMC 测试失败的风险概率。EMC 风险评估技术是建立在 EMC 设计分析方法基础上的，它利用通用的风险评估手段，按风险评估的程序，划分风险等级、建立产品设计理想模型（理性模型可以分为产品机械架构 EMC 理想模型和产品 PCB 设计理想模型）、确定风险要素，再根据产品实际设计的信息与理想模型中所有的风险要素进行比较，以识别产品 EMC 风险，最终通过较为成熟的风险评价技术，通过算法获得产品的 EMC 风险等级。EMC 风险等级用来表明产品应对 EMC 测试失败的概率、EMC 测试通过率或产品在实际应用中出现故障的概率。EMC 风险评估技术应用的意义在于产品设计者、管理者和鉴定者可以在不进行 EMC 测试的情况下，预知产品 EMC 测试失败的概率，对其进行合格评定。达到不进行昂贵的 EMC 测试就可以评定产品的 EMC 性能。

正确应用 EMC 风险评估技术，将揭开产品 EMC 性能的黑盒，可以无须 EMC 测试而对产品 EMC 性能进行评价或合格评定，也可以与 EMC 测试结果结合对产品进行综合的 EMC 评价或合格评定，还可以作为产品进行正式 EMC 测试之前的预评估，以降低企业研发测试成本。

产品的设计者或使用者，如果使用正确的 EMC 风险评估技术，就可以清楚地看到被评估产品在 EMC 方面存在的优点、缺陷与风险，而且通过分析和评估，可以预测产品 EMC 测试的通过率，也可以评价产品在其生命周期中的 EMC 表现。

10.1 产品 EMC 风险评估原则和依据

EMC 测试是当前对产品 EMC 性能进行评价的最常见的一种手段，通过将各种模拟现实环境中的干扰施加在产品上，根据产品在干扰施加过程中及过程后的表现来对产品 EMC 性能进行评价。但这是一种黑盒评价，不足之处是设计者或测试者无法通过 EMC 测试结果或测试现象直观推断出 EMC 问题的所在。

EMC 风险评估的依据是通过分析产品机械架构和 PCB 设计，以评估产品 EMC 测试失败的可能性。一般包括以下两部分：

（1）产品机械架构 EMC 风险评估；

（2）PCB EMC 风险评估。

10.2 产品 EMC 风险评估概念

按第 3 章节的描述，EMC 风险评估旨在为有效的设备、系统或工程现场的 EMC 风险应对提供基于证据的信息和分析，按实施手段分类可以分为 EMC 风险评估和 EMC 测试风险评估。EMC 测试风险评估基于 EMC 测试。EMC 测试风险评估已是目前普遍而常用的评估技术，一般直接称为“EMC 测试”，最终的输出是 EMC 测试报告。EMC 风险评估基于 EMC 设计，利用风险评估的手段对产品的 EMC 设计方案进行评估，这样可以评价或预知产品的 EMC 性能或 EMC 测试的通过率。EMC 风险评估的主要作用包括：

- 识别设备、系统或工程现场特定目标下的 EMC 风险及潜在影响；
- 增进对 EMC 风险的理解，以利于风险应对策略的正确选择；
- 识别那些导致 EMC 风险的主要因素，以及设备、系统或工程现场设计中存在 EMC 风险的薄弱环节；
- 分析 EMC 风险和不确定性；
- 有助于建立设计原则；
- 帮助确定 EMC 风险是否可接受，在 EMC 测试执行之前判断测试通过的概率；
- 有助于通过额外措施来进行 EMC 问题的预防；
- 可以作为风险管理的输入，可与风险管理过程的其他组成部分有效衔接。

产品 EMC 风险评估是一项利用成熟的风险评估技术和手段对产品的 EMC 设计特性而展开的一项评估活动，它可以独立存在也可以在企业开展的风险管理过程中与其他活动（如 EMC 测试、EMC 对策、评审沟通等）相结合。

10.3 产品 EMC 风险评估机理和模型

10.3.1 产品机械架构 EMC 风险评估机理和理想模型

1. 产品机械架构 EMC 风险评估机理

产品的EMC风险包括电磁敏感度（EMS）和电磁干扰（EMI）两部分。对于EMS来说，其风险评估机理在于当产品的某个接口注入同样大小的高频共模电压或同样大小的共模电流时，不同的产品设计方案就有不同大小的共模电流流过PCB相应的电路结构。机械架构设计中影响这种共模电流大小的因素即为产品机械架构EMS风险要素。

共模干扰可以看成是一种以参考地或大地为基准的干扰源，根据电流环形流动的规律，干扰总是在产品的某一接口注入，最终回到参考接地或大地形成闭合电流环路。

从机械架构设计上看，如果产品的设计导致有较大的共模干扰电流流过核心电路，则意味着该产品机械架构设计具有较大的 EMC 抗干扰风险。

对 EMI，其风险评估机理也是基于第 7 章所描述的产品 EMC 设计分析方法，即当产品处于正常工作状态时，由于产品内部的信号传递，导致内部的有用信号或噪声无意中以共模电流的方式传导到产品中可以成为等效发射天线的导体形成辐射发射。如果这种无意中产生的共模电流，在传导骚扰测试时传导到测量设备线性阻抗稳定网络（LISN）时，就会产生传导骚扰测试问题。产品机械架构设计的改变同样会改变这种电流的传递路径与大小，较好的产品机械架构设计可以使得这种共模电流最小化，即风险最小，反之则大。机械架构设计中影响 EMI 电流大小的因素即为产品机械架构 EMI 风险要素。

总之，产品 EMC 设计分析方法的获得是工程人员能对产品进行 EMC 风险评估的前提。

2. 产品机械架构 EMC 风险评估理想模型

产品 EMC 理想模型表示一个具有完美 EMC 设计方案的产品，没有 EMC 风险存在。产品机械架构 EMC 理想模型是一个在架构设计上相关 EMC 风险要素都能设计完美的方案。图 10.1 给出了一种产品机械架构 EMC 风险评估理想模型，包括产品架构设计中相关信息，如壳体、电缆、滤波器件等。

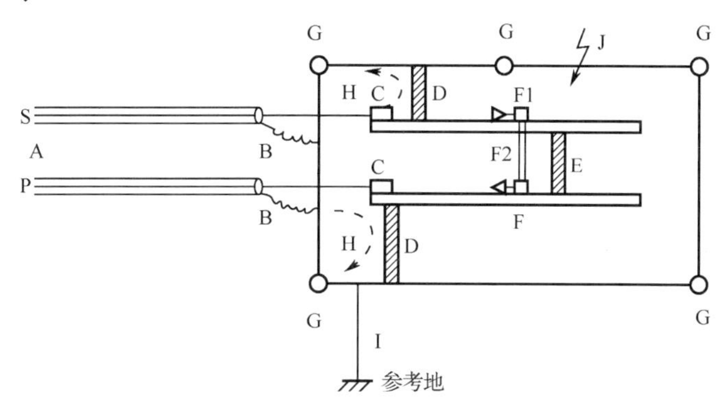

图 10.1　产品机械架构 EMC 风险评估理想模型

A—电缆连接器在 PCB 中的相对位置，包含信号线和电源线；B—屏蔽电缆屏蔽层的搭接；C—PCB 外部的电源和信号输入接口的滤波和防护；D—PCB 的“0V”工作地与金属壳体之间的互连；E—不同 PCB 之间的“0V”工作地的互连（通常通过结构件实现）；F—产品内部 PCB 互连信号接口的滤波、防护和信号频率；G—壳体中各个金属部件之间的搭接（考虑阻抗与缝隙处理）方式；H—进入壳体后的电缆、连接器、PCB（可能有）、PCB 的“0V”工作地与金属壳体之间的互连及产品金属壳体之间所组成的回路面积；I—壳体接地线；J—壳体防 ESD 击穿的风险评估

3. 产品机械架构 EMC 风险评估理想模型中风险要素的要求

A：电缆连接器在 PCB 中的相对位置

电缆连接器应该集中放置在电路板的同一侧，这样不但可以使流过整个电路板及其“0V”工作地的共模干扰电流变小，还可以减小流过产品等效天线（如电缆）的共模 EMI 电流，分散放置将导致更大的 EMC 风险。理想模型中，电缆的连接位置应放置在电路板的同一侧。

B：屏蔽电缆屏蔽层的搭接

屏蔽电缆的存在将导致本来要流入信号线的干扰电流转移至屏蔽层，电缆屏蔽会降低流入电缆及PCB的共模干扰电流。同时，电缆的屏蔽层可以给内导体上的共模EMI电流提供回流路径，降低电缆的EMI辐射。

为了充分发挥电缆屏蔽层的屏蔽效能，减小“猪尾巴”效应，理想模型中电缆的连接位置需要满足如下要求：

① 金属外壳产品屏蔽层必须在连接器入口处与产品的金壳体或金属连接器外壳相连，并做 360° 搭接；

② 对于浮地设备，必须与 PCB 中的“0V”地平面做 360° 搭接。

C：PCB 外部的电源和信号输入接口的滤波和防护

C1：理想模型中，未进行屏蔽的电缆应进行滤波处理，当电缆接口需要进行浪涌测试时，还需要对接口进行防护。

C2：理想模型中，具有开关电源的电源接口一定要进行EMI滤波。

D：PCB 的“0V”工作地与金属壳体之间的互连

为了引导流入PCB的外部共模电流流向金属壳体，或为了让PCB内部的EMI电流不流向外部而引起EMI问题，理想模型中PCB的“0V”工作地与金属壳体（包括连接器金属壳）之间在连接器附近应该进行等电位互连。

不合理的连接点位置将引入更多的共模干扰电流。

注：对于SELV（低电压）电路，PCB的“0V”工作地可以与金属壳体之间在连接器附近直接等电位互连。对于非SELV电路，出于安全考虑，PCB的“0V”工作地不能与金属壳体之间在连接器附近直接等电位互连，而只能通过Y电容与金属壳体连接。此时，意味着不能满足理想模型的要求。

E：不同 PCB 之间的“0V”工作地的互连（通常通过结构件实现）

PCB之间的地互连是一种高阻抗的互连（因为互连排针/排线的寄生电感），当电流经过高阻抗的互连导体时就会产生压降，这种电流可能是外部的共模干扰电流，也可能是互连线中的正常工作信号的回流。这就意味着PCB之间的互连导体中存在周期性信号（如时钟/PWM信号等）就意味着信号的回流一定会经过互连排针/排线，产生EMI共模压降，因此理想模型中：

- PCB 之间的互连线应并联等电位金属体，长宽比小于 3 的金属体可认为是等电位金属体；
- PCB 之间的互连是一个带有地平面的 PFC。

以上两种方案都可认为PCB之间“0V”工作地已通过低阻抗的金属体进行了互连，这将大大降低EMC风险。

F：产品内部 PCB 互连信号接口的滤波、防护和信号频率

F1：产品内部PCB互连信号接口的滤波和防护

PCB之间的地互连是一种高阻抗的互连（因为互连排针/排线的寄生电感），当外部的共模干扰电流经过高阻抗的互连导体时就会产生压降。如果PCB之间互连线两边的“0V”工作地没有通过低阻抗的金属体进行互连，那么就意味着干扰电流经过互连排针/排线时会产生压降而干扰互连线中的信号。PCB之间的信号是产品电磁敏感度性能最薄弱的环节，理想模型中应对所有互连连接器中的信号进行滤波处理。

F2：产品内部PCB互连信号频率

PCB之间的地互连是一种高阻抗的互连（因为互连排针/排线的寄生电感），当电流经过高阻抗的互连导体时就会产生压降，这种电流也可能是互连线中的周期性信号（如时钟/PWM信号等）的回流，这就意味着信号的回流经过互连排针/排线时会产生EMI共模压降，进而产生EMI问题。PCB之间的信号是产品EMI性能最薄弱的环节，为避免薄弱环节，理想模型中，PCB之间的互连信号中不应该存在时钟信号或PWM信号。

G：壳体中各个金属部件之间的搭接（考虑阻抗与缝隙处理）方式

理想模型中，产品的壳体是一个完美的屏蔽体，为实现完美的屏蔽体，则：

○ 屏蔽体各金属表面之间实现有意的搭接。

○ 屏蔽体中各金属体在互连方向上长宽比都小于 5。

○ 搭接点的间距或孔缝的最大尺寸不能超过以下两种情况下的最小尺寸：

- 电路最大工作频率波长的 1/100；
- 15mm。

注：有意的搭接是指以 EMC 目的而特意设计的搭接，如螺钉连接、焊接、铆接、卡接、采用填充性导电材料实现的连接等。

H：进入壳体后的电缆、连接器、PCB（可能有）、PCB 的“0V”工作地与金属壳体之间的互连及产品金属壳体之间所组成的回路面积

如图10.2所示，输入回路H和后续回路K会产生感性耦合（即两回路之间存在互感），当流向参考地平面的干扰电流经过时会因互感在回路K中形成压降，这个压降会进一步引起流向PCB的共模电流。为了使互感最小，理想模型中回路面积H应等于零。

注：回路面积越大，寄生电感越大，大的电感将阻碍干扰电流的泄放。

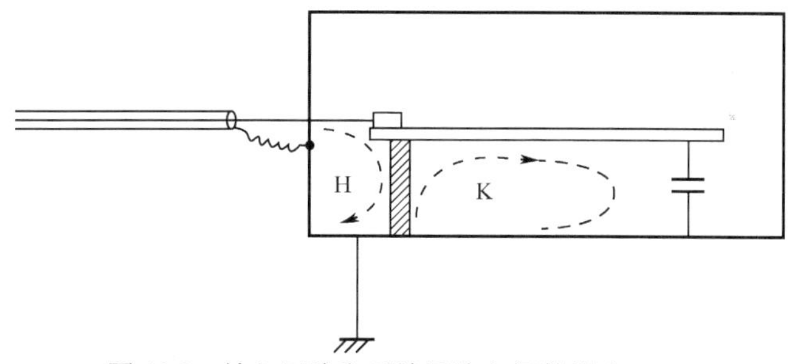

图 10.2　输入回路和后续回路之间的耦合

I：壳体接地线

壳体接地线是为了让共模干扰（电流）就近流向接地平面，避免共模电流流过产品内部PCB的“0V”工作地平面或扁平电缆等内部互连电缆。

理想模型中壳体与接地平面直接搭接或者使用一个尽可能短而宽的低阻抗导体来连接，最大长宽比为 3∶1。

10.3.2　产品 PCB EMC 风险评估机理和理想模型

1. 产品 PCB EMC 风险评估机理

产品 PCB 设计的 EMC 风险评估是通过分析产品 PCB 接口电路受干扰机理和共模干扰电流流经 PCB 时对电路形成干扰的工作机理的基础上进行的，目的是为了评估 PCB 电路可能存在的 EMC 风险等级。

产品PCB的EMC风险评估的机理也从抗干扰和EMI两方面描述。

（1）按图4.18原理，当同样大小的高频共模干扰电压同时施加在信号电缆中的信号线和地线上时，如果不存在接口电路接口上的滤波电容，由于信号线与地线上的负载阻抗不一样（信号线的负载阻抗较高），那么共模干扰信号将会转变成差模信号施加在器件信号接口和地之间。同时，在信号线上的电流也会很小，而大部分电流会沿着地线流动。如果存在接口电路接口上的滤波电容，则信号线上的电流经过滤波电容后也会流向地线，并与电缆中地线上的电流叠加在一起形成流入PCB的共模电流。可见，无论是否存在滤波电容，在产品内部大部分干扰电流都会在地线上流动。在此完成了产品的第一级滤波，它阻止了共模与差模的转换及降低了器件信号接口和地之间的干扰压降，使接口电路受到保护。可见评估PCB中所有接口信号线中是否存在滤波及评估PCB中地阻抗是评估PCB抗干扰能力的要素。

同时，干扰电流也会因为PCB中印制线之间的寄生电容（串扰）及PCB中印制线与参考接地板之间的寄生电容形成回路。

可见PCB中印制线之间的寄生电容（串扰）及PCB板中印制线与参考接地板之间的寄生电容的大小直接影响PCB中电路受到的干扰大小，评估它们之间寄生电容的大小也是评估PCB抗干扰能力的要素之一。

（2）PCB中高频信号在工作地上回流时也会产生压降，该压降会引起流向外部的共模电流，可见评估PCB中地阻抗Z_{0V}是评估PCB的EMI水平的要素。

同时，PCB内部的高频信号也会因为PCB中印制线之间的寄生电容（串扰）及PCB中印制线与参考接地板之间的寄生电容形成回路，这些回路中存在等效发射天线时即产生辐射。

可见PCB中印制线之间的寄生电容（串扰）及PCB板中印制线与参考接地板之间的寄生电容的大小直接影响PCB对外的辐射大小，有效降低这些寄生电容将有效降低PCB的EMI水平，评估它们之间寄生电容的大小也是评估PCB抗EMI水平的要素之一。

2. PCB EMC风险评估理想模型

PCB EMC风险评估理想模型是一个在PCB设计上符合第7章中关于原理图和PCB布局布线的EMC设计相关要求的PCB。PCB EMC风险评估理想模型如图10.3所示。

PCB为了实现图10.3所示的理想模型，需要从电路原理图和PCB布局布线两部分进行。电路原理图部分的理想模型实现是建立在对电路原理图进行属性划分的基础上的。PCB对应的电路原理图能按图10.3的要求划分出1、2、3、4、5类区域（其中地平面是一类），并保证参数正确，则认为电路原理图EMC设计符合理想模型。其中，被划分为第2类信号和电路的就是每一类信号和电路之间在电路原理图上的处理措施，分别是：

（1）“脏”信号线上的滤波，一般介于“脏”信号与干净信号之间。

（2）特殊信号线上的滤波（包括特殊敏感信号上的滤波和特殊噪声信号上的滤波）。特殊敏感信号上的滤波一般介于特殊敏感信号/电路与干净信号/电路之间，特殊噪声信号上的滤波一般介于特殊噪声信号/电路与干净信号/电路之间。

除此之外，干净线上的处理和不同隔离地之间的电容跨接也是电路原理图理想模型实现的一部分。

PCB布局布线的EMC理想模型的实现应结合电路原理图的属性划分，对每个信号层按照图10.3所示，通过以下等措施来实现：

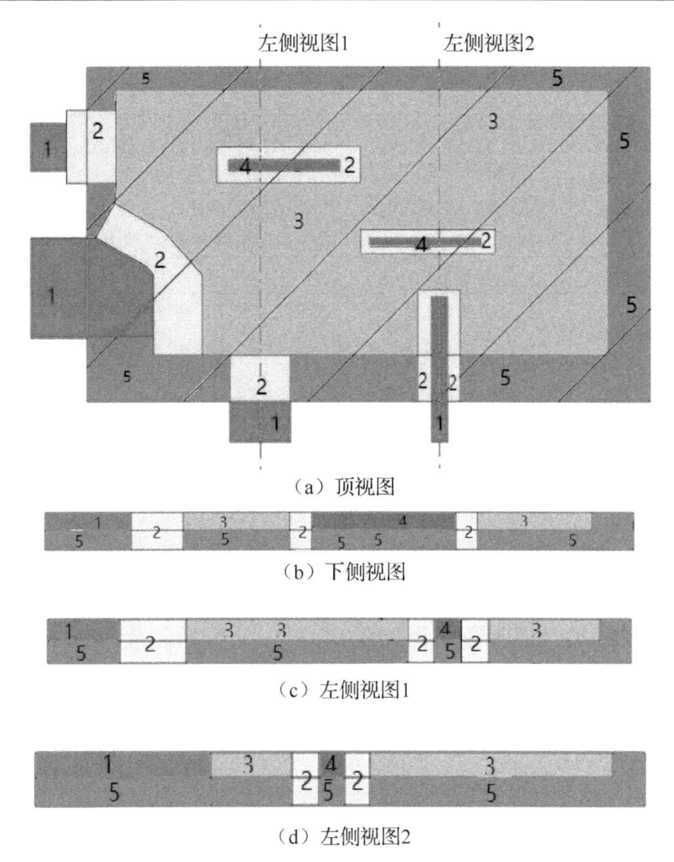

（a）顶视图

（b）下侧视图

（c）左侧视图1

（d）左侧视图2

图 10.3　PCB EMC 风险评估理想模型

1—“脏”信号/电路区域；2—滤波、去耦、串扰防止；3—“干净”信号/电路区域；4—特殊信号/电路区域（包括特殊噪声信号/电路区域和特殊敏感信号/电路区域）；5—地平面

（1）PCB完整地平面阻抗最小化。

（2）不同属性的信号线之间无串扰发生。

（3）信号层和电源层边缘包地处理以防止边缘效应（降低信号线和电源线与参考地之间的寄生电容）。

3. 原理图部分的 EMC 理想模型风险要素要求

产品电路原理图EMC风险要素可分为J、K、L、M四类。

J:“脏”信号/电路区域

J1：电磁敏感度相关“脏”信号/电路区域

“脏”信号/电路区域部分通常是电路中的I/O部分，包括连接器PCB中的信号延伸至电缆部分的导体，如电源接口的电路、通信接口的电路、其他输入/输出接口的电路等。只要PCB存在接口，就一定存在此类区域的电路。一般不允许这类电路直接延伸到芯片接口。电磁敏感度相关“脏”信号/电路区域理想模型要求如表10.1所示。

表 10.1　电磁敏感度相关“脏”信号/电路区域理想模型要求

类　型	相关项目	要　求	备　注
电源	滤波电路形式	电源的正负极之间至少具有滤波电容，电容值大于 1nF，且当需要浪涌测试时，还需要对应等级的浪涌保护电路； 或满足 J2：EMI 相关“脏”信号/电路区域的理想模型的滤波电路	注 1，注 2
信号	电平	信号电平大于 1V	
	滤波电路形式	信号的正常工作电平之间存在 LC 或 RC 滤波，滤波电容值在 1～10nF 之间，且当需要浪涌测试时，还需要对应等级的浪涌保护电路	
	传输类型	差分	
注 1：滤波电容不能影响信号质量。 注 2：滤波与防护区域部分介于“干净”信号/电路区域与“脏”信号/电路区域部分之间，它用来实现“脏”信号/电路区域向“干净”信号/电路区域的转变，也是为了保护“干净”信号/电路不受外界干扰的影响，并将干扰滤除。 注 3：信号线一旦被施加于产品壳体表面的 ESD 击穿，则认为该信号线为“脏”信号。			

J2：EMI相关“脏”信号/电路区域

“脏“信号/电路区域部分通常是电路中的I/O部分，包括连接器PCB中的信号延伸至电缆部分的导体，如电源接口的电路、通信接口的电路、其他输入/输出口的电路。只要PCB存在接口，就一定存在此类区域的电路。一般不允许这类电路直接延伸到芯片接口。理想模型中“脏”信号的区域要求如下：

（1）PCB中那些“脏”信号/电路，如果其相连的I/O电缆为非屏蔽线，那么这些信号至少具有滤波电容。

（2）具有开关电源的电源接口采用 EMI 滤波。

（3）滤波方案满足表 10.2 的要求。

表 10.2　理想模型中产品电源接口 EMI 滤波电路

产品类型	电源类型	电压/V	电源 0V 是否接机壳	滤波模型	参　数
金属壳体及带接地线的塑料壳体产品	DC	12～24V	是	C_X-L_{DM}	LC 谐振点小于 50kHz
			否	C_X-CMC-C_Y	共模滤波电路和差模滤波电路 LC 谐振点小于 50kHz
		24～60V	是	C_X-L_{DM}	LC 谐振点小于 40kHz
			否	C_X-CMC-C_Y	共模滤波电路和差模滤波电路 LC 谐振点小于 50kHz
		60～100V	否		共模滤波电路和差模滤波电路 LC 谐振点小于 20kHz
		100～400V	否		共模滤波电路和差模滤波电路 LC 谐振点小于 17kHz
		>400V	否		共模滤波电路和差模滤波电路 LC 谐振点小于 15kHz
	AC	110～220V	否		共模滤波电路和差模滤波电路 LC 谐振点小于 20kHz
		380V	否		共模滤波电路和差模滤波电路 LC 谐振点小于 17kHz
		>380V	否		共模滤波电路和差模滤波电路 LC 谐振点小于 15kHz
塑料壳体浮地产品	DC	12～24V	否	C_X-CMC	C_X>22nF，CMC>1mH
		24～60V	否		C_X>470nF，CMC>5mH

续表

产品类型	电源类型	电压/V	电源 0V 是否接机壳	滤波模型	参数
塑料壳体浮地产品	DC	60～100V	否	C_X-CMC	C_X>1μF，CMC>10mH
		100～200V	否		C_X>1μF，CMC>30mH
		>200V	否		C_X>1μF，CMC>30mH
	AC	110～220V	否		C_X>1μF，CMC>10mH
		380V	否		C_X>1μF，CMC>20mH
		>380V	否		C_X>1μF，CMC>30mH

K：特殊信号/电路区域

K1 特殊敏感信号/电路区域

特殊敏感信号/电路区域是一些会引起抗干扰问题而需要做特殊处理的部分，它是电路中比较特殊的部分，通常是极其敏感的电路，如复位电路、低电压和低电流检测电路、低电压模拟电路、高输入阻抗电路等。

对以下特殊敏感信号/电路区域进行电容滤波：

（1）高输入阻抗的信号线。

（2）低电平模拟信号线。

（3）PCB 之间互连线中的所有信号。

K2 特殊噪声信号/电路区域

特殊噪声信号/电路区域是指会引起 EMI 问题并需要做特殊处理的电路，它是电路中比较特殊的部分，如时钟信号、PWM 信号、其他周期信号等。理想模型中，这类电路区域的要求如下：

（1）对数字芯片的任何电源引脚进行去耦。

（2）将时钟线、PWM、UVW 等特殊噪声信号线的信号上升沿时间，在功能允许的范围内控制到最小并保证信号完整性，防止过冲。

（3）此类区域电路同时也是“脏”信号/电路区域的电路时，则此信号连接的电缆需要进行屏蔽处理。

其中，数字电路内部芯片的电源引脚与 PCB 的电源网络之间的电路；PCB 中 PWM 功率电路供电电源与地之间（如开关电源中的储能电容）的电路，去耦是降低芯片电源噪声的有效方法：

① 芯片的每个电源引脚至少有一个去耦电容。

② PWM 功率电路供电电源与地之间至少有一个去耦电容。

③ 去耦电容的大小通常由器件的工作频率决定。当频率大于 20MHz 时，采用 0.1μF 的去耦电容；主频超过 20MHz 的电路中，采用 0.01μF（甚至 0.001μF）的去耦电容。

L：“干净”信号/电路区域

“干净”信号/电路区域部分是指不受外界直接干扰或内部噪声信号/电路干扰的部分，通常位于滤波电路之后，也是电路中不需要保护的部分。理想模型中，这类区域电路的要求是元器件中未使用的信号线或端子必须进行直接接“0V”地或通过电阻接“0V”地。

M：隔离电路区域

隔离电路一般不作为 EMC 措施用来区分“干净”信号/电路区域电路和“脏”信号/电路区域及其他属性的电路，它通常以为产品的某种功能实现而存在，隔离的器件有光耦、磁耦、变压器、继电器等。当隔离器件存在时，理想模型中应该有如下处理方式：

（1）所有被分割在主电路之外的“0V”地平面需要通过旁路电容接地（接地设备的“0V”地平面接外壳地或系统地，浮地设备的“0V”地平面接主控制电路“0V”工作地），不能有悬空的地平面。旁路电容值为 1～10nF。

（2）隔离的 AC/DC 或 DC/DC 开关电源的初级“0V”地与次级所有的“0V” 地之间需要接 Y 电容。同时还应注意，虽然该 Y 电容在抑止 EMI 方面取得很好的效果，但是由于该电容的存在必然会导致更多的外界共模电流通过该电容进入变压器次级，尽管如此，没有特殊原因该电容必须保留。

4．印制电路板布局布线的 EMC 理想模型

通过PCB完整地平面阻抗最小化，不同属性的信号线之间无非期望的串扰发生，信号层和电源层边缘包地处理以防止边缘效应（降低信号线和电源线与参考地之间的寄生电容）可以达到印刷电路板布局布线的EMC理想模型。

PCB布局布线的EMC风险要素包括N、O、P、Q、R、S六类。其中，串扰防止出现在表10.3所表达的各类区域的电路之间，它是有效降低各类电路之间的干扰信号通过寄生参数传递的有效方法。

N:“脏”-“干净”信号/电路区域的串扰防止

如表10.3所示。

O:“脏”-特殊信号/电路区域的串扰防止

O1:“脏”-特殊敏感信号/电路区域的串扰防止

如表10.3所示。

O2:“脏”-特殊噪声信号/电路区域的串扰防止

如表10.3所示。

P: 特殊-“干净”信号/电路区域的串扰防止

P1: 特殊噪声 - “干净”信号/电路区域的串扰防止

如表10.3所示。

P2:“干净”-特殊敏感信号/电路区域的串扰防止

如表10.3所示。

Q: 特殊敏感-特殊噪声信号/电路区域的串扰防止

如表10.3所示。

表 10.3 不同区域之间的串扰防止要求

类　型	1	2	3	4
1	不需要	不涉及	需要	需要
2	不涉及	不需要	不涉及	不涉及
3	需要	不涉及	不需要	需要
4	需要	不涉及	需要	不需要

注：表中的1、2、3、4分别为图10.3中所述1、2、3、4区域的4类信号线。

理想模型中，原理图与 PCB 的设计需要能完成图 10.3 所示的 5 类区域分类，并在不同分类区域的导体之间实现如表 10.3 要求的防止串扰处理。如下措施可认为采用了防止串扰的方法：

（1）印制线间距离在 5mm 以上。

（2）相邻层之间垂直布线。

（3）带“0V”地平面，且印制线之间插入屏蔽地线，并将屏蔽地线用多个过孔与地平面互连。

（4）不同层之间有地平面隔离。

R：地平面

R1：电磁敏感度相关性地平面处理

对PCB进行完整的地平面设计是降低地阻抗的有效措施，在考虑电磁敏感度时，PCB设计理想模型中包含：

（1）PCB 应该具有地平面。

（2）以下几个区域还需要完整地平面：

■ 共模电流的泄放路径上；
■ 有共模电流流过的两个器件的地引脚之间；
■ 接口上的滤波器电容、旁路电容与壳体互连点之间。

R2：EMI 相关性地平面处理

对PCB进行完整的地平面设计是降低地阻抗的有效措施，PCB设计理想模型中包括：

（1）所有信号层与完整地平面（地平面或电源平面）相邻。

（2）电源层与其对应地相邻。

（3）层厚设置在满足阻抗控制的前提下做到最小。

（4）以下几个区域还需要完整地平面：

■ 特殊噪声信号/电路下方，并对其进行包地处理；
■ 接口上的滤波器电容、芯片去耦电容、旁路电容与地之间的互连线。

因为高速信号的镜像回流特点，层叠设计也认为是地平面设计的一部分，所以理想模型中层叠排布推荐采用以下方式：

4 层 PCB 板层的层排布方式如表 10.4 所示，其中，优选方案 1，可用方案 2。

表 10.4　4 层 PCB 板层的层排布方式

方　案	层 1	层 2	层 3	层 4
1	S	G	P	S
2	S	P	G	S

注：S—信号；G—地；P—电源。

6 层 PCB 板层的层排布方式如表 10.5 所示，其中，优选方案 2，备用方案 1、3。

表 10.5　6 层 PCB 板层的层排布方式

方　案	层 1	层 2	层 3	层 4	层 5	层 6
1	S1	G	S2	S3	P	S4
2	S1	G1	S2	P	G2	S3
3	S1	G1	S2	G2	P	S3

注：从 EMC 方面考虑，除非 2 层板也能设计出较为完整的地平面，否则最好采用带有地层和电源层的 4 层以上的 PCB。实践证明，4 层板与 2 层板相比，4 层板能取得高于 2 层板 100%的 EMC 性能（注意：4 层板以上，并非层数越多越好）。2 层板的地平面很难设计完整。如果使用 2 层板，那么工程师就要特别注意地平面的设计。

S：信号层和电源层的边缘处理

S1：电磁敏感度相关性信号层和电源层的边缘处理

落在PCB边缘的印制线或电源线会与PCB之外的参考地之间形成较大的寄生电容，造成额外的共模回路。理想模型中这类区域电路的要求是：

（1）信号层和电源层在 PCB 边缘布屏蔽地线或铺铜。

（2）PCB 边缘的屏蔽地线或铺铜通过间距小于 1/20 波长过孔与地平面互连。

（3）特殊敏感信号/电路不要布置在 PCB 边缘。

S2：EMI 相关性信号层和电源层的边缘处理

落在 PCB 边缘的印制线或电源线会与 PCB 之外的参考地之间形成较大的寄生电容，造成额外的共模回路。理想模型中这类区域电路的要求是：

（1）信号层和电源层在 PCB 边缘加屏蔽地线或铺铜。

（2）PCB 边缘的屏蔽地线或铺铜通过间距小于 1/20 波长过孔与地平面互连。

（3）时钟信号线、PWM 信号线、UVW 信号线等周期性，并且高速的特殊噪声信号线不要布置在 PCB 的地层边缘。

10.4　产品 EMC 评估要素的风险影响程度等级与风险分类

按产品中单个 EMC 风险评估要素（评估点）的影响程度等级进行划分：

Ⅰ级：特定条件下不能满足时，一定会导致某项测试失败，风险系数 K_1=0.4；

Ⅱ级：不能满足时，必须有其他特定的弥补措施才能避免测试失败，风险系数 K_2=0.3；

Ⅲ级：不能满足时，不一定会导致测试失败，但影响相对较大，风险系数 K_3=0.2。

Ⅳ级：不能满足时，不一定会导致测试失败，但影响较小，风险系数 K_4=0.1。

EMC风险系数是一个表达风险要素影响程度的归一化量值，也是此类风险要素在产品整机风险评估值中的权重。

按对风险评估要素产生的风险效应进行划分：

a 类：产品中若无该评估要素相关信息，则认为该评估要素为最高风险。

b 类：产品中若无该评估要素相关信息，则认为该评估要素为最低风险。

例如屏蔽电缆的屏蔽搭接方式，如果产品采用的是非屏蔽电缆，则认为本风险要素为最高风险。不同 PCB 之间的“0 V”工作地的互连，如果产品只是单一 PCB，则认为本风险要素为最低风险。

表 10.6 用来描述电子电气设备各 EMC 风险要素的风险影响程度等级和风险类型。

表 10.6　产品 EMC 风险评估要素等级描述

<table>
<tr><th>风险要素属性</th><th>风险要素代号X</th><th colspan="2">风险要素信息</th><th>风险影响程度等级</th><th>风险类型</th><th>EMS相关性</th><th>EMI相关性</th><th>风险要素之间的相关性描述</th></tr>
<tr><td rowspan="11">机械架构</td><td>X31</td><td colspan="2">A：电缆连接器在 PCB 中的相对位置，包含信号线和电源线</td><td>III</td><td>b</td><td>√</td><td>√</td><td>此项风险高时，相关风险要素 C</td></tr>
<tr><td>X21</td><td colspan="2">B：屏蔽电缆屏蔽层的搭接</td><td>II</td><td>a</td><td>√</td><td>√</td><td>此项风险高时，相关风险要素 C</td></tr>
<tr><td rowspan="2">X11</td><td rowspan="2">C</td><td>C1：PCB 外部的电源和信号输入接口的滤波和防护</td><td>I</td><td>a</td><td>√</td><td>—</td><td>当电缆为非屏蔽电缆且信号为非差分信号时，缺失该要素一定会导致 EMS 测试失败</td></tr>
<tr><td>C2：PCB 外部的开关型功率电路电源接口的 EMI 滤波</td><td>I</td><td>a</td><td>—</td><td>√</td><td>当电缆为非屏蔽电缆且内部电路存在开关型功率电路时，缺失该要素一定会导致 EMI 测试失败</td></tr>
<tr><td>X22</td><td colspan="2">D：PCB 的“0 V”工作地与金属壳体之间的互连（存在互连时）</td><td>II</td><td>a</td><td>√</td><td>√</td><td>此项风险高时，相关 PCB 中所有的风险要素</td></tr>
<tr><td>X23</td><td colspan="2">E：不同 PCB 之间的“0 V”工作地的互连（通常通过结构件实现）</td><td>II</td><td>b</td><td>√</td><td>√</td><td>此项风险高时，相关风险要素 F 和 I</td></tr>
<tr><td rowspan="2">X24</td><td rowspan="2">F</td><td>F1：产品内部 PCB 互连信号接口的滤波和防护</td><td>II</td><td>a</td><td>√</td><td>—</td><td rowspan="2">此项风险高时，相关风险要素 E</td></tr>
<tr><td>F2：产品内部 PCB 互连信号频率</td><td>II</td><td>b</td><td>—</td><td>√</td></tr>
<tr><td>X41</td><td colspan="2">G：壳体中各个金属部件之间的搭接（考虑阻抗与缝隙处理）方式</td><td>IV</td><td>a</td><td>√</td><td>√</td><td>此项风险高时，相关风险要素 C、D 和 PCB 中所有的风险要素</td></tr>
<tr><td>X42</td><td colspan="2">H：进入壳体后的电缆、连接器、PCB（可能有）、PCB 的“0V”工作地与金属壳体之间的互连及产品金属壳体之间所组成的回路面积</td><td>IV</td><td>a</td><td>√</td><td>√</td><td>此项风险高时，相关 PCB 中所有的风险要素</td></tr>
<tr><td>X32</td><td colspan="2">I：壳体接地线</td><td>III</td><td>a/b</td><td>√</td><td>√</td><td>当 PCB 中“脏”信号/电路与内部噪声信号/电路区域重合时，此项等级上升 I 级</td></tr>
<tr><td rowspan="2">原理图</td><td rowspan="2">X12</td><td rowspan="2">J</td><td>J1：“脏”信号/电路区域的抗干扰处理</td><td>I</td><td>a</td><td>√</td><td>—</td><td>此项风险高时，相关机械架构所有的风险要素；
处理方式为滤波与防护区域处理；
当电缆为非屏蔽电缆且信号为非差分信号时，一定会导致 EMS 测试失败</td></tr>
<tr><td>J2：“脏”信号/电路区域的 EMI 处理</td><td>I</td><td>a</td><td>—</td><td>√</td><td>当电缆为非屏蔽电缆且内部电路存在开关型功率电路时，若无 EMI 滤波电路，就一定会导致 EMI 测试失败</td></tr>
</table>

续表

风险要素属性	风险要素代号X	风险要素信息		风险影响程度等级	风险类型	EMS相关性	EMI相关性	风险要素之间的相关性描述
原理图	X25	K	K1：特殊敏感信号/电路区域的处理	II	a	√	—	滤波与防护
			K2：特殊噪声信号/电路区域的处理	II	b	—	√	芯片电源接口去耦和周期信号滤波（降低上升沿）
	X43		L：“干净”信号/电路区域的处理	Ⅳ	a	√	√	
	X33		M：隔离电路区域的地处理	Ⅲ	b	√	√	
PCB 布局布线	X26		N：“脏”－干净信号/电路区域的串扰防止	II	a	√	√	
	X13	O	O1：“脏”－特殊敏感信号/电路区域的串扰防止	I	a	√	—	特殊敏感信号/电路与电缆发生串扰时，就会导致 EMI 测试失败
			O2：“脏”－特殊噪声信号/电路区域的串扰防止	I	b	—	√	EMI 信号源（如晶振或时钟线）与电缆发生串扰时，就会导致 EMI 测试失败
	X44	P	P1：特殊噪声－“干净”信号/电路区域的串扰防止	Ⅳ	b	—	√	此项风险高时，相关机械架构所有的风险要素
			P2：“干净”－特殊敏感信号/电路区域的串扰防止	Ⅳ	b	√	—	
	X34		Q：特殊敏感－特殊噪声信号/电路区域的串扰防止	Ⅲ	b	√	√	此项主要为内部电路的相互干扰
	X27	R	R1：EMS 相关地平面的处理	II	a	√	—	此项风险高时，相关机械架构所有的风险要素； 非金属外壳产品时，没有地平面一定会导致抗扰度测试失败
			R2：EMI 相关地平面的处理	II	b	—	√	非金属外壳产品时，时钟信号线下方及 PWM 下方没有地平面一定会导致 EMI 测试失败
	X35	S	S1：EMS 信号层和电源层的边缘处理	Ⅲ	b	√	—	此项风险高时，相关机械架构所有的风险要素
			S2：EMI 信号层和电源层的边缘处理	Ⅲ	b	—	√	

10.5 产品 EMC 风险等级

EMC 风险等级分为风险评估要素 EMC 风险等级和产品整机 EMC 风险等级。

风险评估要素 EMC 风险等级：它是 EMC 风险评估要素（包括机械架构 EMC 风险评估要素和 PCB EMC 风险评估要素）设计失败的程度，分为高（H）、中（M）、低（L），还可以用具体的分数来表示，称为 EMC 风险评估要素的风险值，如高（H）对应 100 分，中（M）

对应 10～90 分，低（L）为零分。

产品整机 EMC 风险等级：它是产品整机 EMC 测试失败事件发生的概率，从高到低分为 A、B、C、D 四级。

A：高度风险（测试不能通过，而且项目较多）；

B：显著风险（测试不能通过，但项目较少）；

C：一般风险（测试基本通过）；

D：稍有风险（测试通过，并有余量）。

10.6　EMC 风险评估步骤

根据第 3 章关于风险评估的描述，可将 EMC 风险评估按如下步骤进行：

（1）EMC 风险识别；

（2）EMC 风险分析；

（3）EMC 风险评价；

（4）风险评估报告。

风险评估是由风险识别、风险分析和风险评价构成的一个完整过程。通常风险评估活动内嵌于风险管理过程中，与其他风险管理活动紧密融合并互相推动。图 10.4 是 EMC 风险评估流程图，它表达了整个风险评估过程中的关键参数描述。

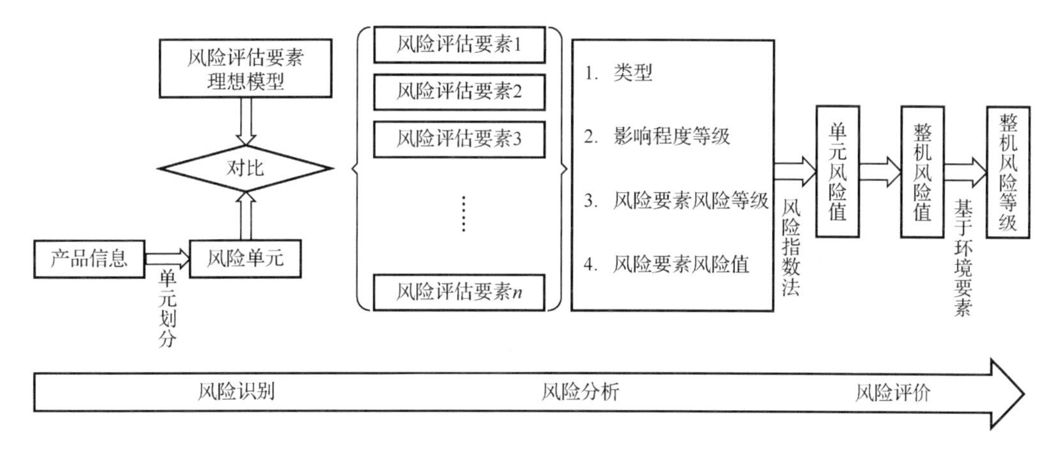

图 10.4　EMC 风险评估流程图

10.7　产品 EMC 风险识别

10.7.1　概述

EMC 风险识别是发现、列举和描述 EMC 风险要素的过程。

风险识别的目的是确定可能影响产品 EMC 测试通过目标得以实现的事件或情况。一旦 EMC 风险得以识别，就应对现有的 EMC 风险要素在产品上表现出的措施进行识别。

风险识别过程包括对 EMC 风险源、原因和潜在后果的识别。

风险识别方法包括：

- 基于证据的方法，例如 EMC 检查表法以及对历史数据的评审。

- 系统性的团队方法，例如一个专家团队遵循系统化的过程，通过一套结构化的提示或问题来识别风险。
- 归纳推理方法，例如危险与可操作分析方法（Hazard and Operability，HAZOP）等。

无论采用哪种方法，都要在整个 EMC 风险识别过程中认识到人的因素和组织因素的重要性。因此，偏离预期的人为及组织因素也应被纳入风险识别的过程中。

电子电气产品的 EMC 风险识别包括机械架构 EMC 风险识别和 PCB EMC 风险识别。

10.7.2 产品机械架构 EMC 风险识别

产品机械架构 EMC 风险识别是基于已建立的 EMC 机械架构设计理想模型上的、对产品进行相对应的描述而进行的。EMC 风险识别之前，设计者需要给出产品机械架构信息，它可以是产品的具体机械架构图，配以表格来描述机械架构中产品接地情况、电缆类型及数量、壳体的材料、壳体有无缝隙等信息。

具体列出信息应包括关于产品机械架构 EMC 风险评估理想模型中的所有风险评估要素（评估点），并对具体实现方式加以说明。产品机械架构 EMC 风险要素如表 10.7 所示。

表 10.7 产品机械架构 EMC 风险要素

<table>
<tr><th>风险要素属性</th><th>风险要素代号 X</th><th colspan="2">风 险 要 素</th><th>风险要素关键信息</th></tr>
<tr><td rowspan="12">机械架构</td><td>X31</td><td colspan="2">A</td><td>电缆的数量、相对物理位置、电缆类型等</td></tr>
<tr><td>X21</td><td colspan="2">B</td><td>是否存在屏蔽层、屏蔽层的搭接方式、连接器类型（如果有）、屏蔽层连接线（“猪尾巴”）长度等</td></tr>
<tr><td rowspan="2">X11</td><td rowspan="2">C</td><td>C1</td><td>电路形式（差分或非差分）、电源和信号类型、滤波和防护电路原理图、元器件参数等</td></tr>
<tr><td>C2</td><td>EMI 滤波电路和参数</td></tr>
<tr><td>X22</td><td colspan="2">D</td><td>互连的位置和方式（连接线长度、互连导体类型和尺寸）等</td></tr>
<tr><td>X23</td><td colspan="2">E</td><td>互连的位置和方式（连接线长度、互连导体类型和尺寸）等</td></tr>
<tr><td rowspan="2">X24</td><td rowspan="2">F</td><td>F1</td><td>互连信号类型、滤波和防护电路原理图、元器件参数等</td></tr>
<tr><td>F2</td><td>信号类型（特别要关注是否有时钟信号）、信号频率等</td></tr>
<tr><td>X41</td><td colspan="2">G</td><td>壳体材料、几何尺寸、连接点位置和搭接方式等；
塑料壳体表面与产品中电路相关导体的绝缘间距</td></tr>
<tr><td>X42</td><td colspan="2">H</td><td>配合机械架构图给出进入壳体后的电缆、连接器、PCB（可能有）、PCB 的“0V”工作地与金属壳体之间的互连及产品金属壳体物理位置</td></tr>
<tr><td>X32</td><td colspan="2">I</td><td>接地线几何尺寸、物理位置等</td></tr>
</table>

10.7.3 产品 PCB EMC 风险识别

产品 PCB EMC 风险识别是基于已建立的 PCB EMC 设计理想模型上的、对产品中的各 PCB 进行相对应的描述而进行的。EMC 风险识别之前，设计者需要描述 PCB 对应电路原理图并对其进行 EMC 描述。电路原理图进行 EMC 描述包括如下几个方面：

（1）找出电路中的“脏”电路和信号线，并将“脏”电路部分的电路标出，如用一种颜色（红色）标出。这些“脏”电路和信号线通常包括：

① 需要进行 EMC 测试的 I/O 线；

② 不直接进行干扰测试，但是与干扰噪声源有直接容性耦合的器件和电路。

（2）找出电路中的滤波电容与去耦电容，并用一种颜色（蓝色）标出。这些滤波电容和去耦电容通常包括：

① 不直接进行干扰测试的电缆接口上的，但电缆与干扰噪声源或参考接地板之间有较大容性耦合的电缆接口器件和电路上的滤波电容；

② 各个芯片的电源去耦电容；

③ 内部 PCB 互连信号线上的滤波电容。

（3）找出电路中“干净”的信号、器件及电路。这些“干净”的信号、器件及电路通常是滤波电容后一级的信号线、器件及电路，并用一种颜色（绿色）标出。

（4）找出电路中那些必须进行特殊处理的信号线（如时钟线、开关电源 PWM 信号线、复位信号线、低电平模拟信号线、高速信号线等），并用一种颜色（紫色）标出。

图 10.5 是电路原理图 EMC 描述示例。

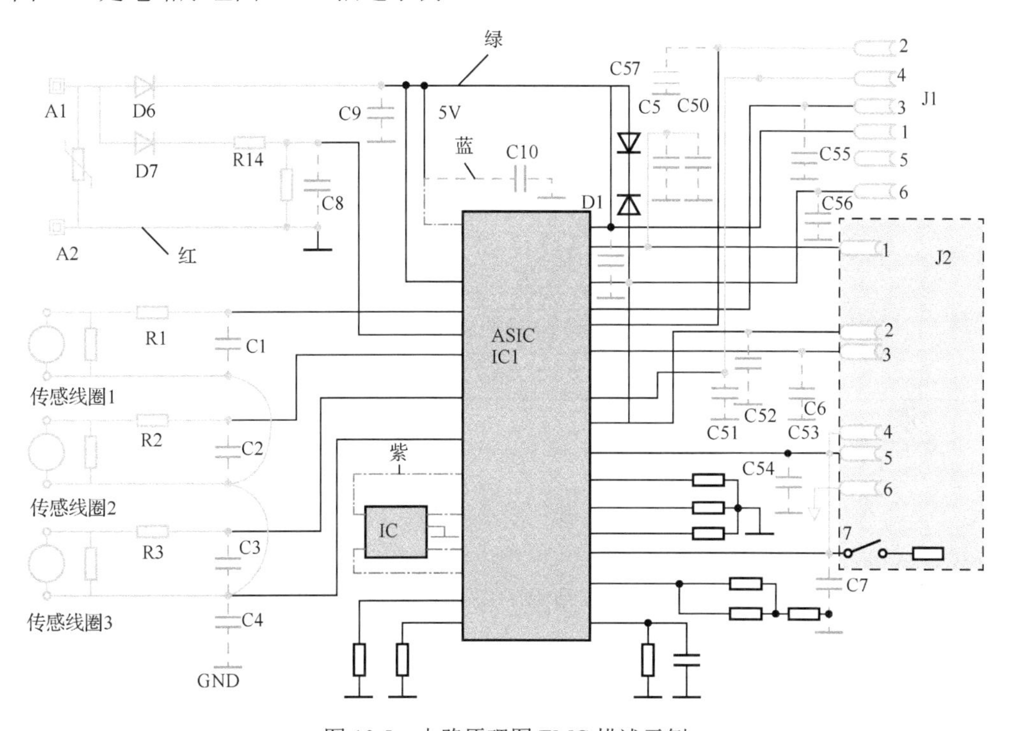

图 10.5　电路原理图 EMC 描述示例

另外，PCB 电路中时钟的种类和频率、电源的开关频率、PCB 层数及堆叠情况、模拟电路电平、数字电路电平、模拟地与数字地的隔离措施、地的种类等相关信息也必须进行描述。具体描述的信息应包括 PCB 设计 EMC 风险评估理想模型中所涵盖的风险评估要素，并对具体采用方式加以说明。PCB EMC 风险要素关键信息如表 10.8 所示。

表 10.8　PCB EMC 风险要素关键信息

风险要素属性	风险要素代号 X	风险要素		风险要素关键信息
电路原理图	X12	J	J1	是否存在电容，电容值是多少； 当电缆为非屏蔽电缆且信号为非差分信号时，无滤波一定会导致 EMS 测试失败
			J2	当电缆为非屏蔽电缆且内部电路存在开关型功率电路时，若无 EMI 滤波电路，一定会导致 EMI 测试失败； EMI 滤波电路形式和参数
	X25	K	K1	滤波与防护电路，电路参数
			K2	芯片电源接口去耦和周期信号滤波（降低上升沿）
	X43	L		未用输入引脚处理
	X33	M		隔离地之间的处理，电容选型，容值
PCB 布局布线	X26	N		两种信号线的确认，串扰的处理方式
	X13	O	O1	两种信号线的确认，串扰的处理方式
			O2	两种信号线的确认，串扰的处理方式
	X44	P	P1	两种信号线的确认，串扰的处理方式
			P2	两种信号线的确认，串扰的处理方式
	X34	Q		两种信号线的确认，串扰的处理方式
	X27	R	R1	是否有地平面，地平面是否完整，芯片地引脚之间的地完整性
			R2	时钟信号线下方及 PWM 信号线下方有没有地平面，是否连续，地层是否与信号层电源层相邻，层间距，是否包地处理
	X35	S	S1	信号层边缘是否铺铜或加屏蔽地线，敏感信号/电路是否布置在信号层边缘
			S2	信号层边缘是否铺铜或加屏蔽地线，时钟线、PWM 等高速线是否布置在信号层边缘

10.8　产品 EMC 风险分析

EMC 风险分析是要增进对风险的理解，它为风险评价、决定风险是否需要应对以及最适当的应对策略和方法提供信息支持。

电子电气设备 EMC 风险分析是对产品中的每个 EMC 风险要素相对于理想模型的偏离度，赋予其一定的风险评估值。

EMC 风险分析需要考虑导致风险的原因和风险源、风险事件的正面和负面的后果及其发生的可能性、影响后果和可能的因素、不同风险及其风险源的相互关系以及风险的其他特性，还要考虑控制措施是否存在及其有效性。

在某些情况下，EMC 风险可能是一系列事件叠加产生的结果，或者由一些难以识别的特定事件所诱发。

采用的适用于电子电气设备 EMC 风险分析的方法是定性和定量结合的方法，设计者可以得到的每个风险要素的风险等级为“极高”“高”“中”“低”“极低”5 类，同时，为了利用风险指数法，EMC 风险评估专家或评估团队还需要对每个风险要素得出的 5 类等级赋予一定的值，即 EMC 风险要素的风险评估值。

10.8.1　产品机械架构 EMC 风险分析

产品机械架构 EMC 风险分析根据产品已经识别的 EMC 风险要素的关键信息，按产品机械架构 EMC 理想模型进行评估分析，并确定每个风险要素的风险等级和风险值，其中风险值是以 10 为单位的一个 0～100 之间的数值，具体分析方法如下。

A：电缆连接器在 PCB 中的相对位置要求

电缆连接器相对位置风险要素的风险等级如表 10.9 所示。

表 10.9　电缆连接器相对位置风险要素的风险等级

风险类型	满足度	风险等级	风险值	风险评估值确定规则
b	全满足	极低	0	电缆连接器在 PCB 的同一侧
	部分满足	低	30	电缆连接器在 PCB 的同一侧，但距离较远
		中	50	电缆连接器在相邻侧，但距离较近
		高	80	电缆连接器在相邻侧，但距离较远
	不满足	极高	100	电缆连接器在 PCB 的两侧
	不涉及	极低	0	没有电缆

B：屏蔽电缆屏蔽层的搭接

屏蔽电缆屏蔽层的搭接风险要素的风险等级如表 10.10 所示。

表 10.10　屏蔽电缆屏蔽层的搭接风险要素的风险等级

风险类型	满足度	风险等级	风险值	实际情况
a	全满足	低	0	有屏蔽层，并做 360° 搭接
	部分满足	中	30	有屏蔽层，但“猪尾巴”连接 1cm
			50	有屏蔽层，但“猪尾巴”连接 3cm
			60	有屏蔽层，但“猪尾巴”连接 5cm
			80	有屏蔽层，但“猪尾巴”连接 10cm
	不满足	高	100	屏蔽层未接地
	不涉及	高	100	电缆未屏蔽

C：PCB 外部的电源和信号输入接口的滤波和防护

C1：PCB 外部的信号输入接口的滤波和防护

PCB 外部信号输入接口的滤波和防护风险要素的风险等级如表 10-11 所示。

表 10.11　PCB 外部信号输入接口的滤波和防护风险要素的风险等级

风险类型	满足度	风险等级	风险值	赋值依据
b	全满足	极低	0	有滤波和防护（需要进行浪涌测试时）
	部分满足	低	30	特殊电路，接口电路可以没有滤波防护而不受干扰影响

续表

风险类型	满足度	风险等级	风险值	赋值依据
b		中	50	无滤波但有防护，并且电缆上套有磁环
		高	80	无滤波但有防护
	不满足	极高	100	无滤波并且无防护
	不涉及	低	0	B 为“低”或差分线或无电缆

C2：PCB 外部的开关型功率电源接口的滤波

PCB 外部的开关型功率电源接口的滤波风险要素的风险等级如表 10.12 所示。

表 10.12　PCB 外部开关型功率电源接口的滤波风险要素的风险等级

风险类型	满足度	风险等级	风险值	赋值依据
b	全满足	极低	0	有 EMI 滤波
	部分满足	低	30	无分值
		中	50	只有单个滤波器件，如只有电容或电感/磁环
		高	80	无分值
	不满足	极高	100	无 EMI 滤波
	不涉及	极低	0	无开关电源或电池供电或 B 为“低”

D：PCB 的“0V”工作地与金属壳体之间的互连

PCB 的“0V”工作地与金属壳体之间的互连风险要素的风险等级如表 10.13 所示。

表 10.13　PCB 的“0V”工作地与金属壳体之间的互连风险要素的风险等级

风险类型	满足度	风险等级	风险值	赋值依据
a	全满足	极低	0	I/O 连接器接口工作地接机壳地
	部分满足	低	30	I/O 连接器接口工作地与机壳地通过电容连接
		中	50	工作地未接机壳地
		高	80	远离 I/O 连接器接口工作地，与壳体直接互连；根据远离 I/O 连接器的程度得分，电容连接时减 10 分
	不满足	极高	100	电容连接时减 10 分； 在 I/O 连接器另一侧时直接将工作地与机壳互连
	不涉及	极高	100	非金属壳体或无大于 PCB 尺寸的金属板

E：不同 PCB 之间的“0V”工作地的互连（通常通过结构件实现）

不同 PCB 之间的“0V”工作地的互连风险要素的风险等级如表 10.14 所示。

表 10.14　不同 PCB 之间的“0V”工作地的互连风险要素的风险等级

风险类型	满足度	风险等级	风险值	赋值依据
b	全满足	极低	0	有结构件在 PCB 板间作等电位互连或 PCB 板件互连无信号线，只有电源（如模块电源与 PCB 板间的互连）

续表

风险类型	满足度	风险等级	风险值	赋值依据
b	部分满足	低	30	有信号互连，也有结构件在 PCB 板间作等电位互连，但结构件距离 PCB 板间互连线在 5mm 以上
		中	50	有信号互连，但是无法实现等电位（如粗导线互连，但较短）
		高	80	有结构件互连，但是无法实现等电位（如粗导线互连，但较长）
	不满足	极高	100	有信号互连，但无结构件互连
	不涉及	极低	0	无 PCB 板间互连，如单个 PCB 产品

F：产品内部 PCB 互连信号接口的滤波、防护和信号频率

F1：产品内部 PCB 互连信号接口的滤波和防护

产品内部 PCB 互连信号接口的滤波和防护风险要素的风险等级如表 10.15 所示。

表 10.15　产品内部 PCB 互连信号接口的滤波和防护风险要素的风险等级

风险类型	满足度	风险等级	风险值	赋值依据
b	全满足	极低	0	有滤波与防护
	部分满足	低	30	无分值
		中	50	只有滤波或防护
		高	80	无分值
	不满足	极高	100	无滤波与防护
	不涉及	低	0	E 为“低”

F2：产品内部 PCB 互连信号频率

PCB 产品内部互连信号频率风险要素的风险等级如表 10.16 所示。

表 10.16　产品内部 PCB 互连信号频率风险要素的风险等级

风险类型	满足度	风险等级	风险值	赋值依据
b	全满足	极低	0	无时钟/PWM 信号
	部分满足	低	30	有频率较低且幅度较小的周期信号，时钟信号频率在 1MHz 以下，或 PWM 信号电压幅度在 12V 以下，且频率小于 100kHz
		中	50	有频率较低且幅度较小的周期信号，时钟信号频率在 1～5MHz 之间，或 PWM 信号电压幅度在 12V 以下，且频率大于 100kHz
		高	80	有时钟/PWM 信号，时钟信号频率在 5～10MHz 之间，或 PWM 信号电压幅度在 12～20V 之间
	不满足	极高	100	有时钟/PWM 信号，时钟信号频率在 10MHz 以上，或 PWM 信号电压幅度在 20V 以上
	不涉及	极低	0	E 为“低”

G：壳体中各个金属部件之间的搭接（考虑阻抗与缝隙处理）方式

壳体中各个金属部件之间的搭接方式风险要素的风险等级如表 10.17 所示。

表 10.17　壳体中各个金属部件之间的搭接方式风险要素的风险等级

风险类型	满足度	风险等级	风险值	赋值依据
a	全满足	极低	0	理想模型中每个要求条款都满足
	部分满足	低	30	符合理想模型中两条条款
		中	50	符合理想模型中一条条款
		高	80	部分符合理想模型中一条条款
	不满足	极高	100	所有理想模型中的要求条款都不满足，如组成壳体的金属部件之间相互不导通
	不涉及	极高	100	无金属外壳

注：产品的机械架构（包括塑料连接器）设计必须防止 ESD 直接放电至信号导体。如 ESD 空气放电是通过绝缘击穿放电造成的，击穿过程中，ESD 会通过各种途径自动找到设备的最近放电点，形成特定的空气放电。因此，对于非金属外壳的产品，首先应该考虑产品的可接触绝缘表面与产品内部的任何金属体之间具有足够的绝缘强度，足够的绝缘强度可通过两者之间的足够爬电距离和空气间隙来实现（爬电距离和空气间隙参考标准 GB 4943.1—2011）。

产品的理想模型中，产品的可接触绝缘表面与产品内部电路的任何金属体之间要具有大于每 1kV 空气放电测试电压就有 1mm 的爬电距离和空气间隙，如 8kV 的空气放电测试电压，就要有 8mm 以上的爬电距离和空气间隙。

H：进入壳体后的电缆、连接器、PCB（可能有）、PCB 的“0V”工作地与金属壳体之间的互连及产品金属壳体之间所组成的回路面积

进入壳体后的电缆、连接器、PCB（可能有）、PCB 的“0V”工作地与金属壳体之间的互连及产品金属壳体之间所组成的回路面积风险要素的风险等级如表 10.18 所示。

表 10.18　进入壳体后的电缆、连接器、PCB（可能有）、PCB 的“0V”工作地与金属壳体之间的互连及产品金属壳体之间所组成的回路面积风险要素的风险等级

风险类型	满足度	风险等级	风险值	赋值依据
a	全满足	极低	0	环路面积等于零
	部分满足	低	30	环路面积≤3cm^2
		中	50	3cm^2 < 环路面积≤6cm^2
		高	80	6cm^2 < 环路面积≤10cm^2
	不满足	极高	100	环路面积>10cm^2
	不涉及	极高	100	无金属外壳或无大于 PCB 尺寸的金属体

I：壳体接地线

壳体接地线风险要素的风险等级如表 10.19 所示。

注：安规意义上的黄绿 PE 接地线不符合 EMC 的要求，因为其在高频下阻抗较大，寄生电感约为 10nH/cm。

表 10.19　壳体接地线风险要素的风险等级

风险类型	满足度	风险等级	风险值	赋值依据
a	全满足	极低	0	接地线采用长宽比小于 3 的低阻抗金属条接地

续表

风险类型	满足度	风险等级	风险值	赋值依据
a	部分满足	低	30	长宽比大于 3，且接地线长度≤3cm
		中	50	长宽比大于 3，且 3cm<接地线长度≤6cm
		高	80	长宽比大于 3，且 6cm<接地线长度≤10cm
	不满足	极高	100	长宽比大于 3，且接地线长度>10cm
	不涉及	极高	100	无壳体接地线或 D 为“高”

10.8.2　产品 PCB EMC 风险分析

PCB EMC 风险分析根据 PCB 已经识别的 EMC 风险评估要素（评估点）的关键信息，按 PCB EMC 理想模型进行评估分析。若某个评估要素在产品中多处存在时（如存在多根电缆），需要对该评估要素的每一处进行评估，最终的评估要素的风险等级和风险值取大者。PCB EMC 风险分析分为原理图 EMC 风险分析和 PCB 布局布线 EMC 风险分析，具体分析方法如下。

1．原理图 EMC 风险分析

原理图 EMC 风险分析根据原理图设计已经识别的 EMC 风险要素的关键信息，按原理图设计的 EMC 理想模型进行评估分析，并确定每个风险要素的风险等级和风险值，其中风险值是以 10 为单位的一个 0～100 之间的数值。

J：“脏”信号/电路区域

J1：电磁敏感度相关“脏”信号/电路区域

电磁敏感度相关“脏”信号/电路区域风险要素的风险等级如表 10.20 所示。

表 10.20　电磁敏感度相关“脏”信号/电路区域风险要素的风险等级

风险类型	满足度	风险等级	风险值	赋值依据
b	全满足	极低	0	满足理想模型中所有要求
	部分满足	低	30	根据表 10.21 确定风险值
		中	50	
		高	80	
	不满足	极高	100	不满足理想模型中所有要求
	不涉及	极低	0	机械架构 B 为“低”　或　无电缆

信号接口滤波与防护方案的风险等级和风险值如表 10.21 所示。

表 10.21　信号接口滤波与防护方案的风险值

接口	要求项目	权重	风险值	赋值依据
电源	滤波和浪涌防护电路形式	90	0	电源的正负之间至少具有滤波电容，电容值大于 1nF，还有对应等级的浪涌保护电路； 或满足 K2：EMI 相关“脏”信号/电路区域的理想模型的滤波电路
			20	电源的正负之间至少具有滤波电容，电容值小于 1nF，还有对应等级的浪涌保护电路； 根据电路的内容在 10 或 20 中取值； 当存在一些对浪涌或干扰具有抑制效果的器件（如电阻）可加 10

续表

接口	要求项目	权重	风险值	赋值依据
电源	滤波和浪涌防护电路形式	90	40	电源的正负之间至少具有滤波电容，电容值大于 1nF，但无浪涌保护电路； 根据电路的内容在 30 或 20 中取值； 当存在一些对浪涌或干扰具有抑制效果的器件（如电阻）可加 10
			80	电源的正负之间至少具有滤波电容，但电容值小于 1nF，但无浪涌保护电路； 根据电路的内容在 50～80 之间取值； 当存在一些对浪涌或干扰具有抑制效果的器件（如电阻）可加 10
			90	电源的正负之间无滤波器件也无浪涌保护电路，但存在一些对浪涌或干扰具有抑制效果的器件，如电阻
信号	电平	30	0	电平>1V
			5	100 mV <电平≤1V
			10	10mV<电平≤100mV
			15	1mV<电平≤10mV
			20	100μV<电平≤1mV
			25	10μV<电平≤100μV
			30	1μV<电平≤10μV
	滤波电路形式	30	0	采用 LC 或 RC 滤波，且电容值为 1～10nF
			10	采用 LC 或 RC 滤波，且电容值为 100pF～1nF 或 10～100nF
			15	采用 LC 或 RC 滤波，电容值大于 100pF 或大于 100nF
			15	未采用 LC 或 RC 滤波，只有 L 或 R 或 C 且电容值为 1～10nF
			20	未采用 LC 或 RC 滤波，只有 L 或 R 或 C 且电容值为 100pF～1nF 或 10～100nF
			30	未采用 LC 或 RC 滤波，只有 L 或 R 或 C 且电容值大于 100pF 或大于 100nF
	传输类型	30	0	差分：0
			30	非差分：30

J2：EMI 相关“脏”信号/电路区域

EMI 相关“脏”信号/电路区域风险要素的风险等级如表 10.22 所示。

表 10.22　EMI 相关“脏”信号/电路区域风险要素的风险等级

风险类型	满足度	风险等级	风险值	赋值依据
b	全满足	极低	0	满足理想模型中所有要求
	部分满足	低	30	滤波电路略微偏离表 10.2 的要求
		中	50	滤波电路偏离表 10.2 的要求
		高	80	滤波电路偏离表 10.2 的要求较大
	不满足	极高	100	不满足理想模型中所有要求或无滤波电路
	不涉及	极低	0	机械架构 B 为“低”或无电缆

K：特殊信号/电路区域

K1：特殊敏感信号/电路区域

特殊敏感信号/电路区域特殊风险要素的风险等级如表10.23所示。

表 10.23　特殊敏感信号/电路区域风险要素的风险等级

<table>
<tr><th>风险类型</th><th>满足度</th><th>风险等级</th><th>风险值</th><th>依据</th></tr>
<tr><td rowspan="6">b</td><td>全满足</td><td>极低</td><td>0</td><td>满足理想模型中的所有条款</td></tr>
<tr><td rowspan="3">部分满足</td><td>低</td><td>30</td><td>符合理想模型中两条条款</td></tr>
<tr><td>中</td><td>50</td><td>符合理想模型中一条条款</td></tr>
<tr><td>高</td><td>80</td><td>部分符合理想模型中一条条款</td></tr>
<tr><td>不满足</td><td>极高</td><td>100</td><td>理想模型中的所有条款都不满足</td></tr>
<tr><td>不涉及</td><td>极低</td><td>0</td><td>无敏感信号</td></tr>
</table>

K2：特殊噪声信号/电路区域

特殊噪声信号/电路区域风险要素的风险等级如表 10.24 所示。

表 10.24　特殊噪声信号/电路区域风险要素的风险等级

<table>
<tr><th>风险类型</th><th>满足度</th><th>风险等级</th><th>风险值</th><th>赋值依据</th></tr>
<tr><td rowspan="6">b</td><td>全满足</td><td>极低</td><td>0</td><td>满足理想模型中的所有条款</td></tr>
<tr><td rowspan="3">部分满足</td><td>低</td><td>30</td><td>符合理想模型中两条条款；
若涉及去耦，则见表 10.25 得分</td></tr>
<tr><td>中</td><td>60</td><td>符合理想模型中一条条款；
去耦部分占 30 分，若涉及去耦，则去耦部分见表 10.25 得分</td></tr>
<tr><td>高</td><td>80</td><td>部分符合理想模型中一条条款；
去耦部分占 30 分，若涉及去耦，则去耦部分见表 10.25 得分</td></tr>
<tr><td>不满足</td><td>极高</td><td>100</td><td>理想模型中的所有条款都不满足</td></tr>
<tr><td>不涉及</td><td>极低</td><td>0</td><td>无时钟信号、PWM 信号、其他周期信号</td></tr>
</table>

去耦风险要素的风险值如表 10.25 所示。

表 10.25　去耦风险要素的风险等级

<table>
<tr><th>风险类型</th><th>满足度</th><th>风险值</th><th>赋值依据</th></tr>
<tr><td rowspan="4">b</td><td>全满足</td><td>0</td><td>满足理想模型中的所有条款</td></tr>
<tr><td>部分满足</td><td>10～20</td><td>部分满足理想模型中的所有条款；
根据不满足的条数计分，每不满足一条，则计 10 分</td></tr>
<tr><td>不满足</td><td>30</td><td>理想模型中的所有条款都不满足</td></tr>
<tr><td>不涉及</td><td>0</td><td>无数字芯片和 PWM 芯片</td></tr>
</table>

L：“干净”信号/电路区域

“干净”信号/电路区域风险要素的风险等级如表 10.26 所示。

表 10.26 “干净”信号/电路区域风险要素的风险等级

风险类型	满足度	风险等级	风险值	赋值依据	
				EMS	EMI
a	全满足	极低	0	满足理想模型中的所有条款	满足理想模型中的所有条款或无噪声信号
	部分满足	低	30	部分满足理想模型中的所有条款；根据未处理的数量的百分比确定风险要素的风险值；未处理的数量的百分比小于 30%	有噪声信号，但部分满足理想模型中的所有条款；根据未处理的数量的百分比确定风险要素的风险值；未处理的数量的百分比小于 30%
		中	50	部分满足理想模型中的所有条款；根据未处理的数量的百分比确定风险要素的风险值；未处理的数量的百分比为 30%～50%	有噪声信号，但部分满足理想模型中的所有条款；根据未处理的数量的百分比确定风险要素的风险值；未处理的数量的百分比为 30%～50%
		高	80	部分满足理想模型中的所有条款；根据未处理的数量的百分比确定风险要素的风险值；未处理的数量的百分比为 50%～90%	有噪声信号，但部分满足理想模型中的所有条款；根据未处理的数量的百分比确定风险要素的风险值；未处理的数量的百分比为 50%～90%
	不满足	极高	100	理想模型中的所有条款都不满足	有噪声信号，理想模型中的所有条款都不满足
	不涉及	极高	100	无“干净”信号/电路	有噪声信号，但无“干净”信号/电路

M：隔离电路区域

隔离电路区域风险要素的风险等级如表10.27所示。

表 10.27 隔离电路区域风险要素的风险等级

风险类型	满足度	风险等级	风险值	赋值依据	
				EMS	EMI
b	全满足	极低	0	满足理想模型中的所有条款	满足理想模型中的所有条款或无特殊噪声信号
	部分满足	低	30	470pF<电容值<1nF	有噪声信号，470pF<电容值<1nF
		中	50	100pF<电容值<470pF	有噪声信号，100pF<电容值<470pF
		高	80	电容值<100pF	有噪声信号，电容值<100pF
	不满足	极高	100	没有一处满足理想模型中的条款	有噪声信号，但没有一处满足理想模型中的条款
	不涉及	极低	0	无隔离电路	无隔离电路

2. PCB 布局布线 EMC 风险分析

PCB 布局布线 EMC 风险分析根据 PCB 布局布线已经识别的 EMC 风险要素的关键信息，按布局布线的 EMC 理想模型进行评估分析，并确定每个风险要素的风险等级和风险评估值。

N：“脏”－“干净”信号/电路区域的串扰防止

O：“脏”–特殊信号/电路区域的串扰防止

O1：“脏”–特殊敏感信号/电路区域的串扰防止

O2：“脏”–特殊噪声信号/电路区域的串扰防止

P：特殊 – “干净”信号/电路区域的串扰防止

P1：特殊噪声–“干净”信号/电路区域的串扰防止

P2：“干净”–特殊敏感信号/电路区域的串扰防止

Q：特殊敏感–特殊噪声信号/电路区域的串扰防止

串扰防止风险要素的风险等级如表 10.28 所示。

表 10.28　串扰防止风险要素的风险等级

风险类型	满足度	风险等级	风险值	赋值依据	
				EMS	EMI
b	全满足	极低	0	所有信号线满足理想模型中的所有条款	所有信号线满足理想模型中的所有条款或无噪声信号
	部分满足	低	30	考虑了表 10.3 所要求的串扰防止，但是措施不到位，如表 10.3 需要串扰防止的地方插入了屏蔽地线，但屏蔽地线的过孔过少	有噪声信号，考虑了表 10.3 所要求的串扰防止，但是措施不到位，如表 10.3 需要串扰防止的地方插入了屏蔽地线，但屏蔽地线的过孔过少
		中	50	考虑了表 10.3 所要求的串扰防止，但是并非落实了所有信号线	有噪声信号，考虑了表 10.3 所要求的串扰防止，但是并非落实了所有信号线
		高	80	考虑了表 10.3 所要求的串扰防止，但是只有少量信号线	有噪声信号，考虑了表 10.3 所要求的串扰防止，但是只有少量信号线
	不满足	极高	100	未考虑表 10.3 所要求的串扰防止	有噪声信号，但未考虑表 10.3 所要求的串扰防止
	不涉及	极低	0	无法分类	无法分类

R：地平面

R1：电磁敏感度相关性地平面处理

电磁敏感度相关性地平面设计风险要素的风险等级如表 10.29 所示。

表 10.29　电磁敏感度相关性地平面设计风险要素的风险等级

风险类型	满足度	风险等级	风险值	赋值依据
a	全满足	极低	0	满足理想模型中的所有条款
	部分满足	低	30	有地平面，但有小部分区域不完整
		中	50	有地平面，但有不完整区域且约占 50%区域
		高	80	有地平面，但有不完整区域且为大部分区域
	不满足	极高	100	无地平面
	不涉及	极高	100	无地平面

R2：EMI 相关性地平面处理

EMI 相关性地平面设计风险要素的风险等级如表 10.30 所示。

表 10.30　EMI 相关性地平面设计风险要素的风险等级

<table>
<tr><th>风险类型</th><th>满足度</th><th>风险等级</th><th>风险值</th><th>赋值依据</th></tr>
<tr><td rowspan="6">a</td><td>全满足</td><td>极低</td><td>0</td><td>满足理想模型中的所有条款</td></tr>
<tr><td rowspan="3">部分满足</td><td>低</td><td>30</td><td>有地平面，但有不完整区域：
只满足理想模型中的一条条款</td></tr>
<tr><td>中</td><td>50</td><td>只满足理想模型中的（1）、（2）、（3）、（4）中的两条条款</td></tr>
<tr><td>高</td><td>80</td><td>只满足理想模型中的一条条款</td></tr>
<tr><td>不满足</td><td>极高</td><td>100</td><td>理想模型中的所有条款都不满足</td></tr>
<tr><td>不涉及</td><td>极高</td><td>100</td><td>PCB 层数小于 4 层，或不满足 R2 中（4）的要求</td></tr>
</table>

S：信号层和电源层的边缘处理

S1：电磁敏感度相关性信号层和电源层的边缘处理

电磁敏感度相关性信号层和电源层的边缘处理风险要素的风险等级如表 10.31 所示。

表 10.31　电磁敏感度相关性信号层和电源层的边缘处理风险要素的风险等级

<table>
<tr><th>风险类型</th><th>满足度</th><th>风险等级</th><th>风险值</th><th>赋值依据</th></tr>
<tr><td rowspan="6">b</td><td>全满足</td><td>极低</td><td>0</td><td>满足理想模型中的所有条款</td></tr>
<tr><td rowspan="3">部分满足</td><td>低</td><td>30</td><td>符合理想模型中的两条条款</td></tr>
<tr><td>中</td><td>50</td><td>符合理想模型中的一条条款</td></tr>
<tr><td>高</td><td>80</td><td>部分符合理想模型中的一条条款</td></tr>
<tr><td>不满足</td><td>极高</td><td>100</td><td>理想模型中的所有条款都不满足</td></tr>
<tr><td>不涉及</td><td>极低</td><td>0</td><td>—</td></tr>
</table>

S2：EMI 相关性信号层和电源层的边缘处理

EMI 相关性信号层和电源层的边缘处理风险要素的风险等级如表 10.32 所示。

表 10.32　EMI 相关信号层和电源层的边缘处理风险要素的风险等级

<table>
<tr><th>风险类型</th><th>满足度</th><th>风险等级</th><th>风险值</th><th>赋值依据</th></tr>
<tr><td rowspan="6">b</td><td>全满足</td><td>极低</td><td>0</td><td>满足理想模型中的所有条款</td></tr>
<tr><td rowspan="3">部分满足</td><td>低</td><td>30</td><td>符合理想模型中的两条条款</td></tr>
<tr><td>中</td><td>50</td><td>符合理想模型中的一条条款</td></tr>
<tr><td>高</td><td>80</td><td>部分符合理想模型中的一条条款</td></tr>
<tr><td>不满足</td><td>极高</td><td>100</td><td>理想模型中的所有条款都不满足</td></tr>
<tr><td>不涉及</td><td>极低</td><td>0</td><td>—</td></tr>
</table>

10.9 产品 EMC 风险评价

10.9.1 风险评估工具

根据第 3 章的描述，EMC 风险评价是将 EMC 风险分析的结果与预先设定的风险评价准则相比较以确定 EMC 风险的等级。可以采用适当的风险评估工具建立 EMC 风险评价准则。结合产品 EMC 设计的特点，可用风险指数法对产品 EMC 进行风险评价。风险指数法可对产品最终的 EMC 风险进行定性或半定量综合测评，风险指数法是利用顺序尺度的计分法得出的估算值。风险指数可以使用相似准则的一系列风险进行比较。风险指数法有如下优点：

- 它是一种可以有效地划分风险等级的工具；
- 可以让影响风险等级的多种因素利用一定的算法整合到对风险等级的分析中，最终给出单一、明确的结论。

风险指数法也有局限性，如过程（模式）及其输出结果未得到很好的确认，则可能使结果毫无意义，作为输出结果的风险值可能会被误解和误用。因此，风险分析过程及风险分析过程中的计分合理性是非常关键的。

10.9.2 产品风险评估单元划分

由于电子电气产品种类繁多，在评定时可能存在多个同类架构EMC风险要素或多个同类电路板EMC风险要素，所以在进行整机EMC风险评估之前需对产品整机进行风险评价单元划分。

风险评估单元划分的目的是让同种风险要素分配到不同的风险评估单元中，即一个风险评估单元中，同一类风险要素最多包含一个。

划分电子电气设备整机风险评估单元的关键因素是电路板和与此电路板相连的电缆。一根电缆、与这根电缆互连的电路板、这块电路板上的互连排线及产品整机的壳体和接地线为一个相对独立的单位。

通常情况下，产品架构 EMC 风险要素中的 G、I、J 会在一个产品中的每个风险评估单元中出现，而在整机的风险评估单元划分过程中，电路板、互连排线、壳体、壳体接地线可能会被重复使用。如一块电路板中连接多根电缆时，这块电路板会被多根电缆所在的风险评估单元多次使用，又如产品的壳体会被产品中每个风险评估单元重复使用。

图 10.1 所示的产品风险评估单元划分如图 10.6 所示。

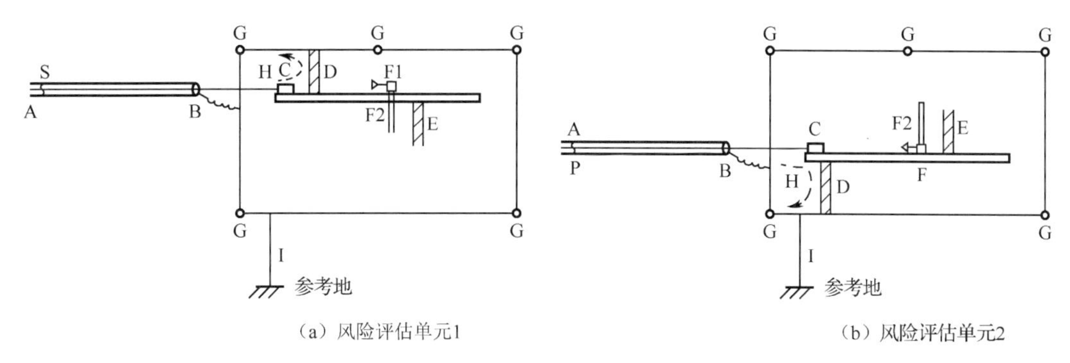

（a）风险评估单元1　　（b）风险评估单元2

图 10.6 图 10.1 所示的产品风险评估单元划分

10.9.3 风险评估单元的 EMC 风险评价计算和风险等级确定

在获得每个 EMC 风险要素的风险等级和风险评估值的基础上，EMC 风险评估专家或评估团队还可以通过 EMC 风险评价的计算获得产品风险评估单元 EMC 的风险评估值。产品风险评估单元 EMC 的风险评估值是获得产品风险评估单元 EMC 的风险等级和产品整机风险等级的关键一步。

鉴于 EMC 风险要素的风险影响程度（风险系数）不同，对于风险影响程度等级为 I 级的 EMC 风险要素，当它的风险评估值为 100 时，一定会导致产品风险评估单元 EMC 较高的风险评估值和风险等级。同时，EMC 风险评估专家或评估团队还可以把风险等级按产品 EMC 测试项目的分类，将产品风险评估单元分为 EMS 风险等级和 EMI 风险等级。

产品风险评估单元 EMS 风险值：

当 X_{ij}=100 时，$R_{\mathrm{I}n}\geqslant 80$。

当 $X_{ij}\neq 100$ 时，

$$R_{\mathrm{I}n}=f_1\times K_1\times(X_{11}+X_{12}+X_{13})/3+f_2\times K_2\times(X_{21}+X_{22}+X_{23}+\cdots+X_{27})/7+f_3\times K_3\times(X_{31}+X_{32}+X_{33}\cdots+X_{35})/5+f_4\times K_4\times(X_{41}+X_{42}+X_{43}+X_{44})/4 \quad (10.1)$$

式中 $R_{\mathrm{I}n}$——产品中第 n 个风险评估单元的 EMS 风险值，为 0～100；

X_{ij}——风险要素的得分，为 0～100，由 EMC 风险评估专家基于 EMC 风险要素的风险等级和产品实际情况分析确认；

K_1～K_4——风险系数，其中，K_1：0.4；K_2：0.3；K_3：0.2；K_4：0.1。

f_1～f_4——产品特征系数，产品特征系数根据产品特点来调整，通用的产品特征系数为 1。

产品风险评估单元 EMI 风险值：

当 X_{ij}=100 时，$R_{\mathrm{E}n}\geqslant 80$。

当 $X_{ij}\neq 100$ 时，

$$R_{\mathrm{E}n}=f_1\times K_1\times(X_{11}+X_{12}+X_{13})/3+f_2\times K_2\times(X_{21}+X_{22}+X_{23}+\cdots+X_{27})/7+f_3\times K_3\times(X_{31}+X_{32}+X_{33}\cdots+X_{35})/5+f_4\times K_4\times(X_{41}+X_{42}+X_{43}+X_{44})/4 \quad (10.2)$$

式中 $R_{\mathrm{E}n}$——产品中第 n 个风险评估单元 EMI 风险值，为 0～100；

X_{ij}——风险要素的得分，为 0～100，由 EMC 风险评估专家基于 EMC 风险要素的风险等级和产品实际情况分析确认；

K_1～K_4——风险系数，其中，K_1：0.4；K_2：0.3；K_3：0.2；K_4：0.1。

f_1～f_4——产品特征系数，产品特征系数根据产品特点来调整，通用的产品特征系数为 1。

10.9.4 EMC 风险评价计算

在获得每个产品风险评估单元 EMC 风险要素的风险值的基础上，EMC 风险评估专家或评估团队还可以通过 EMC 风险评价的计算获得产品整机 EMC 的风险值。产品整机 EMC 风险值是获得产品整机风险等级的关键一步，而产品整机风险等级必须与产品的应用场所类型或 EMC 测试的等级要求紧密结合。

EMC 风险评估专家或评估团队也可以把风险等级按产品 EMC 测试项目的分类，分成产品整机 EMS 风险值和产品整机 EMI 风险值。产品整机 EMS 风险值和产品整机 EMI 风险值是由产品中所有风险评估单元的风险值综合而定的。

产品整机EMS风险值：

$$R_{\mathrm{I}}=\mathrm{Max}\,(R_{\mathrm{I1}},\ R_{\mathrm{I2}},\cdots,R_{\mathrm{I}n}) \tag{10.3}$$

式中 R_{I}——产品整机 EMS 风险值，为 0～100；

$R_{\mathrm{I}n}$——产品中第 n 个 EMS 风险评估单元的风险值。

产品整机EMI风险值：

$$R_{\mathrm{E}}=\mathrm{Max}\,(R_{\mathrm{E1}},\ R_{\mathrm{E2}},\cdots,R_{\mathrm{E}n}) \tag{10.4}$$

式中 R_{E}——产品整机 EMI 风险值，为 0～100；

$R_{\mathrm{E}n}$——产品中第 n 个 EMI 风险评估单元的风险值。

10.10 整机 EMC 风险等级确定与结果应用

产品整机的 EMC 风险值代表产品实际的 EMC 水平与理想模型之间的差距，它是一个客观值。产品 EMC 测试的要求是由产品所在应用场所类型决定的，当判断产品是否通过 EMC 测试时，往往需要先确定产品应用的场所类型，不同的应用场所类型具有不同的 EMC 测试要求。因此，如果需要用产品整机的 EMC 风险值来评估产品 EMC 测试是否通过的风险，那么也应该先确定产品应用的场所类型。

产品应用场所（即场所决定产品 EMC 测试等级或 EMC 要求，参考 GB/Z 18039.1—2019）分为四类：

第一类：具有特殊保护的环境，如道路车辆内部；

第二类：居住场所；

第三类：商业/公共场所；

第四类：工业场所。

产品整机 EMC 风险等级是由产品整机 EMC 风险值（包括 EMS 风险值和 EMI 风险值）和产品应用场所类型共同决定的。

产品整机 EMC 风险等级是产品整机 EMC 测试失败事件发生的概率，从高到低分为 T、U、V、W 四级。

T：高度风险（测试不能通过，而且项目较多）；

U：显著风险（测试不能通过，但项目较少）；

V：一般风险（测试基本通过）；

W：稍有风险（测试通过并有余量）。

基于 10.9.4 节产品整机 EMS 风险值结果，再根据产品所选择的应用场所类型，按表 10.33 最终确定产品整机 EMS 风险等级。

表 10.33 产品整机 EMS 风险等级

应用场所	风险等级			
	T	U	V	W
第一类	>80	70～80	60～70	<60
第二类	>70	60～70	50～60	<50
第三类	>60	50～60	40～50	<40
第四类	>50	40～50	30～40	<30

基于 10.9.4 节产品整机 EMI 风险值结果，再根据产品所选择的应用场所类型，按下表 10.34 最终确定产品整机 EMI 风险等级。考虑到具有特殊保护的环境中可能还存在细分，在 EMI 风险等级确认时可增加第 X 类应用场所（如第 X 类应用场所可对应按 GB/T18655 中规定的 4、5 级 EMI 测试要求，第一类应用场所可对应按 GB/T18655 中规定的 1、2、3 级 EMI 测试要求）。

表 10.34　产品整机 EMI 风险等级

应用场所	风险等级			
	T	U	V	W
第 X 类	>50	40～50	30～40	<30
第一类	>60	50～60	40～50	<40
第二、三类	>70	60～70	50～60	<50
第四类	>80	70～80	60～70	<60

考虑到风险指数法的局限性，每个风险要素的具体得分建议经评估小组讨论得出，减少人为因素的影响。

产品整机 EMC 风险等级除把产品整机的 EMC 风险等级分为 EMS 风险等级和 EMI 风险等级外，EMC 风险评估专家或评估团队还可以将产品整机的 EMC 风险等级与产品所需要考虑的每一个 EMC 测试项目对应，对每个测试项目进行逐个分析。

第 11 章 系统 EMC 风险评估技术

第 10 章给出的是一种针对产品级设备的 EMC 风险评估技术。典型的产品是单一封装的设备，其设备构成、电缆数量、耦合关系相对简单，而系统则包括了多个部件，这些部件也是独立的产品（以下称为部件产品），如汽车、舰船、飞机等，都属于电子电气系统。系统 EMC 风险评估建立在被评估系统中的所有部件产品完成 EMC 风险评估的前提下，依据风险评估的程序对系统的机械架构、互连电缆处理、电缆间串扰等 EMC 设计内容进行评估，以获得整个系统的 EMC 风险等级和风险值。同样，本章提到的 11 个 EMC 风险要素 A～K 是决定电子电气系统 EMC 性能或 EMC 测试结果的参数。当各要素的风险值确定并组合在一起时，犹如一串密码，这串密码代表着该系统的 EMC 性能。

11.1 系统 EMC 风险评估原则和依据

系统是相对单个产品而言的。电子电气系统（以下也简称系统）是相互联系和相互作用的电子电气产品和/或部件的综合体，是由多个相对独立而又相互关联的电子电气产品和/或部件共同组成的系统。

电子电气产品是单一封装的设备，其设备构成、电缆数量、耦合关系相对简单，而系统则包括了多个电子电气产品，如汽车、舰船、飞机等都属于系统。系统可以按组成的方式可以分为两类，即全集成电子电气系统和半集成电子电气系统，也可以按独立性类型可以分为 I 类电子电气系统（没有外部电缆的电子电气系统，如非插电式车辆）和 II 类电子电气系统（存在外部供电线、通信线等外部电缆的电子电气系统，如插电式车辆）。

系统 EMC 风险评估一定是建立在被评估系统中的所有产品或部件完成 EMC 风险评估的前提下的，依据标准 GB/Z 37150—2018《EMC 可靠性风险评估导致》规定的程序对系统的机械架构、互联电缆处理、电缆间串扰等 EMC 设计内容进行评估，以获得整个系统的 EMC 风险等级和风险值。

全集成电子电气系统 EMC 风险评估是建立在被评估系统中的所有产品已完成 EMC 风险评估的前提下进行的，通常不涉及电路板的 EMC 风险评估。对全集成电子电气系统进行风险评估时，其中的电子电气产品的风险评估已经完成，风险等级和风险值已经获得（参考第 10 章所述方法）。组成系统的电子电气产品的风险评估结果或风险值是系统风险评估的风险要素之一。

半集成电子电气系统需要对系统中非完整产品的部件按第10章的方法进行风险评估，得出部件的风险评估等级和风险值，然后结合系统相关风险要素及系统中其他产品的EMC风险评估结果，综合获得整个系统的EMC风险等级和风险值。

系统的设计者或使用者，通过正确的EMC风险评估方法，可以清楚地发现现有系统在EMC方面存在的优点、缺陷与风险，并以此预测该系统EMC测试的通过率，也可以预测系统在其生命周期中各阶段的EMC表现。

11.2 系统EMC风险评估概念

系统EMC风险评估旨在为系统中有效的电磁兼容风险应对提供基于证据的信息和分析。系统的EMC风险评估基于系统的信息证据，分析其潜在的EMC风险。

系统EMC风险评估的主要作用包括：

- 认识系统电磁兼容风险要素及其对目标的潜在影响；
- 增进对系统电磁兼容风险的理解，以利于选择正确的风险应对策略；
- 识别那些导致系统电磁兼容风险的薄弱环节；
- 帮助确定电磁兼容风险是否可接受；
- 为系统设计决策者提供相关信息。

成功的系统EMC风险评估依赖于与利益相关方面的有效沟通与协商。

11.3 系统EMC风险评估机理和模型

11.3.1 系统EMC风险评估机理

系统EMC的风险包括电磁抗干扰（EMS）和电磁干扰（EMI）两部分，其中，对于电磁抗干扰来说，其风险评估机理在于评估系统中产品接口注入的共模电流的大小，不同的系统设计方案，就有不同的共模电流流过系统中的产品接口，可以通过判断流入或流出子系统接口共模电流大小来评估系统设计的EMC抗扰度风险。系统设计中影响这种共模电流大小的因素即为系统抗干扰设计风险要素（评估点）。

通过评价接口、电缆、壳体、接地等设计，可评估共模干扰电流流过系统中产品的大小和可能性，发现系统结构设计的缺陷，提供改进方向，进而指导结构设计。

系统EMC风险评估是建立在对系统内的电缆分类的基础上的，当外部共模干扰（共模干扰可以看成是一种以参考地或大地为基准的干扰源）耦合于系统中的某一电缆时，根据电流环形流动的规律，共模干扰总是在系统中某一产品的电缆注入，最终通过各种能与参考地或大地形成回路的路径回到参考接地或大地，以形成闭合电流环路。干扰从某处注入直到返回参考地或大地的过程，可以等效为一个电压源施加到一个或多个负载（EUT中的各个回路或寄生回路）上，电流流向各个负载，各个负载上流动的电流大小，由负载阻抗的大小决定。

图11.1为共模干扰在系统中各个回路上产生的共模电流原理图。图中，$Z_1, Z_2,\cdots, Z_n$表示干扰电流流过系统中的各个产品、互连电缆与参考地或大地之间的阻抗，它是一个电容、电阻、电感及互感的集合体。它可能是通过系统中各个产品的接地线形成的回路，也可能是互连电缆之间的寄生电容形成的回路，还可能是系统中的设备和参考接地板（如车壳）之间的寄生电容形成的回路等。电流$I_1, I_2,\cdots, I_n$表示各个路径中流过的电流大小，在干扰电压一定的

情况下，其大小取决于各自回路中的阻抗。

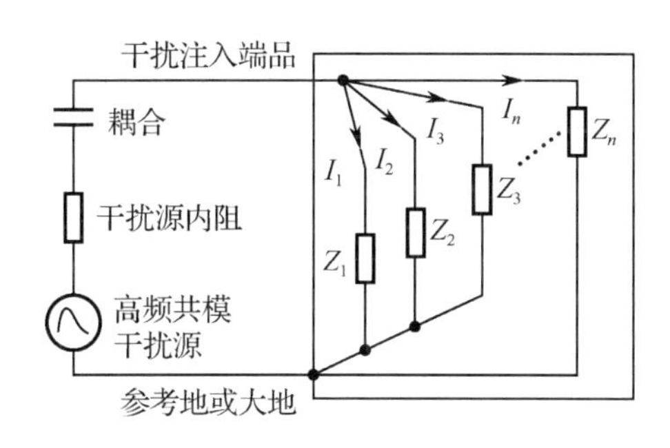

图 11.1 共模干扰在系统中各个回路上产生的共模电流原理图

如果系统的设计导致有较大的共模干扰电流流过系统中敏感产品，则意味着该系统设计具有较大的 EMC 抗干扰风险。

系统产生的 EMI 可以看成当系统处于正常工作状态时，由于内部的信号传递导致内部的有用信号或噪声无意中以共模电流的方式传导到系统中成为等效天线的导体形成辐射发射。

对于Ⅱ类电子电气系统，这种无意中产生的共模电流传导到传导骚扰测量设备 LISN 时，就产生传导骚扰问题，系统设计的改变会改变这种电流的传递路径与大小，较好的系统设计可以使得这种共模电流最小化，即风险最小，反之则反。系统设计中影响 EMI 电流大小的因素即为系统 EMI 风险要素（评估点）。

11.3.2 系统 EMC 风险评估理想模型

建立系统 EMC 风险评估理想模型，目的是为了实现系统设计的实际情况与理想模型进行比较，便于得出风险值。

理论上，若系统中所有的产品整机 EMC 风险等级为 D 或产品对应标准要求的 EMC 测试为通过，则该系统应为低 EMC 风险系统。然而，考虑到产品测试布置、产品 EMC 风险评估时的状态与实际在系统中布置（如电缆布置、接地等）的差异，系统 EMC 风险评估理想模型除了考虑系统中产品整机 EMC 风险等级或产品对应标准要求的 EMC 测试结果，还需要考虑其他因素。

系统 EMC 风险评估理想模型如图 11.2 所示，图中 A～K 为系统 EMC 风险要素。

A：电缆属性

电缆中传输的信号和能量，能在其周围和附近产生电磁场。同时电缆也会从周围的环境中吸收电磁信号，并将其输入给设备，是辐射干扰的主要来源，也是电磁干扰的接收器。

系统的电缆根据电缆上的信号分为以下 4 类。

（1）特殊敏感信号线：低电平的模拟信号线、射频信号线。

（2）特殊噪声信号线：PWM 信号线、UVW 信号线、带时钟信号的信号线。

（3）电源线：交流电源供电线、直流供电线。

（4）一般信号线：数字控制信号线、非周期数字通信信号线、开关量信号线。

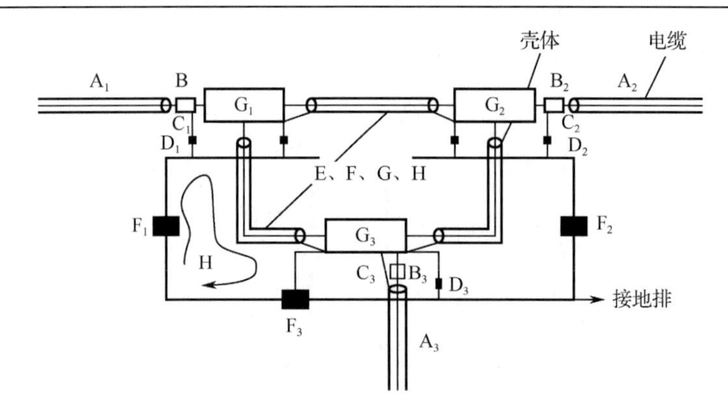

图 11.2　系统 EMC 风险评估理想模型

A—电缆属性；B—电缆 EMC 装置；C—电缆屏蔽层处理；D—产品接地；E—电源线-一般信号线间串扰防止；F—电源线-特殊信号线间串扰防止；G—一般信号线-特殊信号线间串扰防止；H—特殊敏感信号线-特殊噪声信号线间串扰防止；I—系统地阻抗或系统壳体金属部件间阻抗；J—产品的 EMC 风险等级；K—电缆环路

A1：EMS 相关性电缆属性

理论上，若系统中所有的产品整机 EMS 风险等级为 W 或产品对应标准要求的 EMC 测试为通过，则系统中无论带有哪种信号电缆，该系统仍然为低 EMS 风险系统，但是由于系统中存在敏感信号线时，产品在实际系统中的布置（如电缆布置、接地等）对被评估系统的 EMC 性能的影响将会变大，因此系统 EMS 风险评估理想模型中：

（1）电缆应该按该产品在产品 EMS 风险评估时的要求进行布置；

（2）不存在非常敏感和敏感信号的电缆；

A2：EMI 相关性电缆属性

理论上，若系统中所有的产品整机 EMI 风险等级为 W 或产品对应标准要求的 EMI 测试为通过，则系统中无论带有哪种信号电缆，该系统仍然为低 EMI 风险系统，但是由于系统中存在噪声信号线时，产品在实际系统中的布置（如电缆布置、接地等）对被评估系统的 EMI 性能的影响将会变大，因此系统 EMI 风险评估理想模型中：

（1）电缆应该按该产品在产品 EMI 风险评估时的要求进行布置；

（2）不存在带有干扰或强干扰信号的电缆。

B：电缆 EMC 装置

电缆中的 EMC 装置是放置在电缆上用来增加电缆共模阻抗或旁路电缆上共模电流的装置，如在电缆上的屏蔽层、铁氧体磁环、串联在电缆上的滤波器（安装在 PCB 板上的滤波器属于产品内部的元器件）等。它可以减小系统中产品内部的干扰信号向系统传输，同时可以降低系统中电缆在电磁场中耦合的干扰信号流入系统中产品。

B1：EMS 相关性电缆 EMC 装置

系统的理想模型中，应该根据被连接产品的 EMS 风险等级或风险值来确定是否需要该装置，装置的衰减值应能补充被连接产品的 EMS 风险等级或风险值，以使被连接产品的风险等级或风险值在加上该 EMC 装置后达到该产品所需的风险值。EMS 理想模型电缆 EMC 装置要求如表 11.1 所示。

表 11.1　EMS 理想模型电缆 EMC 装置要求

连接设备的 EMS 风险等级	电缆属性	是否需要 EMC 装置	衰减值	典型装置列举
W	敏感信号线	否	不涉及	屏蔽、磁环
	噪声信号线	否	不涉及	—
	电源线	否	不涉及	—
	一般信号线	否	不涉及	—
V	敏感信号线	是	使设备达到 W 等级或通过测试	屏蔽、磁环
	噪声信号线	否	不涉及	—
	电源线	否	不涉及	—
	一般信号线	否	不涉及	屏蔽、磁环
U	敏感信号线	是	使设备达到 V、W 等级或通过测试	屏蔽、磁环
	噪声信号线	是	使设备达到 V、W 等级或通过测试	屏蔽、磁环
	电源线	是	使设备达到 V、W 等级或通过测试	屏蔽、磁环、电源滤波器
	一般信号线	是	使设备达到 V、W 等级或通过测试	屏蔽、磁环
T	敏感信号线	是	使设备达到 V、W 等级或通过测试	屏蔽、磁环
	噪声信号线	是	使设备达到 V、W 等级或通过测试	屏蔽、磁环
	电源线	是	使设备达到 V、W 等级或通过测试	屏蔽、磁环、电源滤波器
	一般信号线	是	使设备达到 V、W 等级或通过测试	屏蔽、磁环

注：(1) 一个实现 360° 接地的电缆屏蔽层，能让被连接设备电缆所在评估单元的风险评估值降低约 4.4。

(2) EMC 装置衰减值的要求是增加该 EMC 装置后使得该设备的风险评估等级达到 V 或 W 级，或该设备的 EMC 测试结果为通过。然而，由于磁环不是设备 EMC 风险要素之一，因此磁环的衰减值与设备风险评估值之间的关系是无法建立的，确定系统内设备增加 EMC 装置后判断系统是否能满足理想模型的要求的方法是 EMC 测试。

B2：EMI 相关性电缆 EMC 装置

系统的理想模型中，应该根据被连接产品的 EMI 风险等级或风险值来确定是否需要该装置，装置的衰减值应能补充被连接产品的 EMI 风险等级或风险值，以使被连接产品的风险等级或风险值在加上该 EMC 装置后达到该产品所需的风险值。EMI 理想模型电缆 EMC 装置要求如表 1.2 所示。

表 11.2　EMI 理想模型电缆 EMC 装置要求

连接产品的 EMI 风险等级	电缆属性	是否需要 EMC 装置	衰减值	典型装置列举
W	敏感信号线	否	—	—
	噪声信号线	否	—	—
	电源线	否	—	—
	一般信号线	否	—	—
V	敏感信号线	否	—	—

续表

连接产品的 EMI 风险等级	电缆属性	是否需要 EMC 装置	衰减值	典型装置列举
V	噪声信号线	是	使设备达到 W 等级或通过测试	屏蔽、磁环
	电源线	否	—	屏蔽、磁环、电源滤波器
	一般信号线	否	—	屏蔽、磁环
U	敏感信号线	是	使设备达到 V、W 等级或通过测试	屏蔽、磁环
	噪声信号线	是	使设备达到 V、W 等级或通过测试	屏蔽、磁环
	电源线	是	使设备达到 V、W 等级或通过测试	屏蔽、磁环、电源滤波器
	一般信号线	是	使设备达到 V、W 等级或通过测试	屏蔽、磁环
T	敏感信号线	是	使设备达到 V、W 等级或通过测试	屏蔽、磁环
	噪声信号线	是	使设备达到 V、W 等级或通过测试	屏蔽、磁环
	电源线	是	使设备达到 V、W 等级或通过测试	屏蔽、磁环、电源滤波器
	一般信号线	是	使设备达到 V、W 等级或通过测试	屏蔽、磁环

C：电缆屏蔽层处理

屏蔽电缆的存在将导致本来要流入信号线的干扰电流转移至屏蔽层上，电缆屏蔽会降低流入电缆及 PCB 上的共模干扰电流。

理想模型中，那些产品风险评估等级不能达到 W 的产品都应该加 EMC 装置（包括屏蔽处理）。为了充分发挥电缆屏蔽层的屏蔽效能，减小“猪尾巴”效应，理想模型中电缆屏蔽层的处理应满足如下要求：

- 对于金属外壳产品

（1）电缆屏蔽层必须在连接器入口处与接地的金属板或金属连接器外壳相连；

（2）屏蔽层与金属外壳 360° 搭接。

- 对于塑料外壳产品

（1）电缆屏蔽层必须与所连接 PCB 板的接口处的 0V 地平面相连；

（2）屏蔽层与 PCB 板的接口处的 0V 地平面做 360° 搭接。

D：产品接地

为了让共模干扰（电流）就近流向大地，避免共模如下电流流过产品而进入系统中干扰传递方向的后一级产品或电缆，理想模型中壳体接地线要求如下：

（1）产品应该有接地线；

（2）金属机箱产品接地线在金属机箱上；塑料外壳产品接地线在所有电缆附近；

（3）接地导体长宽比不大于 5。

E：电源线 - 一般信号线间串扰防止

电缆串扰模型如图 11.3 所示。电缆之间的受串扰程度与电缆之间的寄生电容和寄生电容有关，寄生电容和寄生电感越大，耦合干扰越大，而寄生电容与寄生电感的大小与电缆之间的距离以及电缆对地的距离有关。

应防止各类不同属性电缆之间的串扰，它是有效降低各类电路之间干扰信号通过寄生参数传递的有效方法。

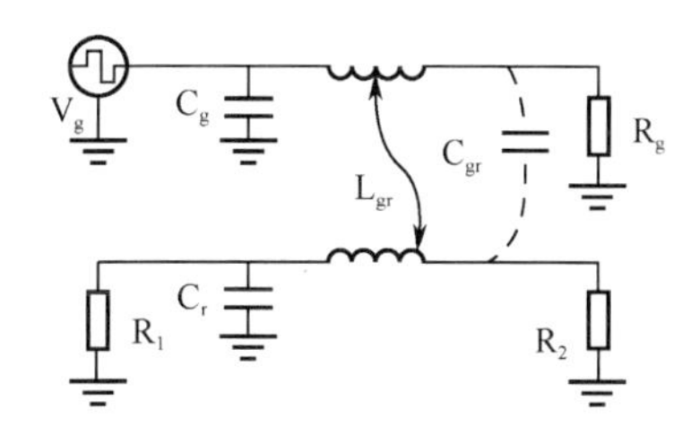

图 11.3　电缆串扰模型

V_g—干扰噪声；**C_g**—噪声回路对地电容；**R_g**—噪声回路阻抗；**R_1**、**R_2**—接收回路终端阻抗；**C_r**—接收回路对地电容；**C_{gr}**—噪声回路电缆与接收回路电缆之间的寄生电容；**L_{gr}**—噪声回路电缆与接收回路电缆之间的寄生电感

防止串扰的方法：

（1）电缆间距离大于 0.5m；

（2）电缆间垂直布线；

（3）平行布置的电缆，其中至少有一条为屏蔽电缆。

F：电源线- 特殊信号线间串扰防止

F1 电源线- 特殊敏感信号线间串扰防止

F2 电源线-特殊噪声信号线间串扰防止

防止串扰的方法：

（1）电缆间距离大于 0.5m；

（2）电缆间垂直布线；

（3）平行布置的电缆，其中至少有一条为屏蔽电缆。

G：一般信号线-特殊信号线间串扰防止

G1 一般信号线-特殊敏感信号线间串扰防止

G2 一般信号线-特殊信号线间串扰防止

防止串扰的方法：

（1）电缆间距离大于 0.5m；

（2）电缆间垂直布线；

（3）平行布置的电缆，其中至少有一条为屏蔽电缆。

H：特殊敏感信号线-特殊噪声信号线间串扰防止

防止串扰的方法：

（1）电缆间距离大于 0.5m；

（2）电缆间垂直布线；

（3）平行布置的电缆，其中至少有一条为屏蔽电缆。

I：系统地阻抗或系统壳体金属部件间阻抗

理想模型中，系统的地阻抗是一个完美的屏蔽体的各金属部件之间的阻抗，为实现完美的屏蔽体，则：

（1）屏蔽体各金属表面之间实现有意搭接；

（2）屏蔽体中各金属体长宽比都小于 5；

（3）孔缝的最大尺寸不能超过以下两种情况下的最小尺寸；

① 电路最大工作频率波长的 1/100；

② 当这个屏蔽体有共模干扰电流流过时，小于 0.15m。

（4）严禁屏蔽电缆直穿屏蔽体（电缆屏蔽层一定要与屏蔽体做 360° 搭接）。

注：通常系统无法实现此理想模型。

J：产品的 EMC 风险等级

J1：产品 EMS 风险等级

产品的 EMS 风险来自产品的 EMS 设计，这部分的风险等级评估可根据第 10 章所述内容得出，理想模型中的产品 EMS 风险等级是 W，即稍有风险（测试通过，并有余量）。

J2：产品 EMI 风险等级

产品的 EMI 风险来自产品的 EMI 设计，这部分的风险等级评估可第 10 章所述内容得出，理想模型中的产品 EMI 风险等级是 W，即稍有风险（测试通过，并有余量）。

K：电缆环路

电缆与参考地或大地组成的环路面积直接与电缆的辐射发射大小相关，环路面积越大辐射越大；同样，环路面积越大，也越容易耦合外部的电磁场，会在电缆中感应较高的共模电压和共模电流。理想模型中，电缆与参考地或大地之间组成的环路面积为零。

11.4 系统风险要素的影响程度等级与风险分类

按单个系统风险要素（评估点）的影响程度等级划分：

Ⅰ级：特定条件下不能满足时，一定会导致某项测试失败，风险系数为 K_1=0.4；

Ⅱ级：不能满足时，必须有其他特定的弥补措施才能避免测试失败，风险系数为 K_2=0.3；

Ⅲ级：不能满足时，不一定会导致测试失败，但影响是直接的，而且相对较大，风险系数为 K_3=0.2；

Ⅳ级：不能满足时，不一定会导致测试失败，但影响是间接的，且影响较小，风险系数为 K_4=0.1。

按对风险要素产生的风险效应进行分类：

a 类：系统中若无该风险要素相关信息，则认为该风险要素为最高风险。

b 类：系统中若无该风险要素相关信息，则认为该风险要素为最低风险。

系统风险要素（评估点）等级描述如表 11.3 所示。

表 11.3 系统风险要素（评估点）等级描述

风险要素属性 T	风险要素代号 X	风险要素信息		风险影响程度 A	风险类型 C	EMI 相关	EMS 相关	描述
系统	X31	A	A1：EMS 相关性电缆属性	III	b		√	
			A2：EMI 相关性电缆属性	III	b	√		
	X21	B	B1：EMS 相关性电缆 EMC 装置	II	a	√	√	电缆连接产品风险等级为非 D 时，该装置必须存在，并能弥补产品的风险等级
			B2：EMI 相关性电缆 EMC 装置	II	a			

续表

风险要素属性 T	风险要素代号 X	风险要素信息		风险影响程度 A	风险类型 C	EMI 相关	EMS 相关	描　述
系统	X22	C：电缆屏蔽层处理		II	a	√	√	电缆为非屏蔽电缆，且信号为非差分信号时，一定会导致 EMS 测试失败； 当内部电路存在开关型功率电路时，一定会导致 EMI 测试失败
	X23	D：产品接地		II	a	√	√	
	X24	E：电源线 - 一般信号线间串扰防止		II	b	√	√	此项风险高时相关 B
	X25	F	F1：电源线-特殊敏感信号线间串扰防止	II	b		√	此项风险高时相关 B
			F2：电源线-特殊噪声信号线间串扰防止	II	b	√		此项风险高时相关 B
	X26	G	G1：一般信号线-特殊敏感信号线间串扰防止	II	b		√	此项风险高时相关 B
			G2：一般信号线-特殊噪声信号线间串扰防止	II	b	√		此项风险高时相关 B
	X27	H：特殊敏感线-特殊噪声信号线间串扰防止		II	b	√	√	此项风险高时相关 B
	X28	I：系统地阻抗或系统壳体金属部件间阻抗		II	a	√	√	
	X11	J	J1：产品 EMS 风险等级	I	b		√	
			J2：产品 EMI 风险等级	I	b	√		
	X_{41}	K：电缆环路		IV	b	√	√	

11.5　系统 EMC 风险等级

系统风险等级分为系统 EMC 风险要素风险等级和系统级 EMC 风险等级。

系统 EMC 风险要素风险等级：是系统 EMC 风险要素设计失败的程度，采用的适用于系统 EMC 风险分析的方法是定性和定量结合的方法，设计者可以得到的每个风险要素的风险等级有“极高”“高”“中”“低”“极低”5 类；同时，为了利用风险指数法，EMC 风险评估专家或评估团队还需要对每个风险要素得出的 5 类等级赋予一定的值，即 EMC 风险要素的风险评估值。

系统级 EMC 风险等级：是系统整体 EMC 测试失败事件或 EMC 故障事件发生的概率，从高到低分为 T、U、V、W 四级：

T：高度风险（测试不能通过，而且项目较多）

U：显著风险（测试不能通过，但项目较少）

V：一般风险（测试基本通过）

W：稍有风险（测试通过，并有余量）

11.6 系统 EMC 风险评估步骤

参考 10.6 节。

11.7 系统 EMC 风险识别

系统风险评估是由风险识别、风险分析和风险评价构成的一个完整过程。系统 EMC 风险识别是基于已建立的系统设计 EMC 理想模型上，对系统进行相对应的描述而进行的。EMC 风险识别之前，设计者需要给出系统信息，它可以是系统的具体结构图，配以表格来描述系统中产品接地情况、电缆类型及数量、各电缆之间的关系等信息。

具体列出信息应包括表 11.4 中关于系统 EMC 风险评估理想模型中所包含所有风险要素（评估点），并对具体采用方式加以说明。

系统 EMC 风险要素信息如表 11.4 所示。

表 11.4 系统 EMC 风险要素信息

序　号	系统 EMC 理想模型风险要素	系统 EMC 风险要素关键信息	类 型
A	电缆属性	电缆类别	b
B	电缆 EMC 装置	互连信号类型、滤波和防护电路、元器件参数、元器件尺寸型号等	a
C	电缆屏蔽层处理	是否存在屏蔽层、屏蔽层的搭接方式、连接器类型（如果有）、屏蔽层连接线“猪尾巴”长度等； 编织方式、厚度、密度、多层	a
D	产品接地	接地线几何尺寸、物理位置等	a
E、F、G、H	电缆间串扰	电缆属性、电缆之间的距离，布线方式，是否屏蔽电缆或金属隔离	b
I	系统地阻抗或系统壳体金属部件间阻抗	壳体材料、壳体和接地系统几何尺寸、壳体和接地系统各金属部件间连接点位置和搭接方式等	a
J	产品的EMC风险等级和风险值	产品风险评估结果	b
K	电缆环路	所有电缆与参考地或大地之间组成的环路面积	b
注：风险要素每条须独立，没有相交的部分。			

如果产品中不存在该风险要素涉及的内容，则按如下方法处理：

对于表 11.4 中类型为 a 的风险要素项目，产品中若无该风险要素相关信息，则认为该风险要素为最高风险。

对于表 11.4 中类型为 b 的风险要素项目，产品中若无该风险要素相关信息，则认为该风险要素为最低风险。

11.8　系统 EMC 风险分析

采用的适合于系统 EMC 风险分析的方法是定性和定量结合的方法，评估者能估计出风险后果及其发生可能性的实际数值，或发生风险等级的数值，则 EMC 风险评估就成为定量的分析。如对风险等级评为“中”的部分采取进一步的等级划分，并给出具体的分值。

系统 EMC 风险分析根据系统已经识别的 EMC 风险要素（评估点）的关键信息，按系统 EMC 理想模型进行评估分析。具体分析方法如下。

A：电缆属性

A1：EMS 相关性电缆属性

EMS 相关性电缆属性风险等级如表 11.5 所示。

表 11.5　EMS 相关性电缆属性风险等级

风险类型	满足度	风险等级	风险值	备注
b	全满足	极低	0	无一般信号线，也无敏感信号线
	部分满足	低	30	存在一般信号线，但无敏感信号线
		中	60	有敏感信号线，电平在 100mV 以上
		高	80	有敏感信号线，电平为 1～100mV
	不满足	极高	100	存在非常敏感信号线，电平低于 1mV
	不涉及	低	0	无电缆

A2：EMI 相关性电缆属性

EMI 相关性电缆属性风险等级如表 11.6 所示。

表 11.6　EMI 相关性电缆属性风险等级

风险类型	满足度	风险等级	风险值	备注
a	全满足	极低	0	无噪声信号线
	部分满足	低	30	存在噪声信号线
		中	60	存在噪声信号线，电平在 100mV 以上
		高	80	存在噪声信号线，电平为 1～100mV
	不满足	极高	100	存在噪声信号线，电平低于 1mV
	不涉及	低	00	无电缆

B：电缆 EMC 装置

B1：EMS 相关性电缆 EMC 装置

系统的理想模型中，应该根据被连接产品的 EMS 风险等级或风险值来确定是否需要该装置，装置的衰减值应能补充被连接产品的 EMS 风险等级或风险值，以使被连接产品的风险等级或风险值在加上该 EMC 装置后达到该产品所需的风险值。所有风险等级为 V、U、T 的产品接口都要加 EMC 装置。EMS 相关性电缆 EMC 装置风险等级如表 11.7 所示。

表 11.7　EMS 相关性电缆 EMC 装置风险等级

风险类型	满足度	风险等级	风险值	备注
a	全满足	极低	0	全部满足表 11.3 要求
	部分满足	低	30	
		中	60	部分满足表 11.3 要求
		高	80	
	不满足	极高	100	全部不满足表 11.3 要求
	不涉及	低	0	A 为“低”

B2：EMI 相关性电缆 EMC 装置

系统的理想模型中，应该根据被连接产品的 EMI 风险等级或风险值来确定是否需要该装置，装置的衰减值应能补充被连接产品的 EMI 风险等级或风险值，以使被连接产品的风险等级或风险值在加上该 EMC 装置后达到该产品所需的风险值。所有风险等级为 V、U、T 的产品接口都要加 EMC 装置。EMI 相关性电缆 EMC 装置风险等级如表 11.8 所示。

表 11.8　EMI 相关性电缆 EMC 装置风险等级

风险类型	满足度	风险等级	风险值	备注
a	全满足	极低	0	全部满足表 11.3 要求
	部分满足	低	30	
		中	60	部分满足表 11.3 要求
		高	80	
	不满足	极高	100	全部不满足表 11.3 要求
	不涉及	低	0	A 为“低”

C：电缆屏蔽层处理

屏蔽电缆的存在将导致本来要流入信号线的干扰电流转移至屏蔽层上，电缆屏蔽会降低流入电缆及 PCB 上的共模干扰电流。为了充分发挥电缆屏蔽层的屏蔽效能，减小“猪尾巴”效应，屏蔽层必须在连接器入口处与接地的金属板或金属连接器外壳相连，并做 360° 搭接。对于浮地设备，必须与 GND 连接，并做 360° 搭接。电缆屏蔽层处理风险要素的风险等级如表 11.9 所示。

表 11.9　电缆屏蔽层处理风险要素的风险等级

风险类型	满足度	风险等级	风险值	实际情况
a	全满足	极低	0	有屏蔽层，并做 360° 搭接或无电缆
	部分满足	低	30	有屏蔽层，但屏蔽层“猪尾巴”连接，1cm
a	部分满足	中	60	有屏蔽层，但屏蔽层“猪尾巴”连接，3cm
		高	80	有屏蔽层，但屏蔽层“猪尾巴”连接，10cm
	不满足	极高	100	屏蔽层未接地
	不涉及	高	100	电缆未屏蔽

D：产品接地

为了让共模干扰（电流）就近流向大地，避免共模电流流过产品而进入系统中干扰传递方向的后一级产品或电缆，理想模型中壳体接地线要求是：

（1）产品应该有接地线。

（2）金属机箱产品接地线在金属机箱上；塑料外壳产品接地线在所有电缆附近。

（3）接地导体长宽比不大于 5。

EMC 意义上的产品系统的接地线的尺寸应该至少 10cm 长，并连接到长宽比不大于 5 的低阻抗金属上。这样产品系统接地端子的设计必须具有接较宽的接地线（如编织铜带）的能力。系统接地线风险要素的风险等级如表 11.10 所示。

注：安规意义上的黄绿 PE 接地线不符合 EMC 的要求，因为其在高频下阻抗较大，寄生电感约为 10nH/cm。

表 11.10　系统接地线风险要素的风险等级

风险类型	满足度	风险等级	风险值	备注
a	全满足	极低	0	接地线采用长宽比小于 3 的低阻抗金属条
	部分满足	低	30	长宽比大于 3，且接地线长度<3cm
		中	60	长宽比大于 3，且 3cm<接地线长度≤6cm
		高	80	长宽比大于 3，且 6cm<接地线长度≤10cm
ji	不满足	极高	100	长宽比大于 3，且接地线长度>大于 10cm
	不涉及	高	100	无壳体接地线或 D 为“高”

E：电源线-一般信号线间串扰防止

可用表 11.11 来确定该风险要素的风险等级和风险值。

F：电源线-特殊信号线间串扰防止

F1：电源线-特殊敏感信号线间串扰防止

EMS 相关性：线束间串扰防止风险要素的风险等级如表 11.11 所示。

表 11.11　EMS 相关性：线束间串扰防止风险要素的风险等级

风险类型	满足度	风险等级	风险值	备注
b	全满足	极低	0	满足理想模型中的所有条款
	部分满足	低	30	考虑了满足理想模型中所要求的串扰防止，但是措施不到位
		中	60	考虑了满足理想模型中所要求的串扰防止，但是并非落实了所有信号线
		高	80	考虑了满足理想模型中所要求的串扰防止，但是只有少量信号线
	不满足	极高	100	未考虑满足理想模型中所要求的串扰防止
	不涉及	低	0	无法分类

F2：电源线-特殊噪声信号线束间串扰防止

EMI 相关性：线束间串扰防止风险要素的风险等级如表 11.12 所示。

表 11.12　EMI 相关性：线束间串扰防止风险要素的风险等级

风险类型	满足度	风险等级	风险值	备注
b	全满足	极低	0	满足理想模型中的所有条款或无噪声信号
	部分满足	低	30	有噪声信号线，考虑了串扰防止，但是措施不到位
		中	60	有噪声信号线，考虑了理想模型中所要求的串扰防止，但是并非落实了所有信号线
		高	80	有噪声信号，考虑了理想模型中所要求的串扰防止，但是只有少量信号线
	不满足	极高	100	有噪声信号，但未考虑串扰防止
	不涉及	低	0	无法分类

G：一般信号线-特殊信号线间串扰防止

G1：EMS 一般信号线-特殊敏感信号线间串扰防止

可用表 11.11 确定该风险要素的风险等级和风险值。

G1：一般信号线-特殊信号线束间串扰防止

可用表 11.12 确定风险要素的风险等级和风险值。

H：特殊敏感信号线-特殊噪声信号线间串扰防止

可用表 11.11 确定该风险要素的风险等级和风险值。

I：系统地阻抗或系统壳体金属部件间阻抗

系统地的目的是为系统中的各产品提供同一个参考地电位，系统中产品之间的信号传递的参考电位需要是同一电位，这需要系统地平面是“完整的”，当高频电流流过两个产品所连接的接地点时，地阻抗应尽量低。理想模型中，系统地阻抗是一个完美的屏蔽体的各金属部件之间的阻抗，为实现完美的屏蔽体，则：

（1）屏蔽体各金属表面之间应实现有意搭接。

（2）屏蔽体中各金属体长宽比都小于 5。

（3）孔缝的最大尺寸不能超过以下两种情况下的最小尺寸。

① 电路最大工作频率波长的 1/100；

② 当这个屏蔽体有共模干扰电流流过时，小于 15mm。

（4）严禁屏蔽电缆直穿屏蔽体（电缆屏蔽层一定要与屏蔽体做 360° 搭接）。

系统地阻抗或系统壳体金属部件间阻抗风险要素的风险等级如表 11.13 所示。

表 11.13　系统地阻抗或系统壳体金属部件间阻抗风险要素的风险等级

风险类型	满足度	风险等级	风险值	备注
a	全满足	极低	0	全满足，存在屏蔽机柜或机箱
	部分满足	低	30	有机箱，符合理想模型中的 3 条
		中	60	有机箱，符合理想模型中的 2 条
		高	80	无机箱，但存在系统地，也不能满足（1）～（4）
	不满足	极高	100	无系统地，系统中各产品之间地系统相互独立
	不涉及	高	100	无系统地，系统中各产品之间地系统相互独立

J：产品的 EMC 风险等级

系统中产品的 EMC 风险来自部件的内部 EMC 设计，这部分的风险等级评估可根据第 10 章得出。理想模型中的产品 EMC 风险等级是 W，即稍有风险（测试通过，并有余量）。表 11.14 为部件的 EMC 风险等级和风险值。

表 11.14　部件的 EMC 风险等级和风险值

风险类型	满足度	风险等级	风险值	备注
b	全满足	极低	0	所有的产品的整机风险等级为 W
	部分满足	低	30	所有的产品的整机风险等级为 W 或 V
		中	60	有一个风险等级 U 的产品
		高	80	风险等级 U 的产品大于 1 个
	不满足	极高	100	存在风险等级为 T 的产品
	不涉及	低	0	—

K：电缆环路

电缆与参考地或大地组成的环路面积直接与电缆的辐射发射大小相关，环路面积越大，辐射越大；同样，环路面积越大，也越容易耦合外部的电磁场，会在电缆中感应较高的共模电压和共模电流。理想模型中，电缆与参考地或大地之间组成的环路面积为零。表 11.15 为电缆环路的风险等级。

表 11.15　电缆环路的风险等级

风险类型	满足度	风险等级	风险值	备注
b	全满足	极低	0	电缆铺设在地平面或紧贴机箱壁，环路面积几乎为零
	部分满足	低	30	电缆离地平面或机箱壁<5cm
		中	60	电缆离地平面或机箱壁<10cm<5cm
		高	80	电缆离地平面或机箱壁<15cm<10cm
	不满足	极高	100	电缆离地平面或机箱壁大于 15cm
	不涉及	低	0	无电缆

11.9　系统 EMC 风险评价

11.9.1　系统 EMC 风险值计算

基于对 EMC 风险要素的风险分析，可以得到每个系统风险要素的风险等级为"极高""高""中""低""极低"五类，在进行半定量分析时，EMC 风险评估专家或评估团队还需要对每个风险要素得出的五类等级赋予一定的值或分值区间。

如果是分值区间，对应产品中每个具体的风险要素，则从分值区间中结合产品实际情况，得出一定的分值。

系统 EMC 风险值 R：

$$R=K_1\times X_{11}+K_2\times(X_{21}+X_{22}+\cdots+X_{28})/8+K_3\times X_{31}+K_4\times X_{41}$$

式中 X——风险要素的得分，为 0～100，由 EMC 风险评估专家基于风险要素的等级和产品实际情况分析确认；

K——系统 EMC 风险系数，其中，$K_1=0.4$，$K_2=0.3$，$K_3=0.2$，$K_4=0.1$。

考虑到风险指数法的局限性，每个风险要素的具体得分必须经评估小组专家独立打分，不能由个人独自打分，以减少人为因素的影响。

11.9.2 系统 EMC 风险值的应用

系统的 EMC 风险值代表产品实际的 EMC 水平与理想模型之间的差距，它是一个客观值。系统 EMC 测试的要求或在生命周期中的 EMC 表现是由系统所有应用场所类型决定的，当判断系统是否通过 EMC 测试时或是否在生命周期中出现 EMC 问题，往往需要先确定产品所应用的场所类型，不同的应用场所类型具有不同的 EMC 要求。因此，如果需要用系统的 EMC 风险值来评估产品 EMC 是否存在风险，就应该先确定产品所应用的场所类型。

系统应用场所（即场所决定系统和产品 EMC 测试等级或 EMC 要求）分为四类：

第一类：具有特殊保护的环境，如道路车辆内部；

第二类：居住场所；

第三类：商业/公共场所；

第四类：工业场所。

系统 EMC 风险等级是由该系统的整机 EMC 风险值（包括 EMS 风险值和 EMI 风险值）和系统应用场所类型共同决定。

基于 11.8 节内容，再根据系统所选择的应用场所类型，按表 11.16 确定系统 EMS 风险等级。

表 11.16 系统 EMS 风险等级

应用场所	风险等级			
	T	U	V	W
第一类	>80	70～80	60～70	<60
第二类	>70	60～70	50～60	<50
第三类	>60	50～60	40～50	<40
第四类	>50	40～50	30～40	<30

再根据产品所选择的应用场所类型，按表 11.17 确定系统 EMI 风险等级。考虑到具有特殊保护的环境中可能还存在细分，在 EMI 风险等级确认时，可增加第 X 类应用场所。

表 11.17 系统 EMI 风险等级

应用场所	风险等级			
	T	U	V	W
第 X 类	>50	40～50	30～40	<30
第一类	>60	50～60	40～50	<40
第二、三类	>70	60～70	50～60	<50
第四类	>80	70～80	60～70	<60

考虑到风险指数法的局限性，每个风险要素的具体得分建议经评估小组讨论得出，以减少人为因素的影响。

系统 EMC 风险等级除把系统的 EMC 风险等级分为 EMS 风险等级和 EMI 风险等级外，EMC 风险评估专家或评估团队还可以将系统的 EMC 风险等级与产品所需要考虑的每一个 EMC 测试项目对应，对每个测试项目逐个进行分析。

第12章 EMC风险管理与产品研发

产品EMC设计分析方法的应用和风险评估技术的实现与企业的管理有着非常大的关系。技术与方法嵌入在产品的研发流程中，需要定义各方面工程人员的职责，明确各阶段的工作任务与输出。本章主要描述如何将产品EMC设计分析方法和产品EMC风险评估技术嵌入在企业的研发流程中。

12.1 EMC设计技术与管理的发展现状

笔者认为，对于EMC设计的境界会经历以下4个阶段。

（1）整改阶段。此阶段是产品EMC设计的初级阶段。在这个阶段，产品的第一轮设计过程中并不会考虑EMC方面的问题，等到产品功能调试完成、样机出来后进行EMC测试时，才发现EMC问题的存在，于是通过采用各种临时措施使产品通过EMC测试。用这种方法即使能使产品最终达到了标准规定的EMC要求，也常常会因为要进行较大的改动，导致较高的成本。如因为屏蔽问题往往会涉及结构模具改动，因为接口滤波问题而对产品原理图进行改动，同时导致PCB的重新设计，还可能因为系统接地问题，会对整个产品系统重新做调整，重新设计。深圳有一家著名的仪器企业某款产品由于EMC问题整改导致产品延迟海外上市一年，同时研发费用增加五百万元！这种通过研发后期测试发现问题然后再对产品进行的测试修补的方法，往往会导致企业产品不能及时取得认证而上市。它是目前很多走向国际市场公司研发部门所面临的困惑。整改的概念与企业产品开发流程也不符合。

（2）技术应用阶段。这个阶段，企业一般已经有了一定的EMC技术，有时还会有专职的EMC工程师负责EMC工作，并与其他开发人员一起在产品功能设计的同时考虑EMC问题，如在产品设计时会考虑滤波、屏蔽、接地等。企业的产品工程师还会通过短期的培训以掌握EMC设计的基本方法，甚至有些企业会将EMC设计与产品开发的流程结合在一起。能从设计流程的早期阶段就导入一定的EMC设计策略，从产品设计源头考虑EMC问题，这与整改阶段使用后期整改的方法来解决产品所有的EMC问题已经有了很大的进步，不但减少了许多不必要的人力及研发成本，而且也缩短了产品上市周期。 但是，处于这个阶段的EMC设计方法也有很多局限性，具体表现如下：

- 参与EMC设计的工程人员掌握了一些EMC设计原理和理论知识，如他们懂得如何设计滤波器、如何设计屏蔽、如何进行PCB布局布线、如何防止串扰，等等，但是他们往往缺乏如何结合产品系统的特点，从产品系统架构上考虑EMC问题的能力。
- 设计过程中没有引入风险意识，也没有风险评估与分析手段，不能预测后期会产生什么后果，也没有量的把握，因此常常会出现“过设计”，导致产品设计成本增加。

- 设计太理论化，而且各个部分的设计相对分散，如各种 EMC 性能非常好的模块组合在一起不一定是一个 EMC 性能很好的系统。
- 没有方法论的指导，因此对于那些从多方面都可以解释的设计往往容易引起争论。

其实，这一阶段还是属于技术应用的混浊状态，纵然设计人员已经掌握了“技术”，但是还不能将其转化为简单可行的“方法”，因此也很难实现一些仿真。目前大多数企业（而且是国内 EMC 技术比较领先或投入比较多的企业）都处在这个状态中。

（3）方法论阶段。它将前两个阶段上升为一种方法论，将复杂深奥的 EMC 设计技术转化为简单易懂的方法。通过方法论的系统指导，企业中的工程师可以系统地完成产品的 EMC 设计，并输出详细、系统的分析报告。分析有礼有节，不但有充分的理论依据，而且还能与产品的特点紧密结合在一起。如果说上一阶段的 EMC 设计是从技术本身出发的，那么这个阶段则是强调产品的本身，并实现技术与产品紧密结合。“产品 EMC 设计分析方法”是 EMC 设计技术发展到这个阶段的产物，它看上去似乎脱离的 EMC 技术本身，实质上与 EMC 技术是密不可分的，方法论也是建立在各种“零散”技术的基础上的。“产品 EMC 风险评估技术”再一次把方法论上升到了可量化、可标准化的阶段，可操作性和可预见性大大提高。

（4）仿真阶段。EMC 测试不是在现有的产品中提取一个数据，而是评判产品在特定场景下产生的结果，因此 EMC 测试数据除与产品本身相关外，还与 EMC 场景相关（如 EMC 测试布置、EMC 实验室参数等）。要想通过仿真预知 EMC 测试数据，设计人员需要做两个准备工作：第一，在仿真软件中建立 EMC 测试的场景，即 EMC 测试建模；第二，对被仿真的产品信息做减法，简单地说，就是要把产品信息中那么些不影响 EMC 结果的信息去掉，把影响 EMC 结果的有用信息留下（若把所有的产品信息都输入软件，就会导致仿真软件计算机计算时间过长）。而做到这一切的关键就是掌握如何识别产品中与 EMC 结果相关的信息。本书中描述的 EMC 设计分析方法和风险评估技术是一种可以识别产品中 EMC 结果相关信息的方法论。可见，设计人员想要很好地运用仿真软件建立一种符合产品实际情况的模型并为产品设计服务，就要运用方法论。方法论是仿真的基础和前提条件，它是产品 EMC 设计技术发展的最高阶段，仿真软件实现了方法论的计算机辅助自动化设计，大大减轻人工的投入。

目前大多数企业处于 EMC 设计技术境界的第一阶段或第二阶段，在 EMC 设计方面通常有如下状况：

- 由于工程师大多没有接受过系统的、全面的 EMC 培训，更没有产品的 EMC 相关设计经验，遇到产品 EMC 设计问题不知如何解决，因此经常会看到有相当一部分产品工程师整天在整改产品，但往往不得其法，没有思路。
- 企业内部没有一套针对 EMC 设计的流程或方法，产品 EMC 性能的好坏也完全取决于个别产品开发工程师的素质和经验，使得公司开发出来的产品 EMC 性能没有一致性的保证。这种情况下，通常在某个环节出现问题就会导致产品在后期不能顺利通过测试与认证，影响了产品的上市进度，同时设计成本也很高。
- 企业没有一套 EMC 的责任体系，没有专职的 EMC 专家或设计工程师。EMC 涉及整个产品开发的各个环节，整个公司若没有明确的责任人，就不可能引起足够的关注，同时也就不能协调企业中各部门共同实现产品最终 EMC 性能。
- 由于目前业界的大部分 EMC 书籍、教学资料、培训内容太偏向于 EMC 理论，导致企业中的开发人员即使学习过很多 EMC 知识，但是面对实际的产品却往往难以下手。

以上几点说明，若有一套实用方便的 EMC 设计方法来指导产品的设计将是一件非常有意义的事情。本书所描述的“产品 EMC 设计分析方法”就是一种实用的方法，它可以指导开发人员避免产品设计过程中碰到的 EMC 问题，“产品 EMC 设计分析方法”将设计技术应用转化为“方法论”，它是本书的核心之一。

12.2　EMC 风险管理的定义

本书描述的 EMC 风险评估技术是建立在产品 EMC 设计分析方法的基础上的，而 EMC 风险管理是基于 EMC 风险评估技术及 EMC 风险评估的结果，结合企业产品开发流程开展一系列应对、监督、沟通等活动将风险降低和消除的活动。国家标准 GB/T 24353—2009 描述了风险管理的基本过程，其内容包含风险评估、风险应对、监督和检查、沟通和记录。风险管理中各项内容与产品研发流程结合后，其各项内容之间的关系图如图 12.1 所示。

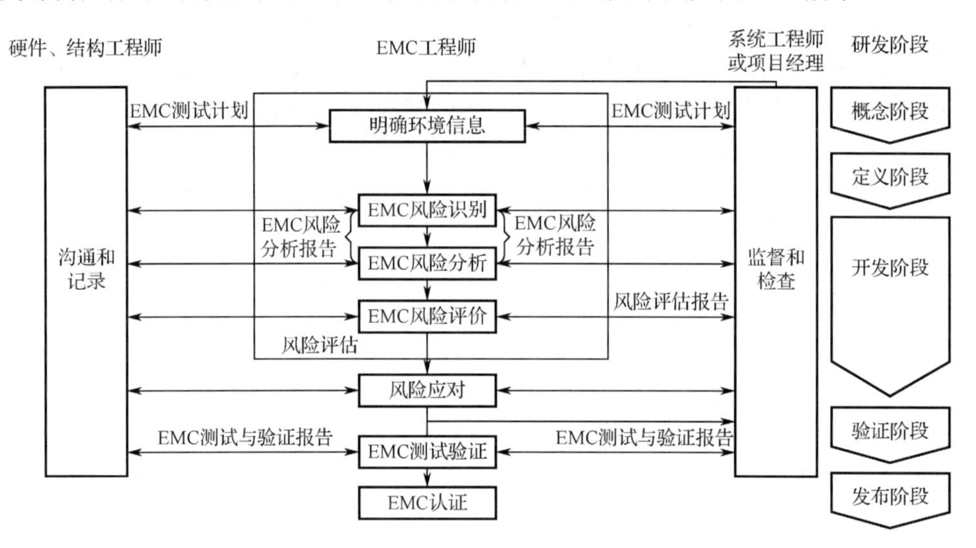

图 12.1　风险管理中各项内容之间及与研发流程的关系图

12.3　EMC 风险管理的重要性

企业即便有了很好的 EMC 分析方法及风险评估技术，但是没有很好的管理，产品最终的 EMC 设计效果也不能达到企业所预期的目的，因此在学习和宣贯产品 EMC 设计分析方法和风险评估技术的同时，将产品 EMC 设计分析方法和风险评估方法融入企业产品开发流程中，也是一件关系到企业 EMC 设计、管理成败关键的事。

企业的 EMC 风险管理水平与产品的研发成本直接相关。通常与 EMC 相关的产品研发成本体现在如下几方面：

- 因为 EMC 测试不通过而导致修改设计带来开发轮数增加，最终增加的开发成本，不但包括时间，还包括人力、物力；
- 对于 EMC 技术把握不准导致过设计或增加无用的元器件成本；
- 反复测试而导致的测试费用。

一般一个产品的设计主要经历概念阶段、定义阶段、设计阶段、产品试装、验证阶段、认证和发布等几个阶段。概念阶段、定义阶段完成产品总体架构方案设计；设计阶段完成原理图设计、PCB 设计；产品试装和验证阶段完成 EMC 预测试；认证和发布阶段完成产品的最终测试和市场认证准入工作。产品 EMC 风险评估法可以很好地与任何产品的开发流程融合，通过分析指出设计的问题所在，并给出改进方法，将 EMC 问题消除在产品的设计阶段，最终降低研发成本，达到及时上市的目的。

12.4　EMC 风险管理原则

为了有效管理 EMC 风险，企业在实施风险评估时可遵循下列原则：

● 应用产品系统的、结构化的方法。系统的、结构化的方法有助于风险管理效率的提升，并产生一致、可比、可靠的结果。

● 以设备、系统等 EMC 相关信息为基础。EMC 风险管理过程要以有效的产品信息为基础，这些信息需反映产品的实际情况及使用环境或测试等级。

● 广泛参与，充分沟通。EMC 风险管理中决策者与风险管理需求方之间的沟通，有助于保证风险管理的针对性和有效性。利益相关者之间需要进行持续、双向和及时的沟通，尤其是在高风险事件和风险管理有效性等方面需要及时沟通。

● 持续改进。EMC 风险管理应适应设备或系统所在的电磁环境变化的动态过程，其各步骤之间形成一个信息反馈的闭环。随着风险管理的实施，有些风险可能会发生变化，一些新的风险可能会出现，另一些风险则可能消失。因此，企业应不断地对各种变化保持敏感并做出恰当反应。企业通过风险实施和风险减少等手段，使风险管理得到持续改进。

● 与产品开发流程紧密结合，各类管理者、工程师各司其职，分工合作。

12.5　EMC 风险管理过程

12.5.1　指定 EMC 专家

通常，一个公司内部每一个部门在保证产品的 EMC 性能和为什么要保证产品的 EMC 问题上都很清楚。但是 EMC 相关活动不但贯穿于产品整个开发过程，而且是极其烦琐的过程。EMC 各种活动只有在开发流程中有效执行，才能保证有很好的 EMC 结果。本书虽然已经详细描述了产品 EMC 设计分析方法和 EMC 风险评估方法，但要全部理解该方法的精髓，也不是一件很容易的事；同时，将该方法融入产品开发流程中时，还涉及各种烦琐的活动，只有受过 EMC 专业培训并具有专业 EMC 素质的人员才能承担所有 EMC 活动的全部任务。因此，任命EMC专家是整个公司迈向综合EMC 过程管理的第一步。只有专业的EMC专家负责EMC活动，才能很好地把产品 EMC 设计分析方法和 EMC 风险评估方法融入产品设计过程中去。

12.5.2　产品 EMC 测试计划的制订

1. 测试计划的必要性

产品的 EMC 设计与产品所期望达到的 EMC 等级与余量有关系，不一样的 EMC 测试要求，就有不一样的设计方法。它是新产品规格的一个重要组成部分，提供了产品开发和试产阶段结构化的基础。

同样，EMC 测试结果与产品测试的工作状态、配置、环境条件、测试仪器、EUT 和测试设备的布置等因素有关，因此在产品设计开始之前，有必要做一个测试计划，将这些信息确定并写在测试计划中。

2. 测试计划的内容

测试计划通常应该包括如下内容：

1）被测设备（EUT）的描述

包括工作电压、功率、电缆分布及在不同测试项目下的工作状态。

2）参考标准

产品 EMC 测试的所有参考标准，并将对应项目一一列出。

3）需要进行的 EMI 测试限值和抗扰度测试等级性能判据

测试覆盖的频率范围和水平，包括所需达到的余量，这些信息通常在所选择的标准中有说明。如果不使用标准中的内容，或对其相关内容有增减，那么都必须有明确的说明。抗扰度性能判据是在执行抗扰度测试时，判断 EUT 是否能够通过测试的关键判断点。它需要一个可接受的最低性能陈述，即 EUT 必须在测试中与测试后维持的工作状态。这样的陈述只能与 EUT 自己的功能运行规格有关。为了完成对该陈述的准备，基础抗扰度标准中包括了一组用于判断 EUT 运行状况的参考基准。也可以将它们用于明确表述一个给定的 EUT 对特定测试的可接受的性能判据：

性能判据 A：被测设备将按照预期的方式持续运行。如果被测设备按照预定方式使用，则不允许有任何的在生产商规定的性能水平以下的性能降级或者功能丧失。在某些情况下，性能水平可以用可允许的性能丧失来替代。

性能判据 B：在测试完成之后，被测设备将按照预期的方式持续运行。如果被测设备按照预定的方式使用，则不允许有任何的在生产商规定的性能水平以下的性能降级或者功能丧失。但是在测试期间，允许有性能降级，但不允许有实际的工作状态或者存储数据的改变。

性能判据 C：暂时性的功能丧失是允许的，只要功能丧失可以自动恢复，或者可以通过控制操作恢复正常。

4）使用的测试设备

这一条是由使用的标准决定的。有一些标准已经说明了对测试设备的要求，例如 CISPR16 标准中规定的仪器。

5）测试点的位置

被测试电缆（或者称为接口，包括“壳体接口”）的数量直接影响着测试的时间。产品所选择的标准可能对测试的电缆有规定。在有些情况下，可以只测试一个有代表性的电缆，然后宣称它已覆盖了所有其他的同一类型线路。测试点的位置非常关键（如静电放电测试点），必须对此进行说明。

6）EUT 的工作模式

如果设备存在几种不同的工作模式，则应当能够找出一个最差的工作模式，包括主要的工作情况和发射/敏感度的特点。这可能需要一些探索性测试。它对测试时间有直接的影响。

7）确定监控点

在产品进行 EMC 测试时，监控点用来监视 EUT 的工作状态，通过监控点来判定 EUT 是否处于抗扰度性能判据范围的工作状态。

8）EUT 软件和辅助设备描述

特殊的软件应用有时能改变它的工作状态及 EMC 测试结果，如通信设备中经常通过软件设置实现设备是否处于满载运行工作状态，这些软件都应描述清楚。另外，有些 EUT 不是单机就可以正常运行的系统，往往需要辅助设备的支持，因此辅助设备都应当进行校准或者公告符合测试目的要求。

9）测试仪器的说明

● 环境条件

对温度、湿度、振动等因素的特殊要求。

● 特殊的处理和功能性支持设备

升降装卸车、大型转台、水冷或空气/水两用冷却装置等。

● 电源

AC 或 DC 电源、电流、频率、单相或三相电源、额定功率值和浪涌电流要求、总电力线的数量（如 FCC 认证测试要求使用符合美国标准的电源）。

10）测试环境搭建的示意图与细节

● EUT 和测试仪器的物理位置和布局

这些内容在各类标准中一般会有通用的术语定义。但是，为了能适用于特殊的 EUT，很有必要对这些内容进行细化和解释。最关键的点是 EUT 与其他对象之间的距离、方向和接近程度，特别是相对于地平面。最终的测试报告应当包括测试环境搭建的记录。

● 电缆的布置

高频时电缆的布置与布线对 EMC 测试结果有很重要的影响，所以必须进行详细定义。另外，连接器的类型与连接到 EUT 的电缆类型也应进行说明。

12.5.3　产品 EMC 风险评估法融入企业产品开发流程

1. 产品机械架构 EMC 风险评估过程融入开发流程

图 12.2 为开发流程中各阶段输出的 EMC 技术文件。

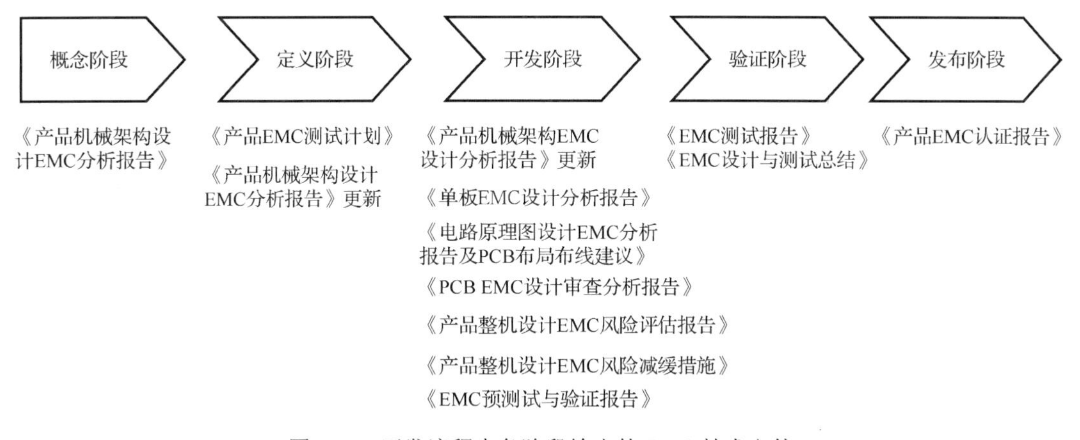

图 12.2　开发流程中各阶段输出的 EMC 技术文件

概念阶段和定义阶段 EMC 专家通常要对产品的总体规格进行 EMC 设计考虑，主要根据产品销售的目标市场来确定产品所需要满足的标准法规及 EMC 测试等级，并制订《产品 EMC 测试计划》，同时注意后续潜在目标市场的 EMC 标准和法规的要求。基于以上产品 EMC 标准法规的要求，开始对产品的总体机械架构设计进行 EMC 分析，EMC 专家需要利用产品机械架构设计 EMC 分析方法分析每个备选架构的 EMC 优缺点，并进行比较。概念和定义阶段的活动与输出如表 12.1 所示。

表 12.1 概念和定义阶段的活动与输出

概念和定义阶段	参 与 者	输 出	责 任 人
开始	系统工程师 结构工程师 市场部工程师 电子工程师 EMC 专家 测试工程师	《产品 EMC 测试计划》 《产品机械架构设计 EMC 风险评估报告》，并根据改动进行更新	EMC 专家 测试工程师
结束	系统工程师 结构工程师 市场部工程师 电子工程师 EMC 专家	《产品机械架构设计 EMC 风险评估报告》最终版	EMC 专家

2. 电路原理图设计 EMC 风险评估和 PCB 布局布线设计 EMC 风险评估过程融入开发流程

这一阶段，产品架构已经确定，并形成原理图，对于 EMC 来讲，主要集中在电路原理图和 PCB 的设计。这时，EMC 专家需要对产品电子电路原理图进行 EMC 分析，与电子开发工程师做良好的沟通，解释其分析的结果和原理，并将 PCB 布局布线建议在 PCB 布板前与 CAD 工程师做良好的沟通，解释建议内容。表 12.2 为原理图分析阶段所需进行的一些 EMC 相关的活动、相关人员和输出。

表 12.2 原理图分析阶段的相关活动和输出

设 计 阶 段	参 与 者	输 出	输出责任人
原理图分析	电子工程师 EMC 专家	《电路原理图设计 EMC 分析报告及 PCB 布局布线建议》	EMC 专家
CAD	电子工程师 EMC 专家 PCB 工程师	《PCB EMC 设计审核分析报告》	EMC 专家

3. 产品 EMC 风险评估报告形成并融入开发流程

这一阶段，产品架构、原理图、PCB 设计已经确定。这时 EMC 专家可以对整个产品的 EMC 设计进行 EMC 风险评估，输出《产品整机设计 EMC 风险评估报告》，以预测 EMC 测试通过的风险。风险评估的结果可以直观地反映产品 EMC 测试的通过率。EMC 风险评估报告的内容需要与管理者（如研发经理/项目经理）做充分的沟通，如果风险较低，则可将产品送入试验室进行预测试，并要求有一定的余量；如果风险较大，则应采取相应的应对措施以减缓风险。此时，EMC 专家还需要输出《产品整机设计 EMC 风险减缓措施》。表 12.3 表达了这一阶段所需进行的一些 EMC 相关的活动、相关人员和输出。

表 12.3 产品整机设计 EMC 风险评估阶段的相关活动和输出

设 计 阶 段	参 与 者	输 出	输出责任人
整机风险评估	电子工程师 EMC 专家 PCB 工程师 系统工程师	《产品整机设计 EMC 风险评估报告》及《产品整机设计 EMC 风险减缓措施》	EMC 专家
EMC 预测试（考虑余量）	实验室	《EMC 预测试报告》	EMC 实验室

12.5.4　EMC 风险应对

EMC 风险应对是在完成风险评估之后，选择并执行一种或多种改变风险的措施，包括改变风险事件发生的可能性和/或后果。

EMC 风险应对是一个递进的循环过程，实施风险应对措施后，应根据风险评估准则重新评估新的风险等级是否可以承受，从而确定是否需要进一步采取应对措施。

EMC 风险等级不仅取决于风险要素本身，还与现有风险控制措施的充分性和有效性密切相关。

在进行控制措施评估时，需要解决的问题包括：

- 对于一个具体的风险，现有的控制措施是什么；
- 这些控制措施是否足以应对风险，是否可以将风险控制在可接受范围之内；
- 在实际中，控制措施是否以预定方式正常运行，当需要时能否证明这些控制措施是有效的。

对于特定的控制措施或一套相关控制措施的有效性水平，可以进行定性的表述，但在大多数情况下难以保证高度的精确性，然而表述和记录测量风险控制效果的有效性是有价值的，因为在改进现有控制措施以及实施不同的风险应对措施时，这些信息有助于决策者进行比较和判断。

12.5.5　监督和检查

EMC 风险评估过程强调设备、系统和工程现场所处的环境因素和其他因素，这些因素可能会随时间变化，并且可能使风险评估改变或失效。应当识别出这些因素并进行持续的监督和检查，以便在必要时更新风险评估的信息。

应当识别和收集为改进风险评估而监测的数据。还应当监测和记录风险控制措施的效果，以便为风险分析提供数据。应当明确证据、文件的建立和检查的责任。

作为 EMC 风险管理过程的组成部分，应定期对 EMC 风险与控制进行监督和检查，以确认：

- 有关 EMC 风险的假定仍然有效；
- EMC 风险评估所依据的假定（包括内外部环境）仍然有效；
- 正在实现的预期结果；
- EMC 风险评估的结果符合实际经验；
- EMC 风险应对是有效的。

12.5.6　沟通和记录

成功的 EMC 风险评估依赖于与设备、系统的相关设计者的有效沟通与协商以及 EMC 风险评估实施人员的技术能力。

EMC 风险评估相关方参与 EMC 风险评估管理过程有助于：

- 沟通计划的制订；
- 合理界定内外部环境；
- 确保产品或系统的相关设计者、管理者得到充分理解和考虑；
- 确保风险评估过程中不同的观点得到充分的考虑（EMC 设计方案有时与安全、成本等因素存在矛盾）；
- 确保 EMC 风险得到充分识别；
- 确保 EMC 风险应对计划得到认可和支持。

反侵权盗版声明